沙玉清文集

西北农林科技大学
沙际德　蒋允静　主编

旱区寒区水利科学与技术系列学术著作

中国水利水电出版社
www.waterpub.com.cn
·北京·

内容提要

文集内收录了我国泥沙专家沙玉清先生30余年毕生致力黄河泥沙研究所发表过的阶段性典型论文与一本专著，还有先生作为水利教育家所创立的农田水利学科体系和农田水利工程专业（灌溉工程学的课程建设上的贡献）三本教科书专著。但因时处抗日战争时期，印刷条件很差，四本专著仅以目录入集。另外，本文集内有“纪念文”一栏，刊有沙先生逝世30周年时，他当年的一些朋友和学生约30人所撰写的缅怀文章，文字朴实，情感真挚，很值得现今的青年学子早读早知。

图书在版编目（CIP）数据

沙玉清文集 / 沙际德，蒋允静主编. -- 北京 : 中国水利水电出版社，2019.8
ISBN 978-7-5170-7902-6

Ⅰ. ①沙… Ⅱ. ①沙… ②蒋… Ⅲ. ①水利工程—文集 Ⅳ. ①TV-53

中国版本图书馆CIP数据核字(2019)第162176号

审图号：GS（2016）2656号

书　　名	**沙玉清文集** SHA YUQING WENJI
作　　者	西北农林科技大学　沙际德　蒋允静　主编
出版发行	中国水利水电出版社 （北京市海淀区玉渊潭南路1号D座　100038） 网址：www.waterpub.com.cn E-mail：sales@waterpub.com.cn 电话：(010) 68367658（营销中心）
经　　售	北京科水图书销售中心（零售） 电话：(010) 88383994、63202643、68545874 全国各地新华书店和相关出版物销售网点
排　　版	中国水利水电出版社微机排版中心
印　　刷	北京印匠彩色印刷有限公司
规　　格	184mm×260mm　16开本　34.5印张　818千字
版　　次	2019年8月第1版　2019年8月第1次印刷
定　　价	**168.00**元

1963年4月摄于南京市

沙玉清（1907—1966），江苏省江阴县人，著名水利科学家，农田水利学科创始人，泥沙专家，总结出泥沙运动三大基本规律及其公式，为我国泥沙问题研究奠定了基础。1930年毕业于中央大学土木系，1930—1935年在清华大学任教，1935—1937年在德国汉诺威工科大学进修，1937年回国至1947年任西北农学院农业水利系教授、系主任，创建武功水工试验室（今西北水利科学研究所前身），1947—1953年先后任南京中央大学土木系教授兼系主任、南京工学院土木系教授，在此期间曾成立混凝土研究室，1953—1956年任华东水利学院农田水利系教授，1956—1966年任西北农学院教授、西北水利科学研究所所长，1966年病逝于西安市。

大学学习（1925—1930 年）

江阴南菁中学毕业（1925 年）

河海工专入学（1925 年）

大学同学（1928 年）

前排左起第 2 人　黄怀桢

后排左起第 4 人　沙玉清

参加“自然科学社活动”

（1928 年）

赴日考察水利工程，登船后全体人员合影（1930 年）
前排左起第 3 人　陆志鸿先生（领队）
后排右起第 3 人　沙玉清

中央大学土木工程系毕业照
（1930 年）

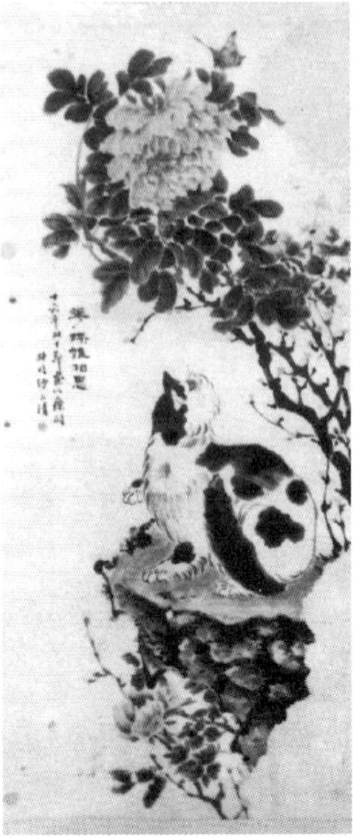

国画习作
（1927 年）

清华大学任教（1930—1935年）

理学院土木工程学系师生合影（1931年）
前排左起第7人　梅贻琦代校长
第二排左起第9人　沙玉清

工学院土木工程系教师合影（1932年）
前排中梅贻琦校长
前排左起第2人　施嘉炀主任
后排左起第4人　沙玉清

水力试验工作照

（1934 年）

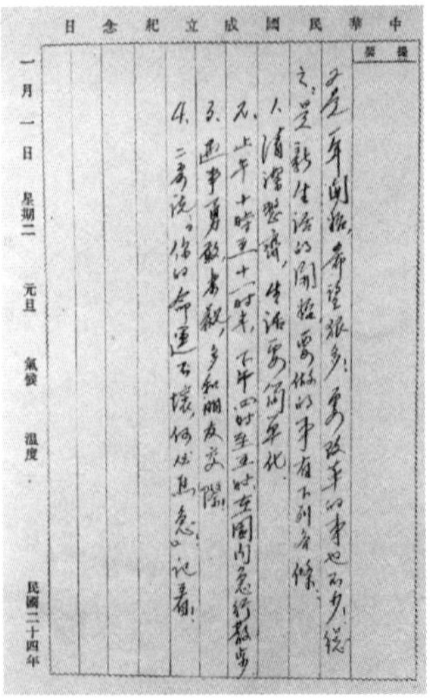

中華民國成立紀念日

一月一日 星期二 元旦 氣候 溫度

今是一年開始，希望很多，要改革的事也不少，總之，是新生活的開始。要做的事有下列各條：

1. 清潔整齊，生活要簡單化。

2. 上午十時至十一時半，下午四時至五時在圖內急行散步。

3. 遇事勇敢果毅，多和朋友交際！

4. [illegible]說：你的命運不壞，[illegible]記著！

民國二十四年

日记（钢笔手稿）

（1935 年）

水木清华自娱班（1932 年）

左起　陈永龄　戈定邦　沙玉清

时居工字厅教师宿舍

清华土木系教师赴陕西参观（1935 年）

前排右起　陈祖东　张光斗　沙玉清

后排右起第 1 人　张任先生

德国留学（1935—1937年）

拜访恩格斯教授
左起站者　沙玉清

留德的江阴亲友
左起　朱炳海　沙玉彦　沙玉清

汉诺威工大的新朋友
左起　倪超　陈廷祜　章镜月　沙玉清

留德的清华大学朋友
前排右者　华罗庚
后排右者　沙玉清

西北农学院任教（1937—1946 年）

水利组教师与校领导（1938 年）

前排左起　沙玉清　程宇启　王恭睦　辛树帜　余家洵　倪　超

后排左起　张定一　黄怀桢　陈椿庭　俞世煜　叶　彧　黄震东　穆嘉琛　侯鸿儒

水利系主任办公室

（西农大 3 号教学楼）

（1939 年）

西农大农业水利系第二届学生毕业合影

前排左起　韩瀛观　刘祖典　陈椿庭　沙玉清　孟昭礼　程宇启　祁开智　余立基　宋文田　陈明绍　俞世煜　赵国琪

西北农学院
李仪祉先生追悼会（1938 年）
沙玉清致悼词

西北考察团合影
（1941 年）
前排左起第 1 人　沙玉清
二排左起第 2 人　陈子顺

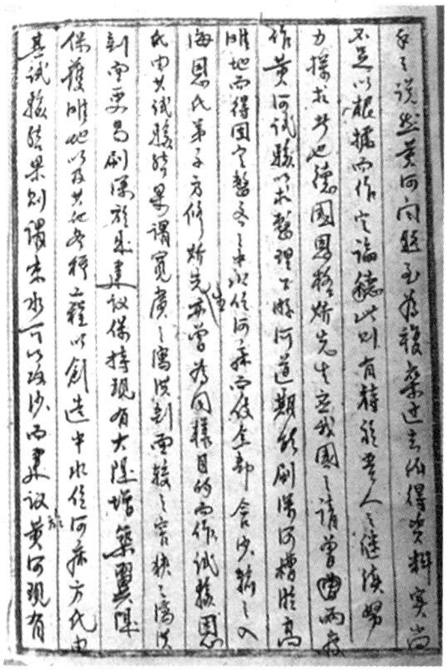

《治黄问题》手稿（1940 年）

新疆考察途中（1941 年）

南京中央大学任教期间（1946—1950年）

前排左起　唐念慈　梁治明　胡汉升　方福森　沙玉清　卡拉卡尼斯（希腊人　访问讲学）
刘树勋　方左英　孙云雁　陈建和　方声恒

河海同学会于玄武厅留影（1947年）

“同学会”由中央大学土木水利学会发起

二排左起第4人　沙玉清

前排左起　胡家骏　吴中伟　梁治明　方福森　沙玉清
周志宏　倪　超　徐百川　孙云雁

前排左起　林挺泉（站立者）　唐念慈　金雨苍　郭遇昌　孙云雁
方左英　沙玉清　梁治明　胡家俊　姚　琏　裴品三

南京大学等校任教期间（1950—1955年）

前排左起　叶秉如　曹　俊　顾兆勋　沙玉清　张书农　黄文熙
姜国宝　赵人俊　卞富宗　王世泽　余钖光（学生）

华东水院第一届
水上三班赴天津
实习（1955年）
前排左起第5人　沙玉清

与华东水利学院农水系教师告别留影
（1955年）
前排左起　沙玉清　郑肇经　张书农

出任西北水科所所长留影（1956 年）

前排左起　韩瀛观　沙玉清　胡步川　白维玉

中排左起　曹　敏　孟宪麒　蔡玉楠　师炳德　杨耀颖　苟兴智

后排左起　罗访渔　建　功　孟庭浚　张　浩　李崇智

泥沙讲座留影（1961 年）

前排左第 2 人起　唐允吉　熊运章

沙玉清　赵乃熊

主要著作与部分论文

家庭生活照

婚前摄于天坛祈年殿（1935 年）

婚后摄于汉诺威工大（1935 年）

乘意大利商船回国（1937 年）

西农西南区 5 号房居室（1939 年）

江阴故居（青果巷 7 号）合影（1937 年）

抗日战争胜利后南京合影（1947 年）

南京灵隐路 5 号居室

左起　章先树　沙际武　沙际凯

章镜月　沙际正　沙玉清　方　雷

西农东南区（1957 年）

南京最后留念（1963 年）

编者于西北农林科技大学新图书馆前留影（2016 年）

右起　沙际德　蒋允静

编辑委员会

主　编　沙际德　蒋允静

编　委　陈椿庭　韩瀛观　唐念慈　熊运章　李昌华

原集[1]编前

本文集是为了纪念我国水利教育家、泥沙专家沙玉清先生逝世30周年暨诞辰90周年而编辑的。全集由三部分组成。

(1) 陈椿庭先生的序文“深切缅怀沙玉清先生”及有关沙玉清先生的生平与著述介绍。

(2) 沙玉清先生1931—1947年的早期文选共38篇，主要反映近代技术引入我国初期，先生在水利教育和水利科学等方面的贡献；这也是本集的重点，约占4/5篇幅。

(3) 沙先生同辈与晚辈亲友所撰写的纪念文章23篇。

20世纪50年代以后的研究，主要集中在泥沙运动方面，本文集仅选了其中3篇有代表性的文章，这是由于在先生的遗著《泥沙运动学引论》(1965年，中国工业出版社)及其修订本(1996年，陕西科技出版社)中已有系统的总结。另外，还有1篇是未正式发表的关于治河方策的论述，以反映先生一贯倡导“宽堤固河、播渠疏水”的治导思想。

时隔数十年后才着手此编，留下许多难言的缺憾。但沙先生为科学献身的精神，仍冀此集于当代青年学子有所裨益。

编委会

1996年元月

---

① 原集是指1995年在陈椿庭先生指导下由大家集资，由西北农业大学印刷厂出版的《沙玉清文集》，属于内部交流印刷品，而不是国家的正式出版物。

编 撰 说 明

一、本集编要

(1) 本集初稿经中国水利水电出版社初审后，建议将陈椿庭和沙际德所写的纪念文作为导读性文章。这样处理层次清晰，效果较好，本集作了变动。

原集编前将4篇不属论文的短篇计入了论文内，致数字有误，本集予以更正。原集编后亦略有增补：2000年秋，陕西省泥沙专业委员会在西北水利科学研究所开会，王幼涛副所长对我说，他与杨晓东所长研究过，水科所应和水建学院一样，资助“文集”出版，硬让我去财务上补领了3000元钱，我一直为此事无从公示而不安，今借此机会纳入编后中。

(2) 铜版纸的老照片共占7页，本集保持不变，但选材上原集有缺陷（不够全面），本集增加调整了部分照片。

(3) 原集付梓，时值电子技术应用的初级阶段，微机打印文稿，因字库小、操作也不够熟练，校对工作量难免较大，修来改去，还是留下不少无奈，本集理当再校。

(4) 先父的科技文章，时处现代水利科技引入与发展前期，时差30余载，原件中的体例格式、术语、符号、单位不可能前后一致，为了便于读者阅读，原集已做过考虑，本集又再次斟酌，好在有兴趣的读者必为内行，不妥之处希望谅解。

(5) 图表有删改与补遗。经出版社初审，对原集内的6幅插图提出了意见，后经编者慎重考虑，作下述变动：

1) 因画面粗糙，4幅图删去后对行文达意并无大碍，故删去（文字中加说明）。

2) 2幅与我国陆地边界线有关的图保留，但作相应的修改。

其一，《河西　居延　新疆水利考察路线图》，该图绘制于1945年，按国家审图办的要求，图中的国境线需按现在的确定线绘出，图上也附有说明。

其二，《黄河三角洲》，该图旨在表达黄河三角洲的演进过程，图中示出的“现代海岸线”，实为1947年的海岸线，应予正名。

另外，原集《泥沙分类命名之商榷》一文中，有一张重要的综合比照图表

（表 7）被遗漏，在本集予以补正。

二、鸣谢

为本集文稿做出努力的绝非编者而已，校勘初始，必须再对照原著，才能知道相异之处改动是否恰当。为了分解压力，凡以文字为主的篇章，多先请他人下手，内弟沙际正自西北科学水科所退休后仍住杨凌，因此从核对原著开始直至老照片的整理、选片和制作电子版都出了大力，前后断续干了近一年时间。王正中教授带的研究生王羿、孟明等帮着校对和修改电子文本，都为此奉献了心力。家里的电脑全靠夫人蒋允静操作，复稿时，软件换代、字体设置又多次烦孟明助力；特别是文集中的“老照片”要重新编辑成 7 页电子文本，这套使用新软件、新操作的细致工作，全凭今年刚由我院本科毕业转为研究生的刘少军暑假期间多次来我家精心制作，才得以完成。经年下来，西农院内我们竟多出了几位年轻的“朋友”，他们的热情深深地感动着我们老两口。在此，我们必须表达衷心的感谢，向他们致以深深的敬意。

原集编委会成员共 7 人，其中的 5 位前辈而今唯熊运章先生尚在，我们两个“后生”也都七老八十矣。长江后浪推前浪，逝者如斯夫不舍昼夜。近三年时间，我们老两口的余热总算有了点“正能量”，至于效果夫何如？顺应自然便是了。

沙际德

2016 年 1 月

深切缅怀沙玉清先生

陈椿庭

作者简介：江苏武进县人，1915 年 12 月生，教授级高级工程师，博士研究生导师。1937 年毕业于中央大学土木工程系，曾任西北农学院（现西北农业大学）水利系助教、讲师，中央水利实验处研究员。1948 年赴美深造，1949 年获美国明尼苏达大学硕士学位。1950 年初回国，历任南实处（现南京水利科学研究院）水工室主任，中国水利水电科学研究院水工所所长、副院长、咨询委员等职。

水利教育家、泥沙专家沙玉清先生，以毕生精力奉献于大学教育事业。30 年代初先生在清华大学从教 5 年后到德国进修，回国后应著名水利专家李仪祉先生之邀，到陕西武功西北农林专科学校任水利组主任，抗日战争胜利后，在南京中央大学任土木系主任，50 年代初再度到西北农学院（现西北农业大学，简称“西农”）任教，直至 1966 年病逝。在 36 年的大学教育工作中，在西北农学院先后任教超过 20 年，春风化雨，诲人不倦，桃李遍天下，深受同学们的尊敬和爱戴。先生以身作则，倡导教学、科研与工程建设紧密结合，对我国的水利事业作出了卓越贡献。在武功和南京，我和沙先生相处 10 年以上，长期师事先生，他对我关怀备至，提携教育，给了我永远铭记的多方面的教益，十分深广。沙先生逝世 30 年来，音容宛在，教益时萦脑际。以下几方面的回忆追述，表达对沙先生的深切缅怀于万一。

关心黄河治理

先生对黄河治理十分关心，倡导泥沙研究工作不遗余力。1942 年，中国工程师学会在兰州召开第十一届年会，先生率小组代表西北农学院参加（陈明绍、余恒睦和我随行），经事先充分准备，先生撰写了《大禹治水之科学精神——黄河治本探讨》与《黄土及黄水之认识》两篇论文在大会发表，受到很高的赞誉，并列为年会的得奖论文。论文《大禹治水之科学精神——黄河治本探讨》对治理黄河的指导思想，进行了整理、归纳和阐扬，对治黄工作有重要的实际意义。先生还为《水利》和《西北水声》撰写过多篇文章，对黄河下游的治理措施提出了看法，受到水利界的重视。

在先生的指导下，西北农学院水利系结合教学开展了泥沙运动学基本规律的研究，如浑水的黏滞系数、各型固体在水中的沉降速率等。1947 年，先生在《水利》泥沙专号（第 15 卷第 1 期）上发表了《泥沙分类命名之商榷》一文，从水土通性及浮沉定律出发，提出了按沉速判数进行泥沙分类命名的方法，是具有创造性和便于实用的新概念。

综合长期积累的泥沙研究成果，融会贯通地归纳国内外学者的已有经验，《泥沙运动学引论》一书终于在1965年出版发行，这是先生长期关心黄河治理进行泥沙研究的毕生心血。该书的主要特点在于贯穿着对泥沙运动的创见卓识。从书名即可看出，先生对治黄和泥沙研究的宏伟蓝图，还远远没有完成。现正由广大的新一代泥沙研究工作者，在他的治学思想启发和指引下继续攀登。

重视西北水利建设

沙玉清先生的第一本专著——《农田水利学》于1935年9月由商务印书馆出版发行，这是我国首次把“农田”与“水利”结合成“农田水利”的技术书。书的内容深入浅出，系统性强，有很高的实用价值，曾作为大学教科书多次再版。在新中国的大规模水利建设中，农田水利是十分重要的内容。1938年“西北农专”（三年制）改为“西北农学院”（四年制），“水利组”改为“农业水利系”，在全国也有首创意义。

在长期的教育工作中，先生十分重视教育与水利建设事业的密切联系，尤其是抗日战争期间对西北灌溉工程建设的发展给予高度关注。在课程设置方面，“灌溉工程学”被列为重点，先生亲自主讲，撰写的讲稿被农业水利学会列为“水利丛书第一号”。由先生主编的《水工设计》铅印讲义（我参编），也列入课程计划。先生从德国进修归国后，十分重视“水土经济试验”，我在他的指导下编写了《水土经济试验指导》，开展田间和室内试验，这是把水工、土工和灌溉综合在一起的试验课，在20世纪30年代末40年代初具有开创性新意。

对于干旱、半干旱的大西北，先生十分重视地下水开发利用在灌溉建设中的重要作用。早在20世纪30年代末，先生编写了《十年万井计划》，大力提倡凿深井开采地下水以补雨水的不足。并于1943年到新疆进行考察（陈之灏参加），研究凿井利用地下水的实施计划。又如武功水工试验室成立后，先生主持并指定技术员酆考周每天观测气象要素及头道塬、二道塬定点井的水位变化，积累重要的第一手基本资料。

先生对李仪祉先生主持兴建的陕西关中灌溉渠系（简称“关中八惠”）十分关心，对黄土渠道糙率系数的合理选用和灌区次生盐渍化等尤为关注。主持修建汉南三渠（汉惠、湑惠、褒惠）的刘钟瑞总工程师是常来西农和沙先生讨论研究工程建设中实际技术问题的座上客，有时我也在场学习。

倡导开展水利科学研究

20世纪30年代初，我国水利界开始注意引进西方发轫于19世纪末叶的水工模型试验技术，它具有效益十分显著而所费不多的重大优点。1931年2月，汪胡桢在全国内政会议上，以及李仪祉、李书田在全国水利工程学会第一届年会上都提出了设立中央水工试验馆的提案。先生亦于同年3月在《大公报》发表了《水工研究所设立的必要》一文，是我国水利科学研究工作早期倡导人之一。

著名水利专家李仪祉先生逝世后，沙先生主持拟定设立“仪祉水土经济试验所”的计划，作为西农水利系多项纪念活动之一。西农辛树帜先生和中央水利实验处郑肇经先生都深表重视，双方达成协议于1940年11月1日合作设立了武功水工试验室（现西北水利科学研究所），在渭惠渠10号跌水南引用渠水，重点研究浑水水力学和黄土力学性等课题。沙玉清先生兼任试验室主任，俞世煜和我都参与了具体筹建和研究工作。

为了结合教学开展水利科学研究工作，在沙先生的倡导和主持下，西北农学院水利系于40年代初就成立了研究生部，开始招收研究生，实验工作即在武功水工试验室进行。早期研究生有李翰如、余恒睦、张灏等。这在当时水利院校和科研单位具有先驱性意义。

20世纪40年代初，设在重庆的中央水利实验处，曾有谭葆泰、张瑞瑾、陈志德、吴以敩等高级研究员，到武功水工试验室进行浑水、黄土和水土保持等学科的专题研究，历时二三年。

高效率、实干快干的楷模

沙先生高瞻远瞩，大力提倡教学、科研必须与水利建设紧密结合，重视黄河治理和西北灌溉事业等宏观问题，同时又是事事讲求高效率、实干快干的楷模。“说话就干”“因陋就简、创造条件上”常挂在他的口头，他要求我们和同学这样做，首先他自己就是带头这样做的。

武功水工试验室的创建，在渭惠渠跌水（落差2.5米）南侧，自渠右岸建闸引水，从测量到购地（先购29亩），用土坯建围墙和单人宿舍，购大树作屋架底梁建水工试验厅（宽度仅8米）。一切因陋就简，土法上马，大家亲自动手，进度很快，为大流量浑水模型试验和黄土特性研究，尽快提供了必要的条件。40年代初中央水利实验处曾认为武功水工试验室具有良好的实验条件。

水土经济试验的主要工作是在渭惠渠及田间进行的，泥沙的休止角和单剪摩擦系数试验均取用渭惠渠渠底的淤沙作试样。水力学实验是在校内大楼最高层（7层）水塔的下方，用白铁皮制成的水管、喷嘴、孔口等简易设备进行的，同样取得了水力学实验主要项目的必需资料。这两门实验课，由我在沙先生的直接指导下负责开设。沙先生和我还用两块长约1米的矩形厚玻璃做成低坝沙基渗流模型试验箱，也很简易。我们和木工师傅一道亲自动手建成后，进行渗径观测时，心中都十分喜悦。再如我们几个助教为防空洞作定线测量、刻蜡版、印讲义以及在办公室玻璃门上写名字，都是在沙先生讲求高效率、实干快干的精神鼓舞下，顺利快速完成的。

纪念沙师母

缅怀敬爱的沙玉清先生，必然要同时对他的夫人章镜月先生致以深切的敬意。早在1932年的暑假开学，我上高中三年级的苏州中学增加了女生班，新来一位女老师是当年毕业于中央大学物理系的高材生章镜月先生。1937年我和同窗俞世煜应聘到武功西北农专任助教，又意外高兴地遇到了她——一道和沙先生从德国归来的沙太太。此后在10多年的相处中，沙师母（当时习惯地称为沙太太）的贤良美德给我留下了十分深刻的印象并深受教育。

沙师母在西农（包括高职）长期讲授高等数学、大学物理等课程，授课内容深刻明晰，受到同学们的高度爱戴。她首先是一位好老师，从不计较个人名利得失，她的无私奉献精神永远值得我们尊敬和学习。她同时又是沙先生的贤内助，处处以沙先生的事业为重，和蔼慈祥，在团结水利系师生和院内其他系的老师、家属方面，是有口皆碑的楷模。沙先生长期患哮喘病，每年秋季发病，她对沙先生的护理照料以及对5个侄辈的教育培养，可以说达到了无微不至的程度。为此，她曾几年未教书而专门管理家务。我们1937年大学毕业的3个助教（俞世煜、黄震东和我），还有黄怀桢、陈明绍老师等常去沙家串门，她总是和蔼热诚地接待，事例不胜枚举。

恭逢沙玉清先生逝世30周年及虚龄90诞辰纪念，继承父业的沙际德教授约我撰写一篇纪念短文，列入沙先生的文集。我深受沙先生的教育提携，十分乐于执笔，谨述如上。改革开放以来，全国形势大好，沙先生、沙师母当可含笑于九泉矣！

1995年4月于北京水利水电科学研究院

关于《沙玉清文集》

拙稿《深切缅怀沙玉清先生》写于1995年4月。次年9月按主编来函称拟作“代序”，为此，仅补作几点说明如次。

(1) 水利教育家、泥沙专家沙玉清文集的出版，得到了多方面的关怀和支持，谨代表编辑委员会深切致谢。

(2)《沙玉清文集》的主要内容包括：沙玉清先生30多年内有关教育、水利、治河、泥沙、水工等方面的遗著40篇，以及沙先生生前好友撰写的纪念文24篇，对撰写纪念文的专家、学者和协助收集遗著的学友，一并深切致谢。

(3) 沙玉清先生逝世30年后，有其哲嗣沙际德教授整理遗墨，主编出版《沙玉清文集》；沙际德教授继承父志，在西北农业大学水利与建筑工程学院任教30余年，长期从事水工及泥沙问题研究，并任博士生导师，业绩蜚声，这是对沙玉清先生的莫大安慰。

1996年10月　陈椿庭谨志

三十六年育桃李　引论泥沙赋开篇

——记我的父亲水利教育家、泥沙专家沙玉清

沙际德

作者简介：江苏江阴人，1936年9月生于德国汉诺威市，1959年毕业于清华大学水利系，1959—1961年任甘肃省引洮工程局技术员，1961—2001年历任西北农学院水利系、西北农业大学水利与建筑工程学院助教、讲师、副教授、教授、博士研究生导师。陕西省咸阳市第二、第三届人民代表大会常务委员会委员。2001年退休。

一、“兴趣是我生命的新鲜空气”

父亲沙玉清，字叔明，1907年4月6日出生于江苏省江阴县（今江阴市）城内青果巷祖宅。他在兄弟五人中排行第三，五岁时生母病故而颇得父爱，最为活泼乃至顽皮。青年时代正值民国初期，虽军阀混战、政局动荡，但“民主、科学”变革之风遍及上层，江南一带则是这一时代潮流的主要发祥地，江阴沙氏始于明洪武二年（1369年），武将沙原德因伤世袭百户驻江阴普称暨阳沙氏，明清易代后，族人大多致力文化公益与民族工商事业，为城内望族之一。

我的二伯父沙玉彦（字仲英），1921年考入东南大学化学系，是族人中最早的大学生，也是我父亲最早的引路人。1925年父亲从江阴南菁中学毕业考入河海工程专门学校。该校由当时最负盛名的“实业救国”倡导者张謇（字季直）创建于1915年，即延李仪祉先生为教授，是我国最早的专门培育水利工程技术人员的高等学府（预科1年，本科4年）。

李仪祉先生为河海工专苦心经营了8年之久，直至1922年下半年受挚友郭希仁沉疴之托，回陕西省接任水利局长，1926年、1927年又两度返校执教。李先生治学精严、德行高洁，在当年的青年学子中影响至大。我父亲入学后，看到李先生1924年的文章《重农救国策》，文中竟然还提出了一套立宪治国的办法，更为钦佩不已。从此，一直对先生的行述倍加关注，并成他一生崇敬的楷模。1927年河海工专并入国立第四中山大学（二伯父沙玉彦就读的东南大学是该校的骨干），1928年学校又易名为国立中央大学。我父亲是土木系十九级学生，他入学河海工专时，他的二哥正好毕业且跟随叶企孙老师去北京清华学校筹建理学院。

1928年秋，顺直委员会改组为华北水利委员会，李先生出任委员长。是年夏，先生养病中山陵三茅山，行前10月30日下午，在国立中央大学举行的河海同学会作了《工程学生与新中国》演讲，李先生提出了“新时代的工程专家不能像以前那样，为着几个军阀、资本家伸张利益，而要为国家办事，为民众谋幸福”的响亮口号，同时还指出：“合格的工程学生不仅要掌握自然科学，还需对经济、法律等社会科学有充分的了解”。这一次的演讲，我父亲作了详细的记录，一直珍藏着，李先生逝世后，收入石印本《李仪祉先生遗著第十三册·杂著》中。

大学时，父亲有强烈的进取心与自信心，酷爱物理，长于思索。学习上以“兴趣为生命的新鲜空气”，有兴趣的课程必名列前茅，反之则平平而已，用多出的时间选修外系的课，参加学术社团活动，或去图书馆泛读书报杂志，提高写作与翻译能力。中央大学1928年就成立了“中华自然科学社”（会刊《科学世界》），这是一个以物理、化学等理科为核心的社团，我父亲虽是土木系的学生，但一直是该社团的积极分子。在生活上，恪守“整洁、简朴、勇敢、乐观，多和朋友交往”的信条。他待人诚恳、思维敏捷、谈吐幽默、交友广泛，师生关系融洽，深得朋友信赖。毕业前参加陆志鸿老师（工程材料学专家）率领的“日本工业参观团”，考察了日本的河港工程，归来后连续写过《日本治水之沿革》等多篇文章（如《水利月刊》《清华大学土木工程学会的会刊》），深感彼邦百年不懈治河筑港的实干精神，弥足国人鉴悟。

1930年夏，他大学毕业后经清华理学院院长叶企孙先生介绍，到该院隶属的土木系任教，系主任是施嘉炀先生。原国立中央大学的吴有训老师两年前已转聘为清华物理系主任，当下正在筹建“中华自然科学社”清华分社，并增设农、工、医三组，吴先生是分社社长，我父亲则是工学组负责人。翌年春，学校新建水力实验室（今旧水利馆），其设计与监工由土木系教师承担。当年土木系仅有教师7人，除施嘉炀和夏坚白是原清华的，其余5位（王裕光、蔡方荫、张泽熙、陶葆楷和沙玉清）都是新人；父亲在参与新馆建设的同时，仍保持着有空就去图书馆阅读与写作的习惯。1933年夏，水力实验室基本竣工，校方聘李仪祉为土木系名誉教授，并请他题写了横额《水力实验馆》。

1929年，李先生倡办华北灌溉讲习班，并发表《说明华北灌溉讲习班之旨趣》一文，提出“中国用水灌溉农田，历史甚古，但是数千年来传到今日，灌溉事业仍是守旧，毫无进步”“研究灌溉法理，使各国成法可为我们的榜样”。随后，我父亲不仅在报刊上发表呼应文章，而且认真地查阅了国外有关资料，并以灌溉原理和工程作为研究目标。1930年冬陕西泾惠渠动工建设，使他更进一步感到，引入国外的现代灌溉学理论和技术，要把水利与农业结合起来研究，才能为我国的灌溉事业的未来打下科学基础。1935 年 9 月，商务印书馆出版发行了他的第一部专著《农田水利学》，该书始创了“农田水力学”学科，所述灌溉、排水、放淤、洗碱和垦泽五方面沿用至今。作为大学本科教材，再版过 6 次，直至 1951 年。

20 世纪 30 年代的中华大地，真可谓伤痕累累，其中也包括江河水患引起的空前浩劫。继 1931 年 7 月江淮 7 省遭大水灾后，1933—1935 年黄河下游又连年决口，百姓流离失所，生灵涂炭。更令人担忧的则是黄河南决入淮，致使导淮之功溃于一旦。1933 年 9 月 1 日，黄河水利委员会成立，李仪祉先生为委员长兼总工程师，他发表了一系列关于治黄的著述，指出“河患症结所在之大病，是在于沙，沙患不除，则河恐终无治理之日”（《治黄意见》，1934 年）。自李先生应聘为清华土木系名誉教授后，我父亲是他在清华唯一执教过的学生，师生之情亦由此而逐深，在恩师影响下，父亲走上了黄河泥沙研究的艰辛之路。

有关泥沙运动理论方面的研究当时在国内可谓一片空白，即使国外也仅在粗颗粒底沙运动方面有少量的论述。1932 年，父亲利用清华图书馆丰富的馆藏，仔细地收集了世界各国的研究资料，写了一篇综合评论文章《河流之挟沙量》(《清华大学土木工程学会会刊》，第 1 期，1932 年 7 月)，这是他自己泥沙研究的开篇，也是我国早期的泥沙运动力学论文之一。文中指出目前各家的理论仅能说明一般现象，而且不能用于粉状细颗粒泥沙，要补救理论假定中的不确定性，唯有进行实地观察与试验，显然，他已经意识到，要想了解黄河下游细颗粒淤积河床的变化规律难度极大，任重而道远。

在土木系，教学上父亲主要讲授“材料实验”“水力学实验”和“灌溉工程”，因概念清晰、深入浅出、生动风趣而深受学生欢迎。5 年时间共发表论文 16 篇，涉及河工、水工、港工、土工基础及水利史等许多方面，显示了青年时代的他对水利事业充满的热情、期盼和兴趣，同时在学术界也有了一些影响，1934 年父亲被聘为《科学世界》杂志的编审人之一。

当年，还有一位对父亲一生有着重大影响的伟人，他就是名震全球的美国发明家爱迪生。1931 年 10 月 19 日爱迪生与世长辞，我父亲在《科学世界》(第 2 卷，第 1 期，1933 年 1 月) 发表了一篇《爱迪生的为人》，文中对爱迪生超凡的意志力、创造欲以及童心般明亮的精神境界倍加推崇，赞其“他把我们黑暗中生活的人生，转变到光明的世界”。父亲大学毕业时，在同窗留念册中为自己写过这样一句题词：“兴趣是我生命的新鲜空气”，这种视兴趣为生命而追求真谛的价值观，很大程度上来自爱迪生的影响。

我的母亲章镜月也是江阴市人，比我父亲小1岁，迟一年考入东南大学数学系，是江阴最早的女大学生。1927年更名中央大学时，她又改入物理系，系主任就是吴有训先生。

她的各科大学成绩都很好，也有些名气，比她低一级的吴剑雄（现在很有名了），当年常找"镜姐"借物理课笔记，拿去对着看。1932年毕业后，她在江南著名的苏州中学教数学。我的父母是在大学期间自由恋爱的，父亲毕业时，为了取得母亲的信任，保证5年内有第一本著作问世，因此《农田水利学》也是父亲婚前的信物。

大毗巷的章家是江阴城里的望族，章宅和青果巷沙宅几乎是紧挨着的。外祖父章砚春是当地有名的爱国人士，1912年夏，江阴同盟会分部成立时，外祖父是副部长；同年秋，孙中山卸任总统后到江阴视察，还在章家后花园小憩过。沙家虽也是望族，但我祖父沙纯焴（字景峰）患伤寒后染上吸食鸦片的恶习，不仅名声不好，门庭也因之败落。在政治上，外祖父是坚定的革命派，还当过早期江阴县女校校长，母亲又是他最看重的长女，出于门户观念，婚事遭到外祖父强烈反对，这也伤了我父亲的自尊心。翁婿两人性格相似，互不相让，而把我母亲夹在了中间，僵局一直持续到50年代才有所缓解。外祖父1966年10月15日病殁，比我父亲早去15天。

二、看看欧洲的水利世界

按照清华大学《教师服务及待遇规程》第58条，连续服务满5年的教员，成绩优异愿赴欧美、日本专做研究者，提出的计划经评议会通过，即可支学费及半数川资与研究费。德国是当时河工技术最高的国家，李仪祉先生因导淮、治黄，一直与著名河工权威恩格斯（H. Engels）及其弟子方修斯（O. Franzhus）保持着密切的来往和深厚的情谊。1932年，先生推动冀、鲁、豫三省政府联合出资，委托大模型倡导者恩格斯在德国巴燕邦奥贝那赫（Obernach）水工试验所做黄河下游河工试验，中方李赋都先生参加，并从山东省取土运往德国。试验进行了一个多月，因经费过少且天气过冷而中止。尚无法以可信结果指导治黄，但黄河泥沙细，水流含沙量高，模型中呈现出与欧美砂砾河道迥异的现象，引起了学者们普遍的关注。方修斯教授1929年即被聘请为导淮委员会顾问，对如何治黄特有兴趣，还在他领导的德国汉诺威工科大学水工试验所自筹经费研究细颗粒泥沙河床问题。然而总的来说，那时欧美名家也包括李先生在内的中国专家，对黄河治理的想法各不相同，难有统一认知，但都对河工模型试验寄有厚望。我父亲此时已先后发表过水工模型相关方面的论文多篇，所以按李先生的建议，选择了去德国汉诺威工科大学跟方修斯教授进修河工模型试验研究。

1935年6月9日（星期日）这一天，既是我父母的结婚之日，又是他们同赴德国的启程之日。一切过程都极为简约，结婚请帖只约了8位江浙朋友，他们是机械系的褚士荃、戴中孚、葛祖彭，电机系的孙瑞珩、沈尚贤，物理系的王谟显以及另两位曾在土木系任教的周惠久和王德荣。上午10时离开清华进城，在小红楼饭庄吃喜酒，随后大家在城内谈心、惜别；下午5时，又由孙瑞珩作东，在玉华台饭庄设宴饯行；晚8时15分，我父母所乘开赴东北哈尔滨的火车就徐徐启动离开北平了。父亲在北京度过了紧张而难忘的5年，此后就再与旧地无缘了，事隔20余年的1956年10月，仅因开会在北京西郊宾馆住过十来天。

取道陆路，乘火车到欧洲去是很费时日的。北平到满洲里要4天，而后横穿西伯利亚走出苏联要7天，1935年6月22日晨才到达柏林。我的二伯父沙玉彦正在柏林哈雷大学攻读核物理学博士（1938年获博士学位），他要我父亲从国内带几本化学方面的专著给他，所以在柏林停留一天，第二天到汉诺威。

汉诺威是今天的下萨克森首府，古时候也是一个小王国的所在地。汉诺威工科大学的校址就是昔日小王国的皇宫，学校大门前还留着铜马铸雕，校园内外也有不少古建筑。德国的大学，一年分3个学期，每学期3个来月。我父亲受李先生影响，出国的目的并不是攻读学位，而是想了解当时河工试验与农业水利的世界一流水平，同时也补充一些自己学识上的缺陷。因此，注册为客座听课生，主要在方修斯先生的清洁工试验所进修，还选了几门有关水利与土壤方面的课程，这样不仅念书轻松自由，而且还可以省下钱来再办两件事：一是去欧洲其他水利工程发达的国家考察，再就是尽可能多买一些专业书籍带回祖国。

德国的科技书印刷、装帧、纸质、图文都是世界第一流的，但书价也十分昂贵。父亲是个书迷，渴望对水利学科有更深刻的认识，所以当时只要看到与水、土有关的新书，就千方百计地买下来。父亲买的书，每本少则二三十马克，最贵的达130马克。

为了节省开支，吃住是关键。我父母住在离校不远的Leilnig街20号，房东家为人十分友好、厚道，有两个十来岁的女儿，大家相处的十分融洽。我父母所租的住屋，有管道煤气，可以自己操厨，每月金额仅45马克（当时在柏林的一般旅馆，两人间一宿要10马克）。

一学期过后，1935年11月初新学期开始，汉诺威工科大学又来了两位中国留学生，他们都是同济大学派出攻读博士学位的：倪超读铁道，陈廷祜读水利。大家都是中国人，很快成了好朋友。每个星期日都在我父母的住屋共进午餐，由我母亲加菜，他们二位另付菜金。1936年9月22日是我的出生日，倪、陈两位先生还合购一辆四轮小睡车相赠。

1936年底，父亲在德国的学习和考察任务就结束了，其中包括去慕尼黑拜访恩格斯老前辈，参观做过黄河试验的奥贝那赫水工试验场。该试验场是当年世界最大的露天场，它从Isar河筑坝引水，经试验区后再返回原河道。这一取水方式，对他归国后在西北农学院利用渭惠渠的跌水落差，筹建水工试验室起了示范作用。

翌年春，父亲只身去英、法、荷等国考察，同年3月下旬返回汉诺威后即与房东挥泪告别，倪、陈等送行到火车站，他带着母亲和我，先到意大利威尼斯，再乘船经印度加尔各答至上海，4月底回到江阴老家。岂料就在返国途中，他那58岁的导师方修斯教授，在审核柏林地下电车道塌方事故的过程中查知患了脑癌，已于3月29日长逝了。我父母的欧洲之行只有两年时间，回国时的主要行李是几箱沉甸甸的洋书和资料。

父亲是一个自尊感极强的人。当时的德国，纳粹主义甚嚣尘上，到处都有排斥犹太人的报纸，画刊上的犹太人更是奇形怪状不成人样。他认为："犹太人会经商理财，但纳粹党想侵吞犹太人的财产，不在商业上自由竞争，而采取这种低劣的手段，实在太浮浅了。"华人在德国也以经商者居多，据说仅浙江省青田客就有五六百之众。华商多小贩，又不懂德语，不知道洋规矩，常因提着大包在人群里乱撞而遭打。在汉诺威父亲也经历过受讥讽的场面，有一次他和倪超等人在街上散步，迎面闯来了两个骑自行车的黄头发孩子，大家让了路，碧眼儿反喊道："回中国死去吧!"种族歧视的场景，对他的刺激异常强烈。仅呆了四个多月，在他的记事本中就写有"难堪的境遇，使我常兴不如归去之感"。1961年秋，西北农学院水利系新来的青年教师到家里来作客，有人问我父亲，出国留学的最大收获是什么？他回答说："出国才知道，外国人并不比我们聪明，中国人只要努力，一定能超过他们"。

三、走恩师李仪祉先生未竟之路

1935年5月，西北农林专科学校建校的第一个专业学组——水利组率先成立，李仪祉先生任主任。当时师资极为缺乏，许多事都等李先生去推动。1936年10月21日，李先生去信汉诺威，转达了辛树帜院长的致意，希望父亲不要答应全国经济委员会的约请，“明年归国，务恳至该校任教授职”，并说“在经委会服务不如西北事业之有实际”。父亲遵照先生的嘱咐，1937年返国后，仅在老家江阴稍作安顿，留下妈妈和我，单人赶赴陕西武功报到，接任西北农林专科学校水利组主任工作。5月中旬李先生从南京返回西安，得知此事，随即写信鼓励说：“……知已返国到校，不胜喜慰，农专事属草创，水工及灌溉实验望尽力筹划，使得在西北放异彩，以资切实功效于农民……”我父亲接到李先生的来信，即去西安拜望，先生还进一步谈到，应注意西北的潜水（即地下水）问题。

抗日战争引发全国战略大转移，重点在长江中、上游川滇地区。我父亲到校时，农专水利组的主要教师大多南迁他就，余家洵教授在李先生多次慰留后答应再任教一学期，唯讲师叶彧先生可以留下，显然，尽快组建教师队伍成了头等大事。用父亲的话说：系主任就像戏班子的老板，一定要能请得来名角，同时，一旦缺人自己就能顶上去。当年，他只是近30岁的青年，就资历与资源来说，纵有非议也很正常；然而，在时局动荡莫测的年代，作为大后方的陕西关中地区，人文、交通、环境条件还是比较好的，对适将学成归国或大学毕业的优秀学子，来农专任教仍不失为良好抉择。在辛树帜院长的支持和我父亲的努力下，不到两年时间，水利组的教师阵容迅速壮大了起来。1939年4月，西北农学院正式成立，水利组改为农业水利系，有教授7人，讲师2人，助教7人。教师中最年长的是父亲在中央大学的老师余立基先生，时年45岁，其他人都是35岁以下的中青年。教授中程楚润（启宇）是法国加恩大学的理学博士，祁开智是美国哈佛大学的物理学硕士，另三位何正森、徐百川、张德新和两位讲师黄怀桢、叶彧都是我父亲的中央大学同学，有的从法、美留学归国，有的则来自安徽和治淮工程界。青年助教陈椿庭、俞世煜、赵国琪和黄震东则是1937年毕业于中央大学和清华大学的优秀学生。到1940年初期，又增加了孟昭礼、方在培、邢丕绪等几位教授，西北农学院水利系已可谓人才济济了。

在师源最紧张的1938年第一学期，还应提到倪超先生，他在1937年年底获汉诺威工科大学博士，并与正在慕尼黑大学进修数学的李定文女士订婚后，本打算即返同济大学；但因我父亲极力相邀而专程于次年3月赶到武功西北农林专科学校“救火”。他教了一个学期交通工程专业课，还发表了著名论文“交通对于近代战争之关系”（见《李仪祉先生纪念刊》国立西北农林专科学校水利组，民国27年6月），7月份才离去。

1938年3月8日，李仪祉先生“爱国触疾，竟以不起”，终年57岁。在中华民族共赴国难的生死关头，这一噩耗，进一步激起了全社会特别是工程界高涨的爱国热忱。西北农学院农业水利系的师生，为了秉承和发扬李先生的遗志，连续3年，每逢“三·八”都要举行纪念会，出纪念刊。我父亲也多次著述，阐发“水利事业的最高意义，在于谋全民族的幸福”这一主题，训导青年学生要以李先生为榜样，并提出水利工作者应有的道德与修养：“热爱人民、努力工作、勇敢奋斗。”

随着师资力量的增强，教学工作基本就绪，遵照李先生的遗愿，1940年3月，父亲倡议成立“仪祉水土经济研究所”。关于水利科学的试验研究，早在1931年李先生建议创建我国第一所水工试验所（即天津水工试验所）时，我父亲就在大公报上立即呼应，发表了他到清华后的第一篇文章《水工研究所设立之必要》（大公报，1931年3月23日、24日连载），为此，也被认为是我国最早的水工试验倡导者之一。“仪祉水土经济研究所初步计划概要”（李仪祉先生逝世两周年纪念刊，1940年3月8日）建议利用渭惠渠作为试验水源，开展浑水灌溉与泥沙研究。这一倡议，得到了中央水利实验处谭葆泰先生的大力支持，并协定由两家共管，筹建工作进行得很顺利，同年11月1日，武功水工试验室正式成立，1941年4月就开始运转了。试验室主任由我父亲兼任，研究人员除西北农学院的宋文田、陈明绍、陈椿庭、俞世煜、韩瀛观等外，中央水利实验处也先后有谭葆泰、张瑞瑾、陈志德、吴以敩客座专家前来进行有关黄河泥沙与水土保持方面的研究工作。因此，这一试验室的建立与运转，是开启我国黄河泥沙试验研究的标志。截至1945年抗日战争胜利，仅西北农学院水利系就完成了泥沙方面的论文十余篇，为开创我国的泥沙研究作出了贡献。

水工试验室的建立，不仅促进了水利系的教学与科研工作，同时又为培养更高层次的农业水利人才创造了条件。在父亲的努力下，1941年秋“西北农学院农田水利研究部”成立。农田水利学部是我国水利方面最早的研究生部，主要导师除我父亲外还有祁开智、程宇启等先生。研究学制两年（兼助教者三年），知名学者李翰如、余恒睦、贾毓敏、孙庚昌、郑宜梁、李述斋、张灏、熊运章等人，都曾是该部的研究生。

正如陈椿庭先生所说“高效率、实干快干”是我父亲的工作风格，在共赴国难的岁月中，物质条件十分匮乏，无论教学设施，还是实验装置，都少不了自己动手、因陋就简，充分发挥每个人的创造能力，才有可能完成。当年的助教和学生，今天已是七八十岁的老者了，但他们对于自己动手制作的土仪器都留下了深刻的印象。武功水工试验室，就是今天著名的西北水利科学研究所的前身，1990年10月，在建所50周年纪念日前夕，李崇智先生颂曰：“……西北地广苦魃旱，振兴各业水为先；综合治理水与土，根治黄河泥沙源；西农设立水利系，教育奠基促科研；沙师受托负重担，各方呼吁求支援；武功水工试验室，1940年创建；陋室引渠作模型，自制仪器搞科研……”

1940年1月，西北农学院成立后的第一届水利系学生毕业（30人），接着同年6月，第二届学生28人又该毕业了，再加上前期水利组毕业生25位，就有80人之多了。这样，如何进一步加强师生之间相互联系，很自然提到议事日程上来。在我父亲的指导下，1940年5月18日，全系师生80余人开大会，宣布“西北农学院农业水利学会”正式成立，学会工作由选举产生的干事会负责，其中最主要的任务是发行会刊——《西北水声》。学会的经费完全从教师和毕业校友中募集。仅20多天后，6月10日《西北水声》第一期出版了，父亲在发刊词中写到：“本刊的使命就好比灵敏的神经、活泼的血液，把各方面的力量紧紧地、亲切地联系起来，共负起建设西北水利文化的重责”。虽因条件限制，《西北水声》的纸质很差，且创业伊始，还是手刻蜡版油印而成的，但它的内容丰富，既有学术论文，也有经验交流和各地校友活动的消息，深得师生校友的欢迎。此后，每年1卷6期，一直发行到1945年11月15日第6卷5期、6期合刊为止。《西北水声》凝结了水利系许多师生的心血，其中，1940年6月毕业后即为首届研究生的李翰如先生（我国农业工程学科的先驱，农业物料流变学的开拓者）就是学会中最积极、最富朝气的组织者。

1940年的珍珠港事件触发第二次世界大战，抗日主战场随之南移，优越的地理环境使西北农学院成为少有的教育福地。截至1946年夏，在父亲执教的9年里，水利系共毕业学生200人，他们大多成为我国未来北方水利建设的骨干。

“农田水利专业”无先例可循，虽说农业与水利结合，但从学生就业考虑，不能一味加强农科，这一观念至今未变，农业科学主要是作物、土壤和水土经济三方面。当年的水利系聘有专门的经济学教授（如我国著名的农业经济学奠基人张德粹先生），也设置了“水土经济”课程，遗憾的是“水土经济”这一重大议题，不是单纯的自然科学命题，长期以来一直被漠视了。

在父亲全身心投入办系的同时，我母亲也为之付出了巨大代价。1937年父亲利用暑假返回江阴，因陇海线受阻，他带着母亲、我和保姆江家婶取水路沿长江而上至湖北清江的资丘（老朋友家）休整，再经宜昌北上，转陆路乘汽车到西安。我家住在西南区5号房，是座日式平方，共二排六座。每座住两户，室内有地板（今尚留4座为招待所客房）。按照父亲的意愿，在西北农学院9年时间里，母亲没有参加工作，她和江家婶一起除操持家务外，就是接待水利系师生与各方亲友；家中来往的信件，大都由我母亲回复，我们兄弟几人衣裳、鞋的制作和修补，也大多是妈妈的手工活。水利系的师生，对我母亲都相当熟悉，陈椿庭先生曾对我说过："你妈妈待人特别好，大家的心很齐，你爸爸才能办好水利系。"

四、兰州会议与新疆之旅

中国工程界最早的学会是中华工程师学会，成立于1913年，会长为詹天佑先生，1928年改名为中国工程师学会，会刊为《工程》。随后，有不少专门学科也建立了自己的学会，1931年4月22日，中国水利工程学会在南京宣告成立，会长是李仪祉先生，会刊《水利》。抗日战争爆发，各学会的工作都受到相当大的影响，甚至连一年一度的年会也开不起来。为了持久抗战，建设大后方（西北和西南），1942年8月1日在甘肃兰州召开了《中国工程师学会暨各专门学科联合年会》，西北、西南共有500余人参加，可谓冠盖云集，盛极一时。大会由翁文灏会长主持，他在接见记者时指出，开发西北应以水利工程与铁路建设为先决条件。西北农学院水利系除我父亲外，还有陈明绍、陈椿庭、余恒睦与会。大会共收到论文200余篇，其中水利学会计40篇，学术交流是按各学会分别进行的，在水利工程学会上共宣读16篇，其中西北农学院占6篇。会后由大会的论文审定委员会评定优秀论文，我父亲的两篇论文《黄土及黄土之认识》和《大禹治水之科学精神——黄河治本探讨》均被评为优秀论文，并于《工程》第15卷的5期、6期发表。

1941年国民政府监察院院长于右任曾视察西北，提出了"救渠工不及"的"西北区十年万井计划"，拟先在甘肃试办而渐及他省。由于有关地下水及凿井技术方面的研究工作国内尚很少关注，唯西北农学院因秉承李仪祉先生的嘱咐，对黄土地区地下水有关问题作了一些调查分析，在教学中也自制了渗流槽。父亲还写过一篇《黄土区域潜水问题》（《西北水声》第2卷第4期，1941年2月），所以对推行"十年万井"计划占有一定的技术优势。

兰州会议上，"十年万井"计划由甘肃省水利林牧公司的沈怡经理提议，进行了专门讨论，我父亲和王鹤亭先生等都对发展井灌的意义和利益作了详细发言，会议决定交由西北水利工程学会进一步落实。随之，中国水利工程学会成立了西北区十年万井计划研究委员会，我父亲任主任委员。1942年9月，我父亲拟出了《国立西北农学院农田水利专修科（凿井班）计划草案》，可惜开办费一时难以解决而搁置下来。

为了推动和指导西北建设事业，中国工程师学会组织了一个由叶秀峰（国民党中央政治会议秘书长）率队的西北考察团。该团一行 16 人，其中有关水利事项由我父亲和陕西水利局的陈之颛工程师两人负责。1943 年 4 月 1 日自兰州出发，考察了甘肃河西地区，当年宁夏的居延区（今内蒙古的额济纳旗）和新疆的哈密、迪化（今乌鲁木齐）、伊宁、塔城、阿山、阿克苏、焉耆 7 个地区，往返 10 月余，行程 36000 余里，1944 年 1 月 21 日回到兰州。这次考察活动深化了父亲对西北水利事业的认识，只有在内蒙古和新疆，才能更深切地感受到“有水则雄关，无水则鬼门”。

南疆的“坎儿井”给父亲留下了深刻的印象，考察归来后，对于“井”在干旱地区的作用也有了新的体会，1944 年上半年先后在《大公报》和《中央周刊》发表了《“十年万井”之真谛》《“十年万井”建设西北》(《西北水声》第 5 卷，第 3、4 合刊，1944 年 12 月）等文章，分析了凿井（即开发地下水源）对军事、农业、交通和工业的意义，受到社会的重视。

父亲是责任感很强的水利教育家，也是态度严谨的科学工作者，他在《水利事业与水利教育》（李仪祉先生逝世周年纪念刊，1939 年 3 月）中写到：“一个正直的科学工作者对于事业应抱敬畏之心，虔诚之意，从事求智之努力。宇空之间，无穷变幻，一水一土，与吾人的工作结不解之缘，莫可或脱；而此变幻之演进，尽吾人之智能，莫能测其底蕴。在人类各业中，尤以水利事业难知其究竟。吾人须存更敏锐之感觉，创造之能力而工作也”。在父亲和陈之颛合写的《河西居延新疆水利考察报告》（国立西北农学院农田水利研究部研究报告之四，1945 年 6 月）中，除对西北水利科学研究等提出建言，并建议尽快成立西北水利研究所和西北沙漠研究所。文中特别指出：“仅以目前片断之所知，拟定永久建国大计，不特难免虚縻国币，甚至有恐遭受不幸的后果，而诒后人‘驱民水火’之讥。古训‘谨始慎终’对西北问题，应从事更彻底而有系统之研究，最为切要。”

五、为母校中央大学土木工程系尽力

抗日战争胜利，国内政治经济必然会出现新的分化改组，战时迁至内地的学校也纷纷筹划迁回去的事，我的父母都是江阴人，战乱中许多亲友没有消息，很自然想回到阔别已久的南方去。西北农学院当时实行教授每 5 年可有休假或外出讲学一年的制度。第一个 5 年父亲考察去了新疆，1946 年是第二个 5 年，恰好又收到中大陆志鸿老师来信。陆先生已从重庆中央大学派往台湾大学出任校长，他希望我父亲到台湾大学去办土木系。宝岛台湾对我父亲还是有吸引力的，但母亲不感兴趣，所以回信只答应去看看再说。谁知，台湾大学很快把搬迁费都汇来了。当年暑假，父亲单人动身去台湾大学，因火车太挤，故从西安乘飞机先到南京。

此时，中央大学正在由重庆迁回南京，吴有训先生为校长，他先程回南京四牌楼，在老校址着手筹备工作，并请年逾半百的元老、土木系主任卢恩绪先生留重庆善后。我的二伯父沙玉彦是中大物理系教授，也已回到南京。父亲探望他的二哥后，又随二哥去拜见久违的吴老师，吴校长得知我父亲准备去台湾，当即就挡住，要他在中央大学接掌土木系。这样，台湾大学的钱退了回去，父亲留在了母校。在战后恢复中，土木工程是大热门，土木系既有正待安排就业的应届毕业生，还需赶紧充实师资队伍迎接翌年秋季的招生高潮。沉重且繁忙的行政任务，迫使我父亲立即投身工作，连返陕都无法顾及了。正如徐百川先生说："中大土木系由重庆迁返，百废待兴，人手又少。加之沙兄原来就有哮喘病，更是忙碌辛苦。"

1946 年 10 月中旬，母亲带着全家（江家婶和我们弟兄 4 人）回南京，同行的还有陈椿庭先生和单魁先生两家。当时的火车真是挤得吓人，客车顶上坐满了返乡的贫民。车到陕县、郑州、商丘等地都得下车找旅馆过夜。

抗日胜利初的中央大学校园，大礼堂以南保存得尚好，北边一大片则显得很破烂，有不少排木板房是学生宿舍（1947 年木板房被大火烧毁，又换成了美军用的半圆形铁皮活动房）。土木系、电机系和航空系都挤在挨北门的三排砖平房内，条件十分简陋。这些砖房据说是当年日寇的野战军医院，房子周边空地里，多处都埋有玻璃针管的破渣子。我家和大多以后到校的土木系教师一起住在位于西北角的平房里。

当时土木系分结构、道路、卫生三组，因战争影响，工程项目小而杂，虽就业不难，但目标不明确，稳定性较差。回迁留任的教授除卢恩绪先生外，仅金宝桢和方左英两位，其余 6 人都是年轻助教。父亲对土木系未来是充满希望的，决心"从远大的基础上，重新迎头加速建造起来！"他领着李万英、姚琏、陆陶、金雨苍、郭遇昌等青年朋友，抓紧干了以下工作。

（1）扩大师资队伍。至 1948 年年初，先后聘来徐百川、方福森、梁治明、黄继渼等教授，孙云雁讲师和鲍恩湛、唐念慈等多位助教。还有京沪其他部门的夏坚白、陈永龄、徐芝纶、倪超等著名专家为兼职教授。徐芝纶先生每周要从上海来南京一次，讲授弹性理论。倪超是南京行政院水利委员会视察工程师，来校讲授铁道工程。这样，1946 年秋盛况空前的招生高潮，全校共录新生 1000 名，土木系 200 名，就平稳地度过了。

（2）增设专业实验室。父亲一向重视实验室建设，快速崛起必须具备良好的实践条件。当时学生入学没有分专业，到高年级才分为结构、道路和卫生工程三个组；父亲想尽办法，除充实已有的实验室与测量仪器室外，新建立了结构力学模型试验室（包括新兴的偏光弹性试验），道路实验室以及卫生工程试验室，并开出了一些试验课。卫生工程试验室是与中央卫生实验院合办的，特聘该院胡汉昇校友兼本校副教授。另外，还安排唐念慈筹办了以缅怀河海工大教务主任张云青先生命名的“云青图书室”。

（3）开展科学研究。1946 年年底，吴中伟先生来我家做客，他是江阴老乡，还是我母亲在苏州高中任教时的学生。他刚从美国进修混凝土科学技术回国不久，向我父亲提到我国混凝土工程与国外差距太大，应创办一所水泥混凝土的研究机构，这一建议立刻得到我父亲赞许。吴中伟是导淮委员会派出的，是其所属单位南京淮河总局的技正。当时，导淮委员会主任、淮河水利总局局长是水利学家沈百先（中国水利工程学会会长）。我父亲与沈先生联系，建议中央大学与淮河总局联合，在中央大学建立混凝土研究室，得到了沈先生的鼎力协助，除拨付所需工程经费外，还负担 10 名员工指标。1947 年 3 月 11 日，中国第一座混凝土研究机构的二层试验小楼建立了起来，由我父亲兼主任，吴中伟任副主任。同时，结合三河闸等工程进行材料试验，随后又受塘沽新港委托“对混凝土大块崩解现象”进行研究。仅两年多时间，出版了三期专刊，对统一混凝土名词，统一试验方法，并对尚未引起注意的“碱-集料反应”这一重大耐久性问题作出了重要贡献。当年的研究人员李荫余、钱家欢、孙复强、沈煜清、张隸芬，日后也都成了国内著名专家。由于“碱-集料反应”是一个物理化学过程，吴先生知道我母亲是学物理的，对该过程比较了解，在他的恳请下，我母亲也参加了研究试验工作。在时局动荡的 1948 年春夜，中央大学校园内唯有混凝土实验室灯火通明，令吴校长大为赞叹：“真是想不到，在中央大学校园内还有一小组青年认真从事着科学研究。”

按我父亲的长远设想，当时还成立了一个土木系工程研究所，由他兼所长，郭遇昌为研究助理，并在 1947 年秋与本科生同期招生，如中国科学院的惠遇甲就是当年招入的研究生。然而，国内战争形势急转，国民党军心涣散，研究经费无从着落，父亲的梦亦化之泡影。

（4）弘扬团结奋斗精神。早在 1945 年秋，重庆的中大土木系学生会就创刊了《中大土木通讯》，翌年春又刊出第二期，会刊虽属草创，但因紧贴“民情”而大受欢迎。父亲十分重视该刊的宣导作用，1947 年 7 月在南京刊出第三期，并载有他对学生的讲话《土木系在复员中》。他提出：“我们要学习同时要研究，我们要思想同时要实干，我们要自助同时要助人”，并告诫说：“千万要不得的是‘来往尽土木，谈论唯工程’，这种狭隘自尊偏见，不仅要枯涩我们智慧的源泉，窒息我们活动的力量，甚至要模糊我们明辨是非的能力。”

为使土木、水利校友能在出版、考查和就业方面相互帮助，土木系和水利系共同发起组织了“中央大学土木/水利工程学会”；1947年3月9日召开成立大会，与会者近百人，情绪热烈。大会共推沈百先、须恺为第一届监理会监事，张书农为理事长，沙玉清为总干事。1948年3月8日是李仪祉先生逝世十周年纪念日，除《中国水利》分别在南京、天津、西安出版发行纪念册外，中央大学的学会还以“河海同学会”名义，在玄武湖组织了师生纪念活动。

父亲在中央大学土木系任中的3年多时间里，主要精力在行政事务上，即使哮喘病发作也还坚持工作。教学方面仅开设“航空港”“都市计划”选修课。而矢志不渝的泥沙研究只有在假期才能顾及了。

1947年10月，《水利月刊》（泥沙专号）发表了他用“因次分析术无量纲化”手段，解决泥沙颗粒静水沉速度的经典之作《泥沙分类命名商榷》。沉浮现象的研究课题，始于西北农学院时，先后指导过李翰如、余恒睦和郑宜梁等多名研究生；该文是沉浮研究的最终结果，唐念慈先生协助计算，来南京前已接近完成。由于文中提出的沉速公式的特征参数是经过无量纲化的，所以该式对于两相沉浮现象具有普适性，例如，可以用来研究土壤因暴雨溅蚀，估计不同大小的雨滴对地表的打击速度。无量纲化手段能否成功，关键在研究者对现象的物理本质或曰细观层面的深刻认知，中国水科学院泥沙研究所所长钱宁先生（1943年中大毕业后赴美学泥沙）曾感叹说：“沙先生用因次分析处理实验数据的能力，是其他人无法达到的。”

我父亲虽然年轻时喜爱体育运动，但体质并不健壮。早在准备去德国时，第一次做X光透视，就发现肺部有许多钙化点。哮喘病是他中学时就有的老毛病，随着工作负担过重，体质下降，20世纪40年代后期，哮喘显著加剧，每年秋天都会发病，严重时难以平卧入眠。南京气候条件不如西北，父亲除系务工作外，还有学会和校友团体的兼职，又念念不忘自己的泥沙研究，比在西北农学院更为繁忙；特别每逢学生毕业更忙得不可开交，要由系主任介绍工作，毕业生白天办公室找，晚上到家里来谈，有些学生一时介绍不出去，甚至每天晚上都要到家里来。1948年中央大学住房条件有了好转，我家搬到东门外的教授宿舍（文昌桥15号）。这时全家共8口人（包括江家婶），由于父亲明显衰弱，母亲感到长此下去会出大事，所以，一方面力主父亲辞去系主任职务，另一方面要求自己也参加工作。这样当了近12年家庭主妇的母亲，又重新登上高中数学讲台。当年的中大附中（今南京师范学院附中）的数学老师都是中央大学毕业的女同学，我母亲讲课是很有名的，被学生称为“几何妈妈”，新中国成立后经常有南京市或省内其他县的教师来观摩。

1948年年初，派去美国麻省理工学院获博士学位的梁治明先生回来了，一年后我父亲终于告别前后忙了12年的系主任生涯。1950年中央大学改名“南京大学”，他从土木系转到水利系当教授；第二年，“南京大学”又改为“南京工学院”（其文理等课并入“金陵大学”称“南京大学”）；又一年，成立“华东水利学院”（今“河海大学”），南京工学院水利系并入华东水利学院，父亲在农田水利专业。虽然院系的名称调来换去，我家的住址一直没有变化，但家里却出了令我父母痛心的大事：他们最喜爱的三儿际禹患上当年的不治之症——左膝盖骨结核，唯一的希望寄托在姨妈从香港寄回的链霉素，但这药效很有限，大约一年时间结核菌已侵及大脑，1953年年初，10岁的三弟夭逝。同年夏季我家搬到靠近华东水利学院的灵隐路5号教授住房，这原是国民党官员住的三层小洋楼，南面还有一片园子，一层是朱培寿先生家，我家住二层、三层（亭子间），合计用房7间，对一个大学教授来说，如此住房有些奢华了。

卸职系主任后的父亲，除先后承担防洪工程、泥沙工程和水利土壤改良（即农田水利）等课程的讲授外，仍然不间断地从基本问题出发，思索泥沙运动规律，诸如什么条件下会使河床冲刷和淤积？某一特定水流究竟能挟带多少泥沙？黄土中的细颗粒黏土到底是怎样影响泥沙运动的？这些都是治河工程中的老问题，但各家学者的说法和估算往往相差很大，归根结底还是对泥沙的启动（开动）和挟沙等基本规律研究得不够深入引起的。

新中国成立后，远在陕西的西北农学院也处于恢复阶段，原武功水工试验室改为西北水工试验所（李赋都先生兼所长），早期的业务骨干仅韩瀛观、刘祖典、李崇智、孟宪琪等几位，主要任务是结合西北特点进行水工、土工方面的试验研究，并于1954年建新水工大厅时划归中央水利部领导。李崇智先生是水工大厅基建的主要负责人，常出差到南京来看望我的父母亲。

1955年，随着水利部与电力部合并为水电部，武汉水利电力学院的建立，华东水利学院农水专业又要并入武汉水院。我父亲身体不好，已受不住过多的折腾，对哮喘病来说，武汉气候更差，而母亲希望能常回江阴老家探亲，当然更不愿去武汉。此时，水利部正在南京水利实验处召开第一次全国水工试验研究报告会（当时部属研究单位仅南实处和西北水科所两个），西北水科所派李崇智与会，作《陡坡跌水下游防冲问题初步研究》报告。他知道我父母亲都不想去武汉，也知道我父亲矢志于黄河泥沙研究，所以竭力动员其重返武功。父亲也觉得要进一步研究泥沙，还是武功条件好，他说服了母亲，全家（包括江家婶）在当年暑假又搬回了西北农学院。父亲在西北农学院水利系任教授并兼西北水工试验所所长。母亲本打算到西北农学院教她最熟悉的高等数学，但数学教研组不缺人，只能安排去物理教研组教大学物理（讲师）。康迪院长很为母亲担心，专门去旁听了第一堂课，见她从容，条理清晰，板书又好，才放下心来。回想起在南京时，母亲的中央大学老同学曾开玩笑地说："Miss 章，当年你学得那么好，有什么用呀?"，谁知 20 多年后，在西北农学院还真得之派上了用场。随着经济形势好转，1956 年号召"向科学进军"，西北所除原有的水工室和土工室外，又新成立了泥沙室、灌溉室（水利土壤改良研究室）以及相应的试验厅（楼）与职工生活区。

六、终于完成了自己的泥沙体系

父亲一生写了 4 本专著，除《农田水利学》《水工设计》外，还有《灌溉工学》（西北农学院，农业水利学会，1945 年）及《泥沙运动学引论》（中国工业出版社，1965 年）。其中最主要的一本就是《泥沙运动学引论》，它是我国第一部自成体系、公式实用、具有独到见解的泥沙专著，它凝结了父亲 30 年来的心血，同时也是许多朋友同心协力的结果。

父亲一生发表了 50 余篇论文，其中有关黄河与泥沙的约占一半。在泥沙研究方面，除第一篇著名论文《泥沙分类命名之商榷》外，第二篇文章则是 1956 年发表的《泥沙运动基本规律》（《泥沙研究》第 1 卷第 2 期，1956 年），该文总结了 1956 年以前的主要成果，提出了解决关于泥沙问题所必需的三个基本规律，即沉速规律、开动流速规律与挟沙能力规律，其中前两个规律都是针对清水单颗粒而言的。由于这是我国泥沙领域最早具有系统性的研究成果，学术上起了较大的推动作用，所以在他去世后 12 年的 1978 年获全国科学大会奖。然而对于黄河泥沙研究，这篇论文只能是个阶段性的标志。出自黄土高原的多沙河流，浑水中多挟有大量黏性土颗粒，含得越多影响就越大（无论是沉降、冲淤或挟运）。这也是他 1932 年写第一篇论文《河流之挟沙量》时已认识到的问题；1943 年，在渭惠渠的水文测验中更发现"流水的含沙量很高时，床面反变得滑顺，流速会略有增加"（《流水挟运泥沙之通式》，1943 年 3 月，西北农学院农田水利研究部报告之二）。20 多年来，他看了不少有关土壤胶体化学方面的书，也有自己的想法，但就是收集不到有关的实验资料（在国外这个问题并不突出，国内还不具备实验条件）。国家科委、水电部下发《国家 12 年（1956—1967）科学技术发展纲要》后，水库、河流与港口的泥沙研究工作受到科研、教学、生产各方面的重视。父亲带着西北所泥沙室的朋友，针对黄土的特性展开了一系列有关沉降、开动和挟沙能力方面的研究，如浑水的滞性、群体沉速、渠道冲淤平衡等；另外，南京水科院（原南实处）的李昌华和柴挺生，还为我父亲寄来了他们改变流体滞性（水加甘油）以及港口淤泥的开动流速试验资料（淤泥很细，不像黄土那样容易淤实），这对加深颗粒开动时的流态以及黏性细颗粒胶化作用的认知，特别是实用公式中参数的量化，都起有重大作用，所以父亲兴奋地说："这真是一份大礼呀！"

在这期间，还应该提及三门峡水库的大模型试验。早期1953年3月，在南实处召开全国第一次泥沙研究座谈会，曾议论过黄河建库的泥沙预报问题。父亲是不主张在黄河中下游的峡谷地区建库发电的，所以他的意见是必须进行大模型试验，才有可能对其上游淤积和下游冲刷加以估计。1956年，国家计划兴建三门峡水库（苏联专家设计）。1957年6月10日至24日，水电部召开了三门峡水利枢纽讨论会，与会专家分别来自发电、水工、水文和泥沙等方面（西北水科所没人被邀请与会），对水库的效率与损失认识不一，分歧很大，大多数人主张修低一些再看（《三门峡水利枢纽讨论会资料汇编》，1958年4月，水利电力部）。1958年4月，周恩来总理又亲自主持了讨论三门峡枢纽工程的会议，西北水科所由韩瀛观副所长出席，总理点名要西北水科所发言，韩所长谈了他的看法，即水库不应以发电为主，而以防洪滞洪为主，枢纽低水位运行，同时增建排沙设施。由于周总理1956年访问印度时参观过大模型试验，所以他除了同意韩瀛观的意见外，还决定作水库淤积模型试验。1959年年初，按我父亲系列模型的设想，在武功进行三门峡水库不同比尺的水库模型试验。这是一个内容庞大的协作项目，国内除水科院、黄委研究所和西北水科所三个合作单位，还有西安交大、黄委西北工程局及陕西水校参加，并作为中苏重大科技合作第122项的内容之一。我父亲与水科院钱宁先生负责技术，苏方由罗辛斯基参与，日常工作则由黄委王涌泉安排。可惜的是，这项紧张而有意义的工作，持续了不到两年时间，就因国家进入经济困难时期而被迫终止了。虽然，初步试验结果已可表明，三门峡水库近期应该采用低水位运行方案，但没有按计划完成系列模型能够发挥的作用，使许多当事人回想起来都深感遗憾。对我父亲来说，这个"初步"试验结果却尤为沉重，试验已发现，一旦两个不利的水沙过程相继发生，就可能使黄渭洛汇流区淤得面目全非，而这种不利组合却没有被列入（试验进行的水沙系列平—丰—平—枯—平，是苏联专家拟定的）。这显然是一个事关三门峡工程成败的严重信号，也使得我父亲和苏联专家在会上闹翻了，如果再对三门峡建设说"不"，就成政治问题了。回想起

1956年韩瀛观给周总理的回话，从组织上已令水利部某些领导很不高兴，为了不影响西北水科所的前途，父亲专门以个人名义致函水电部谈了自己的看法，但具体写了些什么我就不得而知了。随后，父亲根据长期以来对动床模型相似性的思考，发表了《系列模型延伸法》（水利学报第五期，1963年），从理论上就这种新的模型试验方法作了进一步的阐述。

父亲编制在西北农学院，而主要精力势必用在西北水科所，加之身体不好，也无力承担多大的教学任务，为了不引起非议，一开始他就主动要求其工资不要因地区而提升，教授的级别定为三级就行了。辛树帜院长不同意，但他坚持，这样一直是三级。到了1957年，西北农学院水利系并入西安交通大学，我父亲仍留在西北农学院，归属农化系领导，每年他除了写篇论文在全校学术讨论会上交流外，没有什么教学任务。随之，他在西北水科所的兼职也被免去。然而，他的学生韩瀛观、李崇智、张灏都是西北水科所有技术实力的领导，他们一直全力以赴地支持我父亲，带领泥沙室的朋友们扩大和深化研究成果，即使在国家经济困难时期（1959—1961年）也从来没有间断过。泥沙室的张灏主任专门抽出朱嗣先和于大宇协助我父亲做资料的整理和计算工作。当年朱嗣先因家庭困难准备回铜川，但下决心干完了再走，这样竟推迟近一年时间。在大家共同努力下，我父亲才能先后在《水利学报》等主要月刊上发表4篇具有创新价值的学术论文。最后一篇题为《泥沙运动的若干基本规律》[《高校自然科学学报》（土木、建筑、水利版），1966年第二卷第一期]，虽然在体系上仍分作沉速、开动流速、挟沙能力三大块，但内容比1956年深入得多，分析与处理实测或实验资料的能力与方法也显得独特和自如。

1960年，西北农学院又复办了农田水利专业（归属农机系）。1961年春，熊运章主任从苏联留学归来，在康迪院长的关心和熊运章主任支持下，为我父亲举办了一次“泥沙讲座”，并责成青年教师朱文荣、唐文岐做好笔记，以便更好地加以总结和整理。由于长期过度紧张地工作，到了20世纪60年代，父亲的身体已经很差了，每年要伴哮喘厮度数月，严重时彻夜不寐地坐在藤椅上。1961年秋，南京传来噩耗，二伯父肝硬化去世，父亲因自己身体不好没去探望二伯母而深感内疚。因此，1963年春他下决心去南京参加水电部召开的全国性泥沙学术讨论会，在会上突然痰中带血，会议组特别请了名医为他作全面检查。二伯母家我二姐沙宜云是医生，也专门陪了她的“暑叔叔”好几天。父亲回家后对我们说：“医生说我的所有器官都很脆弱，一定要特别注意，否则会全面崩溃的。”同年暑假，父亲决定出他一生中最后一本书《泥沙运动学引论》，称“引论”的意思主要在于：①这是一门新兴的边缘学科，尚有不少值得继续研究的问题；②本书主要围绕自己的学术体系著述，不征引其他学派的观点。

1961年冬因甘肃引洮工程下马，我被调到西北农学院农机系水工教研组，准备专业课“水工建筑物”的教学。父亲出书时，农水专业复办后的最高班才三年级，教研组主任朱文荣把我抽出来专门协助出书。编写工作进行得极为紧张，每天早上父亲给我一些在1961年讲座基础上，由朱文荣、唐文岐两位协助整理的初稿和正式稿纸，并口述编写第二稿的要点或需要再作计算和推导的公式，然后我就去办公室整理编写，每天的工作时数大致都在12小时以上，晚上11点左右回家交稿。第二稿用了3个月才完成，接着开始第三稿。第三稿较第二稿文字部分进行得快些，但计算、描图要求则更高。临近年底，二稿经修改成定稿寄给出版社，这时父亲已累得很少起床活动了。

1964年春季，西北农学院派我参加水电部的“第一期泥沙培训班”，我顺便去出版社取校样寄回，父亲在家抱病又做了少量补充修改，此间又有水工教研组迟耀瑜等人的协助。此后和出版社还有一些信件联系，全部工作直到1964年底才结束。1965年9月，《泥沙运动学引论》由中国工业出版社出版，因计划印数只有1500册，所以仅在几个大城市销售过，很快就卖完了。父亲看到自己毕生为之奋斗的目标得以实现，非常高兴，并在该书的计划印数外自购50本，分赠各地友人。

1966年7月10日上午，父亲躺在床上突发昏迷状，吃了一些藕粉糊后又慢慢地缓了过来。虽然全家都不知他得的是什么病，但也都预感到情况严重。我和母亲一起陪父亲去西安看病，有的医院说是肝癌，有的说是肝硬化晚期，反正住不进医院。直到7月24日早上又发生昏迷，而且很严重，经过西北农学院驻西安办事处的梁森林帮忙，才按急诊送进西安医学院第二附属医院内科病房。此后我才知道，父亲的昏迷状态是肝脏缺糖引起的，叫做肝昏迷。虽然，父亲在医院每天输一些葡萄糖，以避免再发生昏迷现象，但病情仍在日益加剧，腹水退不下去。在住院的98天里，母亲一直守护在病床旁，晚上睡在躺椅上。

对于死，父亲表现得极为坦然。他也知道，只要葡萄糖吊针一停就可以安息了。1966年10月29日下午，父亲告诉母亲不用再等在外“串联”的际凯了，不要再吊糖了，这样拖下去没有意义。并让我去请来医生和护士，亲自向他们表示了谢意。随后，很吃力地对我说：“要好好为人民服务。”这是他一生的最后一句话。当天晚上，父亲握着母亲的手进入昏迷状态。1966年10月30日上午9时，与泥沙和哮喘搏斗了大半生的父亲，心脏停止了跳动，终年59

周岁。母亲说："让他去吧，他会安心去的，因为他已经看到了自己的书。"为了安慰母亲，我在父亲的遗照下加了一首短诗：

三十年来忧河患，学治泥沙苦开篇；
身躯病注盈甲子，服务人民志不残。

在随之而来的"大风大浪"中，母亲吃了不少苦，并于1974年7月10日晚9时，因突发心力衰竭而去世，我们把父亲的骨灰盒随妈妈的棺木一起埋在了西北农学院公墓。母亲的人缘好，出殡那天，自发前来送行的人很多很多……

父亲生前对我说过："现代科学技术发展得很快，只要我的理论今后10年仍然适用，也就不错了。"堪以慰告亡灵的是，至今50年已经过去，我父亲的公式仍在生产中广为应用；而且《泥沙运动学引论》一书，经台湾成功大学老校长倪超先生的举荐，台湾大学易任教授（1948年西农水利系毕业）和成功大学刘长龄教授热心赞助、作序，已于1996年10月由陕西省科技出版社再次出版。

最后我借此补充一些与本书写作有关的事。

（1）先父的行述，他自己生前几乎没有留下什么文字记载，我也没有打问过，而真正知情人是我的母亲，又早在20年前故去。因此，当年写这篇传略性的文字，疏漏和失误是一定会有的。2009年中央大学校友会编写《南京骊珠中央大学名师传略再续》（南京大学出版社，2010年6月），承顾淦臣先生相邀，合撰沙玉清一节，而且由我先执笔，重点放在出任中央大学土木系主任的这一时段。这样，我又作了一些对本集有所补益的功课。

（2）先父到底是什么"家"，几位前辈编委没有统一的说法。韩瀛观先生当年强调："我认为沙老师首先应该是泥沙专家"，显然，他不认同中国科学技术学会和熊运章先生的提法，即"农田水利学家和教育家"（《中国科学技术专家传略》综合卷1·农学篇，中国农业科技出版社，1996）。我个人认为，从历史角度看，韩先生的话十分准确，所以拙文也是按照这一观点开展的。但是，先父的主要精力集中在泥沙运动力学的理论研究，而泥沙问题的实践（防洪、治河、环境整治等），大多与社会宏观经济有涉，事关国家的政治权力运作，在当时也有不小的政治风险（如三门峡水库），而他也少有机会直接参与，即使作为泥沙专家，也不够全面。况且，先父的身份一直是大学里的"教书匠"，泥沙研究既无经费，也不担责，仅志向使然；而在系主任的岗位上，毕竟躬身勉力地拼了10多年，因此，拙文的题目采用了陈椿庭先生的说法："水利教育家、泥沙专家"，也就是以"育桃李"为先。

（3）原集初稿曾寄李昌华先生审阅，是他建议将诗中的第二句改为“引论泥沙赋开篇”，我也采纳了。李先生这话是有道理的，我父亲一生乐观、自信，即使病中也从未说过有什么苦；然而，今天想来这诗是写给母亲看的，作为她的长子，一个自上大学起就被认定为思想落后分子的我，在真实场景中的感受，故本文集又改了回去。但仍要感谢李昌华先生的指点，这30年来天时在变，人的心境也因之不同，所以，本篇题目也随之“引”“赋”了起来。

2015年12月于杨凌西北农林科技大学

目　　录

其　他

纪 念 文

编年简表

1. 履历

1907 年 4 月 6 日　出生于江苏省江阴县（今江阴市）青果巷 7 号
1913—1919 年　江阴辅延小学学习
1919—1925 年　江阴南菁中学学习
1925—1926 年　南京河海工科大学预科学习
1926—1930 年　南京中央大学工学院土木工程系学习，1930 年春去日本考察港工
1930—1935 年　北京清华大学工学院土木工程系，任水力工程教员
1935—1937 年　德国汉诺威工科大学留学，主攻河工模型试验，并去欧洲各国考察水利工程
1937—1947 年　西北农学院农业水利系（今西北水利科学研究院）教授兼系主任，1940 年创建武功水工试验室（今西北水所），1941 年成立“西北农业学院农田水利研究部”
1947—1949 年　南京中央大学（今东南大学）工学院土木系教授兼系主任，1947 年与淮河水利工程总局在中央大学共建我国第一座混凝土研究室
1950—1951 年　南京大学（中央大学易名）水利工程系教授
1951—1953 年　南京工学院（南京大学易名今东南大学）土木工程系教授
1953—1956 年　华东水利学院（今河海大学）农田水利系教授
1956—1958 年　西北农学院农田水利系教授兼西北水利科学研究所所长
1958—1966 年　西北农学院水利系教授
1966 年 10 月 30 日　逝世于西安市西安医学院第二附属医院，享年 60 岁

2. 主要论著

1931 年　（1）水工研究所设立之必要，《大公报》，3 月 23 日、24 日连载
1932 年　（2）中国水利经济与民族统一，《清华大学土木工程学会会刊》，第 1 期
（3）河流之挟沙量，《清华大学土木工程学会会刊》，第 1 期
（4）水工模型研究之比拟律（译文），《科学》，第 16 卷，第 9 期
（5）日本治水之沿革，《水利月刊》，第 3 卷，第 5、6 合刊
1933 年　（6）爱迪生的为人，《科学世界》，第 2 卷，第 1 期
（7）水工模型研究之因次分析术，《科学》，第 17 卷，第 3 期
（8）神户筑港工程参观记略，《清华周刊》，第 39 卷，第 10 期
（9）返水曲线公式之差率，《清华大学土木工程学会会刊》，第 2 期
（10）德国的巨型水工研究所，南京中央大学土木工程研究会会刊《土木》，第一卷，第二期
（11）中国水利旧籍书目，《清华大学土木工程学会会刊》，第 3 期
（12）沉沙池形式之研究，《清华大学土木工程学会会刊》，第 3 期

1935年 (13) 河工模型研究水力学，《清华大学土木工程学会会刊》，第4卷，第1期

(14) 晚近治河工学之新工具——模型试验水力学，《科学世界》，第1卷，第7期

(15) 农田水利学，商务印书馆出版

(16) 黄土渠安定渠槽之设计法，《水利月刊》，第9卷，第2期

(17) 近代土工试验与水工问题，《水利》，第10卷，第6期

1936年 (18) 土工试验于新基工设计之应用，《水利》，第11卷，第5期

1937年 (19) 我国城市的防空问题，《科学世界》，第6卷，第1期

1938年 (20) 水利事业的科学基础，《李仪祉先生纪念刊》

(21) 西北水土经济研究的重要，《李仪祉先生纪念刊》

1939年 (22) 水利与农业，《李仪祉先生逝世周年纪念刊》

(23) 水利事业与水利教育，《李仪祉先生逝世周年纪念刊》

1940年 (24) 灌溉事业成功之要素，《科学世界》，第9卷，第1期

(25) 仪祉水土经济研究所初步计划概要，《李仪祉先生逝世二周年纪念刊》

(26) 水利家的人生观，《西北水声》，第1卷，第3期

(27) 与在校学生谈立志，《西北水声》，第2卷，第1期

1941年 (28) 黄土区域之潜水问题，《西北水声》，第2卷，第4期

(29) 陕西武功水力试验室概况，《水利》，特刊第3卷

1942年 (30) 黄土及黄水之认识，《工程》，第15卷，第5期

(31) 大禹治水之科学精神——黄河治本探讨，《工程》，第15卷，第6期

1943年 (32) 流水挟运泥沙之通式，《西北农学院农田水利研究部报告之二》

1944年 (33) 十年万井　建设西北，《中央周刊》，第5卷，第23期

(34) 水工设计（沙玉清、陈椿庭），西北农学院农业水利学会出版

(35) 灌溉工学，西北农学院农业水利学会出版

1945年 (36) 还我河水，《西北水声》，第6卷，第1期

(37) 河泥的可宝，《西北水声》，第6卷，第1期

(38) 河西　居延　新疆水利考察报告（沙玉清、陈子颛），《西北农学院农田水利研究部报告之四》

(39) 以水利养水利，《西北水声》，第6卷，第4期

(40) 泽薮和稻人，《西北水声》，第6卷，第4期

(41) 河清与清河，《西北水声》，第6卷，第5、6合期

1947年 (42) 泥沙分类命名之商榷，《水利月刊（泥沙专号）》，第15卷，第1期

(43) 土木系在复员中，《中大土木》通讯第三期，1947年7月

1948年 (44) 混凝土名词（沙玉清、吴中伟），《中央大学混凝土研究室研究专刊之一》

(45) 混凝土工场试验法（沙玉清、吴中伟），《中央大学混凝土研究室研究专刊之二》

1956 年 （46）物体沉速的基本规律，《西北水工试验所研究报告之五》
（47）开动流速的基本规律，《西北水工试验所研究报告之六》
（48）挟沙量的基本规律，《西北水工试验所研究报告之七》
（49）泥沙运动的基本规律，《泥沙研究》，第 1 卷，第 2 期
1959 年 （50）系列模型延伸法的理论与实践，《西北水科所研究报告》，泥沙研究第 23 号
（51）冲淤平衡稳定渠道设计法，《水利学报》，1959 年第 4 期
（52）谈谈我国治河方策的演变和发展，西北农学院第三届科学论文讨论会论文
1961 年 （53）群体沉速的研究，西北农学院第四届科学论文讨论会论文
1962 年 （54）浑水的动滞性率，《西北农学院研究报告》
1963 年 （55）系列模型延伸法，《水利学报》，1963 年第 5 期
（56）再论泥沙开动流速基本规律，西北农学院第五届科学论文讨论会论文
1964 年 （57）系列模型延伸法的终结讨论，《水利学报》，1964 年第 5 期
1965 年 （58）泥沙运动学引论，中国工业出版社出版
1966 年 （59）泥沙运动的若干基本规律，《高校自然科学学报（土木·建筑·水利版）》，第 2 卷，第 1 期

专著

《农田水利学》(目录)

沙玉清　著

商务印书馆，1935 年 9 月

第 1 编　基本的原理与方法

第2编 灌溉

第 3 编　排水

第 4 编　放淤和洗碱

《灌溉工学》(目录)

沙玉清　著

国立西北农学院农业水利学会，1944年12月

第1章　灌溉系统概要

第2章　灌溉系统之勘测及定线

第3章　渠道之流速

第4章　灌溉系统设计之泥沙问题

第5章　安定渠槽

第9章　渡槽

第10章　隧洞

第11章　管渠及翻水

第12章　蓄水库

《水工设计》（目录）

沙玉清　陈椿庭　编著

国立西北农学院农业水利学会，1944 年 5 月

《泥沙运动学引论》(目录)

沙玉清　著

中国工业出版社，1965 年 9 月

论 文

第一编 品 德 教 育

爱 迪 生 的 为 人

我不去回想已经过去的一切，
只有今日才能产生明日的利益。

爱迪生到底是怎样一个人物？

他拥有70亿金的资本，还开一所每年获利10亿金的工厂；他真是这样一个握有这样大力量的人物么？

这样伟大的工厂，绝不是只有一个爱迪生所能办得了的。

他的背后有许多小爱迪生——发明家的奋斗、资本家的努力，爱迪生之所以有今日之伟大，全靠这般后台老板的活动。但是，爱迪生就是这些小爱迪生的母亲，或者这样说，他是一个能使“没有”生出“有”来的魔术家，倒是的确的！

爱迪生究竟和普通人有什么异样呢？

是不是因为他有健全的身体？有明晰的理解力？还有活泼的想象力？不！尽管有许多和他赋有同样“身心之力”的人，但是有几个能做到他1/10的事业呢？

第一，我们不得不这样回答：他是握着他全副的力量，在埋头地向前死干！一旦在他脑里萌芽了一些什么新的东西，他就顾不得一切，什么时间、人工、劳力、费用和其他一切。他把握着自己铁样的意志，孜孜不倦地埋头做实验，经月经年的向着那成功的路上做实验。当他研究碱性蓄电池的时候，爱迪生花去了五年的日子和百万金元的费用。爱迪生只知埋头的工作，和时间好像不生什么关系的。他不靠时计，因为他研究的对象不是时间，时计是不能应付一切的，他拿他的心来应付一切，他只知道继续不断地死干，他从未想过已经过去了多少时间。

第二，所谓爱迪生为人的特性：他永远在希望着，他十分在信任着自己。他自己从来未想过什么是失败，他更没有尝着什么怀疑、什么是恐怖的滋味。他根本是和什么失望、什么畏怯绝缘的。他永远抱着和孩子般明亮的心。

干，干，干，不折不挠地干，爱迪生感着无上的趣味，倘使是没有困难和障碍，溜冰般滑行的工作，不足以引起爱迪生的兴趣的。他非得要战胜困难，打破障碍，使不可能的变作可能，爱迪生就发现不可名状的、精神上的快乐了。

其次，所谓他的特长：他不乐意金钱的积蓄，爱迪生只有很少的钱放在银行里，他所挣的钱，十分高兴地拿来用作研究的费用。这是我们想象得到的：假如爱迪生对于金钱不这样的冷淡，他就恐怕没有今日的那样神气，那样的伟绩了。

爱迪生到了老年，仍旧维持着很好的体格，他已经活过了80多岁，头发和雪样的白，看书要请眼镜做帮手，但是他那双青色的眼，依然炯炯的闪出光亮。

他的身长五英尺九英寸又二分之一，是一个堂堂的大汉，他的体重175磅，在最后的十年间，依然不减，他有壮者般的元气。他是一个严格的节制家，他不喝酒，每餐吃的不多，他喜欢吃水果、面包、浓的咖啡，烟卷儿也是顶喜欢的。他的信条，认为一般人吃的东西太多了，所以他只吃得很少量，并且是很简单的食物，他不在食桌前坐着很久，他自己的体重，增加或是减少，他就拿食量的加减来调节，使他常常地保持着一定的重量。

爱迪生对于服装，是全不介意的。他说："我把旧的衣服，交给裁缝匠，他照这旧的尺寸，来做新的衣服，因为所以要一次二次量新的尺寸，无非是想适合身体。我就拿饮食的加减，来保持一定的体重，所以就没有换尺寸的必要了。"这是他曾向一个替他做过二十多年的老裁缝匠所说的，的确是真实的事。

1873年，爱迪生和玛丽结婚，生有3个孩子，到了1884年，他的夫人就不幸地去世了。1886年，他再行第二次结婚礼。新娘的名字叫美娜，她的父亲是一个很有名的农业机械发明家和制造家。爱迪生这次的结婚又生了3个孩子。从此以后爱迪生继续地享受着几十年快乐的家庭幸福。他的家，坐落在屋冷奇山的顶上，是在一个优美的露冷公园的里面。在这个美满的家庭里，装饰着各国名流所赠给的纪念品，还有无数的勋章和奖牌。他不在实验室的时候，往往就久留在家里，但是他决不怠惰地过去，他打开书来静静的研读。

他睡觉的时候，照例的是没有超过6小时的，什么时候工作，什么时候玩着，都有一定的规定，他十分严格地谨守着。有时候，爱迪生喜欢向着他的朋友，赞美着"勤劳""克己"和"服从规则"的美德，他并且继续着说："我不去回想已经过去的一切，只有今日才能产生明日的利益""我永远保持着科学、艺术、企业、各方的兴味。我喜欢读天文学、化学、生物学、物理学、音乐、哲学、机械学等书；经济政策、电学和其他同样促进世界进步的东西，我是永远百读不厌的。我还喜欢看科学学会的各种刊物，有关科学和商业的新闻、戏剧的消息，以及竞技的纪事等等。因为从里面，我想了解一些世界真正的底细。因此，我们世界的大势，怎样地在推动着前进？为什么在推动着前进？只要在这读书的一瞬间，就能够全部启示给我们，这一瞬间的快乐，实在是难得的"。

他和家人谈话的时候，是非常率直，并且规规矩矩的。但是一旦讲到了有价值的话，他为着要伸张自己的理由，无论是谁，他都拿出全副力量来辩论的。他的耳朵有些聋，所以和人家说话的时候，格外要好，格外亲切。因此，和他常在一块谈话的人，无论谁，都好像受着了爱迪生率直性格的同化，也都变得率直得很。

虽然，他这样对他的事业，至于他的为人，生来就谦逊，并且非常深思远虑的。

爱迪生身心的健全，高兴着戏谈，是一个有代表性的美国人，他喜欢听到新奇的话，他始终莞尔得听着，和孩子一般的天真，从肚子的底层笑了出来。他有非常灵敏的机智，他能够随意吐出许多美妙的应答。但是，在工作的时候，他就大大地严格地不同了。平时实验室的研究员，都和好爷爷般的尊敬他，他们都称呼爱迪生叫"老头儿"，表示十分亲爱的情感。助手们的过失，倘使是属于天性的弱点，他就非常地宽恕他；倘使是因为不当心，马马虎虎不听话所闹出来的，他就要加以极严厉的责骂了。虽然他是这样的厉害，但是一骂过就完事，又和以前一般的慈爱了；并且，这种发脾气的事，实在很少遇见。

从遗传方面说，爱迪生的家族都是非常长寿的，他到 85 岁做寿的时候，精神和元气依然十分的饱满。

1931 年 10 月 19 日，他和我们永远地告别了，他留给我们人类的伟绩，把我们黑暗中生活着的人生，转变到光明的世界。

摘自《科学世界》第 2 卷，第 1 期，1933 年 1 月

水利家的人生观

（1940年6月14日本院第二届毕业典礼演讲）

诸君在校四年，研习水利，基础既具，行将各本所学，从事建设，为国家争取生存，为民族争取胜利。诸君职责重大，应各知奋勉图强，及时努力。我等平日所谈偏重学术，对于如何做人、如何做事，虽也屡有论及，但尚感未尽欲言。今得此良机，愿再为诸君告。

昔元顺帝至正三年，河决曹州白茅口。明年，黄河暴涨平地水深二尺许，命贾鲁治之。十一年四月兴工，十一月水土工毕，河复故道，后人念其功德，建庙享祀，并有诗一首，传颂河干。诗曰："贾鲁治黄河，恩多怨亦多；百年千载后，恩在怨消磨。"此乃一代水利家人格之写照。启示吾人工作之意义，努力之途径，并确定吾人应有之人生观，今请申其义。

黄河为我民族之摇篮，国家之大动脉，河治则民安，失治则民乱，诸君平日钻研河史，知之最深。值此民族复兴之伟大时期，诸君急应痛下决心，以治河建国为己任，以"河治则国治"为信念。仪师在日，尝谓"治河应从上游着手"。抗战期间，下游已沦于敌，吾人力难能及，更应遵循遗训，锐意治理上游，随军事之胜利，渐向河口推进，而竟全功。

新工创立，新制推行，有赞成者必有反对者，所谓："有恩必有怨"。事功初期，利益未溥民之所愿，少数分子欲保其旧有之权势，常出而反对，阻挠事功进行。左右为难，破坏计划，甚且毁谤诸君之名誉，使诸君心灰意冷，致君不战而败。

今勉告亲爱之诸君，既已矢志为民族利益高于一切而奋斗，倘逢此逆境，应视为事理当然，成功者必经之途径，切勿稍有之退却，而遂彼等私欲。务须坚定意志，勇往直前，要能任劳，更要能任怨，突破难关争取最后之胜利。

事有见效于一时者，有成功于永久者。水利事业关系国计民生，更要经得起时间的磨炼，一切设施应从永久上着想，为子子孙孙打算。抗战时期，后方物资稍感缺乏，仍需本科学精神，实事求是，精益求精。事无大小，务策万全；工无巨细，必求坚实。敲钉要转脚，截树要问根，勿存侥幸之心，因陋就简对付目前而遗后患。

大功告成，效益渐著，民食其利，与日俱增，当年苦怨均已忘怀。歌颂功德，国族光荣，水利家之最后安慰也。诸君勉之。

摘自《西北水声》第1卷，第3期，1940年8月

与在校学生谈立志

王守仁曰："志不正，天下无可成之事"。朱子论学有云："著不记，熟读可记；义不精，细思可精；惟有志不立，直是无着力之处"。仪师遗嘱有言："余深感水利事业在中国之重要，幼年即以攻求水利学识自矢"。盖"志"为一切奋斗精神之原动力，古之成大事业者，莫不预立一坚定之志愿为终身努力之鹄的，抱"一息尚存此志不容稍懈"之决心，埋头干下去。

诸君将来之工作，简言之，建设西北农功水利，完成仪师生前未竟之功，分言之，约有数端：

（1）广开沟渠，灌溉田畴，增加生产，潦旱有备，以奠定西北农业之基础；

（2）浚治江河，增辟水道，运输便利。百货畅通，以奠定西北工商业之基础；

（3）筑堰蓄水，开发水力，供给巨量电能，促进工业，并奠定西北农业电化之基础；

（4）改良饮水，建设新村，使病疫绝迹，生活安适，以奠定西北同胞康乐之基础；

（5）培植专材，精研水利，发扬事业，学术独立，以奠定西北水利文化之基础。

虽然诸君之抱负伟矣，诸君的职责重矣，但任何事业之成功必有一定步骤，一定之准备。譬之登山，若仰首见顶，目标既定，然后循序渐进，步步上行，决无一步登天之理。是以在诸位一生奋斗途中，亦应划分为几个阶段，树立许多小目标。拟定第一、第二……计划分段完成之。盖较小的目标，易于在短时期内达到，既增长人之兴趣，且可坚定吾人之信心。质言之，诸君之远大目标，为无数小目标之累积；乃一具体有计划之方案，而非一空洞之幻想也。

诸君今日在校读书，为诸君一生事业最重要之基础。对此四年，应各以每学年作一小目标。学年之始，即须预定计划，如何可使本学年之学业猛进，体力增强，精神振奋；对于何种学科宜加倍努力，期有创获；对于何种活动，须积极参加，俾有贡献。计划已定，拼力赴之，无少挟杂，无少游移，埋头苦干。盖无论学问事业，均系时间累积而成。有一分时间，即有一分成绩。吾人如能将一年之时间，专力花费在某一点上，定有一种意外之成就。漏能穿石，绠可断臼，以其集中精力于一点一线之故也。

诸君对于个人之饮食起居，应取怀份而安之态度；而于治学做事，则需抱永不满足之心理。打定主意，作有计划无止境之活动。盖志愿非天赋之秘密，其伟大之潜力，全在吾人意力之发挥与训练。语云："禹人也，我人也，有为者亦若是"。值兹学年之始，愿诸君共勉之。

摘自《西北水声》第2卷，第1期，1940年12月

土木系在复员中

我们的土木系，从民国四年，张季直先生创办河海专门学校算起，到现在已经有三十二年的历史了。在这三十二年过程中，尤其是最后的抗战八年，我们的老师度着异常辛苦的生活，我们土木系就在老师们的辛苦中成长起来，现在都平安的，又回到我们的鸡鸣山下大石桥边，展开我们新的生命。我们庆幸，我们欢欣，我们首先要向老师们致敬，恭祝他们的健康！

从去年暑假开始，我们走进了所谓复员期，旧的已经破坏，新的尚未产生；时代警告我们，蛰伏快近十年，一切都要从远大的基础上，重新迎头加速建造起来！

我们提出三点，作今后努力的方向：

第一，我们要学习，同时要研究。

战时的大学，能维持战前的水准，已经是煞费苦心，是很不容易的事；但是在复员以后，从前的种种，都难满足时代的要求了！我们的大学，对于教学设备，当然要力求完善，同时还要进一步，负起创造文化的责任。

我们中大，就做研究的环境这一点上说，真是“得天独厚”。国家重要的研究院所，种种事业机构，都在我们附近！我们所要研究的问题无论是属于哪一部门的。所需要的工具是哪一类型，只要我们去找，就一定可以得到许多最有价值的启示，最有希望的途径，走到我们所希望的目的地！

就我们的土木系讲，我们的材料试验室，很可以做许多研究工作，我们要感激陆志鸿老师多年的辛苦，奠定这样一个结实的基础。本年经沈百先老师的督促，我们能和导淮委员会合作，成立混凝土研究室，在国内尚属创举。关于结构力学方面，我们很幸运地得到梁治明先生的热心，成立结构力学实验室。此外，关于卫生工程实验设备，亦正在积极筹备之中。

第二，我们要思想，同时要实干。

在我们这个“赚钱不吃力，吃力不赚钱”的国度里，心理上就有一种“劳心者役人，劳力者役于人”的成见；再经过八年抗战，各级学校对于实习试验功课的缺乏，更足以养成一种喜欢空谈理论，怕动手实干的习惯，这是不容否认的事实。

如何挖土？如何打铁？如何安置一座抽水机？如何装修一架经纬仪？如何利用真空管里的电子，来测验一种难以觉察的变动？种种近代科学者的基本技术，在我们离开学校以前，都应相当的熟练！在学校方面，要尽量设法增加实习试验的课程，同时，在同学方面，凡是遇到实习试验的机会，要拿出全副精力来，指挥着我们的十个指头；要知道：从我们十个指头的神经里，吸收的知识，才是最真实的学问！

第三，我们要自助，同时要助人。

创造自己，茁壮自己，长成自己，这是我们治事立业的基本条件，但不是唯一的条件。我们还要有一种向外的能力，去帮助人家；一种向内的能力，接受人家的帮助；在必要的时候，我们还要能牺牲自己的利益，完成人家更有价值、更远大的成就！

大学四年，是决定一生事业的最重要阶段，我们要交往各式各样的朋友，吸收各式各样的知识，参加各式各样的集会！我们要大其心，容天下之物；平其心，观天下之变。我们千万要不得的是："来往尽土木""谈论唯工程"；因为这种狭隘的自尊偏见，不仅要枯涩我们智慧的泉源，窒息我们活动的力量，甚至要模糊我们明辨事非的能力！

我们土木系的卫生工程组是得到中央卫生实验院的协助而成立的，最近的混凝土研究室是和导淮委员会合作的；我们珍视这种合作事业，对于双方主持人的远见和热忱，表示万分钦佩。因为他们的成就，不仅在事业的本身，而在告诉我们青年，应当如何自助，如何助人！

职业上的互相尊重、互相信赖，生活上的互相了解、互相欣赏，是我们的信条！我们愿意伸出虔诚的手，请求各方面的帮助，我们更愿意尽我们的心力，贡献给爱护我们的人们！我们愿意看到自己栽培的树木成荫，更愿意听到，人家田园的丰稔！

六月十六日于后平房

摘至《中大土木》通讯，1947 年 7 月

第二编 水利事业

中国水利经济与民族统一

中国的民族，在历史尚未明白地展开以前，首先繁衍于黄河流域，渐次地向着中南部分发展。西历纪元前4000年至前1700年左右，黄河的中部平原，还是由石器铜器并用的狩猎民族居住着，他们渐渐把邻近的农耕民族征服，因此，发明了赋税纳贡的办法。

"若农服用田力穑，乃亦有秋"（《书经》盘庚篇）

"七十而助"（《孟子》滕文公）

"度其隰原，彻田为粮"（《诗经》大雅）

"曾孙不怒，农夫克敏"（《诗经》大雅）

到了西历纪元前1122年左右，黄河流域内的庄园制，逐渐发达起来，贵族与农奴成了当时社会的基本阶级，原始的封建制度亦就此萌芽了。

在黄河流域里，农业经营唯一的要务，就是防御黄河的泛滥，以及各种耕地的灌溉。但是，河流的制驭和调节，在整个的流域内，须得亦要有一整体的设计和统一的行动，才能收到成效。因此，这整个的流域，就不得不归于一个统治者的全权来管理了。流域内的住民，都负着帮助其统治者，完成各种事业的任务；对于各种建设工作，全体住民都要不惜运用其全力来协助的。同时，对于水利经济的统一管理，亦势必归于这中央统治者的权利内，这亦可以说是统治者必然应有的任务。中国古代统治者，都努力于这种水利经济的发展和维护，在中华民族的统一过程中，是含有必要又重大意义的！

神禹，是否真有其人？在民族史正开展的时代，因水利问题渐次的解决，酋长的势力亦随之扩大，这是很明显的。在黄河流域，对于处理各种黄河的困难问题，凡有利害关系的酋长，都得协力去干。这种大规模的事业，势必是在有权利、有智谋者的专制指使之下完成的。我们现在亦不难想象，当时因为酋长多能多智，克服了各种艰难困苦的问题，而引起人民的信任和崇拜。结果，一种独裁的权力，就会自然地凝聚到他身上去！所以治水的功劳者大禹，就是夏的建设者，这是无从怀疑的。何况那时，已是中国有史时代的夏初了。中国民族政治史上的统一，就正在这个时代，这是值得我们注意的！

水利问题，对于中国农业生产方式和政治结构都有着深切的影响。南方的水田，北方旱作，都只有灌溉是唯一的农业生产方法的基础。北方对于水灾的防御，更是十分紧切！比较大一点的工程，都须靠国家行政上的力量来办；比较小一点的设施，则由局部居民的合作力量来解决。有行政设施的地方，筑堤和其他重要建设，所需的财力和劳力，都只限于附近的村落内征收募集。水利问题对农村生活和官吏与农民的关系影响，无论南北，都含着通共一贯性的意味。

水利经济有两大任务：（1）洪水的防御与河流的调节。（2）灌溉的设施。

第一，河流的调节，在北方——黄河流域——是唯一的要务。因为洪水的侵袭，可直接毁灭民众的生命财产，乃至一切！这是大家知道的，无容细说。其次，灌溉的设施可说是中国农业的唯一基础，不论南北，都有同样的重要性。可以从积极和消极两方面来说：积极方面是有了灌溉设施，而使农业生产力增进的方面；消极方面，则指农业生产力因设施荒废而减退的方面。

1. 积极方面

北方——黄河流域——古来怎样施行灌溉，使这个领域内的农业生产力增进？

西周时代的灌溉："滮池北流，浸彼稻田"（《诗经·小雅》），可知当时灌溉设施的完备和稻田经营的情形了。到了战国时代，四川、陕西、河南各地，水利事业都非常发达。

秦在成都，开凿两条河道，河旁更挖了许多专为灌溉用的小河，沿河两岸的田地，得到极大灌溉之利，人民都享用着无上的收益。

"蜀守冰，辟沫水之害，穿二江成都之中。此渠可行舟，有余则用溉浸，百姓享其利。至于所过，往往引其水，益用溉田畴之渠，以万亿计，然莫足数也"（《史记·河渠书》）。

秦时四川的灌溉建设，就是现在四川平原完美灌溉设施的基础。

当时，陕西的渭水流域，亦凿有三百余里专供灌溉用的渠道。把沼泽碱地，一变而为四百万亩良田，关中就此化为沃壤，饥馑的惨痛因此绝迹。"韩闻秦之好兴事，欲罢之，毋令东伐，乃使水工郑国，间说秦，令凿泾水，自中山西邸瓠口为渠，并北山东注洛，三百余里，欲以溉田。中作而觉，秦欲杀郑国。郑国曰：'始臣为间，然渠成亦秦之利也。'秦以为然，卒就渠。渠就，用注填阏之水，溉泽卤之地，四万余顷，收皆亩一锺。于是关中为沃野，无凶年，秦以富疆，卒并诸侯。因命曰'郑国渠'"（《史记·河渠书》）。

当时魏在河南亦引漳水之水，灌溉邺的田地，因此河内的经济状态，获得了很大的改善。"西门豹引漳水灌邺，以富魏之河内"（《史记·河渠书》）。

中国的北方，古来雨量就极稀少，一年不过几回降雨，所以灌溉握有特殊的重要性。灌溉的有无，可以决定收获的多少。灌溉促进收获量的增加，从上述郑国渠的功绩，就明白了。现在，灌溉在北方农业中的地位仍极其重要，在农村社会中，依然严格地维持着它的重心：

"山西的农村，因为没有钟表，拿点着蜡烛来计算用水的时间，一尺长的蜡烛，可点三十分钟，有十亩地的农民，享有点尽两支蜡烛时间内所出的水量。有二十亩地的农民，则可次第点尽四支蜡烛，在这时间以内握有他的用水的权利。这种协定，几百年来，就有文字上的订立。倘若各村之间发生水事纠纷，各村的长老们就集合在既定的寺院里，他们作为审判官来裁判这种纠纷。"

"绥远接近河道的地方，都开有许多的小渠引水，除了灌溉自己的田地以外，余多的水就供给其他农民用，征收一定的代价，叫做水租。可引得河水的田地，叫做水地。这水地的地价，要比旱地的地价高得多得多。"

"五原县的习惯，倘因大雨或它种原因，在两家的邻接地自然的流出水来，假如地主们认为需要对这股水施行必要的工程，那么，这部分的费用，并非高地地主和低地地主共同负担，而是由低地的地主独家负担。因为在这县里，有水流的低地，平时受益要比高地大得多的原因。”

现在的成都平原——“这片广大的农区上，可以看到无数的深沟和各种灌溉用的渠道，纵横满布全境，好像一个大网。这网和灌县的水源联结着。当地人民对于这伟大工程建设者，都当作神一般的礼拜。他们对于这掌有用水供给权和统治权的神，所有的祝典，几乎占着当地各种宗教仪式的大部。每年沟渠的开浚，堤防的维护，以及地面高低的整理等，都含有热诚的宗教意味。至于战争和其他盗匪等事，也行有另一种典式。在这个平原内，除此以外，几乎没有其他生活上的纷乱，这是谁见了都会惊异的。”

2. 消极方面

中国的北部因地理上的关系和政治上的影响，古代的灌溉设施渐次荒废，至今只能免行一种干旱农耕；而集约农耕，简直已是不可能的了。农业的生产力，因此大大减退。连年饥馑的恐惧，酿成全文化衰落的危象！这实在是不可避免的自然结局。

我们只要回头去看看历史，在战国时代，全国共有八个大都会，其中没有一个在扬子江以南。当时扬子江以南，人口非常稀薄，大半都是未开垦过的卑湿荒地。当时的经济和文化的中心，全都要在黄河流域与扬子江流域的江北一部；但是，现在怎样了！灌溉对于中国的北方，促进农业生产，组成全文化机构，有何等的伟力！过去这惨痛的一幕，已全部告白了！

水利问题，在中国民族的统一过程中所占的分量，对于民族的繁荣、衰落所握的关键，无须再加申说了。历代聪明的开国帝王，政权统一的时候，就把“人工灌溉”当巩固政权唯一的物质基础；划出一定的财库，设有专职的官吏，管理这重大的任务。中国政治上尊重水利的传统观念，是有必然的来历的。

经济学家 Bapra 氏，论中国革命的根本问题里说：“中国全国领域内，握有最重大机构的，就是粮食的分配，供给的组织化。但是更重要的是，对于地域内的水利经济，须有统一的组织化和监督，国家应设有专门的机关司理这种事务。机关内的官吏，都当受有专门学识并须经过严格的训练。至于像目前，仅仅依靠封建性的无识官僚贵族阶级，是不能胜任的！”这是实在值得我们深思和反省的！

去年的大水灾，酿成国内最危险的农村经济破产！在民族统一的前途上，又加上一重障碍。但是，只要经过这头破血流的当头一棒，能从正是无头无绪，高唱统一建设的口号中，打出一条今后统一事业的正确出路，对症下药地干下去！我深信着，民族的前途，绝不会像只知嗟叹观望那样真的是没救的！

陕西泾惠渠放水典礼日（6 月 22 日），于清华园

摘自《国立清华大学土木工程学会会刊》第 1 期，1932 年 7 月

水利事业的科学基础

各种事业，皆以增进人类之幸福为目的，如一事业不能达此目的，则谓之失败。教育事业由表面观之，似以消耗而不生产，但实际上的收获，或较任何事业为大，唯一时不易察知耳。故评断一事业之成败，须视其结果如何，及其增进人类之幸福而定，凡成功之事业，必具科学的基础，水利事业亦然，兹分别讨论于后。

1. 水利事业之范围

（1）市——城市为一国精华之荟萃，卫生消防，实为首要。故须有清洁充足之水以供市民之用，须有完善之下水道，使便溺污浊均排出城外，以重卫生。

（2）农——语云："国之本在农，农之本在水利"。盖吾国北方雨水稀少，时患旱灾，南方种稻，不可一日无水，均须讲求水利，以谋补救。农田水利可分灌溉、排水、防洪三项：①灌溉：如本省开凿泾、洛、渭、梅各渠即为解决是项问题者。②排水：如淮河流域，农田时为水淹，致不能耕种，急需导淮入海，使巨流有归。③防洪：黄河泛滥，农田受害甚大，应巩固堤防，不使溃决。

（3）工——工业上利用水力之处甚多，旧式水碾以磨面榨油，近代则以发电，复转变为热、动、光诸能，供人使役，为国家主要事业之一。

（4）商——水运之廉美，为任何交通工具所不及。尤适于农产品之运输。其事业可分为运河、海港、水道整理三种：①运河，如我国纵贯冀、鲁、苏、浙四省之大运河，长约1700公里，元明清三朝，均为漕运要路。②海港，可使海洋巨轮有停泊之所，均以发展国际交通。③水道，无规律有危险性之天然河道，加以人工之整理，使利航运，如扬子江水道整治委员会之工作等是。

2. 水利家对于水利事业之工作

（1）取水——寻找水源与取得之工作。

（2）储水——保藏水量与管理之工作。

（3）用水——分配与使用之工作。

各种水利事业其基本工作，不外上列三种。例如家庭中用水，先须浚井汲水、"取水"；再倒入缸中，"储水"；然后用之，"用水"。海港虽不必取水，但亦须觅一不冻深港，并设法保持其水位。灌溉工程，应先觅水源，再开渠引水，灌之入田。

3. 水利家研究之问题

水利家探讨之问题，虽极复杂，但考其主要，不外乎水量与水性二端，及其对于空间、时间之关系，如下表所示：

水量问题 {空间之关系 —— 在何处？何处来？何处去？
时间之关系 —— 何时？何许时？}

水性问题 {空间之关系 —— 在何处？何处来？何处去？
时间之关系 —— 何时？何许时？}

今设本校拟凿一井，以供饮用。吾人于该井之水，即有下列诸问题，应先事探讨者：

（1）该井凿在何处？其水量若干？其性若何？

（2）井水源来自何处？其量若干？

（3）该井水何处用去？其量若干？其性若何？

（4）该井于何时之水量若干？水性若何？

（5）该井之水量及水性，可保持若干时？

水利家必于上列诸问题，或据以往之经验，或就实地之测量，或依学理之推断，逐一求其答复，然后始可决定事功之进行：如抽水机之马力，水塔之容量，水管之大小，而成一合理经济之事业。他如灌溉水电等事，莫不皆然，必先将其水量与水性问题，加以彻底研究，而后定其事功者。

4. 水藏与水之循环

水利家目中之水，如一有生命之物，其活动之范围，横以流域为界，纵以天空、地面、地下为范，其总量为一定数，曰“水藏”。

天空之水，来自海洋与地面、草木之蒸发，成雨雪降至地面或渗入地中，地面地下之水，复蒸发而升入空中，是谓“水之循环”。水利家即在此循环途中，操纵其行动，利用其性能，而收生产之效。可见吾人欲开发某河之水利，其第一步工作，应先将流域内各部之水量、水性及其时空间之关系，加以深切之探求，明其动作，得一概解及有系统之知识。是即事业之科学基础，有此基础，而后可进言操纵与利用。

5. 水利事业之基本科学

流域内之水藏，其活动范围，不外乎空中、地面、地下三者，欲研究其性量之演变及运动之法则，均各有专门之基本科学如下：

（1）研究空中之水——空中之水，受温度、气压、风等要素支配，其活动之情形，由气象学研究之。

（2）研究地面之水——地面之水，其行动视地势而定，由地文学研究之。

（3）研究地下之水——地下水之情形，视地层与土壤之性质而定，由地质学、土壤学研究之。

（4）研究空中、地面、地下三种水互相之关系——为水文学之工作。

（5）研究水之流动——研究水之流动、能力及其原理，须依数学与物理学求之，此则为水力学。

6. 渭惠渠之科学基础

今以渭惠渠为例，试说明科学基础与水利事业之关系。渭惠渠一带之雨量，最近3年平均为600毫米。就量言之，似不为少，但四时之分配不均，40%降于7、8月中，3、4月雨量过少（仅4%）。小麦9月播种，11月发苗，待4月发育之时雨量缺乏，故需赖渠水灌溉之。

欲知渭惠渠一带之地形，须藉实地之测量，然后定拦水坝之位置，及灌溉之面积，引渠至灌溉区域之高度，复开支渠布入田间。渭惠渠东起郿县余家堡，终于咸阳以东，首尾高差80米，溉田70万亩。

渭惠渠一带之土质，颇为优良。如雨水不缺，或灌溉得宜，普通作物皆可生长茂盛。唯含有机物较少，且略带碱性，应施酸性肥料改良之。

渭河水文，其流量最小约为20秒立方米，最大流量3000秒立方米，平均各月皆在30秒立方米以上，故定渭惠渠之流量为30秒立方米。渭水甚涨时，含沙极重，凡在5%以上，即有淤塞渠道之虑。故放水时间，常受其限制，渭水洪涨极速，渠首渠身的保护应加注意。再据水力学之原理，以定渠道各部工程。今以跌水为例，试说明其作用，盖渠水含沙，设水流太急，则冲刷渠岸，太缓则泥沙淤积，欲免除此二弊，须使渠身有适宜之比降，约1/2000。今设地面之坡度，超过此比降，其间即应设一跌水，以缓和水势，至于跌水口门之大小及形式，均须藉水力学原理，妥为设计，务使该渠之水面比降，不受流量增减而反变也。

7. 水利事业与水土经济研究

我国之水利事业，因过去缺乏精确之科学基础，现时急待兴工，时间局促，难于在事前做极充分之研究。故往往引用他国之成法，如灌溉工程取法埃及、印度诸邦。但考我国之气候、地质、土壤等性质，与他国迥异，欲使水利事业达到最高之效率，则非就吾人特殊之水土环境，加深切之研究不可。此即李仪祉先生所倡导之水土经济也。例如：黄土高原沟洫之蓄水能力，渭河水文及地下水之利用，黄土之冲刷与沉淀，黄土之土工术，农作物及蓄水量等问题，均为办理西北水利事业最重要之科学基础，急应深加研究之！

8. 水利事业与社会科学之关系

尽自然科学之能事，兴办水利事业，其成就可谓仅得其半，余则须赖社会科学之力。盖流域内之水量，为一定数；且如人体之血脉，息息相通，得于此者，必失于彼。例如某处欲兴办灌溉，引水入田，则下游之水量，势必减少，而直接影响下游已成之航运、水电、灌溉等事业。且筑坝拦水，往往抬高上游洪水，淹没农田，受害匪浅。凡此种种，其问题之性质，十分复杂，且与政治、法律、经济等切切相关，非流域内各种机构通力合作，鲜能成完美之事功。兹将水利事业与社会科学之关系分述于后：

（1）政治——政治为推动一切事业之原动力，政治安定且一切事业，始可兴办。但水利事业，有时因各政治区域之利害关系，而不易发展。如黄河决口，常在冀、鲁、豫三省交界之地（董庄、冯楼等处），即因各省各自为政，不能合作之故。若能打破政治区域之界限，合力共谋，则收效必大。故凡水利行政，应不受省区限制，而以流域为单位。如关于黄河之一切计划设施及修防等事，全由黄河水利委员会主持之，最为合理。

（2）法律——水利法因地权与水权分离之故，成为法律中之最复杂者。吾国对此，现时尚无详细之规定，以保证用水之权限。故争水械斗之事，时有所闻。

（3）经济——各种事业均与经济发生密切之关系，水利亦然。如灌溉之与农业经济，水电之与工业经济，运河之与商业经济等是。

9. 结言

陕西水利事业，经李仪祉先生多年之努力，已成为全国之模范水利省。但因农民教育尚低，缺乏科学知识，往往有水而不得其用，殊为可惜。此种困难，吾人唯有靠教育的力量解决之。诸君皆从事教育，研究教育者；务请对于此点，多加注意，本省水利事业前途，实依赖之！

摘自《李仪祉先生纪念刊》，西北农专水利组，1938年6月

西北水土经济研究的重要

水土经济这名词是李先生生前所首创的，并拟定德文译名曰《Wasser—Boden Wirtschaft》。去夏，李先生命玉清来农校主持是项研究，以奠定西北水利事业之科学基础。工作正将开始，而倭寇入侵，国难严重，先生忧虑国事，积劳成疾，于今春三月遽尔逝世。玉清哀痛之余，仅述此文，以纪念先生精神伟大，谋国深远，并唤起国人对于这问题的注意。

玉清谨识

"金、木、水、火、土"，古称"五行"；西哲称"水、土、风、火"曰"四元"。所谓"五行""四元"，就是我们人类一切活动，一切文化的物质基础。其中尤以"水""土"二者，更是支配我们生活的最大原动力。我们知道：一地有一地特有的"水文"，一地有一地特有的"土性"。"水文"和"土性"相互交织着，形成一种特殊的"水土环境"。这种环境，支配着我们的生活。能适应或征服这种环境的，就因之而发荣滋长；不能适应的，就将受其征服，而归淘汰。

生存在某一水土环境里的生物，若移植到另一新的水土环境里去，往往有因"水土不服"而不能生长的。这是因为普通的生物，只有适应环境的本能，而没有改造环境和征服环境的力量；所以适者存，不适则亡。但是，我们人类就不是这样，二十世纪是人类征服自然的世纪，除了适应本能外，还有创造和征服水土环境的能力。我们如何去征服自然，创造新的水土环境呢？兵家说："知己知彼，百战不殆"，可见第一步，应在"知"字上下功夫。我们一定要首先深知现在所处的水土环境，然后方能进一步做征服工作，达到利用厚生的目的。

用理智的、沉着的眼，考察我们所处的西北水土环境，不难感到先祖征服自然的伟大；一堤、一坝、一渠、一田，处处都足以表现光荣的战绩。但是，又会感到这种力量，现今却正在日渐衰退。民国17年到22年的大旱灾，更是反映着我们将有被这环境征服而消灭的征象；触目惊心的事实表明，因"无知"而养成的"靠天吃饭"心理，是会渐被水土环境淘汰的。这种沉痛的教训，赐给我们一种深切的觉悟，一种光明的启示：一定要建设我们的"新西北"，一个国防化、产业化、科学化的新西北。要实现这种伟大的工作，必先彻底革除"靠天吃饭"的心理，用科学的方法，改造旧环境，建设新环境。李先生训勉水利组同学，曾有下面一段话：

"我希望诸位，能深思先宗创业之苦与经营之艰，来共同努力，保守土地，如黄金一样；我们更应想方法，使已失之土地如何收回，未失之土地怎样管理。这是目前中华民族谁也不能摆脱之责任。'迎头赶上''解除民疾'。谨以此语勉诸君。"

如何建设国防化、产业化、科学化的新西北呢？严正而坚定的答复是：

(1) 兴水利——以奠定农业的基础。

(2) 利交通——以奠定工业、商业的基础。

水利是我国农业生产的基础，国之本在农，农之本在水利。水利兴废与民族盛衰，有不可分离的因果关系[2]。譬如《史记》所载："韩闻秦之好兴事，欲罢之，毋令东伐。乃使水工郑国，间说秦，令凿泾水，自中山西邸瓠口为渠，并北山东注洛，三百余里欲以溉田。中作而觉，秦欲杀郑国。郑国曰："始臣为间，然渠成亦秦之利也"。秦以为然，卒就渠。渠就，用注填阏之水，溉泽卤之地，四万余顷，收皆亩一钟。于是关中为沃野，无凶年。秦以富疆，卒并诸侯。因命曰"郑国渠"(《史记·河渠书》)。

农业上的水利问题，可从两方面说：第一是积极的灌溉生产，第二是消极的排水防灾。但是我们工作是一致的，要改造现在所处的水土环境，使"水"和"土"都在我们的统制之下，完全适合于农业上的要求。苏联有句口号："苏联的农业，不靠雨水"。雨水，是自然的水土环境；我们要征服它、改造它，使之适应于农业生产的环境需要。好比十年前的泾阳、高陵、三原三县，被旧有的水土环境征服而演成灾劫；但现在是完全被李先生征服了。引泾水以灌溉田禾，创造了一个新的，适合农业要求的水土环境，我们的农业就不再靠天吃饭，就不再靠雨水了！

"水"和"土"，在农业上是不可分开的。我们不能单纯地利用水来种植，正和无法在旱地生产一样。我们有了肥美的黄壤，还要加以适当的水分；有了泾、洛、渭诸水，还必须设法引灌入田，才能达到利用厚生的目的。前面说过：我们的农作物只有适应力，而缺乏创造力；换句话说，就是它们的生长发育，完全受着自然环境的支配。因此，我们所创造的新水土环境，一定要恰好能适应它们生育上必需的条件，不太多，也不太少。所以，农业上的"水土"问题，是一个"水"和"土"调节的问题。

我们如何创造适合于交通要求的水土环境呢？我们必须先要明了交通的性质。交通，是人类在水(船)、土(车)、气(飞机)中的一种行动。但是其中有一个特点：这种的行动只有在单一的"水""土""气"中进行，才迅速而爽利。如果"土"中浸"水"，行车就不适宜；"水"中混"泥"，航行也不爽利；"气"中降"雨"或"飞沙"，则更难飞行。譬如，现今北方唯一的交通道——大车道，多为地面侵蚀的水沟，平时干涸，因可藉以通行，一旦大雨，就只能听受环境的支配，停止通行了。那么，经我们征服而创造的，适合我们交通要求的水土环境，又应是怎样的呢？陇海列车昼夜通行，西兰公路晴雨无阻；可见交通上的"水土"问题，是一个"水"和"土"隔离的问题。

现在我们进一步讨论：如何征服旧的环境，而创造新的环境。前面已经说过，应从彻底明了我们现在所处的环境着手，然后再根据这个环境，或改良、或利用、或创造，使适合我们人类的需要。但是，这种"人定胜天"是非常艰苦的，一定要发挥我们最高的智慧，避免一切不必要的浪费，使所有事功，都能达到最高的效率。换言之，我们应如何使每滴水、每粒土都能为我们利用，而尽它们应尽的义务。这个问题，李先生已恳切地指示我们说："泾惠渠的成效，如今只可说做到了百分之三十，尚有百分之七十，一半要望灌溉方法之改良，一半要望农事之进步。渭惠渠适经西北农林学校之前而过，将来须要担负起整个的使命来。所以余主张在农专之前，办一大规模之灌溉试验场；又思创一西北水土经济研究所。总而言之：陕西农利要达到百分之百的成效，恐尚须十年之努力”。[3]

大凡一种研究事业，他的价值是根据问题的重要性和普遍性而决定的。西北的水土经济问题，为什么这样的严重呢？第一，因为雨水的缺乏，大旱之年可使禾苗完全枯死。第二，因雨水分布的不匀，百分之四十的雨都降在夏季，宣泄不及，洪水为灾。据李先生的统计，关中饥馑，自从商代起，至民国20年止，共经163次。其中15次是水潦灾，12次是蝗灾，7次是蝗灾兼旱灾，一次是蝗灾兼潦灾，而128次是旱灾（若并7次计之，是135次）。至于史志不能考证的饥馑，当不止次，最近的大馑是1873、1900、1928三年，均饿死人民无算[4]。如果我们再仔细地分析，这种严重局面的成因，都不外我们过去对于这区域的水土环境，没有彻底征服的缘故。旱是缺水，潦是水太多，我们为什么不能利用这太多的水，来补救这所缺的水呢？比如采用李先生所主张的广开沟洫的办法。换言之，正因为我们过去对黄土区域的水土环境，太缺乏认识，没有应用科学的方法加以研究，所以弄成这种“水土失调”的现象。所幸的是，这个问题，一方面看起来虽极端严重，面积又是十分广大，但从另一方面说，这个问题并不十分复杂，因为问题的本质是单纯的，是一元的。这个区域内的水文和土质，可说大同小异；所以它的水土环境，是有共同性的，可以取小而例大，知道一部分，就可推测全部分。譬如，我们只要能把渭河流域的水土经济加以彻底研究，获得一些具体的科学知识，亦就是得到了如何去适应、调整、利用、征服这水土环境的一种智慧。那我们就可把这种智慧，推广到整个的黄土区域去。使这半个国土里的农功水利建设问题，都有确切的科学基础，我们所做的各种事功，都能达到百分之百的效率了！所以李先生在遗嘱里说：“望后起同仁，对于江河治导，本余之素志，继续致力，以科学方法逐步探讨，其他防灾、航运及水电等，尤应多加研究，次第实施……”可见“科学方法”“探讨”“研究”，实在是建设一切事功最精锐的方法，也是人类征服自然的唯一利器。

水土经济的研究事业范围很大，区域内的一水一土，它的自然法则，对于人类生活所发生的关系，都是我们研究的对象。暂时取掉一切高远的理论，仅就我们目前能力所及和急需解决的问题，约略分述于下。

1. 水文类

水文是一切农功水利的基础，好比各地的雨量、流量、气象、蒸发量的测候、统计和分析，工作异常繁重，非用国家的力量主办不可，绝不是一个学校或研究所的力量所能胜任的。但是，我们可以缩小工作的范围，譬如，专着重小规模的渭河流域，或是研究黄土河渠水文的基本问题，这对整个科学的贡献，是同样重要的！

（1）渭河的雨量和流量问题——要明了渭河的性质和利害所在，我们非先把渭河的雨量和流量，加一精确的研究不可。这个问题，所包括的有测候雨量、降雨强度、蒸发量、渗透量、径流量、挟沙量、水文年等等，更进而研究渭河的水藏和水操。

（2）黄土的蒸发量、渗透量问题——这个问题着重在农田的灌溉方面。灌溉用水的消耗，不外农作物的蒸发，田土的蒸发和渗透三方面。这三种损失，尚没有精密的分别加以测定，故灌溉的总用水量亦就无法精确估定，这对灌溉用水经济的影响甚巨。

（3）渭河的泥沙问题——这个问题着重研究渭河泥沙的来源、分量、性质和对于黄河受害的关系。从前治理黄河都主张从尾闾下手，李先生则主张应从上游着手；因为黄河之患，患在多沙，假使上游的泥沙能有一种节制，不像现在那样大量的冲刷崩溃下来，淤积河道，那黄河问题，也就得解决大半。所以研究渭河的泥沙问题，以及上游泥沙的防止问题，就是为将来解决治黄做最切要的准备[5]。

(4) 渭河两岸的潜水问题——我们知道，雨水除了蒸发消散以外，一部分停留地面成江河湖泊，曰“地水”；一部分则渗透潜伏地中，曰“潜水”。流域内的“地水”量常受气候而变，旱年则涸，潦年则泛。但是潜水则不然，常保持一定的分量。我们西北平时雨水已极缺乏，干旱的时候，泾、洛、渭诸水，流量异常涸小，倘不早为设法，利用“潜水”来补救，那我们的农业，就很难适应这种环境了！所以对于平时“潜水”的分布情形、储量大小，都应加以深切研究。

2. 灌溉类

(1) 灌溉的用水量问题——根据各种不同的作物（最主要是小麦、棉花），各种不同的土性和气候（如头道塬、二道塬、三道塬、渭河滩等）研究必要的灌溉用水量。我们知道：农作物需要的水分，是有一定限制的，浇水过少，固不能得到充分的发育；过多，不仅是水的浪费，且直接有害作物的生理，同时土质也有变坏的可能。所以，我们一定要加以长时期之试验和研究，决定最适宜之灌溉用水量[6]。

(2) 灌溉方法问题——这个问题就是浇水的问题，或是有了水如何浇的问题。时间方面应该浇在什么时候？换句话说，在作物的生育期中，什么时候应该浇水，该浇多少的水？在空间方面，应该浇在什么地方，该浇多少的水？使我们的农作物能得到最大的收获，达到百分之百的效率。

(3) 碱土问题——普通农田，因灌溉过度，排水不良，或是长期的灌溉，往往会使盐分的屯积而发生碱土。这个问题，若不早为预防，将来碱性一旦发作，就很难解决了。譬如，泾惠渠在碱性未发之地，每亩约可收小麦七八斗、棉花十余斤；碱性发后，每亩仅收小麦一二斗、棉花四五斤；再过二三年，碱性加重，播种而不发芽，就无收获可言了。所以，我们对于碱地的防止和改良，都应切实研究[7]。

(4) 凿井和戽水器具的改良问题——黄土区域，地表水源非常缺乏，在不能引渠灌溉的地方，潜水就是唯一的水源。即使在渠水能及的地方，为防止大旱万一计，井水仍可占据极重要的地位。所以对于黄土地层的凿井法，以及戽水器具的改良等问题，都是目前迫切须要研究的。美国的西南诸州，雨水亦是和我们西北一样缺乏，利用凿井灌溉，成效极著。印度的中部和北部，终年苦旱，近来用井水灌溉约有2000余万亩，凿井约90余万眼，可见这种工作，对于征服西北水土环境，亦是不可忽视的！

3. 水工类

水利的实施，必须有人为的工事，以改变原来的环境，曰“水工”。黄土区域的水工问题，尚缺乏科学方法的探讨；因此无确切之根据，不论设计、施工、管理均极困难。

(1) 黄土的冲刷和淤积问题——黄土在何种流速之下，发生冲刷，或产生淤积，或冲刷与淤积之量适能平衡相等，而成安定渠槽[8]。这是一个治理黄河以及设计灌溉渠道的基本问题。

（2）沟洫的蓄水停沙能力问题——李先生认为沟洫是解决黄土区域农功水利问题的唯一方法。沟洫的功用：一、可以储蓄大量的雨水，下游的洪水就可以防止。二、这大量的雨水渗透而成潜水，储积地下，可供给我们利用；潜水面高时，禾苗得以滋润，其益比地面灌溉尤大。潜水可以凿井汲引，作灌溉及饮水等用；潜水渗出地面，泌而为泉，仍为人用；潜水流入溪流，亦可增加河水流量，利航、利工、利农，其利仍在[9]。故利用沟洫方法来改善旧的水土环境，另建一个新的、适合农业生产的水土环境，可说是最根本、最简易可行的方策。但是，在这里却含有一个极大的水土经济问题。因为这种工作，在一部分视之，好像工作量极小；但从西北全部视之，就极大了。所以，在施工之先，对于沟洫的布置和大小诸问题，应加以切实的试验和研究，沟洫挖得太小，固难收宏效；太大，又是徒耗人力和田地，不可不深加注意。

（3）各种水工建筑的模型试验——因为水性的复杂，工程的困难，经费的浩大，所以近代不论哪种水工计划，都应先经过模型试验，而后再定事功的进行[10]。譬如灌溉进水渠口防沙的布置、跌水斗门的改良、拦河坝基础冲刷之保护等问题，都是我们急需加以试验研究的。

（4）治黄问题——用科学方法，研究治黄原理，大家知道有恩格司教授和方修斯教授二人[11]。但是，他们的试验室都在德国，并且这二位先生都没有亲历黄河考察过的。所以，他们的计划都未免过于理想，远不及李先生所定计划的实际[12]。本校在地利上，适在渭河之滨，研究黄河问题，较国内外任何试验所为方便；且本校又是先生的手创，更应负起这种责任，把先生的治黄理想和设计，一一用科学方法加以证明，并进一步研究实施之道。

4. 土工类

黄土的土性与一般土壤不同，自古即引起许多学者的注意。1934 年德人 Scheidig 氏著《黄土之性质及土工术》一书[13]。把世界各国有关这问题的研究，加以有系统的整理，于学术界有极大的贡献。我国的黄土，虽有本校土壤研究室，由周昌芸教授指导，加以切实的研究，但是都偏重于地质、物理、化学、肥料各方面。而对水利、交通上最重要的“力学性”及“土工术”，尚乏系统研究。我们认为有几个最重要的问题，要立刻去做的：

（1）黄土的力学性——近代土力学的进步，和土工试验方法的改良，对于各种水工问题的解决已有极大贡献[14]。土壤的力学性方面，最主要包括：一、压缩性，二、可塑性，三、抗剪性，四、透水性，五、休止角，六、摩擦角等。对于各种土工设计，都有密切的关系，非加彻底研究不可。

（2）黄土土压力和地基问题——黄土对于工程建筑物（如挡土墙、船闸、翼墙、隧洞、椿基等）所生的土压力，以及建筑物对黄土地基作用的承压力，都是工程设计最主要的先决问题。倘没有确切的研究，那我们所做的各种工程，就不能保证它的“安全而经济”。所以，我们一定要利用近代的土工力学试验，来解决这些疑难问题[15]。

（3）黄土堤、土坝的断面问题——在黄土区域，各河的堤防应采用哪种断面形式，最为合理而经济呢？假使我们规定的堤防，高而且大，固然保险安澜，但是无形中增加国民的负担。反之，设计得太小，又不能安全坚固。所以，我们要根据黄土力学原理和国民经济的能力，设计出最合理、最经济的断面形式，以供黄土区域治河时采用。至于用黄土建筑蓄水库的土坝，亦必先经详细的试验，而后才能定其构造及施工。

（4）黄土路基问题——黄土区域，石材十分缺乏，唯一筑路的材料，就是黄土。假如对于这黄土路基，路面的安定问题，没有办法，而让现在这种“沟即是路”，“路即是沟”的状态迁延下去，那就是我们建设新西北的最大障碍。所以，我们谈到西北交通问题的时候，这个问题，实是太重要了！急需利用近代建筑土路的理论、试验方法，加以深切的研究。

（5）黄土土坯、土墙、窑洞问题——土坯、土墙、窑洞是西北居民住宅的唯一材料。我们知道，西北黄土层极厚，石料不易获得，木料更感缺乏，砖料又无煤炭来烧；所以，要解决这广大区域的民居问题，非充分利用黄土不可，使成一最合科学原理和国民经济的材料。譬如造土坯、土墙时，应掺和多少水分？压力要多大？应如何构造才能坚固？关于挖窑洞，亦是这样，洞的尺寸、排水问题、采光问题、通风问题、洞内各室的布置问题，一一都应加以研究，使成一最卫生、最经济的住宅。

综上各点，就能看到我们现在所处的是怎样的一个环境！我们要怎样去创造一个新的水土环境。我们更应看到，农专水利组应有责任努力联合全国农功水利同志，贡献毕生的精力，把上列诸问题——许多是李先生生平最悬念的问题，一一加以详细的探讨，奠定我国水工学术的长远基础，使李先生生前所定的各种水利计划，渐渐得以完成，并达到百分之百的效率。我们更应该谨守李先生遗嘱的最后几句话：

“本省已成之灌溉事业，须妥为管理，其未竟及尚未着手之水利工程，应竭尽人力财力，以求于短时期内，逐渐完成。国事至此，亟望国人信仰三民主义，服从最高领袖，以国家民族利益为前提，共赴国难，求最后之胜利”。建设我们科学化、国防化、产业化的新西北。

参考文献

［1］ 李仪祉著《如何利用土地》，陕西水利月刊

［2］ 沙玉清著《中国水利经济与民族统一》，清华土木工程学会会刊

［3］ 李仪祉著《陕西之灌溉事业》，水利月刊

［4］ 同［3］

［5］ 沙玉清著《河流之挟沙量》，清华土木工程学会会刊

［6］ 沙玉清著《农田水利学》，商务

［7］《改良泾惠渠碱地排水计划》，陕西水利季刊

［8］ 沙玉清著《黄土渠道安定渠槽设计法》，水利月刊

［9］ 李仪祉著《利用洪水与蓄水地下》，陕西水利月刊

［10］ 沙玉清著《河工模型试验水力学》，清华土木工程学会会刊

［11］《黄河问题专号》，工程杂志

[12] 见黄河水利月刊李仪祉所著各文
[13] Scheidig "*Der Lois und seine geotechnischen Eigenschaften*"(1934 年)
[14] 沙玉清著《近代土工试验与水工问题》,水利月刊
[15] 沙玉清著《土工力学与新基工设计》,水利月刊

摘自《李仪祉先生纪念刊》西北农专水利组,1938 年 6 月

水利事业与水利教育

1. 明日的水利政策

我国抗战以来，国内各业莫不振奋，水利事业成就尤甚，国家之水利富源，如何利用？洪水旱灾，如何防止？乃今后建国之首要问题也。

国家水利事业须有一定之政策，整个之计划较任何事业，尤为急切。而全国水利界之精诚团结，在抗战建国最高策略下，奋勉迈进更属重要。

水利事业，虽有灌溉、排水、航运、水力、给水、污水多端，但彼此之间，关系至切，且共以增进民族幸福为目的。质言之，吾人努力此等事业之建设，应永矢于心者，凡事业之进行，必以全民族之福利为依归。

水利事业，虽仅属国家经济建设事业之一，但国家之重要事业，如农业、工业、商业、交通、卫生等，复莫不以水利事业为其基础。灌溉排水之利农，航运之利商，水电之利工，给水污水之利卫生，其著例也。

新中国之建设，应充分利用国家之水利富源，盖无疑义，但国民对于水利事业之认识，更为重要。水利事业与任何国家事业，能息息合作，相益愈功愈大。在我国旧社会，职业界间每有门户之见，这在建国过程中，实为唯一之障碍；水利界之本身，更应虚心谦让与其他各界取得密切联络。

教育是为了培植后起建国人才的，今日大学之水利系，应使青年深知水利事业与其他各业合作之重大意义，且彼等将来之职业与工作方针，须着眼于全民族之幸福，而非其他个人职业内之局部利益也。易言之，明日之水利政策，即以建设全民族之福利为政策也。

2. 水利事业之特质

水利教育之目的，为传授水利工程学术；盖此等知识，均为水利家在其职业生活中，克服许多困难而得之经验。

水利工程之如何治河、辟港、筑堰、开渠，固常须特殊专门之技术，但其学术基础，概以土木工程为主，而辅之以机械、电机等学科，这在教学上无任何困难；而问题之所在，乃吾人所建之工程，所成之事业，必须能与国民经济互相调协。例如，航运之与交通经济，给水之与人事发展，水电之与工业经济，而尤以灌溉排水之与农业经济之调协更为重要。

3. 水利事业之基础

任何水利事业之兴建，对于流域内之水藏，应有精确之认识。所谓水藏者，乃宇宙间“水体循环”之一函数也。

今日之文明国家，均广设水文站以观察此循环之过程，凡雨量、水位、流量均得详细之记载，已历三四十年，作种种有价值之研究。然仅借此种工作，尚难解决雨量、流量之关系，近则渐注意于地下水渗透量之实测；若是，吾人则可得一极简单之关系，即流域内之雨量必等于径流量、蒸发量、渗透量三者之总和也。盖建设任何之水利事业，对于流域内之水藏及循环过程，须有一深刻之观念，吾人之工作，始能安全而合理。往昔水文观察所得者仅为各个水文因子之平均值，但此平均值之知识，已难满足吾人今日之要求。在最近数年间，国内河流非常之洪水与低水，屡见不鲜，是则吾人对于河道流量之研究，更应注重于最大最小问题。且对于流量，非特欲知其绝对高度，而于其可能再现之时间，或出现之频率更为急需。

非常洪水之屡现，使吾人对于过去之认识，常感不足。河流两岸洪水经常泛滥，地下水面升高，膏腴化为沼泽；反之，雨泽缺乏，田土龟裂，则酿成旱灾。此种大自然一潦一旱之摆动，人类事业莫不受其限制，难以充分发展。虽然，人类受天灾之袭击，有不可知者，且有不可争者。大自然局部水藏之盈亏，影响人类事业，至深且巨。处此潦旱之间，将何以适应此无常之境，创造文化与幸福，水利家之责也。

3.1　水文学

任何水利事业莫不以水文学为基础。此种工作精确与否，概视吾人之继续努力而定。例如自然河流演进之情形，河渠内流水运动之定律，均为近代正在研究中者，吾人苟能深明其理；对于水文之研究，也必将随之更为精密。且夫伟大事功之创建，如灌溉、治河、筑坝，其问题之性质，有纯属局部者，有应统筹全局者，仅持工程之技术，难得圆满之解决，理至明矣。

许多水利问题，常受各方面水土环境之支配。宇宙之间，凡有水之处，即为吾人知识之领域。但此等知识，今日尚有未能尽悉者。例如河流之流量，吾人每根据水文之记载，用统计或图解，以规定其公式，但此等公式，变化无定，鲜有常规。在最近十数年间，水利家之精心研究亦逐有发明，水文上诸要素，系数、频率、差误率等测定之方法，已大为进步。近代水文学之进步，其最可注意者，厥惟地下水之研究，使地球上水之循环，其过程之演变益见明了。此种知识，不特于整个水文现象可得理解，且于水利问题的解决，贡献更大。

水文学之最后目的，甚为简单，即推测河流在某时、某地点可能出现之水位（或流量），以供水利家设计之用。但此种问题欲使之完全明了，至为不易。盖河流水位之涨落，常受许多因子影响，而此等因子，有不可捉摸之气象要素，如雨量之大小，降水之时间及频率，且集雨面积之大小，地形之高下，地质之疏密，农业之情形，河流之长短、曲直，以及全流域河道之系统，莫不随地而异，因时而变。吾人欲借单纯之数学公式，揭示此种复杂之关系，并用以预测河道之水位，事实上殆不可能，且亦极不安全。

虽然，吾人之重要水利知识，概由长久之水利经验而获得者，但此种知识，吾人亦应慎加考虑，不可过分拘泥。盖大自然之演变，与时俱进，永无止期，昔日之“真理”，非即今日之“真理”，理至明也。

吾人在水工设计时，利用广大范围之水文统计资料（表格、记录、图册等），常发见各种记载相差之程度至大，水利界之初进者常不易加以判断选择；或则视之过易，随意取舍，此二者均表示缺乏科学之精神。故今后之水利教育，对于大学水利系一、二年级学生，应加强其对于数学公式意义之认识；至三、四年级乃授以水利工程技术上之创造思想及研究方法，使彼等于自然现象及其与人类之关系，有深切认识。

水利教育之水文问题，吾人仅在教室内作水文学之讲演，殊感不足。吾人更须引导学生，作实地之研究，以启发彼等对大自然之兴趣与认识。在从事水工设计之先，对于水文之详细探讨，更为首要。盖吾人之一切事功，莫不受大自然天赋水藏之限制，不可不察也。

大自然赋予吾人之水，与吾人之水利工程互相结合，有如一环，此增彼减，此进彼退，永无静止。吾人生活于大自然中，受无穷力之支配。今有力焉，破坏吾人之事业，吾人乃建筑工程，以制服之；然此彼制之力，固潜伏而未去也，新力反随之而生，摧毁吾人之工程，此种侵袭虽极缓慢，但永无止期，终必渐烈而生突变。故水利工程家必须永远注视其工程，偶有变故，立即补救。补救复补救，吾人之工作，亦将永无止期。在水利教育上，此等应变之才能，仅能得自诸实地之经验，决非讲堂内所可获得者。考察水利家对于此无穷侵袭力之奋斗，新时代之水利教育，尚有许多问题应从事研究者。如水利工程之效力，以及对于河流所生之影响，倘有弊害，则应如何补救？今后大学水利系，宜添授河流形态学一科，似属必需；在可能范围内，建一河工实验室，作种种逼真之表演，及有计划之研讨以供教学，最为得计。

此外，吾人当需注意，如何促进广大民众对于水利事业之认识。盖我国河道鲜有呈安全之平衡状态者，河床之形态与高低，水利家对之虽有熟练之认识，但此等知识，每由短期之观察而得者，而地质与地形上之演变，悠久且缓慢，是则吾人欲推知大河治导工程最后之结果若何，困难孰甚。吾人唯有溯考过去水流之变迁，河床之升降，经过之情形等，作借鉴也。

我国各大河流，灌溉、水电等事业尚不发达，此等事业之堰坝工程，对于河床之演变（中下游尤甚）关系至大，不可不察。是则吾人在工程实施之前，即应探究工成后之演变，洞其弊害，且视国民经济之能力，而施以补助工程，或则仅限于无害时施工。虽然，此等水利事业对于整个流域之演变，吾人固不可忽视，但于局部之弊害，例如大坝、桥梁、港堤之底部受漩涡淘刷问题，尤应深加注意。总之，水利事业随国民之需要日渐增大，故过去之水文学、地形学等，应亦因之改进。过去之水文学其意义仅记载各地之雨量、水位、流量等，供设计参考之用，今则并以推测未来之演变，视为水利事业最重要之基础矣。

3.2 水力学

吾人设计水利工程，必先明流水之运动，即动水力学也，是为水工学术之另一基础，往昔之水力学，着重纯粹之理论，近则历经改进，使成一深合实际之知识，且于应用上力求安全。

往昔对于水力学之研究常用纯粹之演绎法，自 1738 年伯诺里始，乃创用有计划之实验，观察自然之现象，归纳而求其定律。诚以理想之流体，其性质与河渠中者迥异，而后者之性质须由实际之经验始能理会，非数学之推演可得而知者；此二者间存在缺口，近代水利家用一摩擦定律填补之，使连为一体，故流水与物体之摩擦问题，乃近代研究者之重心也。

最近十数年间，科学家已将理论之分析与实验之归纳，相辅为用，从事种种自然现象之探讨。如弹道学、空气动力学等均有惊人之进展。近代水利家，亦莫不根据物理科学原理作种种实验之研究，以满足技术上之要求。此种进步，实为近数十年来最可庆幸者。

3.3　水工试验

近数年来，水工学术之猛进，实归功于水工试验。许多水利问题，性质复杂，有非水力分析可得解决者。今则筑一模型，试验之，故凡工程实施后之效果以及演变情形，在模型中均得显示无遗，吾人即可藉以决定施工及改良之策。

水工实验之技术，在近代水利教育上应有充分利用，而水工实验室，实为大学水利系之必需。虽然，此等设备之价值，常视吾人之学识能否利用而定，故对于“相似律定理”之应用，以及模型内结果之解释，凡水利系学生均应加研究者。

4. 水利之技术

吾人以考近代工程技术之进步与水利工程之特质，为一极可注意之问题。近代水利工程，如坝、堰、船闸、水力厂等，其容量之大，基础之深，进展极速。工程增大的意义，即吾人将搬运较大之体积，驾驭较大之力也（静力或动力）；工程各部分承受之力亦随之增大，于地基之构造则更感困难，而此工程受水流之冲刷亦愈烈，此等问题乃前所未曾经历者，今则须设法克服之。

再者，吾人可发现，各工程之构造，设计之技术精进不已，而造价亦渐增大。此种趋势，使吾人对于各种工程材料之应用，渐近其可许极限，加之尚须尽量缩短营造时间，以节工费；故吾人应研究增进工程材料强度之技术，一则改良材料之品质，二则改进试验及计算之方法。至于缩短营造之时间，在工地可多用机器，工程设计可助以各种静力、动力之试验，并采用新式土质试验法、新式地基加固法、新式地基工程，以收速效。

此等事实，即足证明，大学之水利系，对于近十数年来工程技术之进步，最新方法之如何利用，均须加以讲授，此为今后水利教育中极可注意之问题。

5. 水利之范围

水利事业范围至广，本文为篇幅所限，仅述其概观。

5.1　农业水利

我国水利问题，首者农业水利也。农业水利之意义至大至广，概言之，一为防止洪水对农业之损害，二为补给雨水，增进农业之生产。例如，导淮治黄之伟大计划，均以促进农业为最后之目标也。

河道之治理或渠化，对于沿河两岸之农田，有深切之关系，故任何水利工程之建设，首应考虑者，即农业上之利害问题。农业水利为整个国民水利事业之一部，此种事业之建设应由水利家设计之、管理之，非农业家之责也，但彼此之间互相合作实属重要。

农业水利之积极建设，一为灌溉，一为排水，我国经济建设之首重事业也。关于此种事业之科学研究，如调查各地土壤之性质，作物之用水，灌溉之方法，以谋改进，尤为急切。虽然此等研究之结果，常随地不同，因时而异，鲜能作普遍之应用；但吾人对于调查、研究、试验等方法之标准，应事先厘订详规，以供采用，此实大学中水利系之责也。

农业水利之教育问题，凡专习农业水利者，必兼具水工及农业学识，例如作物之用水量、土壤水分之运动、耕地之整理、灌溉之方法、农场之管理、碱地之改良等问题，均应详加研究者。

5.2 治河

治河以促进农业生产为主旨，并谋航运、水力之利用，增进吾人之幸福。但在另一方面，河流为工事所阻，每有增加危险性之可能。最近数年，江河泛滥受灾程度，常突破以往记录，足证吾人对于洪水之认识，至为不足。而河流因工程壅水，原有平衡状态为之破坏，更堪注意。

近代治河之工程，如丁坝、顺坝之性质。经多年之试验。虽已极为明了；但河性变化至大，欲求治功之安全，所定设计能先经水工试验之研究，更属妥善。

5.3 海工

海岸之保护，海滩之垦殖，总称海工。近代对此等问题之性质，日渐明了；吾人欲使新建之工程保持永久，工程一方面之潮量、潮率、海流诸现象，泥沙运动之作用，固须深加探测，明其原理；而在另一方面，吾人所居之大陆滩涂如何改良，而增进其经济价值，亦甚重要。

5.4 航运

航运为重要水利事业之一，我国以农立国，凡农产品之运输，以水运为上。近代之交通工具，虽以铁路、公路为主干，但影响国民之生计，殊不及水运之深远。且就整个之民族利益而言，任何交通事业均应发展建设，况我国巨川细流密如蛛网，乃天赋吾民之交通道路也。唯此种天然水道，欲求充分利用，必辅以有系统之运河联络其间，成一水运之网，始能发挥其最大功效。

近代建造运河之技术进步极速，工程亦随航船之吨位日渐扩大，如船闸之水位差之增高，闸厢容量之扩大，不耗水船闸之发明，船闸进水、提水之加速装置，以及极高之吊船工程等，均为最显著之进步。

河流经渠化或治理后，所生之壅水作用，常抬高上游水位，两岸农业受其影响，亦应密切注意。

5.5 海港

海港为水陆运输之交点，海港布置与设备，对于港务盛衰关系至大。港内运货之装卸，以安全迅速为原则。盖交通之感应性，至为灵敏，货运停滞，每生反向流通，港务将受损而衰落。故吾人在大学水利系，讲授海港工学时，每感困难者，诚以此种事业与人类各业关系最密，不若水工地基工程之易于观察也。

海港工程，首在研究货运与旅客之舒适经济，且以安全为第一要义。港内设备，均须合此要求匹配，且应符实际之情形，与工程技术、港务经济、国际形势莫不息息相关，故问题之性质，较任何水利事业为复杂。是以大学水利系讲授海港工学者，应具丰富之经验，对于各种海港建筑与管理，须亲历其境，且谂知国内外重要港务情形者，始能胜任愉明。

5.6　水力

水力事业为国家动力之泉源，动力者，物质建设之本也。动力之如何发生，如何分配，如何利用？为近代建国之重要问题，吾人对于此种动力之考察，事业管理、工程计划固甚重要，但于动力与国民经济之关系，尤须有详细之研究。

水利工程之大小常视发电处之远近、河流（或水库）之最高动力而定。至于本厂与附近其他水力厂互相配合以及将来用电之推测，各种事业之发展等问题，事先能加以慎重考虑，始为妥善。

水利工程之技术上，尚有许多问题，须吾人继续研究者。例如，拦河坝之构造及地基之安全，冲刷之防止，泥沙之排除，渠道、高压管、调压水塔之构造等是。

近代水利工程中所引之水量与利用之水头日渐增大，上列诸工程技术问题之解决亦随之更为困难，故不得不借重于大学水利系之研究及水工试验所之试验。

5.7　给水与污水

给水与污水事业对于城市卫生，国民健康关系最切。此种工程包括引水、净水、蓄水、送水等项重要事业也。此等事业有一特异而困难之点，即吾人对于水之要求，不特须水量充足，随时取用，且于水质更应力求良好。在法律上，凡水质不洁者，应绝对禁止使用。故给水之水道常与其他沟渠互相隔离而另成系统，不能彼此引用，盖恐毒菌杂入，损水质也。给水问题与污水问题有密切关系，常为不可分离者。此等问题实为水利问题之一，非普通之市政工程可得解决者。

给水与污水在近代进步甚速，且与工业和其他事业关系日切。水为吾人生活必需，不可一日或缺，大学之水利系，对于如何取得价廉清洁之饮水及改进国民之环境卫生问题，均应详加研究，以促进民族健康。

5.8　蓄水库

蓄水库为调整国家水源之工具，国家水利事业之发展，常视水库之多寡而定。我国大学水利系，水库之教材常偏重于水库大坝之建筑，而于水库对整个国家水利事业之关系，每不详加讲授，殊欠妥善，今后应急谋补救者。

水坝之高度，20 年前仅在 25 米左右，今则增至百米，坝工设计上之困难问题亦因之增多，如接合缝和底部之水压力、坝体内部之应力、工程不渗水之方法、裂隙之防止、地基之安全、库内之淤积以及其他土木工程上之各种问题，其著例也。

水库之广义，为一调节水源之工具，前已述及；我国雨泽，潦旱之年变化至大，急应于江河上游广建水库，以杜水患而兴水利。至于解决筑坝工程之种种技术问题，则应由大学水利系负责研究之。

6. 水利之道德

水利之道德为事业成功之要素，今略论之。

吾人生活于大自然中，工作之始，种种神秘启示吾人，凡正直之工作者，应抱敬畏之心，虔诚之意，从事于求智之努力。宇宙空间，无穷变幻，一水一土，与吾人之工作结不解缘，莫可或脱。而此变幻之演进，尽吾人之智能，莫能测其底蕴。在人类各业中，尤以水利事业，难知究竟；吾人须有更敏锐之感觉，创造之能力，而工作也。

水利事业，应与其他有关各业互相合作。诚以吾人之工作，一则须能适应此无穷变幻之境，二则更应满足人类生活之要求；不特此也，此等工作每随人类进化而日益繁重，继起努力，永无止期。吾人之工作，受地球天赋之限制，工作之利益，更复须深入民间，故吾人绝不能不问世事，仅从事于抽象之理论也。

水利工程，受自然之袭击，时间经过，常趋极端。例如，洪流之摧毁大堤，水锤之破裂钢管，俄顷间之事也。反之，滴水穿石，基础受化学作用而溶蚀，沃壤因渗漏而贫瘠，千万年之事也。故水利家应永远注意其工程之运行，不容稍懈。

水利家对于国家之责任，日渐重大；水利家之工作，如堰坝、运河、海港、给水常需极巨之款，极长之时，始得完成。此等工作不特须满足现在之需要，且应顾及将来之发展。故吾人应具远大之目光，精确之知识，深思熟虑而定计划。设若吾人在第一次计划有所失败，则罕有能力更改既败之功，故不可不慎也！

水利事业之最高意义在谋全民族之幸福。水利教育者，责在教育水利青年，如何认识、如何利用、如何管理吾民族天赋之水源也。

民族处危急之时，水利事业更显其特殊之意义，吾人将何以创造新生活之天地，巩固旧生活之基础，安全而幸福，国家将来之命运，即决于今日水利界之努力。我国大学水利系，应将此重大意义训导青年，努力迈进，以贯彻水利建国之主旨。

总之，大学水利系所授教材，应以民族利益高于一切为原则，此即任何水利事业之基点；吾人在大学工作，应本此原则，以训导青年为天职也。

吾民族坚抱最后胜利之信心，抗战不屈，奋起建国，此民族创造历史之大时代也。值兹伟大时期，吾人决不可轻忽吾人应尽之责任，盖吾人之工作，凡学理之阐明，事业之建设，必详考其今日之所需，将来之重要，此即历史之创造也。若是，对于水利青年，吾人更须使彼等，深明在抗战建国中应尽之天责矣。

摘自《李仪祉先生逝世周年纪念刊》西北农学院农业水利系 1939 年 3 月

水 利 与 农 业

水利的范围很广，与农业的关系最为密切，短时间内，绝难阐述详尽。为叙述便利起见，分三点来讲：(1) 水利本身的种种问题；(2) 水利与农业的关系；(3) 习水利者应有之修养。

1. 水利本身的种种问题

1.1 水的性质和水利的重要

水对国家、民族有极为密切的关系。水不但是一个国家的资源，同时，其流动不息的性质，自古即引起大哲学家的注意。子贡曾问孔子："君子所见大水，必观何也?"孔子答道："以其不息"。孔子从水川流不息的特性，就倡导人类应有"自强不息"的精神。老子说："上善若水，水善利万物而不争，处众人之所患，故几於道。"老子看到了水的善利万物而不争，所以勉励我们为人应抱着牺牲服务之精神。韩诗外传有："水者缘理而行，不遗小，似有智者；重而下，似有礼者；滔滔不疑，似有勇者；障防而清，似知命者；历险致远，似有德者；天地以成，群物以生，国家以宁，万事以平"。他从多方面分析观察水的各种征象，感悟到做人的道理，这是我国先哲所给予我们的启示。

现在就水利家对水的看法来说：第一，水可视为国家人力的资源。人类的生活，不能一日离开水。我国民族起源于黄河流域，而以渭河流域为其活动中心，即因当时该地下水量充足，土地肥美，人口蕃息的缘故，所以，水和人口是不可分的。第二，水可视为国家物力的资源。一个国家农、工、商各业的发达，莫不以水为事业的基础。世界各国凡物力充足，文明强盛者，必在雨水充沛之区。第三，水可视为国家动力的资源。近代国家建设，必须有大量之动力，动力中天赋吾人而取用不竭者，莫如水力。欧美各国，利用国内水力发电，促进工业，不遗余力。日本有了价格低廉的水力，军火工业方能发达。所以，日本之侵略我国，就水利家观之，实为敌寇利用本国江河，向我作战，可见水利对于国家生存之重要。

据上所述，水为国家富源，国家有了很多的水，本可大加利用，以之生产。但是，若缺乏水利家的妥为治理，其结果反生水患；水就变成了人力、物力、动力、一切国力的破坏者，这种破坏力是国家生存的大敌。我国近数十年来，天灾时作，水旱频仍，以致农业衰微，伤尽国家元气，实由水利不振、江河失治的缘故。可见今日水利界，对于国家兴亡，责任的重大。

1.2 水利家的任务

水为国家国力的资源，已如上述。这种宝贵的资源，如何管理？如何利用？则为水利家的重大任务。所以，水利家好比是一家店铺的账房，在时刻打算着怎样利用财源发达店务。近代水利家，应利用科学方法，一方面要防止水灾，另一方面要振兴水利，为人类社会谋幸福。我国幅员广大，江河纵横，雨水充足，国力资源比比皆是，在抗战期间，更亟应加以开发。

1.3 水利学的基础

水利学以自然科学、应用科学、社会科学为基础，现在分别说明之：

（1）自然科学：水利家要统制水，对于水的性质，运动的原理，先应有精确的认识。地球上有水之处，即水利知识应到之处，不论天空、地面、地下之水，都应加以研究。所以，自然科学是水利学的主要基础。

（2）应用科学：我们要达到治理水和利用水的目的，必须建设许多工程来控制它、管理它。所以，各种工程应用科学，是水利学最重要的基础。

（3）社会科学：水利事业的最终目的，是谋人类社会的幸福，对于社会人事的知识，如政治、经济、法律等，亦不可缺少。

1.4 水利事业的范围

水利事业的范围很广，大概可分下列五种来讲：

（1）市：市的方面，如给水、污水等，此等事业以改善用水条件，解决市民“食”“住”及“卫生”问题。

（2）农：农田水利包括灌溉、排水、防洪、治河等，以增进农业生产，解决国民的“衣”“食”“住”诸问题。

（3）工：各种工业均须用水，且有以水为原料的。工业发达就可解决国民的“衣”“食”“住”“行”等问题。

（4）商：河道整理、运河开凿、海港建筑，皆有利于货物运销。商业发达可解决人类“行”的问题。

（5）动力——动力为人类活动之能力。水力发电为国家一切动力的重要来源。动力充足，实业乃可振兴。所以，今日我国亟应提倡利用水力来发电，替我们做一切工作。

上述水利事业诸端，彼此相联，并无一定界限，例如灌溉渠道，除供给农田灌溉以外，亦可供给饮水，兼做航运、发电之用，凡此统称曰“水功”。习水利者，应高瞻远瞩，以从多方面利民为原则。

1.5 我国水利问题严重的原因

我国水利环境问题日趋严重，其原因可分自然的及人为的两方面言之：

（1）自然的环境：①气象，我国大部分雨水，由台风从太平洋中带来，台风常在闽粤登岸，经长江流域，向东北而往日本。西北高原因无台风经过，所以雨量稀少；东南诸部则因台风出没无常，雨量多寡，年年相差极巨，水利问题因以严重。②地质，我国西北，大部分为黄土，黄土性质特殊，故黄土区内之黄河，其治理之困难，世界上没有第二条河可相比拟。所以外人称黄河是“中国之忧”（China's sorrow）。③地形，我国以农立国，农业多发达于江河两岸及下流冲积平原。此等地区，最易遭受水灾，且因人口稠密，物产丰饶，故水灾的损失更大。西北地势高亢，水利不兴，时常发生可怖的旱灾。

（2）人为的环境：我国过去政治未上轨道，兵刃频仍，百业俱废，人民复缺乏科学知识，视潦旱之灾为天命。且建设落后，交通不良，灾患一旦发生，常因赈济无方而酿成浩劫，使我国水利问题益加严重。

1.6　中华民族与水之奋斗

中华民族发源于渭河两岸，常遭水患，非群策群力，团结一致，不足以战胜洪水，安心种植。由此种需要，乃促进我民族团结、合作、互助、奋斗之精神。我中华民族之成立，实基于此。古语曰“降水警予”。降水者，洪水也；因共御水患而产生我中华民族，于此益信。我民族在最近十数年间，受潦旱之灾益烈，亟应本先祖创业精神，继续与水奋斗。

2. 水利与农业的关系

2.1　农艺

“国之本有农，农之本在水利”，水利与农艺的关系，无待详述。我国西北亢旱，需要灌溉；东南种稻，用水更多，灌溉更勤；江河两岸沼泽之区，应挖沟排水，筑堤防洪，以便耕植，足可见水利为农业之基础，为农业之保障。

2.2　农业经济

秦得关中，大兴水利，令水工郑国凿渠，溉地数十万顷，民以殷富，国以强盛，卒统一天下。就经济学者的眼光观察，秦国无如许经济资源，决不足以王天下。在西北，黄土很肥美，水是最重要的生产要素，西北的水利问题如得解决，农村就能繁荣，经济就能发达。

本省在泾惠渠未兴修之前，农田灌溉困难。富者能雇工凿井，利用牲畜汲水，收获可丰；贫者无法得水，虽努力耕种，亦无济于事。所以，富者愈富，贫者愈贫，社会因之不安。但泾惠渠完成以后，泾阳、高陵一带农田，不论田主贫富，皆可同样得水灌溉，收获之多寡，决于农夫之勤惰，贫富阶级日趋消灭，深合总理“平均地权，节制资本”之政策。

2.3　病虫害

农作物中多种病虫害，如变色病、萎黄病、粉虫等，据近代研究，均由灌溉不宜而起。大旱之后，必有蝗灾，此为我国屡见不鲜的事实。要是灌溉得宜，作物本身必甚健全，抵御病害的能力自大，虫害亦可望因水利振兴而减少。

2.4　园艺

园艺作物，比较高贵，需要灌溉更切。水利不振，园艺决难能发达。例如，荷兰为欧洲之花园，园艺最盛，其花卉运销全欧，实由荷兰水政修明、水利发达之故，绝非偶然也。

2.5　森林

森林能涵养水源、调节水量，但功效不著，且不可恃。江河上游常为森林区域，苟能治理得宜，山间石砾不致崩塌，即可保护森林。

2.6 农业化学

农业化学所注意者为土壤与肥料问题。土质肥美者，可增加灌溉的效益；土质含碱者，可由排水方法改良之。反之，若灌溉失宜，或水分含碱，肥美的农田，将变为碱地，此点不可不加注意。

2.7 畜牧兽医

欧美灌溉之地，多种牧草，故畜牧事业发达。牲畜饮水，水源苟能清洁，即能减少牲畜之传染病。例如，欧洲兽疫极少，即因其饮用之水均经过水利家之处理，洁净而消毒也。

3. 习水者应有之修养

从以上各方面来看，水利事业的目的，与农业的关系非常密切，是谋人类社会的幸福。故水利家的责任非常重大，要担负起这重大的责任，对于人格的修养，不可不加注意。德国水利专家方修斯（Franzius）先生1936年逝世后，其亲友分析方先生一生成功之道，归纳到三个德性：一为工作（arbeit），二为仁爱（liebe），三为奋斗（kornlf）。

3.1 工作

工作是成功之唯一要素，美国大发明家爱迪生先生说："余之成功，百分之九十九为血汗，百分之一为灵感"，可见勤能补拙。工作能增进我们的智慧，能充实我们的经验，中外水利家，如李仪祉先生、方修斯先生，都是埋头苦干，为人类社会服务，直至最后一息。

水利工程，关系整个国家社会至巨，不可轻忽从事。例如渭惠渠拦河大坝之设计，必须有丰富的学识和经验，所成之工程，始能又经济又安全。否则，一旦溃决酿成巨灾，将何堪设想。西谚有云："Little knowledge is dangerous"（知识不足，最是危险），所以，努力工作，积极求知，为习水利者应有之修养。

3.2 仁爱

仁爱就是菩萨心肠。水利工程是救人民于水火的工作，水利家应有"视人溺如己溺"，爱同胞、爱人类的热情；"我不下地狱，谁入地狱"的信念，这种热情和信念，使我们忘记了一切困难，牺牲个人，而为人类服务。

李仪祉先生看到关中灾劫，抱救世决心，一生尽瘁于我国水利事业，留下了造福邦国的业绩，为后世所崇仰。武同举先生本有志疆场，南下投军；适值苏北大水，武先生目击心伤，就改攻水利，以导淮为己任，迄今功绩卓著。这二位先生，实在是习水利者永远的表率。

3.3 奋斗

水利家的事业就是和水奋斗的战绩。大禹治水，在外七年，胼手胝足与水奋斗，才能有今日的中国。语云："治河如治兵"。当江河水涨，水利家率工抢险，常在午夜昏黑，狂风大雨之时，而洪流扑岸，堤势危急，又不容稍存惧怯。苟稍一退缩，以致领导乏人，功败垂成，酿成巨灾，将如何担负起这种重责。所以，勇敢奋斗的精神是水利家最重要的德性。勇敢奋斗之精神寓于强健的身体，习水利者对于体格之锻炼，应多加注意。

最后，近代社会进步，一切事业着重分工，但分工必须有严密之组织，能相互合作，始收宏效。水利与农业的关系密切，已如上述。彼此间的认识与尊重，实为合作之基础，愿本院各系同学，在校能分工研究，互相请益；将来入社会服务，能各尽所能，密切合作，以建设大西北之水利，发展大西北之农业。希望各位同学，共同努力迈进。

摘自《李仪祉先生周年纪念刊》西北农专水利学组，1939年2月

总理纪念周讲演，李翰如先生整理记录

灌溉事业成功之要素

引　　言

灌溉为人类最早发明之技术，人类之文化，有自灌溉地发生者，但也有在灌溉地衰落者。我国西北各灌溉事业尚在新兴时代，普通人民均以为灌溉苟能使用得宜，必能保持其一定的永久性；或谓文化之基于灌溉农业者，迟早必有衰落之一日，盖古代因灌溉发祥之文化，今已渐趋衰落者，为例甚多。

人类文化之持久性，因素固极复杂，但于农业之必能保持永久有利一点，更属首要。本文罗举种种之原理及要素，使灌溉之农业永久而不替。

1. 灌溉之定义

灌溉为人工浇水于土壤，使农作物水分充足而易于发育。灌溉浇水之法，有漫流地面者；有由大小沟渠引水于根侧者；有灌水地下使地下水面升高者；有洒水地面及作物上之者，此等浇水之法总称曰灌溉。

湿润地带雨水充足，作物每年均得丰收本无须于灌溉，但有时某处平时之雨水颇为充足，有时则感缺乏，吾人在此雨水缺乏之年，势必施行灌溉，补其不足。灌溉所得作物之价值，自应大于灌溉之所费，始为有利。至于每年雨水极少之处，或则在农作物生育期内，缺水和无水之处（其每年总雨量抑或尚高），或则每年均须灌溉，以增加生产。在普通灌溉施行之区域内，作物所需之水分，有时直接得自生育期间之雨水，有时间接取自雨季储于土壤之水分，情状至为复杂，如何使之恰当而利于作物的生育，乃一极重要之技术问题。

2. 灌溉之展望

地球上 1/3 区域内，每年之年雨量不及 250 毫米，尚有其他 1/3，年雨量在 250～500 毫米之间，兹就地理分配，缺少雨水之区约列如下表。

洲　　名	灌溉面积（百万公亩）	洲　　名	灌溉面积（百万公亩）
亚洲	5700	非洲	416
北美	1083	澳洲	49
南美	267	总计	8114
欧洲	599		

由表可见世界上必须灌溉之地，有 81 亿公亩，而亚洲独占其 3/4，我国灌溉事业之重要，盖可想而知。

3. 灌溉农业之特质

灌溉农业之特质，即合作精神也，期间尤以与作物生产合作者为首要，有时且须能与市场及消费者相配合。盖吾人欲以某一河流之水源，引之用之；作为灌溉事业，非得各方面之通力合作，每难有始有终。在灌溉创办之时，极小之坝，极短之渠，固须本“合作”之原则，即使近代之极大之工程，如拦河坝、蓄水库、进水闸、大型唧机及极长之渠道，并附有渡槽、跌水、隧洞、排洪闸、虹吸管、斗门等新式建筑者，亦莫不应本此精神，引水入田作灌溉之用。虽均属重大之工程，亦莫不应本次精神。本文所讨论者，只限于施行灌溉之农民，彼将如何用水以灌地，所费少而获利大，并以其所获，支付利息而维持其事业之发展。

我国灌溉农业，尚在萌发时代，距成熟为时尚远，更须利用新式技术与系统之组织，使各方面均能精诚合作；灌溉区域之农民，须要能在工程师、实业家、农业家领导之下努力工作，庶可完成伟大事业。

4. 灌溉之面面观

地球干燥之区，灌溉问题多且复杂。各地先贤致力于水之取得、储藏、分配等工作，用以增加农作物之生产者，盖以千数百年矣。虽然，此等干燥之地，居民固可利用灌溉以征服旱荒；但亦有灌溉数年之后，土地复因灌水过度，致水积碱屯而荒芜者。

灌溉事业常可就工程、农业经济及社会三方面言之，但其间互相依藉，实无可分之界限；兹将灌溉事业中各方面应负之责，详述如下。

4.1　工程方面

灌溉工程师之责任，在设计及建筑各种工事，最重要者，为蓄水、取水、引水，以分给灌溉农夫。各种灌溉建筑，应构造坚固安全，实为首要，即偶遇意外，亦须能应付自如。盖一大水坝之破坏，影响所及，固不仅大部资财损失，甚且极多生命随之毁灭。一拦河坝之冲毁，或一渠之决口，不仅本年作物所需之水分将无从取得，且此工程之资本亦随之损失。近代灌溉事业更有要求工程师者，即彼所成之工程，须十分经济、合理。有时灌溉工程须自河流或池湖戽取大量之水送至农田者，则对于此戽水机器之设计及装置，亦应工程师负责之。

对于大灌溉面积用水量之决定及引灌之方法，亦属灌溉工程师所负之责。盖灌溉农田所必需之用水量，因时而异，各地不同，故供给之水量亦随之变化。普通对于河流每月每年流量之估计，比较合理之法须根据实测之雨雪量及多年之流量等水文记录；但在灌溉事业创办之时，因记载缺乏，对于河流水量之估计往往过高，而于灌溉所需之水量反失之过低，致有许多灌溉事业，终罹灾害者，至属不幸。近代灌溉工程师虽已竭尽智能，力谋此等事业之解决，但距理想之期尚远，须要继续与土壤专家及植物专家互相合作，始能获得最完美之结果。

4.2　农业方面

灌溉之于农业，最要者为农田灌水之实施，普通农民乃灌溉之直接施行者，关于农业方面之智识，实应较工程方面为多；每一灌溉农夫，对于其灌溉之实施，必须能个别解决其困难。盖吾人之灌溉学识无一定理，对于干燥地带之任何气候、任何土壤、任何作物均可应用。是则灌溉农夫，对于彼所私有之农田，所有特殊之气候与土壤，每季应灌水几何，始能得美满之豊收，乃最所渴望解决之问题也。

此外，灌溉之与农业方面尚有待于决定者，即在每次灌溉时所需之水量，均匀灌水于农田之法，各种土壤吸收水分之容量，以及水在各种灌溉田土内运动之情形。

总之，灌溉于农业上之最高原则，即吾人应以最有效之方法灌水入田，供作物之用。此种方法之实施，须能适合当地之气候及土壤等自然环境，对于农作物之选择，亦必视自然环境而定，至为明显。故农田水利家亦有责任协助农学家探讨农业上之灌溉问题，并谋合理之解决。

4.2.1　气候与灌溉

雨、雪、风、气湿、气温、日照以及作物生长时期之高度，均为气候因子足以影响于农业者。我国西北各地，每年灌溉时期在3—6月，对于小麦之生产，至为重要。东南各省雨量虽极丰沛，但所种粳稻之需水量大于麦黍者十倍，灌溉更为急切。灌溉之基本目的，在补给天然雨水之不足，而此不足之水分，乃作物生长所必需者。自然所赐给各种作物之雨量，既各地不同，随时而异，吾人灌溉所需之水量亦必随之而变。在极干燥之区，自然之雨量，所施于作物者，固极鲜微，但吾人亦应设法谨为保存，以供作物之用；他若农田土壤及作物之性质，亦均需详细顾及之。

4.2.2　土壤与灌溉

土壤之性质，对于灌溉之影响最为重要。往昔学者对于此种影响程度之估计，似属失之过低。盖土壤粒子粗大且疏松者，透水极易；反之，土粒微细且紧密者，则不易透水。据近代之研究，某种土壤透水之速率，可较他种大至数千余倍。土壤透水之难易，对于灌溉实施关系至大：凡透水极易之土壤，每使多量水分深入地下而归损失；但不透水之土壤，往往因吸水困难，土块坚结不易湿润。夫土壤之效用如蓄水库，能将灌溉时之水分保持其间，以供作物之用，可见农田土壤粒子之松紧情形、土层之深度、所含有机质以及地下水位等，均足影响灌溉时每次所能储蓄之水量，以及灌溉必须之次数。吾人且须深切认知，农田土壤粒子之密度、透水性、深度等各处不同，其变化至为复杂；故实施灌溉之农夫，对于农田土壤之性质，须经缜密探讨，使灌溉水分确能适合于作物之生长，最为重要。

干燥地区之土壤，不仅物理性各处不同，且其化学性质亦随地而异。肥沃土壤常含丰富之植物养分，且无有害盐类；某农夫幸而占有此等生产极高之农田，且有适当水分以供灌溉，自可使其生活安适，而偿其灌溉之所费。反之，不幸居于贫瘠之土壤，生产既难，且不易偿其所费。有时，农夫在灌溉初行之时，获利颇厚，但日后则渐感难如所期；盖彼之土壤，乃因灌溉使地下水位日渐升高，碱土屯积，生产力降低所致也。

上述土壤生产之情形，概指灌溉区域内者。虽然，干燥地区之农夫，即使对于最佳之土壤，也应如润湿气候区者，善用人类之智慧，以保持土壤之生产力，农业始能永久有利，理至显明。至于如何保持土壤永久肥美之方法，已属本文范围之外，普通农夫之经验，欲使土壤保持其优越之生产力，必须经合理的处理，并应用牛马粪肥，或施其他各种肥料以辅助之。

4.2.3　灌溉农夫

新兴灌溉农业之成败，与灌溉农夫素质之优劣关系至大。强健有为之农夫，一心经营其农田，且于灌溉技术已有相当经验，苟更有聪明、勤劳之妻子助其操作，其事业必能成功，无可疑义。反之，凡失败之农夫，常属毫无农田灌溉之经验者，且胆怯体弱，乏进取精神，其妻室概为骄奢而虚荣之女子，对于创造开发之生活，不能习惯。处此二极端之间者，能力高下，等级不同，概视其知识、经验、决心、见解、勤劳、勇敢诸因子而定。

研究灌溉之学生，应永不忘于心者：我国以及其他国，凡实施灌溉之农家，莫不应尽心极力经营其事业，建设其美满之家庭。成功之灌溉农夫确与其他企业家相同，必具高超之能力，远大之目光以及坚强之意志，终能跻居领袖地位而致富。反之，缺乏上列诸才能者，必将因无能而受人支配，乃至家产破落。不特此也，成功农夫之农田若偶罹灾害，彼亦能克服此种困难而达成功之境；在必要时期，彼虽弃其农田生活，与人角逐于城市实业之场，亦能成功。是则吾人欲期灌溉事业之成功，对于各个灌溉农夫能力之培养，至为必要；盖全部事业之成功系于每个单位成功之上，不可不注意也。

4.2.4　灌溉集体

本文所谓灌溉集体，系指一个有组织之农家集团，彼等引水所用之坝、渠、沟等之产权，均属此集体，且由此集体管理之。

今设有一灌溉区域，其面积为 6 万亩，设有 1000 户农家之灌溉集体管理之，则每户应管农田 60 亩。设每年有 1 户因事业失败而他涉者，则此集体必稍感困难，须另觅新户，以补此缺。是则 999 户在此特殊情况下，应备较大之款，以偿彼等灌溉之水税。倘有百户人家，均因失败而他涉，则补充更为不易，维持费亦更大。通常，自 90%之农户所获之利益，已往往不易补偿所有灌溉之费用。事实上，每有许多灌溉集体，在事业初期，尽其最大努力以发展计划，但所获尚不及理想可能生产额之半。普通之灌溉计划，每有极多之困难问题阻滞事业之发展。凡主办灌溉事业者，对于已成事业之扩充及新事业之创建，均需深知此浩大之灌溉费用，应由灌溉集体负担之。实施灌溉后土地所增之生产，始能获得灌溉之利益。设此灌溉集体中，有因缺乏资本或不勤于耕作而弃其事业，或因区域内不能生产之土地颇多，或因灌溉之水量缺乏；凡此皆足降低灌溉集体之效力，处此情形，经济困难常不能免。故灌溉问题，严重复杂，辄受国内及国际间诸经济因子之影响。

灌溉计划中有二要素，与垦殖问题相似者；盖垦殖亦为一极明显之集体事业，且每计划必具备极多之农户，故彼等生活之安宁与进步，亦乃计划成功之基本要素也。

4.3　灌溉之社会观

合宜之社会立场，为任何集体事业成功之要素。吾人以家庭学校之一切观念，以鼓励农夫之事业心及进取心，则其工作效力必大。他如农社公共图书馆以及有益之娱乐场所等，均足使农人身心欢愉，灌溉集体效力亦可随之而增进。虽然，此等家庭学校以及其他社会事业之进步，概视集体分子之经济情形而定；但仅恃财富，亦鲜能达此目的，必更须有一贤明之领导者，以推动事功之进行。灌溉集体之学校，应有一才智兼具之教师，须能欣赏乡村生活之美丽，深知民治国家公民应有之意义，鼓励乡村父老子女，组织各种合作事业以迄完成。

各地长老亦须劝导乡民，消除陈见，接受科学方法。盖农家之唯一目的，为建设美满之家庭；地方之领袖应注意如何满足彼等之欲望，造成一安宁之社会环境，此亦灌溉事业成功之要则也。

我国人民，在最近数年，已深感灌溉事业之重要。政府对于灌溉水权之获得，以及国有水源对于获有灌溉水权者之分配，均需制定法律，以资奉行。各省各地对于灌溉合作之法律，亦应早日颁布，以利事功。挽近办理灌溉事业者，已对事业初期之水税特为免除，以资鼓励。政府对于灌溉事业的发展，凡超出国家社会之所需者，固须尽力避免；但国家人口增进迅速，吾人于国内所有农业富源之利用，亦为必需，不可不察也。

总之，灌溉之公共利益，以不固执法定水权之限制为原则，对于私人资本经营之灌溉事业，以及国家主办之工程，均应加以奖励。吾人研究灌溉实施之问题，对于干燥地带灌溉用水之效率与经济，最为首要；农业水利研究所，实为解决此等问题之有效机关，无论政府、人民均应尽力奖掖之。

摘自《科学世界》第9卷，第1期，1940年

仪祉水土经济研究所初步计划概要

仪师逝世瞬已二载，水土经济问题研究为仪师生前所创导。于兹抗战建国农功水利突飞猛进之际，对此基本问题之研究，益见重要。国立西北农学院农业水利学系乃教育部为纪念仪师而设，更应负起重责。兹特遵照仪师遗规，拟具计划，于渭惠渠旁勘定研究所所址，积极从事筹备。尚祈国内水利界予以匡助，多赐指导，以宏成效。研究所即以仪师命名，藉资永以纪念。

王清谨识

1. 西北水土经济之重要

“水土经济研究”一词，系李仪祉先生所首创，其意义在运用科学方法探讨吾人所居之水土环境。探其原理，明其法则，而求其利用厚生之道，使水尽其用，地尽其利，以最小之消费，获最大之生产，而谋文化之发扬，人类之幸福也。

西北地区，气候干燥，雨量缺乏，且四季分布不匀。大旱之年可使禾苗完全枯死，籽粒无收。黄河为患，尤为严重。值兹抗战建国，民族复兴，开发西北刻不容缓，对此农功水利根本问题之研究，更为切要。

2. 国立西北农学院农业水利系水土经济研究现有设备

国立西北农学院农业水利系乃李仪祉先生所创办，对于水土经济研究向极注意。唯因抗战以来，院方经费减缩，贵重仪器添置困难。幸院中金木工场存料尚足，教学研究仪器可设法自制，以应急需。兹将水利系现有设备概况，略述如后：

（1）图书：水利系现有专门图书凡 700 余册，其中包括中文 200 余册、日文 50 余册、德文 50 余册、英文 400 余册，足供师生教学研究之用。至于教授私人所收藏之名贵书籍，专家论文，亦颇不少。就目前情形言，本所研究上所需之主要参考书籍，均已齐备。

（2）仪器设备：水利系现有水土经济研究设备概分：沙土研究；河工研究；地下水研究；水文研究；土力学研究等 5 部分。各部设备情形择其重要者，列表如后（从略）。

3. 利用渭惠渠水作试验水源之必要

农学院水利系水土研究室，在头道塬大学本部内，该处地下水位深 60 米，汲水困难。院中凿深井百余米，管径 10 厘米用气压机起水，日出水量仅足敷全院千余人之饮用。水土研究室因受用水限制，且原抽水机之动力系 135 马力柴油引擎，抗战期间，柴油缺乏，价昂而不易购买。故水土研究工作，除上课必需者外，刻几全告停顿，殊为可惜。补救之道，唯有在二道塬渭惠渠旁另建露天新试验场，利用跌水供给水量，一切困难则迎刃而解；且可藉以继续作更重要之种种研究，有助西北农功水利至深切巨。兹将利用跌水之必须及利益分述如下：

（1）渠水长流，四季不绝。研究所可节省发动机、抽水机等设备。平时无须燃料，工作时间不受限制，在抗战期间，尤为重要。

（2）渠水流量充足（最大流量为 30 米^3/秒），试验模型之大小，不受水量限制。

（3）渠水含有黄土，水流观察虽稍有困难，但此黄水，实代表西北河渠之通性，是其利点，有昭研究之目的。探讨黄土河渠冲刷沉淀等性质，利用黄水做试验，最符理想。

（4）研究堰、坝、水闸等水工建筑之水流情形，冲刷问题或测定其流量系数，用黄水以做试验水源，其结果与清水无异。

（5）研究黄水灌田，作物所需水量等问题，更非直接引用渠水试验不可。

4. 研究所之地址

本所在渭惠渠第 10 号跌水南岸，占地约 40 亩，所址距陇海铁路武功（今杨凌）车站 2 里，距渭惠渠武功监工处 3 里，距西北农学院本部 5 里，交通便利。且毗接农学院园艺、农艺两大农场，将来彼此合作，研究成效当更宏大。

渭惠渠第 10 号跌水，跌深 2.5 米，跌水南岸有洼地一方，长 80 米，广 95 米，面积宽敞，稍加整理，即成一极佳之露天试验场。该处现为耕地，价值平廉，四周空旷，将来发展不受限制。

本所利用渠水作巨型露天试验，其利点如下：

（1）露天试验场面积宽大，水量充足。研究所可采用巨大模型，性质与自然情形接近，试验结果可更精确。

（2）抗战期间，器材缺乏，百物昂贵。建筑巨大试验厅在室内工作，殆不可能。事实所限，只可采用露天试验场。

（3）武功气候温暖干燥，据农学院历年测候结果，每年每月降雨及冰冻日数，概如下表（从略）。

可知本所露天试验场，因雨雪及冰冻，而不能工作之日数，仅占全年的 30%，其余 70%的时间，均得在露天试验，效率较欧美各国者为高。在降雨及冰冻的期间，可从事室内研究工作及整理材料，缮写报告。

5. 研究所初步设备

本所初步设备以能适应抗战期间环境，利用当地器材，就研究所基本必须设备者为范围。至于其他设备，俟将来抗战结束，交通恢复后再作第二步扩充计划。兹将本所初步计划内之设备分述如后：

（1）水流系统：在渭惠渠第 10 号跌水上游约 12 米处建一进水闸，由引水渠导入沉沙池。池之靠渠一侧，设泄水溢道及冲刷闸，以保持池内水位及排除沉积淤沙。

水由沉沙池经溢水墙流入清水池，池内水面宽广，水位可得稳定，水经由分水渠送至露天试验场，注入各试验区，供研究之用。

场北设排水渠，为试验区之尾渠，集各区之余水，经排水闸仍回入下游渠内。

试验区所用之水量，各设闸门调节之。并择适当地点，安设量水堰，以测定流量。

进水闸及引水渠，按流量 4 米^3/秒设计之，以供给水力机械试验场之用。分水渠按流量 1.5 米^3/秒设计之。凡普通巨型河工试验，均以敷用，排水渠则按流量 4 米^3/秒设计之。

进水闸及分水闸用砖木构造；引水渠及分水渠左砌砖镶面，以期稳固。

(2) 研究室设备：本所主要研究工作，均在露天试验场举行，故室内研究仅建主要建筑一座，命名“仪祉馆”，以纪念李仪祉先生。

仪祉馆长 48 米，宽 12 米，为本所办公室及研究室集中之处，馆内分下列各室：

① 所长室：所长及工程师办公之处。

② 会客室：接待来宾，召开会议。

③ 陈列室：陈列各种水利模型及工程图表。

④ 图书室：收藏水利名著及有关西北建设之文献。

⑤ 事务室：文书、会计、事务员办公处。

⑥ 水工研究室：研究流量较小（20 公升/秒）之水利工程，如堤坝、渗透、地下水流等问题。

⑦ 灌溉研究室：分析土壤之化学成分，测定含水量、孔隙率等系数。

⑧ 气象水文室：统计各项水文记载，分析河水挟沙量等。

⑨ 土力学研究室：研究黄土之物理性质及力学性质。

馆前立李仪祉先生铜像一座，永资景仰。

馆东建工厂及储藏室各一，占地共约 100 米^2。工厂内设金木工房，以便修造仪器，制作模型；储藏室供存放仪器之用。

气象园位于工厂之西，园长 16 米，宽 12 米，用以安置各种气象仪器，观测天气。

仪祉馆以北，预留一长 40 米、宽 14 米之空地，以备将来第二步扩充时建筑水工试验大厅。装置高下水库，抽水机等，研究各种清水水工问题。

(3) 露天试验场设备：露天试验场占地约 76 公亩，划分为 5 个试验区，各区研究工作分述如后：

① 灌溉试验区：研究作物之需水量及灌溉等问题。

② 黄河试验区：利用模型研究黄河根本治导方法。

③ 灌溉工程试验区：研究灌溉渠首、拦河大坝、进水闸、冲刷闸等工程，以及泻水道、分水闸、跌水、斗门等之构造问题。

④ 玻璃水槽试验区：研究堰、坝、闸门之水流及冲刷情形，黄土之淤积、冲刷临界流速等问题。

⑤ 水力机械试验区：研究水轮机特性，改良西北旧式水磨等问题。

试验场之东，于分水渠之下游，设流速仪率定渠，用以率定各种流速仪之常数，绘制率定曲线。

(4) 住宿设备：本所地处旷野，附近无适当的住宅可供租赁，本所职员均须在所内住宿，故在初步计划内，暂拟建职员住宅两座及职员宿舍一座，其他门房、厨房、杂房、厕所等，亦所必需。

（5）警卫设备：本所附近时有匪警，虽自西北农学院、陇海铁路西宝段及渭惠渠相继告成后，治安已可无虞，但警卫设备仍属必要。所址四周宜高筑围墙，并建碉堡三座，以重安全。至于警卫兵士，拟向西北农学院接洽，由该院警卫队日派出4～5人守卫之。

6. 中心研究问题

本所之研究工作，除接受水利建设机关之托，试验指定之特殊问题外，对于后列诸问题，可认为乃西北水土经济之中心问题。俟本所设备初步完成，即应着手研究。

（1）黄河模型试验：关于黄河之治导问题，虽经恩格斯、方修斯两教授在德试验，但其结果似尚难据为定论。对于工程实施，亦多困难。本所拟首将两教授的建议及李仪祉先生的治黄意见，做巨型试验，详加研究，较其利害，以供拟定治黄方案之参考。

（2）作物需水量问题：西北新兴灌溉事业，已颇发达。但与作物之需水量，尚乏可靠资料作为设计之参考。本所拟先就西北重要作物棉、麦两种用黄水灌溉，测定其实际需水量，并研究灌溉之方法。

（3）渭惠渠渠首改善问题：渭惠渠拦河大坝、护坦铁丝笼发现被洪水冲毁一部，进水闸时生淤积，影响水利前途至钜。本所地处渭惠渠旁，对此问题，关系最切，应详作研讨，以谋改善之道。

（4）黄土河渠临界流速问题：此为研究黄土河渠水理基本问题之一。本所拟在露天试验场，利用渭惠渠黄水，作学理上之探讨，同时特实测陕西省已成各灌溉渠道，研究比较之。

（5）宝鸡水库问题：渭河宝鸡峡建筑水库，向被认为拯救关中旱灾，消除河淤之唯一要策。但渭水含泥极重，水库应如何设计，方不致淤积，而能永得其利？本所距宝鸡綦近，亦应负起研究此问题之重责。

（6）沟洫之蓄水效率：李仪祉先生倡议于黄河流域广开沟洫，既可增补地下水，又能抑制地表漫流冲蚀，以泯除水患而兴水利。但此种沟洫应占地面若干，其效率若何，迄今尚未有实际试验结果。本所就武功农学院附近，开地挖沟研究之。

（7）西北旧式水磨改良问题：西北各地，利用溪水建筑水磨者颇多，但效率太低，亟应改良。本所拟先调查现有水磨情形，并进而改善之。

（8）黄土之土工术：黄土之物理性及力学性，久为中外学者所重视。本所拟对此作一有系统之研究，以供黄土区域内兴办水利、土木工程之参考。其问题包括：黄土之土压力；黄土之承重力；黄土筑堤之方法；黄土土坯之性质；黄土窑洞之改良；黄土路面固定法等。

7. 建筑费和设备费估计

本所地处西北，交通不便。值兹抗战期间，百物昂贵，故建筑所用一切材料，概以采用土产砖石、木料、土坯为原则。至于建筑方法，力求简朴，以节费用。但目前工资物价仍高涨不已，是以本计划之估计仅能得其概数，兹将本所初步计划之全部设备费列表如后（从略）。

8. 筹备费估计

本所筹备时期，预定自民国二十九年四月一日起，至九月底止，由国立西北农学院农业水利系负责筹备之。在筹备期间之临时、经常费估计，列表于后（从略）。

附图（从略）

《李仪祉先生逝世二周年纪念刊》，1940年3月8日

陕西省水利局编印

黄土区域之潜水问题

民国26年春，著者自德返，谒仪师于省，师嘱注意西北之潜水问题。翌年秋，抗战军兴；研究工作，因受阻埂难以进行，深以为遗憾。兹就三年来，所实测有限资料，撰成是篇，以引起各界之注意，并志不忘也。

著者谨志

黄土为西北各省亦即黄河流域之主要土壤。吾人在此区域内，兴办水利，对此土层内目不能见之潜水，须的明确之认识。否则，冒昧进行，辄易败事。且西北雨水缺乏，欲求灌溉之普及，更非取决诸潜水不可，是以黄土高原内，潜水之增补与利用，将为今后西北水利之中心工作也。

1. 黄土之含水量

真黄土（Echter Loess）之孔隙率约为土总容积之45%，故全湿之饱和黄土，其含水率亦为上数。黄壤土（Loess Lehm）之孔隙率较小，其饱和含水率约为42%。凡受有压力之饱和真黄土或黄壤土层，其含水率较未受压力者大。

2. 黄土之透水率

真黄土较黄壤土易于透水，二者透水率之比约为1∶4。黄土内潜水之运动，视潜水面坡度及土质之透水率而定；普通潜水面坡度为1%时，潜水流速约为0.009毫米/秒；坡度为60%时，流速增至0.56毫米/秒，可见黄土内潜水之行动极为蠕缓。

黄土层内潜水面向上至地面间，各处的含水率变化甚大，有时且夹有厚为1～2米极湿之土层。例如武功县张家岗之黄土层内，在土深22米处，含水率几达饱和，其下复渐形减少，见图1。

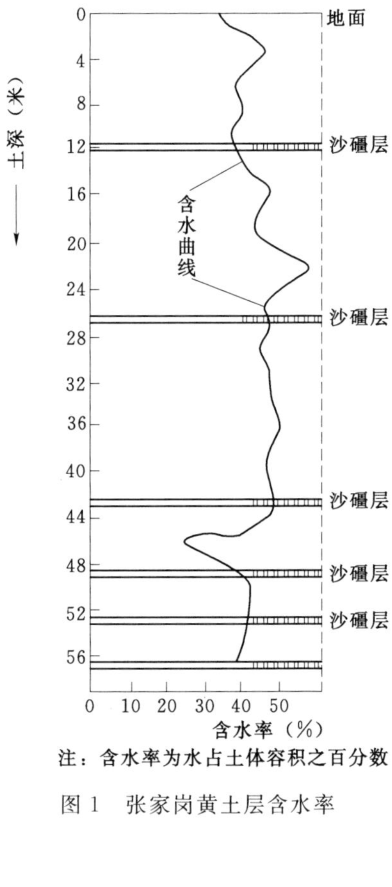

注：含水率为水占土体容积之百分数

图1　张家岗黄土层含水率

3. 丘形潜水面

黄土层内之潜水运动殊为复杂，已如上述。潜水面坡度，须达5%以上，始能发见较明显之潜流。降雨之时，潜水上游水量增大，潜水坡度亦随之加陡，盖需较大之流速，以增加流量也。此种潜水面坡度，在黄土层内常呈丘形；潜水向丘之四周流散，其坡度有时可达10%。例如：洛惠渠第五号洞，铁镰山之丘形潜水面之坡度约为3%，见图2。凡透水较强之土壤，则无此种丘形之潜水面。

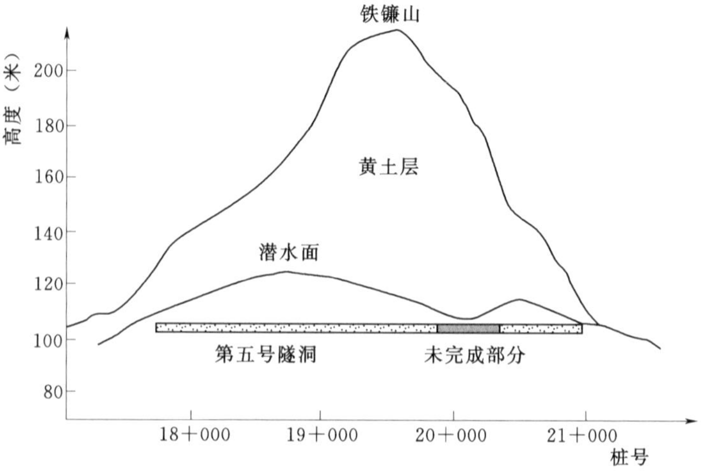

图2　洛惠渠第五号隧洞铁镰山丘形潜水面

4. 凿井问题

黄土层内凿井，其作用仅为一蓄水窖，且其集水区域，微小有限，大旱之年辄易干涸。倘欲汲取大量潜水，则非开凿数眼深井，并以管道连通才成。

黄土上层久经干燥，暴雨骤降，仅能湿润土面1～2米，大部雨水流入沟谷，故暴雨对井泉之水量，影响甚微。

5. 隧洞问题

干燥黄土地区，丘陵起伏，建筑隧洞，对于丘形潜水面，最应注意。须沿洞线，做有系统之钻探，详测其潜水位而定之。

在饱和之黄土内（即潜水面以下），穿凿隧洞，因黄土透水不易，排除尚无甚困难；唯黄土层内，常夹有沙层，遇之即为带有水压之之流沙，洞工进行，不利殊甚！洛惠渠第五号洞，即被此种流沙所阻。

6. 坎井问题

坎井，传系左文襄公所创制，西传至中央亚细亚、波斯、土耳其斯坦、阿富汗、西印度一带，黄土高原内，应用至广；德名Karis，英名Karee，均为“坎”字之译音。坎井之制，自黄土塬脚穿一隧洞，或分成数支，深入塬内，远及数十里，达透水砂砾层内，集其渗透之水导出洞外而入渠内，灌溉田畴，见图3。

坎井无蒸发损失，是其最大利点，即在大旱之年，亦无虑枯涩，且流量恒一，四季不变。我国西北各省黄土高原内，宜择地大量推行，以拯荒旱。

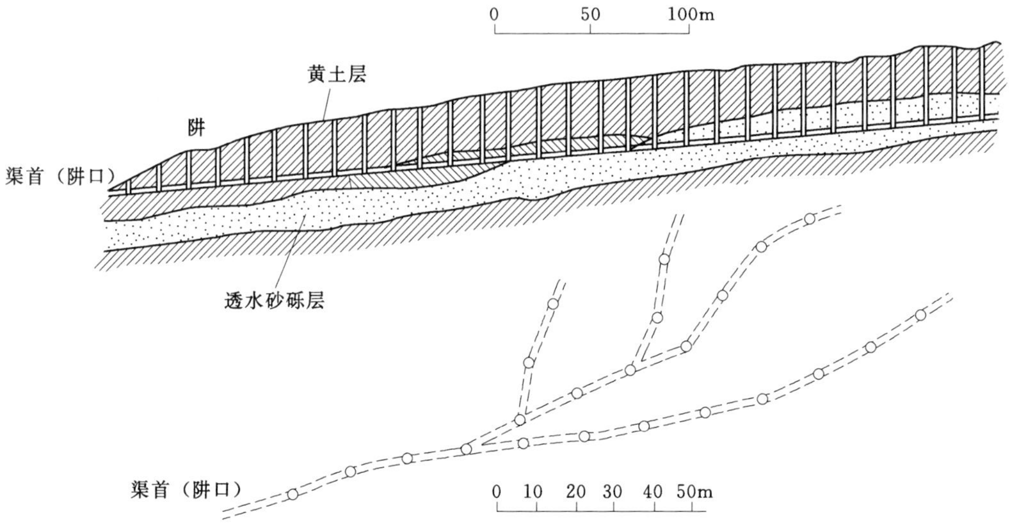

图 3　坎井之构造

7. 排水问题

黄土区域内施行排水，因黄水富于悬浮质，且黄土又难透水，故欲使潜水面下降，或令沼泽干涸，极为不易。

黄土层下有透水之沙砾地层者，则在黄土层内常无潜水。土层内仅含有少量之重力水及毛管水，此种水分排除甚易，对于隧洞工事，毫无困难。例如武功县张家岗黄土的底层，昔为渭河冲积沙砾，其潜水面约与渭河水面相平，终年鲜有变更，见图 4。

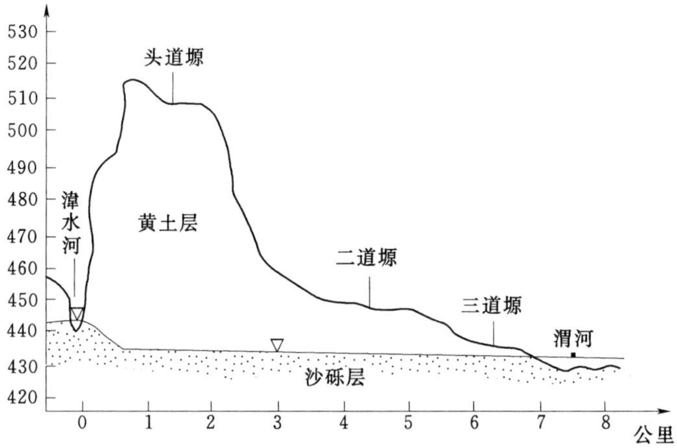

图 4　张家岗潜水面

摘自《西北水声》第 2 卷，第 4 期，1941 年 2 月

十年万井　建设西北

民国31年八月第八届全国工程师年会在兰州举行。监察院于院长提出“十年万井”计划，指示建设西北水利之根本方针，以救西北之穷，而谋西北之利，全体会员莫不感奋。咸以为是项倡议，对于西北国防事业辅助至大，并为当前建设计划之要图。经大会决议，交由中国水利工程学会组织西北“十年万井”计划研讨会，与国立西北农学院会同研讨，草拟实施办法，定期举行。

西北在雨泽丰沛之年，塞外水草沿称充足，各族相安，勉能无事。唯一旦荒旱来临，草枯水竭，强悍之游牧民族，进而南侵，战事以起，一切原有农耕民族辛苦经营之灌溉系统、水利制度，遂为之破坏殆尽，甚至无力恢复。数千年来，循环往复，此兴彼灭者何止百次，所有文化建设悉停滞于数世纪以前，盖有由矣。是以吾人欲建设近代之西北，巩固国防，必须竭尽人力，争取水源，开发地利，补救天时，而以“争取水源”为唯一努力之途径。水源既得，则一切文化建设、国防问题，均得迎刃而解。

1. 西北之水源

西北之水源有三：“雨水”一也，“河水”二也，“井水”三也。雨水为当地直接降自天空之水分，西北各地每年平均雨量约为300mm，旱年尚不及半数，普通常不足草木之繁殖，人畜饮用更不可恃。但在其他水源断绝之区，此实为唯一养命之宝，急宜平治阶田，广开沟洫，使涓滴之水储为农用；并择适当地点，筑塘辟窖蓄之，以维人畜蕃息所需最低限度之水分。

河水为流域上游流来之水分。其量辄视上游雨量及地形而变。西北雨水缺乏，河流低水量极小，大旱之年，可完全干涸；且因地形极峻，洪水来去过骤，对于工程建筑管理发生巨大困难，是其缺点。利用河水之法，不外筑坝播渠，此为吾族数千年来固有之技术，其利最薄。唯此种水渠工程，灌溉范围多限于河流两岸之冲积地带以及河口之三角洲平原，而西北岗峦起伏之区，难普遍实行。

井水为潜藏于地下之水分，其来源由于地面雨水之渗透，以及土粒间水气之凝结。西北地层昔经冰河洪积之作用，储水层分布至广，唯其上覆有深厚之黄土层，凿井汲引，稍为费力。井水深藏地下，终年不竭，且水质洁净，饮用最宜，并可供工业制造，农田灌溉之用。在亢旱之西北，此实为天赋吾人建设近代国家之珍宝也。

井水为最理想之饮料，以其质洁而汲引不穷，吾族先民久所深知。我国东南各省，虽在河渠密布，雨泽丰沛之区，凡小康之家均凿私井，以供一家之用；至于村镇城市，则常凿深大之官井，以资民用而补荒旱。至于西北各省，水源缺乏，井水更为居民所重视。每因一井开凿成功（源旺质洁），商贾云集，渐成大邑；并有以井命名其地者，如“四眼井”“七角井”等，其著例也。

我国西北各重要都市，如西安、兰州、迪化（今乌鲁木齐）等处，饮水问题尚未解决，情形颇为严重。水质混浊苦咸不堪下咽，并时受水夫之敲诈，价值奇昂；夏秋之交，蝇蚋充塞，疫疠流行，居民苦之。至于其他次要城市，更无论矣，其影响民族健康及文化建设者，至深且钜。急应视各区人口多寡，普凿深井，供给畅洁水源，改善生活，提高文化。建设西北之方法虽有多端，但工作之重要与急切，无有过于此者矣。

2. 凿井与军事

水源虽有湖水、河水、井水诸种，但以井水为最适宜。以其清洁卫生，适于饮用，故行军之时，对于各区地下水深，水量多寡，水质情形，事先即应有明确之认识，以便选择阵地，决定战略。而此种工作对于水源缺乏之西北，尤为重要。

军队用水，约分士兵及牲畜二类：普遍每人每日之用水量，在军部约为50公升，营房8～20公升，但遇行军及作战时可减少，约为1～1.5公升（按，此为最低限度，时间不得超过3天）。牲畜用水，其每头每日之用水数量，在露营时约为20公升，行军及作战时每次约为12公升（按，此为最低限度，马每次饮水后可隔一日不饮）。可见，步兵一师每日所需之水量，约为75000公升，普通乡村间之水井，平时虽足供全镇居民之用，战时军队住此，用水遂感不足。故凡在国防上、军略上重要之区、对于战时用水之供给，平时即应有充分之准备。

西北黄土高原地势旷阔，人烟稀少，作战必以城塞关隘为据点。唯此等险要，能否久经防守，辄视其井水来源是否充实而定。所谓“无水则鬼国，有水则雄关”，水与西北国防关系之重要，于此可见。

近代都市水源，常有引自郊外河流（南京）或山谷水库者（香港），经此次大战经验，发现其缺点殊多。盖水源地一旦为敌人占领，城市饮水遂因之断绝，此种缺点，唯改用凿井给水始能补救之。

3. 凿井与农业

凿井灌溉制度在我国西北各省具有先天的重要性和必要性，兹分述如下。

3.1 不受地形之限制

凿井之地点，无论高原、荒漠，均有得水之望，在山麓河谷附近，更有凿得自流井之可能。西北各省，渠工可灌面积仅占可耕面积中极小部分，大部分（几乎全部）农田概为“靠天吃饭”之旱地，唯有普凿深井灌溉之。

3.2 不受天时之限制

易曰“井养而不穷”，无论旱年潦年，酷暑严冬，均可汲引灌溉，以维生产。西北渠工辄因荒旱连年，渠水枯竭，居民流离死亡，灾后无力恢复，水渠系统遂因湮没荒废者，比比皆是。吾人苟能在此等水渠系统内，辅以井工，以维居民最小限度之水量，则虽遇奇旱，亦不若往昔之毫无抵抗矣。

3.3 不受人事之限制

我国农业，向以小农制度，地亩狭小，零碎错杂。为用凿井灌溉制度，则各人凿各人之井，浇各人之田，彼此无利害冲突，一切争水械斗纠纷，均不致发生。而此种纠纷之应加竭力避免者，在各族杂居，品性不齐之西北，尤显重要。

3.4 不受财力之限制

凿井一口，所需费用有限，积有一井之财，即可成一井；而得一井之利，累积无数小利而成大利。故凿井之数目，可视财力之大小，移民之多寡，垦地之面积，逐年增加，富于伸缩性与适应性能力。所耗财力，有确切保障绝无冒险虚投之理，此为凿井灌溉之最大利点。普通之水渠工程则不然，建筑时固需巨额之经费，极长之时间，而此种计划施工时有无困难，事先颇难预测（如民生渠、洛惠渠）。考虑苟有未周，可至前功尽弃或则耗费过钜，半途而废。至于灌溉系统完成以后，局部偶生意外（如干渠淤沙、决口等），辄可牵动全局，停止放水，酿成灾荒。

3.5 不受器材之限制

凿井所需材料殊为简单，不外砖石、木、柳、苇、竹、土等。虽在穷乡僻壤，亦不难就地取材，有“费工不大”“轻而易举”之条件，对于穷苦之西北，尤为突出。

3.6 不受战争之影响

战争之破坏力最大，对于“有组织、重管理”之水渠，亦属不利。西北为古战场，历代渠工，受战争破坏而湮废者，何可胜数。所谓“兵事频兴，其荒屡值，官民两困，帑藏室虚，河渠多废”，实为最切实之写照。昔美索不达米亚居于底格里斯、幼发拉底两河下游，沃野千里，灌溉便利，史称“人类文明之摇篮”。唯迄元代，经成吉思汗征服以后，古代灌溉系统悉被破坏，遂复沦为赤地荒漠，五百年来尚未能恢复旧观，良可慨也。此等水渠灌溉系统，苟能辅以凿井灌溉制度，虽遇战争，其破坏摧毁之程度，当不致若往昔之甚矣。

综上各点，吾人对于西北之农田水利政策，应有重新认识估定之必要。盖农业之经营，对于事业前途，贵能有确切之保障；否则徒事冒险，不特无益，更易招损，使国族蒙受意外之损失（如赈济民灾、外患）。是以吾人面对西北农业之水源，在高原应以凿井为主，在渠水所及之区，应辅以井工，以供最低限度之水量，农业得有确切的保障，久远不敝，庶不致为天灾人祸摧毁。

陕西凿井灌溉之经验，凡土井一口，用辘轳汲水，约可灌溉 4～5 亩；水车浅井，每口可灌旱田 30～40 亩；自流井一口，可灌旱田 54 亩或稻田 14 亩。此种旧式土井，苟能加以改良，并采用新式汲水器械，灌溉能力必能倍增。

世界各国，以凿井灌溉克服亢旱建立永久之农业者，以印度、美国为最著。近年苏联于中亚细亚干旱地区，普遍凿井，拯救荒旱，已著成效。

我国南疆各地，雨泽稀少，林文忠公倡凿坎井以灌溉之，初兴于托克逊之拉湖，渐展至吐鲁番以东，每井可灌地 400 余亩；新疆鲁克沁城，全县有坎井 300 余道，熟地 14 万亩。此种工程利益至溥，西北各省，应择适当地点，全力推行，以救荒旱。

陕西凿井灌溉之经验，凡旱地因有凿井灌溉之设备，每亩可增加产量约为 20%。同一耕地，因井水灌溉，若改一熟制为两熟制，则其增产量又倍之。此种田地，虽遇大旱，不致完全无收，不重演流离死亡之惨剧，其救荒补旱之意义，较之增加生产更为切要。

陕西凿井灌溉之历史，旧志记载不详。康熙二十八九年间，大旱民饥，户县王丰川睹救荒无术，著“井利说”，倡议凿井，以救荒旱。其后乾隆二年，永济崔公纪巡按陕西，悯秦地待泽于天，遇旱无策，饬各县贷款于贫民，相地凿井；未半年，相继得井68980余口，约可灌地20万亩。嗣后，陈公宏谋巡抚陕西时，又檄各州县查报井泉，井工渐有增加，农圃之利，至今赖之。

4. 凿井与交通

建设西北，开辟资源莫不知急应发展交通。唯考西北交通所以梗塞之原因，实以地势高亢、荒漠横阻，沿途缺乏充足之水源及繁盛村落，以供人马驻足之用。昔唐三藏取道哈密，经北山、戈壁，四夜五日，无一滴沾喉；若无识途老马，觅得草池，必至渴死。故旅行西北者，必须自带饮料，若中途失迷，则有渴死之虞，其情况之严重，盖可想见。是以吾人对于近代西北交通网之设计，干支各线的选定，固须视各处之地形状况与经济价值等要素而定，但与沿线应有畅洁水源供给之条件，实为必要。

我国西北旧有的交通孔道，每隔一日路程（约90里），常凿水井一口，供人马驮兽之停憩，有时并以井名其地，如：芦草井子、石板井子、火烧井子、双井子等。唯此等水井，概系简陋之浅井，水质恶劣，平日仅供少数旅客之用；大旱之年，甚至完全枯竭，交通因以断绝者，时有所闻。战时，大兵云集，势必更感水荒。

近代交通工具，若铁路、公路、驿运等，旅运频繁，载量徒增，所需之水量定非往昔所可比拟，旧式浅井实难应付此种要求。例如，普通列车每小时之需水量约为4000公升，此种水量，须能取之于沿途各镇各站者也。

西北居国家边陲，一切平时建设，即应作战时之准备，凡境内之已成、未成之交通要道，沿途各镇、各站急应视人口多寡、旅运数量、军略性质普凿深井，并逐年增加数量，以供平时、战时军旅之需。

5. 凿井与工业

语云：“水为文明之母”。近代工业文明，有以水为工厂之动力者，如水力、汽力等是；有以水为制造之媒介者，如造纸、制革等是；亦有以水为成品之原料者，如酿酒、造酸等是。工业对水源之要求，不仅需水量充足，汲引不穷，且于水源之性质，宜力求纯净。

工业上除凿井汲水者之外，尚有凿井以采地下富源者，若“盐井”“火井”“油井”等是。“盐井”汲引地下之盐水，我国盛行于四川自贡附近，有井640余口，井深830余米，口径约15厘米，每年产盐量达18万公吨。“火井”引导地下之天然瓦斯，供燃烧之用，四川自贡一区，有火井7500余口，井之最深者，有1020余米，每口火井，足供200余灶之燃烧；“油井”汲引地下之石油，若××等区概为我国之油田，此项富源之开发，足为建设西北原动力之基础。原动力既得，轻重工业始能随之而兴，并资以汲引深井水源，灌溉高原，西北农业亦得因此建立。

摘自《西北水声》第5卷，第3、4合刊，1944年12月

转载《中央周刊》第5卷，第23期

［附文］

十年万井计划

——实施方案已定，各部会商讨中——

［重庆二十日电］监院于院长前次视察西北后，曾倡议十年万井计划，电致全国工程师学会年会，略谓：第一年专事筹备训练人才，预备机械，查勘水源。第二年试凿，以二十口井起算，无论全新式、半新式或坎儿井，皆必须合乎标准。之后按年以数学级数推算进行。至十年止，大功告成。若循次更进，再经二十七年，可得十万井上下。陵谷尽成沃壤，林木赖以繁殖，气候亦将随之变迁；所谓穷困之西北，将一跃而成富庶之区矣。工程师学会年会对于于院长之倡议亟感兴趣。乃交通水利工程师学会组织于院长十年万井计划研究委员会，研究进行计划。现该会主委沙玉清拟定详细草案，其内容分为：（一）缘起；（二）培育凿井人才；（三）研究试验事项；（四）查勘调查；（五）关于工作进行事项。且有“上帝造陆，而人造水”之论调。于院长对此方案已予审定，业经提请中央通过，交由政院转会，有关之军、教、农三部及水利委员会，研究实施办法，闻已开会商讨。（中央社）

摘自《中央日报》1941年9月21日

河西　居延　新疆水利考察报告

1. 绪言

中国工程师学会，国父实业计划研究会，陈会长立夫，为完成我国西北区实业计划，特地组织第一考察团，由叶团长秀峰，张副团长彬忱率领，前赴河西区、居延、新疆等边区作实地之考察，收集有关资料藉供设计之用。考察项目计分农垦、水利、交通、地理、矿冶、军事、卫生、社会、历史等部门。各聘专家，分别负责，其有关水利事项，则由玉清、之颛二人任之。

本团于民国 32 年四月一日，由兰州出发，入河西，经永登、武威、永昌、山丹、张掖各县，四月二十二日抵酒泉，五月五日沿额济纳河，东北行达居延海，探黑城子废墟，六月四日返酒泉，六月十五日西行，经玉门、安西、敦煌，入新疆。六月二十三日，抵哈密，七月八日北行，越天山，经镇西、木垒河，七月二十一日达奇台。留二日，北行，渡准噶尔盆地，查勘乌龙古河。二十六日返奇台，三十日过孚远、阜康、抵新疆省会迪化，谒该省当局，并略事整理，于八月十六日始离迪化西行，过昌吉、绥来、乌苏、精河、绥定，二十二日达伊宁，兼察巩留，特克斯等地。于九月四日离伊宁，道出温泉、博乐、精河至乌苏。折而北，过野马图、托里、老风口、额敏，于九月十七日抵塔城。留五日，转东行，达河布克，布尔津，二十五日抵承化。九月三十日离承化南下，经和丰、唐朝渠、溯马乃斯河，过沙湾，至绥来，于十月十五日返迪化，北疆考察工作至此告一段落。

十月十三日南疆考察开始，当日离迪化南行，越天山，经托克逊、和硕、焉耆、库尔勒。更西行，经轮台、拜城，于十一月六日抵阿克苏。折而南，至阿瓦提，考察阿克苏河、叶尔羌河，和阗河三水相会之处。十一月二十七日至沙雅，十二月五日抵尉犁，继沿塔里木河东南行，经英可、铁干里克，于十二月五日抵若羌。留二日，由原道返，过尉犁、库尔勒、焉耆、托克逊，十二月二十九日抵吐鲁番，度新年。于民国 33 年一月三日离吐鲁番，经鄯善，七角井，一月五日返哈密。一月二十一日回兰州，考察工作于是全部告竣。此次考察，往返十阅月，计程三万六千余里，平均日行百二十里。

考察所经各地，就行政区域言，属甘肃者，河西区；宁夏者，居延区；北疆者，哈密区、迪化区、伊犁区、塔城区、阿山区；南疆者，阿克苏区、焉耆区，共为九区。

考察一地之水利，首应注意其水源。盖水源为一切事业之基本，而事业之范围，复视流量多寡，及其四季之变化而定。水源既明，将来可能利用之方策及发展之程度，均不难推断而知。唯此种工作，非经长期间、有系统之观察，难期准确；而此次考察，为时有限，未容久留，忽促之间欲定一河一泉之消长，一渠一坝之得失，困难孰甚。本报告所列之数字，或据当地负责机关之报告，或略施实测，或询诸士人，或全凭目力，当尽一切可能，冀能与事实相去不远。

水之降自天者，曰“天水”，包括雨雪之水；来自上游者，曰“地水”，河水沟水属之；藏于地者，曰“潜水”，以井泉为主。“天水”乃一切水源之母，最属可贵。唯在西北特感缺乏，且非吾人之能力所可得而增减之。“地水”，得之可以灌田，可以载舟，可以发电；失之，人畜漂没，城舍化墟，为利为灾，全视吾人努力之程度而定。“潜水”深藏地下，汲引费力，必俟“地水”用尽，或根本欠缺之处，始渐见其重要。西北各省，“地水”所能播及之区，实属有限，而“潜水”则遍地皆是，考察时特加注意者，即以此。

水利之范围至广，概言之：约有四端，凿井引泉，以供民饮，一也；播渠溉地，以足衣食，二也；建厂发电，以助民力，三也；浚河筑闸，以利民行，四也。吾人建设一地之水利，亦必循此四途，分缓急，别轻重，而逐步推进之。本报告所列各区水利，暂分饮水、灌溉、水力、航运四节。

观一地水利之现况，即可判断该地居民对水利之要求，何者最为迫切，及其治理之能力；并可引用此种记载，推测将来发展之可能，而定计划实施之程序。唯其间关系至为复杂，应配合国家整个之政策，以及当地居民文化之水准、宗教之信仰、生活之习惯，兼筹并顾，而谋合理解决，未容遽下断语。本报告所列各区将来展望及建议，仅能“就水论水”，他非所计。

本报告因时间有限，仅能略举大纲，至于考察所得各项资料，详细分析统计，尚待时日，容络续发表之，谨此附白。

2. 河西区

2.1　水源

河西各地之降水量概不及100毫米，且常集中于六、七、八三个月内，几估全年雨量70%。故河西雨水，对农作之生长，影响殊微弱，作恃水源，多赖灌溉，灌溉水源，以河水、泉水、井水三者为主，今分述于次。

2.1.1　河水

河西重要河流均发源于祁连山，祁连山位本区南部，由一并行山脉所构成，其走向皆属西北东南，最高处居酒泉之南，海拔5925米，最低处在乌沙岭，海拔2000米，故山巅终年积雪，每当夏初，积雪渐融，溪间分注，汇为河流。初则沿山脉顺流，至山脊缺口，乃横切而出。各河在山一段，水色清澈，坡急势陡；出山后，渐平衍，流速骤减，砂砾沉积，而成宽广河滩。低水河槽，迂回无定，且多分歧，穿行砂砾，河水渗入地下，加以气候干燥，蒸发量大，水量大减，辄致断流。但此部渗入地下之水，至下游遇有不透水层，复涌为泉，否则注潴低湿，而成草湖。此种河道，属不入海之内陆河流，水量小者，窜入沙漠，而不复现；大者则多于下游，潴成盐湖，或称“海子”。

河西雨量稀少，农田全恃灌溉，其水源唯河是赖，兹将各河特性，分述于后。

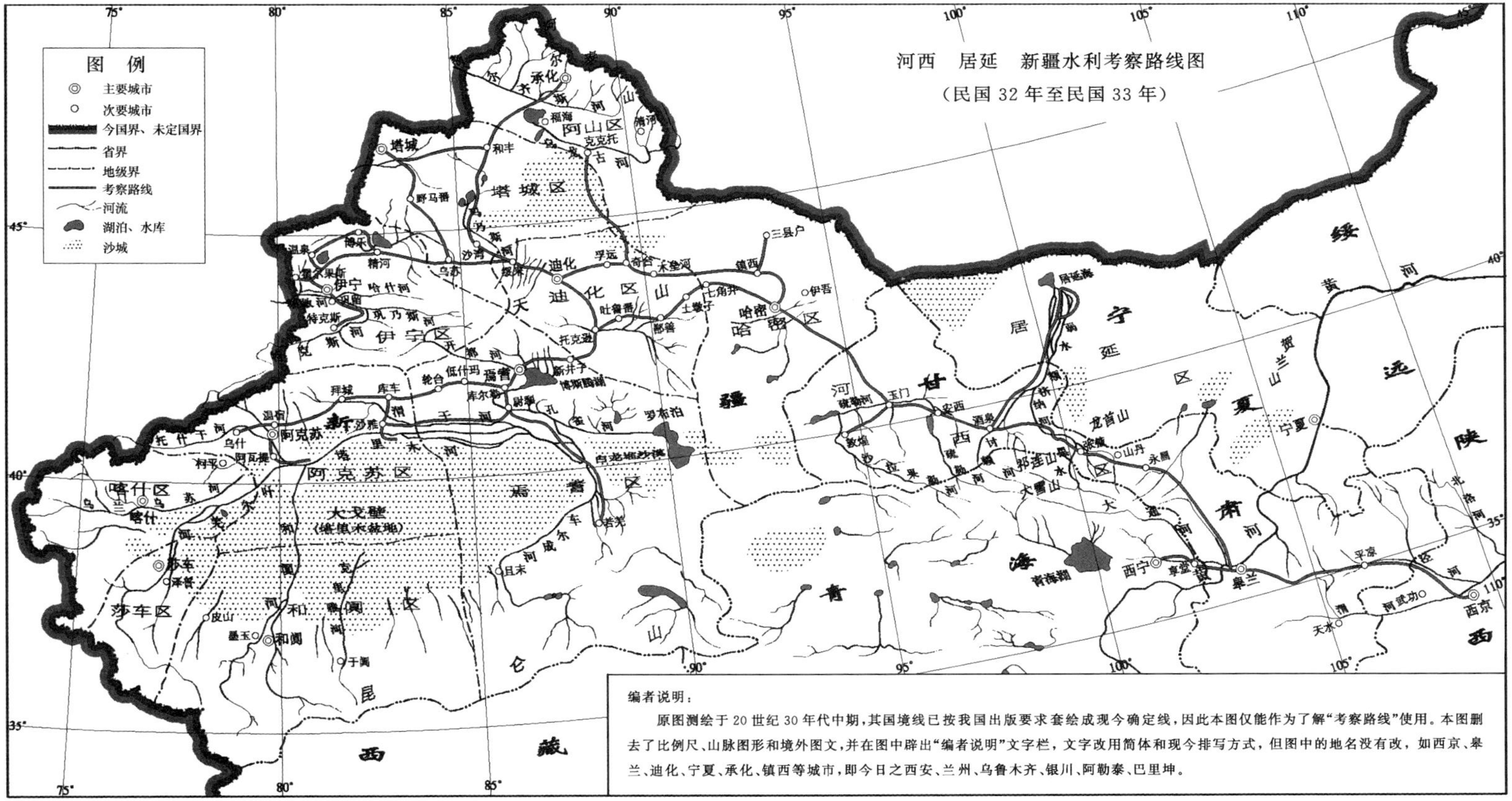

编者说明：

原图测绘于20世纪30年代中期，其国境线已按我国出版要求套绘成现今确定线，因此本图仅能作为了解"考察路线"使用。本图删去了比例尺、山脉图形和境外图文，并在图中辟出"编者说明"文字栏，文字改用简体和现今排写方式，但图中的地名没有改，如西京、皋兰、迪化、宁夏、承化、镇西等城市，即今日之西安、兰州、乌鲁木齐、银川、阿勒泰、巴里坤。

河西　居延　新疆水利考察路线图

（1）东大河：河在永昌县城东南，源出祁连山之果树脑儿墩，距县东30里处。由转涧口出山，东流经永昌、东乐乡，过九坝三闸，抵武威，河改名“沙河”。据河西屯垦实验区称：河在转涧口附近，两岸宽约50米，其西岸高约5米，东岸为山坡，水深平均3米，最大洪水流量约为630立方米/秒，常流量4.6立方米/秒，最小流量3.0立方米/秒。此次考察，曾于民国32年四月九日，至转涧口估测，得水深为0.4米，宽约17米，当时流量约4.76立方米/秒；并估计其洪水位，约高出该时之水面6米，洪水期河宽54米，洪水流量约为650立方米/秒。该河在未山口一段，坡度约为1/100，河床为砾石，直径在2～30厘米者约占70%，大于30厘米者为30%。两岸为红色花岗岩。该河之水源，有时为山泉，春夏为消雪水，五六月有雨水，故其洪水期常在夏季六月，枯水期则在冬季。

（2）西大河：河在永昌县西80里，源出于县西南之脑儿山，流经县西五龙乡西水湖，水入西南境，播为西五坝。平时河水入坝以后，河之下游，即呈枯涸。值秋，坝有余水，则流至水磨关，改名水磨关河，更东北流，与县北各泉水相会，经金川峡，为金川河，流至县北乡宁远堡而止。该河与各泉会合，在县北约4公里处，曾于民国32年四月十三日往勘，当时河宽约10米，流量约6～10立方米/秒；此段跌差甚大，民设水磨颇多，曾用气压表实测，该地较永昌城约低70米，河坡至少在1/60。据称，该处河水，大部为泉，故终年鲜有变动，且入冬不冻，建厂发电最宜。至于西大河上游情形，未能亲临详勘，从略。

（3）弱水：弱水发源于山丹县东南白石崖口，至花寨子，播为大黄三坝，下经石咀，复分五闸，该段名暖五河；由闸口向西北流，以河床多沙，复因上游灌溉，用水甚殷，河身渐呈干枯，仅在洪水期始有水漫流。唯山丹城附近，涌泉殊富，考其水源，当仍为暖五河之潜水。此等泉水，与山丹县西10里之西草湖泉水相会流，水量渐增，始有河形，民国32年四月十九日曾在合黎禹迹，实测流量约为1.2立方米/秒；更西北行，经东乐北，又西北入张掖仁寿驿，古城子北，过草湖二坝；再西北，经甘州城25里，达平夷板桥等处，与黑河会流。该河当地称为山丹河，下游与黑河相会以后，至镇夷峡一段，始名弱水。

（4）黑水：黑水又名甘州河。源出祁连山景阳岭，其南源来自鸡山，北流至巴丝墩。北源则在野马川，西南流至临松山，西北经甘峻山，又北过荟萃涧谷，出上龙王庙口（即河口分渠处），流量渐大。又北经木龙坝，再北过城西八里铺，西经乌江堡（其地宜稻），再西北折入临泽县西之平夷板桥等堡，乃与弱水合流，水势更大。西北行，入临泽、高台、镇夷峡至鼎新营盘，与讨赖河汇合，即为额济纳河上游。该河现溉地约515万公亩，推计其常流量，当在60立方米/秒以上。

（5）讨赖河：讨赖河又名北大河。源出祁连山，水流以自东而西，出山后，折向东北，经酒泉县北约半公里处，曾于民国32年四月二十七日，前往查勘，该段河宽约600米，河床概为细砾，砂分较少，估其流量约10立方米/秒。讨赖河在县之东北，洪水量达2800立方米/秒，与临水河（亦称红水河）相会，更东北流，改名天仓河，经金塔而达营盘，始与甘州河汇合。

（6）红水河：河出南山谷中，下游合黑白二水，经酒泉县东南30里处，播为红水坝。

坝口河宽约 1 公里，查勘时，全床干涸。据称：该河夏季涨水，冬则尽涸，河水至下古城东南，注讨赖河，而成天仓河。

（7）疏勒河：河源在青海境之大雪山，山南为青海大通河源，北为疏勒河源。水西北行 200 里，至哈拉蒲滩，入甘肃境，再 200 里入昌马，与西来之昌马河相会；折向北 30 里，出千佛洞峡口，正流趋三道沟，西经布隆吉废城，行 370 里至安西；又西流 200 里，与南来之党河汇合，同注哈拉湖。疏勒河全长约千余里，上游在山行 430 里，始入砂碛平原。全河比降甚大，玉门一段，约为 1/100～1/200。据水利林牧公司，于民国 32 年五月十八日在昌马大坝附近，测得流量 23.43 立方米/秒；河床多沙，渗漏颇烈。

（8）党河：河源于南羌之博克图山，汉名氐置水，唐曰都乡河。水经沙山之阳，蜿蜒流于党城湾。每岁秋夏之交，河水泛滥，西北流，与疏勒河会合，同注哈拉湖，其流量在十月上旬约为 10 立方米/秒。

河西各河情形，已略述如上，兹将各河估计之流量，列表如下：

表 1　　河西各河之流量估计表

河名	流经县境	洪水量（立方米/秒）	低水量（立方米/秒）	常水量（立方米/秒）	测站地点
东大河	永昌、武威	650	3.3	4.6	转涧口
西大河	永昌			6.0	金川峡与金川河之泉水并计
弱水	山丹、东乐、张掖			1.2	合黎禹迹（黑水支流）
黑水	张掖、临泽、高台、鼎新			60	按耕地估计，黑水耕地约估为 515 万余公亩，按每万公亩用水 0.115 立方米/秒计算
讨赖河、红水河	酒泉、金塔、鼎新酒泉	2800	10 0	15	酒泉附近（天仓河上游）洪水流量系鸳鸯池水库附近所测，包括红水河之洪水，系肃惠渠工程处估计
疏勒河	安西、玉门		23.43		昌马大坝附近所测，为用水期最低水量
党河	敦煌		10.0		党河十坝上游

按上列各河之低水量（无低水量者，以常水量为准）估计，共约 113 立方米/秒，外加武威各河之低水量约 40 立方米/秒，则河西各河合计约 150 立方米/秒，为该区灌溉期之主要水源。

2.1.2 泉水

河西一带，泉水众多，盖以本区诸水，皆属内陆河流，各河尾水潴于低洼，故河流冲积平原之潜水，至为高浅，有处竟成湿碱；且以河出山口，床多砂碛，河水潜行地下，槽内水流辄致中渐，而此部潜行之水，至下游遇坚硬地层，复涌为泉；各处泉水仍沿原来河床，逐渐集聚，而成断续之水流。玉门、安西、敦煌三县，泉多出自河槽内，汇流而下，播渠溉地。涌泉在城北西八格楞一带，湿地颇广，兼有利用泉水灌溉者。张掖则有甘泉，溉阿薛渠、有本渠等。永昌、山丹一带，以合黎与祁连山相毗连，涌泉遍地，灌田亦多。故河西泉水，亦属灌溉主要水源，兹将永昌、山丹各泉列表如下：

表 2　　永昌、山丹泉水利用表

县名	主要泉名	位　置	情　形	灌溉坝名
永昌	南乱泉	县西南 30 里在北古城南	流长 20 里，由县西南迂折达东南，其尾环绕南郭	大北坝水源
	龙王庙泉	县西南 30 里	由县西南迂折达东南	中坝源
	塔尔湾泉	县西南 30 里	由县西南迂折达东南	南坝源
	北乱泉	北古城北县西 25 里	自县西北由云川东下	上北山坝源
	红庙儿泉	北古城北县西 25 里	自县西北由云川东下	下北山坝、小北坝
	西暖泉	北古城北县西 25 里	自县西北由云川东下	西暖泉坝
	金川河	县北约 4 里	由县城西境，南北各村泉水汇集而成，其大源在县西北 60 里，名水磨关河，每秋冬后，各坝水归一流，由水磨关傍北山东流，至县城北 1 里，汇马家泉，北湖之水入金川峡，名金川河	金川坝、河西坝、上东坝、宁远坝及下游之五沟三寨地
	乌牛坝河	县东北 120 里下堡杜家寨	由县东北流入东北下十堡	乌牛坝
山丹	巨石崖泉	县东南	由县东南流向西北，成暖五河	上三坝及暖五闸
	草湖泉	县周围 10 里以内	泉水向西流，泉眼甚多，西草湖即弱水主源	草湖渠分 13 坝

2.1.3　井水

河西区之井水，以供民饮用水为主，极为重要，兹将沿途实测之结果，列表如下：

表 3　　河 西 区 之 井 水

地　点	井深（米）	水深（米）	水质	水温（℃）	气温（℃）	海拔（米）	时间（月．日 时）	备　注
武威城内	20.0	0.4	略浊甜	8.0	10.0	1700	4.9 18	
永昌屯垦局	12.0	0.1	清甜	7.5	10.0	2205	4.16 9	
永昌水泉子	2.0	0.2	清甜	2.0	16.0	2500	4.17 11	距山丹约 60 里
张掖中山南街	2.5	0.9	清甜	7.5	15.0	1650	4.20 10	
沙井子公路局	3.0	1.5	清甜	9.0	20.0	1620	4.22 9	全街共有井六口约可供百人饮用
高台车站	2.2	1.7	清甜	6.0	20.0		4.22 12	
酒泉肃师	6.5	0.8	清甜	9.2	31.0	1440	6.15 19	
玉门招待所	3.0	0.7	清稍咸	9.2	26.0	1470	6.17 9	
桥湾	13.7	1.3	清甜	11.0	27.0	1360	6.20 10	
双塔堡	7.0	0.3	清甜	11.0	28.0	1270	6.20 11	
安西招待所	4.5	0.8	清咸	12.0	22.0	1160	6.21 6	
安西甜水井	4.0	0.6	清咸	12.8	33.0	1150	6.21 16	
疙疸井	4.5	0.5	清稍咸	13.0	34.0	1150	7.21 16	
敦煌民教馆	3.0	0.5	清甜	11.1	20.5	1070	6.27 7	
古瓜州口	6.0	0.4	清甜	11.2	27.2	1085	6.27 12	
马莲井子	1.0	0.5	浊咸	14.5	27.0	1660	6.29 11	

河西沿公路一带，潜水概接近地面，且时有泉水。唯出嘉峪关后，在河道附近者，井水较浅，其他各处，则视地质情形，深浅不定。

嘉峪关内，各县北部概属低洼湿地，如永昌之水磨关一带，山丹之草湖渠，酒泉之西八个楞等地，潜水充赢，苟能加以排水整理，既增下游之灌溉水量，又可化湿碱为良田。

2.2 水利现况

2.2.1 饮水

河西各县饮水，以井为主。在灌溉区域，入夏则改饮渠水，兼有筑涝坝（一种老坝）蓄水，以供牲畜及度冬之用。兹将各地饮水情形，分述如次：

武威城内，四街凿有公井供居民饮用，井深约 20 米，四时不竭。

永昌城内井，水深约 12 米。

山丹饮水，多恃穿城之渠水，无井。

张掖饮甘泉之水，城内四街各设公井一口，在南街者，井深约 2.5 米，水深约 0.8 米，源旺质洁，供街民之用，至于各家之私井亦多。

酒泉城内皆饮井水，井深约 6 米。

玉门饮井水。

安西饮井水，全城有井 380 余口，全县各乡共有 3529 口，深浅不一，平均深约 2.5 米，在县城十字街口，有泉名渊泉，水质特佳，量亦丰富。

敦煌饮井水，深约 3 米。

2.2.2 灌溉

河西气候干燥，雨泽稀少，农业唯灌溉是赖，故在此区域，农田水利向称发达。渠工肇始于汉，历代经营，改善扩展，规模宏远，蔚然巨观；其管理方法，尤称完善，足资参考，兹特为节述于下：

（1）水政：河西各渠之管理，以敦煌党河十坝之法规，最为严密。各县水利多由设水利委员会或委专人负指导监督之责。至于各渠各坝，更另设“农官”“水利”“渠正”“渠保”等专员；此种人员首由各渠受益之农民公选，继经由地方政府委任之。

（2）分水：各渠分水，均有定制，所谓：“渠口有丈尺，闸压有分寸，轮浇有次第，期限有时刻”。至于夏日水涨，闸坝冲毁之修理，冬春各渠之挑浚，亦均定有法规。按耕地或水量平均之分配，颇为合理；唯各处规则，因水源大小不同，尚欠一致，时有争执，似应遵照中央之水利法规，参酌当地实情，予以修正，而增效率。

（3）引水：旧有渠工，辄就河流出山之处，播渠引水，长者百余公里，短者数十公里，宽约四至八米；渠之最深者，约三米许，大多平浅而宽。渠首又名“龙口”，盖以砾石筑迎水坝，伸入河槽，导水入渠。唯此种工程，乏永久性，年为洪水冲毁，岁须鸠工重建；苟抢救不及，每误农时。渠道出山一段，多须穿经山口之冲积扇，水过砂砾，渗漏颇巨，其损失常在 70%以上。他如渠道之坡度，缓急失调，也应加以整理。

（4）用水：灌溉用水，年届三月初旬，河冰将消之时，凿开渠内积冰，逐段放水，是曰“春水”，概无用水规定，得由农户，任意引灌，以供各地播种之用。至立夏，始正式按章分水。首由各渠负责专员以及地方政府官史，亲临总渠“龙口”，依规定尺寸，制定各渠水量。当地俗称：“灌溉端资立夏初”及“立夏不动石”，其重视可见。自立夏至大暑，共经五、六、七三个月，需水最殷。至七月下旬，夏禾登场，十月上旬以前，秋禾亦熟，十月末始见流冰，十一月封河。年在秋收以后，封河以前，农田所浇之水，名“冬水”。冬水泡透，即冻结，翌春冻消土松，犁地播种，农作在种植时期，约需浇水四次，每次相隔 15～20 日。在渠水缺乏之区，年仅可授水二次，收获约七成；小米需水较少，多种旱地。

（5）面积：河西各县，凡渠水所溉之地，概称“水田”。共计约 1300 万公亩，如下表：

表 4　　河西区水田面积表

县名	河流	水田面积（万公亩）	县名	河流	水田面积（万公亩）
民勤	自亭河	101	高台	黑河	95
古浪	古浪河	51	鼎新	黑河、北大河	15
永昌	郭河	135	金塔	北大河	34
武威	沙河	172	酒泉	北大河	135
山丹	弱水	93	玉门	疏勒河	9
民乐	洪水河	111	安西	疏勒河	22
张掖	黑河	179	敦煌	党河	88
临泽	黑河	73	合计		1313

2.2.3　航运

河西各河，以常水量过小，床多砂砾，且农田多须仰仗上游河水浇溉，故平时河床时有断流，而河流方向复常与交通要道相垂直，几无航运可言。唯据史载：“清岳钟祺曾就疏勒河，及党河行舟未果。”又雍正时，协办军需总理、屯田侍郎蒋洞，曾著《张掖河水运记》，内载：“张掖河南岸，东起五江堡，西至高台县之河西堡，沿河二百二十里；北岸东起山丹桥，西至碱在墩，里数相若，河皆软沙，平坦无巨石：水广六七丈至三四丈不等，今当冬初水退，尚深三四尺，则水盛时当倍之。唯流处南北无定，萦折较陆路微远。询士人云：正月冰泮水盛，三四月溉田渐涸，五月渐涨。夏伏极盛，秋杪山雪不融，仅有诸泉下注，十月各堰灌冬水，为来岁播谷断流……试造舟子……入水三寸，载粮二十四石，四人驾之，亦需行四日，装卸阻风，约十二日为一运……虽未大展其所欲行，而利涉通漕，已有明徵……”可见当时，对于航运，已极注意。

2.2.4　水力

河西诸水，出山谷口与城邑耕地，相差之高度至钜，水力蕴藏极富；唯目前所利用者，均在城郊附近，就沟渠之跌水，建厂磨面、榨油，在永昌之水磨关等处，最为发达。

2.3　目前进行工作

河西平原土地饶沃，往昔经营规模既备，来日发展更属无量。民国 30 年，甘肃水利林木公司有见于斯，先后设立武威、张掖、酒泉各工作站，查勘各地旧有水利，并于酒泉设立肃惠渠工程处，改进讨赖河水利，拟在佳山峡口建造鸳鸯水库，以供金塔农田之用，约可增加水田60万公亩。该公司又曾于武威附近，凿渠范泉，引灌农田，颇著成效。至于各县旧有渠道，亦力图改善。农林部河西屯垦实验区管理局，局址设于永昌，拟引用东大河雪水溉田，预计可增水田26.4万余公亩。

综之，河西之农田水利，渐已引起各方注意，唯抗战期间，物资缺乏，建树特感困难耳。至于水力之利用、航运之发展、饮水之改良，尚鲜注意，应即详加查勘，分别研究之。

2.4 将来之展望

2.4.1 灌溉

河西灌溉，多于秋收以后，泡冬水一次。泡水深度约0.4米，泡水期间可达70日。至翌春冻消播种，经一个月后，苗发寸许，始灌溉第一次水，曰“头轮水”。嗣后每隔15天或20天，再浇一次，前后共浇四、五次。平均每次浇水，设以8厘米计，则每万公亩需水流量约为0.045～0.06立方米/秒。

敦煌党河之庆余、普利、通裕三渠，其用水量与耕地面积之关系，可略予分析如下：按三渠耕地共41.4万公亩，内麦田约24.6万公亩，棉花田8万公亩，禾田8.8万公亩。浇地一月一轮，每次深15厘米，立夏以后，秋禾夏禾均需浇水，共需2.4立方米/秒，则每万公亩净需水量0.057立方米/秒，三渠实际用水量共计4.4立方米/秒，平均每万公亩需水量0.108立方米/秒，估计损失输水约为0.051立方米/秒。此三渠所经地带，概系砂碛，苟能将渠道，加以整理或略施铺工，渗漏减少，灌溉面积尚可增加。

河西各河之低水流量，按前列估计约为150立方米/秒，设每万公亩灌溉水量姑以0.08立方米/秒计（即灌溉水效率，每立方米/秒浇地12.5万公亩），则灌溉农田2000万公亩之谱，约可增加目前水田面积之54%。

河西地下水源之总量，目前尚无法估计，但储量之丰，仅次于河水，苟能尽量利用，耕地增加希望至钜，至于在各河出山谷口，择适当地点修筑水库，将来灌溉面积，尚可大为发展也。

2.4.2 饮水

河西饮水，唯井是赖，已如上述。挖井方法，汲水器具，多沿旧法，因陋就简，水质水量，距现代标准尚远。且沿途井站不足，行旅困难。最近西北驿运站成立，始得一部分之解决。至于城市给水，或凿深井，或引附近暖泉（如山丹县），永远之图，不难树立。

2.4.3 航运

河西诸水，以山丹河、黑河、疏勒河三水，略与交通线平行。由山丹经张掖、高台而至鼎新；以及自玉门沿疏勒河经安西至敦煌两段，苟能加以整理或另辟并行运河，通航均属可能。至于自河西直通黄河之运河，以乌沙岭及定羌庙一带，水源稀少，高差颇巨，是否可建船闸，就目前资料，尚难决定。

2.4.4 水力

河西水力蕴藏至富，已如上述。各河出祁连山后，河坡在1%左右，均可用以发生动力。至于各河本身，跌差较大之处，径可建厂发电。如永昌金川峡之郭河，在县城附近，跌差约70米，流量经常6立方米/秒，且系泉水，入冬不冻，即可能发生4000匹马力。又如黑河之镇夷峡，临水之佳山峡，均可建坝蓄水，发生动力。河西燃料缺乏，将来工业之建立，唯水力是赖，不可不注意也。

2.5 建议

河西南屏祁连山，海拔高达4000～5000米，河流出山后，渐入平地，海拔在1500～2000米。山脚多洪积砂砾层，距山较远砂粒渐细，而为冲积土层，居民引水溉地，形成沙漠中之“沃洲”。目前渠道多由南山引水，率横穿砂砾渗漏殊大，往往河口水量充足，引至耕地则所余无几。河流中游多泉水，下游则水无去路，潴积而成湿碱。是以建设本区之水利，首应注意渠制之合法，以及水力之利用，砂砾漏水之防止，泉源之增辟，碱湿之改良等工作，兹分述如次：

(1) 就湿地上沿，泉水涌出之处，挖横截水沟，水聚沟内，即能降低湿地之潜水位，并可引以灌溉更低缺水之耕地。而此种横截水沟，兼可作通航之运河。

(2) 有泉之处，应加深浚，并施范泉工程，使泉眼集中固定，以增水量。

(3) 沿交通孔道，开凿深井，或引附近山泉，以供行旅饮用。此种凿井经验，以及实测记录，可使河西潜水情形，逐渐明了，而定将来该区域潜水利用之合理计划。

(4) 渠水穿经砂砾之处，可改筑水管，或建平槽，以减渗漏，而增水量。

(5) 就各河出山之处建库蓄水，以增灌溉水量；并择适当地点，建厂发电；此种电力可用以汲引地下水源，并供工业交通之用。

(6) 整理可能通航之河道，如山丹至张掖、玉门至安西各段，或沿湿地、泉水丰沛之区，另挖运河（见一）（冬则使河水冻结，改用冰橇）。

(7) 在河流出山附近，冲积扇顶，广辟沟洫，或密设堤栅，截留山洪，使尽量渗入砂碛层内，以裕下游泉源，并可防止洪水冲毁公路，湮没农田之患。

3. 居延区

3.1 水源

3.1.1 河水

居延海一带，雨泽稀少。据建国营经验，每年仅有雨一、二次，如民国28年四月一次，民国29年八月一次（冰雹），民国30年五月一次、民国31年二月初及六月底各一次，民国32年四月一次。故该区水源，概恃额济纳河。又据郝德氏（W. Hande）于民国16—18年之实地观测，额济纳河及其上游各支流之总水量，估计为13亿～14亿立方米；而四至十一月间，中游灌溉区域所消耗之水量至少为10亿立方米。

额济纳河之上源，即合山丹之弱水、甘州之黑水以及酒泉之临水，概多恃祁连山雪水，故额河水量之增减与降雨绝少关系，下游水位之涨落，全视中游灌溉之情形而定。按额河中游农作物之耕种时期：夏禾播种始于清明，经立夏、处暑，生长成熟。秋禾立夏播种，寒露收获。故额河中游之用水时期，由三月开始，四月下旬至七月上旬用水最殷；七月下旬夏禾收获，用水渐少，该时仅秋禾尚需浇水，迄九月下旬秋禾登场，灌溉始全部停止；十月下旬，中游泡冬水，以备来春耕种。故额河河水，年在三月开冻，涨水一次，以后渐小，五六月间辄全河干涸；至八月再涨水一次，该时中游夏禾已收，天时尚暖，融雪下注，水量陡增，嗣后渐落，迄十月，水又涨，十二月冻结，下游冰壅，又略涨。

额河自狼心山起，分东西二河。西河蒙语茂林果勒，流经青山头、小琐琐树、西庙、乌兰川京、建国营、察汉得利等地，而入西居延海（蒙语戛顺淖尔，意即苦海）。西河之河身，初为两股，时合时分，至下游则分支益多，达三、四支不等。东河距狼心山东北数十里，分一支流，名纳林河，昔水甚旺，径入西居延海，刻已干涸。东河北行至葱都尔，向东北分出一支，名问村果勒，为额济纳旗最东之水，水经巴音讨来、乌兰爱里根，北注于东海。东河之西北分支，名大喜鄂博果勒，北行经哈拉哈庙、东庙，沿纳林河故道，至册克，入西海；主流之支歧甚多，分合无定，蒙人统称曰东公尺都果勒，其较大之一支流，蒙语为葱都尔果勒，总注东海。

西河支流之河槽宽约 40 米，主流最宽处，有达 200 米者。东河河槽，宽窄不一，其最狭处仅 10 余米，在大喜鄂博果勒及问村果勒等处，宽有达 200 米者。河道之断面皆极平浅，呈半椭圆形，东河年届洪水之期，常泛滥两岸。此次考察，适值枯水期间，河多干涸。据士人称：经常之水流，水深约 0.5 米，深处亦有达 1.5 米者，流速极缓，约在 0.5 米/秒，洪水时亦超不过 1 米/秒。据民国 16 年十月中旬，平均水位时，在下游注入居延海之流量约 22 立方米/秒。

3.1.2 潜水

额河下游，潜水接近地面，约为 2 米，红柳孳生，蒙民牧业所恃。土壤含碱颇重，居延海附近，河水不及之区，井水苦咸，不宜饮用。兹将沿途考察，实测井水情形，列表如下：

表 5　　居延区之井水

地点	井深（米）	水深（米）	水质	水温（℃）	气温（℃）	注
西八格楞	3.0					
西红统村①	1.5	2.5	清甜	8.0	18.0	
西红统村②	2.5	0.8	清甜	—	—	
天仓二分问村	1.6	1.7	清甜	8.5	20.0	
沙夹道	1.0	0.6	略浊甜	12.0	26.0	在戈壁中
五什格	1.2	0.4	浊苦	9.0	19.0	在戈壁中
建国营	2.2	1.0	清甜	—	—	
安道	2.0	0.7	清甜	9.0	24.0	在戈壁中
防守司令部	2.4	1.6	清甜	9.5	22.0	
册克	1.5	1.4	略浊咸	6.2	29.5	
巴音讨来	1.3	1.8	浊臭	7.5	27.0	
西盛隆	1.0	0.8	略浊咸	10.0	23.0	
乌兰安里根	3.0	1.3	浊臭	9.0	21.0	

3.2　水利现况

额济纳河水源，因经中游分引灌溉，流至下游已所剩无几。目前鼎新、金塔一带，就河引水，已时感不敷，渐呈旱象，其原因或由上游耕地增加用水量超过往昔所致。额河下游，在黑城子附近略见耕地遗迹，余则尚无利用河水灌溉者。

此区居民放牧为生，鲜谙耕稼，年届洪涨之际，任其泛滥，滋润草场，以供牧畜繁息。水枯之时，辄在河床之内，挖深坑集水，为人畜饮用。至于航运、水力均难发展，盖河坡平衍，水量缺乏使然。

利用井水灌溉，仅在建国营有地百余公亩。据其经验，井 9 口可浇麦田 24 公亩，夏季日溉二次，平均每公亩浇水时，约需人工一名，其收获量仅及种子一倍半。该处地面下 55 厘米即系红砂，故不能深耕。此种浅井，如连续汲引，一小时即涸，似不经济，唯以当地粮食缺乏，仍为必需。此外，建国营尚有菜畦 60 公亩，西盛隆有菜畦 2.5 公亩，王爷府 2 公亩，均以井水灌溉。至于饮用井眼，亦不多见，盖蒙民习惯逐水草而居，无需挖井也。

3.3　将来展望

额济纳河流域位于河流下游，在建国营及其北部一带，土质含碱颇重，概系盐渍土；其下 50 厘米，为红砂，不利农作生长。建国营以南，如青山头一带多硬戈壁，石子下为黄土，现以水分缺乏，尚无耕地，该处是否适于种植，尚待研究。额河水量在五六月间，下游全涸，适为农作需水最殷之时，倘不另行设法增加耕地，殊为困难。据郝德氏估计，每年流入居延海之水量为 3 亿～4 亿立方米，设就此水量建库储蓄，以利灌溉，尚可增加耕地不少。但额河一带蓄水地点，以床多砂碛而颇不易得；至于上游，高台之镇夷峡，酒泉之佳山峡等处，水库距下游过远，且附近可耕地较多，必尽先引用，惠益下游殊微。此次考察所经地点，以狼心山附近，筑坝蓄水，较为可能，但必须详加勘测，并钻探河底情形，方可决定。此外，唯有引导七八月间洪水，淹灌下游两岸农田，蓄水于土，俟翌春冻消，供小麦、油菜之用（按此法在塔里木河下游，行之颇效，详见后）。此种蓄水于土之灌溉，假定利用流入居延海水量之 1/4，可能垦辟耕地 60 余万公亩（作物需水量按 80 厘米计）。额河潜水接近地面，亦可设法利用，如挖浅井以牲畜戽水，灌溉园圃及少数牧民之粮食。

综之，额河区水源，视上游灌溉面积之增加，而逐渐减少，应先就实际情形及国防观点，确定各处用水权限，而谋上下兼顾之策。

额河坡度约为 1/1000。建国营至莽汉，约 60 公里，相差仅 10 米，平均坡度为 1/6000，河道平浅散漫，时断水流，水力发展希望殊微。额河居民饮水，因潜水丰富，可凿深井或筑水窖，尚不成问题。

3.4　建议

（1）就河流适当地点，筑坝蓄水，调节水量，灌溉下游农田。

（2）引用洪水，淹灌农田，蓄水于土，供翌春作物之需，兼以洗碱。此种工作，于额河下游，希望至钜。

（3）尽量利用地下潜水，灌溉田圃及少数农田。

（4）洪涨时可用羊皮筏通航。

（5）沿交通沿线，多凿深井，供给饮用。

4. 哈密区

4.1 水源

4.1.1 沟水

本区雨水稀少，因测候站设立较迟，尚乏完全之雨量记载。雨量尚不足 10 毫米，故农业仍多赖天山雪水，泉水。哈密区地形，以巴尔库山（天山之分脉）为界，概可分南北二部，南部包括哈密、七角井，水源皆恃巴尔库山南麓之山水，以及各地之潜水，无较大河流。北部包括镇西、伊吾一带，水源为巴尔库山北麓诸水，及北方天山支脉之山水。兹就此二部，分述于次：

（1）巴尔库山南部诸水（哈密、七角井一带）。

此区域之山水，皆发源于巴尔库山南麓，率成由北向南之沟水。诸水在山一段，坡急势陡，巨石嶙峋，水流激湍。出山后，流经冲积扇上，河床概系砂碛戈壁；低水流量渗入地中，难以利用。各沟之低水量为量殊微；终年不断者尤属鲜见。本区诸水，以哈密东部之石城子沟为最大，曾于民国 32 年七月二日，前往察勘，测其流量 10 余立方米/秒，并估其低水量约为 5 立方米/秒，洪水量约为 250 立方米/秒。本区沿山一带，沟水约有十二股，各沟平均低水量约为 1 立方米/秒，十二沟之低水量总计约为 15 立方米/秒。沟水涨消，以六月消雪时最大，该时山水泛溢，辄多渗入冲积扇戈壁中，虽亦偶有冲毁道路、农田之患，但危害不烈。

（2）巴尔库山北部渚水（镇西、伊吾一带）。

本部水源包括巴尔库山北麓，以及北方天山支脉各沟之水。在巴尔库山北麓，有沟水十余股，概由南向北流。各沟每年六月雪消水涨，至九月天寒即干，流量均属有限，其中以西黑沟及苏吉之水较大。曾于民国 32 年十月十八日往勘，西黑沟之流量，约估在 1 立方米/秒以下，其余沟水尚远不及此数。此区诸沟之低水总流量约为 5 立方米/秒。

本区由北方天山支脉所出之水约有十处，均向南流，其水量尤小，如大柳沟之流量，曾于七月十四日往勘，估计仅有 0.2 立方米/秒，小柳沟仅 0.1 立方米/秒，总计各沟之低水流量，当在 3 立方米/秒以内。又除上列诸水以外，尚有伊吾附近之沟水，但为量更微。本区各沟之低水量，总计约为 10 立方米/秒。

本区沟水概汇注于镇西中部之低处，而成大河。该河由东向西，其源有二：一发于北山，流经红山咀；一出于巴尔库山之柳条河。两河汇合以后，其低水流量，经实测约为 0.5 立方米/秒，该水播渠灌溉沙山子，农田三十户，约合 1.8 万公亩。嗣后河槽全涸，下达三县户附近，潜水涌出，汇为巨流，始名大河；该河泉水量终年变动甚小，至四渠坝以下，河改名二道河。曾于七月十七日实测，流量约 1 立方米/秒，该时上游各渠浇地用水约有 5 立方米/秒。二道河下游，流经镇西，改名水磨河，更西注巴里坤湖。

4.1.2　潜水

沟水出山后，大部渗入冲积扇戈壁内，潜行而下，复涌为泉。北部伊吾、镇西等处，众泉会注成河，引以溉地。南部哈密，民凿“坎井”，导引潜水，农田赖之。据哈密县政府称，县城内有井约500口，深约2～6米，冬春水量较大。兹将实测各地井水情形，列表于次：

表6　　　　　　　　　　　　　　哈密区之井水

地点	井深（米）	水深（米）	水质	水温（℃）	气温（℃）
猩猩峡招待所	2.0	0.15	清微咸	10.6	14.0
苦水驿	1.4	2.20	清咸	14.0	27.1
疙疸井	9.2	0.30	浊咸	16.0	30.0
哈密中运招待所	7.2	0.60	清甜	13.6	28.0
尖尖坎井	8.3	0.20	清甜	15.0	31.0
奎松	5.0	1.40	清甜	3.5	23.8
镇西	6.5	1.00	清甜	7.5	19.0
三县户	2.1	0.70	清甜	7.5	20.2
黑帐房	哈密西北约80余公里，井深约80米，已无水				

由上表可见，靠近山脚，冲积扇戈壁内之潜水较深（如黑帐房井），在其下游低处，不特井浅，泉水亦众。

4.2　水利现况

本区哈密有水地约60万公亩，镇西约30万公亩，伊吾6万余公亩，总计共96万余公亩，皆引沟水、泉水灌溉。哈密附近，凿坎井灌溉者颇多，最近推进殊速。

普通引用沟水灌溉，以水出山后，必穿冲积扇戈壁，漏失过烈；往昔渠工，有以石砌者（如石城子附近），有镶木板，并加垫败毡者（如苏吉之板渠），颇著成效。唯经乱破坏，迄今尚未能及时恢复为憾。

本区各渠水力利用，在哈密东河坝、西河坝较盛；有水磨80余处，镇西水磨河设厂亦多。

居民饮水，以各地泉眼众多，挖井亦易，尚无问题。

4.3　将来之展望及建议

哈密全区，各沟低水量共计约25立方米/秒，如充分引用，约可灌农田400万公亩。唯以各渠均须穿过冲积扇戈壁，漏失过多，目前仅灌农田60余万公亩，故本区渠工漏水之防止，最为重要。防止之法，可用黏土作底，上铺砾石（以防水流冲刷），或用混凝土铺渠，或建水管，或挖隧洞（如坎井），渗漏减少耕地当可增加数倍。至于引泉灌溉之处，应施范泉工程，使泉眼集中固定，并重保养，以节水源。哈密西部之坎井逐渐增多，利益至大，应尽量推广之。

本区域之水力蕴藏尚富，盖水在山谷内坡陡流急，如石城子、西黑沟等水，坡度概在1/100以上，引水1公里，即能得水头10米；倘在谷口建库蓄水，动力更大，用以汲引低处泉源，耕地面积又可倍增。

本区饮水，以泉洁井浅，建设近代化之给水系统，并无困难。

5. 迪化区

5.1 水源

5.1.1 河水

据迪化民国26—32年气象记录，最高年雨量达268.9毫米，最低为127.9毫米，较哈密及南疆雨量为多，惟供农作生长，所差尚钜，农田灌溉仍属必须，其水源以天山融雪为主。吐鲁番之雨量，据民国27—31年记录，最高为31.9毫米，最低仅10.5毫米，灌溉尤殷。本区就天然形势，以天山为界，概可分为南北两部：南部属吐鲁番盆地，包括吐鲁番、托克逊、鄯善等县；北部属准噶尔盆地，包括木垒河向西，至绥来各地，兹将各地水源，分述于次：

（1）吐鲁番盆地诸水：吐鲁番盆地，为我国最低区域，终年雨泽甚少，附近山水，以距天山主峰较远，且河床之渗漏蒸发特大，故水量微小，且不足恃。吐鲁番区之重要河流，计在托克逊有一大河，源出迪化大坂城，南流经白杨河、小草湖而入托克逊县。全河长50余公里，宽约6米许，洪涨时深约4米，低水约0.2米；估计其洪水量为100余立方米/秒，低水流量约为1立方米/秒。每值山雪融化，河水即涨。

吐鲁番之河水，计有胜金河、葡萄沟河、大草湖河、大汉江河、牙崖子河、牙尔湖沟河，共7沟水。其中以大草湖河、胜金河较大。鄯善则以县城附近之苏巴什水、连木沁沟较著，该水源出天山，长近50公里，雪融即涨。

上述诸水，以托克逊之大河（白杨河）、鄯善之连木沁沟较大，但经此次考察实测，流量均不及2立方米/秒，似不可视为本区灌溉之主要水源。

本区因地形及地质关系，沿天山一带，潜水甚丰，且地面坡急，通隧引流，最合理想。故此区挖坎井灌田者，遍处皆是。坎井之方向，率多由北而南，仅在托克逊附近，有数井由南而北。此外，尚有泉水，分布各地。

（2）准噶尔盆地诸水：本区居天山北部，包括木垒河、奇台、孚远、阜康、迪化、昌吉、呼图壁、绥来等地。北部之雨量较南部为丰，天山沟水亦众，流皆由南而北。各沟流量，以居西者较大，盖西部山高雪厚，雨量稍多。兹将此次考察，所经较著之河水，分述若次：

①木垒河——河上游宽10余米，曾于七月二十日实测，水深约0.5米，流量2.5立方米/秒。河床系石砾，直径以3～4厘米者占多，最大约为40厘米，杂有细砂。上游坡度约7/1000。

②奇台大坂河——河出山口处，山内宽约百公尺，山外宽约300米，河床多砾石，径30厘米左右。河床坡度山外约1/50，山口附近，河坡更陡，有达1/20者，山内坡稍平。曾于七月二十八日前往考察（该时河水全部入渠，流量即以渠水流量为准），约为4立方米/秒，估其洪水量约100立方米/秒。该河洪涨无定，盖山中多雨，雨后即涨。渠水十一月全冻，至翌春清明后开冻。

③孚远白杨河——河流穿经公路附近，宽约50米，流量约10立方米/秒。河床多砾石，径由5～50厘米，大小夹杂，河床坡度约1/10，水呈乳白色。

④阜康天池——八月八日赴天池考察，溯河而上，河在山内，宽50余米，狭处仅10

余米，河床多砾石，径约 3～20 厘米，流量约 2 立方米/秒。该河上源有大小天池二处，海拔高 2800 米。新省建设厅，刻正用以调节水量，灌溉阜康农场。

⑤迪化乌鲁木齐河——河在迪化附近宽约 200 米，河床系粗砾，径以 5 厘米最多，大者达 30 厘米，河坡约为 1/100；该处东岸为石崖，西岸系砂石冲积层，高约 3 米。曾于八月三日赴距迪化城 4 公里之老龙口考察，估其水量 10 余立方米/秒。据红盐池工程人员称：每年五月间最小，约 6.5 立方米/秒，七月最大，洪水量约 100 立方米/秒，八月渐小。刻新省建设厅，引用此水，兴修红盐池工程。

⑥昌吉头屯河——本河与公路相交之处宽约 500 米，低水槽约宽 60 米。七月间过此，测其流量约 1 立方米/秒。唯该河上游，已播渠分水，其真正流量当不止此数。河床为砾石，径以 5 厘米者居多。两岸陡坡，高约 2.5 米，质为黄土层间夹黑沙。

⑦昌吉三屯河——河经公路处宽约 200 米，低水河槽宽约 20 米，河床平浅，床多砂砾，上游播渠引水，所余流量甚微。

⑧呼图壁河——河经公路附近分为两股：一宽约 100 米，一宽约 200 米，其低水河槽宽约 60 米，曾于七月间过此，测其流量约为 4 立方米/秒。

⑨绥来玛纳斯河——河经公路处宽约 400 米，床为细砾，流量 10 立方米/秒。

总之，本区河流不下 30 余处，其总低水量合计为百余立方米/秒。

5.1.2　潜水

本区潜水分布在吐鲁番盆地均接近地面。据各县统计，托克逊城内，有井 46 口，深 3～5 米。年值附近灌溉之时，井水随之上涨，冬春之季，则渐下降。托克逊有坎井 166 道，此外，尚有泉水 3 处：曰卡哈不拉克泉、曰流水泉、曰小草湖泉水。吐鲁番新老城，共有井 5800 口，泉水亦多，坎井有 277 道。鄯善城内，饮井水，县乡各地，泉水众多，坎井 300 余道。

吐鲁番区灌溉水源，以潜水为主，已如上述。但天山北，则大异其趣。盖天山北区，南高北低，山麓概系冲积砂石层，地面坡度亦大，故潜水甚低，距山较远，坡渐转缓，潜水始涌为泉。如奇台之大坂河一带，井水甚深，居民筑涝坝蓄水；但在奇台县附近以及县北北道桥，县东三十里墩、笈草湖一带，则泉水甚多。至于其他各地，潜水分布亦以距山近者深、远者浅。兹将此次考察，实测各地井水情形列表于次。

表 7　　　　迪化区之井水

	井深（米）	井深（米）	水　质	水温（℃）	气温（℃）	备　注
木垒河汉文会	20.0	2.2	清甜	9.0	25.0	
奇台三马厂	13.8	0.6	清甜	10.5	28.0	
奇台北黄草湖	0.6～0.7	0.5～0.9	浊咸略有臭味	22.0	32.0	有井五口可饮
奇台北六棵树	0.5～0.7	0.7～0.9	清微咸	22.0	32.0	有井四口
奇台北哈沙坟	1.0	0.4	清微咸	20.0	32.0	有井四口
奇台招待所	8.0	0.8	清甜	18.0	35.0	
一碗泉	泉水量 0.012 立方米/秒		清甜	13.0	34.0	

续表

	井深（米）	井深（米）	水　　质	水温（℃）	气温（℃）	备　　注
迪化招待所	9.5	1.2	清甜	11.1	30.2	
迪化东温泉	温泉水量0.00125立方米/秒		清有硫磺味	28.0	37.5	
绥来	10.0	2.2	清甜	11.2	8.0	
绥来吐呼鲁	地下水甚深，附近无井					
吐鲁番县府	14.8	1.5	清甜	15.0	－1.0	
克克野尔	8.0	1.0	清甜	11.2	—	
七角井	4.8	1.2	清微苦	6.0	－2.0	
西城子	3.0	1.0	清甜	5.0	—	
瞭墩	泉水量0.0025立方米/秒		清微咸	13.0	－2.0	

5.2　水利现况

5.2.1　吐鲁番盆地

吐鲁番盆地，以坎井引泉为主，河沟水灌溉者，仅属一小部分，兹据各县统计，分述如下：

（1）托克逊河水灌地12万余公亩；坎井灌地约60万公亩，坎井灌地面积约占总耕地83%强。

（2）吐鲁番河水灌地，约18万公亩；坎井灌地120万余公亩，坎井灌地面积约占总耕地87%弱。

（3）鄯善河水灌地约36万公亩；坎井灌地约60万公亩，坎井灌地面积约占耕地62%强。

总观上列记载，坎井引潜水溉地亩数概居60%以上，其中以吐鲁番最盛。

吐鲁番之坎井，视其所在地形，概可分为四层，最上层在牙儿湖一带，该层水量充足，但地面狭小；第二层在牙儿巴什一带；第三层在十里桥一带；第四层在二宫一带。第四层之水量最少，地面则较多。目前在二宫以下，亦渐有试用者。

坎井主权，多属私有，管理单纯。农民添挖新井时，其上下各层之距离、各井路间之间隔，略有限制，以不减损邻井水量为原则，普通不能小于30米。坎井之灌溉水效率，视流量而异，此次考察所得结果列如下表：

表8　　坎井灌溉水效率（吐鲁番区）

等级（子种担数）	流量（立方米/秒）	每天浇地（公亩）	轮渡间隔（天数）	浇地总数（公亩）	灌溉效率[公亩/(立方米/秒)]
3（最大）	0.130	360	15	5400	41500
2	0.030	240	15	3600	120000
1	0.020	120	15	1800	90000
0.5（最小）	0.014	60	15	900	64400

可见坎井之灌溉水效率，最大约为 12 万公亩/(立方米/秒)，与前述敦煌党河渠水灌溉水效率相若。

本区水力利用，托克逊有水磨 22 处，吐鲁番有 126 处，鄯善有 85 处。本区无航运，饮水多恃井水。

5.2.2 天山北区

本区灌溉皆引用天山沟水，除旧有各渠外，近年新省于阜康天池，筑蓄水池灌六运湖阜康农场；又在迪化红盐池，筑蓄水池灌晋庸农场，均已放水。总计本区目前灌溉耕地约 730 余万公亩。本区水磨甚多，尚乏统计。航运全无，饮恃井水。

5.3 将来的展望及建议

5.3.1 吐鲁番盆地

吐鲁番盆地，就目前情形言，坎井灌田，似仍有发展之可能。吐鲁番与托尔逊间，荒地尚多，在吐鲁番北山一带，似皆可利用坎井，导泉灌溉之。唯该区潜水量，究有几何，能发展地亩若干？非经精测，殊难确定。至于挖掘坎井技术，目前限于器材，多系土洞，在土质坚密之处，尚可支持，遇有沙层，辄易倒坍。现多以木板顶称，但木质易朽，常需更换，每年掏挖保养费用尤钜。此种洞工，苟能利用当地沙石加洋灰衬砌，必可改善而增加水量。唯开办费较大，非联合许多农户通力举办不可（如成立水利合作社等）。

本区水力之发展，在各山沟，均属可能。以其坡度陡急，惟流量较小为憾。航运以水源缺乏，夏日蒸发特大，殊为困难。居民饮水，因泉井甚多，水质清洁，尚无问题。

5.3.2 天山北区

本区所有沟水估计总低水量约 100 立方米/秒，苟能全部灌田，可达 1800 万公亩，较目前已灌亩数尚可增加一倍。本区各沟，跌差甚钜，谷底呈天然盆形，且水质含沙甚少，择适当地点，筑坝蓄水，既以发电并增灌溉水量，兼利农工，极属重要。如利用迪化红盐池蓄水发电，可得 2500 匹马力，以供迪化市区之用。本区河流由南向北，与交通线相垂直，难以利航；唯联结低湿地带，泉源密布之区，挖成东西向之运河，非不可能，但须视将来经济发展之程度而定。本区饮水，大部以河水、渠水为主；冬春河封，得水不易，唯有普凿深井或引山泉解决之。

6. 伊宁区

6.1 水源

6.1.1 河水

伊宁区按自然地理环境，概可分东西二部：西部属伊犁河流域，包括伊宁、绥定、巩留、巩哈、河南、霍城、特克斯、昭苏各县；东部居准噶尔盆地之西端，包括温泉、博乐、精河各县。

伊犁河流域，东北东南丛山林立，形成一面向西北之畚箕状三角地形，西来水气聚集于此，年雨量较新疆各地为高。据伊宁建设局气象记载，民国 30 年之年雨量 284.7

毫米，民国31年之年雨量278毫米。雨量之分佈，三至六月较多，对农作生长效益较著。各河水量之主要来源，仍恃高山雪水，为量颇丰；更以雨泽较富，诸水流量随之增大。东部居准噶尔盆地西端，雨量较稀，各河流量亦减。兹将此二部之主要河流，分述如下：

(1) 伊犁河：河之主源有三：曰特克斯河、曰巩乃斯河、曰喀什河。

特克斯河（特河）——河源发于昭苏，东流经特克斯县，属哈布其盖，折而北，至巩留县注伊犁河。特克斯河在特克斯县归化屯附近宽约500米，中水位河槽宽约60～70米，水深约为2米；曾于民国32年八月三十一日测其流量，约120立方米/秒。特河经巩留莫云古则一段宽约150～200米，中水位河槽宽约70米，深约1～2米；曾于民国32年八月二十六日测其流量，约300立方米/秒，洪水量估计约700立方米/秒。特河出山口处，河宽约200米，水深约2米。估其流量约300立方米/秒。据当地居民称，该河小水时，深1米，流量约为200余立方米/秒。河床坡度多在1/100以上，全长约280公里。

巩乃斯河——河源于巩留以东新源县，河坡较平，流速亦缓。河经新源县哈拉不拉附近宽约50米，水深约2米许。曾于民国32年八月二十八日测其流量约百立方米/秒，洪水量估计400立方米/秒，低水量约50立方米/秒，河床坡度平均8/1000。巩河西流至巩留县属，与特克斯河合，入伊犁河，全长约140公里。

喀什河——河源出巩哈县东，坡陡急，约在1/100以上；中水位河槽宽约50米，低水量约为100立方米/秒，洪水量约600立方米/秒；流向西南，至巩留与上列二河相汇合，注伊犁河，喀河全长约230公里。

伊犁河自上列三支流汇合后，更西流，并集伊宁等各县诸水，而入俄境。伊犁河在留亚马渡附近宽约百余米，水深约3米，估其流量约为600立方米/秒。伊犁河每届五月下旬，山雪融化，雨水渐增，河水上涨，嗣后即渐低落；至冬季十二月间封河，冰厚1米许。全河流经伊宁境，长约144公里，本区其他沟水，平时水量甚小，遇雨则涨，势颇猛烈。

(2) 精河——河源于天山艾木津、乌图津、东图津、吉木克，北流过精河县，注艾比湖（蒙语哈拉他拉额西柯淖尔），长约80公里。精河县南约40里处，河之西岸成陡坎，高10米；东岸呈阶级陡坎，高3～6米不等；河流经此，宽约100米，中水槽宽约30米。曾于民国32年八月十九日测其流量约30立方米/秒，河床坡度概大于1%，床多砂砾，径以3厘米者为最多，河水呈乳白色。

精河年届四月，冰渐消，六七月河水最大，立秋后渐减。精河经县西公路桥，按其洪水痕迹，估计洪水量约400立方米/秒。

(3) 博乐他拉河（吾托沙里河）——河源于西面的静海及北面的山谷，东流经温泉注艾比湖，全长约170公里。

博乐河在温泉县北，宽300余米，其中水位河槽宽约20米。曾于民国32年九月六日，实测流量约为4立方米/秒。据当地称，三月用水时期，河水流量约为30立方米/秒，洪水量估计约400立方米/秒。河床纯系石砾，直径以5～10厘米者居多，河床坡度约1/200。博乐大河经温泉县东八里处，其宽约300米，中水河槽宽约20米，流量约3立方米/秒。博乐县至精河县之公路，过博乐河处河行峡中，宽仅10米，出峡后即入艾比湖。

6.1.2　潜水

精河、温泉、博乐三县潜水情形，概与迪化区沿天山各县相若。山麓附近，为沙砾冲积层，潜水较深，及至下游则潜水位逐渐接近地面。兹将此次考察，实测结果，列表如次：

表9　　伊宁区精河、温泉、博乐之井水

地　　点	井深（米）	井深（米）	水质	水温（℃）	气温（℃）
精河中运所	3.8	3.2	清甜	12.0	25.5
精河县属五台	5.2	0.1	清甜	16.5	26.0
温泉南街维族大寺	8.2	1.1	清甜	9.0	20.3
温泉南街税局	6.0	0.7	清甜	9.5	20.5
温泉县温泉	流量0.0014立方米/秒		清有硫味	37.44	—
博乐阿沈巴依家	4.6	0.2	略浊有臭味稍咸	11.2	17.0

伊犁河流域之潜水分布情形，以地势复杂，颇不一致，兹将实测各地井水情形，列表若次：

表10　　伊宁区伊犁河流域之井水

地　　点	井深（米）	水深（米）	水质	水温（℃）	气温（℃）
巩留县城	2.5	1.0	清稍碱	13.2	—
巩留古内桑	5.0	—	—	—	—
伊宁沙比他夫饭店前	5.0	0.7	清微咸	12.0	—
惠远公路局	9.0	0.7	略浊甜	—	—

注：1. 清水河子——曾挖至30米未见水。2. 霍尔果斯城城外多泉水。

6.2　水利现况

6.2.1　灌溉

本区天然环境优良，河流众多，垦地广袤，农田水利较其他各区均为发达。本区之重要渠工均在诸河之北岸，列表如下：

表11　　伊宁区之渠工

渠道名称	引水河名	灌溉面积（万公亩）	渠道名称	引水河名	灌溉面积（万公亩）
裕农渠	喀什河	900	老满营渠	特克斯河	180
铁来克里渠	巩乃斯河	30	加甫加渠	伊犁河	120
绥定南北渠	伊犁河	66			

此外，在诸河之南岸尚有分散的稻田。

精河县引精河水所溉各渠，如永集湖渠、新户渠、阿西渠、沙家渠等，浇地约 12 万余公亩。温泉、博乐两县，引博乐大河灌溉，浇地约 24 万余公亩。总计全区灌溉面积，几达 1200 万公亩，在新省仅次于阿克苏及喀什两区。

6.2.2 航运

伊犁河之航运，昔日苏联曾有 60～70 公吨之轮船，在五、六、七三个月，入我国境上驶至伊宁，在河尔果斯、三道河、绥定、伊宁均设有船站，唯近二年已停驶。

6.2.3 水力及饮水

本区水力蕴藏至富，唯目前利用者，除小规模之水磨外，仅在二台招待所有新式水力发电机一处，发电约 10.5 千瓦。至于各地饮水，概恃河渠泉井，尚无问题。

6.3 将来之展望及建议

精河一带，河水尚丰，苟能充分引溉，约可浇地 550 万公亩；且精河坡度为 1/100，发展动力最宜。博乐将来可溉地 60 余万公亩，河坡 1/200，亦可发展动力。

伊犁河流域，以河流水量充足，附近可垦地又多，约估引溉耕地 11800 万公亩，且喀什河及特克斯河，坡度陡急约在 1/100 以上，水力发展希望至大。

特克斯河在莫云古则附近，出山之处筑坝引水，地势甚佳，可由山口分引东西二渠，灌溉两岸农地，诚属理想龙口，似可尽先举办者。

伊犁河已往航运，已如前述；今后苟加整理，船只吨位，运输距离，均可增加。

总之，本区水利，无论灌溉、水力、航运，均有大量发展之可能，殆无疑义。唯本区居我国最西边境，一切建设，应以国防为重，不可不注意也。

7. 塔城区

7.1 水源

7.1.1 河水

据塔城之气象记载，雨量在民国 30 年为 314 毫米，民国 31 年为 234.1 毫米；农作所需，仍嫌过少。本区缺乏高山，故积雪易消，每当秋季，各河水量几近干涸。

本区乌苏、沙湾，属准噶尔盆地之一部；和丰设治局，位居哈图山中（阿尔泰支脉）；额敏、塔城、裕民则属额敏河流域。

乌苏、沙湾二县水文情形，与迪伊两区之属准噶尔盆地者相若；和丰设治局附近沟水，流量颇小。兹就本区较著河流，分述于次：

（1）额敏河：额敏河发源于阿和赛尔山及阿图山一带，其主要支流，有乌什水、西伯图水、二次河、二道河，并汇塔城北山诸水，曾于民国 32 年九月十三日过二道河时，测其流量约 1 立方米/秒；二次河约 1 立方米/秒。额敏河经额敏城南，河宽约 700 米，中水河槽约 50 米，流量约 7 立方米/秒。同年九月十七日，赴塔城之巴什巴依大桥，实测该河流量为 3 立方米/秒，中水槽宽 20 余米，床为细砂。

额敏河自额敏发源，横穿塔城，出国境入苏联。国境内一段，长约 150 公里，每年五月间水涨，九十月水落，河内泉眼众多，当地又称“子母河”。

（2）塔北诸水：包括阿克卡苦、哈拉克丹特、乌乐斯太、板厂沟、阿布都拉，希比图等水，均发源于塔城北部之塔尔巴哈台山，水量均小。

（3）裕民县诸水：包括拜不歇河、新地河、佳可沁、歇各尔诸河、水量均甚小，其中以新地河较大，九月间流量不过 1 立方米/秒。

（4）和丰设治局诸水：本区河水有二：一为河布克河，源出后四苏木东北，木素山南麓，流过和丰附近；一为白杨河，源于哈图山。此二水曾前往详察，其上游各处水量尚不及 0.5 立方米/秒，下游数处已干，河床多石砾，两岸白杨林立，故以为名。上列二河，据当地人称：五月间涨水，流量颇大，唯为时甚暂。

（5）沙湾玛乃斯河：本河为迪区绥来玛乃斯河之下游，河床坡度平缓，蜿蜒曲折，宽 30 余米，水深平均 1 米余，流速则仅为 0.3 米/秒，流量 10 余立方米/秒。玛乃斯河上游播渠浇地，用水甚多。七月中下旬，上游灌溉停水，河始上涨。十一十二月封河，冰厚达 2 米。翌春四月，冰消略涨，七月中复涨，七月下旬水量最大。河床为细沙淤泥。

（6）乌苏诸水：本区主要河流，有奎屯河、齐尔河、固尔图河，均源于天山北麓，属准噶尔盆地之一部；故水文情形，与迪化北区之属准噶尔盆地者相若。唯以天山西部高耸，积雪深厚，流量较大耳。奎屯河及固尔图河，约估流量均在 30 立方米/秒以上，河床坡度约 1/200。

7.1.2　潜水

本区潜水分布，乌苏、沙湾等处情形与准噶尔盆地各县相似，于上游沙石冲积层内甚深，下游渐浅接近地面。

和丰设治局，地处群山中，多泉水。额敏河流域各县，上游潜水较深，水质亦佳。兹将所经各地实测记录，列表若次：

表 12　　**塔城区之井水**

地　点	井深（米）	水深（米）	水质	水温（℃）	气温（℃）
乌苏招待所	4.4	1.0	清甜	12.5	24.0
乌苏城东壕	泉水流量 0.006 立方米/秒		清甜	11.0	—
托多公路站	13.0（在精河与乌苏交界处）		—	—	—
乌苏车排子	4.0	—	—	—	—
乌苏旱三台	泉水流量 0.0001 立方米/秒		清甜	16.0	—
额敏萨儿加克	2.3	2.4	清甜	13.0	22.0
额敏庙儿沟	3.0	1.0	清甜	10.2	6.5
额敏奎屯岭	泉水流量 0.0001 立方米/秒		清甜	8.0	—
额敏石门子	泉水		清甜	7.5	—
额敏托里	街南泉水流量 0.0005 立方米/秒		清甜	12.0	—
托里	街东泉水流量 0.0003 立方米/秒		清甜	10.0	—
老风口	街东泉水流量 0.002 立方米/秒		清甜	12.0	—

续表

地　点	井深（米）	水深（米）	水质	水温（℃）	气温（℃）
老风口	街东泉水流量 0.004 立方米/秒		清甜	—	—
额敏	3.6	0.2	清甜	12.0	8.5
塔城工商会井	5.0	2.1	清甜	12.0	16.0
塔城巴克图	2.0	1.2	略浊甜	12.0	—
霍布克公安局	3.0	2.0	略浊甜	11.0	7.0
黑山头	泉水流量 0.001 立方米/秒		清甜	—	—
和丰县政府	3.4	0.2	浊甜	11.0	16.0
和丰税局分卡	3.9	0.5	清甜	11.0	16.0

7.2　水利现况

本区农田水利以受水量限制，虽竭尽人力，但灌地仍不甚多，塔城 36 余万公亩；额敏 21 余万公亩；裕民 4.9 余万公亩；乌苏 17 万余公亩；沙湾 35 万余公亩，共计约在 120 万公亩以内。至于水力航运，尚未发展。

7.3　将来之展望及建议

额敏河流域各河流量非常小，农田水利发展困难，就各水之总量约 10 立方米/秒推算，最多可溉地约 180 万亩；至于水力、航运，以水量过小，发展希望更属有限。

乌苏附近各河，水量尚丰，可灌农田估计约 1200 万公亩，且各河在山坡度为 1/100，水量至富。

自乌苏至额敏，沿途所经泉水尚多，亦可引溉附近农田。玛乃斯河流域，沙湾一带，以上游灌地，用水殆尽，所余水量非常小，唯就其流量估计，尚可灌地约 150 万公亩。总计全区河流，可能灌溉农田，约在 1800 万公亩以下。该区水力则因河坡平缓，希望有限。

8. 阿山区

8.1　水源

8.1.1　河水

阿山区居新疆最北境，据承化气象记载，民国 30 年雨量为 129.8 公厘；民国 31 年为 104.4 公厘，可见此区雨量亦稀，唯本区接近阿尔泰山，山高雪厚，流量尚大。

本区就自然情形可概分：额尔济斯河流域及乌龙古河流域，兹分述于次：

（1）额尔济斯河流域：本流域主要河流有克蓝河、布尔津河、额尔济斯河。

克蓝河——河在承化附近，源出阿尔泰山，距承化上游 3 公里处，河宽约 20 米，深为 0.5～1 米，估其流量的 20 立方米/秒，河床坡度为 1/70～1/100。河床多大卵石，径以 3～5 公寸占多，2～5 厘米者稍次。每年三月开冻，四月间涨水一次，六七月水最大，该时承化桥附近水深 1 米许，估洪水量约 300 立方米/秒，十一月全冻。克蓝河自南汇入额尔济斯河上游。

布尔津河——源出阿尔泰山，西南流至布尔津西，入额尔济斯河。曾于民国 32 年十月一日，赴久完铁列克山口，测其流量约为 60 立方米/秒，河宽约 70 米，床为细砾，洪水量约 150 立方米/秒。河底坡度约 1/500。每年水量变动，在六七月水涨，八九月水落，十一月封河，四月中旬冰泮。

额尔济斯河——河源承化县东，西流汇克蓝河、布尔津河、哈巴河、别列支河、铁列支河诸水，更西流入苏联境。

额河在布尔津县南，宽约 100 米，中水位河槽宽约 80 米，曾于民国 32 年十月一日前往实测，水深约 1.4 米，估其流量约 30 立方米/秒。考其洪水痕迹，尚约高出 3 米，洪水量约估为 100 立方米/秒，河床多粗沙。额河下游自与布尔津河、哈巴河诸水汇合后，其总低水量可达 150 立方米/秒，洪水量约 600 立方米/秒。额河产鱼颇多，以五道黑最著。

（2）乌龙古河流域：乌龙古河源出外蒙阿尔泰山，西流折向西化，至福海县，注布伦托海。乌河自出山处至布伦托海，长约百公里。河经青河县克克托海，曾于民国 32 年七月五日前往察勘，河宽约 57 米，最深处 1.8 米。据当地公路局称，河十一月结冻，洪水时最深处约达 4 米，流量约 50 立方米/秒，洪水量估约 500 立方米/秒。此河每年五六月涨水，最高时水深 4 米；嗣后渐退，年可维持水深约 1 米许，冬季河封。

8.1.2　潜水

本区潜水分布情形，因考察行经地点过少，颇难明了。仅在承化附近测得井深 4 米。

8.2　水利现况

额尔济斯河流域，农田水利较为发达。承化溉地约 18 万公亩，吉木乃、哈巴河、布尔津等处，6 万余公亩，总计约 45 万公亩。额尔济斯河航运，自苏联至布尔津一段，每年在六、七、八三个月可驶驳船，每船约载 7～8 公吨，吃水 0.5 米。

克蓝河于每年秋季，利用水力，运短圆木料。克河坡急，新省拟利用水力发电，供承化附近之用。本区饮水多恃河、渠之水。

8.3　将来之展望及建议

本区额尔济斯河流域，如克蓝河、哈巴河、布尔津河等水，流量共约 150 立方米/秒，假定渠水每秒立方米溉田 18 万公亩，则本区可能灌溉之农田，约为 2700 万公亩。额尔济斯河各支流之坡度，约为 1/70～1/300，水力至富。额尔济斯河低水量，尚足不枯竭，通航极属可能。

乌龙古河之流量，设按 50 立方米/秒计，约可灌溉 900 万公亩。乌河涨落缓和，经年水深在 1 米以上，航运最宜；阿山区货物，可经由此河，运至青河克克托海，转经奇台而分送各地。

本区诸水流量尚丰，虽额尔济斯河稍差，但可垦之地，仍属不少。乌龙古河两岸，下游草原肥沃，惜尚未有利用者；而该区居民绝无，为国防弱点，急应充实之。乌额两河产鱼特富，年冬迪化市常有此种冻鱼出售，苟能加工制造，获利至大。

再据当地建设局人称，布伦托海与额河之上游，高度相差颇巨，是否可引以发电或建船闸，使乌龙古河经布伦托海，与额河航运相通，深堪注意。本区可能发展之灌溉农地，共计约 3600 万公亩。

9. 阿克苏区

9.1 水源

9.1.1 河水

阿克苏区北倚天山，南傍塔里木沙漠，西来水气阻于高山，故此区域雨量稀少。按库车气象记录，年雨量仅 80 余毫米，不足农作之需。故本区灌溉水源，唯天山雪水是赖。本区河流，概源于天山，南流入塔里木河（唯有叶尔羌河为东流注塔里木河）。和阗河自和阗北流，穿塔里木大戈壁，归塔里木河。兹将本区主要河流，分述如次：

（1）叶尔羌河：河出昆仑山脉，东北行，经莎车、麦盖提等县，入阿克苏区，抵阿瓦提东南库卡拉奇，与阿克苏河相会，改名塔里木河。该处河宽约 80 米，曾于民国 32 年十一月十八日往勘，流量约 6 立方米/秒。按洪水痕迹估计，洪水流量约在 250 立方米/秒以上。该河上游莎车、麦盖提，引水灌颇多，故平时水量甚小。年迄七月二十日方涨，可达满槽，为时约 50～70 日，水始退。盖上游麦田，概于六月底登场，气候正热，雪水并注所致。河在阿境内，长约百余公里，两岸概系冲积土，遍生胡杨、芦草。本河以流量较小，且河床变迁莫定，利用困难，对于阿区农业，影响殊微。

（2）阿克苏河：河有二源，均发自天山，西部者为托什干河，东部者为湖玛拉克河。托什干河出苏联境，东流至阿克恰，入我国境；在乌什县附近出山，折向东南至阿克苏，与来自温宿之湖玛拉克河汇合，改名阿克苏河。

①托什干河——河行经阿区内全长约 200 公里，河在乌什附近宽约 700 米，曾于十一月十一日测其流量，约 60 立方米/秒；洪水位约须上涨 1 米，估其洪水量约 1500 立方米/秒。河床多石砾，径约为 0.5～20 厘米，概呈扁圆形，间夹粗砂。河于五月中旬始涨，六月初、七月底最大，十月底水落，十一月中旬河封，唯冰下尚有流水。

②湖玛拉克河——源出天山南麓，自苏联经塔巴什入我国境，东南流过温宿县、达阿克苏，与托什干河相汇，改名阿克苏河。湖玛拉克河在阿境内，长约 70 公里，河水五月初涨，七月最大，十月底水最小，十二月间两岸结冻，中部仍有水流。

托什干与湖玛拉克两河，在阿克苏汇合后，复分为阿克苏老大河、及新大河二支。南流至阿瓦提仍合为一，又东南流至库卡拉奇与叶尔羌河合流，改名塔里木河。

阿克苏河在阿区一段长达百公里，新大河经阿克苏附近宽约 500 米，曾于十一月十四日实测流量约 70 立方米/秒；老大河宽约 100 米，流量约 50 立方米/秒。阿克苏河，在阿瓦提东南，库卡拉奇宽约 500 米，流量约 100 立方米/秒。阿河之洪水量，在阿克苏附近约 2500 立方米/秒，河床多细沙，两岸为冲积土，河槽曲折殊不固定。河水五月初始涨，六月初最大，七月底水渐降，十月最小，十一月中旬结冻。

（3）和阗河：河源出昆仑山，北流经和阗，纵贯塔里木大戈壁；约在库卡拉其西 5 公里许，入塔里木河，该处河宽约 300 米，槽深约 2 米，平时无水，河床干涸，全为细沙，间有细砾。七月中旬，有数次涨水，注塔里木河，涨时水量较叶尔羌河稍大，但为时殊短。

（4）渭干河：河之主源发自天山腾格里山冰大坂。上游名木渣特河或称穆肃河，东流至拜城东赛里木附近，与西北来之卡不司良河、特力克曲提河、哈拉素等水汇合，东流并与东北来之河色尔河、宿什勒克河在河色尔附近相合并，称渭干河。

渭干河东南流经库山丁谷，至代一瓦什山口，出山后折向南，沿库车新和县境，南流入沙雅县境，复折面东，与塔里木河并行，下游更分为：渭干南河及渭干北河二股，唯以地势平衍与塔里木河时合时分，入尉犁县境。渭干河自河色尔起，迄与塔里木河汇合之处，共长约400公里。其河槽在代一瓦什附近，宽约50米，曾于十一月二十五日实测其流量，约70立方米/秒，洪水位尚须高出该时水位2米，估其流量为500立方米/秒。渭干河在沙雅附近，已分二股，河宽100余米，河槽平浅，两岸筑有沙堤，高1.5米，估计流量为9立方米/秒，洪水量为300立方米/秒。该河北部尚有一床，唯平浅不显，洪水时或可通流。渭干河河床，在代一瓦什附近为沙砾，径1～10厘米，在沙雅附近则纯属细沙。

渭干河三月冰化，四月间涨水一次，十余日，水量约为洪水量的1/10。嗣后河水日降，五月底六月初最小。六月中旬又渐涨，六月底大涨，七月下旬至八月上旬水最大，九月有时复涨，但水量不大。十一月始冻，十二月河面全冻、唯冰面仍有水漫流，渐冻渐厚、至翌年三月中旬开河。

渭干河之上游主要河流有五：木渣特河、卡不司良河、特力曲克河、哈拉素河、河色尔河。各河情形分述如下：

① 木渣特河（穆肃河）——河发源于天山之腾格里山，高处海拔达7000米。山顶终年积雪，故水量特大，为渭干河主流。该河在山一段，南流（略向东），出山后折向东南流，直达河色尔，计长200余公里。

木渣特河在拜城雅克里附近宽约300米，流量约50立方米/秒，估其洪水位尚高出2米，洪水量约300立方米/秒。本河出山处，多大砾，径约1～70厘米，至河色尔一带，则为沙砾，直径为5～10厘米。每年三月中旬，冻开。该河泉水较多，开冻特早，四月中旬至五月初，有七、八天消冰水，六月中旬始涨，七月中旬最大，九月渐落。十二月始冻，河不全封，虽值最冷之时，中部仍有流水。

② 卡不司良河——河约长100公里，源于天山南麓，高处海拔仅4000余米，故流量殊小。河南流，出山后折向东南。三月底、四月初开冻（上游四月下旬开冻），六月中旬至七月河始涨，七月间最大，九月初水渐小，十一月初渐冻，十二月封河。

③ 特力曲克河——河长不及百公里，源与卡不司良河相似，唯流量尤小，上游五月冰解，下游四月中旬至四月底河开，为时较卡不司良河稍迟，盖卡河上游，温泉下注使然。本河七月初始涨，七月下旬最大，九月初渐小，十月初始冻，十二月封河。河距拜城上游10公里处，水渗入沙，迄城郊已无水。

④ 哈拉素河——水出天山南麓，河短量小。四月底开冻，五月中旬有消冰水，流四五日即退，七月初始涨，月底最大，九月水落，十一月渐冻，十二月封河。

⑤ 河色尔河——源出天山南麓，海拔约4000米，源流有东、中、西三支，东名阿同佛什、中名布孜克力格、西名开西河。三水在阿牙克其开（河色尔东北50公里，意即过水之地）汇合，流量次于木渣特河。河在河色尔附近宽约300米，曾于十一月二十五日前

往实测，流量约 6 立方米/秒。本河自发源至河色尔南，三水汇合之处，计长约百余公里。年于五月初开河，六月初涨，七月下旬流量最大，九月初水渐落，十月中旬始冻，十一月封河。

(5) 铜厂河——源出库车北之丁谷山，海拔约 3000 米。河经科鲁干附近，南流 150 公里，穿铜厂山口出山；河在山一段深浅不一，宽约 20 米，水流湍急。出山后，播为四、五渠，尾水经库车南，窜入沙。铜厂河于十一月间，水深约 0.2～0.6 米，河床为砂砾巨石，径有达 2 米者。河出铜厂山口（地名苏巴什），床为沙土。河六月初始涨，流量视山间雨水而定。普通山雨经半小时后，库车附近水即上涨。河水九月后渐小。洪涨时山内水深约 1～2 米不等。

(6) 塔里木河：叶尔羌河与阿克苏河，在阿瓦提县属库卡拉奇会合后，即改名塔里木河。初东北流，在沙雅附近改折向东，纳渭干南北两河尾水，入尉犁县境，东南流，至诺羌县，又东流，注罗布泊。塔里木河，由库卡拉奇至尉犁县境，长约 500 公里，再行 400 公里，至罗布泊。塔河坡度平缓，蜿蜒曲折，河槽时有变迁，入尉犁县境分支尤多。

塔河在库卡拉奇附近，宽约 400 余米，中水河槽偏于南岸，曾于十一月十八日往勘，宽约 80 米，深约 1.3 米，估其流量为 100～150 立方米/秒，河床两岸，均系细砂冲积土。洪水痕迹，尚高出 1.7 米，洪水量估计在 2000 立方米/秒以上。河经沙雅老切满附近，曾于十一月二十七日往勘，宽约 1500 米，中水河槽宽约 50 米，深约 5 米（据当地人称，深约 8 米），流量约为 150 立方米/秒。考其洪水位，尚须高出 2.5 米，估其洪量为 2000～3000 立方米/秒。河床坡度极缓，纯为细沙，察勘时水面已见浮水。

塔里木河年在二月底开冻，三月下旬河冰全化，涨水一次，为时约 8 日，水深约 6 米。五月水复涨，深 6.2 米。嗣后至六月底，水又渐涨，至七月中旬水漫岸边，深约 8 米。八月上旬，水渐落，八月下旬水深约 6 米，十月中旬减至 5 米；至十一月下旬，河面渐有浮冰，望如雪花。迄十二月初，封河，冰厚 0.6 米，唯冰下仍有水流，车马可过。翌年二月底，冰渐化。

9.1.2 潜水

本区北倚天山，水出山后，大部渗入冲积戈壁，泉水众多。塔里木河附近，因天山诸水，均汇潴于此，潜水接近地面，水质含碱颇重，不堪饮用。兹将各地井水情形，分述于次：

(1) 阿瓦提县城有井 30 余口，井深 4 米，有碱不堪饮用。

(2) 浑巴什（阿瓦提北 35 公里）曾掘地 8.5 米，尚无水。

(3) 阿瓦提近郊，井深 1.5 米，水深 0.5 米，水温 11 摄氏度，每年二月水小，色黄味臭，居民饮河渠涝坝水。

(4) 温宿有温泉，流量 0.004 立方米/秒，水温 13 摄氏度。全县有井 335 口，深约 5 米。

(5) 阿克苏域内有井 200 余口，最深 3 米余，浅者 2 米，水量终年无变化。乡区多饮渠水、涝坝水。

(6) 乌什，井约 50 余口，深约 3 米，全县有泉 80 余眼，水质至佳。

（7）拜城无井，不拉克有泉。

（8）库车县城附近，井深 10 米。铁木克草湖，深 2 米。

（9）新和，地多低湿，挖地不及 2 米，即见水。大玉都斯庄，挖深约 2 米即可见水。他如苦都克、小芽鱼尔滚等处，掘地 4 米见水（上列三处，均在赴阿克苏大道戈壁中）。水略含碱，饮用无碍。井水春旺夏竭，及秋井涸，经挑挖始得水。

（10）沙雅无井，饮涝坝水。

9.2 水利现况

阿克苏区居南疆中部，农田水利颇具规模，至于水力利用，因地势所限，靠北者旧式木轮水磨颇多，南部因河坡平衍，尚无利用者。航运则以河水时枯，河床无定，目前仅有渡口数处；相传在塔里木河，昔曾可以“卞潘”（维语即独木船）航行，唯近已无闻。饮水以河渠、井水为主，井水在河流下游一带（即本区南部），水质过劣，不作饮用。兹将各处水利现况，分述如次：

9.2.1 灌溉

（1）灌溉面积：阿克苏灌溉农田，合计约 1170 万公亩。如下表：

表 13　阿克苏河灌溉面积

地　名	灌地亩数（万公亩）	地　名	灌地亩数（万公亩）
阿克苏	375.9	阿瓦提	116.5
温宿	378.4	阿合其①	18.9
乌什	281.6	合计	1171.0

① 阿克苏河上游的托什干河乌什以上。

渭干河溉地面积，合计 1600 余万公亩，如下表：

表 14　渭干河灌溉面积

地　名	灌地亩数（万公亩）	地　名	灌地亩数（万公亩）
库车	630.8	沙雅	372.6
拜城	312.4	合计	1615.0
新和	299.2		

塔里木河农作需水期间，因上游莎车区分别堵截殆尽，无法利用。故目前仅在沙雅县附近，年届七月中旬，洪水上涨之时，居民导水，满灌旧河槽内，使尽吸于土，播种春麦、菜子，收获至丰。沙雅县拟在河南开渠，引灌河南荒地，唯尚未果。

（2）渠工：留旧有渠工，渠首就河旁自然引水，或在河中做临时柴埽截水，渠首多无节制闸，易为洪涨冲毁，渠内淤积，年须挑挖。本区渠工，概系多首制，沿河层层引溉，密如蛛网，河流本身，已无明确界限。上下争水，纠纷较多，尤以渭干河水少地多，遂致库车、新和、沙雅三县，年有争执。

（3）渠政：沙雅县设有“水利委员会”，以县长为主任委员、总水利以及有关人员为委员。总水利维名“乌门玛若”，经全县公推，由县长委任之。总水利选举时，先由各区区长、水利副水，推荐名单，交县府，由县长于一、二月间，召开民众大会公决之。

“总水利”下设“区水利”（维名“玛若”），“区水利”下设“小水利”（维名“库库什”），皆先由民众大会场中决定后，由县长委任之。任期皆为一年，但在任期之内，有人提出更换时，征得多数同意，即可更换。

（4）挖渠：每年四月中旬至五月中旬，挖渠一次，八月间又挖一次，均按“坎提满”数，派工修筑，按：“坎提满”系维民常用之农具，状与耒同；修渠时即用以挖土，故即以之代表修渠之“工数”。南疆各地分水，概视修渠之时，各户所出之“工数”，而定应得之水量，故以“坎提满”为单位。

（5）分水：分水程序，由“总水利”分水于各区，“区水利”分水于各渠，“小水利”分水于各田。在渠水不足之年，各田应得之水量，概按“坎提满”规定时间轮浇，各渠“龙口”宽窄深浅，均有规定；至于浇地时间之久暂，则按“龙口”过水之深浅而定。

（6）水权：南疆灌溉，“水权”辄与“地权”分立，有“水权”者（即有分得用水权利者未必有地，有地者却未必有水）。故时有“水权”者与“地权”者合种之地。此种农地，常由“水权”者出工修渠，并出耕种时农“工”之半数；有地者负责纳粮，亦出农“工”之半数。至于每年耕地所获净利，则由双方平均分配之。

9.2.2 水力

本区水磨，乌什200余座，阿克苏1900余座，阿瓦提50余座，温宿500余座。至于拜城、库车、新和等县，渠上水磨，亦各有数十座。水磨概系木制，属冲击式，均由私人经营之。

9.2.3 饮水

本区饮水情形，在阿瓦提、沙雅一带，井水虽浅，但含碱质颇重，不能饮用，故平日概饮渠水、河水。春令河渠干涸，则饮涝坝水，冬日饮积冰。

库车、新和、阿克苏等处，井较深，唯水仍含有碱，饮虽无害，但居民仍以河渠、涝坝水为主。

乌什、温宿、拜城多泉，居民恃以为饮。

9.3 将来之展望及建议

9.3.1 灌溉

渭干河平时流量为60余立方米/秒。按库车、沙雅、新和三县水地，计1280余万公亩。若铜厂河所灌地120万公亩不计，则渭干河所灌者约1160万公亩，则平均每立方米/秒流量，灌溉农田已达19万公亩。就该地目前情形而言，可谓业臻最高极限，倘欲再事增加地亩，以水量所限，恐非易事。唯有在库车之代一瓦什上游，筑坝蓄水，耕地尚可略增。

阿克苏河平常流量约百立方米/秒，灌域包括乌什、温宿、阿克苏、阿合其、阿瓦提五县，约1170万公亩，域内除旱田外，尚多稻地。设按渠水每秒立方米灌地18万公亩计，所余水量，尚可再事扩充耕地约600万公亩。倘能在乌什、温宿上游，建库蓄水，耕地面积必更可增加。至于耕地位置，似以在阿瓦提一带较适宜，因该区土多冲积，含肥较富，且地势平坦，宜于耕种。

塔里木河，槽床低浅，河水每值春夏农作用水之时，多为上游莎车区截用殆尽，已如前述。该时水量，仅系阿克苏河之余水，设若阿克苏河水更事扩展引用，则塔里木河当农用之时水量更少，故塔里木河水利，应着重洪水之利用，殆无疑义。

塔河附近农民常引灌“洪水”，注入废流槽及洼地内，水深1～5米，使尽吸于土内。俟经冬冰化后，播种春麦、菜子，以土内水分充足，收获殊丰，此种“蓄洪于土”之方法，将来似可大量推行。

本区渠工，历史悠久，规模宏大。往昔因器材所限，难臻尽善，苟能利用近代学理器材，逐步改良，收益更大。例如库车、新和、沙雅之分水处，辄因水量分配不匀，年有争执，亟应以合理方法，按地亩比例，各设进水闸口，纷争自可免除。本区渠水管理，各处大致相同，颇为合理，唯管理章则尚无明文规定，宜遵照中央水利法规，逐谋改善。

9.3.2　水力

本区水力利用，可能发展区域，系在天山南麓一带，如乌什之托什干河、温宿之湖玛拉克河，拜城之木渣特河、卡不司良河、特力曲克河、哈拉素河、河色尔河等。各河在山一段坡度陡急，引渠筑坝，升高水头，即可得巨量水力。唯在塔里木河及渭干河之下游，地势平坦，水力发展殊少希望。

9.3.3　饮水

本区沿天山山麓一带，泉水众多，饮用称便。唯在塔河下游，如阿瓦提、沙雅一带，井虽浅但品质过劣，平日概饮河渠坝水。年值冬夏河水枯竭，则改饮涝坝积水，积水不足时闹水荒，殊为严重。亟应普设小型储水池，或改良涝坝补救之。

9.3.4　航运

本区塔里木河，横贯东西，唯因河坡平衍，蜿蜒曲折，支歧众多，且时合时分，变迁莫定；故本河水利之开发，首应整理河槽，渐使固定，维持相当水深，或另挖并行运河，即可成一良好之航道。南疆莎车、喀什等地之物产，概可经塔里木河，运至尉犁；且河槽既经固定，下游城市以及灌溉农田，即不致因河道变迁，而水源断绝；塔里木河永久之文化，始得建立。

10. 焉耆区

10.1　水源

10.1.1　河水

焉耆区所管辖面积至广，本区雨量据焉耆之记载，平均每年不过十余公厘，又诺羌之雨量记载，尚不足10毫米，属新省最干旱之区。各河水源，唯山中积雪是赖，其中以焉耆附近之开都河，诺羌之且末河，纵贯南北之塔里木河较著；余则概系沟水，为量殊微。

焉耆区居塔里木之下游，尾水潴成罗布泊，为新省著名内海，水含碱盐，难以利用。

开都河之下游，为博斯腾湖。河水入湖，下注孔雀河，故博斯腾湖实为孔雀河之天然调节水库，水质澄清，而量亦均匀，灌溉最便，遂使库尔勒成一富庶之区。

本区北部多沙壤，水源缺乏。南部则以居塔河下游，潜水甚高，土系河床冲积。兹将本区主要河流，分述于后。

(1) 开都河：开都河发源于天山，其源有二：一自大珠勒都斯山，一自小珠勒都斯山；至大楞大坂，二流相汇，出和靖县西北，哈拉毛墩镇西南，经道郎苏目，折向南，入焉耆县境，注博斯腾湖。由大楞大坂迄博斯腾湖，长约130公里；据称，由水源至湖200余公里。

开都河经焉耆附近，河床纯为细砂，宽约300米，深3米。曾于民国32年十一月二日，实测该河有水部分，仅宽50米，深约1.5米，流量约40立方米/秒；十二月二十三日又经该处，河已全冻，冰厚约70厘米。据当地称：河在三月初冰泮，五月初水渐涨，七月间水最大（该时雨水为全年最多之时），八月上旬水渐落，十月最小，十一月河即冻。初冻时河稍涨，嗣后即停。水最小时，浅处约1米，深处3米，洪涨时，浅处约2米，深处约5米。

(2) 孔雀河：开都河注博斯腾湖后，水复由湖西流，出哈满沟。曾于民国32年十一月三日，及十二月二十三日两度实测，平均河宽约20米，深约1.5米，流速1.5～2立方米/秒，计其流量约为40立方米/秒。

孔雀河出哈满沟，经库尔勒，西流折向东而至尉犁，又东南流与塔里木河会合。孔雀河在库尔勒附近，曾于民国32年十一月三日，实测河宽约20米，深约1米，流量40立方米/秒，河床系巨砾。

孔雀河距尉犁南18公里，曾于十二月六日往勘，流宽约60米，流速甚缓，约0.5立方米/秒，水深约7米，流量约为200立方米/秒，河床纯为细砂。

孔雀河因受博斯腾湖之调节作用，涨落不甚显著。每年五六月水最小，六月底七月初始渐涨，至九月初最大，九月底渐落，唯变化殊微。河坡在库尔勒附近，约有2公里一段殊为陡急，终年不冰，至下游则河床渐平，流速亦缓。

(3) 塔里木河：塔里木河自叶尔羌河与阿克苏河相会，东流入尉犁县，折向东南流注罗布泊，长约400公里。初与英乞盖河、孔雀河相平行，至下游，以河床平浅，土质疏松，时分时合，忽断忽续，河床变迁莫定，兹将沿河所经各地河道情形，约述如次：

① 穷克——十二月七日往勘，河宽约60米，深1米，九月始涨，十一月最大，涨后七八日即冻，翌春三月下旬开冻，流量以五月至七月最小。

② 欧陆库尔——十二月七日往勘，河宽约15米，河深2.5米。

③ 底内陆——十二月八日往勘，河宽40米，河已冻，仅余10米无冰。

④ 英苏——十二月八日往勘，河宽70米，深1.3米，流速0.4米/秒，流量30余立方米/秒。河七月初始涨水，九十月最大，十一月水落渐冻，十二月全冻，翌春二三月冻开，四月全消。洪涨时，河宽约150米，水深约2.5米，洪水量约为500立方米/秒。

⑤ 阿拉干——十二月九日往勘，河在桥附近宽约24米，河面仅余4.5米未冻。曾以3米木杆试测其深，未及底。据称，深约6米，流速约0.3米/秒，流量约为30余立方米/秒。该处河水，四月间渐涸，五六月全干，八月间水涨，九月初最大，十一月见冰，十二月全冻，翌春二月初冰开，三月全消。据称，洪水期水深可达8米。

⑥ 依堪不即马——十二月十五日往勘，河宽约50米，深4米，河面已全冻，流速约为0.5米/秒，估其流量为50立方米/秒。

⑦ 卡哈——十二月十八日往勘，该河六月底渐干，八月全涸，九月水至，十月至十一月底水最大，嗣后水渐落，河始冻，十二月全冻，翌年三月河开，四月底全消。

⑧ 太依斯克——十二月八日往勘，河宽约 60 米，流速约为 0.6 米/秒，水尚未冻，可知该处河槽必深。

塔里木河在阿拉干附近，与孔雀河支流汇合，南行至罗布泊附近，又与且末河、诺羌河相合，折向东流，注罗布泊。

塔里木河河床概系细沙，两岸胡杨林立，芦草丛生，渔产特富，居民资以为生。

(4) 昆仑山北麓诸水：本区沿昆仑山北麓，以且末河、诺羌河较著，分述如次：

① 且末河——源出且末南山，自河源至罗布庄，长 400 余公里。曾于十二月十一日过罗布庄，临庄有且末河支流一，宽约 15 米，深约 1.5 米，流速为 0.2 米/秒，流量约 4 立方米/秒。

② 诺羌河——河发源于诺羌城南山中，由河源至诺羌，约百余公里，由诺羌至罗布庄 60 余里。

本河距县城南 15 公里，为各渠之“龙口”。曾于十二月十三日往勘，有水河槽，宽约 5 米，深约 0.5 米，河坡约 1/150，流量约计为 3 立方米/秒。洪水时水位尚须高出 1 米，洪水量约为 50 立方米/秒。河床系巨砾，大者径为 2 公寸，最小者如砂。据当地人称：河在山一段，最宽处十余米，狭者约 6 米，平时宽处水深 0.5 米，狭处深 1.2 米许，流速颇急。年在三月初冰开，涨水一次，河宽在十余米处，深 1 米许，为时 20 余日，嗣后即降，恢复如常。七月八月雪化，必更涨一次，其量与三月间化冰水相仿。至于因上游降雨，所涨之水，为量较小且无定时。

(5) 天山南麓诸水：本区沿天山南麓沟水甚众，如焉耆附近之清水河，轮台附近之德那河、洋霞河、策大雅河等，分述于次：

① 清水河——河在和硕、焉耆之间，源出北山。河经清水河驿附近，河床平浅，槽深约百米。曾于十一月一日测其枯水流量，不及 0.1 立方米/秒；又于十二月二十五日，经过该处，河已冻，水分二股，各宽 10 米，深为 0.15 米，流速极小，估其流量应在 0.2 立方米/秒以下。清水河遇雨即涨，多在六七月间，当时水深约 1 米许。

② 策大雅河——河在轮台东，策大雅附近，源出轮台北山，宽十余米，曾于十二月三日往勘，河水深约 0.2 米，流量约 0.5 立方米/秒。

③ 洋霞河——河经轮台东，洋霞镇附近，源在轮台北山，河宽约 70 米，河床平浅。曾于十一月三日往勘，河已干涸无水；其西有渠，宽 10 余米，流量约 1 立方米/秒。本河两岸高约 0.5 米。据称：年在七月中旬涨水，上游河床水深约 1 米许。

④ 德那河——源出北山，出山后 15 公里，在轮台附近播为渠，河已不显。据当地人称：年在五月底六月初始涨，六七月间上源阴雨，水最大，约二三小时即落。九月底水渐涸，十二月中旬河冻，俟翌年二月冰解，三月间河水全开。

德那河在山一段，宽十余米，出山后宽约 300 米。至轮台附近宽 30 余米。涨水时，上游深度约 0.5 米，下游深约 2 米。上游砂底河床多乱石，直径 0.5～30 厘米。迄县城附近，则为砂砾，直径 0.5～5 厘米。估其平时流量在 10 立方米/秒以下（按灌地 60 余万公亩计）。

除上列所述诸水外，本区还有野云沟河、曲惠河及其他沟水，为量更小，未加利用，暂从略。

10.1.2 潜水

本区潜水情形，各地相差颇巨。沿北山一带，戈壁中潜水极深，尚可饮用。山口附近，潜水浅，质佳源旺。塔里木河及孔雀河下游，潜水虽接近地面，但盐重不能饮。兹将各地潜水情形，分述如次：

（1）焉耆：

① 榆树沟——井深14.2米，水深2.6米，清甜，水温11℃。

② 新井子——井深32米，略浊、甜。该井积水甚浅，有时全干，井壁为沙土，水温11℃。

③ 和硕、曲惠、诺哈其——均无井。

④ 清水河——井深2.1米，水深0.6米，清甜，水温15℃。

⑤ 焉耆城内——井深2.1米，水深0.6米，清甜，水温12.5℃。

（2）库尔勒：

七十里井子——井深8.2米，水深0.2米，浊、略咸，水温13℃。

洋霞——有井，水不能饮，仅供泼街用。

库尔城内——有井51口，深6米许，其涨落视河水而定，城内新北街有泉，人多饮用之。

（3）轮台：有井15口，井深3.2米，水深0.5米，水温8℃，夏秋两季水旺，冬春水浅。轮台有泉12眼，每泉灌地2000公亩。

（4）尉犁：

尉犁县城无水井。

穷克，饮渠水，冬夏饮坑水。

太依斯克，饮坑水。

英苏，饮河水，五、六月河干，在河内挖井取水，深3米得水。

阿拉干、依勘不即马，均饮河水。

罗布庄，饮店北2公里处有塔里木河水，该店附近有且末河，水苦，涨时尚可饮；四、五月河干，虽可自河槽中挖井得水，但苦不能饮。

（5）诺羌：全县仅三村有井一口，深约7米，水尚甜，村人多饮之。县城附近，据称潜水深20余米，但无人挖井，居民皆饮渠水。

10.2 水利现况

本区居南疆西部，所辖面积为各区之冠，唯中部多沙漠，水量缺乏，故耕地极少。仅天山南麓、焉耆、和靖、库尔勒、轮台一带，以及昆仑山北麓，且末、诺羌两县，溉地较多。至于水力利用，唯天山南麓各地，有旧式水磨数处，但为量殊微。塔里木河下游，自尉犁至诺羌一段，河道迁徙无常，村落难以固定，辄逐河水而居，居民以渔牧为生，耕地极鲜。本区饮水，多恃河渠，唯天山南麓一带，尚有井泉。兹将本区水利概况，分述如次：

10.2.1 灌溉

本区灌溉，据焉耆区专署统计，共有渠工177道，计焉耆124道，库尔勒15道，尉犁4

道，轮台 21 道，和靖 4 道，且末 2 道，诺羌 4 道，和硕 3 道，共溉田 455 万公亩，如下表：

表 15　　焉耆区灌溉面积

县　别	灌地亩数（万公亩）	县　别	灌地亩数（万公亩）
焉耆	53.5	轮台	138.6
和靖	48.9	诺羌	17.7
和硕	11.0	且末	46.6
库尔勒	121.6	合计	454.8
尉犁	16.9		

表中除轮台引轮台附近之德那河、洋霞河、策大雅河诸水，诺羌引诺羌河水，且末河引且末河水灌溉以外，其余 250 余万公亩，概多引开都河水。

尉犁以南至诺羌以北，地多沙壤，属塔里木河下游，河道时生变迁，各村水源断绝，辄随河水而迁移。此区虽有少许灌溉地亩，但均不能持久，应先固定上游河槽，沿河耕地，庶有保障。

本区渠工，渠首率多顺河势引水，殊为简单。各渠管理方法，由各县组织水利委员会，负责管理全县水利。县长任“主任委员”，各渠设“水利”，首由民众共选，提经县府委任之。“水利”下设“小水利”，亦由民众推选，提经“水利”认可之。各渠分水，多按农户修渠时，所出之工数（维名“坎提满”）以定各户应得之水量。

10.2.2　水力

本区水力利用，以天山南麓各县较多，但不甚发达；昆仑北麓亦有数家，以磨面为业。

10.2.3　饮水

尉犁至诺羌一段，所经各地饮水极为困难；平时概恃河水，河水干涸，则改饮坑水。诺羌附近亦饮河渠水，全县仅井一口，供居民饮用。天山南麓井泉众多，居民利赖之。

10.3　将来之展望及建议

10.3.1　灌溉

据开都河之常流量约 40 立方米/秒，孔雀河常流量如之。孔雀河虽居开都河下游，其常水量可假定为开都河之洪水量，经博斯腾湖停蓄后，所出之水量，鲜受上游用水之影响，故两河常水流量之总和约 80 立方米/秒。设按每秒立公尺溉地 15 万公亩计，据渭干河统计约可溉地 1200 万亩，刻仅灌地 250 万公亩，耕地面积，尚有大量发展之可能，殆无疑义。

诺羌河之流量约 3 立方米/秒，溉地可达 45 万亩，刻仅浇 18 万亩，似可略加扩充。

塔里木河与孔雀河下游，两岸多属砂土，河床变迁不定，水源断续，遂致已垦之地，未数年即无法上水。故此区农田水利，应先设法固定河床，然后播渠引溉，始能永久。

10.3.2　水力

本区天山南麓以及昆仑北麓诸水，河坡陡急，水力发展极有希望。其中尤以孔雀河经哈满沟一段为最，该段河身长约 5 公里，跌差约 80 米，如充分利用可得水力 32000

匹马力（流量以40立方米/秒计）；且水经湖后，流量终年无甚变更，用以发电，最属理想。

10.3.3 饮水

塔里木河下游，河床变迁无定，沿河之农业及尉犁至诺羌之交通，均受限制，难以发展，已如前述。盖此区居民，全恃河水为饮，水源断绝，即无以为生，乃相率迁移。此次考察所见，沿途荒村废城，如达内陆、哈喇他等，均湮于荒漠，殊可惜也。

民国32年十二月十七日曾过库孜列克村东，该村以上游改道，渠水断流，村挖三井，沙土随挖随湮，水深常不及0.2米；每汲即涸，需再等半小时，始渗出一葫芦。全村居民80余口，均恃此三井为饮，拥挤愁若之情不堪言状。苟渠水经年不至，则该处居民，又非另觅水源，他徙不可。塔河河床之固定，对于该区文化建设之重要，于此可见。

10.3.4 航运

塔里木河自尉犁至罗布泊，纵贯南北长400余公里，水量尚足，河坡平缓，苟能加以适当整理，即可成一良好之航道，沿河农牧水源均得合理解决，裨益交通水利，匪浅鲜也。

11. 结言

“西北”吾族之故居也。经之营之，自汉唐迄今，历2000余年矣！人民是否较前为众？文物是否较前为盛？主权是否较前为固？百孔千疮，未容讳言。复兴大业，固有待将来，瞻前顾后，对历代开发西北，兴废之肇因，成败得失之关键，亦未可忽视。苟能深加检讨，知所警惕，于事业前途，或更有补。

晚近谈建设西北者，辄以美国开发其西部相比拟，此点实未敢予赞同。盖美人未抵西部以前，该处尚属莽莽荒原，人力未施之处女地也。而吾族之西北，自有史以来，不特历尽艰苦，且在汉唐两代，曾倾全国富力，不惜任何牺牲，创造基业；终因地处边远，力难久持，乃一功败垂成之写照。其国防上、宗教上、政治上之困难因素岂容忽视，而此种阻梗，在美人开发其西部，从未或遇者也。

此次考察，遍历渠坝，观其规模宏远，布置周详。吾族先贤，历险阻，排万难，保此一片土地，魄力之雄伟，用心之艰苦，非亲历其境者，恐难予想象。而当地农民，胼手胝足，利用简陋器材，对一木一石之配置，一水一土之珍惜，图生存于荒漠瀚海之间，亦可谓已竭人间之能事。侈言建设，谈何容易。主其事者，必须有超前人之毅力，付出前人所未付之代价，并运用最新器材与技术，方或有成。否则百世功业，毁于一旦，前车之鉴，岂不惧哉。

西北各地，地理家称之曰沙漠“沃洲”。“沃洲”之间荒漠横阻，旅运艰苦，有无难通，故“沃洲”经济，以自给自足为特点。设一地粮食，已足供当地之需，农田即无增加之必要。新省除迪化、阿山一、二县份外，余均自给而有余。且引高山雪水，灌溉农田，岁无荒歉，居民鲜有积谷防饥之习惯。每与新省人士，谈开发水利，同称为西北农业之命脉，但尚未感急迫。唯在甘肃河西则不然，农民望水之殷，达于言表；盖亦人烟稠密，交通畅便使然。建设西北水利应与发展交通，移植垦民，兼筹并进，始克有济。近人有“水利第一”“交通第一”“移民第一”之口号，至为中肯。

西北为缺水之区，一切事业莫不视水而定。吾人将如何利用此有限之水源，建立百世之功业？仅以目前片断之所知，拟定永久建国大计，不特难免虚糜国币，甚有恐遭受不幸后果，而诒后人“驱民水火”之讥。古训“谨始慎终”，对西北问题，应从事更彻底而有系统之研究，最为切要。

建设西北水利，急应着手办理者，约有下列四端：

1. 水利行政之建立

西北水利建设，为整个国防建设之一部分，决非地方政府之财力，人力所能担负，应由中央设立直属机关，负责完成之。

（1）西北水利局：实测西北各区之水源，完成有关国防之重要水利事业，并辅助地方政府，整理旧有水利。

（2）西北凿井局：调查西北潜水情形，设计各式凿井机器，汲水工具，完成于院长“十年万井”计划。

（3）塔里木河水利委员会：塔里木河为南疆巨川，利益最溥，应即成立水利委员会，专责开发该河水利，会址可设于库尔勒。

2. 水利人才之培养

西北水利人才至感缺乏，急应早日储备，待抗战结束，即可大量从事建设。

（1）水利专科学校：校址可设于迪化、吐鲁番、哈什三处。在未成立以前，可选派各宗族优秀青年，至内地水利专科学校求学。

（2）水利职业学校：校址可设于永昌、酒泉、敦煌、吐鲁番、阿克苏、哈什、迪化等处。

（3）渠务人员训练班：由各县建设局，召集各渠“渠正”“水利”以及地方上熟悉渠务之公正人员，予以短期训练，合格后发给证书。

3. 水利器材之制造

西北器材缺乏，渠工以木、石、沙、土为主，虽已竭尽智能，但遇巨川急流，即难以控制。欲谋进步，惟有充分利用近代器材，建筑永久工事。

（1）洋灰厂：制造洋灰、火砖、瓷器、绝缘体等。

（2）钢铁厂：冶炼钢铁，并造各式母机。

（3）水利机器厂：制造闸门操纵机、抽水机、挖泥机、凿井机、水力机、风力机等，并兼造各种水文测量仪器。

（4）农具厂：制造拖拉机，及以各式农具。

4. 研究事业之推进

西北昔因交通阻梗、行旅艰险，我国科学界难以深入工作。近年虽有各考察团体，前往查勘，但所获结果，概系片断，正确难期，急应设立永久性之研究机关，从事长期间有系统之工作。

（1）西北水利研究所：研究有关西北水利之各项基本问题。例如，沙漠中河流之特性及其变迁改道原因、固定方法，戈壁引水渗漏之防正，坎井之改良，范泉之方法，碱地垦殖，各区之灌溉水效率，“沃洲”之水利经济等问题；并接受各水利机关之委托，解决特殊水工困难问题。

(2) 西北沙漠研究所：研究沙漠之各种特性，以及征服沙漠之基本方策，防止沙漠侵蚀农田城郭之有效措施，沙漠中筑路方法，风力及日光能力之利用等问题。

综之，晚近空运发达，未来欧亚重要航线，必穿经河西走廊及北疆迪化而过，形成交通上之拥区，畴昔边陲，将一跃而居吾族国门，一切建设，应以国防为主，殆无疑义。而此等散布沙漠中之“沃洲”，其国防上之意义，殆与大海中之外围岛屿相若，必使之成一坚强独立自卫之堡垒，中原始有保障。堡垒上一井一渠之布置，为军民饮食所恃，一切建筑，宜加倍强固，而合战时标准。所谓“有水则雄关，无水则鬼国”，西北水利建设，乃吾族万世命脉所系，非一时经济之利益，所可得而衡量者也。

摘自国立西北农学院农田水利研究部研究报告之四

沙玉清、陈之颛合著，1945 年 6 月

以水利养水利

用天下之力，以生天下之财。

取天下之财，以供天下之费。

——王安石

有一天，我初小四年级的大孩子，看了他一年级的二弟，涨红了脸，很费劲的读：“弟弟、妹妹，来来来”；觉得非常好笑，那样容易的几个字，为什么念了三、四遍还背不出呢？我当时好奇地把他们各年级的国语读本正文的字数略加统计，得到下列结果：

年级	字数	相当一年级的倍数
一	3300	1.0
二	8900	2.7
三	20800	6.3
四	39200	11.9

这个小小的统计，很明确地表示，我们的知识是和我们所花的“功夫”——时间和精力，约成等比级数增进的。我们有了初步的知识就可理解高一级的知识，分量亦可加倍。这就是孔子所说：“闻一知十，举一反三”的道理。这种原理教育家把他叫做：“以知识养知识”，这就是说：“以求知消除无知”。

其实，人类文化的建设，一切经济的活动亦都是这样，从简单的进化到复杂的，由粗陋的演变到精密的。这种作用，叫做“功效的循环累积作用”。譬如一架“空中堡垒”飞机，其结构的复杂、运用的精微，好像到了人类技巧的峰顶；可是探讨他制造的过程，亦不过是由许多比较简单的部件造成的，而比较简单的部件又不过是许多更简单的基本构件造成的。这就是所谓“以机器养机器”，亦是我们充分利用功效循环累积作用最具体的成功。我们再看世界上许多伟大的企业家，好比“煤油大王”“汽车大王”等等，检讨他们事业的开始，亦不过是有很少的资本，经过长时间的努力又努力，累积又累积，“以利养利”“利上滚利”“一本万利”逐渐发展而成功的。

一切事业的发展，我们都可以把他叫做“进化”，进化的方向是积极的、前进的。它的功效是正循环累积的。进化的反方向就是“退化”，“退化”是消极的、后退的，功效则是负循环累积的；因此，它的作用恰恰相反。这真是俗话说得好：“愈弄愈糟”！譬如我们的身体，天赋就有一种抗寒的能力，并且愈练而愈强。假如我们因为怕冷而多着衣服，衣服着得愈多，抗寒能力愈弱，愈弱则愈怕冷，愈怕冷则衣服着得更多。最终萎缩衰弱，而成病夫，这就是所谓的体力退化。我们再观察宇宙之间一切事物的演变，同样有种种衰退的迹象，好比工事的失败、企业的倒闭，甚至国族的衰亡。它的开始，亦不过起因于一念之差，造成政策上的失误，违反了进化的法则，走上了退化的道路，遂使一切功效反生一种循环累积的副作用，终至无力支持，而归淘汰消灭。所以，孔子说“天行健，君子自强不息”；亦只有积极的前进，才是“顺天之道”，才得生存于世，才得发皇滋长。

为了使观念清楚起见，不妨再举一例说说：譬如，一个国家要去解决他的匪患问题，假如只知采用一种消极的“防范政策”，我们不必谈高深的理论，只要用常识判断就可以想象。国家为了防范盗匪，就要加强警力，训练一部分人，使成为专责的防匪警员；警员是不能直接从事生产的，国家不仅因此减少许多有力的生产分子，并且还要付出大宗的供养财力，也就间接的要增加国民的负担。国民负担加重，农村因之贫乏，匪患或将愈甚，所需防范警员的数额，又要大量增加，民力亦就更加困苦了。所以，要解决一个国家的匪患问题，专事消极的防范是不行的，匪患不但不能因此而消除，甚至反有增加的可能，所谓“剿匪愈剿愈多”，这是大家知道的事实。

反过来想，假如我们积极的施行一种“教化政策”，使每个国民都有自立谋生的能力，都有工作的机会，国家不仅因此可以增加许多良好有为的国民，所有积极防范的费用亦就可以大量地节省了。国民负担减轻，农村富庶，人民都有工做、有饭吃，又有自卫能力，社会自然安定；匪患问题，不去解决亦就可以解决了。

写到这里，不得不检讨一下我们的过去，我们的“水利政策”是否正确？我国的水利问题，向来以黄河下游最为严重，水患亦闹得最烈。所以大家都把“河水”，当做我们的仇敌，畏如猛虎，防之唯恐不严，塞上唯恐不密。眼看着两岸地裂禾枯，从未敢引水浇溉，大有“河我不共戴天”的样子。同时国家每年还要付出巨量的金钱，设立了许多专事防塞的“河务机关”，供养了许多专事防塞的夫役。那知防塞愈力，国力消耗愈大，而沿河的农田，又得不到一滴黄水的粪润，逐渐荒芜，变为斥卤，地力衰落，生产凋疲。等到一旦国帑耗尽，防塞无力的时候，那就要酿成巨变，闹大水灾了。灾后农村破产，国家又要拿出大量的金钱，施赈救济。救济愈多国力愈贫，国力更衰，终止防无可防，塞不胜塞，河患亦就“愈演愈烈”了。所以，我们的过去只知以防塞为主的治水政策，可说是一种退化的政策，一种自决的政策；这正和上节所说，只知用防范政策消除匪患同样都是违反了进化的自然规律，是没有前途的。

种种历史上的惨痛教训，责任上良知的启示，使我们不得不加以深切地反省了，我们能不能积极地开发黄河本身的水利，来补偿、来消灭它本身的水患呢？化中国之忧患，为中国之福利呢？

那么，就让我们反过来想想罢。假如我们积极的、进取的在黄河下游两岸，和宁夏、绥远一样播渠分水，粪润田禾，并且利用渠坝水力兴办工业，利用渠槽航运，便利交通，黄河两岸的农村不是就可以随着“河水之所至”，而逐渐富庶起来么？等到富力累积加多，渐有剩余的时候，我们就可以取出一部分的剩余富力，增辟更多的农田，建筑更大的电厂，开浚更长的运渠了。我们更取另一部分的剩余富力来整治河道，来培筑堤防，沿河的农田都有了保障，各种事业一定可以更加发达。事业愈发达，民力愈富，剩余的富力愈增；富力愈增，则堤防愈固，河流愈安，水患亦就可以逐渐减少，这应该是可以想象得到的。

所以，我们未来的水利政策，一定要有一种进化的功效循环累积作用，这就是“一岁开其始，十年究其成，万世食其利”的进化作用，我们的事业才能发皇滋长，才能永远不替，才能长治久安。这一种积极的政策，就是我们要提出的“以水利养水利”的政策。具体地说就是“以水润田”“以堤护田”“以田养堤”“相互补益、互为扶持”的政策，亦就是“以兴水利消除水患”的一种有生命的政策。

当然，我们不能肯定，黄河从此以后就不致再闹水灾了，或许将来的水灾机会还可能比现在更多（这是和都市愈繁荣，水灾愈多同样的道理）。但是我们胆敢自信，虽有水灾亦不会像过去那样严重，那样毫无办法了。我们并且相信，每年水灾的损失，都是可以从黄河平时水利的收益中得到补偿的。这种水灾损失所占水利收益中的比率，一定可以随着时代的前进，事业的开展，技术的进步，逐渐降低，甚至完全消灭。

最后，我们还要重复地提一提，这种进化的功效循环累积作用，对于建设事业的重要性。一切伟大的成就都是要从简易的工作着手的，只要我们的政策是正确的，是合进化功效循环累积原理的，我们的事业就一定能成功，一定有前途；但在事业的开始，必须要“脚踏实地”“循序渐进”，切忌“超级速成”“好大喜功”。我们一定要有初步的成功，从这初步成功的过程中，找寻“所以致成之理”，并且检讨“或可致败之因”。先踏稳了第一步，再走第二步。我们的计划必须谨慎又谨慎，因为我们的对象，是一种伟大莫测的自然动力，这样，我们或能有更进一步的成就。这是进化的自然定律，倘若违反了这个定律，我们就要走上退化的道路，或可侥幸一时，但终必为自然所消灭。古训：“事有旦夕论功，而远犹不存；积久者成，而近效难睹”，这是我们应深加注意的。

昔年关中所传：“渭水不上塬”，现在渭惠渠成功，事实证明渭水是“关中的赐主”，是可以上塬灌溉，粪润田禾的。黄河之“可畏”“可惧”，亦久已深入民心；黄河是否永远“可畏”“可惧”？或是“可爱”“可惜”“可宝”“可感”？我们亦只有拿事实来证明他，来答复他，黄河是“中华的赐主”！

1945 年 4 月 6 日于武功西北农学院

摘自《西北水声》第 6 卷，第 2、3 合期，1945 年 7 月

第三编 治 河

日本治水之沿革

民国 19 年初，赴日本考察水利工程，往访内务省水土局，晤水工学家金森博士，获闻彼邦治水之经过情形，至为详尽。盖至维新以还，朝野人士，兢兢于此者，殆百年矣。顾灾象虽逐年递减，然去全治之期，则尚未敢断言。信矣，一民族之从水灾挣扎而出之不易也。非有统一之治权，长久之时日，持之一坚忍精神，赴之以全民族之力量，讵易轻言治水耶。但彼邦之所谓举国惊恐，上下忧心之水灾者，真当我国报载地方新闻内之一消息耳。注意者若干人？忧心者若干人？良可痛矣！是篇大抵取材于博士之报告，际此国难日亟，灾祲荐至，弥可供国人谈治水者之借鉴也。

日本维新以前，幕府藩邦，境域错杂，彼此如犬牙衔接。各地河川，均紊乱莫治，故每届夏秋，辄水灾叠至。而治水者，复各自为政，互不相谋，仅图本领土内之安全，而以邻国为壑，是以设施均出自利己主义，结果直徒劳而已。迨维新统一后，深觉治水与国计民生有异常重要之关系，决不能再事因循，乃一扫从来泄沓分歧之习，力图刷新。凡与民生最关切要之河川，均归国家直辖治理。是后益加推广，成效大著，兹述其沿革之概况如次。

1. 第一期：明治 6 年至 19 年（1873—1886 年）

国家直辖之治水，肇始于明治 6 年之整理淀川。继渐推及利根、信浓、木曾、北上、莊、阿武隈、富士、阿贺野、最上、吉野、筑后、大井、天龙诸川，是为国家直辖之 14 大川。此期工作之大部，仅就乱流过甚者，施以局部整理。在水源荒废之童山，加之砂防工作。至于通盘之计划，尚未及也。本期之总费，共计 308 万元，每年平均约 25 万元。

2. 第二期：明治 20 年至 28 年（1887—1895 年）

明治 19 年，国家对于各川治理之计划，均以拟就，其重要者有二，（1）低水工程（整理河道，以增进航运为目的者），由国家直辖施行之；（2）高水工程（增培堤防，以御水患为目的者），则由有关县府经营之。自明治 20 年始，年由国库拨治理费 80 万元，是后在工程进行中，复稍有增减，迄明治 28 年止，本期之总费，共计 672 万元，每年平均 75 万元。

3. 第三期：明治 29 年至 43 年（1896—1910 年）

明治 29 年后，政府制定河川法，凡重要之治水工程，其工费之一部，当由有关系之县府分任，由内务大臣施行之。着手动工者，有淀、筑后两川之高水工程，并继续木曾等川之未竣工者。明治 43 年，据河川法所定，由内务省直辖施工者，有利根、荘、九头龙、贺远、淀、信浓、吉野、高梁、渡良濑诸川。本期之总工费，共计 1164 万元，平均每年 77 万元。

4. 第四期：明治 44 年以后（1911 年以后）

明治 43 年，日本患大水灾，损失之巨前所未有。是以政府特设临时治水调查会研究之，卒树立根本治水之计划，并决议自明治 44 年起，年以 17674 万元，为治水费之预算。于是日本治水之基础，始行大定。

河川整理计划可分为两部：(1) 河川整理计划；(2) 砂防计划。

(1) 应整理之河川，在河川法中，责由国家直辖者，计有 65 川，分二期施工。第一期内有正在施工中之利根等 9 川，合荒川等 11 川，共计 20 川。其余阿武限等 45 川，列为第二期。第一期以大正 17 年为完成期。凡第二期之河川，在第一期内先行调查设计，待第一期竣工后，即着手兴工。第一期整理工费之预算，凡 16431 万元。

(2) 砂防计划：随河川整理计划同时并举。凡国家直辖之河川，其流域内之工程，以责由国家施行为原则，地方行政厅辅助之，并奖励各种未来之获利事业，使国家之计划，得早收成效。此项工费之预算，凡 12143 万元。

政府就上述之计划，自明治 44 年起，努力实施，进步甚速。迄大正 2 年，日本将行政、财政两部，大加整理，治水亦因是稍行延搁。大正 3 年，各方受欧战影响，物价腾贵，经费遂感不足，势须追加预算。同时有数川之计划，复须临时变更方策，其工费亦随以增加。因是逐年增加之结果，迄大正 10 年度，治水之经费，计 23711 万元。

第一期河川整理之经过，约如前述。凡国家所辖之流域，概系重要之干流，至于其上游或支流等，则责成有关地方经营之，非本期工程所及也。

第二期之整理工作，本须待第一期竣工后方始举行，然因此等水道，比年洪水频发，损害极巨，整理防修，刻不容缓；已有由地方自动施工者，或由国家直辖施工者，亦有得国库一部分之辅助而施工。此等工事，既逐年增加，故政府亦深觉有速成之必要。盖第一期河川之上游及支流等，合第二期内之河川，所占平地面积异常广大，于国计民生关系至切。是以设有关之县府，拟有根本之整理计划者，得许其请求国库补助，由河川改良费补助项下拨付之。且于明治 30 年，规定内务大臣，有执行此等事业直辖之权。迄大正 6 年，宫城县江合、鸣濑两川，其整理费由国库补助 1/2，开治水史上未有之先例。此外，补助千曲等 6 川，其数亦达 1/2，并由政府直辖施行之。他若已竣工之淀川，鉴于大正 6 年之洪水，深觉更有加工之必要。故至大正 7 年起，凡河法所订，有关之地方均应分任工费，均归入河川之改良费项内，便从事完成上述各种之计划。

上述河川改良费项，迄大正 10 年初，其总额共计 512 万元。大正 10 年以后，百物腾贵。追加极巨，乃改订其额为 5086 万元，其继续年限至大正 19 年止。

5. 第五期：大正10年

除第一期内之斐伊、绿两川，尚未动工外，其他均以全部着手。考第二期之工费，须待第一期竣工后始能支用，但对于地方自动进行之工程，则予以相当之补助。期工作得早完成，已如前述。然因需求者日益加多，势须进而定一整个之计划，使各方兼顾，庶可收事半功倍之效。因是政府特设一临时治水调查会研究之。于大正10年，复有左列之决议。

第二治水计划，河川改良费用以整理已动工之河川，并于下列57川，自大正11年起之20年内，均须有相当之整理。

内务省依据此方针，拟定各种计划，自大正11年起，即开始实行。但一时因财政影响，仅有斐伊一川兴工，亦复未竟即止。迄大正12年，凡前次由河川改良费所补助之工作，以及正在进行中之各工程，系国家所直辖者，其工费均併入治水费内。且河川法已将前国库补助工费之半额之议，改订为凡工费之超过该县府地价0.25%，则其2/3可由国家分任。天龙、纪の、信浓、筑后、千代、芦田6川，乃先后兴工。此外，施防护工作者，有木曾、淀两川，以及利根渡、良濑诸川，均由国库支付。第二期之治水计划，已实现其一部。

由上述关系，治水费之总额，累年增进，结果在大正14年，将预算改订为42997万元。

6. 治水工作之概况

日本治水之沿革，约如上述。现时内务省所直辖之工程，正在进行中者有利根渡、良濑、信浓、高梁、吉野、荒、北上、阿贺野、雄物、最上、加古、岩木、神通、富士、木曾、斐伊、绿、淀、千曲、多摩、阿贺、阿武隈、太田、圆山、江合、鸣濑、天龙、纪の、筑后、千代、芦田等31川。已整理竣工者有荘、远贺、九龙头等3川。

治工之有属高水工程者，其主要目的，端在防御水患，其次则谋航运之便利。但今后之设计，更致力于兴利之图。虽因河性不同，其工策自异，然就大体而言，则其唯一方针，不外研究既往实测之流量，并其他各种之材料，以推测未来之最大洪水，而使河槽对此巨大之洪量，得安然畅泄不致漫溢成灾，并能保持原有之河状。至于实施之工作，在河道之有屈曲过渡，碍及宣泄者则裁而直之。凡河面过狭，排洪不足者，则扩而广之；遇河底有高突之处，则浚渫使平。两岸洼地，洪流泛滥所及者，则增设堤防以御之；凡堤防有单薄不固者，则培壅，使其高大；其受强流冲刷者，则施护岸制水等工。在堵塞分流之处，苟分流内有航运给水等便利，仍需维持者，则在流口建置水闸，以调节水量。至于支流受干流洪水之倒灌而受灾者，则亦建闸以制之。此外，尚有开凿新河以利排洪者，如信浓川之分水工程，其著例也。

内务省直辖之工作，较大者均利用机械以代人力。如用以挖工者，有长梯挖掘机、短梯挖掘机、蒸汽铲、挖凿机、机关车、运土车等。用于浚渫工者，有唧筒式浚渫机、锄帘式浚渫机、曳船、运土船等。此外遇有特种之工作，则用特种之机械，例如起土机等，兹不复赘。

7. 治水之效果

日本水灾之损失，年达巨额，尤以明治 43 年之 11900 万元为最；在过去之 10 年间（大正元年至 10 年），每年平均约为 5680 万元。此实国家经济上莫大之损失，而彼邦之所以尽力谋治者，要亦为此也。

整理后之效果，究何如乎？今设每年之得救者，其额为水灾的损失者 7/10，则仅就第一期获救者言，已平均年达 2000 万元。况河川一经整理后，沿岸田亩排水灌溉，均获改善。设一町内增收米谷一石（按耕地整理之成绩，每町得增收一石八斗），则由第一期工程，而获得较佳之灌溉者，计有 82 万余町，即增收 2500 万元。合计共得 4500 万元之巨富矣。若并沿岸地方之发展，航运之便利，市街之免得重罹水灾，将其一切直接、间接之利益，合而计之，其影响之巨，直不易于想象。再则，竣工后之实绩，均能如计划中之所期，观诸木曾川、淀川、远贺川之成效，具见人定胜天之非虚妄，而治水为民生建设之首要，亦益信而有征矣。

摘自《水利月刊》第 3 卷，第 5、6 期，1932 年

大禹治水之科学精神

黄 河 治 本 探 讨

导 言

黄河，黄河，吾华文化之摇篮地，国族之大动脉也；动脉既病，四肢失和，渐呈衰颓之象。噫！此岂黄河真病哉！譬如妇人裹足，寸步难行，非天赋之病，乃自造之孽耳。语云：“不听老人言，吃亏在眼前”。“老人”者，“经验”之别号，“真理”之化名也。大禹治水，建国之老人也，后人未能遵守其遗教，“治水应以疏导为主，而以沟洫为本”。河患始生，于今益烈，良可痛矣。

“治水”，科学事业也。所谓“科学”者，乃人类生存于宇宙之中，历万千创造之尝试，成败之教训，所得有系统之智识也。且夫科学之精神，即在寻求真理，在辨别是非。是以一理论而自相矛盾者，必有其一部为是，而另一部为非。譬如，大禹治水以疏导为主，故“导河至于大邳，乃厮二渠，复播为九河，终则尽力于沟洫”。具有一贯之精神与理论者，是乃“科学”也，“真理”也。反之，若潘季驯既主张“以堤束水，以水攻沙”之论，而又谓“堤欲远，远则有容，而水不能溢”，前后矛盾，无一贯之精神者，其理论必有一部为是，一部为非，或则二者全非；其非“科学”也，非“真理”也，明矣。

抑尤有进者，“科学”必有其一定之立场，有一定之目的。譬如，服药以疗疾，科学也；服药以强身，则非科学矣。运动以强身，科学也；身强而病却，亦科学也。是以筑堤以障水，科学也；筑堤以治水，则非科学矣。疏导以治水，科学也；水治而患少，亦科学也。

黄河之弊，莫不知其由于善淤、善决、善徙，而徙由于决，决由于淤，淤由于黄水含泥能力之减弱也。本文首述河水含泥之能力，与目前黄河为患之原因，而拟定治本之方策；阐明禹之治水，无往而不深合科学原理，无往而不以全民族之福利为前提。孟子曰：“禹之治水，水之道也”，亦即吾华先民历数千万年，谋生存于斯土，与水斗争（防洪）且为水斗争（灌溉），所得之宝贵教训，治水之真理也。

1. 黄河之泥沙

黄水所挟之重质，视粒径不同，约可别“泥”“沙”两种。凡粒径小于0.1mm者曰“泥”，大于0.1mm者曰“沙”。泥则浮游于水内，沙则滚转于河床，二者性状迥异，其冲积定理亦殊。故欲研究黄河挟运重质之能力，应将泥、沙分别探讨之。普通水文站所测定之“挟沙量”，实为“含泥量”；今后应急加改正，以免吾国河工仍停滞于“含糊”之中也。

河泥之来源，概为上游流域内之黄土（兼有红土）。按黄土土质疏松，其颗粒均小于0.1mm，极易为雨水冲刷而浮荡于水，曰“黄水”。“黄水”流至下游，比降渐缓，含泥能力减弱，乃弃其过剩之土，淤积而成为“膠土”（或称冲积黄土）。黄河下游之伟大三角洲，概由此种长期（约5万年）之淤积作用所积成，简称“黄河冲积平原”。

黄河上游之岩层，经自然风化作用，剥蚀而成碎屑，随水而下，成为河沙。沙粒在河床滚转，互相撞击磨蚀，减其重量，故愈向下游颗粒愈细。设 p 为沙粒之重量，l 为沙粒滚转之行程，dp 为沙粒经 dl 后所磨蚀之重量，则得公式如下：

$$dp=-cp\,dl \tag{1}$$

即

$$\ln p=-cl+C \tag{2}$$

在 $l=0$ 时，则 $p=p_0$，故得

$$\ln p_0=C \tag{3}$$

$$\ln\frac{p}{p_0}=-cl \tag{4}$$

或

$$p=p_0\,e^{-cl} \tag{5}$$

式中：p_0 为沙粒原来之重量；p 为行程 l 后之重量；c 为沙质磨蚀系数，视沙之种类而定。著者研究黄河沙粒之磨蚀系数，平均 $c=0.004$（即每公斤沙粒，行程为1公里之磨蚀量），故得黄河沙粒之磨蚀公式如下：

$$p=p_0\,e^{-0.004l} \tag{6}$$

按沙粒重量与粒径之立方成正比例，故可得下式：

$$d=d_0\,e^{-0.00133l} \tag{7}$$

式中：d_0 为沙粒原来之直径；d 为行程 l（km）后沙粒之直径，mm。设有一沙粒，其直径为2mm，所经行程与逐渐磨蚀之关系如表1。

表1　　沙粒之磨蚀率

行程（km）	粒径（mm）	行程（km）	粒径（mm）
0	2.0	1500	0.27
200	1.53	2000	0.14
500	1.04	2500	0.07
1000	0.53		

由表1可见，黄河沙粒愈至下游愈细。自潼关开始流入之河沙，迄鲁境河口，概已磨成河泥矣。

2. 黄水之物理性

黄水内所含之泥量，曰“含泥量”，符号 P，常以泥重占黄水总重之百分率示之。黄水含泥加多，则其单位重量（幺重）以及“滞性率”均随之增大。“滞性率”除以“幺重”，得“动滞性率”。兹将普通河水温度18～20℃，黄水之含泥量、幺重、滞性率、动滞性率四者之关系，列如表2。

表2　　黄水之物性表

含泥量 P（%）	幺重（t/m^3）	滞性率［$t/(s\cdot m)$］	动滞性率（m^2/s）
（清水）	1.00	0.00000103	0.00000103
5	1.03	0.00000122	0.00000118
10	1.05	0.00000140	0.00000134
20	1.12	0.00000181	0.00000162
30	1.17	0.00000220	0.00000191
40	1.22	0.00000265	0.00000218
50	1.26	0.00000314	0.000000249

含泥量 P 与动滞性率 ν 之关系如下式：

$$\nu = 0.00000103 + 0.000000029P \tag{8}$$

3. 黄水之流速

近代计算河流之流速，以满宁（Manning）公式为最便，且亦相当准确，其式如下：

$$V = \frac{1}{n} R^{2/3} J^{1/2} \tag{9}$$

式中：V 为流速，m/s；R 为水力半径，m❶；J 为比降；n 向称“糙率”。但“n”之值，不仅视河床粗糙之程度而定，且因流量的大小、断面形式、水流涡动情形、含泥量多寡而变；其间关系至为复杂，仅称“糙率”，殊欠适当。著者取其倒数（$1/n$），命名“畅率”M（其因次为 $m^{1/3}s^{-1}$），河床“畅率”越大，则流水愈觉通畅也，如下式：

$$V = M R^{2/3} J^{1/2} \tag{10}$$

普通河工设计，选择确当“畅率”，向感困难；著者分析黄河下游之“畅率”得公式如下：

$$M = 64 - \frac{467}{\sqrt{Q}} \tag{11}$$

式中：Q（m^3/s）为流量，可见“畅率”M 与流量平方根之倒数 $\frac{1}{\sqrt{Q}}$ 有关。盖流量愈小，水愈浅，床面粗糙程度之影响范围占水流断面之比例愈大，水流涡动较烈，“畅率”随之减少，见图 1。

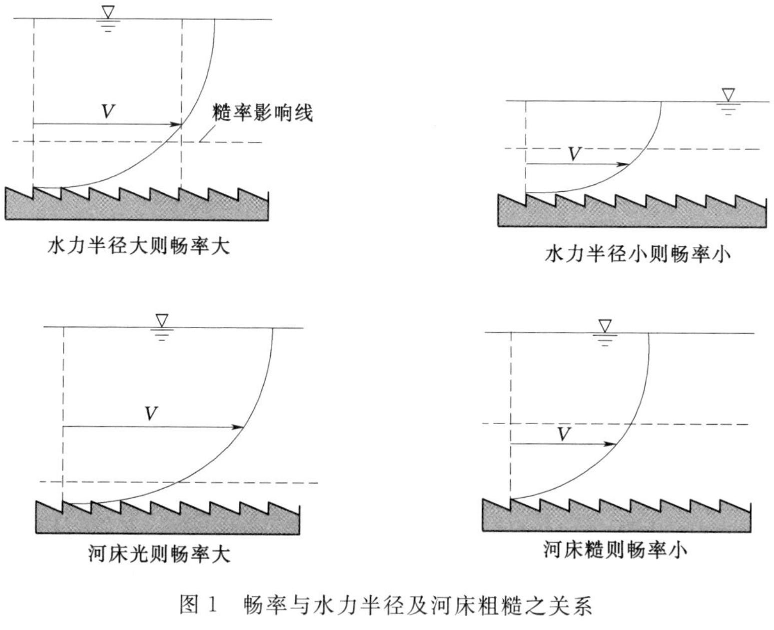

图 1　畅率与水力半径及河床粗糙之关系

满宁流量公式，因便于计算，故取比降 J 之指数为 1/2，水力半径 R 之指数为 2/3，

❶ 原文为“径深”，后均统称为“水力半径”，为便于阅读而改，下同。

但实际不止此数，且非一定值（随比降而变）；该式且未计及含泥量之影响，当含泥量较大时，应加校正。

著者研究黄河之流速，以下列纯粹指数公式表示之：

$$V=MR^{b}J^{c} \tag{12}$$

式中：M 为“畅率”，其值随河床每单位面积之摩擦力及水流涡动之程度（包括含泥量）而定。涡动之程度曰“涡率”，以 Re（Reynolds Number）示之。单位面积摩擦力 f 及“涡率”Re 如下式：

$$f=\frac{JR}{V^{2}}\times 2g \tag{13}$$

$$Re=\frac{VR}{\nu} \tag{14}$$

式中：J 为比降；R 为水力半径，m；V 为流速，m/s；g 为重力加速率，m/s^2；ν 为动滞性率，m^2/s，随含泥量而变，见表 2。对于某一定比降 J，将单位摩擦力 f 与其相应之“涡率”Re，绘于对数方格纸上，常呈一直线，该直线之公式如下：

$$f=A\,Re^{-m} \tag{15}$$

式中：A 为常数，m 为该直线之倾度。继将 f 式(13)、“Re”式（14）代入式（15）解之，则得

$$V=\left(\frac{2g}{A\,\nu^{m}}\right)^{1/(2-m)}R^{(1+m)/(2-m)}J^{1/(2-m)} \tag{16}$$

对比式（12），得

$$M=\left(\frac{2g}{A\,\nu^{m}}\right)^{1/(2-m)} \tag{17}$$

$$b=\frac{1+m}{2-m} \tag{18}$$

$$c=\frac{1}{2-m} \tag{19}$$

且有

$$b=3c-1 \tag{20}$$

黄河下游，m 及 A 之值如下：

$$m=0.2\lg J+1.043 \tag{21}$$

$$A=10^{13m-4} \tag{22}$$

著者之黄河流速公式，形式上似较满宁公式为复杂，但可靠程度则远过之。苟河流之比降已知，则可代入式（21）求 m，由 m 定 A、b、c、M，而得一简式，以供设计应用。例如黄河下游，寿张至利津之比降平均为 0.00011，由式（8）、式（16）可得简式如下：

$$V=\frac{102}{1+0.0025P}R^{0.685}J^{0.572} \tag{23}$$

式中：P 为含泥量，可见含泥量增加，则水流凝滞，“畅率”随之减低，但其影响殊微。例如式（23），黄水含泥量增至 4%，始影响流速 1%；含泥量增至 40%，始能减低流速 10%也。

4. 黄水含泥量

黄水之含泥量，视流水本身所具之含泥能力及上游供给之泥量而定。黄水含泥量达最高点，曰“饱和点”，其含泥量曰“饱和量”P_s。饱和量之大小，即足以代表含泥能力之

大小。倘黄水之含泥量，因上游供给缺乏。低于饱和量时，则尚有余力摄取河床及两岸之泥土而生冲刷，反之，则生部分淤积。

著者研究黄水之“饱和含泥量”P_s（即含泥能力），得公式如下：

$$P_s = 6500J\sqrt[4]{\frac{R}{V^3}} - \frac{0.074}{\sqrt[3]{Re}} \tag{24}$$

本公式适应范围，含泥量须在（1.0）以上（在 1.0 以下之含泥量定律，属胶质化学范围，其定律尚待研究）。式中，J 为比降，R 为水力半径（m），V 为流速（m/s），Re 为涡率。假定河流之平均流速得以满宁公式示之，代入（24）式，则得公式如下：

$$P_s = \frac{6500\,J^{5/8}}{M^{3/4}\,R^{1/4}} - \frac{0.074}{Re^{1/3}} \tag{25}$$

由上式，探讨流水之含泥能力，得结论如下：

（1）流水含泥能力与比降 $J^{5/8}$ 成正比。盖 J 愈大，则流水行经一定距离，消耗能力愈大，挟运之泥土亦愈多。

（2）流水含泥能力与“畅率”$M^{3/4}$ 成反比。盖“畅率”M 愈大，则河床愈光，水流愈稳，其因黄水擦过床面所激起之向上分力（扬力）愈微，涡动愈减，故含泥能力愈弱，见图 2。

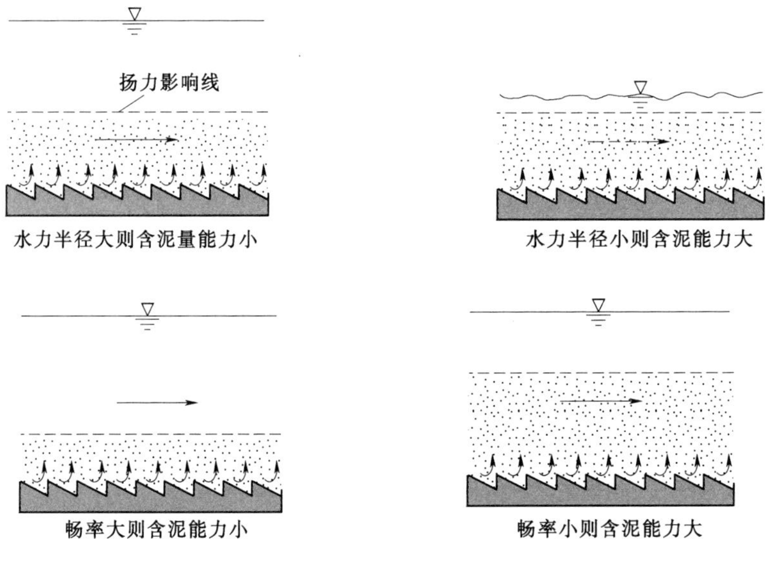

图 2　黄水含泥能力与水力半径、畅率之关系

（3）流水含泥能力与水力半径 $R^{1/4}$ 成反比。盖水力半径愈大，则黄水愈深，水压愈大，黄水擦过床面，所激起之向上分力（扬力）愈弱，其所影响之范围亦愈小，含泥能力随之愈减，见图 2。

（4）流水含泥能力与“涡率”$Re^{1/3}$ 有关，盖流水涡动程度愈高，则黄水内部之激动愈烈，含泥能力愈增，但其影响较上列三者为微。

按：著者含泥量公式，系由水槽内实验而得者，适用于整齐稳定之黄土渠道。至于天然河流，常因洪峰之起伏，比降可较平均比降，大至 2 ～ 3 倍，且河床凹凸曲折，有激荡水流回旋之功，故含泥量约可增 2 ～ 3 倍；又普通河渠之涡率常在 1×10^7 附近，故著者含泥量公式第二项之值极为微小，可以删去，因得下式：

$$P_s=\frac{2000\,J^{5/8}}{M^{3/4}\,R^{1/4}}\text{（黄河含泥量）}\tag{26}$$

但为安全计，仍以用著者原式计算为妥。

5. 黄水挟沙量

沙（直径大于 0.1mm）为滚转于河床之重质，常呈起伏之波形。沙粒前仆后继，缓缓向前推移，见图 3。

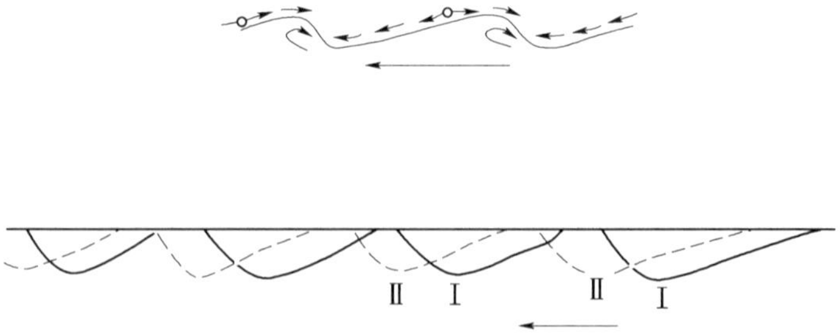

图 3　河床沙波前进图

河床每单位宽（m），每单位时间（s）所移动之沙重曰“挟沙率”，以 G 示之，单位为（kg/m・s）。河流之“挟沙率”，视单宽流量 q（m^3/s・m）、比降 J 、沙粒直径 d（mm）而定，如下式：

$$G=\frac{7000}{\sqrt{d}}J^{2/3}(q-q_0)\tag{27}$$

式中：G 为“挟沙率”，kg/s・m；J 为比降；d 为沙粒直径，mm；q 为单宽流量，m^3/s・m；q_0 为“临界流量”，m^3/s・m。“临界流量”之意义，即河流之单宽流量需至此程度，河床沙粒方视为推移。假定沙粒之直径为匀等者，则其临界流量 q_0（m^3/s・m），可由下式得之：

$$q_0=\frac{1944\times10^{-8}}{J^{4/3}}d\tag{28}$$

式中 d 之单位以 mm 计。

普通河流 q_0 值之影响，占极小部分，常可略去不计；设河流之水深等于水力半径 R，则单宽流量 q（m^3/s・m）如下式：

$$q=RV=MR^{5/3}J^{1/2}\tag{29}$$

代入式（27）得

$$G=\frac{7000M}{\sqrt{d}}J^2R^{5/3}\tag{30}$$

由上式探讨流水之挟沙能力，得结论如下：

（1）水流之挟沙能力与比降 J^2 成正比。盖流水行经一定距离，所消耗之能量愈大，则其推移之沙量亦愈多。

(2) 流水之挟沙能力与“畅率”M 成正比。盖“畅率”愈大，则河槽愈光，河床之流速愈形增大，推进沙粒前进亦愈速，见图 4。

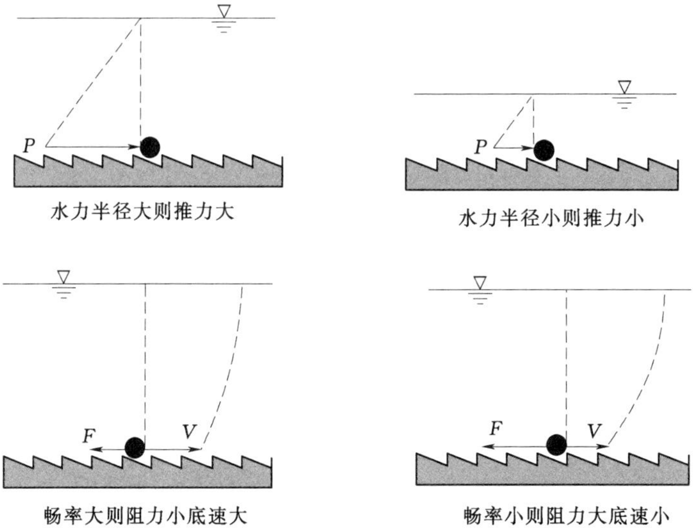

图 4　黄水挟沙量与水力半径、畅率之关系

(3) 流水挟沙之能力与水力半径 $R^{5/3}$ 成正比。盖水愈深，则河床沙粒上所受之水压愈大，流水推移之力亦随之增高，见图 4。

(4) 流水之挟沙能力与沙粒直径 $d^{1/2}$ 成反比。盖直径愈小，则沙粒之比表面积愈大（设沙粒之总重量相等，沙粒之数量则愈多，见表 3)，愈易被流水押转而移动也。

表 3　沙粒直径与比表面积之关系

粒径 (mm)	粒数 (个/kg)	比表面积 (m^2/kg)
3.0～6.0	7423	0.503
1.5～3.0	8630	1.135
0.8～1.5	410800	2.227
0.4～0.8	7272500	4.125
0.0～1.4	136680000	8.402
0.0～0.1	1429000000	28.741

式 (27) 之挟沙率 G，指河床每单位宽 (m) 每秒所移动之沙重 (kg)；苟将其单位改为移动沙粒重量 (kg) 占流水重量之百分率，则曰“挟沙量”G_s，其公式如下：

$$G_s=\frac{700}{\sqrt{d}}J^{3/2} \tag{31}$$

式中 d 以 mm 计，可见黄水之挟沙量与比降 $J^{3/2}$ 成正比，而与沙粒之直径 $\sqrt{d}$ 成反比。苟河床某段之比降及沙粒直径不变，则挟沙量当为一常数。易言之，即上游输入之沙量，即等于下游输出之沙量时，河床无冲无积而呈“平衡状态”；此时之比降曰“平衡比降”，其沙粒直径曰“平衡粒径”。

6. 含泥量与挟沙量之比较

河流某段之挟沙量 G_s 与其含泥量 P_s 之比，曰“挟沙比量”η，如下式：

$$\eta=\frac{G_s}{P_s} \tag{32}$$

将式（31）及式（25），代入上式，则得

$$\eta=\frac{M^{3/4}\ R^{1/4}\ J^{7/8}}{9.3\sqrt{d}} \tag{33}$$

可见“挟沙比量”η 与“畅率”$M^{3/4}$、“水力半径”$R^{1/4}$、“比降”$J^{7/8}$ 成正比，而与沙粒直径 $\sqrt{d}$ 成反比。黄河下游之“畅率”“水力半径”“比降”均有一定限度；今取其最大值，并取沙粒直径之最小值如下：

$M=64$　　$R=8$（m）　　$J=0.0002$　　$d=0.1$（mm）

代入式（33）以定黄河下游“挟沙比量”之最高值得 $\eta_{max}=0.0074=0.74\%$；可见黄河下游之挟沙量，仅占含泥量之0.74%。是以吾人治理黄河应努力解决之目标，非滚转于河床之沙，而为浮荡于水中之泥，即黄土也。而河流含泥量之能力与比降之关系最切，故探讨河床之冲积问题，应以比降为主也，明矣。

7. 黄河之年龄

宇宙间之现象，凡随时间而消长者，均各有其一定的生命。黄河诞生于五万年前，第三月球并入地球之日（见拙著“黄土及黄水之认识”），此为生命之肇始。唯因黄河流域雨量缺乏，每年发生造床作用（即冲积作用），流量在1000m³/s以上之时期，仅在7、8、9、10四个月，而占全年的1/3，余则呈“安眠状态”，故黄河实际之生活年龄，约为1.2万余年。远较雨量丰富之扬子江为稚，故一切河性均属幼年时期，或称“荒溪时期”。

8. 黄河之流域

幼年时期之河流，比降大于“平衡比降”，冲击强盛，尚在不安定状态，其流域概可分为3部：

（1）冲刷区（上游），河床因冲刷有下降之倾向。

（2）集流槽（中游），河床因冲淤相等，保持平衡。

（3）淤积区（下游），呈扇面形（通称三角洲），河床因淤积有上升之倾向。

黄河流域陕县以上为冲刷区，其面积约73万平方公里；陕县至巩县为集流槽；巩县以下，北至天津，南至淮阴所包之面积为淤积区，或称黄河冲积平原，面积约53万平方公里。

9. 黄河之比降

河流之比降 J，在河源最大，下游逐渐减缓，并与各段沙粒之直径，保持一定关系，

见式（31）。“平衡状态”时，河床之纵断面呈一有规律之曲线；唯此种曲线，有时受支流影响，变化甚大，应加注意。

按著者黄河沙粒磨蚀公式（6）如下：

$$p = p_0 e^{-0.004l}$$

式中：p_0 为初始之沙粒重，kg；p 为行程 l（km）后之沙粒重，kg。“平衡状态”时，河床各段沙粒之重量 p，应与其比降 J，成一定之比例，即

$$J = \frac{dH}{dl} = \alpha \cdot p_0 \cdot e^{-0.004l} \tag{34}$$

式中，α 为比降系数，演化之，则得

$$dH = \alpha \cdot p_0 \cdot e^{-0.004l} dl = \beta \cdot e^{-0.004l} dl \tag{35}$$

或

$$H = \beta \cdot e^{-0.004l} + C \tag{36}$$

在 $l=0$ 时，则 $H=H_0$，故

$$H_0 = \beta + C \tag{37}$$

因得黄河纵断面公式如下：

$$H_0 - H = \beta(1 - e^{-0.004l}) \tag{38}$$

式中，H_0 及 H 各为 0 点及行程 1（km）后之海拔高度（m）。著者研究黄河潼关至河口之平衡纵断面，得公式如下：

$$H_0 - H = 300(1 - e^{-0.004l}) \tag{39}$$

黄河之水面比降，平均约与河床比降相等；唯在涨水时，按著者分析，洪水峰前之比降，在泺口附近最大可增至 3 倍，在陕县附近可增至 5～6 倍（最大比降常在一峰未去，一峰又至，两峰相叠之刹那间）；洪水峰后落水时之比降，约为地面比降的十分之八（80%），此种现象于流量计算，应深加注意，见图 5。

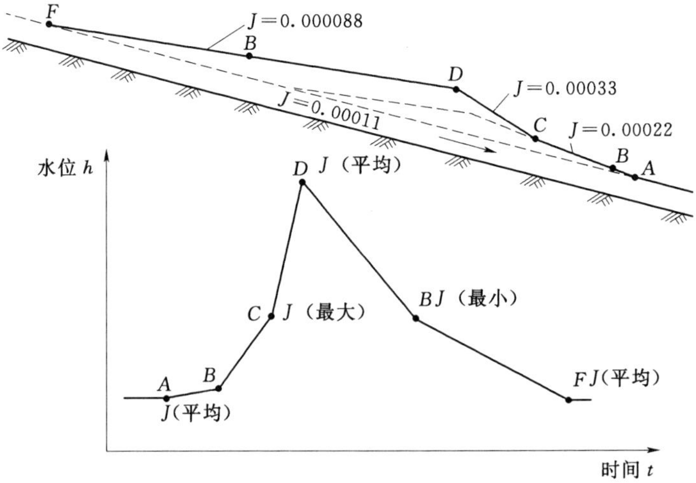

图 5　黄河下游洪水位与比降之关系

黄河现今之比降，据黄河水利委员会委员长张含英先生曾拟定下表 4：

表 4　　黄 河 之 比 降

起讫地点	距离（km）	高度差（m）	比降	起讫地点	距离（km）	高度差（m）	比降
鄂陵海至贵德	—	1680	—	巩县至姚期营	42.1	11.76	0.000265
贵德至兰州	242	855	0.000353	姚期营至唐屯	279.1	44.64	0.000160
兰州至包头	1326	670	0.000506	唐屯至十里堡	80.6	10.74	0.000135
包头至潼关	600	590	0.000990	十里堡至泺口	132.8	14.56	0.000110
潼关至陕县	73.8	30.7	0.000416	泺口至海口	232.4	24.90	0.000110
陕县至巩县	230	183.6	0.000800				

黄河现在之比降，是否已达“平衡状态”，容后节探讨之。

10. 黄河之横断面

河流之横断面，在上游为深窄之谷，中游为广大之槽，至下游则为宽浅之滩，或则分为若干叉流入海，河流始能保持其“平衡状态”。此种现象，固为吾人观察无数河流，归纳而得之结论；但证诸近代水工学理，亦莫不相合。盖河流愈近下游，其比降愈小，其势（位能）愈弱，故必须遗弃一部分泥沙，使之淤积而垫高河床。盖淤积之结果，即所以自行抬高其水位，而增加比降也。惟比降既增，其势加大，势大则床又刷，床刷则比降又减矣。故河流各段，必自谋其均势，使其比降，适足以挟运上游输入之“水”“土”，全部送至下游；河流愈至下游，所受水量愈大，所挟泥量愈增，所需之断面积亦随之愈大，故河流必须自行宽广其槽，始能完成其泄洪排土之任务，而得“平衡状态”。黄河之宽度概如表 5。

表 5　　黄 河 之 宽 度

地点	河床宽度（m）	比降	地点	河床宽度（m）	比降
兰州	200	0.000353	孟津	1000	0.000800
宁夏	2500	0.000506	开封	10000	0.000160
禹门	100	0.000990	泺口	1230	0.000110
潼关	2000	0.000810			

可见黄河自泺口以下，比降已缓至 0.00011，而河床宽度反因筑堤而缩窄，“平衡状态”大受破坏，此种违反自然之现象，乃为河病之源。虽此病症，黄河必能自行治疗之：河床太深，则淤垫之；比降太弱，则泛滥之；堤距太窄，则冲决之，以谋自救之道。但吾民苦矣，吾族病矣。

黄河下游因洪水量与低水量相差过钜，故河床自演成复式断面。此种断面在涨水时，水面边低中高，曰“晾脊”，所产生之副流，有刷深河槽并将滩面淤泥移至滩唇之作用，极为有利；唯在副流强盛之处，堤根滩面冲刷过甚，形成“串沟”，有引导大溜逼近堤根之危险，应加注意。但在洪水落下时，水面边高中低，曰“晾底”，其所产生之副流作用适与前者相反，将滩唇泥沙移至堤根及低水槽内。但因涨水速而落水缓，故后者所生之作用不及前者为显，见图 6。

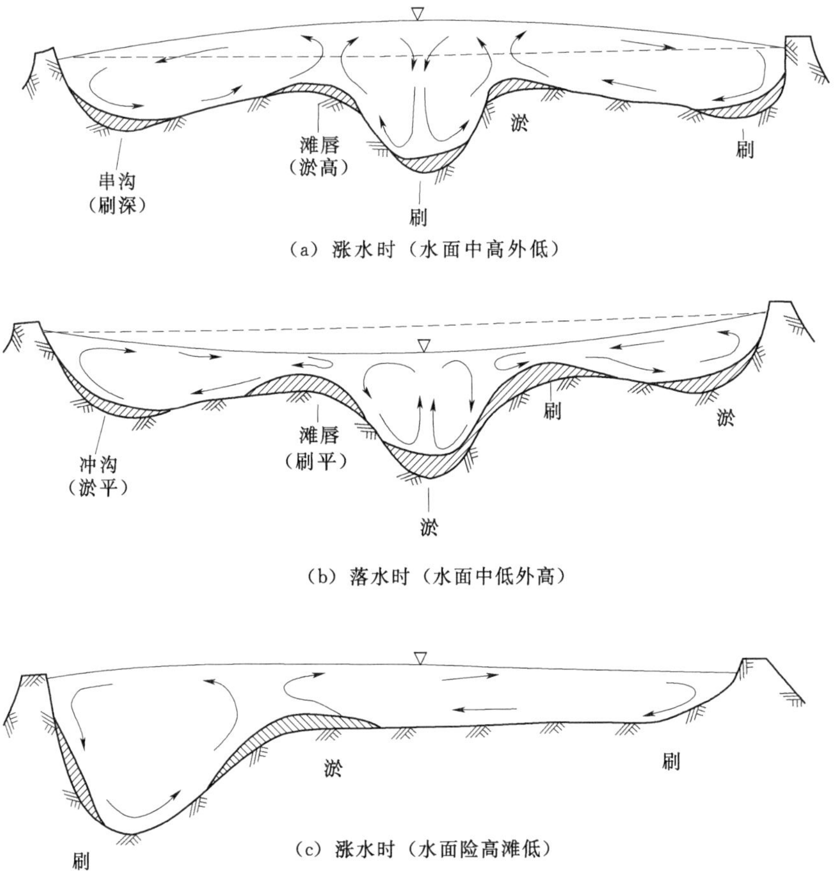

(a) 涨水时（水面中高外低）

(b) 落水时（水面中低外高）

(c) 涨水时（水面险高滩低）

图 6　黄河涨水及落水之副流作用

11. 黄河之流量

黄河流域，雨量集中 7、8、9、10 四个月内，故流量亦于此时期内较大，余则为低水期；且上游冲刷区域呈蒲扇形，偶遇暴雨，则各流集注潼关，洪流骤涨，下游堤不能容，则决溢成灾矣。

黄河最大可能之流量，曰“最大流量”，据张含英先生估计，约为 30000m^3/s。防洪计划所拟定之洪水量，曰“计划洪水流量”（约 15 年出现一次），可规定为 8000m^3/s，作为下游防洪设计之标准。“普通洪水量”为每年均有可能出现之洪水量，规定为 6800m^3/s。黄河在 7、8、9、10 四个月造床期之平均流量，曰“造床洪水量”，约估为 2300m^3/s。“平均流量”为全年流量之平均值，大于是者曰“高水量”，低于是者曰“低水量”。高水量之时期，约占全年时间之 1/4，河流发生造床作用；低水量时期之河床，呈静止状态。黄河之平均水量可规定为 1300m^3/s。“低水流量”为开发水利（如灌溉、水电等）最重要之部分，黄河的低水流量，有时虽降至 200m^3/s，但通常均在 250m^3/s 以上。兹将黄河各种流量的数值列于表 6，并将黄河各种流量与时间百分率之关系绘如图 7。

表 6　　黄河之流量

种类	流量（m^3/s）	种类	流量（m^3/s）
最大洪水量	30000	造床洪水量	2300
计划洪水量	8000	平均水量	1300
普通洪水量	6800	低水量	250

12. 黄河之含泥量

按著者含泥量公式（26），黄水的含泥能力与河床之比降 $J^{5/8}$ 成正比，而与水力半径 $R^{1/4}$、畅率 $M^{3/4}$ 成反比。黄河之比降，上游大于下游，故河水含泥能力，亦随之渐向下游减弱，过剩之泥，必将逐渐下淤，河床日垫，水位上升，终则决口改道，酿成巨灾。但此仅就目前受吾人束缚之黄河言，至于自然之河道，具有天赋之智慧，虽其下游之比降减弱，彼仍能自谋解决之法，使含泥能力仍不稍减；亦即宽展其断面、降低"水力半径"与"畅率"是也，后节详论之。

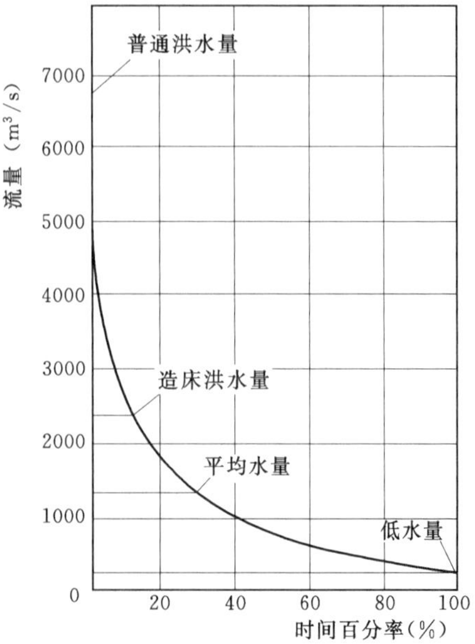

图 7　黄河之流量曲线

黄河含泥量，辄在洪水初期为最大，但此种最大含泥量，为时甚暂，有时虽超过河床之含泥能力，发生部分淤积，但未几即可为后来之流水冲之。故研究河流之含泥量，应以造床期间（7、8、9、10 四个月）之平均值为合理。兹将黄河各地之最大含泥量及造床期之平均量，列如表 7。

表 7　　黄河之最大含泥量

地点	最大含泥量（%）	造床期平均含泥量（%）	地点	最大含泥量（%）	造床期平均含泥量（%）
宁夏	35	1.1	陕县	37	4.0
龙门	38	—	秦厂	18	4.0
潼关	16	3.0	泺口	11	2.0

黄河上游以及其各支流之含泥量，虽极巨大，但因潼关、大荔、渭南之三角淀有静泥作用，故潼关之含泥量大为降低，至陕县后复增至最高点；陕县至巩县为集流槽，呈平衡状态，故含泥量概保持不变；巩县以下属淤积区，含泥能力愈向河口愈弱。故陕县之含泥量记录，对于黄河下游之治理，关系最为重要。

陕县造床期之含泥量，各月不同，它与泺口含泥量之差，即淤积于陕泺间河槽内者，如表 8。

表 8　　造床期内陕县、泺口两地黄河含泥量之比较

地　点	含泥量（%）				造床期平均含泥量（%）
	7 月	8 月	9 月	10 月	
陕县	2.93	7.66	3.08	2.51	4.05
泺口	1.89	3.09	1.98	1.51	2.12
相差	1.04	4.57	1.10	1.00	1.93

陕县之平均流量为 1300m^3/s，平均含泥量为 2%，相当 410 亿 m^3 之水量与 8.2 亿公吨之土量，约合 5 亿 m^3 之黄土。综上各点，兹规定以黄河陕县之含泥量，作为探讨黄河下游含泥问题之依据，如表 9。

表 9　　黄 河 之 特 征 含 泥 量

种　类	含泥量（%）	种　类	含泥量（%）
最大含泥量	38.0	造床期平均含泥量	4.0
计划含泥量	10.0	平均含泥量	2.0
普通含泥量	8.0	低水含泥量	0.5

13. 黄河之冲淤

黄河之年龄，极为幼稚，已如前述；故其造床作用，尚未达“平衡状态”，按上述著者黄河下游纵断面公式：

$$H_0 - H = 300(1 - e^{-0.004l})$$

假定黄河潼关河床之地质关系固定不变（海拔高度＋320.30），则下游各地，由著者公式推定之“平衡高度”，列入表 10。

表 10　　黄河下游各地之平衡高度

地点	现在高度	平衡高度	高度差	地点	现在高度	平衡高度	高度差
潼关	320.30	320.30	±0.00	兰封	69.05	63.20	＋5.85
陕县	289.60	244.10	＋45.50	濮阳	50.20	45.02	＋5.18
巩县	106.00	108.70	－2.70	寿张	39.46	38.21	＋1.25
姚期营	94.84	96.20	－1.36	泺口	24.90	30.86	－5.96
开封	77.20	69.20	＋8.00	海口	0.00	25.56	－25.56

根据本表之“平衡高度”，即可推算黄河下游各段之“平衡比降”。黄河下游之冲淤问题，著者以为应分别下列各段探讨之，如表 11（见图 8）。

表 11　　黄河下游各段之平衡比降与冲淤推测

序号	段　名	地　点	现在比降	大于或小于	平衡比降	冲淤推测
1	潼陕段（峡口段）	潼关至陕县	0.000416	＜	0.0010	冲
2	陕巩段（无堤段）	陕县至巩县	0.00080	＞	0.000595	冲
3	巩秦段（单堤段）	巩县至秦厂	0.000265	＝	0.000265	平
4	秦高段（宽堤段）	秦厂至高村	0.000172	＜	0.000205	淤
5	高陶段（宽堤段）	高村至陶城埠	0.000135	＞	0.00009	冲
6	陶泺段（单堤段）	陶城埠至泺口	0.00011	＞	0.000042	冲
7	泺海段（狭堤段）	泺口至利津	0.00011	＞	0.000035	淤

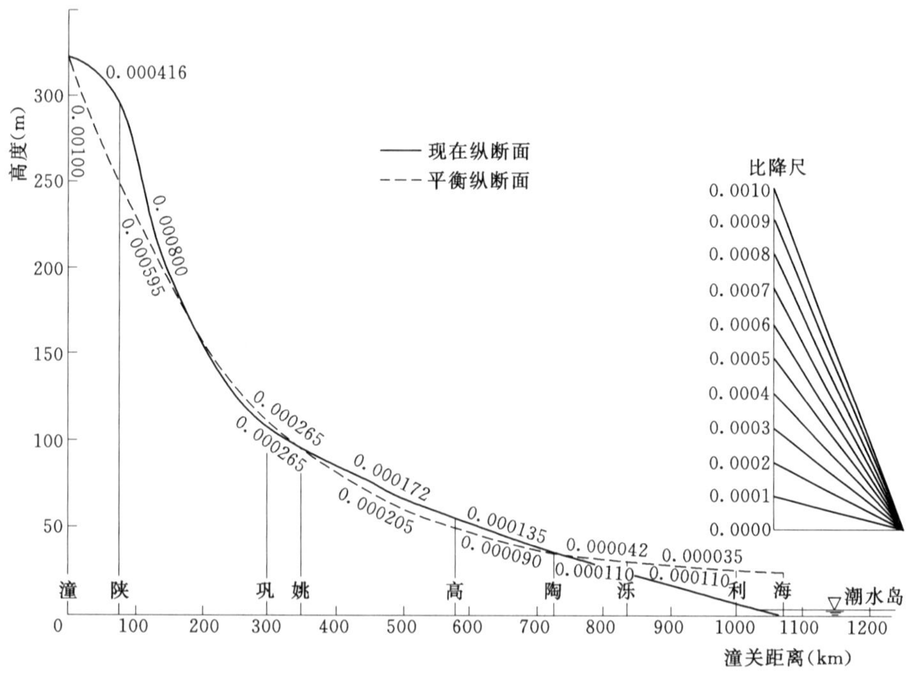

图 8　黄河下游高度及比降图

根据上表所列各段情形，可推测其冲淤如下：

(1) 潼陕段（峡口段）：此段比降，较平衡比降为小，在平均水位以下应有淤积。唯在洪水时，比降增加，水溜激荡，冲刷河床及两岸，且此段比降，愈向下游愈大，故含泥能力逐渐增加，故每年河床有刷深倾向，迄达“平衡比降”而止。

(2) 陕巩段（无堤段）：此段比降较平衡比降为大，应有冲刷，唯因本段比降，愈向下游愈减，故冲刷程度，无上段之烈。

(3) 巩秦段（单堤段）：此段比降与平衡比降相等，输入之泥量与输出之泥量相等，而呈无冲无淤之平衡状态。

(4) 秦高段（宽堤段）：此段比降小于平衡比降，应生淤积，故此段河床有逐年升高之倾向。

(5) 高陶段（宽堤段）：此段比降较平衡比降为大，应有冲刷，河床有逐年刷深倾向。

(6) 陶泺段（单堤段）：此段比降大于平衡比降，故尚有冲刷可能。

(7) 泺海段（狭堤段）：此段比降大于平衡比降，倘不筑堤，任其自然，理论上大可刷深；惟现时河槽为狭堤所束，含泥能力减弱，故河床反有淤积上升之可能。

综上各点，探讨黄河下游之冲淤问题，可得结论如下：

(1) 峡口段河床之比降，愈向下游愈增者，则有冲刷之倾向，且程度颇烈。

(2) 单堤段河槽，具有自然调节作用，其比降与平衡比降相似，故冲淤平衡。

(3) 宽堤段河槽之比降，较平衡比降大者应冲刷，反之（较小者）则淤积。

(4) 狭堤段之比降，虽大于平衡比降，仍有淤积可能。

(5) 宽堤段河槽之输泥能力，较狭堤者为大。

按黄河下游于民国 23 年造床期（7、8、9、10 四个月），各站之输泥量如表 12（见图 9）。

表 12　　黄河下游各站造床期输泥量（1934 年 7—10 月）

站名	造床期输泥量（m^3）	较前站增减之量（m^3）
潼关	854，000，000	
陕县	1，291，000，000	增 437，000，000
秦厂	1，310，000，000	增 19，000，000
高村	776，000，000	减 534，000，000
陶城埠	841，000，000	增 65，000，000
泺口	963，000，000	增 122，000，000
利津	826，000，000	减 137，000，000

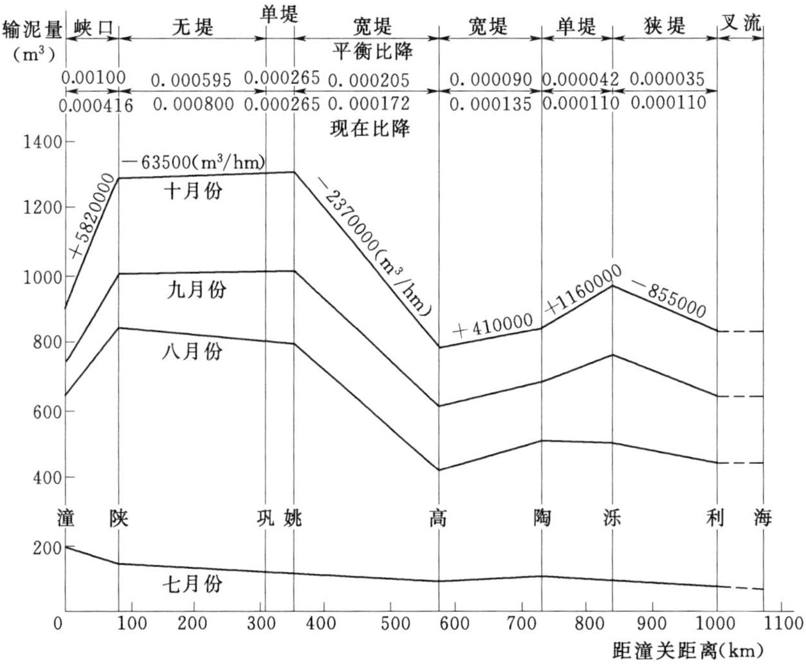

图 9　黄河下游造床期输泥能力图（民国 23 年 7—10 月）

上表可见，潼关之输泥量为 8.54 亿 m^3。盖黄河上游虽有泾、洛、渭诸水之泥沙大量输入，但经渭南、潼关、大荔之广大三角淀，比降极缓，有容水减淤之功，故输出潼关之泥沙，乃暂时失衡之一部分耳。自潼关至陕县，水行峡口间，比降逐渐加大，含泥量骤增至 12.91 亿 m^3，约合原来输入泥量之 50%。河入陕秦段，泥量仍有增加，至 13.1 亿 m^3；此部增加之泥量，平均淤积于秦高间宽堤段内。由高村到陶城埠，比降较平衡者为大，泥量复增至 8.41 亿 m^3，几与潼关输入者相若。此后河入单堤段，含泥量续有增加，迄泺口达 9.63 亿 m^3。继则至狭堤段，则逐渐淤积，至利津尚剩余 8.26 亿 m^3，其量几与由潼关输入之泥量相等，深堪注意。各段之冲淤之速率，如表 13。

表 13　　　　黄河之冲淤率（1934 年 7～10 月）

段次	段　　名	冲淤率（m^3/km）	段次	段　　名	冲淤率（m^3/km）
1	潼陕段（峡口段）	冲 5820000	5	高陶段（宽堤段）	冲 410000
2	陕巩段（无堤段）	冲 67500	6	陶泺段（单堤段）	冲 1161000
3	巩秦段（单堤段）	平 0	7	泺海段（狭堤段）	淤 855000
4	秦高段（宽堤段）	淤 3370000			

上述各点，虽仅就民国 23 年一年之记载，但黄河冲积作用之大纲，已可略窥一斑，兹归纳其要点如下：

（1）黄河下游造床期各断面之最小输泥量，约为 8 亿 m^3。

（2）潼陕间狭谷段冲刷之泥量，淤积于秦高间宽堤段内。

（3）高泺间冲刷之泥量，淤积于泺海间狭堤段内。

（4）潼关输入之泥量，约等于利津输出之泥量。

（5）黄河各段输泥之能力，与著者推算结果，极相符合。

14. 黄河之病症

黄河，大自然的产儿也。苟能顺其道，适其性，经数万年之冲积，其水位、流速、流量、含泥、挟沙、比降、断面等，均能互成平衡，而呈安定状态，岂尚有突变而生溢决改道之祸哉。故曰，河本无病，乃吾人逆其天性，防之、束之、厄之、塞之而成病也。贾让有言“夫土之有川，犹人之有口也；治土而防其川，犹止儿啼而塞其口，岂不遽止，然其死可立而待也”。孟子所谓“禹之治水，水之道也”。著者曰“水之治水，禹之道也”。盖自然为吾人最伟大之尊师，欲解决自然界之问题，亦唯有求诸“自然”耳。

按黄水含泥之能力与比降 $J^{5/8}$ 成正比，与畅率 $M^{3/4}$、水力半径 $R^{1/4}$ 成反比，见式(25)；自然之河流，必能自行调整其比降、畅率及水力半径，成一理想断面，将上游泥沙输运入海。

黄河一经筑堤，其“平衡状态”大受改变，有堤段上游因回水作用，比降骤弱，含泥能力突减，淤落水壅而成“漫决”，见图 10。在有堤段下端，流水至此动能变成位能，水面上涌，且由有堤段内刷出之沙，停积附近（按，水在有堤段比降大，其平衡粒径粗，下游比降变缓，粗沙停积，势必使水位抬高，产生对此粗沙之平衡比降），故宣泄不畅，亦能酿成“漫决”。至于狭堤段内，较未筑坝前流速增大，大溜横冲直撞，堤岸冲塌而决口者曰“冲决”。统计黄河之决口，以“漫决”为多。

黄河水面比降，在涨水时，常超过各段河床之平均比降之 2～3 倍（见图 5），故含泥能力，可增至 1.5～2 倍，河床常有刷深之现象。惟落水时之水面比降仅为平均者 0.8 倍，含泥能力减至 0.86 倍；故落水时之含泥能力仅为涨水时之 0.43，半数泥沙必将淤落，河床上升断面缩小；继至之洪水，堤段内无法容纳，而漫决者最多，故黄河有“危险在落水”之谚。

黄河洪水峯之来往过骤，防护不及，亦为溃决之主因；但自然河道，其滩地即有缓冲调节之能力，而呈“平衡状态”。如河道上游，流量小、比降大，河谷成 V 形；中游变为 U 形；下游比降小、流量大，则成有滩地之复式断面。盖非如此，即不能完成其泄洪排土

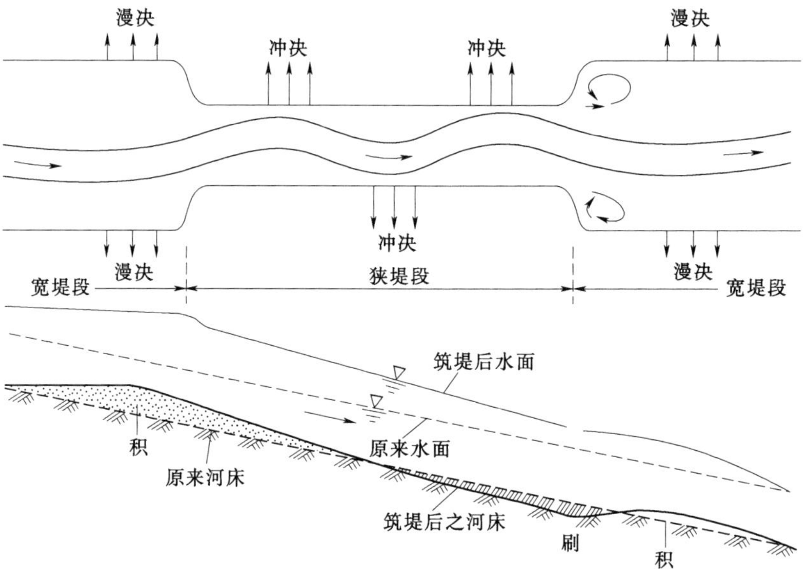

图 10　黄河筑堤后水位及河床之变化

任务。黄河之断面，中游宽而下游狭，一切适得其反，此种违反自然之现象，致河患终无已时。

陈省斋云："夫河之决者，皆由黄水暴涨，下游壅滞，不得遂就下之性，故旁流溢出，致开决口；决口既开，旁流分势，则正流愈缓；正流愈缓则沙因以停，沙停淤滞，则就下之性愈不得遂，而旁决之势益横矣。"

上述各点，仅就其直接之有形病症言，至其无形之患，国族所受之痛苦，更为严重，兹约列如下：

（1）冀、鲁、豫、苏冲积平原之人民，日处于水灾威胁之下，一切永久文化建设，无形停滞。

（2）国家年耗无数人力、物力、财力从事防塞。

（3）一旦溃决，水患发生，灾区生命财产之损失，不可胜计。

（4）冲积平原农田，不得黄水粪润，农业衰落。

（5）沿河良田，变为沙碱。

15. 治黄之目的

黄土为最肥美之土壤，所谓："厥土惟黄壤，厥田惟上上""沃土千里，帝王万世之业"。故世界黄土区域，皆为农业之发源地，亦即人类文化之母也。黄土区域之雨量、概极缺乏，滴点之水，皆为农田至宝，故有"春雨贵似油""惜水如惜金"之谚。治河应以农田水利为唯一目的，盖无疑义。禹贡"九川涤源，九泽既陂，蒸民乃粒，万邦作乂"。孔子曰"禹尽力乎沟洫"。可见我国有史以来，即以黄河之农田水利为立国根本。

黄河流域之雨量，平均年约 600mm，但 80％集中于夏秋之交，春季苦旱，是其缺点。吾人对此流域之水分，苟不加以统制与管理，虽据有世界最肥沃之土壤，农业仍受自然之限制，不能充分发展。语云："国之本在农，农之本在水利"，故农功水利，自古并重。

黄河农田水利之基本政策，可分为三大要纲：一、"以黄河之民，治黄河之水"（民治）；二、"以黄河之水，润黄河之田"（民有）；三、"以黄河之田，养黄河之民"（民享）。而政策推行之方法，一曰民播渠，二曰渠分水，三曰水扬泥，四曰泥粪田，五曰田生穀，六曰穀养民。此种政策具有累积进化之作用，有一分努力，即有一分成功，如图 11 所示。

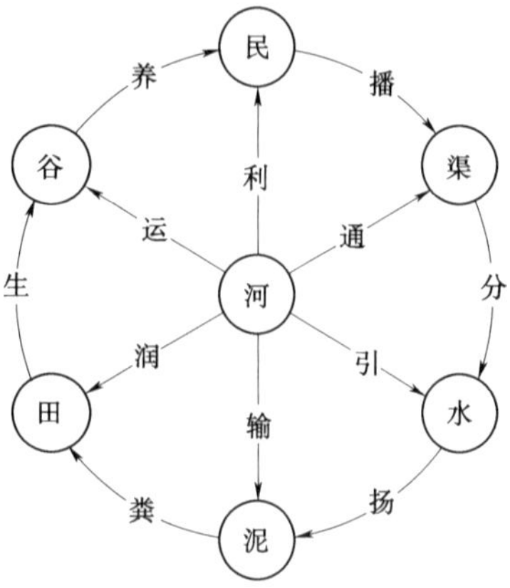

图 11　播渠疏水水利累进图

此伟大农田水利系统之建设，欲求其充分发展，必须济之以工业及交通。是以系统内渠上所有跌水之水力，均需建厂发电，以供戽水、砻穀、磨粉、轧棉、纺织、耕作等农业电化之用；至于系统内之渠道，应有极适宜之配合，而成一完善之运河网也。

16. 治黄先决问题

治黄之目的既定，政策既决，即可进言治本。但在方策拟定之前，尚有极多问题，应详加探讨者，兹择其重要者，列举如下：

（1）如何减少地面之冲刷量？

（2）如何防止两岸之坍塌？

（3）如何减少上游之含泥量？

（4）如何促进下游之含泥量？

（5）如何降低下游洪水位？

（6）如何固定下游河床？

（7）如何分水利农？

（8）如何浚渠利航？（另著专文讨论，本文暂略）

16.1　如何减少地面冲刷

黄河上游，经吾族先民历数千年之垦殖，凡可耕种之地，莫不辟为农田。坡度概在 30 度以下，此等黄土地面，遇寻常降雨，其径流率极微，稍事整理即可。至于不能耕种之高原，风沙苦旱，山坡峻陡，耕种不易，其冲刷率较大；但对于此种无农业价值之土地，欲防止其冲刷，用普通沟洫、梯田等法，皆不可能。盖吾族先民，于此广大黄河上游，已饱受数千年之教训，凡不可能耕种之地，强欲利用之，唯有惨遭失败而已。

此种寒冷干燥之黄土高原坡地，欲减其冲刷，著者认为，唯有撒种苜蓿。盖苜蓿为豆科植物，能自空气固定氮素，无需养分，其根能深入地下，可至十余米，即大旱之年，亦不枯死，且为最理想之牧草，以裕牧业。至于黄河上游能否造林，著者以为困难太多：一、森林抗旱耐寒之能力，远较牧草为小，即使五穀亦不及；二、森林种植时，既费工又需时时灌水，否则成活率甚小；三、森林种于黄土坡上，雨时土软根浅，稍遇暴风，极易吹倒，不但不能防止冲刷，且助长山塌作用。是以世界上黄土区域，均无森林之存在，盖有由矣。

16.2 如何防止两岸坍塌

黄河上游，两岸壁立，水啮岸根，壁面黏力不能支撑其重，乃坍塌而下，增加河水之泥量。有论者以为，应筑直立石壁保护之；唯此种工作，经济上能否允许姑置不论，工程上有无价值，亦成问题也。盖河之所以啮岸，即表示该段河道断面，尚未得“平衡状态”；苟强施以护岸工程，工程亦难保永久，或则改刷他处，终至护不胜护。况此种坍塌之黄土，能否加重河水之含泥量，应视该段河流之含泥能力而定，非因土之坍入，即足以增加者也。

河岸坍塌之原因，由于该段流水之含泥能力过大，故减低含泥能力，即为防止坍塌之根本。按含泥能力与比降 $J^{5/8}$ 成正比，故减缓比降，即可防止坍塌，坍下之土，亦不易随水刷去矣，减低含泥能力之法，下节论之。

16.3 如何减少上游之含泥量

按黄水之含泥能力与比降 $J^{5/8}$ 成正比，与畅率 $M^{3/4}$ 及水力半径 $R^{1/4}$ 成反比，见（25）式；故减小比降，并增加畅率及水力半径，即足以减少其含泥量矣。

减小河流比降之法，唯有节节建筑拦河坝。设某段现有比降为 J，该段之“平衡比降”为 J_0，拦河坝之高度为 h 已定，则可用下列公式，计算两坝应有之距离 l（m），见图 12。

$$h=(J-J_0)l$$

故
$$l=\frac{h}{J-J_0} \tag{40}$$

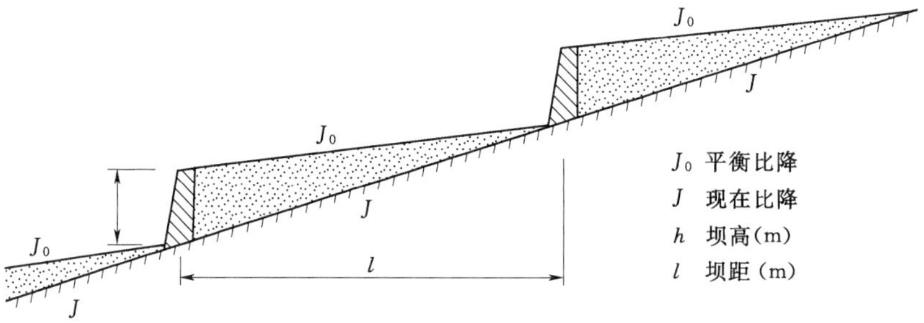

图 12　拦河坝高度与坝距图

此种拦河坝，固以减缓上游比降而减小含泥量为主，但其最主要之目标，端在抬高水位，播渠灌溉两岸农田，或建厂发电戽水灌溉高原，并利用此坝停滞洪流，蓄水地下，固定河床，一举而兼得数利者也。

凡地基坚实之处，可筑高大之重力坝（如泾惠渠、洛惠渠大坝）。坝基为沙质者，筑较低之混凝土坝（如渭惠渠大坝）。

黄河上游潼关、渭南、大荔广大之三角淀，有停滞洪水，减轻泥沙之作用。苟能于潼关峡口，建拦河大坝一道，对于下游滞洪减泥之功，定极伟大，并用以灌溉潼关至陕县两岸农田。

黄河出潼关后，以潼陕段之冲刷最烈，含泥量骤增40%，而此部泥沙，概淤积于下游秦高段内，见表12。对于黄河下游之治理，关系最钜。减泥之法，亦唯有择适当地点，建筑拦河大坝。按该段之平均比降（0.000416）尚小于“平衡比降”（0.00100），见表11。但至陕县以下，河床突跌，比降（0.000800）超过“平衡比降”（0.000595）的1.35倍，冲刷骤增，故此段自陕县起即应节节筑坝，用以固定河床，减轻冲刷而减少含泥量。假定大坝高度平均6米，自第（40）式可求得平均每隔20公里，建筑拦河坝1座。由陕至巩，约200公里，平均需建坝10座。巩高段内之淤积，或可因此解除，并积极利用此拦河大坝，播渠引水，灌溉黄河冀、鲁、豫等省之冲积大平原。

16.4　如何促进下游之含泥量

黄河下游之狭堤段及宽堤段小于“平衡比降”者（秦高段及泺海段），概有淤积之可能，实为河患主因；故促进下游之含泥能力，使不留滞淤堤内，实为最主要之工作。

黄河下游，河口高度为海平面所限，比降愈向下游愈缓，而呈“平衡状态”，欲增加比降，以增加其含泥能力，殆为不可能之事；易言之，欲促进下游之含泥能力，惟有出诸减小“畅率”及“水力半径”二途径。

首言如何减小水力半径R。按水力半径为湿周除面积之商，故减小水力半径，即所以增长湿周；易言之，即应变为宽浅之断面。设河流之流量不变，比降不变，凡宽浅之断面，其含泥能力必较狭深者为大；故自然河流之断面，愈近海口，愈呈宽浅，此真理也，“水之道”也。盖非如此，即不能将上游输入之泥沙，输送入海，而达“平衡状态”矣。

恩格司氏治黄试验结果，证明宽河床之刷深与窄河床之刷深为16与1之比，筑堤束水，非但不能刷深河槽，且有升高洪水位之倾向。证诸黄河下游冲积情形，及著者公式理论之推断，结果完全一致，其禹之道乎？

次言如何减小畅率。按黄河之畅率与流量有关，盖流量大则水深溜急，前进之能力大，床面阻力所能影响之范围因以渐减。设河流之流量不变，比降不变，苟能将此单河分为两股（流量各为前者之半），则此两河之总含泥能力，必大于前一河之含泥能力，是以河流愈近下游，愈有分为叉流之倾向；盖非如此，则来自上游之泥沙，即无法输之入海，而达“平衡状态”矣。

减小畅率，即所以增加糙率，舍缩小流量分为叉流外，尚可用人工方法促进之，如建筑固滩丁坝，洪流漫过坝时，水涡激荡，含泥能力亦即随之大增。嵇曾筠曰：“能言治者，必导溜而激之。激溜在设坝，是之谓以坝治溜，以溜治槽”。此较潘季驯所倡“以堤束水，以水攻沙”之说，合乎科学多矣。

16.5　如何降低下游洪水位

黄河下游之洪水位，视上游之洪水量而定。但河道之比降，愈至下游愈弱，其流速亦随之渐缓，是以河流欲泻泄同等之流量，必须渐增其排洪断面，始得“平衡状态”。故河流愈至下游，其排洪面积愈应扩大，殆无疑义。且面积为水深乘河宽之积，设河流之比降不变，流量不变，则河床愈宽者，其洪水位愈低；易言之，放宽堤距，即可使洪水位下降。

黄河下游之排洪断面，因束有狭堤，反较上游为小，此种违反自然之现象，实为河病之主因，已如前述；故欲降低洪水位，惟有宽展堤距，或分为若干叉流入海。

黄河自陕县至泺口，择适当地点，节节筑坝播渠引水灌溉冲积平原之农田，设每渠流量平均以 $10m^3/s$，两岸如播渠 400 条，即可分疏洪水量 $4000m^3/s$；设黄河之“计划洪水量”为 $8000m^3/s$，则下游洪水量已可减其半矣。

黄河上游分疏后，其下游是否因流弱而淤积更甚，向为各家所争论之问题，兹申论之。按河流一经分疏，则分疏口之水位降低，下游之比降变缓，而生“水缓沙停”之弊；故于分疏之地点，分疏之流量以及分疏后比降变化情形，事先应加审慎之研究，以免败事。黄河最适于分疏之地点，著者认为在陕巩段、高陶段、陶泺段，因该段比降尚大于“平衡比降”。下游比降，不致因分疏过缓，而致泥量淤积也。至于分疏之流量，宜细不宜大，宜渐不宜急；易言之，即宜多设水门，不宜集中一道，庶河口道之“平衡状态”，不致破坏过甚，而生其他弊端。

沈梦兰曰：“凡河流经入海诸故道，皆可广为疏辟，以为宣导之地”……“而其入海者，又可任其所之，不择东南北大道，皆得畅流而无滞，如是而河犹为患者，未之有也”。深得治河要领。

16.6 如何固定下游河床

治黄以利农为本，与欧美河工以航运为主者迥异。恩格司治河，主张固定“中水”河床，此种工程，能否实施，暂置不论；但固定“中水”河床，于黄河是否必要，尚应加以探讨也。

考恩格司之治河思想，以固定“中水”河床为唯一方策，其目的使“中水”槽内刷深，滩上淤积，使河槽逐渐束窄，而成一单式河槽。著者以为，凡河床之能否刷深，全视该段之比降是否大于“平衡比降”而定；盖“刷深”之意义，即在降低河床，增大“水力半径”，使比降渐减至“平衡比降”也。黄河下游，就全河立论，苟能将泺海段堤距放宽，或则另辟叉流入海，大有刷深可能。因该段比降，尚大于“平衡比降”。至于陕巩段及高泺段，虽有刷深可能（比降大于“平衡比降”），但此段刷出之泥沙，必淤积于下段，非但不可希望其刷深，且应建拦河坝，阻止其刷深，河始得治。总之，河槽之能否刷深，有无刷深之必要，全视比降而定，至于“中水”床之固定与否，影响殊小也。

复式河槽之畅率，常较之单式者为小，且有副溜作用，水流激荡，含泥能力较单式者为大，其作用与著者之固滩激溜丁坝相同。至于固定“中水”床，仅以引导大溜使不逼近堤根为目的，则此种顺坝式固定工程之效力，远不及固滩激溜之丁坝为大；在未筑堤防之河段，最好种植柽柳（红柳），洪水漫过，自然淤高，使河流自身调整其断面而达“平衡”。

16.7 如何疏水利农

黄河洪水流量以 $8000m^3/s$ 计，苟取其半数利农，流量超过 $4000m^3/s$ 以上者，排泄入海；则此 $4000m^3/s$ 之流量，全年合计平均水量约为 350 亿 m^3，平均含泥量以 2%计，则合 4.5 亿 m^3；将此水量泥量，平均分布于冀、鲁、豫黄河冲积平原（面积

530000km^2），约合雨量 66mm，增厚土地 0.85mm，加原有雨量 500mm，共计 566mm，已足供普通作物之用。苟将灌溉面积缩小至 1/5（约合 100000km^2，约为 1.6 亿亩），则年得 830mm 之雨量，即可种植水稻 1.6 亿亩，4000 万人口之粮食无忧矣（按，水稻田每平方公里可给养人口约 400 人，而旱地仅 150 人）。禹贡："蒸民乃粒，万邦作乂"。粒，米也；乂，养也。可见古代民食以米为主，农田水利系统之完善，概可想见。

黄河流域，以 7、8、9、10 月雨水最多，约占全年 80%，而河水亦于该时最大；如何利用此洪水灌溉？如何配合各种作物而达最高之生产？如何蓄水于地下，以供明春春禾之用？乃为今后农田水利界最重要之问题，当另著专文讨论之，兹不赘。

黄河下游之灌溉系统，应采用多首制。干渠之流量，以不超过 20m^3/s 为佳，以便管理，且利输泥（按，渠愈小，输泥力愈大）。二干渠之间，则可另辟串渠（或称连环渠），使互相沟通，某渠偶生故障，则以他渠之水引济之，而成一伟大之渠网，覆盖于冀、鲁、豫、苏黄河冲积平原，如血与络，黄河之大动脉也，如图 13。

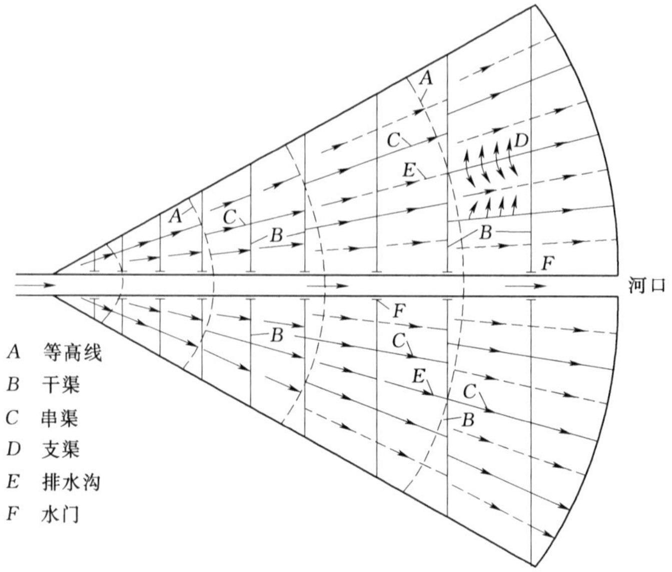

图 13　黄河冲积平原沟洫网

灌溉渠道之设计，以含泥能力平均值 2% 为标准，比降不可小于 0.004，渠道断面应采用宽浅之安定式，以免日后挑挖之劳，均可由著者公式计算之。

此种灌溉渠道之主要特征，在利用洪水灌溉，而减轻下游之洪量。假定总灌溉流量为 4000m^3/s，每干渠之平均流量为 10m^3/s，则需播渠 400 道，始能疏此洪量。假定孟津至利津距离约为 600km，则平均每隔约 3 公里（约合 5 里），即须左右各设一水门；倘干渠流量为 20m^3/s，则每 10 里（约 5～6km）设一水门，以灌两岸农田，而减洪量。

历代治河，大禹以后，最富于科学思想而合乎禹道者，为汉之贾让，但成功者，仅后汉王景一人。史载："景修渠筑堤，自荥阳东至千乘海口，千余里。乃商度地势，凿山阜、破砥碛、直截沟涧、防遏冲要，疏决壅积，十里立一水门，令更相迴注，无溃漏之患"。

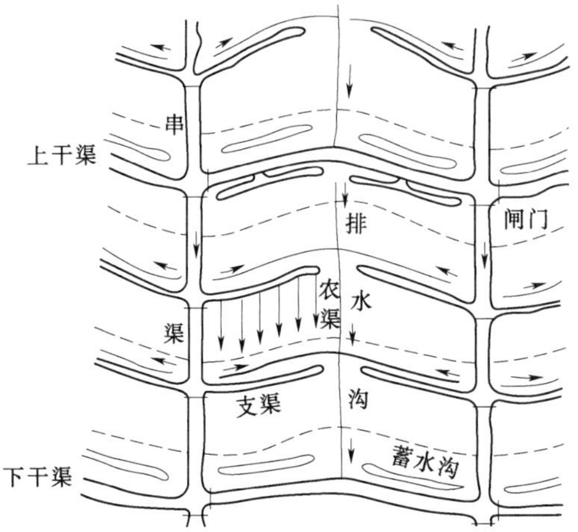

图 14 沟洫系统图

“由是河出千乘，而德隶之河，又播为八，故水有所泄而力分，偶合禹功”。此种以河为经，以渠为纬，以积极建设农田水利，消灭水患于无形之方策，深合科学原理，宜其大功告成后，千载无患。

灌溉系统之组织，自干渠分为串渠、支渠，再分为农渠，并以下渠兼作上渠之排水沟。自高而下，层层相连，脉脉相通，并节节筑闸管理之，如图 14。此种“灌溉”“排水”“蓄水”“放淤”“粪田”五者兼用之，此种灌溉系统，古称“沟洫”，名异而义同矣。

“沟洫”为黄土区域农田水利之特有制度，胡氏“禹贡锥指”曰：“禹尽力乎沟洫，导溪谷之水，以注之田间，蓄泄以时，旱潦有备，高原下隰，皆良田也”。孟子曰：“七八月之间雨集，沟浍皆盈，其涸也可立而待也”。沈梦兰曰：“陕西之泾、渭，山西之沁、汾，直隶之滹沱、永定等河，皆与黄河无异。故其涨也，则浑流汹涌，而冲决为患；其退也，则河泥滞淀而淤塞为患。古人于是作沟洫以治之，纵横相承，深浅相受。伏秋水涨，则以疏泄为灌输，河无泛滥，野无旱土，此善用其决也；春冬河消，则以挑决为粪治，土薄者可使厚，水浅者可使深，此善用其淤也。自沟洫废而决淤为害，水土交病矣”。语极中肯。

17. 治黄方策

治黄之目的，推行之政策，以及种种先决问题，均已概述如上，兹将著者对于黄河治本方策，综列于后：

(1) 治黄应以建设黄河流域之农田水利系统为唯一目的。

(2) 治黄应遵守禹训，以“疏导沟洫”为主。

(3) 治黄以维持或促进黄河之“平衡状态”为原则。

(4) 治黄，为我民族争取生存之事业，应以全民族之力量完成之。

(5) 黄河上游，凡不能耕种之坡地，宜多种苜蓿，辟为牧场而防冲刷。

(6) 上游河谷，应择地建筑拦河坝，以减含泥量，并抬高水位，灌溉农田，并用水力发电汲水灌溉高地。

(7) 潼关、渭南、大荔之三角淀，有调节洪水与减除泥沙之作用，应充分利用之。

(8) 黄河陕巩段及陶泺段，河床比降较“平衡比降”为大、冲刷颇烈，应建筑拦河坝调整之，以减含泥量。

(9) 利用拦河大坝或沿黄河大堤，密设闸门，播渠引水，灌溉黄河冲积平原之农田，而减洪量。

(10) 利用现在冲积平原之河流，作冲积平原之排水系统。

(11) 泺口至利津狭堤段，堤距应逐渐放宽，使达“平衡状态”，以增含泥能力，并降低洪水位。

(12) 河床比降小于“平衡比降”之河段，常生淤积，应展宽河槽，并建筑固滩激溜之丁坝，使河水激荡，而增含泥能力；或分叉流入海。在中游之叉流，仍可回注入下游，以增比降。

(13) 治黄应以兴办黄河上游农田水利事业为治水之出发点，以完成全流域之沟洫制度为终结点。

(14) 明潘季驯倡“以堤束水，以水攻沙”之议，我国治水科学受其影响而停滞者凡数百年。著者今以“播渠、疏水、激溜、扬淤，水分势杀，淤去河安”四语，作治黄“心理建设”之纲领，并绘图15，以示筑堤束水与河患之关系。

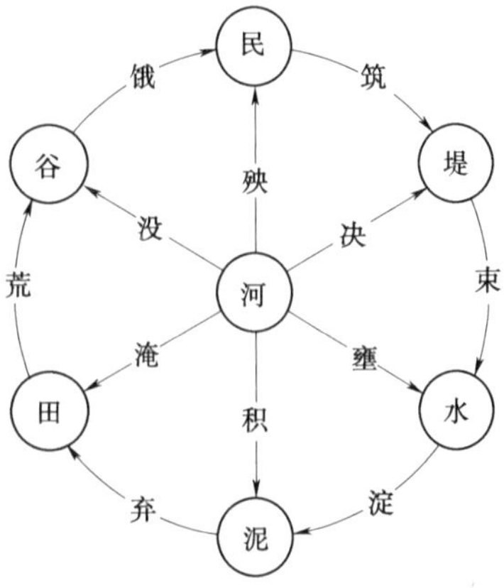

图15　筑堤束水河患累进图

18. 大禹治河之圣绩

吾华民族之农田水利文化，发源于黄河上游，逐渐东展，至下游冲积平原；然后南下，展至济、淮、江、汉之冲积平原。盖此等平原，最适宜灌溉，而以祖传之同一方法、同一制度建设其农业也。故曰：大禹治水，始冀州（今山西、河北境）、次兖（今河北、山东境）、次青（今山东境）、次徐（今江苏、安徽境）、次扬（今江苏、江西境）、次荆（今江西、湖广境）、次豫（今河南境）、次梁（今四川境）、次雍（今陕西、甘肃境），是谓“九州”。

大禹治水之精神与方法，载于尚书禹贡篇以及其他诸书，兹择其重要圣绩，谨述如后。

《祭法》：“鲧鄣鸿水而殛死”。此吾华先民治水之经验，警告后世子孙之训示：凡筑堤遏水者，终必失败。

《史记》夏本纪：“禹伤先人父鲧功之不成受诛，乃劳身焦思，居外十三年，过门不敢入”。先民既得筑堤失败之教训，乃劳身焦思，谋治水之法，即“求知”也。

《皋陶谟》：“禹曰，予乘四载，随山刊木”。

《史记》夏本纪：“行山表木，陆行乘车，水行乘船，泥行乘橇，山行乘辇，左准绳、右规矩”。在治水计划之前，必先自实地勘察、调查、测量入手；盖欲征服“自然”，必先认识“自然”。

《史记》河渠书“河菑衍溢，害中国也尤甚，唯是为务，故导河自积石，历龙门，南到华阴，东下砥柱”。吾华农业得自黄河上游，渐东展至下游，故农田水利之建设，亦自渭河流域，渐发展至黄河冲积平原。

又河渠书，“及孟津雒汭，至于大邳”（大邳在今河南浚县东南二里）。“于是，禹以为河所从来者高，水湍悍，难以行平地，数为败。乃厮二渠，以引其河”。盖黄河自浚县以下，其地面比降小于“平衡比降”，含泥能力减弱，故应疏为二渠，以增其含泥能力，并降低洪水位。

又，“北载之高地，过降水，至于大陆”。禹厮二渠，其目的不仅在减洪，且积极谋灌溉之利，故必沿太行山麓，北引至高地。所谓“过降水”（一说今漳水），即过太行山所出诸水；大陆，即今河北钜鹿。

又，“播为九河，同为逆河，入于勃海”。“九”为古代极多之意，即自干渠分为无数支渠、农渠，并以勃海为灌溉系统之尾闾，以利泄洪排水。

又，“九州既疏，九泽既洒，诸夏乂安，功施三代”。灌溉系统完成后，吾华农业基础始行奠定。

史记夏本纪：“禹与益予众庶稻鲜食”。灌溉系统完成，水量充足，乃种植水稻，以裕民食，今黄河冲积平原，水稻殆将绝迹，民族水利事业之退化，于此可见。

又，“禹与益、后稷，奉帝命，命诸侯百姓兴人徒以傅土”。盖治水为民族争取生存之事业，必须发动全民族之力量完成之。况农功水利，向为最繁重、劳苦、长期奋斗之工作，必须“人人治天下之田，人人治天下之水”，始能发挥其伟大之力量与丰硕之效果也。

孔子曰：“禹吾无间然矣，卑宫室而尽力乎沟洫”。沟洫为黄土区域特有之水利制度，吾华以农立国，建国必先建农，建农莫不急于农田水利。

农田水利建设完成后，应进而利用大灌溉系统内之渠道，兼作运渠，以利交通。观禹贡所载，各州贡道如下：

“冀州”——夹右碣石入于河。“荆州”——浮于江、沱、潜、汉，逾于洛，至于南河。

“兖州”——浮于济、漯达于河。“豫州”——浮于洛，达于河。

“青州”——浮于汶，达于济。“梁州”——浮于潜，逾于沔，入于滑，乱于河。

“徐州”——浮于淮、泗，达于河。“雍州”——浮于积石，至于龙门、西河，会于渭、汭。

“扬州”——沿于江、海，达于淮泗。

是各州所产之物，无不达于河；亦无不达于冀州帝都，足征当时运道纵横，往来无阻。禹贡：“九州攸同，四隩既宅，九山刊旅，九川涤源，九泽既陂，四海会同，六府孔修，庶土交正，底慎财赋，咸宅三壤成赋，中邦，锡土姓，祗台德先，不距朕行”。水利建设完成，农业基础奠定，物产丰富，交通便利，吾族先民，遂建立成一富强伟大之国家。

19. 河患之始

帝尧八十载（公元前2278年），大禹治河成功，至周定王五年（公元前602年），而河道初徙，禹河凡历一千六百七十六年之久，厥功伟矣，参见图16。惟此种伟大之农田灌溉水利系统，其治策固须深合乎科学，其建设须发动全民族之力量，但功成后之管理，尤需有强有力之集权中央政府以及严密之组织，始能指挥自如、运用灵活，而收治导之功。苟国家政治不良，权力不一，灌溉沟洫系统大受紊乱，“灌溉”“排水”“泄淤”“蓄水”之机能尽失，水患随之而生，岂不惧哉！据《禹贡锥指》所载：“周之衰也，王政不修，水官失职，诸侯各擅其山川以为己利。于是有荥阳下引河为鸿沟者；自是以后，日渐穿通，枝津交络，宋、郑、陈、蔡、曹、卫之郊，无所不达。至周定王五年，河遂南徙，无奈，河水之入鸿沟者多，则径流迟贮，不能衔泥沙故也”。足证当时政治，已不统一，诸侯各自为政，以一隅为利，甚且以水攻敌，邻国为壑，农田水利系统大受破坏，沟洫失修，河患乃生，殆无疑义。故曰：国家政治之统一，权力之集中，意志之集中，乃为治水之先决条件，亦即建国之先决条件也。

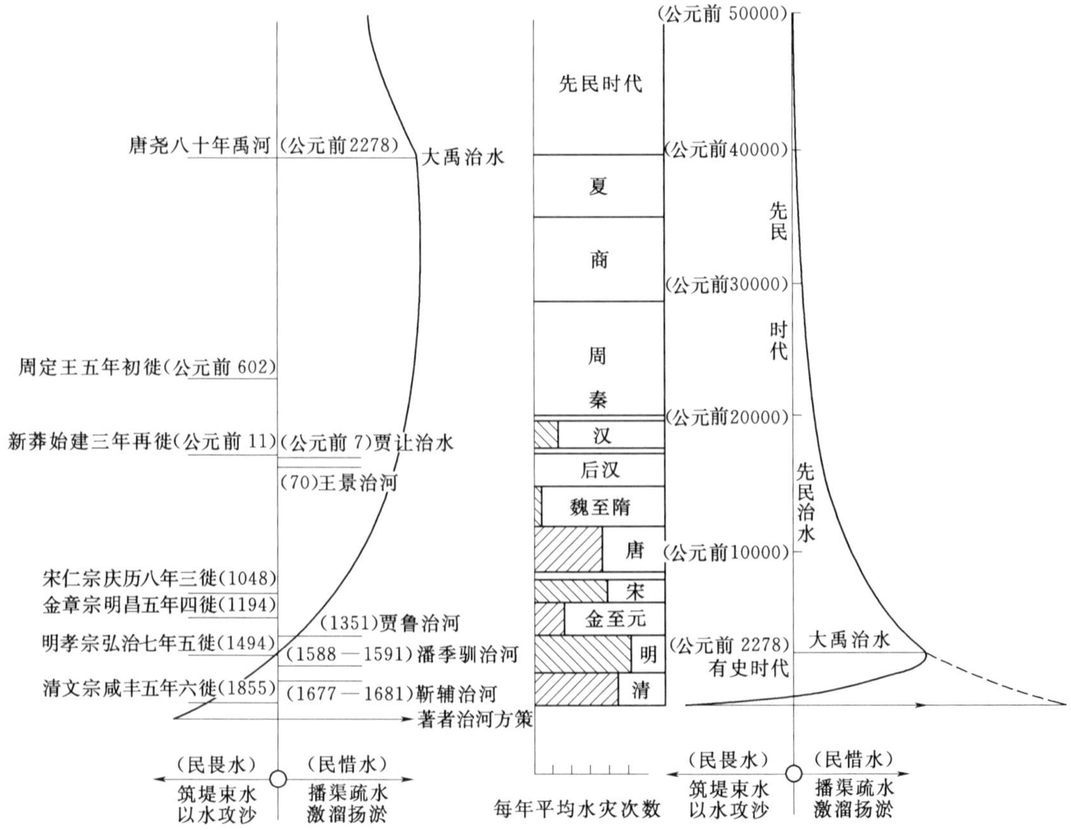

图16　中华民族治河思想变迁与水灾之关系图

20. 结言

黄河流域，吾族之发祥之地也。有史以前，先民在此广袤之黄土空间，致力于农功水利者，积长期间之经验，如何治水、如何治田，代代相传，已成为吾族生存之本能。有如鹊之架巢，蚁之营穴，于其生活之环境已得充分之认识，并深知所以利用厚生之道矣。此种争取生存、克服困难、开天辟地之宝贵经验，至大禹益光大而完备。故禹之治水，无往而不合乎科学，亦无往而不合乎建国急需。孟子曰："禹之治水，水之道也"，莫此之谓乎？

庄子曰："昔者禹堙洪水，亲自操橐而涤天下之川，股无跋，胫无毛，沐甚雨，栉疾风，置万国"。此水利工程师之真精神也。负治水之责者，必亲历山川，沐风栉雨，深识大自然流水之运行，农业国家建设之本末，而定治导之方策，始能一举而完成建国大业；即所谓"有先天地开辟之仁，后天地制作之义"，所谓"开辟"，所谓"制作"，而皆工程师之事功也。

吾族自大禹治平水土，国家建设完成以后，历代文物虽屡有进步，但治水之权，渐委诸"水官"之手（古称司空，唐后改称工部尚书）；彼等深居宫廷，肠肥脑满，乃五穀不分、菽麦不辨之流，岂能知大自然流水运行之道哉。是以距大禹年代愈远，吾华先民千万年来与水斗争之宝贵经验，愈被遗忘，而代以急功好利，敷衍塞责，以主观为真理，以想象为根据之方策；始则以堤障水（农乏），继则以堤导水（农病），终则以堤束水（农绝），此与大禹疏导沟洫之根本精神愈离愈远，河患亦遂愈演愈烈，良可概矣！

值兹民族复兴之伟大时期，亦即大禹建国精神之再生时代，水利事业为吾族争取生存之基本建设。吾族不欲建国则已，欲建国，唯有发皇禹圣“身执虆垂，以为民先”，大智大仁大勇之建国精神，自完成黄河流域之伟大灌溉水利系统始！夫治水事业，科学事业也；水利工程师之天责，非“水官”之事也。吾师李仪祉先生于《治河罪言》有云：“凡任事者，宜认清事理，无求急功，无重小仁。夫黄河问题，钜矣，广矣，岂仅一、二县之关系哉；谋近而疏远，因小而失大，智者不为也”。又曰：“既往者不可追矣，未来者，宁可再蹈其覆辙哉”！愿我后起同人，缅怀圣哲，知所奋起矣！

民国31年六月六目大禹诞辰日于武功

摘自“工程”第15卷，第6期，1942年

还 我 河 水

河山是民族的躯壳！
河水才是滋养民族的血液！

我们常有一种出神的意想，上街买了一担白菜，由一个脚夫很费力的挑进家门，堆得满满的一角，觉得相当丰富充实。可是，过几天晒成菜干以后，轻轻地只剩下二三斤，装不满一脸盆了。我们不免有一种失望，好像出了力，花了钱，换来的不是一担白菜，而是几十斤的白水。其实，没有这几十斤的白水，又何能尝到这白菜的美味呢？

一切的生物，不仅他本身的构成需要80%以上的水，而在他的生命过程中，从发芽到结果所用的水分更多。普通要生产1公斤的粮食，所灌溉的水量至少要有下列数字：

水稻	2000公斤	小麦	500公斤
大麦	530公斤	燕麦	600公斤
玉米	350公斤	豌豆	850公斤

农作物对于水的要求，不仅要“足量”，而且还要“适时”，好比关中的小麦，要有“八、十、三（月）场雨”，才能丰收。最近，据沈煜清君的研究，关中小麦的产量，是直接和生长期间的雨量成正比例的。换句话说，哪年的雨量多1倍，产量亦就可以增高1倍。所以，关中有“春雨贵似油”“惜水如惜金”之谚。

德国天文学家歌德有诗曰：“万物生于水，亦复养于水，一切新生命，实受尔之酬”。我国古语：“水为万物之源”，可见水是一切生命之所系，没有水，生命无从依托，哪还能谈上其他的文化建设？我国西北人口稀少，粮食匮乏，“缺水”是它唯一的制约；然而，“缺水”并不是“无水”，如何解决这一区域的农业问题，我们要从自然界里去寻找教训。

在燥热苦旱的沙漠里，生长着一种唯我独存，形态古怪的植物——仙人掌。现在我们已把它移植到内地来，作供人观赏玩的盆景了。它凭着什么能生存在这干旱缺水的沙漠里，这是值得我们注意的。它长着又细又密和胡须一样的根，布满在四周的地土里；沙漠中偶有阵雨，就能把所有附近的水分，很快地吸收到身体里去。它是时刻准备着，争取每一滴可能获得的水源。它有肥硕的躯干，和海绵一般，可以储藏很多水分，预备着万一水源断绝而慢慢的使用。它牺牲了漂亮的绿叶，只长着丑陋的毛和刺；因为它知道，叶是最容易蒸发水分的。它用浑圆的躯干，来代替绿叶，包着坚厚的皮，使点滴的水分不消失在体外。这不是无谓的“吝啬”，而是合理的“节流”。仙人掌已经历过缺水的环境，体味道争取生存的真理“稍有浪费，死亡随之”！这种宝贵的教训，这种生存的真理，启示我们，建设西北旱区农业的“必要措施”和“应有努力”。第一、要尽量的“开源”；第二、要尽量的“储藏”；第三、要尽量的“节流”。

我们要筑堰修渠，广开沟洫，和仙人掌的根须一般，密布在原野上，把暴雨和山洪都能很痛快、很畅利地引灌到农田的每一角落里，吸储在田地的每一层次里。我们要普凿深井，像根须一般深入地下，把伏流潜水汲引起来，救我荒旱。

西北有深厚而多孔的黄土，这实在是天赐吾民的一个最理想、最伟大的蓄水宝库。但这地下水库储藏雨水的效能，还得要靠我们平时的多多努力，才能发挥它的宏大功用。比如，能“深耕”“勤翻”，把土粒弄得疏松、理得平整，水量亦就能储得多了。我们还要沿着耕地的等高线种植田禾，多挖沟，密筑畦，把山坡做成层层阶田，点滴的雨水，就无从逃出农田了。在河流上游，择适当地点筑塘建库，务使山洪停潴有场，容蓄有所，层层节制，反复引灌，统归农用。

我们并且要严密看管已经储蓄在土壤里的水分，因为它是在不断地蒸发着，逸出地面的。在每次雨雪或溉水以后，必须随机把土面锄松，切断毛管作用，使水分无路走失，而全供田禾之用。甘肃的农民更有办法，在旱田上铺盖一层小至豌豆、大至核桃的沙砾，叫做“沙田”；既可捕集雨水，防止蒸发，又能保护地温，不过冷亦不过热，这和仙人掌的身上长些绒毛和针刺是同样的道理。

西北的农业是否尚有前途，农产是否更有增加的希望？这个问题只要问一问，对于这“缺水区域”天赋的有限水源，我们是否已经做到“利用殆尽”的地步，就可以回答了。

不必深究，我们只要看一看黄河潼关流去的水量平均每年约有450亿立方米，亦就是450亿公吨。这个惊人的数字，值得严加注意：这是我们所谓的“缺水西北”——陕、甘、宁、青四省，每个角落里流出来的；这一丰硕可贵的水量，象征着西北未来的富庶。我们可以从宽设想，以每两千公吨水量生产1公吨粮食计算，就可以生产2250万公吨的粮食，这宗产量约等于陕、甘、宁、青四省，在民国28年粮食（包括小麦、稻、玉米等）总产量980万公吨的两倍而有余。当然，我们不能没有远大理想，但决不可有过度的奢望。只要能利用这黄河水的半数，其余的半数，留以灌溉黄河下游平原，亦就可以使目前西北粮食总产增加一倍有余了。

“还我河山”，“河山”是容易收复的。但是，这滚滚的“河水”，河山的血液，民族养命的泉源，长逝东去，就永无再来的机会了！所以，我们要惊觉，要高呼“还我河水”！

余近读俄人 M. llin 所著（Men and Mountains）一书，描述苏联政府如何领导农民征服中亚沙漠，建设农业的故事，深为所感。西北水利，以图划时代之进步，水工技术之精研，固属重要，但生斯土者，对于吾族水利问题基本重心之认识，尤为急需。“得水则存，无水则亡”之意识，务使深植民心，高度觉醒，人人治天下之田，人人治天下之水，前仆后继，艰苦不辞，始能奠定永久康乐之基业也。值兹岁序伊始，愿我会友本此信念，共勉之。

玉清附识

摘自《西北水声》第6卷，第1期，1945年3月

河 泥 的 可 宝

河水是滋养民族之血液，河泥才是血液里的血浆！

记得在十几岁的时候，随着父亲坐船到乡间去，一路上看到许多农民架着水船，用两根竹竿把河底里的淤泥夹起。我当时以为是在捉鱼，父亲告诉我这是叫做“罱河泥”，农民把它拿回去做壮头（肥料）的。这个奇特的印象，我直到现在还是异常清晰的。

江南的水道，真是所谓的：纵浦横塘，密如蛛网。每年农民在他祖传的区域内罱挖淤泥做秧田的肥料，在农民看起来不过是一种“只要费力，无需花钱的肥料”；但是江南的水道，历经这样有规则的、定期的清理，就可以保持着一定的深度和水量。所以，在政府看起来，却是一种“以水利养水利”的政策；这种政策可使农田与水道，政府与人民发生一种“相依为命”的作用。有了这种作用，才能使江南水道永远畅通，江南农田永远肥沃。

我进了大学才知道北方农田是用渠水灌溉的。渠里的浑水可以自动的浇到地里。所以北方的河泥可以说是一种“既不花钱，也不费力”的肥料。

西北的渠工在历史上以关中的引泾灌田最古最早，大概始于2300多年以前（秦王政元年即公元前246年）。据史记所载：韩闻秦之好兴事，欲罢之，毋令东伐，乃使水工郑国，间说秦，令凿泾水，自中山西邸瓠口为渠，并北山东注洛，300余里，欲以灌田。中作而觉，秦欲杀郑国。郑国曰“始臣为间，然渠成秦亦之利也”。秦以为然，卒就渠。渠就，用注滇淤之水，溉泽卤之地4万余顷，收皆亩一钟，于是关中为沃野，无凶年，秦以富强。卒并诸侯，因命曰“郑国渠”。

这是中国水利史上，引灌泥水，改良耕地，建设农业的一段最有意义的史实。郑国渠经过了140多年的灌溉，渠首龙口的石堰发生毁坏，后经赵中大夫白公（汉武帝太始二年，即公元前95年），另在泾水的上游穿渠引水，才把旧有的灌溉系统重新建立起来。只是灌溉的面积已大为缩小，只有4500余顷了，郑国渠遂改名为白渠。当时的农民是这样歌颂着：“田于何所，阳池谷口，郑国在前，白渠在后。举臿如云。决渠成雨，泾水一石，其泥数斗，既溉且粪，长我禾黍，衣食京师，亿万之口。”

“溉”是供给田禾以水分，“粪”是供给田禾以肥料。在这几句动人的史诗里，一方面，描写当时的农民看到充满浑泥的渠水自动灌进他们的地里，是如何的省力，是如何的欢欣！另一方面，告诉我们“河泥”在国家经济上的贡献，是如何的伟大，如何的深切！

再有，是宁夏的渠工。宁夏在春秋时代还是羌戎所居的一片不毛沙碱之地。大约在2170年以前（秦始皇二十六年，即公元前240年），经蒙恬北逐匈奴，取河南北地千里，才开始徙民，开始播渠，开始屯田。这种古代的渠道，到现在不仅没有湮废，且经历代的扩充，黄水所灌的农田至今已有1000余万公亩。在我国水利史上写出了最光灿的一页；

有谓“天下黄河富宁夏”“塞上天府”。

宁夏的农民沿着黄河两岸建筑极长的“迎水湃”，分引黄水，灌溉农田。每年洪水上涨，含泥加重的时候，就把黄河的浑水大量的淹灌到农田里去，任其淤淀；等到浑水澄清以后，再把上层的清水泄放出去。这种方法，当地叫做“撤清澄浑”。宁夏的稻田每年只要这样反复“撤清澄浑”几次，无需另施肥料，就可以得到丰收了。

这种“撤清澄浑”的办法包含着两种重要的意义。第一，农田每年得到新鲜的河泥，不断的粪润，土地的生产力可以永远保持。第二，农民爱惜着水，同时也珍宝着泥。每年渠道虽也免不了淤塞、冲决，但是农民为着自己本身的利益，都愿意自动出工，出料，把它迅速的维修好，深合一种“以水利养水利”的有生命的政策。

“撤清澄浑”每年赐给宁夏农田的，如同一种新鲜的血液，一种无限的生机，使宁夏农民永远的富庶，所谓：“农以渠兴，民以农活，实唯渠道，宁民命脉。禾黍芃芃，渠流泼泼，不事桔槔，无忧旱魃，唯勤渠工，遂免饥渴。”

记得民国31年黄河大涨，平民、朝邑一带决堤淹舍，秋收尽毁，灾情异常严重。岂知洪水下退以后，河滩附近农田都淤上一层肥沃的细泥，次年农作物得到从来没有过的丰收，补偿了上年水灾的损失。同时，在这个区域里，原来不能耕种的沙碱湿地，经浑水漫淤，亦都化为很好的田地了。因此，我们可以这样想，假如能有一种合理的方法，一种引洪的准备，像宁夏所用的“撤清澄浑”一样，把黄河每年的洪水，有计划的淤灌到地里去，农田得到黄水经常的粪润，不仅生产力可以永远维持，同时黄河的洪水亦有了容蓄，不致像现在那样冲决为害了。

前年，我到新疆去考察，在南疆库车、莎雅一带，听说当地的农民每年在早春季节，渠道放水以前，很有规则地把渠道里的淤泥挖起，用抬筐运到自己的农田里去，当做肥料，渠道因此保持着一定的容量；这种制度真是和我们江南的“罱河泥”可说是“异曲同工”。

中国是农业国家。中国的农业发源于世界上含泥最多的黄河流域，河泥在农业上的价值，自古就为农民所重视，譬如我国的农书所载：

“壅田或河泥、或麻豆饼、或灰粪，各随其地土所宜”《农桑辑要》。

“继之以掇之，终之以涂”、又“浑水澄泥，聚于根坎，有壅培之力也”《马一龙说龙》。

“又有泥粪于沟港内，乘船以竹夹取青泥，泥拔岸上。凝定，裁成块子担去，同火粪和用，比常粪得力十倍”《农政全书》。

“又中土大河之侧及淮湾水汇之地，与所在坡泽之曲，凡潢汀洄互，壅积泥滓，退皆成淤滩，亦可种植，秋后泥干地裂，布埽麦种于土，其收倍常，此淤田之效也”《农政全书》。

“水过田肥”(农谚)。

“湾田不用粪，只要大水闷”(农谚)。

河泥对于我国农业关系的深切，在国家经济上贡献的伟大，根据种种的史实，我们无需再以更广泛的叙述了。现在所要问的是，河泥为什么能有“粪润壅培”之力？要答复这个问题需从三个方面来说：第一，河泥的蓄水价值；第二，河泥肥田价值；第三，河泥的经济价值。

1. 河泥的蓄水价值

河泥是河流上游地表因受雨水的淋蚀而冲刷下来的土壤，在黄河流域大部分是黄土兼有红土，土粒都是很匀很细的，土粒的直径很少超过 0.5mm，大部分都要在 0.02～0.06mm 之内。现在把渭惠渠和泾惠渠的淤泥结果列表 1。

表 1

类名	粒径（mm）	渭惠渠	泾惠渠
粗土	0.21～0.06	13%	24%
细土	0.06～0.02	52%	61%
粗泥	0.02～0.006	33%	12%
细泥	0.006～0.002	2%	3%

土壤的颗粒愈细，毛细管的作用愈强，能保蓄更多的水分。譬如渭河河滩上的各种土壤，每 $1m^3$ 的土内，所能保蓄的水分，约如表 2。

假定农作物的根区每 $1m^3$ 土内，每天消耗的水量是 16kg。我们就可以推算土壤每次经雨水或灌溉浇足以后，在沙土地里只要经过 12 天水分就会耗尽；但在泥土里就可支持到 28 天。换句话说，设若农田因天气亢旱，或渠水不足，或输灌费时，要等 25 天后才能得到第二次的雨水或灌溉；到那时候，沙土里的作物早已枯死，无法补救，但生长在泥土里的作物还不致受损害。

沙土比淤土容易透水，这亦是大家知道的。譬如我们把武功农学院附近的各种土壤作透水速率试验，就可以得到表 3 所列的结果。

表 2

土类	土内蓄水量（kg/m^3）
粗沙土	304
细沙土	320
淤泥	480

表 3

土质	透水率（mm/h）
渭河滩沙土	9000
头道塬黄土	8.4
渭惠渠淤土	0.0045

可见，普通的沙土透水率要比淤土约大 200 万倍。凡是漏水很大的沙土耕地，只要经浑水淤灌以后，耕地土壤里的细泥成分逐渐增加，农田漏水的损失亦就可以大大减少了，降雨和灌溉的水分就可以更有效的供给农作物生长之用。换句话说，灌淤以后的农田，漏水损失减少，对于某一定量的水源，就可以得到更多的产量。

农田每经浑水灌溉，首先沉下来的是较粗的细沙，接着是较细的粗土、细土，最后是一层细泥。等到浑水澄清，清水撤去以后，淤土逐渐干燥，就可以用普通的农具把淤积土层彻底翻松，使下层的沙土和表层的细泥搅拌均匀，形成团粒组织，则成一种最合理想的土壤了。

2. 河泥的肥田价值

浑水里的肥分，普通可以分做三种：第一种是溶解在水里的成分（盐类）；第二种是不溶于水里的成分（泥沙）；第三种是各种藻类、细菌等有机体。这三种成分的含量或多或少，全视河道上游所流经的地层土质等种种情形而定，所以常常随地不同，因时而异。

我们黄河的上游，大部分覆盖着一层深厚的黄土；黄土是世界上最肥沃的土壤，我国先民早有深刻的认识，所谓：

“厥土黄壤，厥田上上”。

“地肥饶，可都以霸”。

“沃土千里，帝王万世之业”。

“一年收而足三年食”。

譬如，我们把西北农学院附近的黄土，以及渭河滩上的淤土做肥料分析，就可以知道每吨土壤内所含的肥分，约如表 4。

表 4

肥分	武功黄土（kg/t）	渭河淤土（kg/t）	平均（kg/t）
磷肥（P_2O_5）	1.7	0.7	1.2
钾肥（K_2O）	2.2	2.3	2.2
氮肥（N_2）	5.0	0.5	2.8

这种肥沃的黄土，因受雨水的淋蚀、冲刷，随着河水滚滚而来，成一种黄色的泥浆，我们可以叫它“黄水”。“黄水”，在农民的眼光里真是一种珍贵无比的、天赐的粪料。

河水里的溶解物质中，包括一部分降雨时，从空气里吸收的氮、氧、二氧化碳等物质；另一部分，则是地表水流经土壤所溶解的各种可溶盐类，如氯化钠、碳酸钠、硫酸钠等等。河水里盐类的成分在枯水期较大，洪水期较小。假如我们的农田受种种限制而得不到洪水粪润，土壤里的盐分因历年蒸发就要逐年上升，集结在耕地的表面，把原来很肥沃的农田变成不能生产的碱地。反过来讲，如有一片不能生产的碱地，只要我们能设法把附近河流的浑水引灌进去，像宁夏的“撤清澄浑”那样，一方面供给农田以肥料，另一方面用清水来冲洗土壤里过多的盐分，这原来的碱地就可以化为膏腴了。

普通的河水常带有一种含叶绿素的藻类，这种藻类在初夏五六月间常繁殖在河滩上面，等到洪水上涨时，就被冲刷下来，混在水里。藻类腐败的时候，常分解出一种略带臭味的油质，水略呈绿色，我国农民常以这种现象占候大水，谚云：“水底起青苔，卒逢大水来”“水面生青靛，天公又作变”；“水边经行，闻得水有香气，主雨骤至，极验，或闻水腥气亦然”。

这种河水的藻类，可供给农田许多有机肥料，粪田作用很大；此外，尚有许多细菌及培养细菌之食料，这也是农田经浑水灌溉以后能自己增加肥力（硝酸盐）的一个重要原因。

3. 河泥的经济价值

河泥随河流从遥远的上游，寒冷而不能生产的山岳地带，自动的灌进我们温湿的耕地里，是一种“取之不尽，用之不竭”“既不费力，又不花钱”的天赐肥料。

我们的黄河，所含泥量特别丰富，只要看一看潼关民国 23 年流去的泥量（表 5），就可以得到一个很具体的认识了。

表 5

月　份	一	二	三	四	五	六	七	八	九	十	十一	十二	全年
输泥量（万 m^3）	410	433	887	686	1549	2933	18736	45684	11145	9850	927	717	94958

从上列数字可以看到，在我们不知不觉之间，潼关黄河每年流出的泥量大概是 9.5 亿 m^3，这是一个值得密切注意的数字。假如我们把这个泥量用“撤清澄浑”的方法，平均淤积在河南一省的耕地上（按河南的耕地面积约为 6.94 亿公亩），每年就可以增高土厚约 14mm，亦就是每世纪可以增高 1.4m，可是，现在怎样呢？这真是美国农学家金氏说得好：“沿海岸线九百公里，出海一百公里之遥，海水均呈黄色，此皆肥美的土壤也，与中国四万万人民及其子孙永别矣”。

普通耕地，土壤深度只要有 30cm，就可以得到很好的生产；所谓 30cm 的土深，即每一公亩里要有 30m^3 的土壤。因此，我们就可以推算，黄河每年流出去的泥量约相当 3200 万 hm^2 的耕地。如此巨大建设耕地的能力，至少可以用它来淤灌黄河下游的沙地和碱地（如战前山东省调查，该省黄河两岸沙碱地约计 1100 万公亩），使之化为肥美的农田。其次，我们再进一步估计这宗泥量的肥田价值：普通 1m^3 的河泥重约 1.6t，所以黄河每年流出潼关的泥量约重 15.2 亿 t，它所含肥分的重量概有下列数字：磷肥 1.85 亿 kg，钾肥 42.50 亿 kg，氮肥 18350 亿 kg。这宗丰硕的肥料，每年从寒冷的山区自动随水输送到五谷繁茂，温暖的冲积平原；它的价值，它的贡献，无论在国计上，在民生上都是难以比拟的，这是国家最重要的资源之一。

我们知道，普通的农作物每生产一吨所需要的肥分概如表 6。

表 6

作物	氮肥（kg）	磷肥（kg）	钾肥（kg）
水稻	41	16	14
小麦	64	24	21
大麦	64	24	21
棉花	214	170	230

从以上数字可以作一简单估计，假如能把黄河每年的河泥尽量利用，不再另施其他肥料，可能生产的不同农产品如下（因为河泥氮肥比较缺乏，所以把氮肥作为基本标准）：

水稻　4460 万 t　　　大麦　2860 万 t

小麦　2860 万 t　　　棉花　855t

这个产量有多么大，在民生问题上占有何等深刻的意义呢？只要把它和全国粮棉产量比较一下，就可以得出具体的概念了。据主计处民国 22 年全国粮棉生产的报告：

水稻　5210 万 t　　　大麦　638 万 t

小麦　2380 万 t　　　棉花　104t

可见，黄河每年流出去泥量的价值约可折合与全国水稻或小麦的产量值相等，或为大麦产量的 4.5 倍，棉花产量的 8 倍。

黄河的浑水是充满着活力的泉源，滋养着中华的命脉。它在未来新中国的建设上所占的重要地位，是异常确切和明显的。我们因为历史上种种传统的错误，对于这天赋的资源，不但不知道珍贵它、爱惜它，并且耗尽国帑，筑了坚固的长堤，防范它、堵塞它，把它当作人们的仇敌。一方面，黄河下游的农田从此再也得不到一滴黄水的粪润，原来的膏腴慢慢化为斥卤；另一方面，这每年流出潼关的河泥既不能平均地分布在自己造成的三角洲大平原上，势必只有集中地淤积在河槽里面。河槽淤高 1 尺，堤防也就要增高 1 尺，我们的农田相对就要降低 1 尺，等到一旦国帑耗尽，防塞耗尽的时候，而两岸的农田平时又没有一点“蓄洪”“淤灌”“撤清”“澄浑”的准备，洪流漫决哪能不闹大水呢？千余年来，这样循环往复地演变着，所酿成的“农村破落”“人口凋零”的惨痛局面，是值得我们深加反省的！

时代是前进的，真理是不灭的，为今后国族百世命运，我们的良知启示，已不允许再这样因循下去了！我们要做一种艰巨的工作，一种改变历史的伟业，用黄河的浑水，来粪润黄河的田园，来建设黄河永远的文化。

摘自《西北水声》第 6 卷，2、3 合期，1945 年

泽薮与稻人

民国28年暑假，宁夏的黄震东先生送我一本宁夏水利专刊。我当时真高兴得好像在殷墟里发现甲骨文似的；许多古代的传说、历史的奇迹，从这里面都不难找出一些比较确切可靠的解释了。

宁夏黄河的洪水，从血管脉络般的渠道，输送到农田里，经过充分的“撤清澄浑”以后，多余的水都排泄到附近的湖里。湖水再从许多的沟退泄到黄河里。这就是所谓：“一本散为万殊，万殊仍归一本”。宁夏的农民，就在这一分一合之中，争取天赋河水的滋润。宁夏的水利灌溉系统，也就是这样构成的。

宁夏的湖沼，真是“星罗棋布”“触目皆是”。这些湖沼的面积，小的不过几亩，大的有几千亩，大大小小有250多个，占地约50万亩。湖里的水不断地蒸发着，把附近的空气变得更润湿、更温暖，可以适合各种草木鱼虫的繁息。湖沼周围的农田，最适宜种植水稻，每亩地的生产能力，因此可以增加1倍（按小麦每亩产1～3石、水稻每亩产2～5石）。

灌溉系统里的湖沼，不仅是停潴余水所必需的机构，并且可以当作蓄水库做下游农田的水源。好比宁夏河忠堡的天水渠，浇地一万余亩，它的水源就是利用汉延渠的退水，从巴浪湖里引水的。不过我们要注意，普通的湖水都是清水，当地叫做“乏水”。就是没有力的意思，他的养分比较直接从黄河里所引的河水那就差得多了。

湖本身又是繁殖各种水族的大本营，好比宁夏的团鱼、鲤鱼，都是我们塞上同胞特享的口福。

宁夏的“天”“地”“人”，经我们祖先辛苦经营擘划，得到这一个平衡的发展，和谐的配合，全面的运用，统筹的管理，已很具体的说明：为什么“天下黄河富宁夏”，被誉为“塞上天府”的真谛了。

“水可载舟，亦可覆舟”这是我们中国人说明任何一件事情“有利必有弊”的一句老话。的确，我们的河水亦逃不出这个真理。在和平的时候，河水是最慈祥的赐主，可是到了战争的时候，就一变而为最残酷的魔王了！

让我们来做一次非分的幻想：假如在这个“农以渠兴，民以农活”的“天府之国”里，或是因为外敌（强悍的游牧民族）的侵入，或是因为王权——控制整个水利系统的力量——本身的衰落，或是因为各部落的势力逐渐扩大，不听从国王的命令，造成的一种割据分裂的局面，而各自称雄互相杀伐。不幸啊！从前黄河两岸“禾黍芃芃，渠流泼泼”的绣野锦塍，将就一变而成为带血腥气的战场了。

在战乱的过程中，“水”无疑是一个富有决定性的因素，谁能控制敌人的水源，谁就能致敌人以死命。普通作战所用的方法，不外三种：第一是堵塞渠道，断绝敌人的水源，使农田枯竭，兵马渴死；第二是筑堤堰水，使河水泛滥，用以防守自己的阵地；第三是引灌河水，淹没敌人的城寨，也就是所谓的“以邻为壑”的办法，这是一种克敌致果，最迅速、最有效的战术。

河渠下游的部落，固然随时有被敌人淹灌、漂没沦亡的危险，就是在上游的部落，他的渠口一旦被敌人所占领，亦就有立刻被淹的可能。因此，我们可以想象“天府之国”的任何部落，为着自身的安全，都要时刻提防敌人“水攻”的诡计。唯一的对策，亦就是最保险的办法，只有在自己城寨的四周，筑起高厚的城郭，国土内容易被淹没的地方，围上坚固的堤防。这样一来，城内的农田就永远和河水隔断，得不到周围的粪润，从前的稻田，只能改种粟麦，从前的湖泽，因为没有渠水的灌潴，逐渐干涸而绝迹。

战乱的时间愈长，破坏的程度愈烈，对于“重组织”“贵统一”的灌溉水渠系统，毁灭得就愈迅速彻底。这样长期的演变，留给后代子孙的是什么呢？

第一，河水是残酷的魔王，和猛兽一般的可畏可惧。

第二，灾荒是必然的命运。

第三，筑堤防水，是趋吉避凶的唯一办法。

第四，“天府之国”，不过是传说中的“乌托邦”罢了。

反过来讲，假定哪个“天府之国”，因为政权的始终统一，没有经过战争的毁灭（好比宁夏川地和成都平原），农民都将永远的这样颂着：“河水是最慈祥的赐主。”

写到这里，又要回到正文，我们已经不难找到一些线索，来解释黄河的下游为什么畏水如虎？为什么没有灌溉？为什么湖沼绝迹，只留下两岸长堤和永远挣扎在水旱荒灾中的悲惨命运了。

我们知道，古代黄河下游，经我们的祖先历经艰辛，治平水土，把“井田制度”“沟恤系统”建设完成以后，才开始从游散无定渔牧生活，走进有组织的社会和统一的国家，这是近代研究中国古代史的学者所公认的事实。因此，我们就不难想象，当时黄河下游的情景，可说和现在宁夏的风光是相差无几的，到处沟渠密布，湖泊连绵；亦和宁夏是同样运用“撤清澄浑”的“祖传秘方”，引灌洪水粪润田畴。我们之所以胆敢这样设想，正因为我们知道，现在宁夏的灌溉制度，都是遵循着秦汉的遗规，而这种“祖传秘方”，一定在秦汉以前，夏、商、周三代就已经很普遍地发展于我国水利文化的摇篮地（黄河下游）了。只要看看，周礼上种种记载，当时政府如何有计划的管理全国水利，灌溉排水系统如何巧妙的布置，都不难推想而知了。

“季春之月，命司空曰：时雨将降，下水上腾，循行国邑，周视原野，修利堤防，道达沟渎，开辟道路，毋有障塞”（《月令》）。

“孟秋之月，命百宜始收敛，完堤防，谨壅塞，以备水潦”（《月令》）。

“川衡，每大川下士十有二人，史四人，胥十有二人，徒百有二十人；中川下士六人，史二人，胥六人，徒六十人；小川下士二人，史一人，徒二十人”（《周礼》）。

“凡治野，夫间有遂，遂上有径；十夫有沟，沟上有畛；百夫有洫，洫上有涂；千夫有浍，浍上有道；万夫有川，川上有路，以达于畿”（《周礼》）。

“匠人为沟洫，耜广五寸，二耜为耦。一耦之伐，广尺深尺，谓之甽。田间倍之，广二尺，深二尺，谓之遂。九夫为井，井间广四尺，深四尺，谓之沟。方十里为成，成间广八尺，深八尺，谓之洫。方百里为同，同间广二寻，深二仞，谓之浍。专达于川，各载其名”(《周礼》)。

古代的湖泊，叫做“泽薮”。所谓“泽”是众流所归的大湖，“薮”是卑湿之地，都是禽兽繁殖，天然生产的大本营，国家重要民食资源之一。

“山林薮泽之利，所以与民共也”(《谷梁传》)。

“数罟不入污池，鱼鳖不可胜食也”(《孟子》)。

政府对于环境内的泽薮，都特设专职的官吏，管理经营之：

“泽虞，每大泽大薮中士四人，下士八人，府二人，史四人，胥八人，徒八十人；中泽中薮如中川之衡，小泽小薮如小川之衡”(《周礼》)。

古代黄河下游的湖泽，据经所载是很多的，如比河南的荥泽、东部的圃田、开封北面的达泽（一称沙海）、商丘以北的孟诸、山东西境的菏泽、曹洲境内的雷夏、河北南部的大陆，都是最著名的。此外，在鸿沟流域里（河济淮泗之间）水泽尤多，难以列举。

又据职方所载，古代黄河流域，重要的泽薮，在幽州有蓄、时；青州有沂、沭；雍州有渭、洛；冀州有汾、潞；兖州有卢、维；豫州有波、溠。

这许多泽薮，星散在黄河两岸，分布在伟大的沟洫水网里面，一方面可以停蓄黄河的洪水，使不泛滥为灾。另一方面可以增加空气里的水分，调节地面的温度（湖水的温度较陆地冬暖夏凉），使无酷暑燥热之害。我们只要看禹贡所载，古代黄河流域的物产：有漆、有竹、有桑、有稻；而这许多需要潮湿气候的植物，现都盛产在扬子江流域以南，黄河下游可说几乎绝迹了。

古代黄河下游的农作物，和现在的宁夏一样，以“水稻为主”，而所有的沟洫系统，亦都是以繁殖水稻为主要目的的。

“禹与益予众庶稻鲜食”(《史记·夏本纪》)。

因为稻是灌溉水利区的主要作物，所以当时政府，就把掌握全国农田水利的官吏叫作“稻人”，这是值得我们注意的。

“稻人掌稼下地，以潴蓄水，以防止水，以沟荡水，以遂均水，以列舍水，以浍泻水，以涉扬其舍作田”(《周礼》)。

可见古代黄河两岸的湖泽，也和现在的宁夏一样，不仅消极的用以容蓄河渠的退水，并且积极地利用湖泽，当作灌田的水库（古称潴），供给下游的水源。这种蓄水库的构造，常需在湖泽的下游，低洼之处筑坝一道，以增水库的容量。这种蓄水的坝工，古代叫做“陂”，好比禹贡的“九泽既陂”。春秋时候，楚国的孙叔敖所筑“芍陂”“东陂”等，都是历史上有名的水库。

约在4千多年以前帝尧80载（公元前2287年），黄河流域的沟洫系统，经禹圣建设完成以后，中国农业的基础，方始大部奠定。一切文化都在我们祖先的和平奋斗之中发皇滋长起来！平安的、幸福的过了夏、商、周三代，这可以说是黄河的黄金时代。

“禹抑洪水，（中略）九川即疏，九泽即洒，诸夏乂安，功施三代”(《史记》)。

有许多人是免不了要这样想的，黄河在我们清朝一代，不过只有268年，决溢为灾的次数，大小共有600余起（平均每年2次），但在夏、商、周三代，2000年的长时期中，据史书记载，决溢的次数，前后仅10次（平均每200年1次）；这是否因为古代的人烟稀少，生活简单，记载失传所致？是的，不过这或许是原因之一，我们只要从另一方面想：

当时的黄河，是一种自然平衡的原始河流，宽广适度，两岸又不受堤防的约束，分着许多支流，播散在他自己所造成的三角洲上。沟洫纵横，泽薮棋布，主要的农作物，又是水稻，这在农业生产的本身机构上，就有容纳大量雨水或河水的功能，黄河流域隅有非常大的暴雨或洪水，亦就无从为害了。

“沟渠河川，所以防水患也”（《周礼》）。

“源泉混混，不舍昼多，盈科而后进，放乎四海，七八月间雨集，沟浍皆盈”（《诗经》注释）。

历史上是这样演变的，黄河到了周定王的时候（纪元前602年），因为周朝的政权，一天一天的衰落，诸侯都各擅山河，称雄争霸，继之以互相杀伐。因此“以邻为壑”的水攻，就是当时作战的唯一妙策，其中以秦始皇二十三年（纪元前225年）王贲攻魏，引沟灌大梁（大梁故城在今河南开封县西）的一战，尤为盛名。

“吾（太史公）适故大梁之墟，墟中人曰，秦之破梁，引河沟而灌大梁，三月城坏，遂灭魏”（《史记》）。

这样的杀伐，这样的破坏，经过了五百多年的春秋战国，已把我们祖先经过不知若干年月胼手胝足、辛苦经营的伟大无比的灌溉系统，毁灭得干干净净，黄河流域的农业基础，因此完全破产。我们只要看汉代饥荒的严重，当时的困苦就可以想象而知了。

“间者岁比不登，民多乏食，夭绝天年，朕所痛之”（景帝元年诏，前汉书卷五，景帝纪）。

“汉之为汉，凡四十年矣，公私之积犹可哀痛，失时不雨，民且狼顾。岁恶不人，且卖爵子，既闻耳矣，安有为天下阽危者若是而上不惊者”（文帝时“贾谊上疏”，御批历代通鉴辑览，卷十四）。

古代沟洫系统，经战国彻底毁灭以后，黄河两岸仅留下二道长堤。从前的泽薮，因水源断绝逐渐墟塞。两汉以后，就所余无几，到了明代，可说大部消灭。至于职方所载的浸薮，现在亦大都改为河名，不见原形了。黄河下游，亦就从温暖润湿的“鱼米之乡”，转变成水旱频频的“灾荒之国”了。

八月十日的傍晚，平静的张家岗激起一阵从来没有过的响亮钟声，接着是爆竹声，青年男女的狂喊声。中华的儿女，好像真发现了他自己独立自由的生命！我们仍要深切的认识，所谓“千载一时”，意义的重大！我们要紧紧地把握着这整个历史的转捩点，从水旱的灾荒中，解放出来！我默默的祈祷着，黄河流域沟洫的再生！泽薮的再生！稻人的再生！

摘自《西北水声》第6卷，第4期，1945年9月

河清与清河

“黄河清而圣人出”“黄河清天下平”，这是古书上的两句成语，已是很普遍的植入黄河流域人们的心里，象征着一种大众的祈望，一种共同的心愿，一种虔诚的期待。

的确，假如黄河里流的不是现在那样的濁水，而是一种清水，黄河下游的河床就不会因历年的淤积逐渐垫高，再演“决口”“改道”“人畜漂没”的悲剧了。

我们又常看到，许多森林专家、水土保持专家和有些水利专家，很肯定的写出这样动人的字句：“照我们的计划，只要普遍的推行出去，黄河上游的黄土，就冲刷不下来，河水澄清，黄河的水灾，因此可以永远的消除了”。并且把这种办法，叫做“正本清源”的“治水计划”。

这是一个确有成效的“计划”呢，还是一个毫无把握的“理想”呢？我们要用一种“实事求是”的方法，来明辨它、答复它。

自然界的河流，为什么有的清，有的浊呢？其间是有两种不同的因素在支配着的：第一、要看河流的上游，有没有松软易冲的泥土，可以充分供给河流挟运？第二、要看河流的本身，有没有这种挟运泥沙的能力。好比我们的渭惠渠，渠水永远是浑濁的，就是因为渭河上游有很多的黄土，可以不断供给的缘故；又如我们的黑惠渠，它的水是从秦岭的山裹流出来的，土源非常缺乏，所以渠水终年清澈。我们要注意，这并不是黑惠渠的渠水“无力挟泥”，而是“无泥可挟”。反过来讲，假如我们把渭惠渠的浑水，灌进一个水塘裹，就可以看到，水里的泥沙不久全部下沉，也就是说，这塘里的水是“无力挟泥”，而非“无泥可挟”了。

黄河，中华民族的摇篮地。我们的祖先发祥于斯，托命于斯。对于这肥沃的浊水，奉若神明，崇拜它，感戴它，把它称作“浊河”。如“夫齐南有泰山之固，西有浊河之限”（史记）。“昔大禹观于浊河而受绿字”（晋书地理志）。“汉大司马张仲仪曰：‘河水浊，清澄，一石水，六斗泥，……是黄河兼浊河之名矣’”（水经注）。

古代的黄河，是否比现在更浑浊？这是难以估计的。不过，原则上我们可以这样说：古代黄河上游的黄土，比现在一定更多更厚，而河床的平均坡度，亦应较陡，所以当时的河水可能比现在更浑浊（按前一石水，六斗泥，约合含泥量52%，高出现有黄河含泥量最高纪录数倍）。假如这样推测是有几分可靠性的话，黄河可能有逐渐变清的趋势；但要注意，这种变迁非常缓慢，绝不是几十年、几百年的短时间内，所能祈望得到的。更不是我们人类，用有限的力量（譬如造林治地等）所可能阻止它、改变它的。

其次，我们再做一个简单的试验：从渠里挽起一桶浑水，静置相当时间，原来的浑水逐渐沉淀而为清水，然后，用一竹竿在这桶里捣动，我们可以看到水里激起无数的漩涡，桶底的淤泥，聚集在各个漩涡心里，向水面升起，再向四周扩散。不久，原来的清水复变为浑水，我们搅动的愈激烈，消耗的能量愈大，水的含泥量亦就愈高。

河流的含泥量（单位容积内，泥重与浑水重之比），常随着水面比降的大小而增减，因为水面比降愈大，流水向前运动，在每单位容积内，所消耗的能量愈多，激动的程度愈烈，可造成漩涡数目亦就增加，因此流水可以顶托更多的泥粒随水前进了。譬如，泾惠渠的经验，各种不同比降的渠道，所能够挟运的含泥量（不致淤积），如表1所示。

表1

比降	含泥量的百分率/%	比降	含泥量的百分率/%
1∶1000	15.0	1∶3000	3.0
1∶1500	10.0	1∶3500	2.5
1∶2000	6.0	1∶4000	2.0
1∶2500	4.5		

这是很明显的，流水的含泥能力，大概与它的比降平方或2/3次方成正比。除此之外，虽然还有其他的水力要素，好比“流量”“流速”“水力半径”“断面形状”等等，有时亦足以影响到含泥能力，可是都比较微小而不显著。根据这个原因，我们要计划一个渠道系统，系统里所有的渠道，不论干渠、支渠、农渠，它们的比降最好约略相等于该渠规定含泥应有的比降，才不淤积。倘若我们能把农渠的比降略大于支渠，支渠略大于幹渠，使渠水的含泥能力，愈到下游，愈形增加，对于防止渠床淤积那就更保险、更安全了。

天然河流的比降，就不是这样简单，可以随我们的心意加以改变的。因为它象征着一种伟大无比的“自然力”的平衡。我们知道，在河流的入海口是一个没有比降的海平面，而在河源则为峻峭的高山。自然的河流就好比一条绳索来连接这两个极端的地势。它的坡度，从最陡的山岭逐渐向下游缩小，到海口而成一平线，如表2所示，这种曲线和数学上的“指数曲线”很相似的。现在，再看黄河从潼关到入海口各处高度变更的情形就明白了。

表2

地　名	距离（公里）	高度差（米）	比降
潼关至陕县	72.8	30.70	0.000416
陕县至巩县	220.0	183.60	0.000800
巩县至姚期营	42.1	11.76	0.000265
姚期营至唐屯	279.1	44.64	0.000160
唐屯至十里堡	80.0	10.74	0.000135
十里堡至泺口	132.8	14.56	0.000110
泺口至海口	232.4	24.90	0.000110

黄河的比降逐渐向着入海口缩小，含泥的能力因此亦随着降低，一部分过剩的（无力顶托的）的泥量就要逐段淤积下来。我们来看民国23年实测记录，黄河在陕县，全年输出的泥量共有14.52亿立方米，但是在泺口，只有11.10亿立方米，其间相差有3.42亿立方米的泥沙，势必淤积在陕县至泺口间河槽里。又如山东菏泽双合岭，从民国8年到23年，这16年间，河床平均淤高1米。以上都是黄河因比降缩小，含泥能力降低，而河床逐年垫高的例证。

写到此地，我们应当再做进一步的讨论。既不能坐等“黄河清”，能不能另想一种办法，使黄河的泥沙从潼关输出以后，全部的输送到海里去？这就是所谓“沙随水去”的办法。假如我们真能做到，就不必再等“黄河清”，而“永庆安澜”了！这种理想，我们可以称它为“清河主义”，它和“黄河清”同样容易渗透到每一个关心河患者的神经系统里；明代的潘季驯和清代的靳辅主张最力，并切切实实的干了好几百年。潘季驯的《两河经略疏》曰“河非人力可以导也，欲顺其性，先惧其溢，惟当缮治堤防，俾无旁决，则水由地中，沙随水去，即导河之策也”。靳辅的《河道敝怀已极疏》曰“黄河之水从来裹沙而行，水合则流急而沙随水去，水分则流缓而水漫沙停。沙随水去则河床日深，而百川皆有所归，沙停水慢则河底日高，而旁溢无所底止。故黄河之水，全赖各处清水并力助刷，始能奔趋入海，而无滞也”。

民国以来，欧美的水利学者如荷兰单百克（Van Schermbeok）、美国费礼门（John R. Freeman）、德国的方修斯（O. Franzius）等，对黄河问题亦大都受“以堤束水，以水攻沙”的影响，主张束窄堤宽使沙随水去，作为治本计划。此外，还有德国的恩格司教授（H. Engles）认为：“筑堤束水”危险颇大，独主张“固定中水位河槽”，使黄河大溜能保持着一定的位置，不向两岸冲刷；至于由此河床能否刷深，洪水位能否降落，他始终持以怀疑态度，这是值得佩服的。

其实，要答复这个问题，并不怎么困难。如何治黄？还要在黄河的本身上，去找寻客观证据和事实。我们知道：第一，黄河的含泥能力，随着比降渐向海口降低，这是事实。第二，黄河下游的河床，无论宽窄都在逐年垫高，这是事实。第三，筑堤束水，水可攻沙亦可攻堤；何况筑堤所用就是当地冲积的沙土，沙可随水去，堤亦可随水而去，这也是事实。第四，明清两代决溢之灾，不仅未因实行“筑堤束水”而减少，反有增加的趋势，这又是一个事实。种种事实明明白白的启示我们：“清河主义”只是一个“理想”，而不是一个确有成效的“治本计划”。“螳臂挡车”，这实在是我们人类想和伟大的自然平衡作战的写照。假如我们能“反躬自省”，自知没有超自然的伟力去增加黄河下游的比降（譬如从0.00011增大到0.00080，使各处的含泥量和上游相等），我们就应当珍惜国族有限的精力，改变我们努力的方向，以“适应”大自然的趋势，利用这天赋的一水一土，建设我们“地尽其利，物尽其用”的乐园。

黄河的浑浊是否真有害呢，黄河的逐年垫高是否真有危险呢，我们有什么方法适应它、利用它？这是我们要深加思索的，这才是黄河问题真正重心之所在！

关于第一个问题，我们已经在《河泥的可宝》一文中详细的解答了。河泥不仅没有想象的那样有害，并且还有它莫可否认的伟大的价值，这里不必再加申说了。至于第二个问题，我们认为，这不是黄河本身的缺点，而是人们几百年来自己的失策，是自己找来的危险，这是我们应当辨别明白的。

人类生息在大自然里，不知有几千万年了，对于天地间一切有规则的变化，本能上就有一种“预见”和“应变”的能力，是无所畏惧的！不过遇到一种“出其不意”“突如其来”的“变化”，比如狂风、暴雨、海啸、山崩，因为事先无从预防，事后又措手不及，所以就感觉到非常可怕了。

河流的普通洪水，可说亦是一种有规律的自然变化，每年常在一定的季节出现，周而复始，没有多大可怕的。不过，我们的黄河，因为几百年来筑堤束水彻底推行的结果，逼得河底已高过屋脊，每年到了汛期，千里长堤，随时随地都有溃决的可能，并且口门裹的河水（一部分或全部），直冲而出，附近的城市、农田、坟墓刹那间一洗而光，全都泡在水里，永远不给人们一些“预防”和“逃命”的机会！而且，当河里的洪水虽然已经下落，或者是口门已经堵好，而这些被淹的土地，因为本身很低，水无退路，人们不能马上脱离悲惨的命运，一直要等太阳慢慢晒干为止。

这种种河上悲剧，很具体地告诉我们：第一，黄河的洪水，人们所怕的并不是河床的日渐垫高，而是因为两岸的土地不能同时垫高而形成一种“河在屋脊上行走”的危局。第二，我们所怕的并不是洪水周期性的、一般的漫溢，而是一种事出仓促、集中一处、“灌顶”式的决口。第三，我们所怕的并不是一涨即落的漫水，而是急流洗刷和长时间的泡在水里。

“播渠疏水、撤清澄浑”，把黄河下游的洪水和现在的宁夏一样，分散在自己造成的大平原上；把黄河的沃泥平均的淤垫在它自己冲积的三角洲上，黄河下游的田园不就会和现在的宁夏一样，“无险可生”“无口可决”了么？这是一种“理想”，还是一种“计划”？我们只要看：“千里黄河，唯富宁夏”“黄河百害，惟富一套”，这并不是天地间的“奇迹”，而是一件千古长存的“河上事实”！正因为它是一种“河上事实”，所以，我们可以把它从“塞上”搬到“中原”来。这和两千年以前，由我们的祖先，从中原搬到塞上去，是同样行之必有成效的。

“河清”莫可期待，亦是未容期待！“清河”难能如愿的，亦无力如愿！过去的一切，过去人的责任；未来的一切，未来人的责任，把握住现实，化“浊水”为“稻粱”，才是我们的责任！

摘自《西北水声》第6卷，第5、6合期，1945年11月

谈谈我国治河方策的演变和发展

（一）

黄土是世界上最肥沃的土壤和最宝贵的资源。我国人民有史以来，对这就有很深刻的认识：

“厥土唯黄壤，厥田唯上上”《禹贡》。

比如，武功西北农学院附近的黄土，每一吨土壤内所含的肥分平均有：磷肥 1.7 公斤，钾肥 2.2 公斤，氮肥 5.0 公斤。黄土不仅本身肥沃，并且还有一种自肥能力，有些地方，不施肥料，也能丰收。

黄土颗粒的直径，一般都在 0.02 毫米左右，呈草根管结构，孔隙性大，能够含蓄大量水分，供给农作物生长。

黄土疏松，翻动容易，即使用最原始的简单农具，也能耕作得很好。这就为我们祖先从渔猎生活走进农牧生活，创造了有利条件。武功有个后稷寺，寺内建有“教稼台”，相传后稷就在这台上讲学，“教民稼穑”，象征着中国农业文化之发祥。

不光是这样，由于黄土的颗粒均匀、松散，稍受雨滴剥击，即和雨水相混一起，随水下注，称为浊流，又叫“浑水”。这样，我们开渠引水，不仅能得到水分，而且浑水还带来了不少肥料。

公元前 220 年白公渠（即古泾惠渠）放水以后，农民热爱浑水，他们这样歌颂着：

郑国在前，　　白渠起后，
举臿为云，　　决渠为雨。
泾水一石，　　其泥数斗，
既溉且粪，　　长我禾黍，
衣食京师，　　亿万之口。

宁夏的农民，引黄河洪水浇地，先把浑水储蓄在稻田里，等浑水澄清以后，就把上层清水洩放出去，叫做“撇清澄浑”。宁夏的稻田，只要经过这样几次反复地“撇清澄浑”，不需要再加肥料，就可以得到丰收了！他们把清水叫做“乏水”，就是软弱无力，没有养分的意思；而相反，把浇浑水叫做“上龙粪”。

自孟津以东，北至渤海，南达长江，是一个伟大的黄河三角洲，见图 1。千万年来，黄河为祖国创建了多少肥沃的土地！在这块广大肥沃的土地上，受到了黄水的粪润，孕育了光辉灿烂的中华文化。

（二）

约在两万年以前的旧石器时代晚期，世界上各族人民都有洪水的传说。人类因平原受到洪水的淹没，都逃到高山顶上居住。我们的祖先，受到了这次洪水的浩劫，故事世代相传，心惊胆寒。不过，这次的洪水，到新石器时代晚期（约5000年以前），就已消退几千年了，人类也早搬到了河流的冲积平原上居住。但是，当时河水的涨落，与现在比较起来，还没有根据可说明有什么两样。

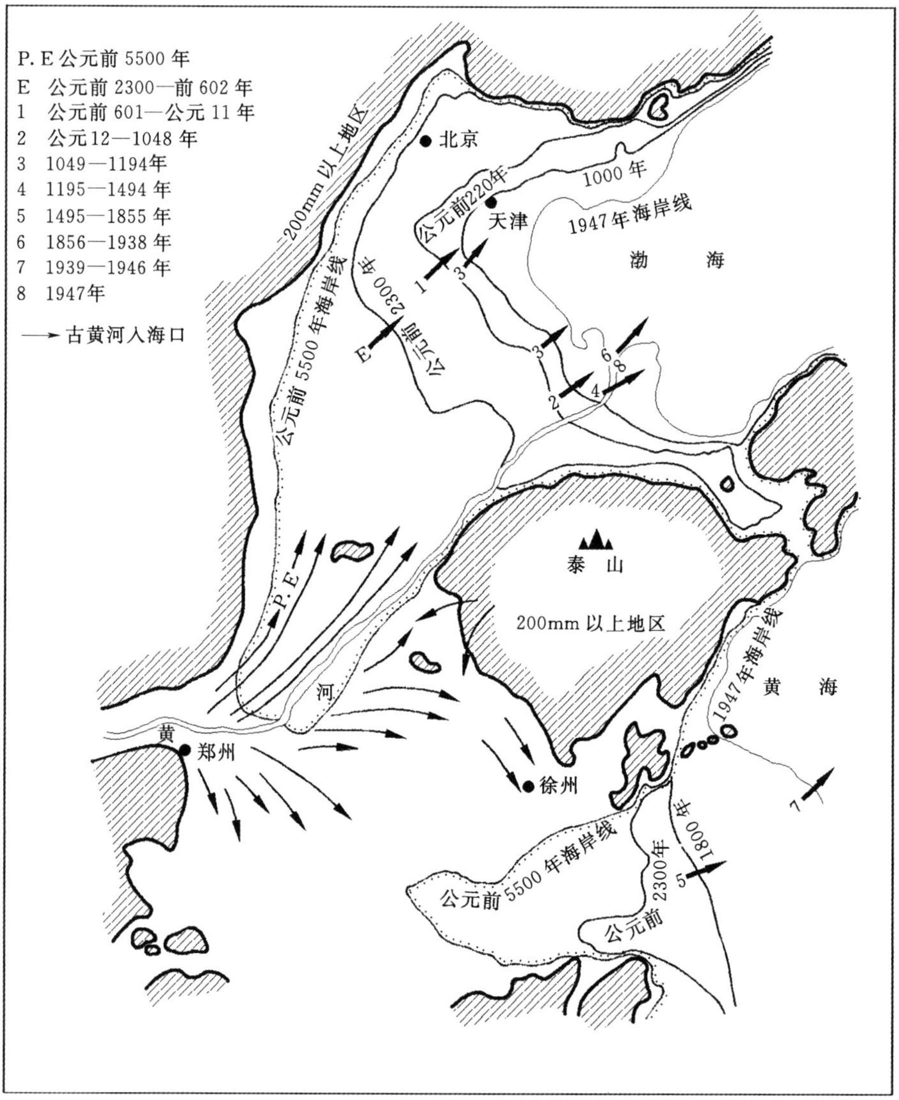

图1　黄河三角洲

在西安东郊的半坡村遗址，能够亲眼看到新石器史期我们祖先的生活情况。当时已经进入了畜牧兼农耕的社会，多半已有定居，过着一种没有私产、没有阶级的原始公社制生活。

“大禹”，可能是当时治水最有经验的部族名称，也可能是某个部族的杰出首领。由于他能团结各公社的先民，合力治水，立有功勋，受到人民的尊敬；后世子孙，更加以神化而崇拜，并与传说中古代洪水的消退联系起来，说成是大禹的功劳。

可以想象，当时的黄河，完全是一种自然河流。黄河出谷以后，分成许多条支流入海，沟道交错、草湖泽薮棋播；各部落人民，同心协力，开渠引水，灌溉农田。偶遇特大的洪水，就共同起来防御。

这种黄河三角洲上的灌溉水利制度，到大禹的时代（约公元前2000—前1600年），已经有相当完整的发展。我们只要看一看世界上其他古代水利文化发源地，比如埃及尼罗河三角洲（图2，从略），已经有上千年历史的灌溉水网，就不难想象当时我们黄河三角洲上的水利情景了。

这巧妙地引用黄水灌溉的方法，到了后世，往往还引起人民的怀想和追念，尤其是到战国时期，诸侯互相争雄，长期杀伐，把几千年来劳动人民创造的灌溉水网，破坏得干干净净，搞得民不聊生。

“禹贡”一篇，是战国时期的作品，写出了大禹治水的传说，歌颂了劳动人民开天辟地的伟大气魄，对当时统治阶级和水官们，则给以憎恨和不满。

“鲧鄣鸿水而殛死”《祭法》。意思是：主张筑堤防水，不让浇地的人该杀。

“禹曰，予乘四载，随山刊木”《皋陶谟》。

“行山表木，陆行乘车、水行乘船、泥行乘撬、山行乘辇，左准绳，右规矩”（《史记·夏本纪》）。描述劳动人民治水的经过，必先从实地察勘、调查、测量入手；要征服“自然”，必先认识“自然”。

“河菑衍溢，害中国也尤甚，唯是为务，故導河自积石，历龙门，南到华阴，东下砥柱”（《史记·河渠书》）。劳动人民治水，应该先从上游开始，逐渐向下游发展，直到黄河冲积平原。

“及孟津、雒、汭，至于大邳”，“于是，禹以为河所从来者高，水湍悍，难以行平地，数为败。乃厮二渠，以引其河”《河渠书》。这说明了，大禹时代就有在黄河下游开渠引河、分水灌溉的事迹。

“北载之高地，过降水，至于大陆”，“播为九河，同为逆河，入于渤海”《河渠书》。“九”是古代极多的意思，就是从干渠上分出无数支渠、农渠，并且把渤海作为灌溉水系统的尾间。

“九洲既疏，九泽既洒，诸夏乂安，功施三代”（《河渠书》）。黄河下游，伟大的灌溉排水系统完成以后，中国的农业水利基础，从此奠定。

“禹与益、后稷，奉帝命，命诸百姓兴人徒以傅士”（《夏本纪》）。大禹治水的成功，完全依靠了广大群众的智慧和力量。

孔子说：“禹吾无间然矣，卑宫室而尽力乎沟洫”。“沟洫”就是古代一种灌溉、蓄水、排水三结合的水利制度。应该着重指出，这一制度，是通过了劳动人民几千年来在黄河流域的生产实践中得到的。大禹时代，这种灌溉方法已形成了完整的体系，而通过了商、周两代，又得到了更高的发展。

《周礼》上说：“凡治野，夫间有遂，遂上有径；十夫有沟，沟上有畛；百夫有洫，洫上有涂；千夫有浍，浍上有道；万夫有川，川上有路，以达于畿”。《禹贡锥指》上说：“禹尽力乎沟洫，导谿谷之水以注之田间，蓄泄以时，旱潦有备，高原下隰，皆良田也。”

从以上的字句里不难想象，古代黄河下游三角洲上，沟渠纵横，塘湖棋播的美好景象。

也许有人要怀疑，在史前新石器时代晚期，劳动人民能否在黄河上开渠引水，作出这样大规模的灌溉系统呢？我认为是完全可以肯定的，开渠引水，最初主要是利用三角洲上已有的或已干的支沟叉流，加以疏通整理，引导洪水，使能溢入田内。这种工作，用原始的石锄和木制的农具“耒”就可完成，无需铜铁等器具。后来，再发展到有目的地穿过高地，开挖新渠，修建堤湃，灌溉田园。我记得有一本英国人最初到澳大利亚探险的游记，作者看到当地的土著人，只用木、石原始工具，从数十英里以外，挖渠引水，灌溉农田，引起了他极大的惊奇。

再从我国近代的史实看，王同春（1851—1917 年）赤手空拳开发河套水利的伟大事迹，主要依靠的就是人民的创造力量和无穷无尽的智慧；当然，这也是与黄河流域水肥土松、容易开垦的有利条件分不开的。

（三）

从商代（公元前 1600—前 1100 年）起，由于农耕、畜牧、手工业与商业等分工，中国的社会进入了奴隶制社会阶段。这时，各部族互相兼并，演变成了许多小国，各国为了夺取黄河下游的优良环境，又逐渐归合，再现了 241 年（公元前 722—前 481 年）的春秋大国称霸和 258 年（公元前 480—前 222 年）的战国七雄竞争。从前好似身体里血液的黄河，已变成战场上的壕沟。各国平时高筑城郭，培厚堤防，以邻为壑，唯恐黄水的侵犯。战时干脆把黄河当武器，决水淹灌敌城，把劳动人民多少年来辛辛苦苦建立起来的沟洫系统破坏得干干净净。

周定王五年（公元前 602 年），黄河第一次改道，《禹贡锥指》上说：

“周之衰也，王政不修，水官失职，诸侯各擅其山川以为己利，于是有荥阳下引河为鸿沟者；自是以后，日渐穿通，枝津交络，宋、郑、陈、蔡、曹、卫之郊无所不达。至周定王五年，河遂南徙，无奈，河水之入鸿沟者多，则径流迟储，不能衔泥沙故也”。

从这一史实，可以明显看出，黄河下游三角洲上，规模巨大的灌溉引水系统的毁灭，主要是由于政权分裂和长期战乱的破坏。

再从另一方面看，在祖国的土地上还有许多历史悠久、规模巨大的灌溉引水系统，只要政权比较统一，没有受到长期战争破坏，就能得以保持下来。例如四川的都江堰、陕西的郑国渠（泾惠渠前身）、宁夏的秦渠和汉渠，直到现在还很好地保持着原来的规模。

我们知道：“一切知识，来自生产实践”。这些我国现存的古代灌溉水利系统，当时的主持者和工程的领导者，都是生长在黄河流域富有治水经验的人。比如都江堰的李冰，是由秦昭王派到四川去当“蜀守”的；开凿郑国渠的郑工，是韩国（在今河南）的水利工程师。他们辉煌的治水成绩，也可充分反映战国时期黄河中下游的灌溉水利技术，已经形成了一套完整的办法，并且达到了很高的水平。

灌溉水利，是汉族农业文化的特征。而这种文化，发源于黄河中下游，通过了秦国政权的扩张和中国的统一，再经汉代的继续努力，使之逐渐向祖图各地和边疆推进，并且一直保存和发展到现在。而在这种灌溉农业文化的发祥地，却反因长期战争破坏而逐渐消亡；自元代起，直到新中国建立，几乎再也看不到分引黄河粪润田禾的史例了。

（四）

黄河下游的堤防，大概是从战国时代开始的。

贾让说："盖堤防之作，近起战国，雍防百川，各以自利"。

各国当时的统治阶级，为了保卫自己的国土，防御敌人以决水灌城，对黄河保持着警惕和恐惧。因此，高筑堤防，严密防卫，是可以理解的。但由于黄河被约束在两条堤防之内，为后世子孙带来了多少灾害，那就不是当时所能想象得到的了。

三角洲上的河流，水位一般都低于两岸，遇有特大洪水，漫溢上滩；但水落即退，留淤细泥，肥沃异常。两岸土地也随着河床的淤淀，逐年增高；当地水涝，也能排入河内，不会成灾。

古代劳动人民，在生产实践中，掌握了这一河流演变的规律，常在自己土地的四周围筑田埂；同时，又从河流的上游挖渠，有控制地分引洪水，创造了"撇清澄浑"的办法，粪润田园，培壅土地。比如，宁夏河套的渠系，埃及尼罗河大三角洲，几千年来一直就用这种筑堤分洪与引洪淤灌相结合的办法，保证土地的肥沃和高额丰产。

中国自从阶级社会出现以后，各部族互相兼并，战争越来越多，规模也越来越大，再加游牧民族南侵，黄河下游原有的沟渠水网，逐渐破坏荒废，到了战国时期，堤防可说是已经成了治河的主要工具。

河流约束在二条长堤之内，水位必然壅高，原来是有许多支流和渠道分洪引水的，现在没有了，洪水量也就要跟着加大；原来的泥沙，是平均分散在广大三角洲上的，现在只能集中淤积在河槽内了，河槽淤得越高，堤防就必需跟着加高，慢慢地变成了地上"悬河"。这样，河道两岸的土地，平时不仅得不到灌溉，一旦决口改道，生命财产的损失更是不堪设想。

河流有了堤防之后，内涝排不出去，地下水也因之抬高，原来是很肥沃的土地，就会变为湿地碱地，生产力大大降低。

这一切，并非仅是理论上的推断，新中国建立之前，黄河下游的实际情况，的确也就是如此。千百年来，黄河成为中国人民的巨大祸患，黄河的下游频繁的决口和改道，给两岸人民带来沉重的苦难。这种情况，只有在人民作了黄河的主人之后，才会有根本改变。

恩格斯说："当资本家为着直接的利润去生产和交换时，他们只能首先注意最近的、最直接的效果……对于自然界和社会，现今的生产方式，主要只注意最初的、最显著的结果。后来人们才惊奇地发现，为了达到上述结果所采取的行为，对结果完全是另外一回事；在大多数情况下，甚至是完全和那种结果相反的。"

这种自然现象的辩证关系，在水利工作中特别显著。比如我们的祖先，为了保护田地，坚筑堤防，抵御洪水，成效迅速而显著，也不能说一定不是一件好事；岂知竟会酿成几千年的灾难，却这是当初绝不会料到的。

我们水利工作者应该提高警惕，从历史中取得应有的教训。

（五）

自从黄河第一次改道后，黄河下游的人民，不仅得不到水利，反而受到了水害；历史上第一次出现了"河患"这一名词，也反映了统治阶级的恐惧和烦恼。

新莽始建三年（公元前11年），黄河第二次改道；3年后（公元前7年）贾让提出了历史上有名的"治河三策"《汉书·沟洫志》。

贾让的上策说："今行上策，徙冀州之民当水冲者，决黎阳遮害亭，放河使北入海，河西薄大山，东薄金堤，势不能远，泛滥期月自定。"

他的中策说："若乃多穿漕渠于冀州之地，使民得以溉田，分杀水怒，虽非圣人之法，然亦救败术也"。又说"通渠有三利，不通有三害。民常罢于救水，半失作业，水行地上，凑润土彻，民则病湿气；木皆立枯，卤不生谷；决溢有败，为鱼鳖食，此三害也。若有渠溉，则盐卤不隰，填淤加肥；故种禾麦，更为粳稻，高田五倍，下田十倍；转漕舟船之便，此三利也。今濒河堤吏卒，郡数千人，代买薪石之费，岁数千万，足以通渠成水门，又民利其灌溉，相率治渠，虽劳不罢，民田适治，河堤亦成"。

最后，他的下策说："缮完故堤，增卑培薄，劳费无已，数逢其害"。

从贾让的"治河三策"，我们可以看出：

第一，他已经认识到，在当时的堤防制度下，黄河的改道是一种自然变迁的必然趋势。为了改变被动局面，免得将来改道时受到难以预测的灾害和损失，不如早作有计划的人工改道，争取主动，这可说是一种"不与水争地"的方案。

第二，他正确地总结了，不通渠的三害和通渠的三利。建立了河渠结合、兴利除害、富国安民的方策。

第三，他否定了堤防对治河的根治作用，同时又肯定了堤防暂时的防水作用，也可说是一种"与水争地"的方案。

地面上的雨水、河水以及泥沙，都须占有一定的空间或容积，无时无刻不受地心引力的作用，从高处向低处运动，这就是"水土就下"之本性。我们有力量认识这一运动的发展，采用一定的措施，引导这一运动的方向，使有利于我们的生产。土地是我们生产和生活的物质基础，我们是不得不与水争地的。"与水争地"和"不与水争地"两种方针，看上去是对立的，有矛盾的；然而这一矛盾，只要通过了播渠疏水、撇清澄浑、改种粳稻，使河、渠、田结合在一起，水有了容蓄的空间，泥有了淤积的位置，土地也就获得了高产，使这一矛盾得到统一，这就是贾让治河方策的基本论点。

人类自有史以来，也做了不少伟大工程，比如埃及的金字塔，中国的万里长城等等。但到而今，这类工程除了供人游览凭吊以外，再不起任何作用；唯独巨大的灌溉系统，比如四川都江堰，宁夏的秦渠和汉渠，以及尼罗河、恒河上的古老渠系，几千年来一直运用到现在，并将日新月异地发展下去，能够万世食其利。这正是因为我们的祖先在长期的劳动生产实践中，已经从根本上掌握了自然界水土的运行和人类生产活动的依存关系，并且巧妙地运用了它。

贾让的"治河三策"，正确地总结了我国劳动人民的治水思想，并且作出了理论性的概括。贾让是我国历史上伟大的治水思想家，是应该肯定的。

东汉永平十二年（公元69年）王景治河，《后汉书》王景传说："十二年夏，遂发卒数十万，遣景与王吴修渠筑堤，自荥阳东至千乘海口，千余里，景乃尚度地势，凿山阜，破砥碛，直截沟涧，防遏冲要，疏决壅积，十里立一水门，令更相洄注，无复溃漏之患。

景虽简省役费，然犹以百亿计。明年夏，渠成。”

王景治河的具体办法，史书上再没有更详尽的记录；但是王景治河的成绩，是无可否定的。经过辽、晋、唐、五代，约一千年，黄河一直维持原状，没有闹过严重的灾害，这是值得我们深刻注意的。那么他成功的关键，主要在哪里呢？

第一，他原则上继承了贾让河渠相结合的治水方策，用汴渠分去黄河一部分水量和沙量。同时，他又创造性地安排了“十里立一水门，令更相洄注”的技术措施，用以适当地调节河渠间的水量和泥沙的运动。

第二，汴渠的航运和灌溉促进了生产，使经济有了发展，这样每年渠道的淤积，可以定期清除，从而使汴渠的分洪能力得到了保证。正如武同举在“淮系年表”中说：“汴河旧底有石板、石人以记其地理；岁兴夫开渠，至石板、石人以为则”。这和宁夏渠道的安置“底石”的作用完全一样，都是祖传渠工的老规矩，收到“民利灌溉，相率治渠，劳而不罢”的根本效果。

王景治河在贾让“治河三策”提出七十余年后，直接受贾让治河思想的影响，并且在技术上有了重大发展，创造了治河史上“千年无患”的光辉业绩。王景应是我国历史上最杰出的水利工程师，也是可以肯定的。

同时，通过这一历史事实，更具体地说明了，即使黄河的洪水和含沙量没有减少（当然能减少更好），只要河渠结合，治理得宜，在当时的历史条件下，下游河道也能保持千年平安。

王景治河成功后，直到1048年（宋仁宗庆历八年），黄河才第三次改道；1194年（金章宗明昌五年）又第四次改道。

（六）

1234年，元蒙古军占领了黄河流域，由于游牧民族的生产方式不同，统治阶级对于河渠水利，极不重视，任其荒乱。到了1324年（元泰定元年），黄河夺汴，汴渠的历史告终。此后，治河思想也就引起了质的变化，逐渐向违反人民长远利益的方向发展，这是我国治河历史上一个重要的转折点。

1351年，贾鲁治河，虽也有一定的成绩，但是因为违反了人民的利益，酿成民怨，激起人民的反抗。如元史《河渠志》说：“先是，岁庚寅，河南北童谣云：‘石人一只眼，挑动黄河天下反。’及贾鲁治河，果于黄岗得石人一眼，而汝颖之妖寇，乘时而起，议者往往以谓天下之乱，皆由贾鲁治河之役，劳民动众之所致。”

1494年（明孝宗弘治七年），黄河第五次改道。

1588年（明神宗万历十六年），潘季驯治河，他的治河思想主张用堤防来约束水流，加大流速，冲刷泥沙，而使河槽越刷越深；最后，黄河可以成为地中河，就不再会冲决改道了。他说：“水分则势缓，势缓则沙停，沙停则河饱，尺寸之水，皆由沙面，止见其高。水合则势猛，势猛则沙刷，沙刷则河深，寻丈之水，皆由河底，止见其卑。筑堤束水，以水攻沙，水不奔溢于两旁，则必直刷乎河底。一定之理，必然之势。山合则所以愈于分也”。

潘季驯片面地看了，河流筑堤束水以后，有较大的攻沙能力，这只是问题的一面，但他据此作为全面治河方策的理论根据，那就错误了。

首先，河流束窄以后，水位抬高，更增长了洪水对堤防和两岸的威胁，同时，束窄段的上游比降，受阻变缓，加速了泥沙的淤积，也加大了旁溢的可能性。而且，束窄段冲刷出来的泥沙，必然要淤积于下段，成为鸡心滩、门坎沙阻塞水流，横溢冲决更为严重。再就束窄段本身来说，堤土都是上游冲来的黄土，流速加大，冲刷堤根，冲决的可能性也就跟着增加了。实际上，河床本身也不可能避免淤积。因此，潘季驯的方策，单就水力观点来说，是站不住脚的。

潘季驯对河堤束窄以后，给两岸农田造成的影响不加考虑，对两岸的饥旱情况也无动于衷，他的心目中黄河完全是一条“祸水”；这与人民热爱黄河的思想情感，也毫无共同之处。

明代为了巩固封建王朝的统治，历行集权制度，提高专制权威，潘季驯的治河思想，正是当时统治阶级专制集权，在治水方面的反映。这是一种蛮横专断，急功近利，只顾目前，不计后患，头痛医头，苟延残喘的治水思想。

事实证明，潘季驯用了“强力”治河，不到几年，黄河仍频频为患，他虽忠心耿耿的为皇朝奔走，四度主持河务，前后8年，但却没有什么大的成就。违反了河流演变的客观规律和人民的根本利益，正是他治河失败的根本原因。

1677年，清代靳辅治河，也基本上因袭了潘季驯的“筑堤束水，以水攻沙”理论，技术上虽略有改进，但治绩更差。

应该说，明清两代奉行了“筑堤束水，以水攻沙”的治河方策，所造成的损失是难以估计的。但也应该指出这种方策是必须和洪水作正面斗争的，因此，在河工防堵技术方面，也创造了许多方法，同时，也加深了对于黄河水性的认识。

（七）

1911年辛亥革命以后，西方资本主义国家的文化广泛传入我国，促进了治水技术的发展，对黄河的气象、水文、地质等要素，也有了更为全面的认识。但在治河的方针政策基本上仍停留在“筑堤束水，以水攻沙”上，还是希望更有效地、尽快地把水送走。

美国米尔迈河，在河道的支流上筑了水库群，防洪有效，也对当时治河方策起了一些影响。但是，联系到黄河的实际，由于含泥量特大，就存在着水库寿命过于短促的问题。

1928年，李仪祉（1882—1938年）先生首先提出了用“沟洫”来拦蓄黄河的洪水和泥沙下行，作为根治黄河的方策。李先生说：“治水之法，有以水库节水者，各国水事用之甚多。然而用之黄河，则未见其当，以其挟沙太多，水库之容量减缩太速也。然若分散之为沟洫，则不啻亿千小水库，有其用而无其弊；且有粪田之利，何乐而不为也。”

“沟洫”这一名辞，可以看作是古名今用。它代表一切控制当地雨水，包括蓄水、灌水、排水等等群众性水利措施的总称，也是我国劳动人民在生产实践中创造出来的“土办法”。比如，上游的梯田、谷坊、涝坝、水窖，下游的池塘、河网，都可以包括在内。“沟洫”和“水土保持”的含义相似。不过水土保持一般多指用于河流上游的拦水拦泥措施，是从英文 water and soil conservation 一词翻译过来的。

李先生对群众性的小型水利在治河工作中所起的决定性作用，已经有了深刻的认识和重视，为我国治河方策，开辟了一条新的道路。

1947 年，成甫隆根据山西临县黄土丘陵地区截堵山洪的经验，提出了“山沟筑坝淤田”的办法使沟洫制度在黄河上游，有了进一步实现的可能。

应该指出，在这个阶段，中国的治水学术思想也和其他学术思想一样，由于西方科学的传入，通过了许多水利学者，如李仪祉、武同举、郑肇经、张含英、李赋都等先生的倡导；以及无数水利工程师与劳动人民的实践，使几千年来停滞在封建式水工技术，引起了某些质的改变，走向了科学水工技术革新的道路。但总的来看，取得的实绩仍是微不足道的。

反动的统治阶级，本质上是自私自利，剥削侵吞，不会关怀人民的痛苦和重视人民的生命财产。因此，一定要到人民当家做主管理黄河后，才有可能根治水害、开发水利，使黄河成为一条造福人民的河流。

（八）

抗日战争时期，我在陕西跟李仪祉先生搞水利。看到泾惠、渭惠两渠成功，农民对浑水的热爱和喜悦，思想上不得不引起黄河下游为什么不能开渠引水，大搞灌溉的怀疑。

河流的三角洲上，水无所不达，本身就是一个天然的、最理想的灌溉场所。每当想到埃及人民歌颂尼罗河的诗句，就会激起我们对黄河的热爱和不平！

哦，尼罗！
我们欢呼以迎！
你前来兹土，
赠给埃及以生命。
你由黑暗中流来，
煞是神秘。
灌溉喇（日神）所造的乐园，
使牛羊都有生气。
你用水润着泥土，
那是无价的鸿恩！
谷赖此以长，
麦赖此以生。
故当建庙纪念于永恒。

我们常把尼罗河三角洲的灌溉水网，当作想象中的黄河模型。1942 年，我在兰州中国工程师年会，提出了对“黄河治本的看法”；把黄河下游三角洲改造成像尼罗河三角洲那样，全面的播渠分水，建立灌溉水网；并进而设想，抗战胜利后，这一灌溉系统，可以先从黄泛区着手。在这一广大的渠道水网里，浑水系统和清水系统，如同动脉血管和静脉血管一样，既要严格地分开，又须紧密地配合。

浑水系统有如动脉血管，输送肥沃的黄土，粪润田畴，改造沙荒地、碱地，填淤低洼旱涝的地方。浑水灌田，通过“撇清澄浑”，就成清水，清水流入清水系统或蓄于池塘湖泊，作为下游较低处的水源。

浑水系统的任务，以灌溉输泥为主，坡度宜陡，流速要大，大致与等高线垂直布置，每年养护清淤，需留有一定的停水时间。

清水系统以蓄水、航运作为主要任务。坡度宜缓，流速要小，大致与等高线平行布置，且和湖泊水库串通，全年应长期满水。

浑水渠倘有淤塞，可利用上游的清水来冲洗，或平时引入适量清水，稀释浑水含沙量，做到不冲不淤或少淤。

我们知道，一旦要在黄河下游开渠引水灌田，就必然要对几百年来奉为金科玉律的“筑堤束水，以水攻沙”的治水思想，加以批判。

应该指出，我们批判“筑堤束水，以水攻沙”把浑水送走的治河思想，并不是主张废除堤防。恰恰相反，我们还要重视堤防对灌溉渠系和人类各种经济生活的保障作用。在河流下游的三角洲上，容易受到洪水侵袭的地方，以围堤保护农田村落，是完全合理的，也是必要的。我们的灌溉水网，只有在得到了堤防的保护，没有洪水破坏的条件下，才能运用自如，发挥分洪淤灌、粪润田禾的巨大作用。同时，受到堤防保护的土地，只有在引洪灌溉，撇清澄浑的条件下，才能从根本上消除土壤盐渍化和沙化的因素，永远保持稳定丰产。同时，也只有这样，农民才有力量来培修堤防，使它的防洪能力得到保证，做到“以堤护渠，以渠养堤，堤渠相长”。

我们曾经绘了一张“治河思想变迁图”（参看本集《黄河治本探讨》），说明我国历代治河方策的方向和水灾次数、河流改道的概略关系以及检讨和变革治河思想的重要性。应该说，我们当时的观点和设想也不可能完美无瑕，也存在着一定的片面性，还远远不能满足劳动人民对黄河的理想和期望。

（九）

1949 年，祖国的大地上搬走了长期以来压在人民头上的三座大山，劳动人民做了水土资源的主人。千百年来，反动统治阶级长期坚持的“束水攻沙，唯排是务”的治河思想，也应跟着他们的灭亡一去不复返了。

1949 年，治河机构统一后，随即确定了治理黄河的目的，是变害河为利河，治黄的总方针，应该是防灾与兴利并重，上、中、下三游统筹，干流与支流兼顾。1951 年，在总结历史上治河的经验与教训的基础上，认清了黄河洪水和泥沙运行的规律，批判了“束水攻沙”的方针，明确地提出了“蓄水拦沙”的新治河方案。这种从全局和长远利益出发而提出的根治、开发和利用黄河的方案，只有在人民当家作主的时代才有实施的可能。

在这一新方针的指导下，黄河下游采取了“宽河固堤”的办法，一方面按现状与不同的洪水情况，给洪水以恰当的去路；另一方面则坚固堤防，汛期严密防守。经过艰巨的工作，创造了黄河 13 年安全度汛的光辉成绩，有力地保障了祖国社会主义建设事业的顺利进行。同时，在下游治黄和用黄的实践中，还作出了兴利的创举——引黄灌溉济卫工程，于 1953 年胜利建成。这一创举，冲破了黄河下游不能开渠引水的历史禁令，使黄河下游的水土资源更好地为人民造福走出了新路。

在治河思想方面："根治水害，开发水利"的方针逐渐趋于成熟。1954年10月，完成了黄河综合利用规划的编制工作。1955年7月1日，国务院邓子恢副总理在一届全国人民代表大会第二次会议上，作了关于"根治黄河水害和开发黄河水利的综合规划报告"，他说："我们今天在黄河问题上，必须求得彻底改变，通盘解决，不但要根除水害，而且要开发水利。从这个要求出发，我们对于黄河所应取的方针，就不是把水和泥沙送走，而是要对水和泥沙加以控制，加以利用"。"从高原到山沟，从支流到干流，节节蓄水，分段拦泥，尽一切可能，把河水用在工业、农业和运输业上，把黄土和雨水留在农田上。这就是控制黄河的水和泥沙，根治黄河灾害，开发黄河水利的基本方法"。这个规划，是我国历史上第一次全面提出彻底消除黄河灾害，大规模地利用黄河，发展灌溉、发电和航运事业的富国利民伟大计划，它集中地体现了我国人民千百年来的愿望，也给为祖国社会主义建设事业而忘我劳动的全国人民带来了巨大的鼓舞。人民这样的歌颂着：

黄水黄、黄水黄，渠道满，顺畦淌。
黄水浇过绿浪翻，黄水流过歌声扬；
西华肥土黄水灌，赛过江南胜天堂！

黄水混，黄水混，黄澄澄的爱煞人。
强过金，胜过银，比金比银强十分；
麦苗饮了黄河水，秋后粮堆穿过云。

参 考 文 献

[1] 丁肃. 华北平原的生成，中国水利工程学会月刊，15卷1期. 1947.
[2] 杨宽. 关于西周农业生产工具和生产技术的讨论，历史研究，1957. 第10期.
[3] 顾颉刚. 王同春开发河套记，1935.
[4] 恩格斯. 自然辩证法，人民出版社（1956）145页和148页.
[5] 李仪祉. 黄河之根本治法商榷，华北水利月刊，1卷2期. 1928.
[6] 李仪祉. 沟洫，华北水利月刊，4卷5期. 1931.
[7] 成甫隆. 黄河治本论，北京平明日报社. 1947.
[8] 武同举. 淮系年表.
[9] 郑肇经. 中国水利史，商务. 1939.
[10] 张含英. 治河论丛，商务. 1936.
[11] 张含英. 历代治河方略述要，商务. 1945.
[12] 李赋都. 黄河问题，中国工程师学会会刊，8卷6期. 1933.
[13] 沙玉清. 黄土及黄水之认识，中国工程师学会会刊，15卷5期. 1942.
[14] 沙玉清. 大禹治水之科学精神—黄河治本探讨，中国工程师学会会刊，15卷6期. 1942.
[15] 新黄水谣. 黄河建设，1958年第8期.

1959年国庆节于武功杨陵西北农学院

第四编　水工水力学

水功研究所设立之必要

这是一面美国人（Vanleer）写给美国人自照的镜子，从里面可以看到自己干的是什么；我现在大胆地将它借过来，给我们大家照一照，看看我们干的是什么。

水功研究所，早已和我们的国家发生过一度瓜葛，美国水功大家 Freeman 博士，被聘来华的时候，曾拟有一个黄河的治导计划。主张采用丁坝，但有两个先决问题一时不易定夺：(1) 丁坝是否适应黄河的個性；(2) 黄河上的丁坝以哪种形态和坝距最为经济。民国 13 年，博士乃将所拟就的各种丁坝形态，函请德国 Dersden 大学的 Engels 教授试验，那知所得的结果非常圆满，竟超出博士意想之外。黄河的下游，长有 600 多公里，每坝的价值都在万金以上；若计划的坝距太小，所生的效力虽然相同，但影响到治河的经费就有几千万金的出入了。博士的计划，倘事先没有做过一番精密的试验，就无从取决了。

在前几天的报上，看到华北水利委员会有创设水功试验所的决议案和李先生的水功试验计划书，并且知道已在切实地进行了。这是一件多么值得鼓舞的事，这是民族自信力的觉醒，用民族自己的精力解决民族自己生存建设问题的唯一曙光。凡是以水利为责的同志和被水灾压迫的同胞，都应当起来说几句鼓励和切望的话。记者不敏，敢将这一点虔诚敬献，并祝李先生健康。

只要一次更重大的灾祸降临，我们更看清了自己，对自己生活的世界所知是怎样的渺小；我们更证实了自己，继续不断的努力研究已有的方法、试验新产的理论，使我们的知识步步推进是怎样的必要；我们还会进而发现，这实是每个时代的天责，我们要尽我们的力量，使人类脆弱的智慧向前积累。当然，水功学也是自然科学的一支，假如 1927 年密河（Mississippi）的洪水，能带来更多的水功问题研究资料，那么未来的结果，就绝不会和想象中的一样无可捉摸了。1926 年，密河的总工程师关于工程的报告上说："这可以说得普通一点，治河的目的，本来是在得到一条航运安适的水道，但从现在的情况看来，已可防护洪水的侵袭了"。

这是值得注意的，该报告是运用了几位工程师的精密脑筋，并根据了许多可靠的记载做成的，怎知竟已成为一件不幸的历史事实。报告刊出未及第 7 个月，密河的洪水浩浩荡荡地冲开了最大的水灾记录。很显然，所谓充分的勘测、可靠的记载，毕竟还是不充分不可靠的。

密河河工局的工程师们，对于水功研究所，已一致地表示渴望了。他们有时亦会花很多的金钱和时间，在一种急迫的情形下，做许多零碎的工作；至于从事切实研究和热烈鼓吹的，当然要首推水功大家 Freeman 博士。当博士任美国土木工程协会会长的时候，他在年会席上，对于国家水功研究所的一番建议，以理论的精澈，信仰的坚诚，思想的伟大，唤起当时许多著名工程家的同情，愿追随博士一致努力。

本着科学的精神，实验的手腕，解决各种水工问题，有两个重要意义：一方面，要研究河道缩小成模型的构造问题；另一方面，要剖析各种水功问题里的活动因子，以及因子彼此间相互作用的关系，慢慢地、精密地应用一种实验的互消法，寻出问题里的真理来。这当然是一种比较艰深的工作。

很有许多实验者因欲速求快，竟连第一步的布局（Set Condition）工作尚未完成，已遭灰心失败了。这是不光荣的，但无损于研究精神的本质，素有声望的工程家，依然在那密河上顽强的工作。那种没有经过科学研究和考察而修建的 Humphrers、Abbot 两大工程，也是不光荣的；浩大的 Wilson 坝，没有经过模型研究，就在计划时认定永不发生毁坏，但现在毕竟时常发生了，这也是不光荣的。一个自号文明的国家，在现世纪尚没有一所伟大的实验室，做国家水功问题的向导，同样也是不光荣的。有位曾在密河河工局里做过很多有价值工作的前辈工程师，最近向该局“建议”拟造一个极大的溢洪道，而他的计划书上，却仅仅只写了该洪道将来的功用。

面对许许多多批评的缺口，我们确实应该赶快地一致行动起来，立刻把缺口永远的封塞，重建一条新的思维大道，这条大道能供给我们一种新的希望，使我们对水功的问题，能有更多理智的认识。

在别的国家里，我们可以看到好多的榜样。过去的 20 年间，水功研究所的工作已在德国萌芽而长成了。Stockholm 研究室，对于各种水功问题的解决，已宣告很大的成功。Chalottenburg、Karlsruhe、Dresden、Dazig、Munichen、Vienna、Brum 以及 Zurich 等许多水功研究所，里面的内容和工作的情状，都可从 Freeman 博士所译的“欧洲水功研究所”（Wasserbau Laboratorien Europas）书里看到。

这并不是革命，亦不是过激，对于水功研究所，我们所抱的意志，唯一的就是使水功问题和科学精神的握手：利用透明的玻璃水槽，直接观察各种水理的变象。因为许多水工建筑物，它所承受的作用力非常繁复，绝不是我们今日已知的数学方法，能完全表明的，数学上的“次元分析术”（Dimensional Similarity）定理，可给我们一个极大的助力，因为这种定理的应用，久已献给航空、造船、水力机械等学科一个极显著的进步了。

水功研究所里，已成的功绩可举几个说说。德国 Munich 工科大学的实验室，最近利用玻璃墙的水槽研究各种堰工的构造，发现许多新理。这实验室，曾做过 Eitting 水电厂的溢洪道模型研究，建筑时间须三年多工程的全部计划，都是根据实验完成的。Stockholm 水功实验室曾作过北瑞典 Hammer starsen 坝的模型试验，决定该坝最有效的泄洪方法和最低的建筑价格。经过精密试验结果，竟发现原定计划的缺点极多；这模型仅费 1500krouer（德国金币名），但经工程家估计，校正后，该工程比原计划约节省 25 万 krouer。

柏林海军水功研究所（Ver suchsausolt fur Wasserbau und schiffbau）居德国各实验室领袖，由 Krey 博士指导研究，完成许多伟大的工作。像 Gessteneunde 海港的研究，港堤的长短对洪水或退潮期内，港内水道流量的影响。这实验的目的，在于找出港堤进口最适宜的位置，形式和长度，使港埠的进口沉淀最小。其他像决定 Bremen 新筑的 Columbus 突堤对 Weser 河的影响，并同时找出港堤对于新港进口适宜的位置，最适宜的形式与长度，以及 Columbus 堤与已成堤相接的最佳方法。至于河道模型研究，已做过的有 Elbe 河一部分的低水位治导问题和其他许多著名的功绩。我们还可从德水功大家 George H. de Tbierry 所著的 *The Application of Laboratoru Research to the Study of Hydraulic Problems* 一文里看到。

上面所举的不过是一些功绩的实例，但是它伟大的魔力，已足够使许多怀疑家信服而赞叹了。第一，因为有许多值钱的工作，可以从这里产生出来；第二，这种工作是可被一般的所谓标准眼光——可节省金钱——所赞美的；第三，这是我们的天责，工程师做这种建议，对于良心上是嘉许的。

现在美国握有行政大权的工程团体，也已承认这种工作的必需了。在提出国会的议案，已博得总工程师的赞许而签字了，并已筹得一笔开办的经费。公众方面，亦将有一同情的提案，但是他们的意见，以为这种工作可附设于国家标准局内（Burean of standards）。我们很希望在这次重大的会议里，对这种水领域的研究事业，能给它几分光明和注意。这个工程师团，在 1927 年，久已表示反对这种多事的建设，但是他们新来的领袖，却有试它一试的意想。再从另一方面看，许多精于法学的工程师，对这个问题，却也久费了苦心。他们以为，第一，国家至少要供给两个实验室，这于金钱自觉太费了（德国至少供给有十个如是的实验室）；第二，这当以政府为主动，一般土木工程专家允许来这里工作，解决各种水功问题。这些问题最好能使国家经营的水道、港埠等工程直接发生利益；第三，政府所办的国家标准局是一科学机构，习惯上当可应付这种工作。

水功研究所马上可给我们一个最大的利益，就是解决密河堤岸的固定问题，有许多的著作已一致承认这是可能的事了。我们过去所有认为最好的治导方法，事实上简直是又慢、又贵、又不永久。假如现在能找到一种又快、又省、又可保永久的方法，那么大部分濬掘工作就可省去；密河的航行度可得极大的进步，这是当然的。再也没有哪一种更有价值的思想，能胜过使河道变得更短、更直、宣泄量更大的治河玉律了。其实对于这个问题的剖解思路是很明显的：我们只要当堤岸开始被冲毁的时候，详细地、审慎地考察当时的变化情形，以及水流的速率、泥土的粗细等等，再把它在实验室里经过精密的研究，并对假设的各种护岸的方法，重复试验，直到发现一种在实验室里证明是有效的方法。然后，就可移到较小的河道上如法试验，假如更证明仍是有效的，那就可应用到密河上了。这种工作，当然需要相当的时间、金钱和精力；但是假如它的结果能够减少现在每浬 30 万～50 万金元的堤工，它的效果和速度能够超过老法十倍，并可得永久的保持安定；那么，这一些些的实验费，又何必去计较呢？

同时，这种所得的智慧，更可贡献到另一条河的洪水治理问题上去，汇成两个伟大的贡献，这样，国家水功研究所的前途，就充满着无限的希望和无上的热忱了。

摘自《大公报》，1931 年 3 月

水工模型研究之比拟律

是篇系1927年冬，德国Richard Winkel博士在Danzig工科大学之讲词，由Kenneth C. Reynolds笔记，刊于美译之“欧洲水工研究所”（Die Wasserbaulaboratorien Europas）附篇内，译者以其简明扼要，乐为国人介绍之。

译者志

1. 术语及符号

A =面积（m^2）

a =加速率（m/s^2）

B =宽度（m）

C =距离（m）

D =深度（m）

d =管径（m）

E =动能量

F =力量（kg）

g =重力加速度=9.81（m/s^2）

H =水头（m）

I =水面比降

K =功量（kg·m）

L =长度（m）

M =质量（kg）

m =深度之比尺（变态模型）

M =力矩（kg·m）

P =湿周（m）

p =单位压力（kg/m^2）

Q =流量（m^3/s）

n =长度比数或比尺

Q =体积（m^3）

R =水力半径（m）

Re =Reynolds数

T =时间（s）

V =速率（m/s）

W =重量（kg）

x =距离（m）

z =距离（m）

γ =比重

ε =空气中之水气压力

ζ =虹吸管之入口系数

ν =运动黏滞系数

m =注脚，系指模型之值

kg=公斤

m=米

m^2=平方米

m^3=立方米

s=秒

2. 小引

1500年顷，意大利水工名家Leonardo da Vinci，首以科学的态度探讨水工问题；是学重要之研究，迄十九世纪，迭经Dubuat、Darcy、Bazin、Fargue诸人之努力，始能逐步创获。

Dubuat之试验极多，彼所著之“Principes d'Hydrauliques et de Hydrodynamique”一书，恐为水工学文献之鼻祖。彼运用理论法之推演，将其试验中所得之诸不变性，归纳之成为定律。其工作之大部，以研究河床各种铺面之阻力及桥墩之回水影响，并其他有关河道之水理为主。彼于舟行在渠内所生之阻力问题，亦已证明为极可注意者。

Darcy 和 Bazin 在一木制之水槽内，研究河渠中流水之运动，其结果可由 “Recherches Hydrauliques” 一书得之。

法人 L. Fargue 在 1875 年，始从事科学之研究。在法之 Bordeaux 镇，为治理其入海水道之问题，曾引起一度极大之争辩。Fargue 乃作一模型，费 2 年之久研究之；是为实际以河道模型解决水工问题之首创者。在彼之试验中，所用之深度、宽度、时间等之权重，均由彼断定之。

1885 年，为此种研究法之第二次尝试，乃 Osborne Reynolds 教授以之决定英 Liverpool 至 Manchester 间，运河之最善改进方法。彼为在模型试验中，计及时间之第一人。其试验后由英工程师 M. L. F. Vernon Harcourt 继续之。

1891 年，德国 Dresden 工科大学之 Zeuner 实验室，所获得结果为效益显。1898 年 H. Engels 博士开始运用一“河道水工研究室”，是乃为水工模型试验而特设研究室之创始。未几，继起者有 Karlsruhe，Darmstadt，Braunshweig 等工科大学；柏林之水工及造船之研究所（Preussische Versuchsanstalt fur Wasserbau und Schiffbau），Wihelmshaven 军港水工研究所，亦先后成立。

设欲对此缩小模型中所得之结果，予以合理的解释，并能用以解决实际之水工问题，研究者必当熟知其中水理之比拟律。盖此种比拟性之存在，务使模型之结构，及其中流水之情形，与存于实际之天然状态中者，能相应一致。且研究者须知其试验工作之限度，并能合理的评定其所获之结果。

兹述水工模型研究之基本定律如后。

3. 几何的比拟性

天然原体之大小与其模型之大小，为几何性的关系，在本篇引用之各种符号，凡代有 m 注脚者，均指模型之值而言。

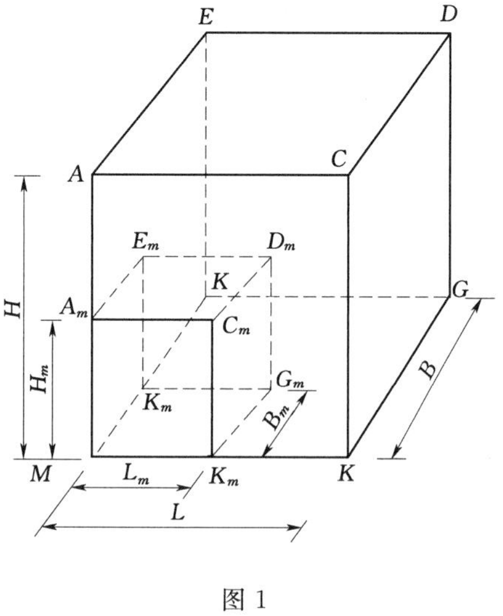

图 1

如图 1，设 $ACDEGKM$ 为一立方体，其长为 L，宽为 B，高为 H；同图 $A_mC_mD_mE_mG_mK_mM$ 为一较小之立体，其长为 L_m，宽为 B_m，高为 H_m。

3.1 长度

长度 $\frac{L}{L_m}$ 之比表示二种长度间一定之关系，设此长度之比曰“比尺”，以“n”代之，则

$$L : L_m = n : 1 \tag{1}$$

因此

$$H : H_m = n : 1 \tag{2}$$

$$B : B_m = n : 1 \tag{3}$$

今设以无注脚之符号，示原体之值；有注脚 m 者，示模型之值，则此式（1）、式（2）、

式（3）三式，可示天然原体与模型长度间之关系。

3.2　面积

设 A 为原体中 $ACKM$ 之面积，则

$$A = H \times L$$

又设 A_m 为模型中 $A_m C_m K_m M$ 之面积，则

$$A_m = H_m \times L_m$$

故　$$A : A_m = H \times L : H_m \times L_m = \frac{H}{H_m} \times \frac{L}{L_m} : 1$$

因　$$L : L_m = n : 1;\ H : H_m = n : 1$$

则得　$$A : A_m = n \times n : 1 = n^2 : 1 \tag{4}$$

3.3　体积

设此大立体之体积为 Q，其值为面积与宽度之积，即 $Q = A \times B$；$Q_m = A_m \times B_m$

故　$$\frac{Q}{Q_m} = \frac{A \times B}{A_m \times B_m} = \frac{A}{A_m} \times \frac{B}{B_m}$$

但因　$$A : A_m = n^2 : 1;\ B : B_m = n : 1$$

故得　$$Q : Q_m = n^3 : 1 \tag{5}$$

图 2 中 ACD 为一河道之断面，设一定比尺为 40，即 $n = 40$，今欲作其模型之断面，可先于水面择一原点如 O。

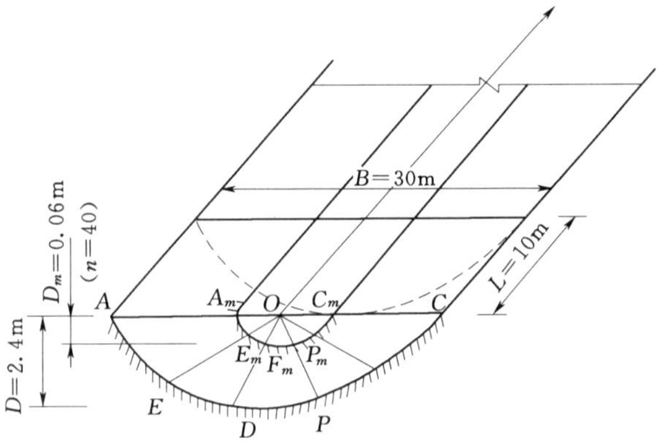

图 2

作出　$$OC_m = \frac{OC}{40},\ OA_m = \frac{OA}{40}$$

因　$$B : B_m = n : 1$$

则　$$A_m C_m : AC = 1 : n$$

得　$$A_m C_m = \frac{30.0}{40} = 0.75 = B_m$$

在此断面，可自 O 作出射线，至各临界点；将 OE 等射线均分为 40 等分，依次作出 OE_m 等点，因是得此模型之断面。

设欲知原体之断面 A，与其模型者 A_m 之关系，可如下式：

$$A=Ø\times B\times D$$

式中，$Ø$ 为一系数，设此断面为抛物线形，$Ø=2/3$；设为长方形，$Ø=1$。若在模型，则此式可用 $A_m=Ø\times B_m\times D_m$，式中之 $Ø$ 与前式同值，因断面之形相似故也。则

$$\frac{A}{A_m}=\frac{Ø\times B\times D}{Ø\times B_m\times D_m}$$

但因 $$B:B_m=n:1;\quad D:D_m=n:1$$

故得 $$A:A_m=n^2:1$$

设图 2 为一抛物线形之断面，其宽 B 为 30.0m，其深度 D 为 2.4m，则此原体之面积为 A。

$$A=2/3\times 30.0\times 2.4=48.0\text{m}^2$$

因 $$A:A_m=n^2:1$$

设 $n=40$，则 $A_m=\frac{A}{n^2}=\frac{48.0}{40^2}=0.030\text{m}^2$，此即为模型的断面积

因 $$B_m=\frac{B}{n}=\frac{30.0}{40}=0.75\text{m}$$

故得模型之宽度为 0.75m。

又因 $$D:D_m=n:1$$

$$D_m=\frac{D}{n}=\frac{2.4}{40}=0.06\text{m}$$

故 $$A_m=Ø\times B_m\times D_m=2/3\times 0.75\times 0.06=0.030\text{m}^2$$

设此河道之原体，在其长度 $L=10.0$m 之间，断面积相同，则此中水流之体积 Q 为

$$Q=A\times L=48.0\times 10=480\text{m}^3$$

$$L:L_m=n:1$$

$$L_m=\frac{L}{n}=\frac{10.0}{40}=0.25\text{ m}$$

由此可得在模型中水之体积 Q_m 为

$$Q_m=A_m\times L_m=0.030\times 0.25=0.0075\text{m}^3$$

且因 $$Q:Q_m=n^3:1$$

故 $$Q_m=\frac{Q}{n^3}=\frac{480}{40^3}=0.0075\text{m}^3$$

4. 重力的比拟性

1m^3 之铁其重量为 7.8×10^3kg，故其比重 γ 为 7.85，因水之 γ 为 1.0。设此试验之模型，其原体为铁造成者，又能设其比尺 n 为 40。此原体之重量为体积与比重之积，即

$$W=Q\times\gamma$$

式中，W 为重量，kg；Q 为体积，m^3。

兹有一问题发生，在作此模型时，所应用之 γ_m，抑使之与原体仍为同物，或改用

$$\gamma_m = \frac{\gamma}{n}$$

今设原体所用之铁比重 γ 为 7.85，则模型应用之比重，按上式则得

$$\gamma_m = 7.85/40 = 0.0196$$

但此值将相当于气体之比重，用以作模型，于事实上为不可能者。且事物的原体为固体者，其模型仍当以固体为合理。今设以与原体为同一材料造成，

因 $$W = Q \times \gamma$$

故 $$\frac{W}{W_m} = \frac{Q \times \gamma}{Q_m \times \gamma_m}$$

又因 $$\gamma = \gamma_m \qquad Q : Q_m = n^3 : 1$$

则得 $$W : W_m = n^3 : 1 \tag{6}$$

此式当应用于二者之比重为相等者。

例 1. 设原体中有一 480000kg 之重量，求其模型中相应之重量，此模型之比尺为 40。

自（6）式 $$W_m = \frac{W}{n^3}$$

故得 $$W_m = \frac{480000}{40^3} = 7.5\ \text{kg}$$

例 2. 有一 128kg 之重量 W（图 3），悬于二支点上，设 $n = 40$，求模型中相应之重量 W_m。

（1）设欲使此模型之应变 δ_m，等于原体之应变 δ，且二者为同一之材料所造，即 $\delta = \delta_m$，$E = E_m$，式中 E 为弹性率。

因 $$\delta = \frac{WL}{AE} \qquad \delta_m = \frac{W_m L_m}{A_m E}$$

令 $$\delta = \delta_m$$

故得 $W_m = \dfrac{L}{L_m}\dfrac{A_m}{A}W = \dfrac{W}{n} = \dfrac{128}{40} = 3.2\text{kg}$

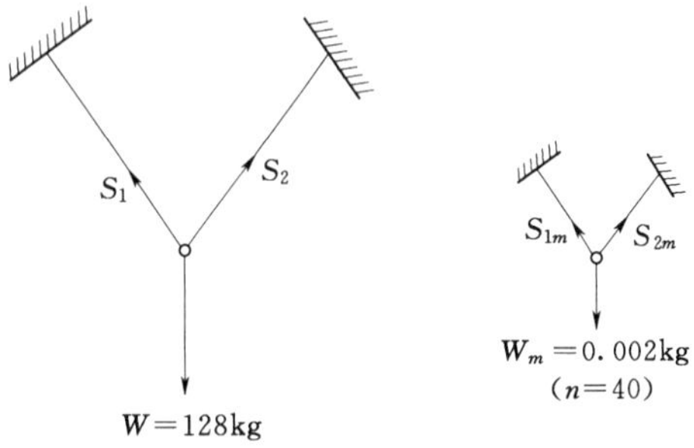

图 3

（2）设使 $\delta = n\delta_m$（如在材料之拉断试验时），且 $E = E_m$，则得

$$W_m = \frac{1}{n}\frac{L}{L_m}\frac{A_m}{A}W = \frac{W}{n^2} = \frac{128}{1600} = 0.08\text{kg}$$

（3）设使其模型之弹性率，简化为 $E = nE_m$，且须 $\delta = n\delta_m$，则得

$$W_m = \frac{1}{n}\frac{L}{L_m}\frac{A_m}{A} = \frac{W}{n^3} = \frac{128}{64000} = 0.002\text{kg}$$

5. 动力的比拟性

5.1　速率

凡一自由落体，其速率 $V = \sqrt{2gH}$；于模型，则 $V_m = \sqrt{2g_m H_m}$。式中，速率之单位为 m/s；H 为落下之垂直距离，单位为 m；g 为重力加速度，其值为 9.81m/s^2，则

$$V : V_m = \sqrt{2gH} : \sqrt{2g_m H_m}$$

设此模型之研究工作，与其原体在同一地点，同一高度，模型之 g 与其原体者为一，则

$$V : V_m = \sqrt{H} : \sqrt{H_m}$$

但因 $$H : H_m = n : 1$$

故得 $$V : V_m = \sqrt{n} : 1 \tag{7}$$

是即为 Forude 之相应速率律，此律应用之范围，只限于单一地心引力作用之处，并该处的摩擦力等，均可无须计及者。

例 3. 设天然中原体的速率 $V = 18.96\text{m/s}$，$n = 40$，求其模型相应之速率。

自式（7） $$V_m = \frac{V}{\sqrt{n}} = \frac{18.96}{\sqrt{40}} = 3.0\text{m/s}$$

例 4. 设有一船，其速率 V 为 20m/s，n 为 25，求其模型相应之速率，设 $g = g_m$。

自式（7） $$V_m = \frac{V}{\sqrt{n}} = \frac{20}{\sqrt{25}} = 4.0\text{m/s}$$

若此船之长度 L 为 120.0m/s，则其模型之长度，可自下式得之。

因 $$L : L_m = n : 1$$

故 $$L_m = \frac{L}{n} = \frac{120.0}{25} = 4.8\text{m}$$

但实际上 g 非永为一常数，当随其所在地点，及所处之高度而定，因

$$V : V_m = \sqrt{2gH} : \sqrt{2g_m H_m}$$

且 $$H : V_m = n : 1$$

则得 $$V : V_m = \sqrt{g \times n} : \sqrt{g_m} \tag{8}$$

5.2 质量

设 M 为原体之质量，因

$$W : W_m = n^3 : 1$$

设此物体之质量，可以其重量来表示者则可径得

$$M : M_m = n^3 : 1 \tag{9}$$

例 5. 有一船之模型，其重为 0.1kg，设 $n = 40$，求其原体相应之质量。

自式（9）可得 $$M = M_m \times n^3 = 0.1 \times 40^3 = 6400\text{kg}$$

6. 运动的比拟性

欲使模型与其原体，成为运动相似，必彼此在任何相应之时间，均为几何性相似，并须保持其恒一之比尺。

6.1 时间

因时间为速率除距离之商，即

$$T = \frac{L}{V} \quad 及 \quad T_m = \frac{L_m}{V_m}$$

式中，T 为时间，单位为 s，则

$$T:T_m=\frac{L}{V}:\frac{L_m}{V_m}=\frac{L}{L_m}:\frac{V}{V_m}$$

但因 $$L:L_m=n:1;\quad V:V_m=\sqrt{n}:1$$

故得 $$T:T_m=\sqrt{n}:1 \tag{10}$$

例 6. 设有一 Pelton 水轮，水自射口喷出，击于水轮之翼上，其力足使此轮转动每分钟 4.75 周，求此模型水轮之速率，设 n 为 40。

此轮每转所需之时间为 60/4.75=12.6s

因 $$T:T_m=\sqrt{n}:1$$

则 $$T_m=\frac{T}{\sqrt{n}}=\frac{12.6}{\sqrt{40}}=2.0\text{s}$$

即此模型水轮，每分钟当转 30 周。此例与研究船模型之推进叶之转速问题相类似。

例 7. 有一力 F 作用于原体历时一秒，求此相应之力作用于 n 为 100 的模型时，为时若干？

$$T:T_m=\sqrt{n}:1$$

故 $$T_m=\frac{T}{\sqrt{n}}=\frac{1}{\sqrt{100}}=0.1\text{s}$$

6.2　力量

因力为质量与加速率之积，即

$$F=M\times a=M\times\frac{\mathrm{d}V}{\mathrm{d}T}$$

式中，F 为力，其单位为 kg，则此力在原体中与模型中之比量为

$$\frac{F}{F_m}=\frac{M\times\frac{\mathrm{d}V}{\mathrm{d}T}}{M_m\times\frac{\mathrm{d}V_m}{\mathrm{d}T_m}}=\frac{M}{M_m}\times\frac{\mathrm{d}V}{\mathrm{d}V_m}\times\frac{\mathrm{d}T_m}{\mathrm{d}T}$$

因 $$M:M_m=n^3:1;\quad V:V_m=\sqrt{n}:1;\quad T:T_m=\sqrt{n}:1$$

故 $$\frac{F}{F_m}=\frac{n^3}{1}\times\frac{\sqrt{n}}{1}\times\frac{1}{\sqrt{n}}$$

得 $$F:F_m=n^3:1 \tag{11}$$

此式仅应用于二者之比重相同者。

6.3　力矩

设有一力 F，加于一转矩 L 处，其所生之力矩为 M，则

$$M=F\times L,\ M_m=F_m\times L_m$$

$$\frac{M}{M_m}=\frac{F\times L}{F_m\times L_m}$$

因 $$F:F_m=n^3:1;\quad L:L_m=n:1$$

故得 $$M:M_m=n^4:1 \tag{12}$$

例 8. 有一 32kg 之力，作用于一质点上，此质点之转矩 $L=8.0$m，设 $n=40$，求此模型相应之力矩。

因 $$M_m=\frac{M}{n^4}$$

式中 $$M=F\times L=32\times 8.0=256.0\text{kg}\cdot\text{m}$$

故 $$M_m=\frac{256.0}{40^4}=0.0001\text{kg}\cdot\text{m}$$

或因 $$F_m=\frac{F}{n^3}=\frac{32}{40^3}=0.0005\text{kg}$$

$$L_m=\frac{L}{n}=\frac{8.0}{40}=0.2\text{m}$$

故 $$M_m=F_m\times L_m=0.0005\times 0.2=0.0001\text{kg}\cdot\text{m}$$

但事实上当注意，上得结果，系极小之数值，故在含有力矩之问题中，n 之值，当选较大者为宜，如 $n=2$ 或 3 等。

6.4 功量

设有一力 F，推动一质点经一距离 L，其所作之功量 K 为

$$K=F\times L,\ K_m=F_m\times L_m$$

则 $$\frac{K}{K_m}=\frac{F\times L}{F_m\times L_m}$$

因 $$F:F_m=n^3:1;\quad L:L_m=n:1$$

故得 $$K:K_m=n^4:1 \tag{13}$$

6.5 能量

设 E 为原体中之动能量，则

$$E=\frac{1}{2}MV^2;\quad E_m=\frac{1}{2}M_mV_m^2$$

故 $$\frac{E}{E_m}=\frac{\frac{1}{2}MV^2}{\frac{1}{2}M_mV_m^2}=\frac{MV^2}{M_mV_m^2}$$

因 $$M:M_m=n^3:1;\quad V:V_m=\sqrt{n}:1$$

故得 $$E:E_m=n^3\times(\sqrt{n})^2:1$$

即 $$E:E_m=n^4:1 \tag{14}$$

6.6 射水孔流线

图 4 为一自垂直孔口射出之流股，此孔之中心在一定值之水头 H 下，求在模型中之射水流股当若何始能与其原体相应？

因一自由落下体，其下降之历程 Z，为

$$Z=\frac{1}{2}gT^2;\quad Z_m=\frac{1}{2}g_mT_m^2$$

式中，T 为落下所经之时间，单位为 s。

设 X 为水平距离，其值为一具速率 V 之质点，在 T 时间所经历者，即

$$X=VT,\ X_m=V_mT_m$$

则　$X:X_m=VT:V_mT_m$

但因　$V:V_m=\sqrt{n}:1$；$T:T_m=\sqrt{n}:1$

故　$X:X_m=\sqrt{n}\times\sqrt{n}:1=n:1$

再　$Z:Z_m=\frac{1}{2}gT^2:\frac{1}{2}g_mT_m^2$

又因　$T:T_m=\sqrt{n}:1$

若设 g 为一常数，则得

$$Z:Z_m=(\sqrt{n})^2:1=n:1$$

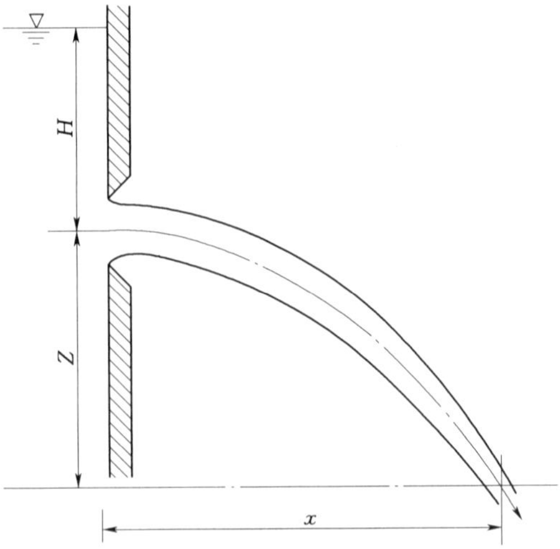

图 4

因 $X:X_m=n:1$，且 $Z:Z_m=n:1$，故可知此水股之路线，原体与模型必相似也。

例 9. 设原体中，水自一垂直孔射出，其速率为 5.0m/s，经时 2.0s 后，乃着于地。求在比尺为 4 之模型中，下落之距离若干？

$$Z=\frac{1}{2}gT^2=\frac{1}{2}\times9.81\times2^2=19.62\text{m}$$

因　$Z=Z_m=n:1$

故　$Z_m=\frac{Z}{n}=\frac{19.62}{4}=4.90\text{m}$

或因　$T:T_m=\sqrt{n}:1$

则　$T_m=\frac{T}{\sqrt{n}}=\frac{2}{\sqrt{4}}=1.0\text{s}$

故亦可得　$Z_m=\frac{1}{2}gT_m^2=\frac{1}{2}\times9.81\times1.0^2=4.90\text{m}$

6.7　流量

设 A 为一河道之断面积，V 为其平均流速，于是此河道之流量 Q 如下

$$Q=A\times V，在模型则\ Q_m=A_m\times V_m$$

$$\frac{Q}{Q_m}=\frac{A\times V}{A_m\times V_m}$$

但因　$A:A_m=n^2:1$；　$V:V_m=\sqrt{n}:1$

故得　$Q:Q_m=n^{5/2}:1$　　(15)

例 10. 设此河道原体之断面积为 48.0m²，其平均流速为 1.26m/s，设 n 为 40，求在此模型中之流量若干？

$$Q=A\times V=48.0\times 1.26=60.5\mathrm{m}^3/\mathrm{s}$$

因
$$Q:Q_m=n^{5/2}:1$$

故
$$Q_m=\frac{Q}{n^{5/2}}=\frac{60.5}{40^{5/2}}=0.006\mathrm{m}^3/\mathrm{s}$$

或因
$$A:A_m=n^2:1$$

则
$$A_m=\frac{A}{n^2}=\frac{48.0}{40^2}=0.03\mathrm{m}^2$$

且
$$V:V_m=\sqrt{n}:1$$

故
$$V_m=\frac{V}{\sqrt{n}}=\frac{1.26}{\sqrt{40}}=0.2\mathrm{m/s}$$

得
$$Q_m=A_m\times V_m=0.03\times 0.2=0.006\mathrm{m}^3/\mathrm{s}$$

6.8 压力

在天然之原体中，往往水之压力，有小于大气压力者；此种压力，在模型中之情形若何？乃必须探讨者。

设在原体中，有水压高 $p/\gamma=\pm Z$，式中 p 为压力，单位为 $\mathrm{kg/m^2}$，γ 为水之比重，水压高 Z 简称为水头，单位为 m。故在绝对单位中，此水头为

$$\frac{p}{\gamma}=\pm Z+C$$

式中，C 为大气压水柱高，其值相当一个大气压力，或等于 10.3m 之水柱压力。

在模型中，此绝对水压高当为

$$\frac{p_m}{\gamma}=\pm\frac{Z}{n}+\frac{C}{n}$$

设此模型中所用者为水，则 $\frac{C}{n}=\frac{10.3}{n}$m。但普通模型中，欲造某一真空或保持之，均为不可能者，故必使 C 为 10.3m。若是在模型中则

$$\frac{p_m}{\gamma}=\pm\frac{Z}{n}+C$$

可知，已将原体与模型间，对于水压高之一定关系失去矣。

例 11. 设图 5 为一测压计之模型，设 n 为 20。若设模型中之水压高 $Z_m=1.10$m，求其原体中相应之 Z 值。

因
$$Z:Z_m=n:1$$

则
$$Z=Z_m\times n=1.10\times 20=22.0\mathrm{m}$$

此即以 b—b 断面为准，向下原体之水面高，与大气压力之相对值为 -22.0m，在理论上实已为不可能者；盖 -10.3m 已迄极限，故可知 Z_m 之值为太大。因 n 与 Z_m 之积，必当使之等于或小于 10.0m，始得合理，即

$$Z_m<\frac{10.0}{20}=0.5\mathrm{m}$$

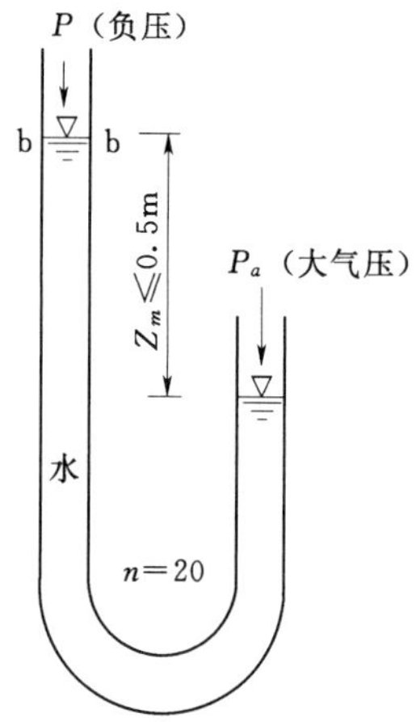

图 5

可知：设此测压计，在原体中证为合用者，则模型中 Z_m 之值，以 0.5m 为极限。

6.9　虹吸管

图 6 为一虹吸管之原体，管中流速 V 之计算式为

$$V=\sqrt{\frac{2gH}{(1+\xi)+\lambda\frac{L}{d}}} \tag{16}$$

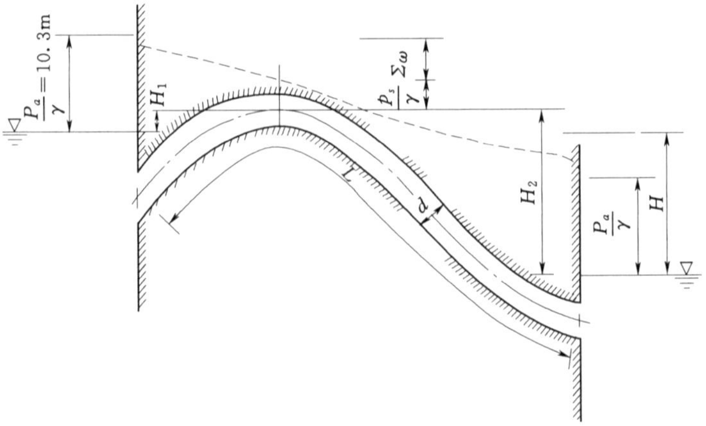

图 6

式中，H 为进出口水面落差，单位为 m。系数 ξ 对于锐边圆孔为 0.4，圆边圆孔为 1.0[1]；λ 为管道摩擦系数，随所用材料之性质而变；L 为虹吸管之长度，d 为其直径；p_s 为虹吸管顶点之压力，其值为

$$p_s=\gamma\left(h_0-H_1-\frac{V_s^2}{2g}-\sum\omega\right) \tag{17}$$

式中，$h_0=10.3$m，为一大气压力之水压高；H_1 为虹吸管高出上池水面之高度；V_s 为管顶之流速；$\sum\omega$ 为水流由进口流至管顶，因管壁摩擦所耗损之总水头。

设此虹吸管能正常工作，则 p_s 之值必须等于或大于 ε，ε 为水气压力，即

$$p_s\geqslant\varepsilon$$

或

$$\frac{p_s}{\gamma}\geqslant\frac{\varepsilon}{\gamma}\geqslant Z_\varepsilon$$

水气压力 ε 与 Z_ε 可自下表得之：

水气之压力-温度表

温度（℃）	0	20	40	60	80	100
ε（大气压）	0.006	0.023	0.072	0.196	0.462	1.000
Z_ε（m）	0.06	0.24	0.74	2.02	4.81	10.3

例如，若当管中之水为 40℃，欲使此管能正常工作，则 $\frac{p_s}{\gamma}$ 必须等于或大于 0.74m 也。

[1] 见 R. Winkel：“Hydromechanich der Druckrohrleitungen”（1919）的 47、65 等页。

在模型中则
$$V_m=\sqrt{\frac{2gH_m}{(1+\xi)+\lambda_m\dfrac{L_m}{d_m}}} \tag{16a}$$

式中，$H_m=\dfrac{H}{n}$；$L_m=\dfrac{L}{n}$；$d_m=\dfrac{d}{n}$。ξ 之值，如前，在 0.4～1.0 间，并与原体中者相同。λ_m 或可不与 λ 同一，盖管壁之摩擦阻力，原体与模型并非必须一致也。

模型之 $(p_s)_m$ 为
$$(p_s)_m=\gamma\left[h_0-(H_1)_m-\frac{(V_s)_m^2}{2g}-(\sum\omega)_m\right] \tag{17a}$$

若此模型虹吸管能正常工作，则 $(p_s)_m$ 必须等于或大于 $\dfrac{\varepsilon}{n}$，即
$$(p_s)_m\geqslant\frac{\varepsilon}{n}$$
或
$$\frac{(p_s)_m}{\gamma}\geqslant\frac{Z_\varepsilon}{n}$$

例 12. 设水之温度为 40℃，n 为 10，问此模型能否工作？

由上表可知，当水在 40℃时，$Z_\varepsilon=0.74$m

故
$$(Z_\varepsilon)_m=\frac{0.74}{10}=0.074\text{m}$$
相对应的水温须低于 5℃（见上表），故不切实用。

例 13. 设有一虹吸管之模型，其各部之已知量如下：$n=10$，$H_m=0.6$m，$d_m=0.08$m，$L_m=8.0$m，$(H_1)_m=0.4$m，$t=t_m=20$℃，$\xi=0.4$，$\lambda=\lambda_m=0.025$，$\sum\omega=(\sum\omega)_m=\lambda_m\dfrac{L_m}{d_m}\dfrac{(V_s)_m^2}{2g}$。问此虹吸管之模型及其原体，在事实上能否正常工作？

兹先就模型研究之

因
$$(V_s)_m=\sqrt{\frac{2gH_m}{(1+\xi)+\lambda_m\dfrac{L_m}{d_m}}}$$
有
$$(V_s)_m=\sqrt{\frac{19.62\times0.6}{(1+0.4)+0.025\times\dfrac{8.0}{0.08}}}=\sqrt{3.02}=1.74\text{m/s}$$
因
$$\frac{(p_s)_m}{\gamma}=h_0-(H_1)_m-\frac{(V_s)_m^2}{2g}-(\sum\omega)_m$$
则
$$\frac{(p_s)_m}{\gamma}=10.3-0.4-\frac{17.4^2}{19.62}-0.025\times\frac{8.0}{0.08}\times\frac{1.74^2}{19.62}=9.36\text{m}$$

自上表可知，当 $t=20$℃、$Z_\varepsilon=0.24$m，因 $\dfrac{(p_s)_m}{\gamma}=9.36$m，该值大于 $Z_\varepsilon=0.24$m，故此模型之虹吸管能够正常工作者。

次就原体言，则

$$V=\sqrt{\frac{2gH}{(1+\xi)+\lambda\frac{L}{d}}}$$

因

$$H=H_m\times n=0.6\times10=6.0\text{m}$$

$$H_1=(H_1)_m\times n=0.4\times10=4.0\text{m}$$

$$L=L_m\times n=8.0\times10=80.0\text{m}$$

$$d=d_m\times n=0.08\times10=0.8\text{m}$$

故

$$V=\sqrt{\frac{19.62\times6.0}{(1+0.4)+0.025\times\frac{80.0}{0.8}}}=\sqrt{30.2}=5.50\text{m/s}$$

又因

$$\frac{p_s}{\gamma}=h_0-H_1-\frac{V_s^2}{2g}-\sum\omega$$

则

$$\frac{p_s}{\gamma}=10.3-4.0-\frac{5.50^2}{19.62}-0.025\times\frac{80.0}{0.8}\times\frac{5.50^2}{19.62}=0.9\text{m}$$

自前表得知，$t=20$℃时，$Z_\varepsilon=0.24$m。因$\frac{p_s}{\gamma}$为 0.9m，此值大于 $Z_\varepsilon=0.24$m。故此虹吸管之原体亦能正常工作者。

7. 摩擦力

流水运动之形态可分：层流（平流）、紊流（乱流）、射流。

在层流中，水之质点成平行直线前进，但此种形式，在天然界中甚为罕见。紊流中之水质点，前进时左右窜动，无一定规则。射流则呈加速率之运动，并渐降其水深，迄相当部分而激发成为水跃，后此则变为紊流。此为极明显之事实，层流之定律当与紊流者不同。故存在于原体者为紊流，存于其模型者，亦必使之为同一之形态。

7.1 Reynolds 数

Osborne Reynolds 教授，研究层流与紊流两种不同形态之运动，在 1883 年，乃发现管道水流之临界速率。

在彼实验之进程中，发现$\frac{Vd}{\nu}$式含有极大之意义，式中 V 为流速，d 为水管之内径，ν 为动滞性率。

此动滞性率 ν 可自 Poisseuille 公式得之：

$$\nu=\frac{1.7756}{1+0.03368t+0.000221t^2}\times10^{-6}\ (\text{m}^2/\text{s})\tag{18}$$

式中，t 为水之温度，℃。

$\frac{Vd}{\nu}$式之因次为$\frac{\frac{m}{s}\times m}{\frac{m^2}{s}}=1.0$，故$\frac{Vd}{\nu}$为一无因次之数，通常称曰“Reynolds 数”，符号 Re，即

$$Re=\frac{Vd}{\nu} \tag{19}$$

设有一河流之断面积为 A，其湿周为 P，水力半径为 R，则

$$R=\frac{A}{P}$$

此水力半径亦为一长度量，故 Reynolds 数可作

$$Re=\frac{VR}{\nu} \tag{20}$$

由（20）式所得之 Reynolds 数，将另成一新系统，其值当与由（19）式所得者不同。

水在 4℃（39.2 ℉）时，密度为 1.0，其动滞性率自（18）式求得为

$$\nu=1.2\times10^{-6}\,m^2/s$$

Reynolds 教授，以（20）式研究各种水流之结果，得当水在 4℃时：若 $V\times R\leqslant 0.002m^2/s$，则为层流；若 $V\times R=0.002\sim0.007m^2/s$，则为层流与紊流之间的过渡流；若 $V\times R\geqslant0.007m^2/s$，则成紊流或射流。

设欲作一模型，已知其比尺 n，则其中之流速 V_m，亦随之而定。因

$$V:V_m=\sqrt{n}:1$$

且因水力半径为长度因次，故其值可由下式定之

$$R:R_m=n:1$$

水之动滞性率 ν，无论在原体或模型，均可由（18）式得之，二者实际相同，故此模型中之 Reynolds 数，亦可求得。

以一假定之比尺 n，推求模型中 Reynolds 数，设所得者为层流，则有变更此比尺 n 之必要，盖天然中为紊流也。但这种情况是经常可能遇到的，模型之大小，每为工作之可能空间所限，过大过小，均非所宜。

欲解决上述困难，可改做一变态模型，其长宽二度与深度间，非同一之比尺，即

$$L:L_m=n:1$$

$$B:B_m=n:1$$

但

$$D:D_m=m:1，式中\ m<n。$$

因流量 Q 为面积与流速之积，故

$$Q:Q_m=AV:A_mV_m$$

断面积为宽度 B 乘深度 D 之函数，且此函数，原体与模型相同，则

$$A:A_m=B\times D:B_m\times D_m$$

得

$$A:A_m=m\times n:1 \tag{21}$$

流速随垂直距离之平方根而变，故

$$V:V_m=\sqrt{m}:1 \tag{22}$$

故得

$$Q:Q_m=(m\times n)\sqrt{m}:1$$

或

$$Q:Q_m=m^{3/2}\times n:1 \tag{23}$$

若 $m=n$（正态模型，如前述）

则

$$Q:Q_m=n^{2.5}:1$$

作变态之模型，其深度比尺 m 与其长宽之比尺 n，二者最大之比尺例，当约为 5。

例 14. 设有一河流之模型，其流速为 0.02m/s，水力半径为 0.08m，水之温度为 4℃，设 $n=40$ 时，此模型适能占有可能之空间。问在此情状，能生紊流否？若不能，则将如何变更其比尺？

因
$$V_m R_m = 0.02\times 0.08 = 0.0016\mathrm{m^2/s}$$

此值较 0.002$\mathrm{m^2/s}$ 为小，故此模型中水为层流。

欲变更此模型之比尺，长宽两度为实验室之空间所限，故 n 值不变，不能改用较大者；仍为 40，势必变更深度之比尺 m。设取 $m=10$，因流速随深度而变，见（7）、（22）式，则此新速率 V'_m 将为：

$$V'_m = V_m\sqrt{\frac{n}{m}} = 0.02\times\sqrt{\frac{40}{10}} = 0.04\mathrm{m^2/s}$$

水力半径之值，可作一断面图直接量得之，但其值 R'_m（新水力半径）将为：

$$R'_m = R_m\frac{n}{m} = 0.08\times\frac{40}{10} = 0.32\mathrm{m}$$

故得
$$V'_m\times R'_m = 0.04\times 0.32 = 0.0128\mathrm{m^2/s}$$

此值大于 0.007$\mathrm{m^2/s}$，水为紊流，当可合用。

例 15. 设由实验室交来下列诸已知值，并知模型之可能工作空间，其长度为 20m；流量 $Q=450\mathrm{m^3/s}$；水面比降 $J=J_m=0.002$；河流之长度 $L=3000$m；水之深度 $D=1.6$m，河之宽度 $B=200$m；水力半径 $R=2.25$m；断面积 $A=450\mathrm{m^3}$；水之温度 $t=4$℃。问作此模型应采用之比尺以及模型各部之大小数量？

因可能工作空间为 20m，今 $L=3000$m。

$$L : L_m = n : 1$$

则
$$n = \frac{L}{L_m} = \frac{3000}{20.0} = 150$$

且
$$B : B_m = n : 1$$

则
$$B_m = \frac{B}{n} = \frac{200}{150} = 1.33\mathrm{m}$$

若深度之比尺亦选用 150

则
$$R_m = \frac{R}{n} = \frac{2.25}{150} = 0.015\mathrm{m}$$

原体中
$$V = \frac{Q}{A} = \frac{450}{450} = 1.0\mathrm{m/s}$$

因
$$V : V_m = \sqrt{n} : 1$$

则模型中
$$V_m = \frac{V}{\sqrt{n}} = \frac{1}{\sqrt{150}} = 0.082\mathrm{m/s}$$

今以 $V_m R_m$ 之积，推断模型中之水流状态：

$$V_m\times R_m = 0.082\times 0.015 = 0.0012\mathrm{m^2/s}$$

此值小于 0.002$\mathrm{m^2/s}$，可知将为层流，故必须变更流速或水力半径之值。

若使流速增加，则水面之比降亦必随之增加。但是，已知条件中有 $J=J_m$ 之限制，故仅能变更其水力半径。易言之，即变更深度之比尺，今设 m 之值为 30。

因
$$V : V_m=\sqrt{m} : 1$$
则
$$V_m=\frac{V}{\sqrt{m}}=\frac{1}{\sqrt{30}}=0.182\text{m/s}$$
又
$$R : R_m\approx m : 1\text{（近似的）}$$
则
$$R_m\approx\frac{R}{m}=\frac{2.25}{30}=0.075\text{m}$$
故
$$V_mR_m\approx 0.182\times 0.075=0.0137\text{m}^2/\text{s}$$

此值大于 $0.007\text{m}^2/\text{s}$，可知 $n=150$，$m=30$ 时，模型中可得紊流。

准此，则
$$D : D_m=m : 1$$
$$D_m=\frac{D}{m}=\frac{1.6}{30}=0.053\text{m}$$
又
$$A : A_m=m\times n : 1$$
则
$$A_m=\frac{A}{m\times n}=\frac{450}{30\times 150}=0.1\text{m}^2$$
且
$$Q : Q_m=m^{3/2}\times n : 1$$
则
$$Q_m=\frac{Q}{m^{3/2}\times n}=\frac{450}{30\times\sqrt{30}\times 150}=0.0182\text{m}^3/\text{s}$$

故结果得 $n=150$，$m=30$，$L_m=20.0\text{m}$，$B_m=1.33\text{m}$，$D_m=0.053\text{m}$，$R_m\approx 0.075\text{m}$，$A_m=0.1\text{m}^2$，$Q_m=0.0182\text{m}^3/\text{s}$。

7.2 泥沙之运动

河流中泥沙之运动，与其在实验室中之研究，为一极繁重之问题；居各种模型研究中，最感困难者之一。欲计划一模型，作是类之研究者，其最要之工作，恐为变更各部之比尺，迨获一理想之模型；其中泥沙之挟运、沉淀等现象，与其在天然之原体中者，能相应一致而止。再则是类研究目前所得之结果，仅能显示其性质，尚非能测定其数量者也。

8. 公式总结

（1）长度：$L : L_m=n : 1$

（2）深度：$H : H_m=n : 1$

（3）宽度：$B : B_m=n : 1$

（4）面积：$A : A_m=n^2 : 1$

（5）体积：$Q : Q_m=n^3 : 1$

（6）重量：$W : W_m=n^3 : 1$

（7）速度：$V : V_m=\sqrt{n} : 1$

（8）速度：$V : V_m=\sqrt{n\times g} : \sqrt{g_m}$

（9）质量：$M : M_m=n^3 : 1$

（10）时间：$T:T_m=\sqrt{n}:1$

（11）力：$F:F_m=n^3:1$

（12）力矩：$M:M_m=n^4:1$

（13）功：$K:K_m=n^4:1$

（14）能量：$E:E_m=n^4:1$

（15）流量：$Q:Q_m=n^{\frac{5}{2}}:1$

（16）管道流速：（原型）：$V=\sqrt{\dfrac{2gH}{(1+\xi)+\lambda\dfrac{L}{d}}}$

（16a）管道流速（模型）：$V_m=\sqrt{\dfrac{2gH_m}{(1+\xi)+\lambda_m\dfrac{L_m}{d_m}}}$

（17）虹吸管顶点之压力：（原型）$p_s=\gamma\left(h_0-H_1-\dfrac{V_s^2}{2g}-\sum\omega\right)$

（17a）虹吸管顶点之压力：（模型）$(p_s)_m=\gamma\left[h_0-(H_1)_m-\dfrac{(V_s^2)_m}{2g}-(\sum\omega)_m\right]$

（18）动滞性率：

$$\nu=\frac{1.7756}{1+0.03368t+0.000221t^2}\times10^{-6}\ (\mathrm{m^2/s})$$

（19）雷诺数：$Re=\dfrac{Vd}{\nu}$或$Re=\dfrac{VR}{\nu}$

（20）变态模型：

面积：$A:A_m=m\times n:1$；

流速：$V:V_m=\sqrt{m}:1$；

流量：$Q:Q_m=m^{3/2}\times n:1$

m：深度比尺

摘自中国科学社《科学》第16卷第9期，1932年

水工模型研究之因次分析术

近代水工模型研究有二重要之工具：(1) 比拟律：藉以设计一相似之模型，且确定实验之方法；(2) 因次分析术：藉以探索问题中变量之关系，并求得合理之公式。关于比拟律之原理，可阅读拙译“水工模型研究之比拟律”（载本杂志第十六卷第九期）。兹在撮述因次分析之运用法，藉窥全豹。

民国二十一年十一月二十日于清华园

引　言

因次之观念，虽倡自 Newton，但将物理量之因次意义，首以明确公式表示者，实始于 1882 年 Fourier 所著之热学（Theorie de la chaleur)。至于用此以解析实际之问题，则在 Stokes[1] 与 Lord Rayleigh[2] 之先，似已有用之者。

藉因次分析术，以剖解各种问题，设问题中之诸物理量，其性质为已知者，即得一简捷之解决，并可启示其中可定量与各种物理现象之关系，虽其应用之范围颇有限制，然亦殊不可忽视，要在如何利用之耳。

1. 因次与单位

物理量可分为有因次量与无因次量两类。有因次量之基本单位约有 5 种：长度 L；质量 M；时间 T；感电系数 K；温度 θ。就其性质言，则可分为几何的、动力的、运动的、电能的、热能的 5 种。但有时亦有采用其他名称者，如力量、热量等。

无因次量大多为一种比量，如几何性的水面比降，或 Reynolds 数等是。苟仅改变其基本单位之大小，而不变更其性质，则其数值亦不随之改变。

由上述之基本单位，更可推演各种之推出单位如次：

面积系长度乘宽度之积，二者均以长度单位量之，故等于长度单位之 2 因次。

$$\text{面积}=\text{长度}\times\text{宽度}=\mathrm{L}^2$$

体积系长、宽、高三度之积，即

$$\text{体积}=\text{长度}\times\text{宽度}\times\text{高度}=\mathrm{L}^3$$

速率为每单位时间内所行之距离，故等于时间除距离之商，即

$$\text{速率}=\frac{\text{长度}}{\text{时间}}=\frac{\mathrm{L}}{\mathrm{T}}\text{或 }\mathrm{LT}^{-1}$$

加速率系速率之增加率，故等于以时间除在此时间内所增加速率之商，即

$$\text{加速率}=\frac{\text{速率}}{\text{时间}}=\frac{\mathrm{L/T}}{\mathrm{T}}=\frac{\mathrm{L}}{\mathrm{T}^2}\text{或 }\mathrm{LT}^{-2}$$

流量系在单位时间内所流过之水量，故等于时间除体积之商，即

$$流量=\frac{体积}{时间}=\frac{L^3}{T}或 L^3T^{-1}$$

再则，流量亦等于流速乘河流断面之积，即

$$流量=流速\times面积=\frac{L}{T}\times L^2=\frac{L^3}{T}或 L^3T^{-1}$$

可见此二者之因次相同。

力量为质量乘加速率之积，即

$$力量=质量\times加速率=M\frac{L}{T^2}或 MLT^{-2}$$

功量系力量乘沿此力方向所生变位之距离之积，故

$$功量=力量\times距离=M\frac{L}{T^2}\times L=M\frac{L^2}{T^2}=ML^2T^{-2}$$

能量系一物体所能做功之量，故其因次亦当与功量同为 ML^2T^{-2}。但流体内所具之能量，有由其所处地位之高度者（位能）；有由其流动之速率者（动能）；且有由其承受之压力者（压能）。今设有一单元之水，其重为 w，其流速为 V，其高度为 h（如距渠底之距离），其压力为 p，则其总能量当为

$$E=wh+\frac{wV^2}{2g}+pV$$

上式之总能量系一常数，是即 Bernoulli 定理；今就其中各项之因次研究之，即可知其与功量因次完全相同，例如“压能”pV 的因次为

$$ML^{-1}T^{-2}L^3=ML^2T^{-2}=功量$$

动量系质量乘速率之积，即

$$动量=质量\times速率=M\frac{L}{T}或 MLT^{-1}$$

要之，任何物理量之因次，均可由上法推演而得之。

2. 量、符号、因次式

水工问题中最习见之量，其因次之单位有以物理制，即以质量、长度、时间三单位（M、L、T）表示之；亦有以工程制，即以力量、长度、时间（F、L、T）表示者，兹列入表 1。

表 1

量　　名		符　　号	普　通　单　位	因　次　单　位　制	
				M、L、T	F、L、T
几何量	长度（任何线量）	L	米	L	L
	距离	S	米	L	L
	深度	D	米	L	L
	水头	h	米	L	L
	直径	d	米	L	L
	半径	r	米	L	L
	水力半径	R	米	L	L
	湿周	P	米	L	L
	面积	A	米^2	L^2	L^2

续表

量名		符号	普通单位	因次单位制	
				M、L、T	F、L、T
运动量	时间	t	秒	T	T
	转率	n	转/秒	T^{-1}	T^{-1}
	角速度	ω	弧度/秒	T^{-1}	T^{-1}
	角加速度	α	弧度/秒^2	T^{-2}	T^{-2}
	速度	V	米/秒	LT^{-1}	LT^{-1}
	加速度	a	米/秒^2	LT^{-2}	LT^{-2}
	重力加速度	g	米/秒^2	LT^{-2}	LT^{-2}
	动滞性率	$\nu=\mu/\rho$	米^2/秒	L^2T^{-1}	L^2T^{-1}
	流量	Q	米^3/秒	L^3T^{-1}	L^3T^{-1}
动力量	质量	m	克	M	FT^2L^{-1}
	表面张力	σ	千克/米	MT^{-2}	FL^{-1}
	坚强性	k	千克/米	MT^{-2}	FL^{-1}
	滞性	μ	千克·秒/米^2	$ML^{-1}T^{-1}$	FTL^{-2}
	压力（单位应力）	p	千克/米^2	$ML^{-1}T^{-2}$	FL^{-2}
	弹性率	e	千克/米^2	$ML^{-1}T^{-2}$	FL^{-2}
	剪性率	e_s	千克/米^2	$ML^{-1}T^{-2}$	FL^{-2}
	单位重量	γ	千克/米^3	$ML^{-2}T^{-2}$	FL^{-3}
	压力梯度	i	千克/米^2/米	$ML^{-2}T^{-2}$	FL^{-3}
	密度	ρ	克/米^3	ML^{-3}	$FT^{-2}L^{-4}$
	冲量	I	千克·秒	MLT^{-1}	FT
	动量	M	克·米/秒	MLT^{-1}	FT
	力量	F	千克	MLT^{-2}	F
	重量	W	千克	MLT^{-2}	F
	转矩	T	米·千克	ML^2T^{-2}	FL
	能量	E	米·千克	ML^2T^{-2}	FL
	功量	W	米·千克	ML^2T^{-2}	FL
	热量	H	米·千克	ML^2T^{-2}	FL
	功率	P	米·千克/秒	ML^2T^{-3}	FLT^{-1}
	热流量	H/t	米·千克/秒	ML^2T^{-3}	FLT^{-1}
无因次量	比降	J		无因次	
	角度	φ		无因次	
	比较拉长率	ε		无因次	
	比较压短率	δ		无因次	
	Reynolds 数	$R=VL/\nu$		无因次	
	Froude 数	V^2/Lg		无因次	
	Thompson 数	$ta^2\rho$	$a=648\times10^{-12}$ 米^4/千克·秒^2	无因次	
	Cauehy 数	V^2/η	$\eta=e/\rho$	无因次	
	Weber 数	V^2L/ω	$\omega=\sigma/\rho$	无因次	
热能量	温度	T		θ	θ
	绝对温度	T_0			

有时研究特殊之问题，改将水银或空气用做试验中的流体，实非不可能者。兹将其比重与滞性列如表 2（节录）。

表 2　　水、水银、空气之滞性率与密度

温度（℃）	滞性率 μ（达因×秒/厘米^2）			密度 ρ（克/厘米^3）		
	水	水银	空气	水	水银	空气
−20		0.0186			13.64499	0.0013955
−15					.63257	13684
−10	0.0260				.62017	13423
−5	0.0214				.60780	13172
0	0.017938	0.0169	170.9×10^{-6}	0.999868	13.59545	12931
4	15676			1.000000	13.58558	12743
5	15188			0.999992	.58311	12698
10	13097		175.9×10^{-6}	0.999727	.57079	12473
15	11477			0.999126	.55849	12256
20	10087	0.0156	180.8×10^{-6}	0.998230	.54622	12046
25	8949			0.997071	.53396	11844
30	8004		185.6×10^{-6}	0.995673	.52171	11648
35	7208			0.994058	.50949	11459
40	6536		190.4×10^{-6}	0.992246	.49728	
45	5970			0.99024	.48508	
50	0.005492	0.0141	195.1×10^{-6}	0.98807	.47290	
55	5072			0.98573	13.46074	
60	4699		199.7×10^{-6}	0.98324	.44859	
65	4368			0.98059	.43646	
70	4071		204.3×10^{-6}	0.97781	.42433	
75	3806			0.97489	.41222	
80	3570		208.8×10^{-6}	0.97183	.40012	
85	3357			0.96865	.38803	
90	3166		213.2×10^{-6}	0.96534	.37595	0.0009730
95	2944			0.96192	.36389	9588
100	0.002839	0.0122	217.5×10^{-6}	0.95838	.35183	9459
150	0.001840		238.5×10^{-6}		13.23300	8340
200		0.0101	258.2×10^{-6}		.11480	7457
250			277.0×10^{-6}		12.99750	
300		0.0093	294.6×10^{-6}		.88060	
350			311.3×10^{-6}		.76380	
400			327.7×10^{-6}			
450			343.5×10^{-6}			
500			358.3×10^{-6}			

设模型与原体已成几何的相似，并受同一之地心引力，则自下述之式（26），可算得在比尺系 1∶4.28 时，模型中的水银与原体中之水，即可得完全之动力相似。

研究之模型中，有时可择一较水更适宜之流体，如水与甘油之混合液，其比重与滞性列如表 3。

表 3　　水与甘油之混合液（温度 18℃）

甘油之（%）	100	80	60	40	20	0
密度 ρ	1.26	1.21	1.15	1.10	1.05	1.00
滞性 μ/(dyn·S/cm)	10.0	0.58	0.11	0.04	0.019	0.0105

3. 因次分析术

今设有一问题，其中可测之物理量为 Q_1，Q_2，$Q_3\cdots$，共计有 n 种须列入探讨者。则此问题可用下式示之。

$$F(Q_1,Q_2,\cdots,Q_n)=0 \tag{1}$$

式中，F 即普通数学中之函数符号。

今设上式系一完全之方程式，则此 n 种量 Q_1，Q_2，$\cdots$，Q_n 等之关系式，更可化为下式：

$$f(\Pi_1,\Pi_2,\cdots,\Pi\pi_{n-k})=0 \tag{2}$$

式中，k 为该问题独立基本变量（如质量、长度、时间等）之个数，n 为各种物理量之总数，f 则为变化后的函数关系符号，须由实验测定者。

此是曰“Π定理”。在Π定理中之每个新变量Π_i，概系无因次积，可表示如下：

$$\Pi_i=Q_1^{a_i}\cdot Q_2^{b_i}\cdot Q_3^{c_i}\cdot\cdots\cdot Q_n^{m_i} \tag{3}$$

设问题之 n 个不同变量中，有数个同类量（如数个长度量或数个容积量），则此关系仍可用一方程式示之；其中所有此类同种之变量，当可指定其一单量，以他量对此量之比 r'，r^n，$\cdots$代之，据此式（1）可示为：

$$(Q_1,Q_2,\cdots,Q_n,r',r^n,\cdots)=0 \tag{4}$$

按Π定理，此式通常写为

$$f(\Pi_1,\Pi_2,\cdots,\Pi_{n-k},r',r^n,\cdots)=0 \tag{5}$$

Π定理之如式（5）所示者，在实用上较为便利。此乃欲得纯一之因次所必具备之条件，盖物理公式内各项之因次均需相同也，兹举二例，以示运用因次分析术，解决问题之法。

4. 因次分析术举例

例 1. 今欲以缩小之模型，研究渠道内之水流，求得一正确之理论公式，以测定其中之流量或能量梯度，问此模型将如何设计？并须具有何种条件，其流状始能与原体相似？

已知该渠内之水流，随表 4 所示诸变量而定；尚无主要变量遗漏，则此 7 变量之关系，可由下式示之：

$$F(i,R,P,V,\rho,\mu,g)=0 \tag{6}$$

表 4

序　　号	量　　名	符　　号	因　次　式
1	水压梯度	i	$ML^{-2}T^{-2}$
2	水力半径	R	L
3	湿　周	P	L
4	平均流速	V	LT^{-1}
5	水之密度	ρ	ML^{-3}
6	水之滞性	μ	$ML^{-1}T^{-1}$
7	重力加速率	g	LT^{-2}

因有 $k=3$ 个基本单位（质量、长度、时间），按Ⅱ定理分析之，可知 $(n-k)=4$ 项，故式（6）可作

$$f(\Pi_1,\Pi_2,\Pi_3,\Pi_4)=0 \tag{7}$$

兹选定 R、V、ρ 为三个较便之独立变量，故所余 4 个非独立变量为 P、i、μ、g，按 Π_1，Π_2，Π_3，Π_4 必系无因次者，则可进而列出非独立之变量，以独立变量表示时之指数式如下：

$$\Pi_1=R^{x_1}V^{y_1}\rho^{z_1}P \tag{8}$$

$$\Pi_2=R^{x_2}V^{y_2}\rho^{z_2}i \tag{9}$$

$$\Pi_3=R^{x_3}V^{y_3}\rho^{z_3}\mu \tag{10}$$

$$\Pi_4=R^{x_4}V^{y_4}\rho^{z_4}g \tag{11}$$

今欲求 R、V、ρ 三量之诸指数，且 Π_1，Π_2，Π_3，Π_4 系无因次者，其法将各项之量均化为其因次式，并令指数等于零，以求 x、y、z 诸值。

首以 Π_1 之式（8），将各项之因次式代入之，则

$$\begin{aligned}\Pi_1&=\mathrm{L}^{x_1}\cdot(\mathrm{LT}^{-1})^{y_1}\cdot(\mathrm{ML}^{-3})^{z_1}\cdot\mathrm{L}\\&=\mathrm{L}^{x_1}\cdot\mathrm{L}^{y_1}\cdot\mathrm{T}^{-y_1}\cdot\mathrm{M}^{z_1}\cdot\mathrm{L}^{-3z_1}\cdot\mathrm{L}\\&=\mathrm{L}^{x_1+y_1-3z_1+1}\cdot\mathrm{T}^{-y_1}\cdot\mathrm{M}^{z_1}\end{aligned} \tag{12}$$

设 Π_1 系无因次者，则 L 和 T 与 M 之指数，均当等于零，得下列各式：

$$\begin{cases}x_1+y_1-3z_1+1=0\\-y_1=0\\z_1=0\end{cases}$$

解之可得

$$\begin{cases}x_1=-1\\y_1=0\\z_1=0\end{cases}$$

将此等 x_1、y_1、z_1 诸指数之值代入式（8），则有

$$\Pi_1=\frac{P}{R} \tag{13}$$

同法求式（9）各项之指数，有

$$\begin{aligned}\Pi_2&=\mathrm{L}^{x_2}\cdot(\mathrm{LT}^{-1})^{y_2}\cdot(\mathrm{ML}^{-3})^{z_2}\cdot\mathrm{ML}^{-2}\mathrm{T}^{-2}\\&=\mathrm{L}^{x_2}\cdot\mathrm{L}^{y_2}\cdot\mathrm{T}^{-y_2}\cdot\mathrm{M}^{z_2}\cdot\mathrm{L}^{-3z_2}\cdot\mathrm{ML}^{-2}\mathrm{T}^{-2}\\&=\mathrm{L}^{x_2+y_2-3z_2-2}\cdot\mathrm{T}^{-y_2-2}\cdot\mathrm{M}^{z_2+1}\end{aligned}$$

将此等指数等于零，则

$$\begin{cases}x_2+y_2-3z_2-2=0\\-y_2-2=0\\z_2+1=0\end{cases}$$

故得

$$\begin{cases}x_2=1\\y_2=-2\\z_2=-1\end{cases}$$

代入式（9），则有
$$\Pi_2=\frac{Ri}{V^2\rho} \tag{14}$$

同此可得
$$\Pi_3=\frac{\mu}{RV\rho} \tag{15}$$

$$\Pi_4=\frac{Rg}{V^2} \tag{16}$$

今将以上所得之Π_1，Π_2，Π_3，Π_4诸值代入式（7），即得

$$f\left(\frac{P}{R},\frac{Ri}{V^2\rho},\frac{\mu}{RV\rho},\frac{Rg}{V^2}\right)=0 \tag{17}$$

有如此例之任何方程式，倘系正确而完全者，可当作如式（17），其中仅留一函数，须待实验之决定者。设实验之目的，在研究能量之比降（或称水力梯度）i，则自式（17）可得

$$\frac{Ri}{V^2\rho}=\varphi\left(\frac{P}{R},\frac{\mu}{RV\rho},\frac{Rg}{V^2}\right)$$

式中，φ示一函数之符号，则

$$i=\frac{V^2\rho}{R}\varphi\left(\frac{P}{R},\frac{\mu}{RV\rho},\frac{Rg}{V^2}\right)$$

$$i=\frac{p}{L}=\frac{\rho gh}{L}=\frac{V^2\rho}{R}\varphi\left(\frac{P}{R},\frac{\mu}{RV\rho},\frac{Rg}{V^2}\right) \tag{18}$$

式中，p系压力梯度，h系磨损水头，h/L为无因次之几何的水面比降。因式（18）亦可写作：

$$\frac{h}{L}=\frac{V^2}{Rg}\varphi\left(\frac{P}{R},\frac{\mu}{RV\rho},\frac{Rg}{V^2}\right) \tag{18a}$$

简之，设$\frac{V^2}{gR}$与φ之积等于ψ，并使$\nu=\mu/\rho$，则

$$\frac{h}{L}=\psi\left(\frac{P}{R},\frac{\nu}{RV},\frac{Rg}{V^2}\right) \tag{19}$$

自式（19）可发现，比拟律之基本理论，盖Newton论空间质点系统之动力的相似性。惟Newton所指质点间之作用，仅在彼此相碰之一瞬间，盖恐在此相接触之有限时间内，容有黏着之反作用之可能。但由此理论伸引之，实可含有多种之反作用，如普通水力学中之表面摩擦等。

设若式（6）无主要之变量遗漏，则以式（19）探讨模型与原体间之相似性，无论其系几何的或动力的，当能适合所有之条件。

今进而研究式（19）之意义。下文所有长度之比以λ代之；时间之比以τ代之；凡属于模型之量，均附加m注脚。

首就定义言，所谓几何相似者，其纵向之比降，原体之h/L与模型之h_m/L_m，在相应之点均需一致；申言之，即原体与模型中，所有彼此相应部分，均需具有一定之比，简称“同调比尺”。

再则，动力相似者，在二相应之力量亦须具有一定之比，着力点相似、方向相似，

Newton 称曰"同调力比"。例如一对同调之离心力，作用于一对同调之质量，必使运动呈二条几何相似之曲线；此离心力之大小，随其向心加速率而定；盖二者之向心加速率等于 V^2/r 与 V_m^2/r_m，故其所生之力量为 mV^2/r 与 $m_m V_m{}^2/r_m$。式中，r 为曲率半径，m 与 m_m 即上述之同调之质量也。今设以 F/F_m 为力比，则

$$\frac{F}{F_m}=\frac{mV^2/r}{m_m V_m^2/r_m} \quad 或 \quad \frac{F}{F_m}\cdot\frac{r}{r_m}=\frac{mV^2}{m_m V_m^2} \tag{20}$$

若模型与原体受同一重力加速率（$g=g_m$），则力量之大小与其质量成正比，即

$$\frac{F}{F_m}=\frac{m}{m_m} \tag{21}$$

可知，普通水工研究之模型，欲使之与原体成几何的、动力的相似，须具有下列之条件：

$$\frac{V^2}{V_m^2}=\frac{r}{r_m}=\lambda\ （比尺） \tag{22}$$

此关系之成立，模型与原体应在同一地点、受同一之地心引力，已如前述；并可知其间所有之同调加速率亦必相等，盖均由同一之地心引力所造成者也。故模型与原体设在同一地点时，其加速率之比当等于 1。即在模型与原体之内，设因任何作用致生有内部的同调力量者（如滞性、摩擦力等），则每单位质量所受之力，以至同调加速率之本身，亦必相等。故

$$\frac{V^2}{r}=\frac{V_m^2}{r_m} \quad 或 \quad \frac{V^2}{V_m^2}=\frac{r}{r_m}=\lambda\ （比尺） \tag{23}$$

可知式（19）之 ψ，在任何一对同调点均须相同，即其所引进之因次，亦须彼此同调，是为形成相似性之必要条件。但 ψ 之值，在水流内之各点，不必相同，理至明显。至于其变化情形，当随其所具之条件而决。如

$$\frac{P}{R}=\frac{P_m}{R_m},\ \frac{\nu}{RV}=\frac{\nu_m}{R_m V_m},\ \frac{Rg}{V^2}=\frac{R_m g_m}{V_m^2}$$

兹因 $g=g_m$ 故因对此 V/V_m 与 R/R_m 二量，可得二式如下：

$$\frac{R}{R_m}\cdot\frac{V}{V_m}=\frac{\nu}{\nu_m} \tag{24}$$

$$\frac{R}{R_m}=\frac{V^2}{V_m^2} \tag{25}$$

解之则得

$$\frac{R}{R_m}=\lambda=\left(\frac{\nu}{\nu_m}\right)^{2/3} \tag{26}$$

$$\frac{V}{V_m}=\sqrt{\frac{R}{R_m}}=\sqrt{\lambda}=\sqrt[3]{\frac{\nu}{\nu_m}} \tag{27}$$

式中之 λ 系比尺已如前述，即原体与模型间二同调长度之比。

今进而研究式（26），对于在同一地点试验之模型与原体，受相同之地心引力者（$g=g_m$），冀得一理论上之意义；并根据其中的流体之动滞性（ν 与 ν_m）以探讨在相似时，必须之条件，而确定其比尺。

自式（27）可知相似之条件：凡其中同调之速率，须有如$\lambda^{1/2}$之比，或如$\left(\dfrac{\nu}{\nu_m}\right)^{1/3}$。又因式（26）与式（27）二式同时存在，故可知 Reynolds 之滞性定律与 Newton 之速率定律，均能一致，若以式（26）乘以式（27），则得

$$\frac{L_m V_m}{LV}=\frac{\nu_m}{\nu} \quad 或 \quad \frac{L_m V_m}{\nu_m}=\frac{LV}{\nu}$$

式中以L代R，意可适用任何长度性之量；换言之，模型中之 Reynolds 数$\dfrac{L_m V_m}{\nu_m}$，与原体中者$\dfrac{LV}{\nu}$当相同也。

设模型与原体中之流体相同，试验于大小不同之加速率下，吾人仍可得一纯粹之相似性。Glazebook[3]博士，根据力之关系，而定一公式如次：

$$\frac{L^3\rho f}{L^2}=\mu\frac{\mathrm{d}V}{\mathrm{d}x} \tag{28}$$

式中，L系长度，ρ系密度，f系加速力，V系流速，μ系滞性系数，x系一与流速成横向之长度。兹以方括号代表变量之因次，Glazebook 谓式（28）之因次式为

$$[f]=\left[\frac{\mu}{\rho}\right]\cdot\left[\frac{V}{L^2}\right] \tag{29}$$

但据 Newton 之加速率与V^2/L成正比，其因次式可得如下：

$$[f]=\left[\frac{V^2}{L}\right] \tag{30}$$

故应有

$$\left[\frac{\mu}{\rho}\right]\cdot\left[\frac{V}{L^2}\right]=\left[\frac{V^2}{L}\right] \tag{31}$$

抑或$\dfrac{\mu}{\rho}\cdot\dfrac{1}{VL}$系与因次无关系者。

今对此式（29）与式（30），使f消去，由纯粹之数学观点论之，式（31）若能够成立，则式（29）与式（30）二式必须具有同值之单量f。

但此f量常非系一未知者，盖问题中普通之未知量，尤在水工问题中常为L与V，即模型之大小与速率也；可知消去未知量f，在事实上为不可能者。今进解式（29）与式（30）二式，以求L与V，可得

$$L=\frac{\nu^{2/3}}{f^{1/3}} \tag{32}$$

$$V=\nu^{1/3}\cdot f^{1/3} \tag{33}$$

此与 Reynolds 数之有效性并无减损，且自以上二式，即可得

$$VL=\nu \tag{34}$$

将此式以模型与原体之同调量示之，则成

$$\frac{V_m L_m}{\nu_m}=\frac{VL}{\nu} \tag{35}$$

兹者，复将式（32）与式（33）二式推演之，当$\nu_m=\nu$可得

$$\lambda=\frac{L_m}{L}=\left(\frac{f_m}{f}\right)^{-1/3} \tag{36}$$

$$\frac{V_m}{V}=\left(\frac{f_m}{f}\right)^{1/3} \tag{37}$$

再则，此式与 Reynolds 数与 Newton 之定律，均能一致，即：

$$\frac{V_m L_m}{\nu}=\frac{VL}{\nu} \tag{38}$$

$$\frac{V_m^2/L_m}{V^2/L}=\frac{f_m}{f} \tag{39}$$

因之，吾人可于各种大小不同之加速率下（如离心力等）进行试验，并使之大于地心引力，即将此模型装入一极速之旋体；盖模型中除采用不同之流体或不同之加速率以外，吾人决难得一完全之相似性，而合乎 Newton 之意义者。

Newton 之所以特意指出：质点间之作用，仅系彼此纯粹之弹性碰撞者，无他，盖恐问题中引入其他未知之力（如滞性力等），致不易解。故在彼之两个相似的系统，可有任何之比尺，而模型之大小，殊无关重要，已如前述。但由式（26）所定之比尺，则不特彼此具有理论上确切的相似性，且如滞性等力，亦均包括在内，并已获实验[4]之证明；在上述之条件内，不仅含有普通依 V^2 定律变化之表面摩擦性作用，且含有他种不同之力。

虽此，吾人尚有必须注意者，盖近代水工之模型研究，均以水为流体，并就同一之重力加速率试验之者，故欲得一完全之相似性，实不可能，已如上述；是以仅能谋一最近似之设计，其结果之精确程度，以足敷解决实际之水工问题为准。

自式（18），已知

$$i=\frac{V^2\rho}{R}\varphi\left(\frac{P}{R},\frac{\nu}{RV},\frac{Rg}{V^2}\right)$$

今若能使模型中之条件，其论据$\frac{P}{R}$，$\frac{\nu}{RV}$，$\frac{Rg}{V^2}$与原体中者相同，则可由试验定一系数，以代此 $\varphi\left(\frac{P}{R}，\frac{\nu}{RV}，\frac{Rg}{V^2}\right)$；且此系数列于流量公式内，凡与此问题有同样论据之河道，均能得同样正确之结果。

欲使模型成完全之几何相似，倘其中之变量（如模型中之水深）与在原体中者之比，已使之等于比尺 λ；则此论据 P/R，即湿周与水力半径之比，当亦合理。

故于此试验之模型，设能使其论据$\left(\frac{\nu}{RV}，\frac{Rg}{V^2}\right)$与原体相同，则自此模型所得之结果，可应用至其原体。无论任何大小，实际上均可十分准确。

苟模型所受之地心引力与原体相同，并保持一常数，则 R/V^2 亦必将为一常数，且设模型中之流体与在原体中者相同，则 μ/ρ 或 ν 亦系一常数，故 $1/RV$ 必当保持恒量。

下面，将对此论据，作进一步之探讨，试求彼等自式（18）消去之理由；俾吾人于试验所得之结果，能确信其应用上精确之程度也。

由动水力学之试验，已知水流达紊流状态时，其作用力以重力为主，而受滞性之影响者极鲜。故如研究河流等问题，必使垂直与水平之比尺各异，如是则可得一较大之深度，俾成为紊流，其中滞性之影响，亦随因之大部减去。在紊流状态继续保持中，式（18）之 μ（在论据$\frac{\nu}{RV}$内，$\nu=\mu/\rho$），可假定系一极小之量，故可使$\frac{\nu}{RV}$代以一简单之无因次数字的常数（如 k，且此数应为 Reynolds 数$\frac{\nu}{RV}$之函数）。

今将式（18）改作下式

$$i=\frac{V^2\rho}{R}\varphi\left(\frac{Rg}{V^2}\right) \tag{40}$$

据此，在普通之水工试验，所受地心引力，实际上为一常数，故模型与原体之 Rg/V^2，苟均能保持常数时，则可谓已得动力的相似，即

$$\frac{Rg}{V^2}=\frac{R_m g_m}{V_m^2}$$

因 g 为一常数，则

$$\frac{R}{V^2}=\frac{R_m}{V_m^2}$$

设模型与原体欲得相应之流速，则

$$\frac{V}{V_m}=\left(\frac{R}{R_m}\right)^{1/2} \tag{41}$$

故 φ 在模型与原体当相同也，且

$$\frac{i}{i_m}=\frac{V^2\rho/R}{V_m^2\rho_m/R_m} \tag{42}$$

又因模型与原体中均为水，其比重相同，则 $\rho/\rho_m=1$，故式（42）可化为

$$\frac{i}{i_m}=\frac{V^2/R}{V_m^2/R_m} \tag{43}$$

但因已知 V^2/R 与 V_m^2/R_m 相等，欲使二者成几何的、动力的相似，则 i/i_m 应等于 1[5]。若设以 K 与 K_m 示（ν/RV，Rg/V^2）之函数系数，则

$$\frac{K}{K_m}=1 \tag{44}$$

意即模型之 K_m 与原体之 K，其值须相同也。式（43）可谓模型与原体之比，即

$$i=K\frac{V^2}{R}\qquad i_m=K_m\frac{V_m^2}{R_m} \tag{44a}$$

解之可得

$$V^2=\frac{1}{K}Ri\qquad V_m^2=\frac{1}{K_m}R_m i_m \tag{45}$$

或作

$$V=\sqrt{\frac{1}{K}}\sqrt{Ri}\qquad V_m=\sqrt{\frac{1}{K_m}}\sqrt{R_m i_m} \tag{46}$$

此即用以计算河渠流速所习见之 Chezy 公式，即 Chezy 系数 $C=\sqrt{1/K}$。

例 2. 堰上流量之公式演化之法，似尚未臻最精密之程度，故难应用于任何之情况。盖已往对于流量系数之测定，实验所用之水头，均极低小（大多小于 2.5 英尺）。即至近代亦鲜有根据比拟律从事实验，或利用因次分析术以求得一合理论之公式者。

下列之公式即一无因次意义，或应以比拟律所定公式之佳例：

$$Q=3.33L\left[\left(h+\frac{V_a^2}{2g}\right)^{3/2}+\left(\frac{V_b^2}{2g}\cdot h\right)\right]$$

此式由 Schoder 与 Turner[6] 作多次之锐口堰实验，归纳而得者。但自因次之意义考之，如括号内之第一项，其因次为 $L^{3/2}$，第二项则为 L^2，均无体积之意义。凡精密正确之公式，其中所有各项均须系同一之因次，故上式虽能表示其实验之结果，但用至他种情况，不能信其必无差误也。

今试以因次分析术推演一流量公式之理论基据，可应用于任何相似之情况者，并探索其中变量间应有之关系；则此流量系数一经测定，即可应用于任何相似之堰，固无论其形体之大小也。设一考察与堰上流量有关系之因子，则在每单位长堰口流经之流量，恒随下列诸变量而增减，见表 5。

表 5

量　名	符　号	因　次　式	量　名	符　号	因　次　式
堰上之水头	h	L	重力加速率	g	LT^{-2}
堰口距渠底之高度	D	L	液体之表面张力	σ	MT^{-2}
渠内之趋近流速	V	LT^{-1}	堰上内侧表面之糙度	ε	L
流体之密度	ρ	ML^{-3}	堰口弧度之半径	r	L
流体之滞性	μ	$ML^{-1}T^{-1}$	每单位长堰上之流量	Q/L	L^2T^{-1}

倘无主要之变量遗漏，由此等变量之关系，即可得一完全准确之公式如下：

$$F(h,D,V,\rho,\mu,g,\sigma,\varepsilon,r,Q/L)=0 \tag{47}$$

设运用因次分析术解析之，则此问题中计有 $n=10$ 种之量，此等变量具有 $k=3$ 种基本单位（质量、长度、时间）。故据Ⅱ定理，须有 $n-k=7$ 项，展开之则得

$$F(\Pi_1,\Pi_2,\Pi_3,\Pi_4,\Pi_5,\Pi_6,\Pi_7)=0 \tag{48}$$

设选定 h、g、ρ 为三个独立变量，则此Ⅱ一定理可化作如下：

$$\Pi_1=h^{x_1}g^{y_1}\rho^{z_1}D \tag{49}$$

$$\Pi_2=h^{x_2}g^{y_2}\rho^{z_2}V \tag{50}$$

$$\Pi_3=h^{x_3}g^{y_3}\rho^{z_3}\mu \tag{51}$$

$$\Pi_4=h^{x_4}g^{y_4}\rho^{z_4}\sigma \tag{52}$$

$$\Pi_5=h^{x_5}g^{y_5}\rho^{z_5}\varepsilon \tag{53}$$

$$\Pi_6=h^{x_6}g^{y_6}\rho^{z_6}r \tag{54}$$

$$\Pi_7=h^{x_7}g^{y_7}\rho^{z_7}\frac{Q}{L} \tag{55}$$

首将式（49）以各量之因次式代之，则

$$\Pi_1=(L)^{x_1}\cdot(LT^{-2})^{y_1}\cdot(ML^{-3})^{z_1}\cdot(L)=L^{x_1+y_1-3z_1+1}\cdot T^{-2y_1}\cdot M^{z_1}$$

使 L、M、T 诸指数等于零，则得

$$\begin{cases}x_1+y_1-3z_1+1=0\\-2y_1=0\\z_1=0\end{cases}$$

故得

$$\begin{cases} x_1 = -1 \\ y_1 = 0 \\ z_1 = 0 \end{cases}$$

将此 x_1、y_1、z_1 诸值代入式（49），则

$$\Pi_1 = \frac{D}{h} \tag{56}$$

同法可得

$$\Pi_2 = \frac{V}{g^{1/2} h^{1/2}} \tag{57}$$

$$\Pi_3 = \frac{\mu}{h^{3/2} g^{1/2} \rho} \tag{58}$$

$$\Pi_4 = \frac{\sigma}{\rho g h^2} \tag{59}$$

$$\Pi_5 = \frac{\varepsilon}{h} \tag{60}$$

$$\Pi_6 = \frac{r}{h} \tag{61}$$

$$\Pi_7 = \frac{Q/L}{h^{3/2} g^{1/2}} \tag{62}$$

将上列 Π_1，Π_2，…值代入式（48），则得

$$f\left(\frac{D}{h}, \frac{V}{g^{1/2} h^{1/2}}, \frac{\mu}{h^{3/2} g^{1/2} \rho}, \frac{\sigma}{\rho g h^2}, \frac{\varepsilon}{h}, \frac{r}{h}, \frac{Q/L}{h^{3/2} g^{1/2}}\right) = 0 \tag{63}$$

今设自式（63），欲求 Q/L 之值，则

$$\frac{Q}{L} = h^{3/2} g^{1/2} \varphi\left(\frac{D}{h}, \frac{V}{g^{1/2} h^{1/2}}, \frac{\mu}{h^{3/2} g^{1/2} \rho}, \frac{\sigma}{\rho g h^2}, \frac{\varepsilon}{h}, \frac{r}{h}\right) \tag{64}$$

或则每单位时间内之总流量，可以下式示之

$$Q = \xi L h^{3/2} g^{1/2} \tag{65}$$

式中，ξ 称为流量系数，即

$$\xi = \varphi\left(\frac{D}{h}, \frac{V}{g^{1/2} h^{1/2}}, \frac{\mu}{h^{3/2} g^{1/2} \rho}, \frac{\sigma}{\rho g h^2}, \frac{\varepsilon}{h}, \frac{r}{h}\right) \tag{66}$$

Erik Lindquist[7] 对此堰上流量问题，曾有一理论上之研究；彼运用因次分析术，以定一公式，并指出各种必要论据。当求一任何水头之流量系数，所须列入计算之变量如次：(1) 堰上水头高度；(2) 堰口离渠底之高度；(3) 渠内之趋近流速；(4) 流体之比重；(5) 流体之滞性；(6) 重力加速率；(7) 堰口弧度之半径；(8) 流体之表面张力。

可知 Lindquist 所分析之变量，未曾将堰面之糙率列入；虽此糙率对于流量之影响殊微，可略去不计，但在分析时，要以列入为当；迨已得结果后，若果可略去者，然后略去，始为合理。

Lindquist 所得之公式如式（65）所示者，彼之系数函数中，所有之论据亦与式（64）相同。彼乃利用 Schoder，Turner，Bazin 诸家，以及瑞士水文局所作试验之结果，拟定一计算流量系数 ξ 之公式。式中之变量，有堰上水头之高度 h，堰口离渠底之高度 D，以及

一须由实验测定之 θ 值。虽然用此式计算 ξ 似较复杂，但可作成图表，实际应用亦甚简捷。兹录此公式如下：

$$\xi=\frac{1}{2\theta}\cdot\left(\frac{h+D}{h}\right)^{2}\cdot\left\{1-\sqrt{1-4\theta\left(0.621+\frac{0.0007}{h^{3/2}}\right)\cdot\left(\frac{h}{h+D}\right)^{2}}\right\}$$

结　论

就上举二例，可见因次分析术，实为水工模型研究，解决各种复杂问题之唯一工具，更可知其主要功用约如下述：

（1）能指出何种变量系必须测定者，并可推得一近似假定，而用于公式之简化。

（2）能减少问题中分离之变量，并可推知求得此等变量最经济之方法。

（3）能指出公式可能应用之程度，对于某种经验公式，能断定其是否可普遍适用，且能证实该公式是否与理论符合。

（4）依此术所立之公式，无论英尺或米尺均能适用，决无相混之弊。

（5）在实验时，能使吾人得一详尽之探讨，并指出应准确至何种程度；即使不完全是试验所得之结果，亦足敷应付实际之问题。

顾因次分析术之功用虽多，但其应用之范围，亦自有其限度：

（1）自因次分析术所得之公式，每含有数字的常数，其值在因次关系之外，必须用试验等法决定之。

（2）在演因次分析术之先，必须已知此问题中欲求之物理量与其物理公式；故对此欲解决之问题，必须先有相当之认识。否则，可能会使实际上并无作用之特殊现象误行列入，或将主要之变量遗漏。

（3）此术之最大困难，每因限于式中无法引入一有因次之常数；而此等变量，亦遂不能得一无因次之积。设果遇有此类情形，则可应用比拟性之原理解决之。

本篇限于篇幅，不克将此饶有趣味之问题，作更详尽之叙述，兹将本题有关之文献列下。

参　考　文　献

1. Buckingham，E，on Physically Similar systems；Illustrations of the Use of Dimensional Equations，Physical Review，Vol. Ⅳ，Series 2，pp. 345～367，1914.

2. Buckingham，E.，Formula for the Windage of Steam Turbine Wheels，Engineerinn，March 13，1914，Vol. 97，pp. 362～364.

3. Tolman，R. C.，The Specific Heat of Solids and the Principle of Similitude. Physical Review，Vol. Ⅵ Series 2，pp. 145～153，1914.

4. Tolman，R. C.，The Principle of Similitude and the Principle of Dimensional Homogeneity. Physical Review，Vol. Ⅵ，Series 2，pp. 219～233，1915.

5. Buckingham，E.，Model Experiments and the Form of Empirical Equations. Treansactions A. S. M. E.，Vol. 37，pp. 263～296，1915.

6. Hersey，M. D.，A Relation Conneciting the Derivatives of Physical Quantities，Scientific

Papers, U. S. Bureau of Standards, No, 331, 1919.

7. Buckingham, E. , and Edwards, J. O. , Efflux of Gases Throgh Small Orifices, Scientific Papers, U. S. Bureau of Standards, No, 359, 1920.

8. Wilson, E. B. Aeronautics, Chapter Ⅺ, "Theory of Dimensions" Published by John Wiley & Sons, N. Y. , 1920.

9. Cowley, W. L. , and Levy, H. , Aeronautics in Theory and Experiment Chapter L. V. "Form Model to Full Scale" . Published by Edward Arnold London, 1920.

10. Bridgman, P. M. , Dimensional Analysis. Published by Yale University Press, New Haven, Conn. , 1922.

摘自中国科学社刊《科学》第 17 卷，第 3 期，1933 年 3 月

神户筑港工程参观纪略

神户筑港工程，以创用非对称式函，著闻于世，记者往参观时，蒙该总工程师高西敬义博士详为指导，并示以该港工程技术上的特点以及设计之经过，至为心感，识此志谢。

记者附识

1. 简史

神户港在大阪湾之西，北纬 34°41′、东经 135°11′，神户兵库两湾环抱之。1906 年顷，始由财部着手经营，在小野滨前，筑突堤凡四，并附设仓库等。迄 1913 年底，凡竣工之处，即供商旅应用，是为第一期工程。

未几，即继以大规模之改进，并添筑防浪堤。盖在 1910 年顷，东防浪堤之一部，即以筑成，斯时适值欧战发生，影响所及，对外贸易激增无已；是以 1919 年日本政府，遂将港权归入内务部，力图发展，扩充对内对外各种设备；定预算为日金 2.71 亿元，自 1919 年始，限 10 年内完成之。但因中途增加计划，略有变更，延及 15 年始获竣工，并增经费日金 5,778,282 元。是期工作之大概，有兵库之国内贸易，滨边通之国外贸易，海岸通之内外兼用等设备；神户及兵库海岸之填海工程，以及各国系船起货之应有设备；至于港外之防浪堤，亦大加扩充，是为第二期工程。

兹将第一、第二，两期工程之概况，列如下表。

	设　备	地　点	在低水位下之深度（米）	长度（米）
第一期工程	国外贸易	小野滨	9.0	2093.5
	国外贸易	小野滨	10.0	329.5
	国外贸易	小野滨	11.0	473.0
	合计			2896.0
第二期工程	国外贸易	滨边通	12.0	418.0
	国外贸易	滨边通	10.0	2183.0
	国内贸易	兵库	9.0	691.0
	国内贸易	兵库	8.5	309.0
	国内贸易	兵库	7.2	1218.0
	国内贸易	海岸通	9.0	580.0
	国内贸易	海岸通	5.5	370.0
	合计			5769.0

神户港之运输事业，合对内对外二者，几及 1100 万公吨。其中之 64％概由码头起运，故各种码头之设备，必须能应付此巨量之货运。至于防浪堤，亦应全部完成，俾得一平静之淀泊所。

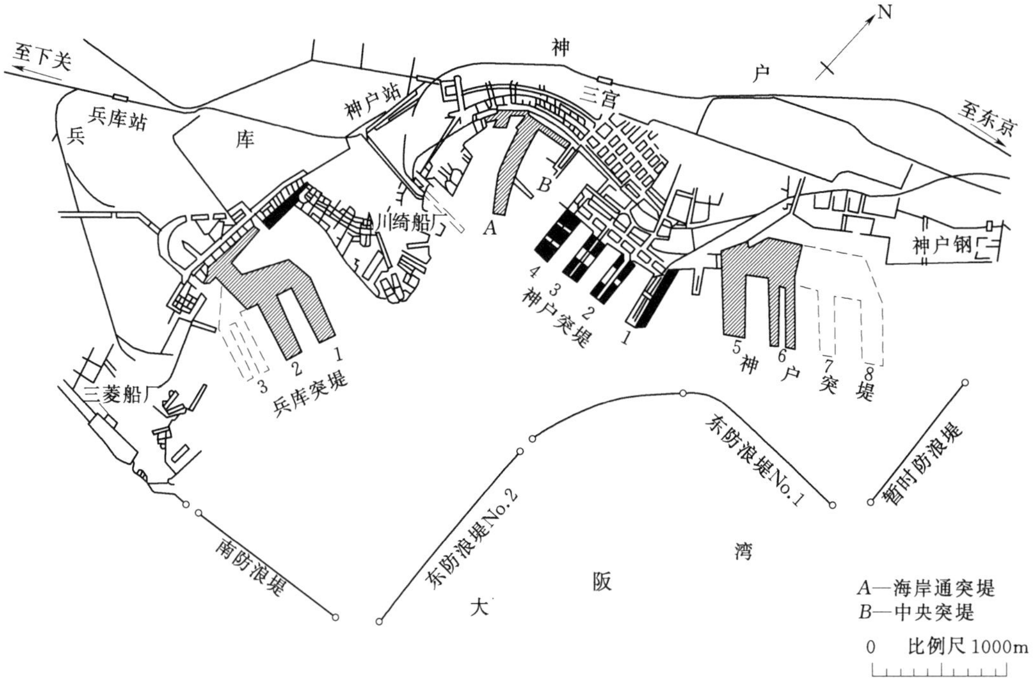

图 1 神户港修筑计划平面图

2. 海底之性质

神户港之海底，概系极细之黏土，近岸海底之下，至 4.5 米处，始含有少量之砂。堤之最外部分，约在海底下 8～11 米，有砂一层，然亦极薄，仅 1 米。砂层下仍为黏土层，厚约 6 米，再穿此层而下，欲觅一承受力较佳之床土，终不易得。

3. 码头突堤之堤壁

观上述港址土质之软弱，即可见工程之困难，对于堤壁横断面之设计，应亦十分缜密，俾得一最妥善而经济者。该港曾作一比较研究如下：

按普通堤壁之构造，有下列各式：

(1) 由圆柱形钢筋混凝土墩造成者；

(2) 由混凝土壁沉入造成者；

(3) 由大形之钢筋混凝土函造成者；

(4) 由两旁打入混凝土板桩，中间填以混凝土而造成者。

就上述四法言，经验上均知其各有利弊，究以何者为最适宜，极难定夺。但考神户港之地基，土质松软，且时有大风大浪，震荡极猛，而以钢筋混凝土函造成之堤壁，经验上已知最为安全强固，且工费亦最经济，故该港决定采用之。况前此已成之第一期工程，所有堤壁之构造，均已采用是法，且在施工时已建一举重 2500 公吨之沉函坞，用以沉置土函者，今仍可利用，其节省之费用为量极巨。

普通堤壁之构造，成自整个的一大块者，常较由小块堆砌者，更为稳定坚固。此种函法，即系大块组成者。函可先在陆上制就，待全部固结坚实后，始行沉置入海；故较在水中直接造成者，其工程之难易与其优劣，差别极大。普通混凝土方块，或混凝土空心方块，所造之堤壁，工作时均需利用一强有力之起重机，以运转此方块；苟此方块之体积增大，则需要更有力之起重机矣。今设每方块之重为 20 公吨，其体积为 1.5 米×2.0 米×3.0 米，每工程所需的方块既多，则工作之困难，盖可想见。且在方块之间必留有许多纵横之接缝，形成全壁之最弱点，而减少其安全度及抗浪力，决非完善之结构。因是如 Halibax、Canada 等港，均改用空心式方块，其最大利点，即可免去其所有之垂直接缝，并能减省各种之运转设备。但于水平之接缝仍难尽去，且在水下填充混凝土之工作，亦感不便。

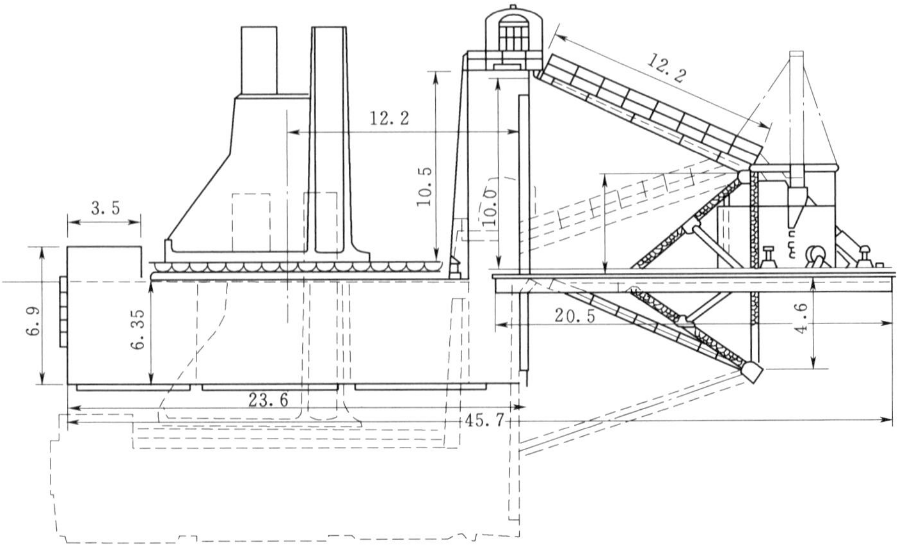

图 2　沉函坞之侧面

就上述各点论之，以钢筋混凝土函法，似为最善。虽制造及搬运之所费较大，但苟将堤壁之长度增加，其每单位长度之所费，亦能随之递减；故在极大之海港工程，须建造极长之堤壁者，采用是法，反能获最经济之结果。

有上列各点理由，该港终乃采用函式之堤壁，并继续研究如何改良第一期已有之函式，或世界上他处所采用者，俾得一更完美而经济之形式。

4. 第一期工程之钢筋混凝土函

第一期工程始于 1906 年，堤壁之全长 2895 米。分四突堤筑于小野滨之前岸，其深在低水位下约 9～11 米，岸上并建各种附属之设备，如仓库、道路、铁路等。

函之大小视堤壁之深度而异，通用者约可分为二类如下：

类别	长度（米）	高度（米）	底宽（米）	顶宽（米）
(1)	38.0	10.15	13.00	7.00
(2)	38.0	11.70	11.00	7.00

函为一无顶之匣，其纵向中隔一墙，分为两室，室内复以横向隔墙，分为10小间，故每函共有20小间。

函之制造工场，为一栉形之突堤，函成须经30日之干燥，用汽船拖一沉函坞载之入海。达安置地点，即以一气压抽水机与几组之虹吸管，将海水注入函之前后两室，使函在水中保持直立。

函之床基，视实地情形，先用一挖泥机将浮泥挖尽，至适当深度，则易以纯净之砂，由潜水夫入海铺平，并预留稍许之高度，以备他日堤壁之沉降。

函址之前后，各打木桩两枚，以作沉函之准，桩端露出海底者约数公尺，但于沉函之位置，尚难得确准，故普通须导以其他之木板，板端露出水面且以铁钉连接。当已有沉置妥善之函时，导板则由该函之顶部引出，此后沉置工作之进度亦将大为加快。

浮动之函，四角均以缆索将位置拉准，紧缚于木桩上。嗣后，乃渐将海水用抽水机注入，函即下沉，渐及海底，函顶约露出低水位上0.6米。待所有之间室均灌满水后，每函约重1000公吨不致再受波浪之撞击而移位矣。

沉置后之次日，即以混凝土填注入前部之间室，并覆铁盖，以防高水位时，水流侵入。

混凝土填注之法，乃先将前室中之海水由抽水机去尽，尽一日之工作，将混凝土全部填毕。混凝土之拌和机装于附近海岸上，先将混凝土泻入一驳船内，用汽船拖至函旁，由起重机注入函内，如是者往复工作，待前室均行填满而止。同时，于函之后室，将砂填入，较为费省。

此后即须待数月，始继续第二步之铺砌工程，盖在此时间，函必继续沉陷，据该港之记录，最初预拟之量为18厘米，但实测之结果，最大者仅为15厘米，平均为7.5厘米。

5. 第二期工程之钢筋混凝土函

正在兴工之第二期工程，始于1919年，拟建之码头堤壁共长8764米，并添建各种码头设备及开垦新地等；此外尚有总长4291米的防浪堤，亦于此期完成。本期工程以筑造堤壁之费用为最钜，故该港设计时，曾详加研究，而定其最经济之断面，结果乃采用一非对称式函。

第一期所用之钢筋混凝土函，虽有两种不同的底宽（10.3米与11.0米），但前后面之倾斜均为1/20，顶宽为6.85米，而成一对称式。兹者，就后向之压力研究之，堤壁之一部，似觉太宽。盖函顶之露于低水面上者为0.6米，此水面在堤顶下仅约1米，该处所受之压力，实属有限。故函之顶宽，无需如前室之大。第一期工程所以采用对称式函，如Rotterdam、Holeand等港者，其最主要之理由，即在使函在水中浮动时，得一充分之安全度，而易于驾驭。他若Marseilles港，造Wilson总统船坞之堤壁，亦系对称式，其意亦不外此。该港在设计第二期工程时，适值百物奇贵，钢铁等价均较第一期增至3倍，前者之堤壁，每公尺约须日金1100元，但在第二期工程开始时，每米价须日金2200～2700元，故非有设计一更经济之断面形不可。

最近十年间船舶之容量激增，即船之形式亦大加改良。例如，最显著之运载量增进法，均已将船壁改为垂直；有时特殊之货船，且将底部膨大，故堤壁之形式，欲适合于各种船只，而能直接靠近者，当以近似的垂直形为最善。但由壁后之压力计，则以壁面稍向后倾者为稳固，故谋双方兼顾，壁之宽度势须向后扩展，使堤后压力之合力，及于壁顶者小，而作用于底部者大。因是壁之内面，势必由顶部而渐向内伸进，即壁之宽度，当自顶部而向底部增大也。

壁底之宽度，应视海底之承受力而定。就寻常之海底性质言，壁底之宽度，即函趾至函跟之距离，应适等于函趾（此处压力最大）至无压力之限界点。过大之宽度，实属不需，盖在限界点外之力，均可略而不计。

按上述各点，该港对于第二期工程之设计，乃创用一非对称式函，与旧式不同之点如下：

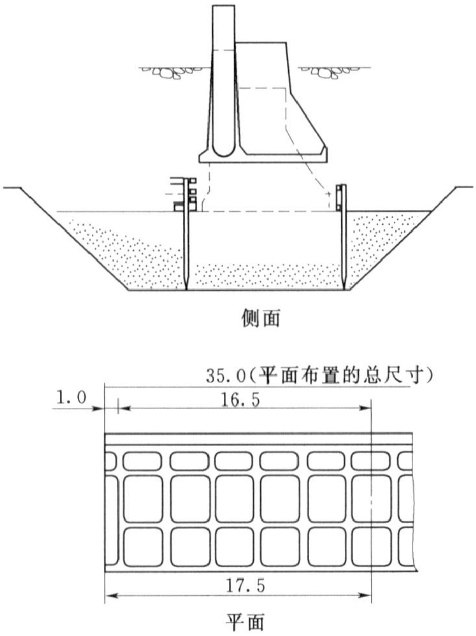

图3　函沉置时之布置

(1) 根据近代大船之形式，定壁面倾斜限度为1/40。

(2) 函之隔墙厚度，以足敷转运，而不致破碎为度。但函之外向一面，其厚当较他处略增，以防海浪之撞击及钢筋之锈蚀等弊。故各墙的厚度无需相等。

(3) 函之壁墙，其外室以混凝土填实之，厚度适足以抵抗船舶之撞击，拟定大函为1.9米，小函为1.3米。

(4) 后墙之位置，因后室之容积而定，应视其排水量而计算其浮力，俾适足以浮托函重，而沉置入海。

(5) 设函之底宽，视墙后所受外力（大部分为土压力）而定，则在可能范围内以较宽为佳，俾函趾之压力，不致过分增大，故将函底复自后墙向后引出，且将底缘上摺成埂，埂高自0.6～1.1米。埂与后墙之间，实以砂及石砾，以均函重，俾函重在水中浮动时，得保持平衡。

(6) 旧式函之顶宽过大，盖取其利于浮沉工作，但此新式函，后室低于前室约数公尺，则在后室顶点以上，前室之宽度必适等于堤墙应有之宽度；若前室之宽度小于堤墙应有之数，则后室之高度，即应增高至相当之位置。

设此非对称式函，在水中不能平衡时，可在后墙与埂之间，堆以石砾，而调整之。

6. 新式函之沉置法

此种改良之新式函，不仅为一非对称式，且后室之顶，稍低于前室，并常须处于水面之下，即在最低之水位，前室之能露出水面者仅为1米。故沉置此函时，于后室之顶上必须置一盖，以防海水之骤然灌入，并附设一特殊之装置，以调节所需之水量。盖因此部之断面，改形太骤，即水量之加入，亦须有特殊训练者细心工作。

当函沉置入海时，水面由函底渐升，达后室之顶，此间变迁甚渐，浮力之改变亦缓；

但当后室之顶潜入水面时，顷刻间浮力大为改变，即函之转动惯量，与其排水量之比（I/V）骤形缩小，浮体之安全度大减，虽极微之震动，亦难使其稳定。

此后函体复渐下沉，其浮力将全籍外室产生，浮力之中心亦将移至前部，而使前部上仰，后部下降，其改变极骤，函必乘势滚倒，欲使重复矗立，非常困难。倘后室之盖，未能十分严闭，苟海水乘隙渗入，则函必倾倒无疑；反之，后室之盖能严密封闭，而使海水由前室细心注入，即能保持直立，渐渐下沉。

函体下沉之速率，应适等于注水渐增之量，则此函在其中心线所生之力矩可确得平衡，保持正确之位置，而渐沉及海底。

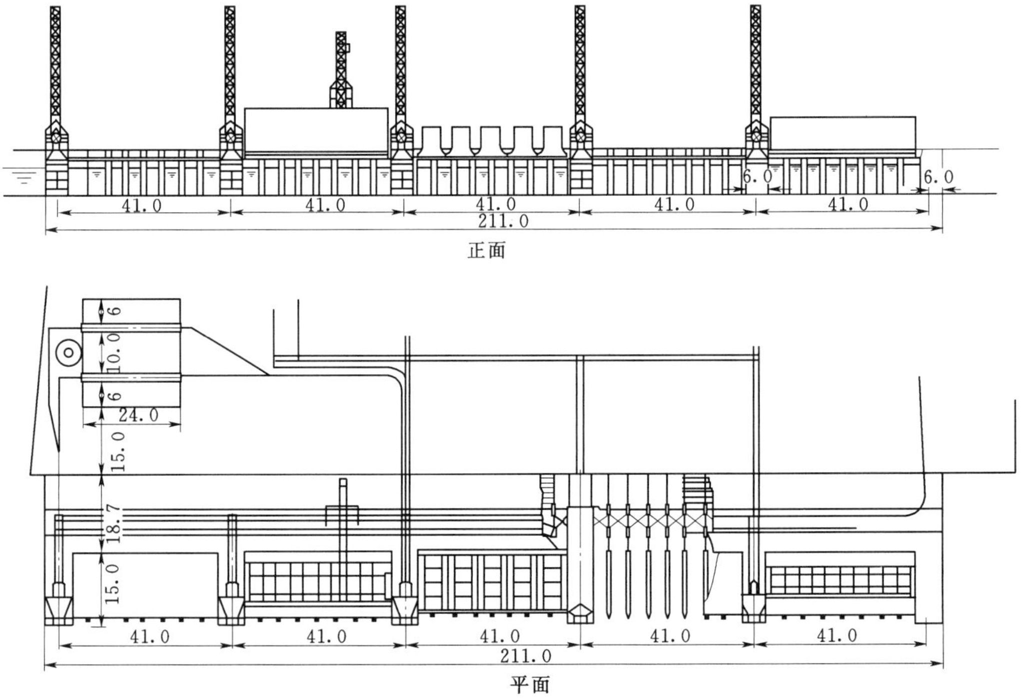

图 4　造函场

注海水入函法，是用抽水机及虹吸管，有时当水注入时，因水在函内流动，而暂时影响其安定性。注水之技术，理论与实际极难一致，故在后室之上，复须装有特种之机件，以调整任何时间之水量，则更妥善。

神户港，后室上所用之铁盖，系铁板制成之圆柱形，以螺丝钉紧切于函顶之上，其间且垫以富弹性之橡皮，并封水泥一层，以防渗漏。

7. 函之制造

第二期工程之造函工场，其一切布置如旧，若另择新地建一栉形突堤，盖旧时之造函工场，则必须迁移也。

前次之造函工场，为三组突堤，连成一平台，每组之两端，各为一长 21.2 米，宽 6 米之混凝土突堤。突堤之间以坚木桩，筑成 7 条平行之小突堤，状如栉齿，与大突堤平

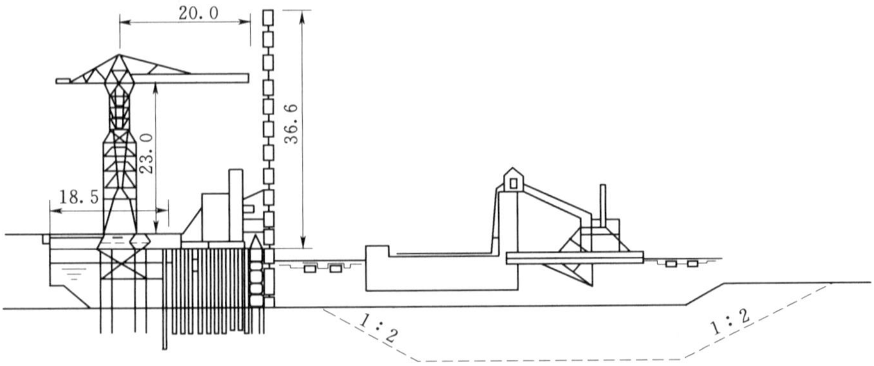

图 5　造函工场之侧面

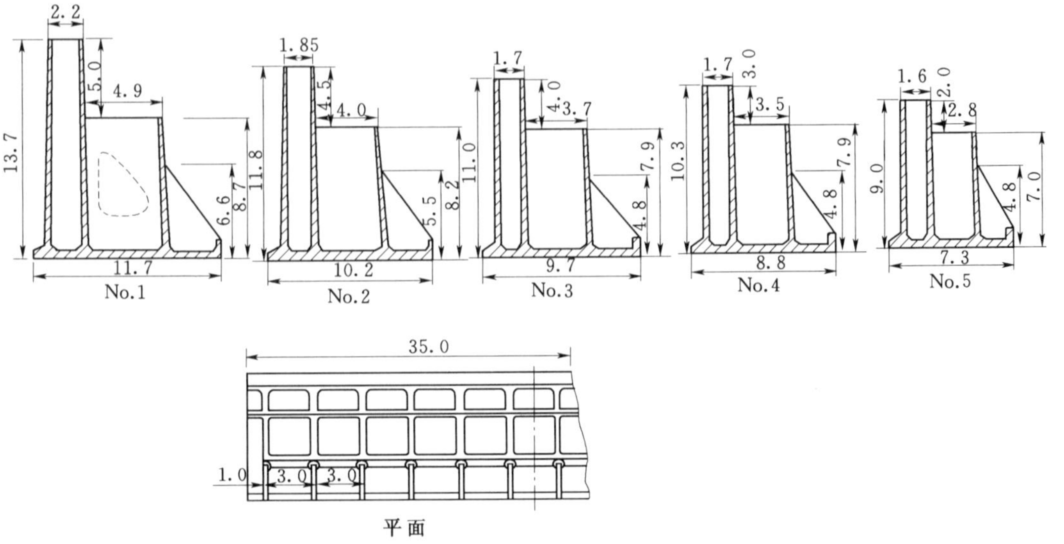

图 6　突堤之钢筋混凝土函

行。小突堤长 21.2 米，宽 1.0 米，二者之间距为 4.5 米。小堤之间隙，适于沉函坞之底部吻合，其上即承受函之底部。围此底面，为木架两座：其一为固定式，长 128.5 米，宽 7.3 米，高 10.3 米，跨越造函工场之三段；其二为活动式，位于工场之近水一面，长 40 米，宽 4 米，高同固定式。此活动架下，附有轮轨，可自此段而移至他段。

新造函工场之构造，殆与旧者相似，唯此次制造之函数极多，约有前次之 2 倍，故共筑 5 段，预定每年每场每段可完成 8 函。据该港过去之经验，倘将固定及活动之木架，能改置一举重 2 公吨之高塔起重机，则更便利。塔臂之半径为 20 米，塔下装附有轮轨，可推移至任何各段，以搬运模壳材料。此外，在每突堤，复建一高塔，混凝土在塔下拌好之后，用机力升至塔顶，乃泻注入模。前期之模壳，均系木质，今则改为铁板，以其耐用也。

函之大小，除在堤壁转角处，需用特殊之形式者，概视堤墙之高度不同，分为下列 5

类，见下表。

函 之 分 类

类　　别	(1)	(2)	(3)	(4)	(5)
堤深（米）	12.0	10.0	9.0	8.5	7.2
函长（米）	35.0	35.0	35.0	35.0	10.2
函高（米）	13.7	11.8	11.0	10.3	7.3
函重（吨）	1944.0	1629.0	1508.0	1412.0	1081.0
前室宽（米）	1.8	1.4	1.2	1.2	0.9
函底宽（米）	11.7	10.2	9.7	8.8	7.3
函之容积（立方米）	821.0	688.0	677.0	597.0	457.0
混凝土填充量（立方米）	749.0	526.0	423.0	398.0	256.0

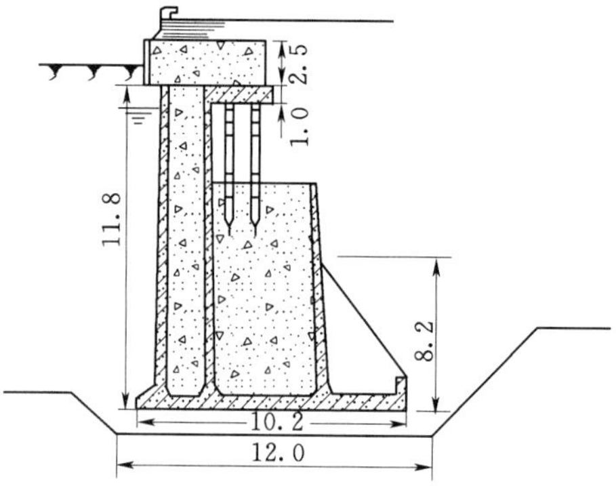

图 7　突堤之堤壁

每函制作所须之时间，视函之大小而异，小者混凝土分 4 次灌注，需 12 日始成一函，大者则分 5 次，需 15 日而成。此后待混凝土固结，复需 30 日，故共计 45 日。约每年每段可做 8 函，今有 5 段，则每年可得 40 函也。

8. 混凝土函之填实

混凝土函沉入海底后，应立即填实，以得较佳之稳定。其法：先用抽水机将室内之水分吸干，在函之后室首填以砂，前室则以混凝土填入。此混凝土之成分，水泥 0.5、火山灰 0.5、砂 2、石砾 5。拌和机设于兵库之南岸，先将拌和后的料装入吊斗，置于驳船之甲板，用汽船拖至函旁，由起重机将吊斗举起，启斗下之门，料乃落入函室。

填实完成数月后，则造外部工程以及铺砌石面等，其所用之混凝土，亦在岸上拌和，系水泥 1、砂 2、石子 5 者，以驳船载来，用举重机安放之。

9. 神户港之防浪堤

神户港内之波浪来自各方，惟北来者极鲜，盖为六甲山所阻（山高 932 米）。有时洋面之波，适经纪淡海峡而进，且成极猛烈之浪，故欲得一平静之水面，势须环港筑防浪堤一道。堤工始于 1910 年，其概况如下。

南防浪堤	1220 米	东防浪堤	1149 米
南臂形防浪堤	345 米	东防浪堤 No. 1	1332 米
东防浪堤 No. 2	1513 米	暂时防浪堤	1090 米

防浪堤共长 6649 米，在 1929 年底，已竣工 3882 米，所余之 1332 米，即正在施工者。

10. 浪力及其影响

神户港在大坂湾之西北隅，大坂湾西南向之引长仅 22 公里，故沿此向所生之横波极鲜。但洋面之浪，通过纪淡海峡而来此者，极为猛烈，虽沿此向之风速并非最大者，然其对于该港之破坏力已极大。此浪之高度，不易以仪器测定，但至少约在 2 米以上。该港之西南向，直接自洋面传来之推进波，遇骤升之海底而破裂成白浪，其高度较未破时升至 1.5～2 倍，约 3 米，因得推知其最大压力每平方米有 6162 公斤。

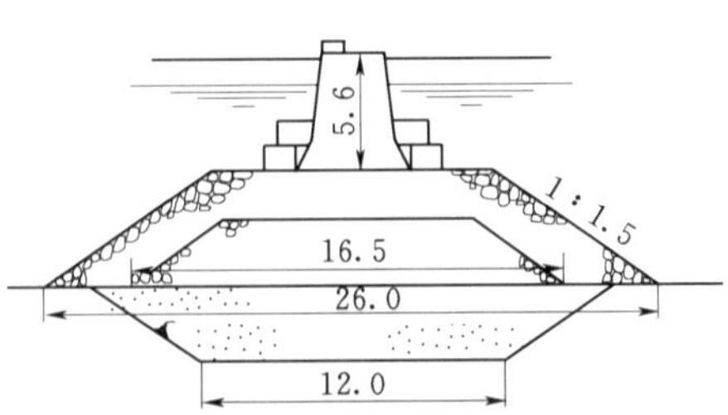

图 8　东防浪堤之断面图

波浪之撞击建筑物其最终之速率，由水浪激起之高度推算而定者，较水点之原速率关系更为切要。波浪撞击垂直之墙，其着力之方向约成 30°～40°之角，故建筑物所受之实际压力，仅为上述最大压力之 80%，该港在设计防浪墙时，所拟定之压力，每平方米为 4.8 公吨。今以南防浪堤为例，堤之方向与纪淡海峡至神户之直线所夹之角为 65°，故对于防浪堤所受之正向浪力，又当减至 30%，每平方米为 4 公吨。再者，近水面之浪压力，常向上下两方向递减，呈抛物线状。该港乃据实验之曲线，而拟定其浪力之分配，在水面以上 3 米处，减至 90%；在水面以下 3 米处，则减至 45%；再下 4.5 米处，则减至 30%。此外，并拟定浪力之影响，可使函趾发生反作用，每平方米约 18.6 公吨，其值较平均压力大 10%。

11. 东防浪堤

东防浪堤为神户最初之堤，堤长 1149 米，距码头最短距离为 454 米，东部 263 米，为一直线；中部 840 米，为一曲线，其半径为 1270 米；西部 46 米，仍为一直线。堤之两端 29 米为堤头，故堤之本体长 1091 米，其深东部为 10 米，西部为 11 米。

造堤之设施，亦建一造函工场，并兼造混凝土方块，以护函脚。造函工场之布置与造码头突堤堤壁者相似，惟后者有 5 段，前者仅为 1 段。方块制造工场与混凝土拌和场，均相邻接。

防浪堤之建筑法，首以碎石铺于海底，上置混凝土函，函中更实以混凝土。函之后面，堆以方块，以护函脚。

12. 防浪堤之石垒

石垒所用之碎石，共分三类：有每块小于 56 公斤者，有介于 56 至 300 公斤者，有大于 300 公斤者。防浪堤日后发生沉陷，实属可能之事，故在建造时之堤顶，应较预定者稍高。据该港之经验，竣工后之六阅月，测得最大之沉陷为 6.1 米。

该港堤脚之泥土，厚度太深（约 3 米），碎石下落时，其重量尚不足以穿此土层，而达承压较佳之砂层。故势须增大石垒底部之面积，以减小其压力。可见此建筑之堤身处于不安定状态，有若载于一可浮动之基础者然。而欲使此石垒稳定，并不费长久之时日，在该港采用人工重压之法。

人工重压之法，施于石垒之各部 3～4 次，使石垒能承受相当之压力而止。重压之法，通常是堆砌极重之混凝土块于石垒之上，凡七层，使底部之压力，每平方米约有 17.0 吨。此外，复因波浪之震击，其压力可增至每平方米 25 吨。

原设计之钢筋混凝土函，置石垒之顶，高宽同为 6.3 米，长 120 米，重 370 公吨。今因上述之故，复将函式改变，函之顶宽为 3.6 米，内外两侧再加 1.3 米之翼脚，故底宽增至 6.9 米，而高度减至 5.4 米。原式中部纵向之夹墙，亦行除去，而改为 4 间，以三横墙分隔之，函旁并加肋墙，以坚固之。

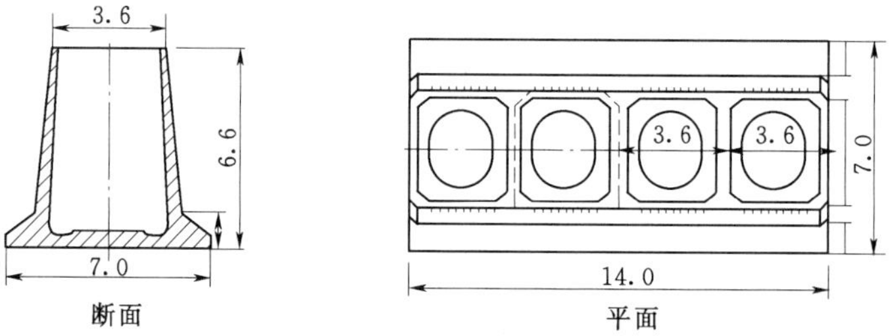

图 9　防浪堤之钢筋混凝土函

石垒之形式，亦稍改良，高宽均略增加，高 3.6 米，顶宽 24.5 米，两侧坡度 1/2。石垒之中部，用每块约重 56 公斤之碎石，两旁坡上堆以每块重 300 公斤之碎石，高共 7.6 米，在石垒之上，再于函脚之前后，砌大块之混凝土方块，以保护之。

13. 防浪堤函之制造与沉置

造函之工场以及各种附属设施，与造码头突堤者极为相似，惟四周木架较低，因函高较低也。混凝土分三层注入，故木架亦分三级。混凝土于地面拌好后，藉电力升降机，倾入各级之轻便车，再由漏斗导入模内。混凝土为水泥 1、砂 2、石砾 4，每层之模壳，均用螺丝钉及角铁连接之。

函之沉置法与前述之造突堤者同，函中所填之混凝土，其成分为水泥 0.5、火山灰 0.5、砂 2、石砾 5。

14. 防浪堤之堤头

防浪堤头所受浪力之撞击较他处为强，且该处须建一灯塔，面积亦必增大，该港用二函并列筑成之。石垒广铺底部，且经再三之重压，俾得一较安定之基础。堤头之灯塔，用钢架建成，高出低水位 13 米，分红绿二色，每次放光 1.5 秒，每隔 1.5 秒交换一次。

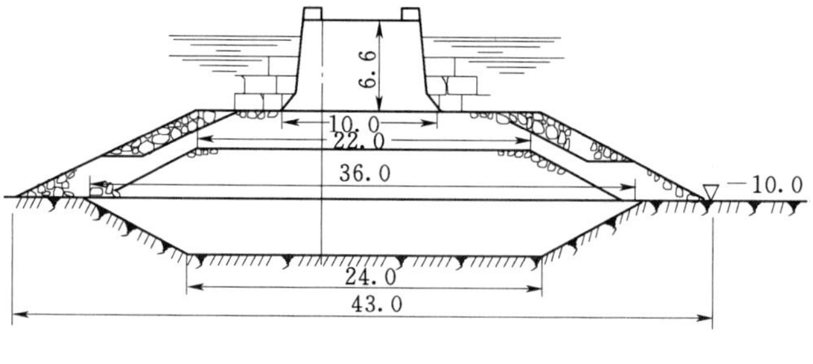

图 10　防浪堤之堤头

15. 南防浪堤

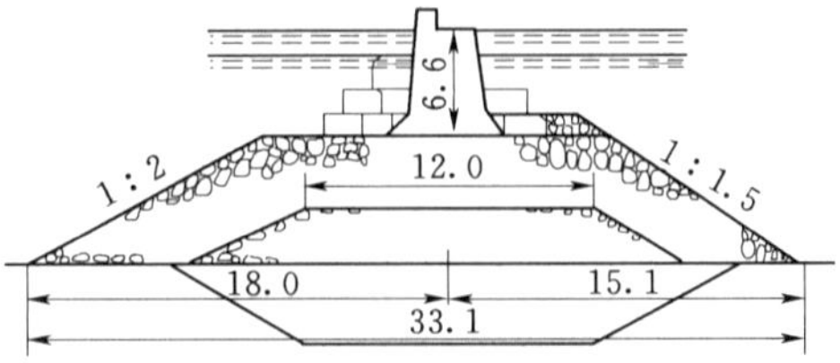

图 11 南防浪堤之断面

南防浪堤之建造法，殆与东防浪墙无异。首将各种大小之碎石铺于海底，而成石垒，外坡为 1/2，内坡为 1/1.5。石垒顶在低水位下 5 米，上置混凝土函，函顶高出低水位 1.8 米，上并筑一短墙。函之外脚，砌以 13～17 公吨之混凝土方块（1.2 米×1.8 米×2.7 米与 1.5 米×1.8 米×2.7 米），函后以石护之。此堤之函高 6.6 米、长 14 米、顶宽 3.6 米，底宽 7 米；函内以三墙隔为 4 室，墙顶厚 18～30 厘米，底厚 26 厘米，函底设有纵向之肋墙，高 0.55 米，厚 0.36 米。将此函与东堤者相较，顶宽无异，惟高度自 5.5 米增至 6.6 米，保护石脚之石垒，亦稍形增加，函之长度亦自 12 米增至 14 米，于工作之进行似觉有利。

16. 人工重压法

强使石垒下陷之法，常用混凝土块置上压之，达相当之沉陷而移去之。如是重复重压，在东堤凡三次，惟南堤海底之泥层较为深厚，虽经三次重压，尚感不足，势必增至 4 次。但次数增多，费时亦久，该港乃就堤之一部，做一试验，先将堤下软泥挖去，将砂填入，然后堆石其上，其降陷之量当可不如前者之大，据该港研究之结果如下：

（1）石垒之沉陷量明显，减小多，可节省用石量之 25%。

（2）重压次数可以减少，故所需之人工及时间，亦随之节省。

因上述之二优点，故该港即采用是法，成效极佳。

结论

据该港建筑东南二防浪堤之经验，得一结论如下：

（1）凡覆有厚层泥土之海底，可先将泥土挖去，将砂填入，然后堆垒块石，则下陷之量，可得减少。

（2）凡覆有厚层泥土之海底，其上所建之防浪堤，应视为筑在一种可浮之基础上。时日愈久，则沉陷愈深，倘受有过量之震动，则骤然下陷，常不能免。

（3）在软弱基础上，建造组合式之防浪堤，如神户港者，则石垒陷入软泥之量，约在 50%～20%。

摘自《国立清华大学土木工程学会刊》第 10 期，1933 年 5 月

编者注：原文附有港工现场照片 8 幅（4 个页面），均从略。

返水曲线公式之差率

引　言

凡等速之水流，其断面内之水力变量均保持纯壹，故水面之纵断线，适与水道的底面平行，为一直线；而由其比降所生之重力分力，复与其动摩擦力平衡。但事实上，一切水流罕有成此种情状者，惟人工开凿之矩形渠道，其流状与此常极相似。

倘在此水流内，其断面之水力变量（即水深、比降、宽度、糙率等）有一发生变化时，则此断面之上游，即变为不等流速，其影响所及，在理论上可达无限；即上游之任何各点，其水深、流速以及水面比降等均将改变。

研究水面之升降，乃水功学上最重要之问题。所谓返水曲线者，即此受影响水面之纵断曲线。至于水之抬上或降下，苟以微分方程式示之，其性质之不同，仅在边界条件下之差异耳。

1. 返水曲线之基本方程式

不等速流之微分方程式，可在返水影响之界内，任取一断面为原点，以水道底之最低限为 X 轴，指向下游，复以垂直向上者为 h 轴，如图 1，则得

$$i=i_0-\frac{\mathrm{d}h}{\mathrm{d}x}=i_0+(1+\eta+\zeta)\frac{\mathrm{d}}{\mathrm{d}x}\left(\frac{V^2}{2g}\right)$$

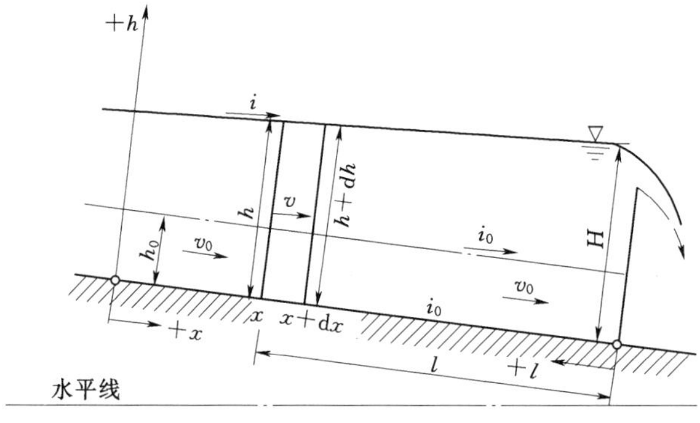

图 1

但普通之水深，均沿垂直向测之；若水道之比降在数百分之一下者，即可以向河底线垂直测者代之。i_0 为 X 断面处产生等速流动的比降，按 Chezy 公式得：

$$i_0=\frac{V^2}{C^2R}$$

式中，V、R、C 分别为等速流情况下的断面平均流速、水力半径和 Chezy 系数。

$\frac{\mathrm{d}}{\mathrm{d}x}\left(\frac{V^2}{2g}\right)$者，因流速之变化而生动势之变化，且以流速水头之变化示之。η为一系数，用以补正此微分断面点流速u之平方平均值，而代以平均流速之平方值者。ζ亦为一系数，用以补正将u之方向，使平行于x轴者。虽然，以此补正以后，仍终有几许之差异，平均约为1.11，即在10/9左右。通常$(1+\eta+\zeta)\frac{\mathrm{d}}{\mathrm{d}x}\left(\frac{V^2}{2g}\right)$之值均小于$i_0$，而现有之返水曲线，往往不之计及。今以$\alpha$代$(1+\eta+\zeta)$，则上列之方程为：

$$i=i_0-\frac{\mathrm{d}h}{\mathrm{d}x}=\frac{V^2}{C^2R}+\alpha\frac{\mathrm{d}}{\mathrm{d}x}\left(\frac{V^2}{2g}\right) \tag{1}$$

设以$V=CR^mi^{1/2}$为流速公式，则

$$i_0-\frac{\mathrm{d}h}{\mathrm{d}x}=\frac{1}{C^2}V^2R^{-2m}+\alpha\frac{\mathrm{d}}{\mathrm{d}x}\left(\frac{V^2}{2g}\right) \tag{2}$$

对此微分方程式之解法，可假设i_0和C不变，而得h与x之关系。此原理于河道之实际应用，可择水流之i_0与C略有相同者，分为若干段；先自（1）式直接分别求得各段内h与x之关系，从而得一返水曲线矣。

2. 返水曲线公式之种种

设水道之流量不变，则求i_0所用之流速公式，得由相当于h之断面积A，水力半径R及糙率系数（或流速系数）三者示之；$\frac{\mathrm{d}}{\mathrm{d}x}\left(\frac{V^2}{2g}\right)$得以$A$示之，在一定之断面形内，$A$及$R$亦得以水深$h$示之。显然，（1）式所示$h$与$x$关系之微分方程式，其形式随所用之流速公式及断面形而异，乃当然之理；由此积分所得之返水曲线，亦必随流速公式及断面形而异，故其影响之重要，岂可全不计乎！

普通使用之断面形与流速公式、流速水头之变化，三者互相组合之，可得种种返水曲线公式如次。

自由水面之水流，其平均流速V之公式概如下形。但普通之指数公式，i之指数差异殊小，均近于0.5；今以0.5为准，则可有以下①、②、③、④等式，而⑤式得以该类之通式目之。

（1）流速公式：

① $V=CR^{1/2}i^{1/2}$	C依R而异	Chezy
② $V=CR^{2/3}i^{1/2}$	$C=1/n$	Manning
③ $V=CR^{0.7}i^{1/2}$	$C=1/n$	Forchhreimer或Manning之变相
④ $V=CR^{3/4}i^{1/2}$	C系常数	Hermanek
⑤ $V=CR^{m}i^{1/2}$	$-0.5<m<1.0$	指数公式

（2）断面形：

① 广矩形；

② 普通之矩形；

③ 普通之梯形；

④ 广抛物线断面及二次曲线断面；

⑤ 普通抛物线断面；

⑥ 其他形之广断面；

⑦ 其他形之种种断面形。

（3）流速水头：

① 计及流速水头之变化者；

② 未计及流速水头之变化者。

水道之平均流速公式，用以作返水曲线之依据者，因 $V=CR^m i^s$；$0.5<m<1.0$；$0.45<s<0.6$，其系数 C 与 R、i 二者无关。且 s 可以简单数代之，凡粗糙系数，均系同一之 C，而 s 均取 0.5，以免（1）式积分之困难。

断面形之水深较其宽度属极小者，则其湿周殆可与水面宽度相等，而返水曲线之计算，因得简化；上述断面形中⑥及⑦，二者殆含有无数种之断面形，暂置之不论。自①迄⑤，五种之断面，与流速公式中（1）、（2）、（3）或（1）、（3）、（4）三种，互相组合之，可得 15 种返水曲线；若再以流速水头变化之计及与否，相互之组合，复可得 30 种；更自水面之抬上或降下（壅水或落水）考之，则可达 60 种。可见，只限于每一种流速公式，已得 20 种返水曲线；苟将所有水道之断面，千态万状，一一求之，冀得一可靠之返水曲线计算法，事实上之困难盖可想见。迄乎今日，可能解决者，不过数种极简单之情形耳，如表 1：

表 1

序号	著　　者	发表年代	流速公式	断面形	流速水头	h/h_0（注 1）	
						抬上（壅水）	降下（落水）
1	Grashof－Bresse（法）	1860	Chezy	广矩形	计及	1.001～14.29	0.999～0.000
2	Dupuit－Masoni（法、意）	1863（?）	Chezy	普通广矩形	计及	无	无
3	Rühlmann（德）	1880	Chezy	广矩形	未计及	1.01～6.0	0.99～0.00
4	Tolkmitt（德）	1881	Chezy	广抛物线形	计及	1.005～5.00	0.995～0.00
5	Schaffernak（奥）	1913	Hermanek	广矩形	未计及	1.013～5.00	0.962～0.20
6	Baticle（法）	1921	$Q=iz^5=i_0z^5_0$（注 2）		未计及	1.001～10.00	无
7	Kozeny（奥）	1928	Forchheimer	广矩形	计及	无	0.95～0.10
8	Schoklitsch（奥）	1930	$CR^mi^{1/2}$	广矩形	未计及	1.01～5.00	无

注　1. h_0—等流速时之水深，h—返水水深；

2. Q—水道流量。

在 Baticle 氏之公式中，z 为断面内返水最大水深、z_0 为等流速时最大水深，而 $V=CR^{1/2}i^{1/2}=Cz^mi^{1/2}$。设 $A=bz_0$，且 $m+n=2.5$，不计水头之变化；则积分（1）式，可列一无穷级数之计算表。以 AV 代 Q，即 $AV=Cbz^{2.5}i^{0.5}$，表 1 中适用于水道之①、③、④诸式，具有较广之适应性，其（$m+n$），①式为 1.5，③式为 1.75，④式为 2.0。

上列公式之外，尚有使用近似公式者如下：

其一为 Flamant 式（法），在实用上较最重要，应用于普通之矩形断面，且计及流速水头之变化者。此式为近似式中颇有价值者。

其二为 Poiree 式（法），将返水曲线视为一抛物线，但并无任何水力学上之依据，殊不可任意使用。

此外，他种之近似式，均发表后不久即失其存在的价值。

3. 因流速公式所发生之差误

水道之平均流速 $V=CR^{m}i^{n}$，普通 $m\approx0.5$，为了便于返水微分方程之积分，应取系数 C 与 R、i 二者无关系者，即以 C 中不含有 R、i 之流速公式为宜。现在之返水曲线计算，多采用 Chezy 公式，式中 $m=0.5$，但 C 为 R 之函数。对于抬水（壅水）之情况，R 值将有数倍以至十数倍之变化，C 之变化亦遂因之显著。例如 Kutter 公式，$R=1\sim5$ 米，$i=1:2500$，对于各种糙率系数 n，R 使 C 变化之程度如表 2。

表 2

n		0.013	0.017	0.020	0.025	0.030
C	$R=1$ 米	77	58	50	40	33
	$R=5$ 米	90	72	62	52	44
C 之变率（%）		16.9	24.1	24.0	30.0	33.4

可见，等速流时之 $R=1$ 米，至堰前之 $R=5$ 米（即在此返水曲线影响范围之内），C 之变化率已有 30%之多。故通常以 C 为一常数目之，颇不合理。苟以 Chezy 式，用作返水曲线之依据式，殊欠妥当。至于 C 对于返水曲线之影响程度如何？可将 Rühlmann 公式之用 Chezy 式，与 Schaffernak 公式之用 Hermanek 式，二者比较明之

Rühlmann 公式：
$$\frac{i_0 l}{h_0}=\varphi\left(\frac{H-h_0}{h_0}\right)-\varphi\left(\frac{h-h_0}{h_0}\right) \tag{3}$$

Schaffernak 公式：
$$\frac{il}{h_0}=\varphi\left(\frac{H}{h_0}\right)-\varphi\left(\frac{h}{h_0}\right) \tag{4}$$

今以相同之 H 与 h 及一定的 C 值，代入上列二式，则 Schaffernak 公式之$\frac{il}{h_0}$，与 Rühlmann 公式之$\frac{i_0 l}{h_0}$二者之差率列如表 3。

表 3

	$H=5h_0$		$H=2h_0$	
	$h=1.1h_0$	$h=2h_0$	$h=1.5h_0$	$h=1.1h_0$
il/h_0（Rühlmann）	4.5605	3.112	1.7138	1.4486
il/h_0（Schaffernak）	4.393	3.066	1.557	1.327
差率（%）	+3.8	+1.5	+10.0	+9.2
距离 l 之差误（$i=1:2500$，$h_0=4$ 米）	+167.5	+460	+1568	+1216
距离 l 之差误（$i=1:2500$，$h_0=2$ 米）	+837.5	+230	+784	+608

可见，当一定之水位上升时，则各点间之距离，会发生极显著之差率。因此，在作返水之计算时，对于各种水道之 $V=CR^{m}i^{1/2}$，其 m 与 C 之拟定，应分别选不同之公式为妥。Manning 式较宜于平滑之人工渠道；Hermanek 式宜于糙率较大之急流渠道；Forchheimer 式则在上二者之间，即糙率较小之河道或糙率较大之渠道也。

4. 流速水头变化之影响

现有之返水曲线，如图 2，(1) 式之右第二项（即流速水头变化之项），因较第一项为量极少，往往多不计及。对于相等之 h_0，流速大者（即 C 及 i 大者），对水面曲线之形状，尚无重大之影响。盖水道之断面积，得以 $A=ah^{n}$（a，n 为任意之整数）示之者，其返水曲线与其不计流速水头者，均得以同一无限级数示之，故亦可利用同一计算表。于实际之计算，仅需增加少量之手续。例如对于极广之矩形水道，以计及流速水头变化之 Bresse 公式，与不计其变化之 Rühlmann 公式比较如下。

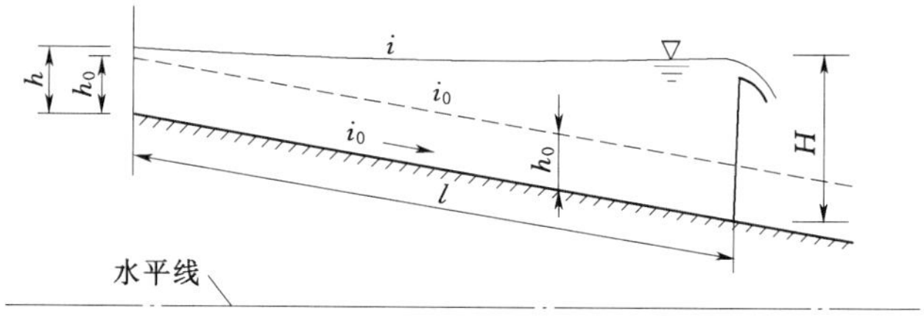

图 2

Bresse 公式之微分式为

$$i_0\frac{\mathrm{d}x}{\mathrm{d}h}=\frac{h^3-d\dfrac{C^2i_0}{g}h_0^3}{h^3-h_0^3}=\frac{h^3-h_K^3}{h^3-h_0^3}$$

式中，$h_K=h_0\sqrt[3]{\dfrac{aC^2i_0}{g}}$ =临界水深（Critical depth）

积分得上式，则得

$$i_0x=h+(h_0^3-h_K^3)\int\frac{\mathrm{d}h}{h^3-h_0^3}+K_1=h-h_0\left(1-\frac{h_K^3}{h_0^3}\right)B\left(\frac{h}{h_0}\right)+K_1 \tag{5}$$

式中，K_1 为积分常数。

Rühlmann 公式之微分式为

$$i_0\frac{\mathrm{d}x}{\mathrm{d}h}=\frac{h^3}{h^3-h_0^3}$$

所以

$$i_0x=h+h_0^3\int\frac{\mathrm{d}h}{h^3-h_0^3}+K_2=h-h_0B\left(\frac{h}{h_0}\right)+K_2 \tag{6}$$

$$\frac{i_0x}{h_0}=\frac{h}{h_0}-B\frac{h}{h_0}+\frac{K_2}{h_0}$$

Rühlmann 之计算表中，已知 $\dfrac{h-h_0}{h_0}$ 之值，则得 $\dfrac{i_0x}{h_0}$ 之值，即 $\dfrac{h}{h_0}-B\left(\dfrac{h}{h_0}\right)+\dfrac{K_2}{h_0}$ 也，而其

$K_2h_0 \approx 0.4157$。Bresse 计算表，发表于 1860 年，而 Rühlmann 计算表，则于 1880 年发表，后者之公式虽较前者简单，但为近似的特殊情形而已，其计算表亦受前者诱导而得者。

今设以 Bresse 式为正确者，并假定 Rühlmann 式之差误，即因未计及流速水头之变化所致，就下列各种情形之抬升返水（如表 4），研究其差误之程度。

表 4

等流速时之水面比降（i）	Bazin 公式之糙率系数（r）	等流速时之水深（h_0）	堰前水深（H）与原水深（h_0）之比
1∶1000	0.16（三合土水槽）	6.0 米	1.5
			2.0
1∶3000			5.0
			10.0
1∶10000	1.75（河流）	1.0 米	20.0

自此等互相之组合，可得 60 种情形。今设取一点，当 $h/h_0=1.01$ 处，与堰之距离为 l，兹就以上两式比较之。为便利起见，先以$\frac{i_0 l}{h_0}$作比较，如表 5。

表 5

$\frac{H}{h_0}$	Bresse 公式												Rühlmann 公式
	1∶1000				1∶3000				1∶10000				
	0.16		1.75		0.16		1.75		0.16		1.75		
	6	1	6	1	6	1	6	1	6	1	6	1	
1.5	0.86	0.99	1.32	1.54	1.39	1.41	1.55	1.61	1.57	1.59	1.62	1.64	1.65
2.0	1.40	1.54	1.94	2.15	1.99	2.03	2.16	2.23	2.19	2.20	2.25	2.27	2.28
5.0	4.44	4.60	5.04	5.26	5.07	5.13	5.28	5.35	5.31	5.32	5.36	5.39	5.39
10.0	9.44	9.60	10.04	10.26	10.07	10.13	10.28	10.35	10.31	10.32	10.36	10.39	10.40
20.0	19.44	19.60	20.04	20.26	20.07	20.13	20.28	20.35	20.31	20.32	20.36	20.39	20.41

计算之结果，则$\frac{i_0 l}{h_0}$之差率多在 5%以内；设若比降在 1∶3000 以上，且水深与堰前水深之比率较小者，其差率极显，最大可达 90%以上。

次将 $H/h_0=1.5$、2.0 及 5.0 三种情形，计算其对 l 所生之差率列如表 6；表中 r 为 Bazin 流速公式之糙率系数。

表 6

$\frac{H}{h_0}$	i_0	1∶1000				1∶3000				1∶10000			
	r_0	0.16		1.75		0.16		1.75		0.16		1.75	
	h_0	6	1	6	1	6	1	6	1	6	1	6	1
1.5	l 之差（米）	+4740	660	1980	110	4700	720	1800	120	3600	600	600	100
	l 之差率（%）	+92	66.7	25	7.3	18.8	17.0	6.5	2.5	3.8	3.8	0.6	0.6
2.0	l 之差（米）	+5280	740	2040	140	5200	750	2160	150	5400	800	1800	100
	l 之差率（%）	+63	48	17.6	6.5	19.6	12.3	5.5	2.2	4.1	3.6	1.3	0.4
5.0	l 之差（米）	+5260	790	780	130	4680	780	720	80	4200	700	0.0	0.0
	l 之差率（%）	+19	17.2	2.5	2.5	5.1	5.1	0.75	0.5	1.3	1.3	0.0	0.0

可知当水深与比降较大，而糙率较小时（即流速之较大者），二者对于返水曲线之长度 l 所产生之差误显著。如河流之比降在 1∶3000 以上，差率常在 10%以上，有时则可高达 90%。显然，若对流速水头之影响再不加注意，极不合理！

5. 水道断面形之影响

现时所有之返水曲线公式，仅限于矩形断面及广抛物线断面两种，而备有计算表者，则只有广矩形及广抛物线形两种。广梯形之水面宽与底宽殆相等者，可使用广矩形之公式及计算表。广二次曲线断面，可使用广抛物线断面之公式及计算表，均无妨碍。但于普通之水道，如水宽仅为水深之数倍者，姑无容论；即于等流速之广断面水道，倘堰极高大者，亦不能以湿周等于水面宽视之。但已往对于返水曲线之实际计算，于宽度之广狭，均不注意，且与矩形（Bresse 公式）与抛物线形（Tolkmitt 公式），亦未加区别。

兹先就水宽之广狭，对于返水曲线之影响，以广宽矩形水道及普通之矩形水道，二者之返水比较之。

按广矩形之计及流速水头之变化者，可用 Bresse 之计算表。普通矩形之计及流速水头者，可由 Dnpuit－Masoni 公式直接计算之，其式为：

$$\frac{i_0 x}{h_0}=\frac{h}{h_0}+\frac{1}{2}\frac{1-\beta+2\beta\frac{h_0}{\omega_0}}{3-2\frac{h}{\omega_0}}\ln\frac{(h-h_0)^2}{h^2+h_0h+h_0^2-z\frac{h_0^3}{\omega_0}}+$$

$$\frac{1}{3-2\frac{h_0}{\omega_0}}\frac{-3+3\beta+12\frac{h_0}{\omega_0}-6\beta\frac{h_0}{\omega_0}-8\left(\frac{h_0}{\omega_0}\right)^2}{\sqrt{3-8\frac{h_0}{\omega_0}}}\arctan\frac{2h+h_0}{h_0\sqrt{3-8\frac{h_0}{\omega_0}}}+K \quad (7)$$

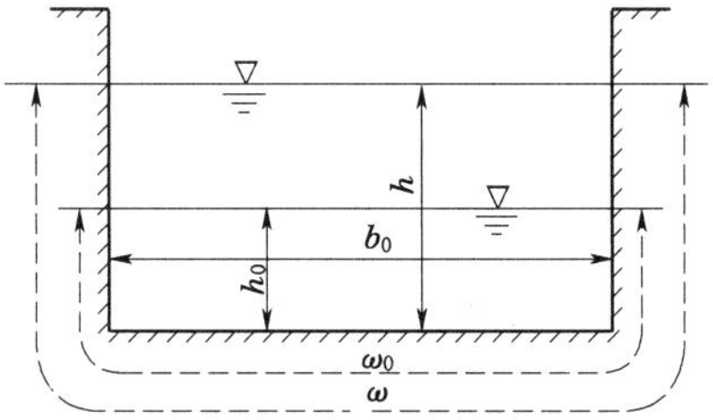

图 3

式中，$\beta=\varphi\frac{C^2 i_0}{g}$，$\omega_0$ 为等速流时之湿周，见图 3。但上式须在 $b_0>\frac{2}{3}h_0$ 时始得成立。

为计算简便起见，$i_0=1:1000$，$h_0=2$ 米。$\varphi=1.0$，$H=2h_0=4$ 米，$h=1.01h_0$，此断面与堰之距离为 l，求 Bresse 式之差率。

因，$A=b_0h$，$A_0=b_0h_0$，$\omega=b_0+2h$，$\omega_0=b_0+2h_0$，$R=\frac{A}{\omega}$，$R_0=\frac{A_0}{\omega_0}$，$\beta=\varphi\frac{C^2 i_0}{g}\approx\frac{C^2}{10}i_0$，$n$ 为 Kutter 糙率系数，C 为相当于 n 之流速系数。

表 7 中，$\beta=1.0$ 时，流速较大，可作为射流与普通流之界限（急流与缓流之界限）。可见水面宽窄之影响，产生的差率极大，最大者可达 50%。且此例中之水道，当其宽度为等速流水深的 18 倍时，已可谓较宽之水道，然尚有 18%之差率。据此可见普通之矩形水道，设其返水之距离过小者，虽用 Bresse 公式计算之，亦难臻精准。

表 7

h_0（米）	n	C	β	距离	(7) 式之 l（米）	Bresse 之 l（米）	b_0/h_0	l 之差率（%）
4.0	0.10	100	1.00	i_0l/h_0	1.998	0.99		
				l	3996	1980	2.0	−50
	0.014	70.7	0.50	i_0l/h_0	2.442	1.472		
				l	4884	2944	2.0	−40
	0.020	50	0.25	i_0l/h_0	2.66	1.95		
				l	5320	3900	2.0	−27
8.0	0.0105	100	1.00	i_0l/h_0	2.536	0.99		
				l	3258	1908	4.0	−39
	0.022	50	0.25	i_0l/h_0	1.629	1.953		
				l	5072	3906	4.0	−23
3.6	0.011	100	1.00	i_0l/h_0	1.169	0.99		
				l	2338	1908	18.0	−15
	0.016	70.7	0.50	i_0l/h_0	1.778	1.472		
				l	3556	2944	18.0	−18
	0.024	50	0.25	i_0l/h_0	2.224	1.953		
				l	4448	3906	18.0	−12

6. 结论

综上所述，可知返水曲线公式之差率，其要点有三：

（1）因使用 Chezy 流速公式，所生之差率，其性常为正（＋），且常在 10％以下。

（2）因不计及流速水头之变化，所生之差率，亦常为正，盖普通堰前之比降，比较急者为多，故于实际上所生距离之差率，可极显著。

（3）因广断面之假定，其差率常为负性（－），除水面宽较水深极大者外，其影响之程度亦巨。

凡差率之属正性者，则计算之返水影响往往过大，偏于安全的一方面。反之，负性之差率，则计算之值，殊嫌过小。

虽然是等差率之原因，并非个个独立者。彼等相互之关系，究由何种因果而成立？为正或为负，或可相互消补者，即使最显著之差率，亦难能预为计算也。

摘自《清华大学土木工程学会会刊》，第 2 期，1933 年 7 月

沉沙池形式之研究

引　言

给水渠中，常筑沉沙池以去挟沙。普通沉沙池之形式，大都采用对称之矩形，构造固属便利，但乏理论根据，因之效率不高，是其缺点。本文首述沉沙之原理，次则根据是理，拟定一最有效之形式，惟各部定量之研究，尚有待试验始能定之。

1. 沙粒之沉降曲线

渠中游沙受水挟运，保持于水中。按理想之水流，其流向常为平行，且无上下左右前后之不规则运动。水中沙粒，则因其自身之重向下沉降；同时，复由水之冲力随水下移。沙粒下移之距离，等于该沙粒自水面降达水底之时间内，水流前进之距离。

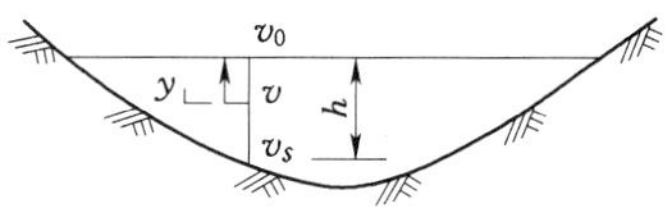

图 1

今以 v_0 为渠水表面之流速，v_s 为底面流速，h 为水深，v 为 y 深处之流速，如图 1 所示。设水流垂向流速分布之情形如下：

$$v=v_0-\frac{v_0-v_s}{h^2}y^2$$

设水面沙粒，向下之沉降之速率为 ω，则沙粒沉至 y 时，需时 y/ω 秒，故 $y=\omega t$ 或 $h=\omega T$；但于 $\mathrm{d}t$ 时间内，水流 v 所行经的之距离为 $\mathrm{d}x$，即

$$\mathrm{d}x=v\mathrm{d}t=\left(v_0-\frac{v_0-v_s}{h^2}\omega^2t^2\right)\mathrm{d}t$$

$$x=\int\mathrm{d}x=\int_0^t\left(v_0-\frac{v_0-v_s}{h^2}\omega^2t^2\right)\mathrm{d}t$$

可见沙粒自水面沉至渠底，其中途所经之曲线为

$$y=\omega t,\quad x=v_0t-\frac{v_0-v_s}{3h^2}\omega^2t^3$$

将 t 消去，则得

$$x=\frac{v_0y}{\omega}-\frac{(v_0-v_s)y^3}{3h^3\omega}$$

当 $y=h$ 时，由上式可得沉沙所及之水平距离

$$S=\frac{h(2v_0+v_s)}{3\omega}$$

2. 渠宽相同水深骤增之情形

单位宽度之流量 q 不变，水深变化（h_1）至（h_2）则流速随之变化，参看图 2，其关系如下（惟因渠底纵向变化，必有几许不规划之紊动发生，故于恒定流之连续方程式，稍有不合）。

$$\mathrm{d}q=v\mathrm{d}y$$

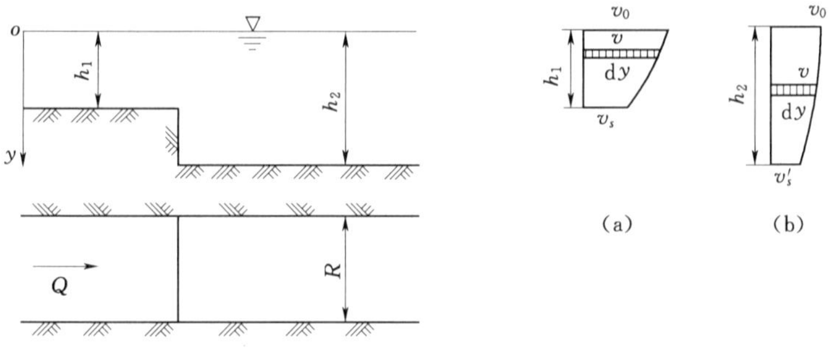

图 2

∴ $$q=\int v\mathrm{d}y=\int_0^{h_1}\left(v_0-\frac{v_0-v_s}{h^2}y^2\right)\mathrm{d}y=\frac{h_1}{3}(2v_0+v_s)$$

同理 $$q=\frac{h_2}{3}(2v_0'+v_s')$$

故，连续条件为 $$h_1(2v_0+v_s)=h_2(2v_0'+v_s')$$

今若知水深 h_1 时，沉沙所及之水平距离为 $S=\frac{h_1}{3\omega}(2v_0+v_s)$，而水深 h_2 时，则为 $S'=\frac{h_2}{3\omega}(2v_0'+v_s')$，由连续条件可知 $S=S'$ 也。二者主要不同，惟水深 h_1 时，沙粒在水中保持之时间为 h_1/v_0 秒，而 h_2 时则为 h_2/v_0'秒；可见仅增水深，鲜能促进沉沙之效率，其凹下之处，仅为保留沙粒之凝集所耳。

3. 水深相同宽度骤增之情形

设全断面内之流量为 Q，如图 3，则

$$Q=B_1q_1=B_2q_2$$

式中，q_1 与 q_2 为上下游两断面之单宽流量，即

$$q_1=\frac{h_1}{3}(2v_0+v_s)$$

$$q_2=\frac{h_2}{3}(2v_0'+v_s')$$

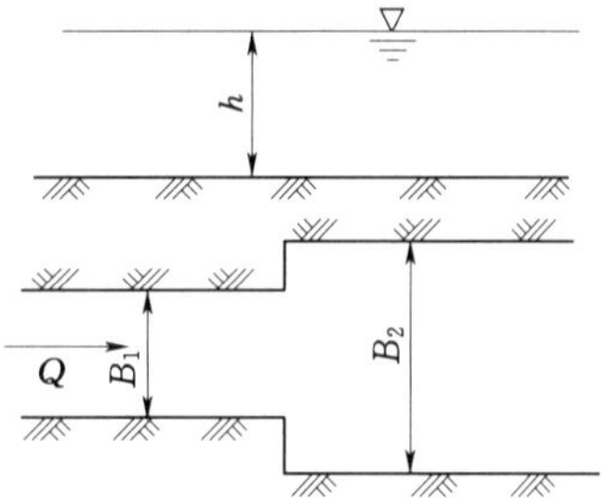

图 3

因两断面之流量相等，则

$$B_1\frac{h_1}{3}(2v_0+v_s)=B_2\frac{h_2}{3}(2v_0'+v_s')$$

今 $$h_1=h_2=h$$

故 $$B_1(2v_0+v_s)=B_2(2v_0'+v_s')$$

当已知水深 h，水面宽为 B_2 时，沉沙所达之水平距离为

$$S'=\frac{h}{3\omega}(2v_0'+v_s')$$

∴ $$S'=\frac{h}{3\omega}\frac{B_1}{B_2}(2v_0+v_s)$$

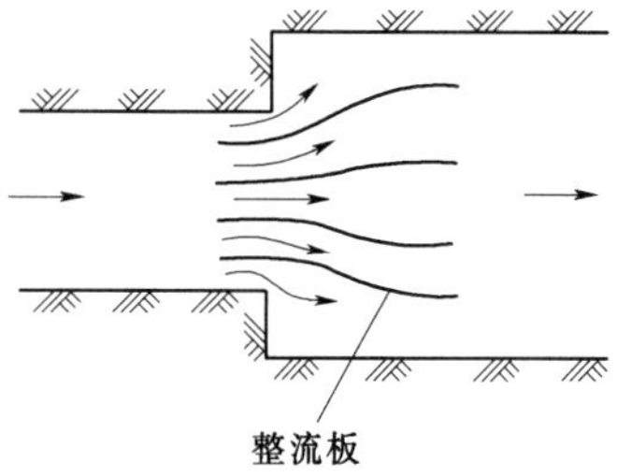

图 4

但如前述，宽度相同时 $S=\frac{h}{3\omega}(2v_0+v_s)$，可知 S 与 S' 之关系为 $S'=\frac{B_1}{B_2}S$。设 B_2 大于 B_1，S' 因之减小，理至明也。可见增宽 B_2，则大有减小 S' 之效，倘在沉沙池之进口，增设使流速均布的整流板，如图 4，其效当更大。

4. 渠宽相同渠底渐深之情形

设水深之变化，自 h_1 渐次增至 h_2，当渠宽不变，如图 5，其连续条件如次式：

$$\frac{h_1}{3}(2v_0+v_s)=\frac{h_2}{3}(2v_0'+v_s')$$

今就纵向单宽各层流速分布之原理研讨之，仍设

$$v=v_0-\frac{v_0-v_s}{h^2}y^2$$

令断面之平均流速为 V_m，则

$$V_m=\frac{1}{h}\int_0^h v\,\mathrm{d}y$$

$$V_m=\frac{1}{h}\int_0^h\left(v_0-\frac{v_0-v_s}{h^2}y^2\right)\mathrm{d}y=\frac{1}{3}(2v_0+v_s)$$

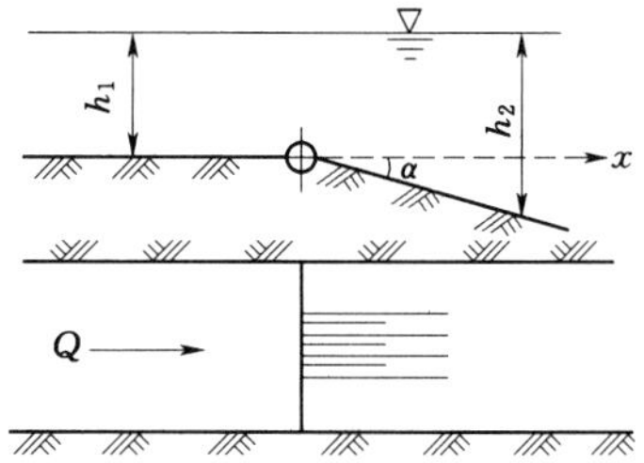

图 5

故于第一断面有单宽流量为 V_mh_1，第二断面为 $V_m'h_2$，且

$$V_mh_1=V_m'h_2$$

渠底之坡度为 1∶α，则 $h_2=h_1+\alpha x$，故 $\mathrm{d}x=V_m'\mathrm{d}t=\frac{V_mh_1}{h_1+\alpha x}\mathrm{d}t$；另外，在 t 时间后，水面之沙粒沉下距离为 ωt，水愈深，沉至渠底之时间愈长。且在 t 时间后，水深之增加，必须能满足 $\alpha x\leqslant\omega t$ 之条件，沙粒始得沉及渠底。今就 $\alpha x=\omega t$ 之界限条件研究之，即

$$x=\frac{\omega t}{\alpha}$$

$$\mathrm{d}x=V_mh_1\frac{\mathrm{d}t}{h_1+\omega t}$$

∴ $$x=\frac{V_mh_1}{\omega}\ln(h_1+\omega t)+C$$

然 $t=0$ 时，$x=0$，故

$$C=-\frac{V_mh_1}{\omega}\ln h_1$$

则有 $$x=\frac{V_mh_1}{\omega}\ln\left(1+\frac{\omega t}{h_1}\right)$$

今若设水深不增加，即 $h_2=h_1=h$，此时，沙粒自水面沉至水底之时间 $t=h/\omega$，有

$$x=0.69\frac{V_mh}{\omega}$$

5. 水深相同渠宽渐增之情形

B 为水渠之初始宽度，经 x 距离，则增加为 βx，但水深保持不变，如图 6。据恒定流之连续方程式，可得此式：

$$Bq=(B+\beta x)q'$$

式中，q、q'为水渠增宽前后之单宽流量，相应之断面流速为 V_m 及 V'_m，则

$$q=V_m h\text{；}\ q'=V'_m h$$

$$BV_m h=(B+\beta x)V'_m h$$

$$V'_m=\frac{BV_m}{B+\beta x}$$

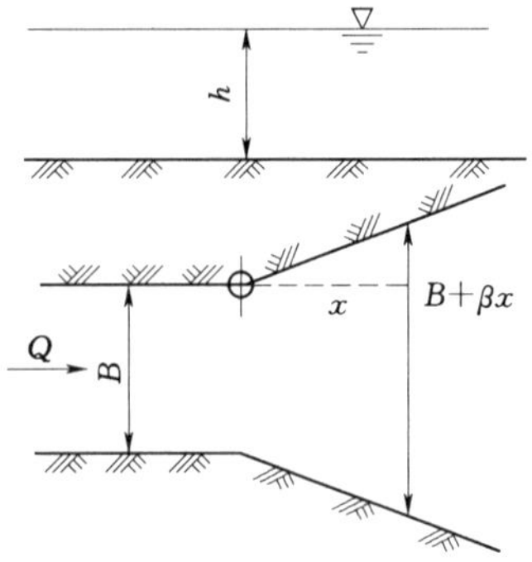

图 6

因　　$\mathrm{d}x=V'_m\mathrm{d}t$，$x=\int\mathrm{d}x$　　且 $t=\dfrac{h}{\omega}$

则　　$x=BV_m\int_0^t\dfrac{1}{B+\beta x}\mathrm{d}t$

因 x 为 t 之函数，今设 Δt 时间段内（水流流过 Δx）的平均流速，以前后流速之平均值示之：

$$\frac{\Delta x}{\Delta t}=\frac{V_m+V'_m}{2}=\frac{V_m}{2}\left(1+\frac{B}{B+\beta x}\right)$$

则有　　$2\beta\Delta x^2+(2B-\beta V_m\Delta t)\Delta x-2BV_m\Delta t=0$

解得　　$\Delta x=\dfrac{1}{4\beta}(\beta V_m\Delta t-2B)+\sqrt{4B^2+12\beta BV_m\Delta t+\beta^2V_m^2\Delta t^2}$

欲得此式之积分，可分为若干等分之 Δt，然后渐段求和而解得之。

此种形式之沉沙池。水渠中心部分之流速常较两侧为大，故沙粒亦输送较远，欲谋沉积均匀，不可不讲求流速均布之法。

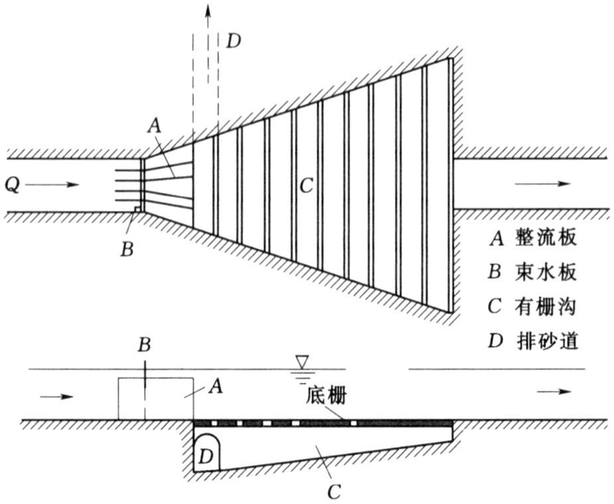

图 7

6. 结论

筑沉沙池排除渠道之挟沙，采用增加水深之法常不如拓广渠宽更为有利。但普通之沉沙池，往往因沙积池底而减小水深，故筑池时亦当有预留池深之必要。倘能使沉积之沙土，均集入储沙室内，视一定之时间清除之，或则筑二池（厢）交替应用之，其效当更伟也。兹设想一最有效之沉沙池示意如图 7。

摘自《清华大学土木工程学会会刊》第 3 期，1934 年 5 月

德国巨型水工研究所

一九三二年，当代的水工名家，德人恩格司（Prof. Dr. H. Engels）博士，在德国政府和巴燕邦合办的巨型水工研究所里，引用奥贝纳赫天然河流，试验挟带泥沙的河道，对于我国的黄河，做了许多切实的研究，来确定各种根本治理的法则，结果都非常圆满，展开了我国科学精神治水史的第一页！因此这水工研究所，亦深深地引起国人的景仰和爱戴了！现在且把这研究所设备的大概情形，介绍如后。

一、简史

过去十年间，水工家和研究家都运用着唯一的比拟率理论，去探索各种缩小模型的应用范围和误率的限度等，而今又转向另一个更有希望的方向，使供水工模型研究的理论和应用，跨进更合理化的境界！

一九二六年四月，这当代最伟大的巨型水工研究所诞生了，这是凯撒威廉（Kaiser Wilhelm）科学促进会最近的一种贡献！一向的习惯，水工研究所大都附设于工科大学内的，而这个研究所是例外，是有一种独立性的组织，是由德国的政府、巴燕邦和慕尼黑市（Munich）三处合办的，此外，对各家私人公司亦代做试验，但要付相当的代价。

二、研究所成立的意义和方法

研究所地址的决定，有三要点：1. 要常有充足的水量，供将来任何研究工作应用。2. 要有一片宽广的空地，可以布设各种很长的渠道。3. 要和慕尼黑市政府，以及其他水工机关邻近。结果：就选定在瓦痕湖（Walchensee）南面的一片广地，从这个湖到慕尼黑行程约 90 公里，位于巴燕提罗尔的阿尔卑斯山脚下。一九二八年正式动工，一九三〇年的春天，所有各种重要工具，都已大部完成了。

普通的研究所，各种模型试验工作，只要有一个研究员就能全部胜任，直至发出计算结果！但是在这瓦痕湖的巨型水工所里，各种试验都采用巨大的模型，因此非组合三个或十个有经验的研究员，同时合作才行；并且，在同一个时间内，很难同时做两个以上的试验，因为结果的精密与否，是随着天气而定的。当一个工作正在进行的时候，最好是能一气贯注的做下去，半途停止是不好的，一般的工作每次总得要持续不断的做 20 至 30 个小时。

运用这种巨型水工研究室，来探索比拟率理论的不可靠性，发掘从前太借重各种假设的误点，是占有最大的优势的！但是换过来说：比拟率的理论，经过了这一番彻底探索，只要能把模型和原体间因子的转换，用实验的方法决定以后，那也就变成了一更可靠、更合理的工具了！过去很少有这种机会可以来提醒我们，当模型已经缩小到百分之一以下，我们还运用比拟率来研究各种水工问题，是怎样盲目的信任！现在呢，这巨型水工研究所诞生了，我们可对同一的水工建筑物，从最小模型一直试验到他的原体，也许就会有许多水工家，不断怀疑小型水工模型的结果是否可靠了！

诚然，有许多的水工研究，一是必须用这瓦痕湖式的巨型来试验的，好比像各种商业上应用的量水法和渠道形式对于渠床铺料的试验研究，再如虹吸管等问题，因为问题内的天气情形，模型里不易缩成相应的情形，那就非用巨型来研究不可了！虽然亦很有许多水工家，仍旧主张作小型的室内研究，因为可以使用最精密的仪器；但是呢，这亦是巨型研究所的领袖们所要说的：增大试验的模型，的确的，对于各种测量的精密度是稍有些牺牲的，但这些缺点，和能与工程实物充分的接近比较起来，就觉得无足计较了！

三、研究所的地址

流经德国的边境，有条伊莎河（Isar），河是从提罗尔的阿尔卑斯山因斯布鲁克（Innsbruck）附近发源，由南朝着慕尼黑向北流的，恰好在克银镇（Krûnn）前，约离瓦痕湖有 9 公里处分作两支，右面的一支，比较深些，因此所有的河水，差不多全部都绕瓦痕湖的东边流了。

湖是个三角形模样，有 6 公里半开阔，190 米深，他和附近 3 公里多远的科赫尔湖（Kochel）相比，湖面约高出 200 米；瓦痕湖的水电厂，占领着这种优越的地位，他不仅从瓦痕湖引用所有的流量，且利用伊莎河平时的流量，约有 15 至 25 秒立方米，在冬天的低水时间，亦有 5 秒立方米。

研究所从伊莎河取水的方法（见图 1），是在克银镇附近的分叉处建筑一小调节水库，这样，即使在干旱的年头，这河流所有的流量，亦都能从混凝土渠引入莎痕湖（Sachent）了。该湖离瓦痕湖有 4.5 公里，由此又经过 2 公里的渠道，就和奥贝那赫（Obernach）河的水道相合流入瓦痕湖里。

在这个会合点以下，奥贝那赫水道渐渐离开公路省道，公路向西作弧形弯曲摆动，绕出一大片平地，约有 10000 公亩；富裕的空间和充足的水量，使这广场被研究所选中，算是最近理想的所址了。

莎痕湖到瓦痕湖的山谷间，有一确定的 66 米落差，因此还可利用这个水

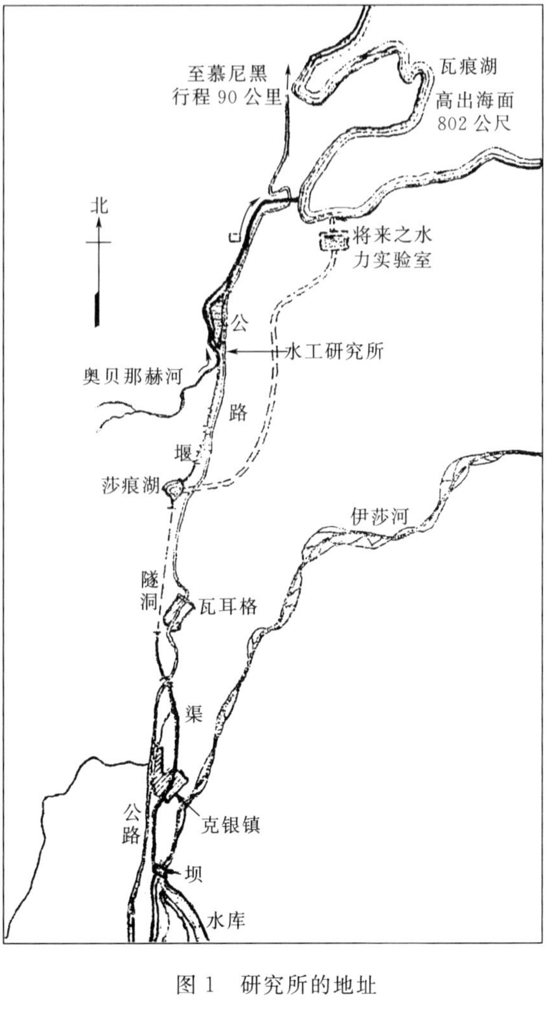

图 1　研究所的地址

头，从研究所分一支渠道，到瓦痕湖的南端，建一新的水力厂，作为将来研究各种水轮和其他高压水力问题使用，也是很明显的。研究所占有这样优越的地点，这样的设备和这样的水量，无疑的，一切的一切，在这世间，将握有他最尖端又权威的地位了。

四、研究所的布置

在河堰上游 18 米处，伊莎河分水渠和奥贝那赫水道会合的地方，设一供给全试验场的进水渠（见图 2）。进水用两座垂直水闸来调整，水闸宽 3.5 米，闸口的最大高度 2 米，渠内的流量，随着伊莎河的流量而不同，约有 8 至 12 秒立方米。引水的方法，先经一混凝土渠，约长 100 米（渠和省道并行），引水流入一静水池，这池就是给水池的上游。

给水池的容积很大，约有 2000 立方米，预备着将来研究时，可以供给四五条渠道的水量，堰上常有 10 米的水头。池的西端，有一个 1 米的排水门，把多余的水，洩到奥贝那赫水道。给水池的池床未经人工的铺砌，土质是石砾和黏土混成的，岸坡只用1∶2.5 就已经很够抵抗天然的冲蚀了。给水池北岸的中部，分出一干渠，渠向北行，流量每秒 4 立方米，渠长 575 米。

干渠的前段分作 84 米、142 米和 69 米三部。前段的断面是梯形的，水面宽 9 米，底宽 3 米，水深 1.5 米。起初，这三部都是纯粹的简单土渠，后来设法沿着渠床，有一定间隔地用沥青油胶合砾石铺砌。每一段渠的末端，都有一个静水池，是用混凝土制成的，容量很大，可使流水能力的大部，都在这池内消灭，最后流入第四部去。

这第四部（见图 2）是这研究所用以试验各种重要流性的渠道，渠的两侧和底部，都是混凝土的，但未经抹光。沿着渠道的各节，都设有闸板的榫槽，以备堰板或静水格等物的插入；沿全渠的各点，分设许多量水设备，以观测渠内的水位。量水计分成两组：一组用钢管埋在混凝土渠墙内，另一组直接装在渠墙的壁上。

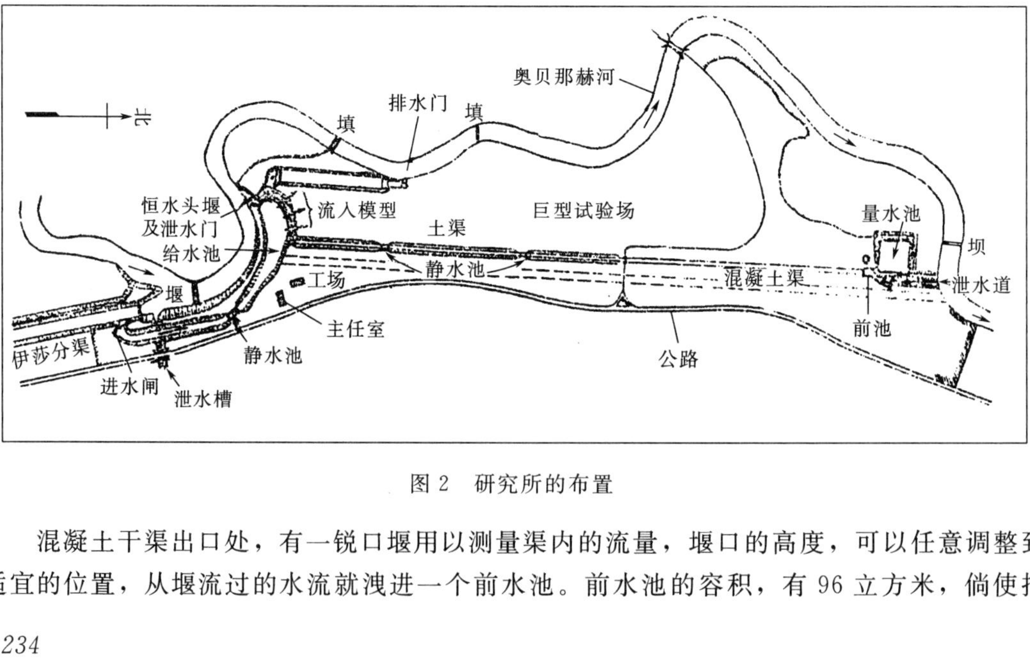

图 2　研究所的布置

混凝土干渠出口处，有一锐口堰用以测量渠内的流量，堰口的高度，可以任意调整到适宜的位置，从堰流过的水流就洩进一个前水池。前水池的容积，有 96 立方米，倘使把前水池的出口关闭，更可增加容积72立方米。前水池有两个出口，列成对称的形式，上面装着一对汀脱式（Tinter）水门，所有的流量既可直接从废水渠而进入奥贝那赫水道，也可先流入一个极大的量水池。

量水池的容量，有1500立方米，池床完全用混凝土铺抹过的，其表面再涂一层厚10～15毫米沥青土，这就能完全防止水分的流漏了。这池的出口，经过一座垂直的水闸，而泄入废水渠。

池旁建有管理室一间，由混凝土造成，三面皆窗，从窗口望去，干渠和量水池都看得清清楚楚，以便研究时的发号施令。管理室的地下间，有一变压机，将总线6000伏的高压电，变成380伏的三相电或220伏的单相电，并供直流电和蓄电池之用。管理室有配电板一块，上有2至4伏的直流电，室内装一电钟，把每秒的记号，发送到研究所的各部，此外，还装有电话机一架。管理室的任务，专司启闭干渠流入量水池的闸门，一启一闭的时间，都由一只时间自记器记录下来；其余如记录流速计回转的次数，和盐速法的电流，以及其他应用的仪器，都放在这管理室里。

试验的各部，都用电话联络起来，做实验的时候，各处都通过电话来谈。沿干渠装有许多电线，供电灯和各种电测法使用。这干渠是和省道平行着的，沿渠各处预备着车辆，研究员都自备脚踏车或是机器脚踏车；这样远距离的来来往往，就不致把宝贵的时光白费掉了！

五、量水池

研究所的领袖们这样说，要增进实验工作的精确程度，亦和小型的研究一样，在每种实验尚未动手前，必须经一彻底的苦心计划；做将来一切工作的准备，试验所用的仪器都应当采用最精确的，此外呢，还要加之以耐心缜密的分析，使各种可能避免的差误，都能设法使之互相补偿而消去，且对试验方法的设计、研究工作的程序，都要一一洞烛在胸，力求研究工作的结果达到精密度的最高峰！

普通实验的方法，往往采取几个比较的方法，求其平均值作为标准结果。在这巨型研究所里，对于各种容积的测定，如测量渠内的流量，就采用多种不同仪器的方法，比较他们的结果，因此所得结果的差误，最大的不过只有百分之±0.1，可说已经超过一般研究工作所必须的精确度了！

量水池的流量曲线，是用两种不同的方法比较而决定的：第一种是根据极精密的测量，应用几何原理算出各种不同的水深时，水池应有的容积；第二种是注入已知容量的水量，直接记录水标上的读数。注入的水量，须先称得其重量，再推知其容量。加水的方法是先用抽水机把水从渠内抽起，注入一称水箱得其重量，然后，再将水放入前水池，记录前水池内的水标，直到前水池灌满，才把所有的水泻入量水池。就这样重复的工作，直到量水池的水标的读数，从0升至2米为止。称水天平称的容量有3000公斤，敏感度达百分之0.0013。

量水池灌水的时间，因记录上所生的差误，实际上可用汀脱式水门的绝对相称构造而消去的。这两个水门，可耦合起来，使这一扇门开启的速率，恰等于那扇门关闭的速率，这样，一开一闭，就都在同一瞬间进行着了！当水门和最下端接触或离开的时候，都有电流通过，自动的记录下来。

前水池和量水池所装的量水标，都安置在一间水标室内，非常精确并且调整极易，他的精确度只有极小的不可避免差误，约在 0.1 毫米以下。水标共有 9 个，三个读前水池内的水位，标间 600 毫米；六个读量水池内的水位，标间 400 毫米。两标间上下有 3 厘米的搭度。

沿混凝土渠各点，都装有钩标，形式与量水池相同，但都分别安置在渠墙外的水筒内。最后一个水标，装在该渠的下游端，用一个简单的手把，可使之左右摆动。而读出堰下左右的水位。

在量水池的进口处，还同时设有 B 式水标，他的形式和作用与前者稍异。该水标一律装在水渠西部的渠墙内，有一直径 5 厘米，直立的铁筒。筒高出地面约 1.2 米，用一根已知长度的尖头金属杆，插入筒中。杆上装一绝缘木球，杆在球内极易上下滑动，且杆上附有金属的游尺，可以读到 0.1 毫米。把这杆向筒内插入，当杆尖触到水面的时候，就有电流通过，电流是由沿渠的电线送来的。这样即可成一电路，经过耳听器，铁筒和杆尖，且水也是传电的导体，因此，当杆尖触到水面的时候，耳听器内就有很尖锐“吱”一声了。

六、几件基本的工作

研究所成立以后的第一件基本工作，是把近代的四种量水法：1. 无侧收缩平直锐口堰法，2. 爱伦（Allen）盐速法，3. 化学滴定法，4. 流速计法，都在同一混凝土水渠内作系统的测试，每种都分用 5 级不同的流量，详细试验。试验时所有各种容量的测定，都依据量水池的记录，且每级所对应的流速，也重复试验几次。试验的意义在于，一方面可使研究所现有的设备，通过这个试验而更为合用；另一方面，对近来最精密的测流方法，作出有系统的比较研究，其水工学术贡献一定很大。

混凝土渠的末端，装一标准式的锐口堰。堰板先用螺丝钉固定在一个木梁上，使他可在渠道两墙的笋槽内升高或降低；笋槽内所有的缝隙，都用软木塞紧，不使漏水，堰口以上的笋槽，镶薄板一片，使墙壁保持光滑。同时，还可利用这笋槽，通入空气，使堰流水股下面通风良好，并且通入一个开口的 U 形测压计，以测验通风的程度。

七、爱伦盐速法

使用爱伦盐速法测量流量，所用的食盐溶液注射器放在约离渠端 60 米之处，溶液在一只 640 公升的铁箱里调制。此外，还有一架 1.2 马力的唧筒和空气压缩箱，箱内放溶液，箱外接注射箱。在开始注射时，溶液的压力有 10 大气压，注射器的射管朝向上游，盐溶液由许多弹性门内射出。

电极是直径 1 厘米的涂锌铁管，每组六根，插在渠床的承口内，其位置在注射器的下游，分有四组。电极铁管的间隔 42 厘米，通电时，使电极一正一负，交互的放着。

很有趣的是，爱伦盐速法在德国过去从来没有实地使用过的，但当这次研究所 1920 年的试验以后，亦就渐渐普遍了！

八、化学滴定法

化学滴定法测定流量的原理，是把盐类的溶液在未注射前与已注射后，经过二次的化学分析而决定的。从前，虽然很有许多的方法，但似乎都太复杂，太费时间或种种别的困难，同时，还要求有一个很有训练的化学师。但是，这次研究所的经验，比较这四种测流法的结果，才发现惟有这化学滴定法，能在最短的时间内给我们以确实的结果的！而且所需的人才，亦不过一个机械工程师就可胜任了！尤其是，当其他测流法不能使用的地方，那就非用这种滴定法不可。

注射盐溶液的方法，须设一小站，站内有棚架、木箱等设备，安置在土渠末端的上部。木箱大约 2 立方米，用以混合饱和溶液，这箱装在棚架的上层，箱下通出一管，管的下面有一恒水头器。

试验的方法，先把水流调整到恒定状态，乃以每秒 0.5 公升的流量直注调整箱内，约 5 分钟，再使之流入注射管。每次约 20 至 25 分钟，最后，又重复使之回入调整箱。换句话说，这种装置不仅在试验时能保持恒定的水头，且对于流量容积的测定亦得经过两次。

注射溶液的地点，选定在巨混凝土倒转式堤的上游，这里水流混乱，溶液和水即可互相混合得较好。这堤的下游就是混凝土渠的首端，装着三重静水格筛。取水样的地点，约在下游 56 米处；取水样的方法，有固定的手提唧筒和一个长管唧筒，可用以采取该渠的断面内任何点的水样。

九、轻便滴定器

测量较小的水流，如溪间细流，该研究所曾设计一个较便的滴定器。这滴定器的构造，有一恒水头流量的箱子，箱子用薄钢板构成，只需一架手推的小车，就可以搬运自如，车上附带必须的食盐袋、混调桶、水样瓶等。

这种轻便滴定器，在山地应用最为适宜，尤其是在普通流速计不能使用的地方。据这研究所的经验，在巴燕高原，测量许多小溪，试用这种方法的结果都非常圆满。

以取得水样决定流量值的方法，该所用马尔脱（Mellet）氏的化学分析法。用这种方法所决定的，不过是一种比较值，并不能确切算出多种水样中含有的盐量。分析的方法是先把各种水样溶液，用蒸馏水冲淡，使彼此的浓度略等；再各取等容积的溶液，放入电灶内，待水分稍去，就在各溶液内加入等量的铬酸钾，作为指示剂；然后用一定浓度的硝酸银，由滴管内滴入，等到各溶液都变作同样的红色而止。

十、流速计法

流速计装在一座小桥上，桥上铺着轮轨，桥在混凝土渠的下端，离堰的上游 21 米，流速计在杆上，可上下滑动，而移至渠道断面内的任何点。

试验工作的第一步，在比较各种不同式样的流速计。该所试验的，有几个扇翼式和旋翼式鄂特（Ott）流速计，直径 12 厘米和 18 厘米，还有一个旧型的蒲徕斯（Price）流速计（Gurly1903）。这许多仪器，都用同一的方法来试验，因为蒲徕斯流速计，已是 28 年的旧货，所以没有把他的结果发表出来。在做化学滴定法或堰板法的时候，测定渠内水流流速的分布情形，是把三只同式的流速计，装在一根轴上。

这次试验的方法，共用五种不同的流量，每秒从 0.5 立方米变到 4.0 立方米。流量由渠道的首端调整，使和预拟的流量，十分接近，且任它流约 2 小时，使水流达到恒量状态，再开始试验，续次记录沿渠槽各点的水位和量水堰上的读数。每次试验的程序，第一是用流速计，直到量水池灌满而止；第二是用盐速法，亦等到量水池灌满而止；第三，最后用滴定法做一次。这样的试验，对于某种一定的流量，须重复的做第三次。

天下雨了，试验的工作，只好暂时停止，等到雨过天晴，再继续着做下去。每次试验告结，量水堰上的结果，和量水池内的记录，都立刻计算出来，彼此比较一下；倘有显著的差误出现，这个试验，就该立即重新再做。这五个试验，大概需要一月光景，所有的记录，都有送到慕尼黑办公室，由六个技师算出各种结果，约需六个星期光景。

十一、基本工作的结果

堰量法的精密度，视两要点而定：1. 流水必呈均流状，同时，还需有一个合标准尺度的堰板；2. 要用一个合理的公式，来计算流量。

普通计算堰上流量的公式，都是由实验室里的模型试验，诱导而来的。但是，从这次研究所的试验，运用锐口堰公式计算大流量时，常发现许多疑点。因此，就唤起量水堰用于原形和高水头时研究的必要了。

鄂特和得克萨斯（Texas）流速计都有良好的成绩，每个都是经过实际测定的。蒲徕斯流速计的平均差率，常大于实际的流量，约有 1.845%，其原因或由于渠道的断面过小；若改用大号鄂特流速计试验，平均差率只有－0.378%。但这支蒲徕斯流速计，已是 28 年的旧货，他的结果当然不能作准。至于这鄂特流速计的精密度，有 0.3%至 0.6%的负性差率，确是很有价值的。虽然实际的精密度，还是要随着在使用前的厘订工作而定，因为只有经过精密细致又可靠的厘订，这种流速计才能得到合理的使用。

用盐速法测验的结果，几乎都比实际的流量为小，因此在差率校正到一合度点以前，必须做过许多次的个别试验。盐速法的差率有 1.2%，在三种测流法中是最大的，就实际应用上说，也是很困难的：在装置仪器之先，要能定出电极最合适的位置，如瓦痕水电厂在进水管内做试验，就出现这样的困难。

这几种测量法，最可靠又精确的，当首推滴定法了！从这次试验的结果，和实测的量水池的结果比较，几乎都无分上下，并且差率分配得亦很平均；再就渠内所有各点的平均值说，仅有 0.03%，而每个水样个别实测的结果，只有 0.06%。又因普通的流速计，仅能适用于均流状态的水流，而这滴定法呢，相反正要有紊乱发生的地方，盐的溶液得和水混合得最为适宜；因此，有这两种适应性不同的方法，对于所有的各式河流的流量测量，都可对付了。

摘自中央大学土木工程学会出版《土木》，第一卷，第二期，1933 年 12 月

河工模型研究水力学

1. 理论之基础——水力相似律

1.1 几何的相似性

设作二几何图形，欲使其相应之边线成同一之比，则相应之角必须相等；且二者之面积，彼此亦构成一定之关系，得以其基线长度比之平方值计之。此二图形，得谓之相似知其一，即能断他一之特性。盖所谓几何相似者，仅指其形而言，固无论量之大小也。

自水力学言，所谓正确相似者，常含有更广之意义。盖吾人自模型试验所得结果，必使之能转化应用至其全形实体，而绝无误差。故上述正确几何的相似，有时或须稍有牺牲，俾构成动力的或运动的相似，亦即得一水力的相似。

凡正确几何的相似性，其间长度之关系，必非变态，即模型与原体间所有之长度，均成同一之比。但普通所谓水力之相似，其模型亦可为变态者。盖此种变态，乃专为构成其动力的相似，而特为设计者也。

1.2 动力的相似性

动力相似性之构成，凡模型与原体间相应之质点，在相应之时间，其加速率均须成恒一之比，且其运动之方向，亦须相同。虽然，是固为物理之不可能者，盖欲使模型中之重力加速率，亦随一定之比例缩小，使完全应合动力相似之条件，必至失败。但考力量为加速率与质量之乘积，可见模型与原体中之加速率虽仍相等，仅须变更其质量，亦得使其相应之力，保持一定之常比也。简言之，凡动力的相似性，其构成之要素，在能使相应之时间，模型与原体中任何二相应之力，成同一之比，且其机构的与运动的相似性，亦必使能同时应合也。要之：凡一系统中相应之重量，彼此均须构成一确定之比。且在相应时间内，模型与原体间之各部，均须成为几何的相似。例如水力模型，其水流各点所行之方向与时间，均须能与原体中相应之各点相似。但欲将普通模型研究之结果转化至其原体，其间困难至多；欲使模型与原体中所有之特性，均能一一相似，事实上为不可能。虽理论上有特殊情形，如模型内所有因子之性质及力量（液体之密度、滞性、表面张力、固体之大小、形态、粘力、密度；以及重力、摩擦力、气压力等等），一一加以个别处理者，或有可能得出一完全与原体相似之模型。

2. 术语及符号中

凡大写之英文字母下加注小写字母 m 及 n 者，表示模型与原体之相应量。常用水力变量符号如下：

A——断面面积

B——沙粒比较细度之分配系数

α——基本比尺

l——长度之比尺$=L_m/L_n$

C——Chezy 系数
D——深度、水头或直径
E——沙粒之直径
F——每单位面积之临界押转力
P——湿周
Q——流量
R——水力半径
Re——管道紊流系数（Reynolds number）
S——比降
T——时间
V——速率
Z——河渠紊流系数
G——重力加速率
H——水头（见 D）
K——实用流量常数［见公式（4）］
L——长度或宽度
M——质量
N——Manning 糙率系数
n——糙率系数之比尺
p——湿周之比尺
v——速率之比尺
q——流量之比尺$=Q_m/Q_n$
r——水力半径之比
s——比降之比尺$=S_m/S_n=d/l$
t——时间之比尺$=T_m/T_n$
a——面积之比尺$=A_m/A_n$
d——深度之比尺$=D_m/D_n$
e——沙粒直径之比尺$=E_m/E_n$
j——水（液体）重之比尺，$j=\gamma_m/\gamma_n$
j_1——床土重之比尺
γ——每单位容积液体之重量
μ——绝对滞性系数
ν——动滞性系数

3. 理想液体之相似性

3.1 物理量之比尺值

理想液体中，无摩擦及黏滞等内力作用，故欲构成其相似性，所计及者仅重力一力；此类问题中所有物理量，均得一基本比尺（α）之函数示之，如表 1。

表 1

物理量	比尺值	物理量	比尺值
角加速度	$\alpha^{-1.0}$	面积	$\alpha^{+2.0}$
单位时间之转速	$\alpha^{-0.5}$	单位时间之流量	$\alpha^{+2.5}$
重力加速率（常数）	$\alpha^{0.0}$	容积、质量、力量、重量	$\alpha^{+3.0}$
线量	$\alpha^{+1.0}$	功率、动量、冲量	$\alpha^{+3.5}$
单位时间单位宽度之流量	$\alpha^{+1.5}$	功量、能量、转矩	$\alpha^{+4.0}$

上列各物理量之比尺值，均可由自由落下物体之公式 $V=\sqrt{2GH}$ 演化得之，其最简单之关系如下：

$$\frac{V_m}{V_n}=\frac{\sqrt{2GH_m}}{\sqrt{2GH_n}}=\frac{\sqrt{2GD_m}}{\sqrt{2GD_n}}=\frac{\sqrt{D_m}}{\sqrt{D_n}} \tag{1}$$

故得

$$v=\sqrt{d} \tag{2}$$

易言之，速率之比尺，当等于深度比尺之平方根。设将此种关系，与时间之比尺 $t=\sqrt{d}$ 配合，则为 Froude 定律。在水力学或他种科学中，设仅以重力为主力者，则此定律为定出时间比尺之基本方程式。设将此比尺与面积之比尺相乘，即可演出流量之比尺如下：

$$q=d^{2.5} \tag{3}$$

方程式（2）及式（3），仅计及重力之作用，故含有摩擦力或其他系数之间之问题，不能应用此律，理至明显。

3.2　定床式模型

凡定床式模型，如研究堤堰之滚流量，或他种水工等问题。仅以重力为主者，用方程式（3）即可直接定出流量之比尺。但此类堰坝问题，有时亦可应用相似性原理，由普通堰之标准公式，决定如下：

$$Q=KLD^{3/2} \tag{4}$$

式中，系数 K 为一流量常数，设化为相似性式，则 K 可消去不计。但由实验之结果，知流量至某种程度，K 实为 D 之函数。此种问题之复杂性，在水力学中，常能遇见。故普通之水工模型，欲使其二主力（重力与摩擦力），均达完全相似，至为困难。所幸在实际研究时，如堰坝类问题，其中摩擦力之影响极小，常可略去不计；虽吾人已证实，K 并非常数（即摩擦力因其性质不同随水头 D 而变）。故如方程式（4）仅以重力为主力，演化而得者，当含有少许之差误也。

4. 正态河工模型

4.1　河工模型之比尺

凡水工问题，除模型中仅须计及重力一力者（如研究堰坝上之滚流量等问题）外，模型与原体欲完全应合所有条件，而成十分正确之相似者，实不可能；常须视主力之性质若何，而加各种修正。

较浅狭之水流，若天然之河道，其床面糙率，影响极大，欲作一相似之模型，决不若堰坝等问题之简易，常须加种种修正，始得正确相似。且其比尺之决定法，往往以由著名之水力公式（如 Kutter 与 Ganguillet、Bazin、Manning 等式），演化而得者为善。今以 Manning 公式为例：

$$Q=AV=\left(\frac{1}{N}\right)AR^{2/3}S^{1/2}$$

则

$$q=\frac{Q_m}{Q_n}=\frac{A_m}{A_n}\cdot\left[\frac{N_n}{N_m}\right]\cdot\left[\frac{R_m^{2/3}S_m^{1/2}}{R_n^{2/3}S_n^{1/2}}\right]$$

即

$$q=\frac{ar^{2/3}s^{1/2}}{n}=\frac{a^{5/3}s^{1/2}}{np^{2/3}}$$

自此式的结果，复视河渠形状与所生摩擦力之关系，加以种种修正，故该式对于变态模型，亦得应用之。

4.2　正态模型之比尺

正态模型，其水平与垂直二比尺，应为一致，上述流量比尺公式可化为 $q=\dfrac{l^{10/3}}{np^{2/3}}$。若设河道之水力半径等于平均水深，则

$$q=\frac{l^{8/3}}{n} \tag{5}$$

因速率比尺 $v=\frac{q}{a}=\frac{q}{l^2}$，则

$$v=\frac{l^{2/3}}{n} \tag{6}$$

其他关于模型之公式，均可如前法以 Manning 或 Chezy 等式，演化得之。

4.3 正态模型之缺点

虽然，欧洲有数位水工试验学者，曾倡言反对采用变态之模型；但事实上欲使缩小之模型，得完全正确之相似性，至为不易。例如黄河或任何冲积河道，其试验之法，鲜有不利用变态模型者。盖是等河道之深度较宽度为极小，倘二者用同一比尺缩小，则模型中将成许多沙纹，与存于自然者迥异。且据 Reynolds 定律，此种模型中之流速，将变为极缓之层流，但天然水流，鲜有不为紊流者。紊流水面之比降，随平均流速之平方增大，而层流之增加率仅与流速一次方为正比，二者大异。河工模型中之水流，亦当使之成为紊流，俾与自然现象相应合也。

5. 变态河工模型

5.1 模型变态之意义

模型之几何变态，固为不可避免者，前已述及。但要知普通之模型，即使其构造为非几何变态者，苟一经缩小，成为模型，其中亦必生他种性质上之变态。就实际言，所有之模型，在某种性质方面，必为变态者。研究者决不可受其迷惑，仅着全力以避免几何的变态，反而忽视此种性质上及力量上，所生极微之变异。盖欲解决此问题，其用心不应仅着意于变态模型是否可用，当研究此模型中所存之变异，如何可使之无损结果之精确也。

5.2 变态模型之比尺

今以 Manning 公式求变态模型流量之比尺，其法同前：首将公式中所有之常数消去，次则将式中所含之水力半径 r、比降 s、面积 a 及糙率 n 等量，均各代其比尺值，则得流量之比尺如下：

$$q=\frac{ar^{2/3}s^{1/2}}{n} \tag{7}$$

设模型系根据简单变态（其比降无人工调整者）原理构造而成者，又设其断面极浅，得以其平均水深代替水力半径者，则式（7）中，$r=d$，$a=ld$，$s=d/l$，故可得

$$q=\frac{l^{1/2}d^{13/6}}{n} \tag{8}$$

设模型在理论之变态比降外，更须另增比降，以利沙粒之运动者，则上式将变为

$$q=\frac{ld^{5/3}s^{1/2}}{n} \tag{9}$$

流量比尺之意义，在于模型未造之前，即可推之模型中应有之流量。盖规模较大之试验室，同时需供给许多模型者，全室水量之分配至为重要，务使各模型内均能得相当之水

量。至于将来试验室发展时，应有之流量几何？亦宜早为顾及也。

公式（8），虽为估计流量之基本式，但因式中糙率之比尺 n 不易确定，是其缺点。所幸近代诸家之研究，已发现凡小模型（此类之 $l<1/1000$ 以洋灰胶泥造成者）及中等模型（此类之 $1/1000<l<1/500$，以沙床造成者），其 n 值约等于 1；但据 N 之标准表中，普通良好之河道，其 N 值约 0.030，而洋灰水槽之 N，则仅为上值之半数（0.015），故二者之比值 $n=N_m/N_n$，应小于 1。可见此种现象，似觉奇特，但亦可作如是解释：凡普通小断面之河道模型，其床面虽属较光，亦能有更大之摩擦力也。

根据上述之假定，设使 n 等于 1，则得普通河道模型之流量公式，如下：

$$q=l^{1/2}d^{13/6} \tag{10}$$

流速之比尺，即等于流量之比尺除以面积之比尺（$a=ld$），则得

$$v=l^{-1/2}d^{7/6} \tag{11}$$

时间之比尺，可由流量比尺决定之：按流量＝容量/单位时间，故时间比尺即等于容量比尺除以流量比尺，则得

$$t=\frac{l^2d}{q} \tag{12}$$

此种时间比尺之关系，实际上常可用至蓄水库或防洪等问题，即当以时间为问题中之主要对象者。他如研究灌满回水盆地，或其他蓄水区域所须之时间，亦常用此式。至于束洪、淤地或其他类似之问题（如河床淤高之速率），则不能用此比尺公式，应另藉他种实验，始能定之。盖对此类流水挟沙之能力，与沙粒行动之阻力等问题，性质极为复杂，至今尚未能发现一种捷径，可由推算而得也。

6. 沙床式模型

6.1　动床式模型

水工试验之模型，约分二类：(1) 若溢洪道、潜坝或堰等问题，其目的在决定流量系数或其他类似之性质，其模型中以重力视为主力者，曰“定床式模型”。(2) 若河渠之模型，其床面摩擦力影响渐大，研究时尚必注意摩擦力大小及沙粒之行动者，曰“动床式模型”。

河工之模型，概为动床式。有时即如定床式之堤坝等问题，设用以治河者，则其处理之法，除作一定床式模型试验外，尚须加以他种试验之调正。盖此种问题，异常复杂，鲜能应用任何一组之定律，直接解决之。今设以决定堰坝之回水限界，或河流中因移去障碍而生水面下降等问题为例，虽仅用一定床模型，亦可以应付；但苟能增加一可动之沙床模型，试以各种应有之流量，则更为妥善。动床式模型之试验最为困难，例如堤坝对于河床所生之影响等问题，均须十分缜密从事也。

动床模型中沙质的选择，若欲应合几何的相似性原理，事实上为不可能。今设模型之比尺为 1/500，自然之沙粒亦随此比尺缩小，则将于显微镜下始能见之；此种性质不可捉摸之粉末，在模型中实无法处理。盖粒子太细，大部悬浮水中，或则黏结成块积于床底，模型水流则无从押运。至于选用同样大小之细沙，虽亦曾有采用者，但其唯一缺点，常使河床发生沙纹，此种沙纹，虽与自然河床之沙波类似，但其高度已然更形扩大而致减损模型之精确。就实际言，此种困难，有时可用抹光之法稍微补救之。

6.2 动床式模型之限度

设计一动床模型，首应注意其限度。盖欲使模型与其自然之河道，所有之性质完全相似，事实上固不可能。唯有时长度之变态亦为必须，俾得一可测量之深度与相似之紊流；但过渡之变态，亦为不宜，常使某种模型，形成极端不相似之流态。凡能增进河床演变之因子（如流量、比降等），均可视为挟沙能力之促进者。故普通模型之设计，在可能范围内，常须脱离严格之几何相似，以得一可测量之深度及相似之流态；且采用较大之沙粒，以避免沙纹之发生，同时还应增加模型之比降，使挟沙之能力相似。

6.3 沙床相似性之要点

今设脱离几何的相似性，而采用较粗之沙床，其自然之定律若何，乃研究沙床演变之先决问题也。盖模型之平面形态，必使之能与自然者全相一致；模型中所有之曲度，应随其正确之比尺缩小。他若弯曲之半径，应由转向点而换其方向，在弯顶者小，渐向两端增大，达转向点则为无限大；模型之水深，亦应以弯顶为最，向转向点递减。此外，如曲线之长度，亦须能与原体之河道相应合。易言之，即模型中所有之转向点，均须能与自然河道相应合也。

河道模型之曲度，苟能处理得宜，其结果常能成一合理之水路，其中水流之溪线，应经渠床转向点断面之中点，成一平易之曲线而通过下段之河弯；曲线之半径与水深关系至为密切，研究者常须成竹在胸，随时理会。盖普通河工治导试验之意义，要在使河槽成一良好之航道，水流由此弯至彼弯，平易顺畅，有一可航之水深也。

河道一经束水或浚挖后，所成之水深若何？尚无一可靠之理论能够预测，但今则常用模型研究解决之。模型深度之比尺，固可随意拟定，如定为1/50。但此种比尺，对此河床之演变，是否最为适宜？无从信证。虽或偶然吻合，然亦不能即视为最合理之方法也。就实际言，凡河流中所有各种演变因子，无论其量与性，均须一一试验测定。普通可先就一平整之模型床，根据该河所特有之水象，注入水量，迄充分时间，使其沙床运动，达平衡状态；而观察其演变，务使能与自然之河道相似，即二者之地形图相合一致，无从分辨者也。

6.4 沙质之选择

设若模型之比尺过小，研究者将遇前述之困难，即模型中之沙料，亦应随比尺缩小，但此种极细之沙粒，固不易得，且试验时易成沙纹，极不适宜。虽已有许多试验者，改用他种物质，以避免沙纹之发生，例如，磨碎之褐炭、高压蒸馏木材之锯屑、石炭屑等其他类似之材料；然其最适合者，莫如采用较粗之沙粒，同时增大模型之比降，以促进流水挟沙之能力。但须避免，比降一经增大，流速超过缓流之限度，而成急流；模型中出现直立波浪，此乃普通河道中所无有者。

设模型中之水深为 D_m，沙粒直径 E_m，Chezy 系数 C_m，则据 Krey 教授之比降限度为 $E_m/8D_m<S_m<G/C_m^2$。今更假设自然河流 C 之平均值为 80，比降 $S<1/200$（此 0.005 之比降，实为过大），若用较小之 D_m 及 E_m，而 S_m 约等于 G/C_m^2 时，沙纹常必出现；但改用较大之沙粒（较小之 C_m），则上列困难，大部可得免去。可见按此方法选择之 E_m 及 S_m，沙纹当不致发生，而得真正之沙堆。同时 Armin Schoklitsch 谓：模型之沙粒，须混

合各种大小不同之颗粒；盖自然之沙堆其唯一特性，为混有各种不同大小之沙粒。如是，则大沙粒之间隙，当由小者填充之，复由极微之淤泥胶结之。至于模型中欲得完全之缓流，则 S_m 必须小于 G/C_m^2，将由下节讨论之。

7. 动床之试验

7.1 床沙之运动

河床之沙粒，常受有许多极复杂之力，其一部分由流水产生，余则由摩擦等力之反动而生者。凡紊流之水，其中各力之性质，异常复杂，方向无定，且常生一种上冲之脉动力，将较轻之沙粒浮起，押运而下，谓之悬浮押运。此种现象，与其类似之沉淀问题，关系至切。由治河工程师观之，此种上扬力之最大利点，在能助长水流之挟沙能力，而利沙粒沿床底之移动。盖流水之押转力，设胜过沙粒之惯性及粒之间摩擦等阻力时，沙粒即能向下游移动。河床上所有沙粒，无论大小均在移动，则谓之“全动”；所谓床沙之临界押转力者，即流水达此力量，沙床上所有之沙质几将开始全动也。

7.2 流水押转力

流水之押转力，即水之重量沿运动方向之分力（水流作用于床面之切力——编者注）。按力学定律，河床每单位面积上之押转力得由下式示之：

$$F=\gamma\times D\times S \tag{13}$$

式中，F 为单位面积之押转力，γ 为单位容积水之重量，S 为比降（无因次），D 为水深。可见押转力仅为比降与深度之函数，此种概念，极为重要，须切记于心者。

7.3 沙床设计之原理

沙床模型之设计，首应注意研究室之空间及给水流量等，以定出最适合之比尺；今设若预定水平之比尺 1/500，垂直者为 1/125（即比尺变态为 4∶1）。次则研究沙床之沙质及其运动之情形，必使之能与原体中者相似。设自然河道床沙之全动，始于 10m 之水深者，则在模型中，亦须能始动于此相应之水深也。但普通自然之河道，均极浑浊，其全动究始于何时，欲实地观察，势不可能性，故常须借实验法定之。按 M. P. du Boys 之押转力定律，对于任何一种之沙质，其临界押转力应为一常数；设将流水之比降加倍，其深度当可减半，而于沙粒之移动，仍如前也。

兹者，更进而讨论自然河道，在何种情形即发生全动？今设自此河道中，采得沙样若干，将此沙样，匀铺于一斜置之水槽内。设槽床之斜度适等于自然河床之平均比降，则此槽内沙粒发生全动，其上覆之水深，应等于此沙粒，在自然河道中，发生全动时之水深，理之明显。但普通实验室中之水槽，墙高有限，鲜能达此水深者，故对于沙样临界押转力之决定法，常减低水深，而渐增水槽之比降，迄沙粒开始全动而止。设该河道之比降为已知者，则自式（13），即可求得该沙粒发生全动时，应有之水深矣，其计算法如下：

设自试验之河道内，采得沙样若干，并测得该处之平均比降为 0.0001。先将此沙样匀铺于水槽内，厚约 10～12cm。次将水槽斜置，其比降设定为 20×0.00001，即 0.0002。于是调整槽内水面之比降，使确等于沙面之比降，继则渐将水深增加，迄沙粒全动而止。今设测得槽内全动时之水深为 0.20m，可知此种沙样，在自然河道中全动时，其水深应为

$20\times0.20=4$m。设依前定模型之深度比尺为125，则模型中发生全动时，其水深应为4/125=0.032m。

模型中所用之沙粒，曰模型沙粒（非河道之沙样）。今设已知某种模型沙粒在斜置之水槽内，测得其全动时之押转力 $F=0.04\text{kg/m}^2$。由前述河床沙样之试验，得知该沙粒全动时，模型相应之水深为0.032m，故由公式（13），即可求得模型床（用模型沙粒时）应有之比降：即 $F_m=0.04\text{kg/m}^2$；$\gamma_m=1000\text{kg/m}^3$；$D_m=0.032$m；得，$S_m=0.0013$。

可知，当模型沙床之比降为0.0013，或等于自然河段水面比降之13倍时，其沙粒与河段原沙之运动始成相应。显然，若设预定垂直比尺之变态为4∶1，则模型之比降仅为 $4\times0.0001=0.0004$，沙粒尚不全动。可见必须另增比降，而定比降之变态为0.0013/0.0001=13。

虽此，是为必须注意者，上述之法则，均基于河床与水面成平行之假设；此种假设，对于实际较长之河段，可无疑义。盖其各断面之平均深度变化极少，虽其中有深潭或浅滩，水面与床面不定为平行者，但就全长段之平均情形而言，则殆无不可。盖吾人固不能尽得河床所有之记录，以设计某滩某险，仅能就其平均情形，考其标准之程度而设计之；务使模型中所生之滩险，种种演变之程度，均能与其在原体中者生于同一时间、同一地点。

7.4 动床设计之步骤

沙床模型设计之步骤，概述如下：

（1）选定垂直与水平比尺，使略呈变态，以得一可量之水深及紊流之状况。

（2）作一河床沙样之押转力试验。此沙样须由实地采集者，以定出床沙发生全动时之临界押转力。

（3）自（2）步试验结果，视河道之平均比降，求出此自然河道之床沙全动时应有之水深。

（4）定出模型中模型沙粒之临界押转力，其法可由（2）步测定之。

（5）由（3）步，再加以垂直比尺之考虑，则可知模型中，沙粒全动时应有之水深。进而由模型水深，与（4）步之结果考之，则模型应有之比降，可以决定。

（6）倾置模型，使其斜度适等于由（5）步求得之比降。

8. 河工模型之紊流

8.1 水力相似性

许多动水力学问题，常非纯粹之数学所能处理者，近则用水工模型解决之。水力相似性之原理，即用以保证模型之结果，无论定量的，或定性的，均可转算至其原体，而无差误。

几何的相似性，用以规定模型与原体间，长度量之关系。其主要功用，在视原体之面积、形状与试验室之空间及模型之建筑费等，而选定模型之比尺。其次，则视原体及模型中应有之水深，而定出垂直（水深）比尺。至于其他各种限度，则由动力的相似性规定之。

运动的相似性之构成，凡原体和模型中所有各相应之质点，在相应之时间，其运动之轨迹均须呈几何相似。同时，所谓动力的相似者，即使此等相应质点运动之力量，亦须得保持一定之比也。可见欲使模型内流水之特性，全与存于自然中者相似，则其运动的及动力的相似性，都应存在。易言之：设自然中为层流者，其模型亦必使为层流；自然中为紊流者，其模型亦当使之成紊流也。就实际言：普通自然之河道，鲜有非为紊流者，且已有许多试验之系数，可断其是否为动力的相似也。

至此，吾人应注意，凡流水之中，必有重力与摩擦力同时作用，但通常动力相似，仅能制驭其一力，故欲得完全的相似，实不可能性。所幸普通水工问题，在其所有作用之力中，常有某一种力特别重要，即仅计此一力，使构成动力的相似，其结果已足够准确；况于河工试验，设流水已为成熟紊流，其摩擦力影响至微，当可不计，而仅以重力为主。

8.2　紊流系数

紊流系数，1883 年首为英国人 Osborne Reynolds 发见。彼时仅就直径较小之光滑玻璃管实验之，但已得充分证实，在层流与紊流之间，有一过渡现象，而此种过渡之临界条件，可用一无因次数 VD/ν 示之。式中 V 为流速，D 为管径，ν 为动黏滞性系数。设以 Re 代表管道紊流系数，则

$$Re=\frac{VD}{\nu}\quad 或\quad Re=\frac{VD}{\mu}\rho$$

式中，系数 ν 代以其相当值 μ/ρ（绝对黏滞系数除以密度）。因 V 之因次为 LT^{-1}，D 之因次为 L、ρ 之因次为 ML^{-3}，μ 之因次为 $ML^{-1}T^{-1}$，故紊流系数 Re 之因次为 $\frac{LT^{-1}\times L\times ML^{-3}}{ML^{-1}T^{-1}}=M^0L^0=1$，可知此 Re 为一纯数，或称无因次之比量。

表 2　　寻常温度时，水之绝对滞性及动滞性系数

温度（℃）	绝对滞性系数 μ (kg/m·s)	动滞性系数 ν (m^2/s)	温度（℃）	绝对滞性系数 μ (kg/m·s)	动滞性系数 ν (m^2/s)
0	0.0017938	0.0000017940	25	0.0008949	0.0000008975
10	0.0013007	0.0000013101	30	0.0008004	0.0000008039
15	0.0011477	0.0000011488*	40	0.0006536	0.0000006587
20	0.0010087	0.0000010105			

*　常用计算值。

Reynolds 氏之实验，仅限于一直径较小之玻璃管，故其所测定之临界值，对于河渠常不能确切应用；但此亦为极可注意者：管类层流之上限率量，约等于 2500。倘欲将此值转化至河渠，则应将管径改为水力半径 R，是毫无疑义的；二者均为长度因次，故此率量仍为一纯数。自 $Re=VD/\nu=2500$，即得 $Re=4VR/\nu=2500$，或 $Z=VR/\nu=2500/4=625$。式中，Z 为河渠之紊流系数，他与管之紊流系数 Re 性质相似。

自紊流系数所定出之率量（$Z=625$），近代诸家研究之结果，颇有出入，Schoklitsch 所定之比值为 900，Hopf 则定为 320。但就紊动发育之成熟性而言，恐当以普鲁士水工研究所定之 6000 为最善；盖紊流居层流与射流之间，范围甚为广大，苟于模型之构造费增加无几，则当以能选择较安全之值为妥。今设以普鲁士水工研究所之值为准，即 $Z=VR/0.00000115=6000$，或 $VR=0.0069$，式中 R 之单位为 m，V 之单位 m/s。可见，苟流速

与水力半径之积大于 0.0069 时，则其水流必为紊流也。

总之，模型之横向比尺，常视实验室之可能工作空间而定；其垂直比尺，则与动力相似性之构成较为切要，常须大于横向比尺。河道模型之断面已定，欲知其是否为紊流，则可视其紊流系数 $Z=VR/\nu \geqslant 6000$ 定之。

9. 河工试验室之设备

9.1 设备要旨

谚云："需要为发明之母"。可见欲完成一试验室，其一切设备，苟视其所需，经相当时日而逐步扩充者，较始创时即设置完竣者更为大利；盖巨大永久之设备，最不经济，且难于管理。设计苟能由一经验宏富之专家缜密从事，或不至陷于失败。至于普通之试验室，仅欲解决特种问题者，最忌采用是项建筑。大学之试验室，仅供学生研究者，其始或可稍建较为永久之设备。凡过去之经验，均为现时设计者之最佳参考。盖一完美之河工模型研究室，贵能适应一般任何问题，而尤以能有适当之空间为首要。

9.2 试验水槽

专为布设水道模型，特置之水槽，较不急需，盖是种设备仅能适应某一种问题也。今设有一模型，宽 4m，长 30m；而另一模型，宽 12m，长 20m，仅凭同一水槽，即无从兼用矣。况且试验之河道，时有河身来回迂曲者，则仅以斜度均一之水槽，亦不能应付。盖普通对于较直之河段，设其模型之比降，应大于由垂直变态所得者，则可于一斜置水槽内试验之。但对于左右迂曲之河道，水槽之内更须加设模板，使得适当之比降；不仅如此，有时处于某种特殊情形，如过分迂曲之河道，或则研究洪水泛滥后堤外之流量问题，其比降情形极为复杂，几乎无从调整。普通之河道，在洪水期内，其缩小之模型，除因变态应有之比降外，往往无须另加比降。至于中水位以下之流量，或则只研究一段形态较直者，实际上欲增加任何比降，亦极易举。所幸此类问题，往往须用极巨之模型，且试验之目的，不重在沙床之演变，而在流量之水力；其比降虽稍欠精确，于其合理之解决，影响极微也。

普通试验之水槽，有一临时特制之木厢，容量适宜，即可应付；至于模型槽，可用沙及三合土制之，亦有其他形式之模型槽，如三合土或砖及水泥砌成者。

9.3 模型之简单构制法

河工模型最简单之构造法，可取适当之铁皮，依河床或河岸断面形式，切成模片。先将盛模型之木厢，置成水平，次则用水准仪依一定之比降，将模片安置厢中。模片间可藉支柱，互为固定。片间填以湿沙，沙面约低于模片顶 2cm；以上铺三合土一层，高出模片顶平，且使成一定之形状，与河道各部之断面相应一致，模型乃成。此外尚须附设量水堰一、进水箱一、可调整之尾门一。此种设计，除量水堰应由一精巧之工匠制造外，余均简单易作。就实际言，普通各式尾门，均可适用，其目的无非藉以形成回水，以增减模型中之水位与流量也。

9.4 特种水槽

特种之水槽，作各种坝、堰、溢洪道等水工试验以及精密之量水法等研究用者，在一完美之河工试验室，常为必须。设试验室之空间宽大，则此类水槽，当能使之愈长愈佳；

且其断面，亦应视供给之最大流量，而能设法增大。水槽以钢铁制者为上，盖三合土水槽，常易沉陷入地，或因温度改变而生裂缝，难免漏水。钢制之水槽，将来可于任何处切开，镶上玻璃或钻孔以连接测压器等，均极便利。对于小型斜置水槽，可用木材和他种材料制作，承之于工字钢梁或其他类似之结构上，以司升降。

9.5　水流循环之设备——抽水机

试验室建筑竣工，有宽广之空间，足供安置模型，室内之水流系统，如出口、入口以及导入量水箱支线等亦均齐备，则此室的基本设备可谓完成。盖其他设备，可待试验工作开始后，视其所需逐步添置，最为经济。试验室之水源，设采用蓄水制者，虽可不备抽水机，但苟能预置一架则更为得计。至于利用近地之雨水作为水源者，设遇旱节，辄有干涸之虑，不若采用抽水制及回水制为善。普通之抽水制，须置有地下水库一，足量之抽水机一、恒水箱一，及其他附属之水管等。

抽水机之水量与管径及上下两水库之容量，应视试验工作之性质而定。设仅为寻常之河工问题，则无需极大之流量与高压之水头。恒水箱之作用，在保持恒一之压力，使输入模型之流量，恒一不变。恒水箱须有一足够宽之溢水口，以调泄流量之变动；普通抽水机，每秒立升之流量需有 0.22m 之口宽，以作设计之基据，当极妥善。

9.6　仪器

近代河工试验室，常用之仪器，虽有下列各种，但吾人应注意，凡计量妥善之仪器，均可应用，不必仅拘于某种某式也。研究者遇有新问题时，个人更须勉力构思，或改良、或创设新有之仪器。

（1）水准仪：试验室内，常需用一水准仪，以安设模片，校正床位，或订记各种水标零点等。故设能建一固定永久之水准台，则随时备用，当更便利。

（2）断面仪：模型经试验后，常须将其演变之新断面形给出，须用一断面仪测定之。

（3）哺沙器：模型中之沙粒随水流去，常须以一定之分量添哺之，此种机器曰哺沙器。

（4）流量仪：流量仪之种类极多，如浮子、流速摆、流速仪、毕托管等，应视流水状况择宜采用。

（5）侧深仪：河工试验，常须测量极浅之水深，手续繁难，普通可先在模型之下，择相当间隔埋入小圆钉头，微微露出三合土床面，用针尺量水面至针头之距离，而得水深。

（6）吊重机：吊重机种类不一，可由市场购置之。

（7）集合式水标：欲测量模型内各点之水位，可将各点之水，各用皮管引集至一处，成集合式水标。这样，仅用一枝钩尺，则可量得所有之水位，十分便利。

（8）生色针：用一细长之玻璃管，管中注入颜料，料随水流出，则水流所行之方向及性状，均得一目了然。

（9）整流栅：整流栅之形式极多，其利弊可由试验或经验定之，如木格、碎石、卵石、板格等，均可应用。

（10）模型之尾门：尾门之功用，在能调整模型内之水位与流量，普通可分粗调整及细调整二门。

10. 模型之分类

河工模型，随其河床之性质及主要作用力，可分类如下：

甲、定床模型

[A] 此类模型，常以重力为主力，并可应用 Froude 定律者。

(*a*) 完全相合者。

(*b*) 渠床之摩擦力影响较大，须用系数矫正其流速及流量者。

[B] 此类模型，以内摩擦为主力，须应用紊流系数者。

乙、动床模型

此类模型亦可如甲 [A] 及甲 [B] 分为二类。但其异点，模型中常须计及流水之押转力，并视沙粒之性质，调整比降及水深，使能与自然中者相应。

以上分类法，乃就普通模型可个别研究者言。虽然，所有之河工问题，均各有其特殊之处理法，但亦并非构造一模型，非专用某法不可或此外即无他法可得解决者。易言之，凡一问题着手研究时，贵能就其性质之范围，一一加以检讨；即使所遇之问题，形式极为明显，亦应能就其各种可能情状，加以变换试验为善。俾所用之方法，确能完全适应问题之特性也。兹将上列各式模型，述其概性如下：

甲 [A(*a*)] 式——定床模型，Froude 定律可完全适用者。此类模型如下：

(1) 堰、溢洪道及虹吸管等之流量。

(2) 泄水道及消力槛之作用。

(3) 水跃之成因。

(4) 其他水力现象，仅以重力为主力，其摩擦力可不计及者。

甲 [A(*b*)] 式——定床模型，其床面摩擦力有相当作用者。

此类问题，如研究裁弯取直之作用及回水限度等属之。所研究问题之主要性质，常与河床演变无关，则可作一定床模型，反复试验，待得一相当精确结果而解决之。设更欲知问题内之冲淤变化，则可视床沙性质，作一临界性模型，研究之。

乙 [A(*a*)] 式——动床模型，其中以重力视为主力者。

此类模型之性质，常与甲 [A(*a*)] 式所述各点相同，但须计及流水之冲积作用是其最大异点。如 Antonin Smrcek 与 Theoder Rehbock 等所作之排洪道下游冲刷试验，即此类模型之代表也。

乙 [A(*b*)] 式——动床模型，其中以床面摩擦力为主力者。

凡河工之透水式束水工程模型，均属是类。就普通而言，若研究之问题，仅探求其定性作用，而可忽视于定量者，则用此式模型，已足应付。譬如，欲比较数种拟定之工程计划，何者为善？则可先用一重力为主之模型研究之，察其沙质运动之情形，更就各种设计之条件，而比较其沙床之演变。

前述分类法，甲 [A(*b*)] 与乙 [A(*b*)] 两类，模型有时当以流体之内摩擦力为主力者。例如研究潜水艇等问题，其唯一目的，在探求物体行动于流体中，所生之阻力。此种试验所用之定律，则与前述河工问题者迥异；且模型外之液体，当视比尺之大小，与原体者不同。至于普通之河工模型，其流体之内摩擦力，因水流已成紊流，虽略去不计，亦无损结果之精确。

11. 河工模型研究之问题

经验已知，下列各河工问题，可由模型试验法解决之。

(1) 堤坝对于河床之作用

(2) 河道裁弯取直之作用

(3) 回水之影响

(4) 河渠浚挖之作用

(5) 平均流量与河道断面之关系

(6) 拦河堰与溢洪道上之流量

(7) 船闸及堰之设计

(8) 河道经修改后所成之流速及流向

(9) 虹吸管及虹吸溢道之流量

(10) 泄水道消力槛之作用

(11) 水跃之形式及性质

(12) 蓄水库对于洪水之作用

(13) 洪峰之推进

(14) 防洪用减水河之流量

(15) 河流弯道之性质

(16) 海港之入口问题

(17) 河道内桥墩之阻力及其间之流量

(18) 水流漫过道路铁路时之作用

(19) 河道内安设阻碍物（潜坎等）后之作用

(20) 各式水门之流量

(21) 物体在水中落下之研究

(22) 流水之冲刷及淤积问题

(23) 静水池之设计

(24) 河道岔口沙粒之运动及分布

(25) 土堤之渗漏

将来研究的方法若何？现时至难断言，但藉此新兴之工具，有许多极复杂之河工问题，将得迎刃而解毫无疑义。虽然，此一片新垦之土地，其表面虽似已有一时发掘，但无尽之宝藏与无穷之蕴奥，亦与之俱来，此唯有待诸来日光阴与全球研究者之用心耳。

摘自《清华大学工程学会会刊》第 4 卷，第 2 期，1935 年 4 月
又发表于《科学世界》第 4 卷，第 7 期题为“晚近治河工学之新工具——模型试验水力学”，1935 年 7 月

黄土渠安定渠槽之设计法

引　　言

黄土河渠，挟沙特富，且其所挟之沙，即为构成该渠槽之物质；是以流量之大小，沙量之增减，可直接影响河槽之演变。盖此种河槽，设任其自然，不加人工之治导约束，则彼对于一定流量，一定之沙质，亦能自身调整，或冲或淤而形成一安定平衡之断面。所谓安定渠槽之设计，其意义：即对于某一定之流量与沙质，能预定其断面形状，使能与自然之安定断面相吻合，而成一无冲刷、无淤积之渠槽。

1. Kennedy之临界流速公式

无冲刷、无淤积之渠槽曰"安定渠槽"；其中流水之挟沙力，适足使所有之泥沙（无论悬浮于水中或推移于床底者）均得挟运而下，无中途停滞之弊。此流水之流速，曰"临界流速"，其值可由 Kennedy 公式得之。

$$V_0 = cD^m$$

式中，V_0 为临界流速，D 为水深，c 为系数，m 为 D 之指数。c、m 二值，视河沙之性质而异。对于印度 Punjab 之沙质，Kennedy 曾定为：

$$V_0 = 0.548D^{0.64}$$

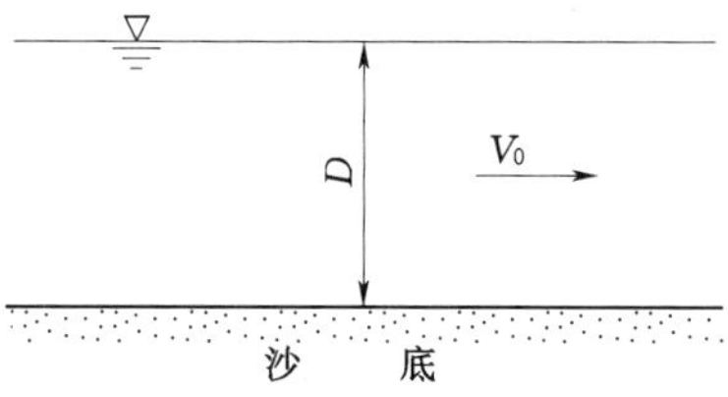

图 1

2. Lacey之研究

Lacey 将 Kennedy 所测得的 Punjab 省 Bari Doab 灌溉渠之结果，加以综合研究，发现凡安定之渠槽，其比值 $R^{1/2}/D^{0.64}$ 为一常数约等于 0.849。R 为渠槽之水力半径（米），D 为水深（米）。故 Kennedy 公式，可化为：

$$V_0 = 0.548R^{1/2}/0.849 = 0.647R^{1/2}$$

Lacey 进而定一公式如下：

$$V = 0.647(fR)^{1/2} \tag{1}$$

$$Af^2 = 134.3V^5 \tag{2}$$

其中 A 为过水断面积，今将（2）式两端均乘以 V，则

$$Qf^2 = 134.3V^6 \tag{3}$$

按 $R = A/P$，兹以（2）式之值代 A，（1）式之值代 R，（3）式之值代 V，则得

$$P = 4.84Q^{1/2} \tag{4}$$

式中，V——安定渠槽之临界流速（米/秒）；

R——水力半径（米）；

P——湿周（米）；

Q——流量（立方米/秒）；

f——Lacey 定名曰“沙质系数”，其值按（1）式等于某种沙质（欲定其沙质系数者）之临界流速，与相同水深时 Kennedy 式中 Punjab 沙质之临界流速比值的平方。例如，设某种沙质之临界流速为 $V=0.635D^{0.64}$ 与 Kennedy 标准沙质之临界流速 $V_0=0.548D^{0.64}$ 相比，则其“沙质系数”应为 $(0.635/0.548)^2$ 或 1.34，故（1）式可变为 $V=0.647\times(1.34R)^{1/2}$。

此种沙质系数之定义，Lacey 谓仅适用流量小于 56 米^3/秒之河渠。由（4）式可见：安定渠槽之湿周与沙粒本身之性质无关，即无论何种冲积河槽，对于某一定之流量，其湿周之长度均应相等。至于沙粒之性质，仅能影响渠槽之形状，即变更断面水力半径之大小也。

3. 沙质系数与糙率

沙质系数 f 与 Kutter 之糙率 n，二者有直接关系，据 Lacey 之研究，得一经验公式如下：

$$n=0.022f^{0.2} \tag{5}$$

可见糙率愈大，沙质系数亦愈大。设某沙质之糙率已知，即可由（5）式定其沙质系数。

4. 黄土渠之糙率

黄土渠之糙率，据近年泾惠渠实测结果，对于渠岸平直之渠槽，最小者为 0.0225，最大者不超过 0.0270，其多数之平均值为 0.025。

5. 黄土之沙质系数与临界流速

根据黄土之糙率系数，用 Lacey 公式，可得黄土之沙质系数与临界流速如下表：

糙率（n）	沙质系数（f）	临界流速（V）	注
0.0270	2.82	$V=0.920D^{0.64}$	最大
0.0225	1.11	$V=0.575D^{0.64}$	最小
0.0250	1.93	$V=0.762D^{0.64}$	多数平均

6. 黄土安定渠槽之设计法

就一定之流量与沙质系数，欲设计一梯形渠槽，使安定性不变，其应有之步骤如下：

（1）用 $P=4.48Q^{1/2}$ 式，求出湿周。

（2）用 $V=\left(\dfrac{Qf^2}{134.3}\right)^{1/6}=0.44\ (Qf^2)^{1/6}$ 式，求出流速。

（3）用 $A=\dfrac{Q}{V}$，求出断面积。

（4）用$R=\frac{2.39V^2}{f}$或$R=0.47\left(\frac{Q}{f}\right)^{1/3}$式，求出水力半径。

（5）将已得之流速、水力半径及合宜之糙率n，代入Chezy Kutter公式或Manning公式，求出必须之比降（渠槽之比降大于此数，则生冲刷，否则淤淀）。

（6）根据土质，择定适宜之侧坡。就（3）、（4）两步骤所得之面积与水力半径，用普通公式求出渠底宽度与水深。

7. 设计例题

设计一流量为5米³/秒的黄土渠槽，已知黄土糙率$n=0.0250$，沙质系数$f=1.93$。

解：（1）湿周：　$P=4.84(Q)^{1/2}=4.84(5)^{1/2}=10.82$米

（2）流速：$V=0.44(Qf^2)^{1/6}=0.44[5\times(1.93)^2]^{1/6}=0.717$米/秒

（3）断面积：

$$A=\frac{Q}{V}=\frac{5}{0.717}=6.98\text{ 米}^3$$

（4）水力半径：　$R=\frac{2.39V^2}{f}=\frac{2.39(0.717)^2}{1.93}=0.638$米

（5）比降：按Manning之流速公式：

$$V=\frac{1}{n}R^{2/3}J^{1/2}$$

故

$$J=\frac{V^2n^2}{R^{4/3}}=\frac{(0.717)^2\times(0.025)^2}{(0.638)^{4/3}}=\frac{1}{1720}$$

（6）水深及底宽：

黄土渠槽之侧坡据泾惠渠之经验，以1∶1.5为最妥善，故定渠槽之坡角为$\theta=33°41'$

因

$$P=b+2D\csc\theta$$

$$A=D(b+D\cot\theta)$$

故

$$10.82=b+2D\csc 33°41'$$

$$6.98=D(b+D\cot 33°41')$$

解之，得：　水深=0.76米，底宽=8.08米

（7）堤顶之出水高及顶宽。

堤顶之出水高，常视渠水之最高水位、附近之降水量、地面之径流量及渠道退水设施有无而定。普通以高水位水深之1/3为标准，但不可小于0.3米。设渠槽底宽在2米以上者，常以能大1米为宜。至堤顶宽度，须视渠底宽而定，设底宽在2米以上者，顶宽应在1.2～3米间。今设定出水高为1米，堤顶宽为2米，则渠槽之断面如图2。

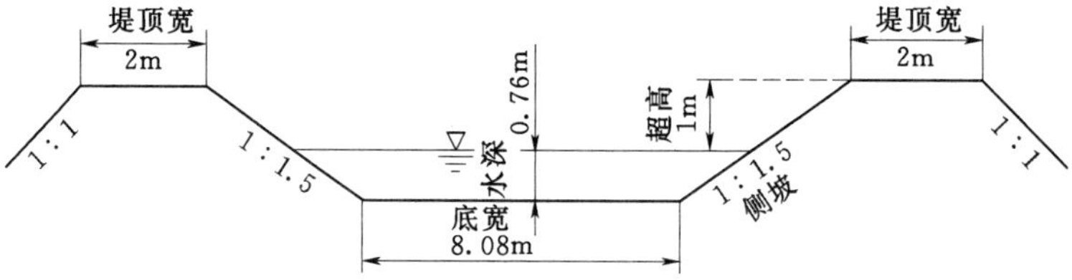

图2

8. 结论

（1）根据安定渠槽原理设计之渠槽形状，常较用他种法则设计者为宽浅。盖自然安定之河道，未有不呈此种形态者。就工程经济而言，渠槽之断面，当以水力半径最大者有利；但此种断面，往往失之过深、过狭，两岸极易坍毁。美国之经验公式 $D=\sqrt{A}/2$，适能调和二者间，如图 3 所示，此点甚堪注意。

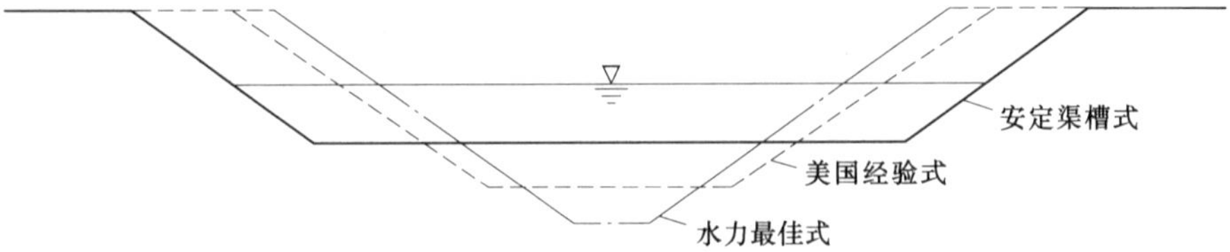

图 3

（2）普通灌溉所用渠槽，苟地价极贵，故当挖深很大，或无需抬高水位者，则可用较狭深之断面，以节工费。但就一般情形言，常以能筑宽浅之断面为得计；既可接近自然安定槽形，免将来之养护，且可节省水头之损失。

（3）设渠槽之断面积、比降、糙率、侧坡，均各相同，则安定渠槽之流量最小，而最大水力半径式（水力最佳式）流量最大，美国经验式居其中，如下表（见图 3）。

断面 $A=6.93$ 米^2　　比降 $J=1/1720$　　糙率 $n=0.025$　　侧坡＝1∶1.5

公　式	底宽 b（m）	水深 D（m）	b/D	湿周 P（m）	水力半径 R（m）	流速 V（m/s）	流量 Q（m^3/s）
安定渠槽式	8.08	0.76	10.65	10.82	0.638	0.717	5.00
美国经验式	3.30	1.32	2.50	8.06	0.865	0.760	5.31
水力最佳式	1.105	1.82	0.607	7.67	0.911	0.840	5.89

（4）设安定渠槽之沙质（糙率）与侧坡相同，则流量大者，底宽与水深之比亦大（即槽形较宽浅），其所须之比降反渐减，如下表（见图 4）。

侧坡＝1∶1.5　　糙率 $n=0.025$

Q（m^3/s）	R（m）	P（m）	V（m/s）	A（m^2）	b（m）	D（m）	b/D	比降 J
1	0.371	4.84	0.547	1.83	3.11	0.478	6.5	1/1430
5	0.638	10.82	0.717	6.98	8.08	0.760	10.6	1/1720
10	0.805	15.3	0.805	12.4	11.96	0.925	11.9	1/1850

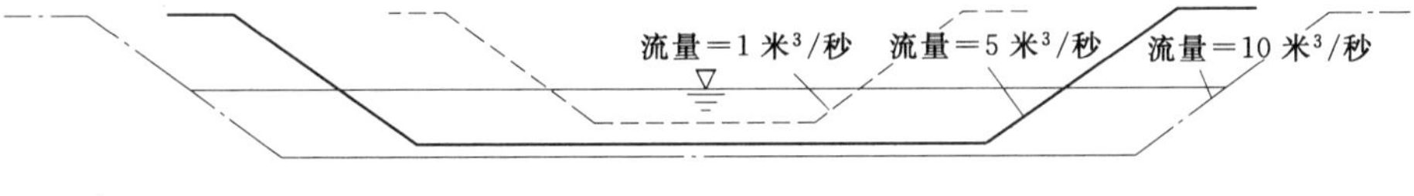

图 4

（5）设安定渠槽之流量与侧坡相同，糙率大者槽形较宽浅，且比降亦较大，如下表

（见图 5）。

流量 $Q=5$ 米^3/秒　　侧坡＝1∶1.5

糙　率	沙质系数	P (m)	R (m)	A (m^2)	b (m)	D (m)	b/D	比降 J	Q (m^3/s)
0.0225	1.11	10.82	0.765	8.40	7.36	0.96	7.70	1/3890	0.595
0.0250	1.93	10.82	0.638	6.98	8.08	0.76	10.6	1/1720	0.717
0.0270	2.82	10.82	0.562	6.14	8.47	0.65	13.0	1/962	0.815

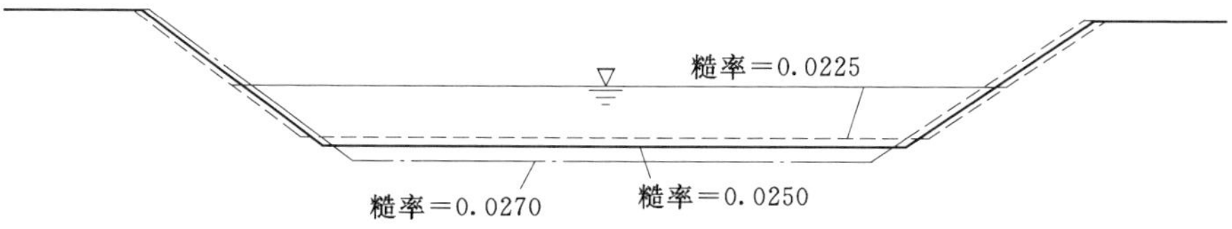

图 5

（6）安定渠槽中之含沙量问题，设沙质不变，比降不变，流速不变，理论上可无限制。但事实上因含沙量增加后，必有较粗之沙粒混入，沙质系数亦随之增大，故必须有更大之比降（即更大之流速）挟运之，庶不致停积。同时，含沙量增加后，渠水之荷重增大，亦须有更大之比降推动之，否则必淤积无疑。

据泾惠渠之经验：渠槽比降 1/1000 时，可含 35%之细泥沙或 25%之粗泥沙，不致淤积。但在河水清时，稍松之黄土渠底均现冲刷。考安定黄土渠槽，设比降为 1/1000，其相当之糙率为 0.0270；可见含沙量达 35%之黄土渠槽，其糙率实应为 0.0270，或沙质系数为 2.82。

比降为 1/1700 之泾惠渠，可含粗泥沙量仅 13%，水清时，渠底及渠岸亦可保持原状；虽偶现淤积，但至清水时，仍可冲刷。可见此种比降，对含沙量小 13%者，极为合适。此种渠槽之糙率为 0.0250，沙质系数为 1.93。

比降 1/3890 之渠槽，其许可含沙量仅在 1%左右。故非至清水期，切勿放水。

（7）对含沙量常有变迁之渠槽，其比降大小，可根据中等含沙量时之沙质系数设计之；如是，在含沙量增大时，渠中虽稍现淤积，但至清水期则渐得刷深，使保持原有之断面。

（8）设渠道之比降，为地形所限，不能达到安定状态所要求之比降时，则可采用水力半径较大之断面，以增进流速及挟沙力。但此种渠槽，极不安定，日久必淤积，常需利用清水冲刷，或人工挖淤补救之。

参　考　文　献

[1] Kennedy. R. G. &. T. Higham：Prevention of Silting in Irrigation canals，Punjab Irrigation Branch，Paper 7. 1896.

[2] Jeffery. T. J. P. &. R. G. Kennedy：Report on the Deposit and Scour of Silt in the Main Line，Sirhind Canal，and on Silt Experiments 1893 to 1898. Punjab Irrigation Branch Paper 9. 1905.

[3] Kennedy，R. G.：Dydraulic Diagrams for Channals in Earth，Public Works Department. Indis，1907.
[4] Griffith. W. M.：A Theory of Silt and Scour，Paper 4545，Proc. Inst Civil Eng.，Vol. 233. 1927.
[5] Lacey，Gerald：Stable Channals in Alluvium. 1930，Paper 4736，Proc Inst. Civil Eng. Session，1929～1930.
[6] 刘钟瑞. 泾惠渠各干支渠降度与含沙量之关系化.《水利月刊》第7卷第3期.
[7] 刘钟瑞. 泾惠渠渠道计划之研究.《水利月刊》第7卷第2期.

摘自《水利月刊》第9卷，第2期，1935年

近代土工试验与水工问题

引　言

1775年，Coulomb氏首创其最有名之“土压理论”，是即所谓“古典派土工力学”之肇始。其后经Rankine氏之研究，近代Krey氏及其他各家之努力，阐发益多。虽然Coulomb氏之创其学说，已非仅一纯粹之理论，彼对于土体内之斜裂面及内摩擦角等值，均已述及；此后诸贤，仅就其原旨，作更精准之探讨耳。

欧战末年，各国学者对于“土工”之研究，已另辟新境：如Hultin、Pettersson、Fellenius辈，对于瑞典哥德堡（Goteborg）码头岸墙，及其他堤坝等，坍下时之滑面均呈圆弧形，引起极度注意。瑞典铁道部1913年组织“土工学会”应用地质、基础诸原理，详为实地研究之，其报告于1922年出版。其时，美、奥、德诸国，作同样之工作者，颇不乏人：如Terzaghi氏之“十五年地基研究”一文，述之最为详尽。1925年Terzaghi“土工力学”、1929年Terzaghi、Redlich、Kampe三人合著之“工程地质学”相继出版，于地基土质之物性，已得一具体概念，同时，Casagrande氏有系统之研究，亦已发表；土工力学之学理与实际，于是益臻完善。

晚近世界各国，如美、瑞、德、奥、法、芬、俄、日本、荷、埃等，均有专门之“土工试验所”，从事各种土质物性之试验。匈牙利、捷克二国，则附设于“水工试验所”内。我国天津之第一水工试验所，李赋都先生亦曾有附设地基试验之计划，前途贡献可予卜也！

“安全”与“经济”为工程设计之两大原则；吾人对于各种重要之材料，如钢、铁、水泥、木、石等，其“强度”与“特性”均经精确之试验。设计者复绳以确切之理论，定其尺寸，故可预知其安全度（4～5倍）。但于土工则不然，盖土之种类繁多，性质各异，至可惊人。在工程手册中，虽可查得各土之物性，其数值精确与否姑置不论；即就各土类之名称言，尚乏一贯之标准，此首须从新根本规定者。吾人对于土性，既如此迷惘，故往昔所作之土工及地基等工程，于其安全度毫无把握，通常仅在1.2～2.5左右；否则，复嫌过大。至于坍塌之工程，其安全度几等于0矣！

地基之强弱，固可视其耐力之大小为断；但于土粒之结构与组织，亦至有关系。设土质松软，每震即散者，水易透入，遇冷冻结，地基受此意外之大力，终将软弱不堪。

工程未设计前，固需借助土工试验，以明地基之真相及土质之强弱。然在工程施工及竣工后，若能继续测验，则为利更大。盖前次之结果，是否准确？预期之现象，是否发生？均待此等不断之研究，始得明证。

1. 采取土样法

凿孔掘坑，采取土样，作试验之用，对于任何地基研究，均极重要。但此种工作之价值，不在数量之多寡，更在一孔一坑之位置及深度，均能适当、正确。否则，徒耗金钱，无补于事。故此等工作，常须由一学识经验丰富者主持之。

取土之地点，须有明晰精确之记载；在可能范围内，土样常以能保持“原状”者为佳。盖此种土样，其内部构造及含水量等，均未经改变，始能代表原来地基之土性也。

取土之方法，虽有掘坑与凿孔二种，但在可能范围内，常以掘坑为得计。盖掘坑对于地层之状态，可一目了然，且在坑中采取原状土样，较由孔中简易得多。兹将近代采取原状土样之方法，略述如下：

① 坑中取土法：坑中取土，法至简易。如系沙质土（无黏性者），常用一锐口圆筒，压入土中，另用一铁片闭其底，原状土样，即于筒中取得。对于有黏性之土（黏土、壤土等），则可改用一立方锐筒（横截面约 15cm×15cm）切取之。

② 孔中取土法：孔中采取原状土样，较为困难，且仅能施于黏性土样。其法须用一特制之锐口筒，装于钻孔杆下端。以锤击杆，则筒切入土。筒口下沿，预装一细钢丝活圈，由上抽之，圈缩将土样切断。筒上端（即筒底）有皮管，通抽气机；抽气而将土样吸于筒内，提杆取出土样。

土样取出后。恐水分走失，即须封以热融之白蜡。此后，关于标记、包装、运送等事，均有一定之法则，循规处理之。

2. 实地试压法

将原状土样，加以详密之试验，定其强弱，固最为合理可靠；但事实上，欲得真正原状之土样，至为不易。且有时为地势所限，竟无法采得，而欲探知该地基之强度，则非施行实地试压不可。此种工作，在土工研究中，至为重要。

普通之试压法，常采用较小的面积，故其结果，往往不能与实际之大工程相吻合，是其缺点；且静止压力所影响之范围，不能深入地下，其反应亦仅系局部作用，非该全地基之通性也。再则，如黏土性质，受压后继续下陷之时间常以年计，最终之效果，至难确定。虽吾人可将试验之时间延长，但事实上固属困难，且不经济。

近代通用之实地试验法，约分四类：平板法、孔中法、锤桩法、震动法。

2.1　平板法

此即最通用之试验法。在地面或坑底试加各种大小不同之压力，而观测其陷度。试压面积，约自 0.25 至 1.0 平方米。

2.2　孔中法

利用取土样时所凿之孔，试其压力。近代通用之法有三：锥压法、直压法、侧压法。

（1）锥压法：此法由 Terzaghi 氏所创制。取一锥体，上接一柄，压于孔之底面；锥体陷降之深度及所加之压力，均可量得，即以此计算地基之抗压强度。设若孔底过深，则改用水压法试测之。

（2）直压法：此法由 Wolfsholz 氏所创。用一径约 30cm 之压板，平置孔底，孔中通入高压空气，将板垂直压下；其降陷距离及空气压力，均由自记仪记之。

（3）侧压法：此法由 Kogler 氏创制，此法又可分为钢片法、皮管法两种。

钢片法——取半圆筒形之钢片二，两相对合，中夹一楔，楔连一杆；提杆则片压孔侧地基。同时，该二钢片由一钢管由上向下推压，其力可量，再测杆管相移之距离，即可算出钢片陷入之深度。

皮管法——取橡皮管一，两端范以钢板，中连一杆，外加坚韧之橡皮护套，将此器插入孔中，注以高压空气，皮管紧压孔侧地基，测其气量及压力。

侧压法所压之土面较大，且可任意上下移动，以测定各土层之抗压强度，是其利点。此种孔中试验法，测得之结果，可计算土质之压缩性及许可压力，预测降陷度。

2.3 锤桩法

应用各种锤击公式，计算地基之抗压力（或夯桩入地之阻力）。此法计算之结果，彼此常相差极巨，至不安全（尤以在夯工将终，桩每次入地仅在 4～5mm）。锤桩压法，对于无黏性土质地基将来压力及陷降度之推算，尚称适当。但对于黏性土质，殊欠合理。有时因桩四周之土质，锤击受力后，须经较长之时间，始能达其平衡状态；此种张力之消散，或将使地基之抗压能力减小？作用若何？迄今尚未能完全明了也。

2.4 震动法（或动力法）

德国柏林土工学会所定之法。用一振子，其转速及离心力均可调整。该机压于地面，使地基感受强迫振动，振子及地基之振幅，以及机器送出之能量、机器下陷之时程，均可测得，以计算地基之许可压力；预测降陷度及地基对于震动之安全度。

凡较大之工程，除测定上列各种参数外，振动波传播之速率，还可用电力振动仪测定之。盖此种速率之大小，亦为该地基强弱之一参数，可间接探知该地基之性质者。

3. 土质之物性试验

往昔对于土样之观察，仅凭目力，以辨其粗细色泽，殊欠一定之标准，于工程实际之应用，其效至微。故近代研究之目的，必以实用为依据；利用精确之仪器，数理之论断，确定土样之各种物性及其参数，作为工程设计之基据。

近代土质物性试验之范围，概有下列诸值：

含水量、容重、比重、孔隙量、孔隙率、比较密度、粒配度、稠性、阿太堡（Atterberg）稠性限度、塑性系数、透水性、毛管水作用、压缩性、膨胀性、凝聚力、内摩擦力。

3.1 含水量

土样中含有之水分，曰“含水量”，其值以水重占干土重（亦有用总重者）之百分数示之。此值为研究土质之压缩性及休止角等之辅值。

3.2 容重、比重

土样每单位容积之重量，曰“容重”（其中含有孔隙水），以 g/cm^3 示之。干土容重之值可示土粒排列之松紧，静土压力计算时常取为常数。“比重”为每单位容积，无孔隙土质之重量，以 g/cm^3 示之。其值约在 2.65～2.7 间，此值为分析收缩限度、容重、透水率、孔隙率等之辅值。

3.3 孔隙量、孔隙率、比较密度

“孔隙量”（n）为土样中孔隙之容量除以总容量所得之商。孔隙量除以干土容量所得

之商，曰“孔隙率”$\left(e=\frac{n}{1-n}\right)$。设 e 为原状土样之孔隙率，e_0 为完全松散状孔隙率，e_1 为十分紧状孔隙率，则其“比较密度”为$\frac{e_1-e}{e_1-e_0}$（此参数仅适用于沙类无黏性土质）。土样之孔隙率既定，则可探知土质之透水率、压缩性、膨胀性等。

3.4　粒配度

土样中粒子大小分配之情形，曰“粒配度”。若粒径在 0.1mm 以上，则用“筛析法”定之；设粒径在 0.1～0.06mm 间，即须用“比重计分析法”定之。此种分析之结果，可作一曲线，曰“粒配度曲线”。其横坐标为粒径（常用对数纸）、纵坐标为相对土重量（占总土重量之百分数）。普通之黏土，常含有极细之物质，其径小于 0.002mm，曰“胶质”。

粒配度曲线上对应于 10％土重之粒径，曰“有效粒径”。一般土的有效粒径多在0.2～0.002mm 之间。今设以 u 示粒子“不匀性系数”，其值即等于在粒配度曲线上，对应于60％与 10％两种粒径之比。凡颗粒均匀土样之 u 值，普通沙为 1.5～5，黏土为 10～100。由土样之粒配度，即可区别土质之种类；并鉴定其可密性、透水性及冻冰性。据 Gasagrande 氏之研究：凡土质含有 3％以上之土量，其粒径小于 0.02mm 时，均有发生冻胀之危险。设某一土样之“不匀性系数”$u>5$，则其中至少有 10％之土重其粒径小于 0.02mm。

3.5　稠性

凡黏性之土质，设含有相当水分，则觉稠厚易塑，总称曰“稠性”。吾人对于此种稠性之研究，可用阿太堡（Atterberg）之稠性限度谱，或瑞典圆锥测定之。该锥系铜制，顶角 60°，重 60 克，置于水平之土样面上，任其自然陷下，量其深度，则得“稠性系数”。

3.6　阿太堡稠性限度、塑性系数

当含水之黏性土逐渐干燥时，观察其稠性变更过程，即可定出各期之“阿太堡稠性限度”。其值以该时土中水分对于干土重之百分数（含水量）示之。阿太堡之稠性限度谱如下：

（1）糜性限度：土质含水多，则软烂如糜，达此限度，不得捏和成形（黏土为 30％～150％）。

（2）黏性限度：此时之土质，可直接粘于刀上。

（3）塑性限度：此时土质经反复搓捏，即可捻成径约小于 4mm 之细条；但苟将泥条稍曲，则折成小段（沙＝0、泥 18％～25％、黏土 20％～25％）。

（4）缩性限度：此时容积，已不复因干燥而收缩，约等于皱性限度。黏土色泽，已由暗转明（沙 12％、黏土 25％）。

糜性限度与塑性限度之差，曰“塑性系数”，其值约在 0（沙）至 70％～100％（黏土）间。

阿太堡之稠性限度，可用以直接或间接研究土质之变形性及黏土之内摩擦角等。

3.7 透水性

土质之透水性非一常数，视孔隙率及温度而变。“透水系数”之测定法，常取一原状土样，纳入透水系数测定器，测验一定压力、一定时间之透水量而求得。此种透水系数，对于工程沉降度之预测；堤坝隔水层土质之选择、坝下透水量之计算、地下水量之估定均极有用。

3.8 毛管水作用

研究毛管水上升之高度及土粒大小之分配，即可探知该种地基，有无冻冰危险。设建筑物之基础，能在地下水位之毛管水作用影响范围以上，当可免冻胀之忧；但须注意，应无他种水源由地面或侧方渗入。

3.9 压缩性、膨胀性

将原状土样置圆筒中，两端加压，土不能向侧面扩张，则体积缩小；筒底有筛，水可以任意挤出。试验时，首将压力渐增，定出“压缩系数”a（$a=\dfrac{\Delta e}{\Delta p}=\dfrac{\Delta\text{孔隙率}}{\Delta\text{压力}}$）；次将压力渐减，定出“膨胀系数”，并逐级测定该土样之透水系数。此等系数即可用以推算，将土质压缩至某种程度，所需之压力及时间。

此等试验之结果，可作出“压力～孔隙率曲线”与“时间～陷量曲线”，用以研究地基之种种陷量问题。

3.10 凝聚力、内摩擦力

“凝聚力”之大小，视土粒之细度而定，通常曰“黏力”。凝聚力分真假两种：“假凝聚力”之发生，因土质渐干，表面张力增大，体积缩小，如受外压然。设将此干结之土块，投入水中，则土之表面张力为0，假凝聚力因之锐减，乃至消失。此时土粒间所余之力，曰“真凝聚力”，其值仅于水中，方能得之。测定土壤之凝聚力，应分原状及经捣实两种。普通土质之凝聚力，约在0（沙）至0.8～10kg/cm^2（黏土）间。

“内摩擦力”测定之方法，可将土样置于上下对合之匣中，加垂直压力，且量样土剪裂时之横力，即可算出其“内摩擦角”（或内摩擦系数）。内摩擦力之大小，随土粒愈细而愈减。由凝聚力与内摩擦力，即可定出土之抗剪力。凝聚力为0者（如干沙或饱和水分之沙），则其休止角与内摩擦角相等。土质之凝聚力及摩擦系数，对于探知土工之安危，十分重要。例如，堤坝之侧坡、挡土墙所受之土压，地基之抗压能力，均必待此等试验，始能定之。

4. 对于水工问题之应用

凡属土木工程，莫不及以土为最后之基础；甚且以土为建筑之材料，如公路铁道之以土承重，堰堤之以土挡水等是。有时，以土保护工程之受冰冻或高热，是则视土为保护之材料矣；他若用土以填平洼地、改良排水，亦均须深明土性，工作始得合理而迅速。

水利工程之基础，所占面积至大。且地基中常含极多水分，施工时固觉困难，于将来竣工后，工程之是否安全，则更不易测。故近代对于此等问题，莫不应用土工试验法，探悉其土性，而妥为设计也。

4.1　坝工

建筑土坝，除进水门、出水门、护面等工程外，均属土工。可见对于此巨量土料之性质，如休止角、透水性等，均须详悉无遗。筑造隔水层之土质，当选不易透水者；且此等土质，应如何挖掘？如何夯打？使成不透水之坚层，亦须详加研究。坝下地基之构造，以及透水强弱等特性，除掘坑、凿孔探测外，更须土工试验室内种种工作，始能尽悉。

今设有一甚高之土坝，坝基稍能透水，欲筑一隔水层绝之。已知坝下为极厚之黏土层。因坝身压力极大，对于此隔水层之安置，当有特殊之设计。如若采用混凝土隔水墙，但恐将来因坝体日渐下陷，使墙身发生折裂，故墙中须有可动之接榫，或将混凝土板互相搭接，以便上下移动。他若坝下地基之有冲蚀，亦最危险；在北非洲之某著名土坝，竟因此而崩毁。凡沿坝基透出之水，必设法制止之。故于坝基土质之透水试验，至为重要。近代所用之防止地基透水法，如土中灌注硅溶液或水泥浆等，均须视土粒之大小及透水情形而定施工之计划。

凡极高之拱形石坝，其石料及石隙间之透水性，岩石之抗压强度，均须经试验测定之。

4.2　渠工

凡定一渠线，必先注意其巨量之挖土，且槽土是否适宜不漏。故于事前之试验，范围至广，而尤以槽土透水性及摩擦力之试验为首要；其次，各种土性之比例，则为土工之支配及设计之基据。

设渠岸侧坡坍塌，往往即须将该部完全挖去。盖彼处地基天性软弱，任何护岸工程，常无能为力。近有人作此种坍塌之研究，以打桩法防止之，结果桩折、土坍如故；继乃施行水泥浆灌注，使土固结之法，大获奇效。按，普遍黏土孔隙至微，本无灌注之可能，但土受高压则裂，水泥浆始得挤入；此种施行高压灌注，使黏土地基坚化之法，在将来土工术中，当占极重要之位置也。

4.3　凿井排水

许多工程施工时，常须凿井，以排除或降低地下水位。井之位置与深度以及抽水机之排水量，均须视地基下透水层之性质及位置而定。故该土质之透水性等参数，事先应有试验也。

4.4　港工码头

往昔对于码头岸墙之设计，常由工程手册中查出该土质之休止角及摩擦角值为根据。结果，不幸之事，时有所闻，而尤以下列二起为著：

（1）荷属东印度诸港，码头岸墙之移动。

（2）瑞典哥德堡港，码头岸墙之坍塌。

此等可惊之事件，足证吾人对于筑港之技术，尚极幼稚，而尤以地基之性质，未能彻底明了，须待近代继续之研究，使之充实健全也。

例 1. 爪哇芝拉扎港之栈桥。

爪哇南岸芝拉扎港，筑一靠船之栈桥，桥脚系铁螺桩，见图 1。筑造时，彼等在岸前堆大量石块，以护堤岸；该桥则因之向外坍下。后经详细之凿孔试验，始知该地基之前部，尚称坚固；惟近岸后部，有 50%之淤泥，极为软弱，不能承此堆石之重量。

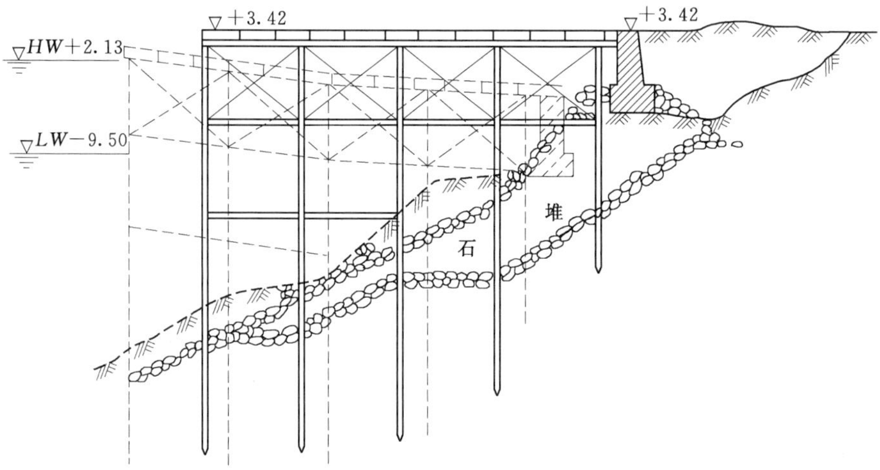

图 1　爪哇芝拉扎港之栈桥

例 2. 爪哇三宝垅港之码头。

该港驳船淀泊之码头，因吃水不深，其岸墙常以钢筋混凝土沉函造之。但地基极软，设于墙后堆沙，沙面上升至 2.2m，则墙可外移 1.10m，下陷约 1.50m。港底地基，受压上挤，其值与下陷相等。处此恶劣情形，彼等安置沉函时，于其底铺沙一层，但厚度未能及坚实之岩层，故墙下之软性地基，仍全被压碎也，见图 2。

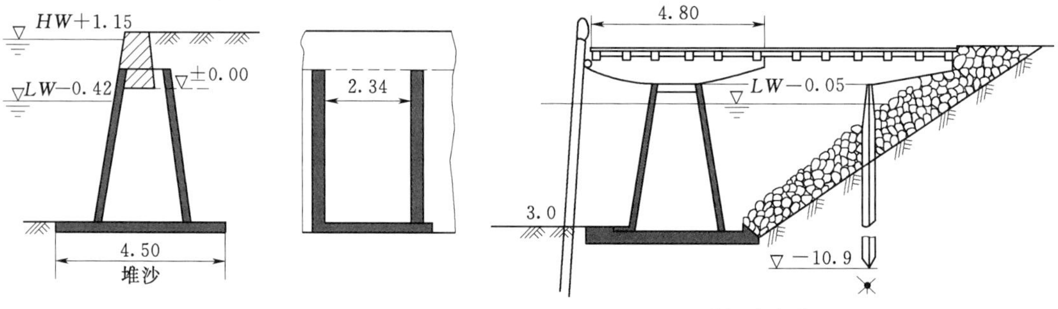

图 2　三宝垅港之码头

设计时，彼等对于该港地基之土质，曾作一二试验，定其摩擦系数及容重等值，并用 1 平方米之混凝土板，在基面上试测其抗压力。1916 年，在三宝垅所得之结果如下：

地基土性	摩擦系数	摩擦角
混凝土在饱和水分之海沙上	0.68	34°19′
混凝土在水中之海沙上	0.74	36°40′
混凝土在淤泥土上	0.35	19°27′

该港最近对于海沙之性质，仍加以试验，结果如下：

休止角：干沙——30°；混沙——20°；水中之沙——20°；混凝土在沙上之摩擦角——30°。

例 3. 西里伯马加撒港之码头。

此码头亦用沉函建筑，见图 3。施工时，在墙后堆沙，有长约 60m 之岸墙，向前移动最大距离 23cm。彼等急在墙前填沙，以抗推力，墙始归静止。彼等乃将墙后堆沙，尽行挖去，而代以多孔之珊瑚石堆。盖此物之容重较沙为小，而摩擦角较沙为大。虽然，此种利用大摩擦角之法，固极有价值，但此珊瑚石间之孔隙，日久渐为淤沙填积，墙后之压力，亦恐鲜能小于沙堆矣。

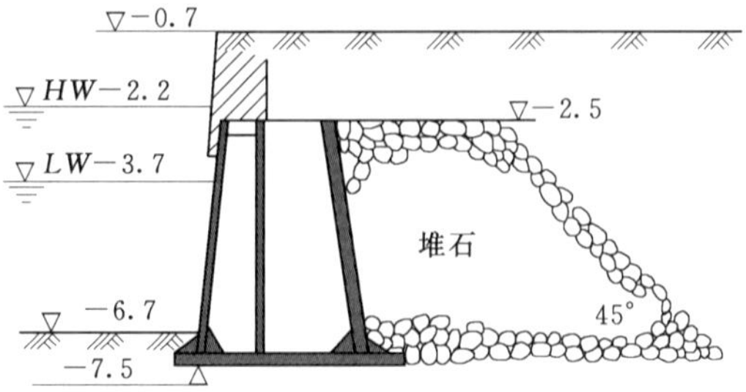

图 3　马加撒港改良之码头

例 4. 爪哇泗水港之码头。

该港码头建筑时，在岸墙后堆沙，见图 4。迄全高时，有三个 40m 长之沉函向前移动约 2cm，并下陷 50cm，见图 5。重建时，彼等对于墙下之淤沙作详细凿孔探查；始知该函脚下，仅 2m 处横卧有污泥一层，厚约 1m，见图 6。考此墙之设计，原系根据沙之摩擦角，并拟定之安全度仅为 1.2；故今必失其安定，理至明显。对于此等劣质地基之沉函，墙外无任何填土镇压，墙内虽系为多孔之堆石，一时固可视为透水之物，但日久渐为沙粒所填，则墙后之压力，将兼水土二种；且堆石中沙粒愈增，压力愈大，摩擦角反渐减，欲保持原来之安定难矣。

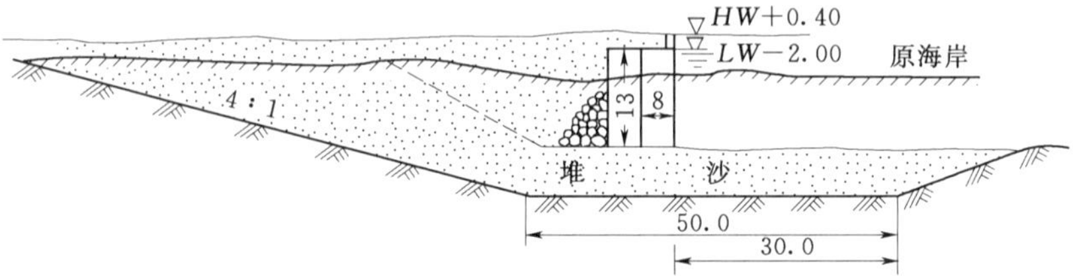

图 4　泗水港码头之岸墙

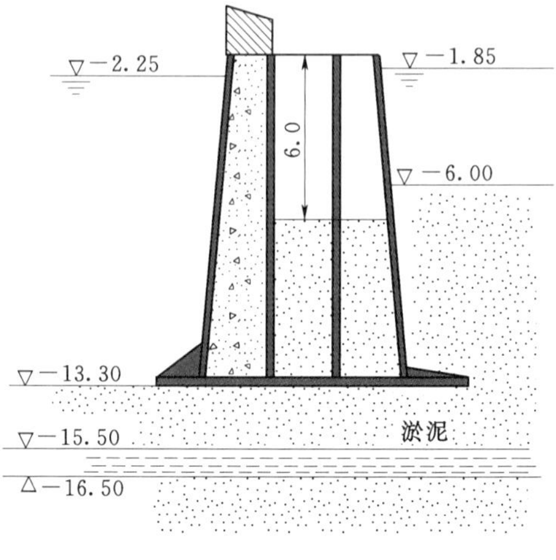

图 5　泗水港码头之移动情形

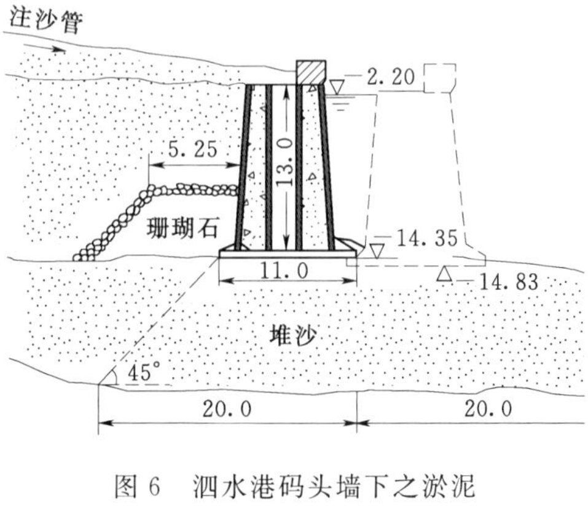

图 6　泗水港码头墙下之淤泥

自近代筑港之技术观之：彼时对于地基之知识，尚极缺乏，所定土质之容重及摩擦角复欠准确，且所用之安全度仅为1.2，殊嫌太小。

码头坍塌，欲重新建造，所费至巨（如需使沉函出空、凿去所填之混凝土、重挖地基、重新安置等）。在东印度诸港，凡新建码头之岸墙，均采用此等类似之沉函，现时均极忧虑，盖彼等对于在港地锤桩，桩必穿沙层而入，其影响若何，知识至感缺乏；或将发生与泗水港类似之危险，或可施行无妨，或须施行他种防护计划（如在墙外堆沙）等，种种问题，今则可用近代之土工试验法解决之。

例5. 瑞典哥德堡港之码头。

此码头之岸墙，承于桩架格上，其设计之方法与计算均极合理准确，四周无不平衡之力，其坍塌之滑面，事后经精确测定，呈一圆柱面形，见图7。该面通过板桩之下，切桩端而过。可见，此类基面极大之水工建筑，如港岸、船闸、船坞等，其本身固须妥为设计，而其四周之地基安全与否？更当加以注意！该墙坍塌后，经彼等详细之研究，探知其地基为摩擦角极小之黏土，其间且杂有浮沙，为一极重要之滑动材料也。

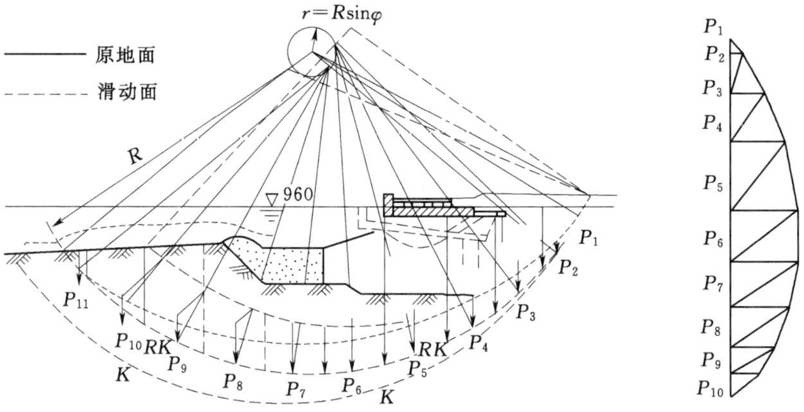

图7　哥德堡港码头坍塌之情形

摘自《水利月刊》第10卷，第6期，1936年

土工试验于新基工设计之应用

1. 新基工土质之试探

往昔于地基土质之探验，不外试压及钻探二法。试压法仅加力于地基表面，影响之范围至为有限，无从探知内在整个之性质，固不足论。即如旧有之钻探法，虽可深入地中，然所得的土样，已破坏不堪，原有之性状尽失，亦不足作精确设计之根据。近代之钻探法，须采用“重套管式钻头”，见图 1，且将钻径增至 100mm 以上，虽遇软弱之黏土层地基，亦能采得完全原状之土样，而定其性质。

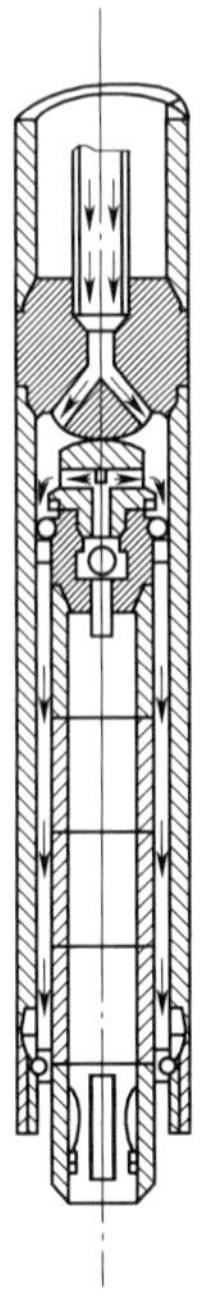

图 1　重套管式钻头

2. 地基土质图之绘制法

将钻探所得之原状土样，在试验室中经各种物性试验，定其粒配度、稠性、比重、抗压强度、凝聚力及摩擦角等值，即可作一“地基土质图”，见图 2，该地层所有之性质强度等，均可一目了然。

地基土质图之绘制法，先根据土样的粒配度，在“三角坐标土质名称分类图”，见图 3（按：关于土质之名称及分类法，我国尚无一定标准，此图系作者所拟译），定出该土质之名称，图 4 为土质之断面符号，依各土质之深度，填入图 2 左端第一及第二项内，以示各层土质之种类。其他各种物性试验结果，亦均按次填入。做各层土质之性质，均可由图直接读出。

3. 平基之支持力

3.1　圆底平基之支持力

图 5 示圆底平基之支持状态，基础下的地基受压后，所生之滑面，应以呈倒圆锥形的弹性核为界面而向下陷入，锥顶角为 2α。基础之载重由锥面上之摩擦及凝聚二力抗衡。

3.1.1　由摩擦力所生之抵抗力 P_1

单位圆锥面上之抵抗力 q 与该面外法线之交角即为摩擦角 θ，其水平之分力为 e，垂直分力为 $e\tan(\alpha+\theta)$，故得由摩擦力所生之抵抗力如下：

$$P_1=\int_0^{h'} e\tan(\alpha+\theta)\cdot \mathrm{d}f$$

水平分力 e 近似按水平地面直立壁之被动土压力公式计，即

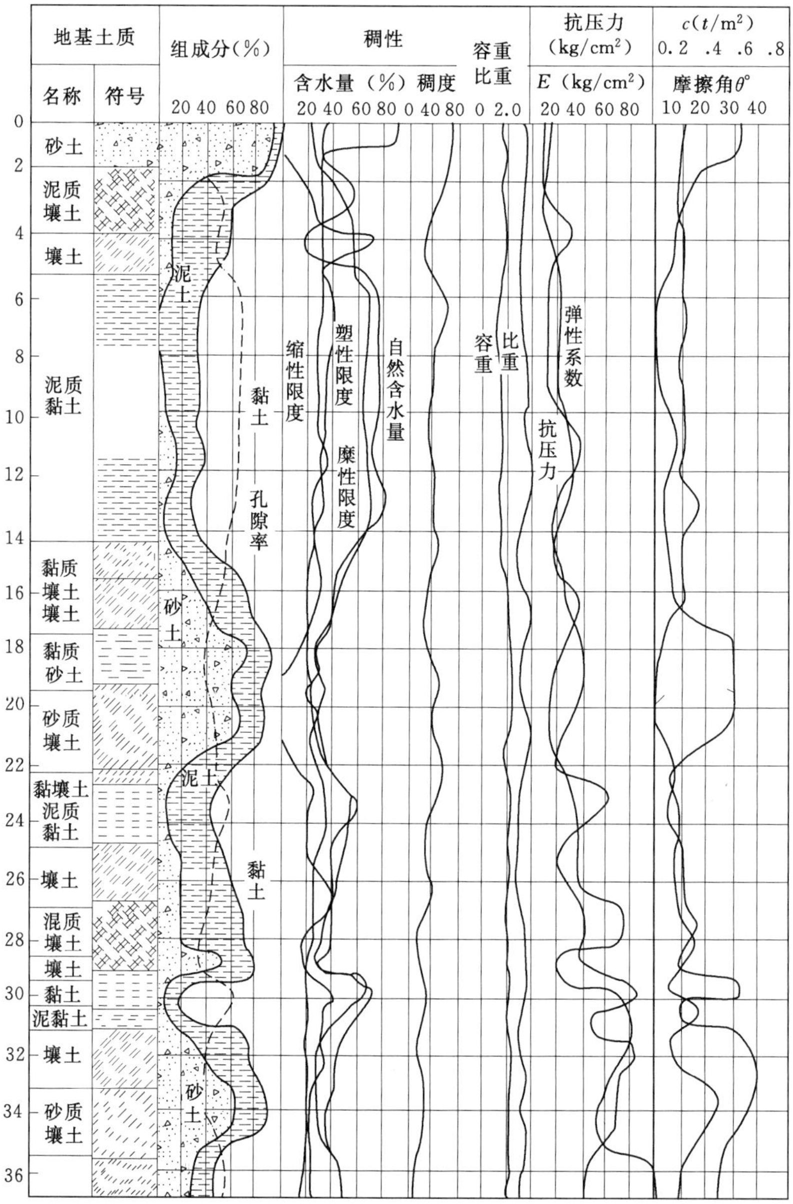

图 2 地基土质图

$$e=\gamma\tan^{2}\left(\frac{\pi}{4}+\frac{\theta}{2}\right)(H+x)$$

式中，γ——土之容重；

H——自地面至基础底面之深度。

$\tan^{2}\left(\frac{\pi}{4}+\frac{\theta}{2}\right)$为 Coulomb 或 Rankine 公式之被动土压力系数，x 为基底向下之深度。

$df=2\pi r dx\sec\alpha$，其中 r 为锥体表面上任意点之半径。今设基础之直径为 D。

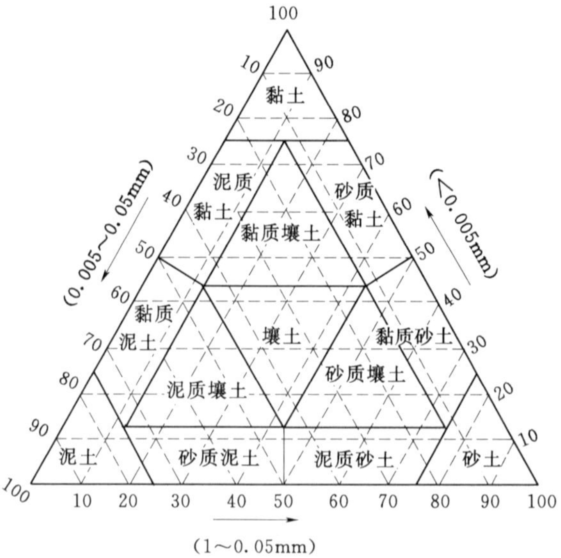

图 3　土质名称分类图

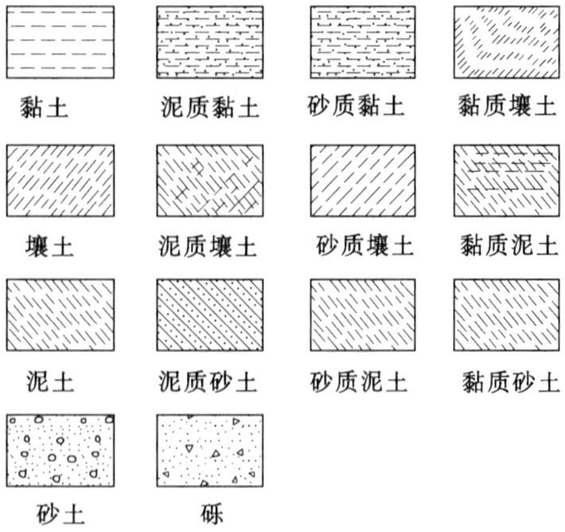

图 4　土质之断面符号

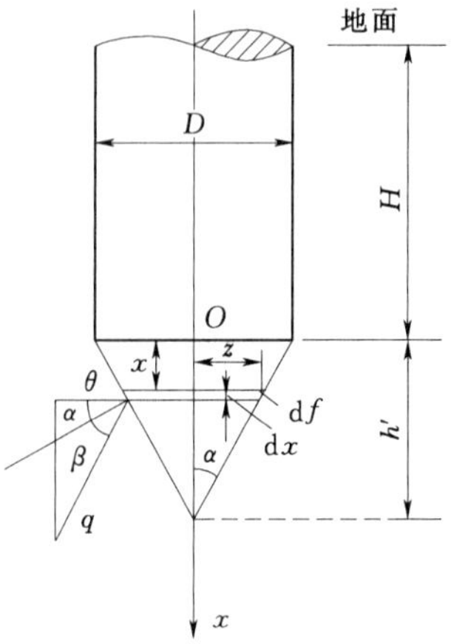

图 5

因$\dfrac{D}{2}:r=h':(h'-x)$，故$r=\dfrac{D}{2}\left(1-\dfrac{x}{h'}\right)$可得

$$P_1=\int_0^{h'}\gamma\tan^2\left(\frac{\pi}{4}+\frac{\theta}{2}\right)(H+x)\tan(\alpha+\theta)$$

$$2\pi\frac{D}{2}\left(1-\frac{x}{h'}\right)\mathrm{d}x\sec\alpha$$

$$=\pi\gamma\tan^2\left(\frac{\pi}{4}+\frac{\theta}{2}\right)\tan(\alpha+\theta)$$

$$D\sec\alpha\int_0^{h'}(H+x)\left(1-\frac{x}{h'}\right)\mathrm{d}x$$

积分　$\displaystyle\int_0^{h'}(H+x)\left(1-\frac{x}{h'}\right)\mathrm{d}x$

$$=\int_0^{h'}H\,\mathrm{d}x-\int_0^{h'}\frac{H}{h'}x\,\mathrm{d}x+\int_0^{h'}x\,\mathrm{d}x-\int_0^{h'}\frac{x^2}{h'}\mathrm{d}x$$

$$=Hh'-\frac{H}{h'}\cdot\frac{h'^2}{2}+\frac{h'^2}{2}-\frac{1}{h'}\cdot\frac{h'^3}{3}=\frac{1}{2}Hh'+\frac{1}{6}h'^2$$

且
$$h'=\frac{D}{2}\cot\alpha$$

故
$$\frac{1}{2}Hh'+\frac{1}{6}h'^2=\frac{1}{4}DH\cot\alpha+\frac{1}{24}D^2\cot^2\alpha$$

得
$$P_1=\pi\gamma\tan^2\left(\frac{\pi}{4}+\frac{\theta}{2}\right)\tan(\alpha+\theta)D\sec\alpha\left(\frac{1}{4}DH\cot\alpha+\frac{1}{24}D^2\cot^2\alpha\right)$$

$$P_1=\frac{1}{4}\pi D^2H\gamma\tan^2\left(\frac{\pi}{4}+\frac{\theta}{2}\right)\tan(\alpha+\theta)\csc\alpha+\frac{1}{24}\pi D^3\gamma\tan^2\left(\frac{\pi}{4}+\frac{\theta}{2}\right)\tan(\alpha+\theta)\cot\alpha\csc\alpha$$

3.1.2 由凝聚力所生之抵抗力 P_2

设 c 为作用于锥核表面单位面积上之凝聚力，其合力的垂直分力即为凝聚力之抵抗力。故 $P_2=\int_0^{h'} c\cdot \mathrm{d}f=\int_0^{h'} c(2\pi\gamma)\sec\alpha\cdot \mathrm{d}x=c\pi D\sec\alpha\int_0^{h'}\left(1-\frac{x}{h'}\right)\cdot \mathrm{d}x=c\pi D\sec\alpha\left(h'-\frac{h'}{2}\right)$ 代入 $h'=\frac{D}{2}\cot\alpha$ 之关系，得

$$P_2=\frac{1}{4}c\pi D^2\csc\alpha$$

3.1.3 圆底平基之支持力 P

圆底平基之支持力 P 为以上摩擦抗力 P_1 与凝聚抗力 P_2 之和，即

$$P=P_1+P_2$$

上述公式之应用，P_1 与 P_2 均与基底下之土质所形成的弹性锥核顶角 α 有关，故需提出确定锥顶角 α 的简化方法，如下述。

按 P_1 的公式，若基底适在地表（即式中 $H=0$ 时），因其第一项为零，故得 $P_{1(H=0)}=\frac{1}{24}\pi D^3\gamma\tan^2\left(\frac{\pi}{4}+\frac{\theta}{2}\right)\tan(\alpha+\theta)\cot\alpha\csc\alpha$，实为 P_1 之最小值；而当基础深入地下（$H>0$），则 P_1 亦随之增大。故认为实际设计时，即使 $H>0$，亦假设 $H=0$，盖在安全方面也；同时 $P_{1(H=0)}$ 所对应的 α 值，取其最小值条件得出。α 与地基土质摩擦角 θ 的关系，见表 1 与图 6。

表 1

θ	α	$\tan(\alpha+\theta)$	$\cot\alpha$	$\Delta\varphi=\tan^2\left(\frac{\pi}{4}+\frac{\theta}{2}\right)$	$\tan(\alpha+\theta)\cot\alpha\csc\alpha$
1°	76°	4.331	0.249	1.031	1.118
5°	65°	2.747	0.466	1.103	1.412
10°	58°	2.475	0.625	1.179	1.824
15°	53°	2.475	0.754	1.252	2.336
20°	48°	2.475	0.900	1.346	2.998
25°	44°	2.605	1.035	1.440	3.886
30°	40°	2.747	1.192	1.556	5.095
35°	36°	2.904	1.376	1.701	6.797
40°	33°	3.271	1.540	1.836	9.249
45°	30°	3.732	1.732	2.000	12.928

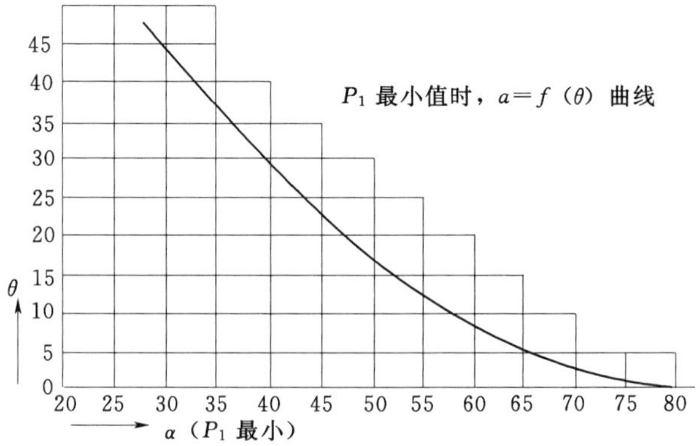

图 6

例 1　设有一圆形桥墩。该基础之直径为 5m，要求地基的支持力强度达到 $32t/m^2$，由钻探试验结果知其地基土质情形，如表 2。问该基础之支持力若干？该桥墩底面应造至何种深度？

表 2

号目	深度（m）	层厚（m）	凝聚力 c（t/m^2）	摩擦角 θ（°）
1	2.05	2.05	3.1	14°15′
2	6.85	4.80	2.6	15°40′
3	11.60	4.75	7.8	44°42′

注　表中缺容重 γ。（编者）

按圆底平基之支持力 $P=P_1+P_2$，设 $H=0$ 时，则

$$P_1=\frac{1}{24}\pi D^3\gamma\tan^2\left(\frac{\pi}{4}+\frac{\theta}{2}\right)\tan(\alpha+\theta)\cot\alpha\csc\alpha$$

$$P_2=\frac{1}{4}c\pi D^2\csc\alpha$$

将 D、γ、α 诸值代入，解之，得表 3。

表 3

θ	$P_1(t)$	$P_2(t)$	θ	$P_1(t)$	$P_2(t)$
0°	30.73	$c\times 20.26$	25°	264.5	$c\times 28.27$
5°	46.75	$c\times 21.65$	30°	423.5	$c\times 30.54$
10°	71.92	$c\times 23.14$	35°	695.0	$c\times 33.07$
15°	109.90	$c\times 24.57$	40°	1181.5	$c\times 36.03$
20°	167.20	$c\times 26.40$	45°	2092.5	$c\times 39.25$

设地基土质之摩擦角 θ 及凝聚力 c 为已知，代入表 3，即可求得 P_1 和 P_2。今就基础单位面积之支持力 p、摩擦角 θ、凝聚力 c 及圆锥顶角 α，四者之关系，作曲线如图 7。

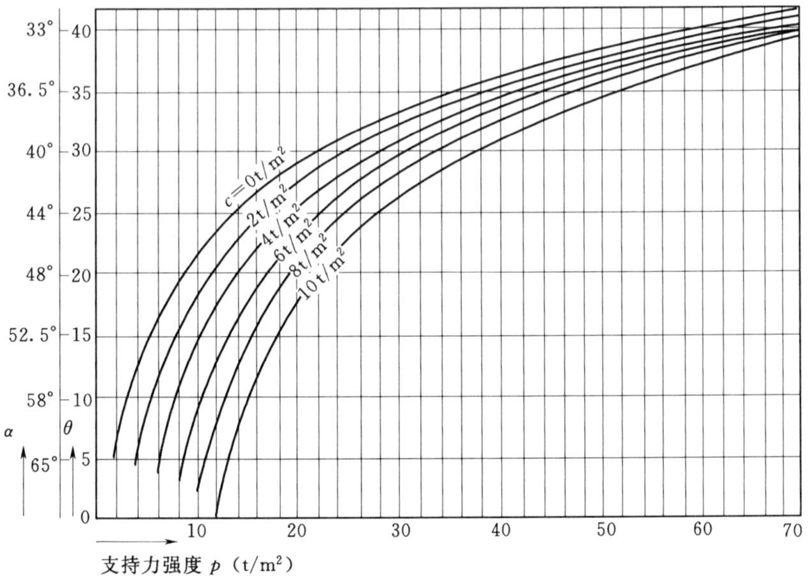

图 7

根据本问题地基之土质，就各种深度，计算其支持力，结果如图 8 所示，可知该桥墩基础之深度，至少须在地面以下 12m 处。该地基之支持力始在 $32t/m^2$ 以上。

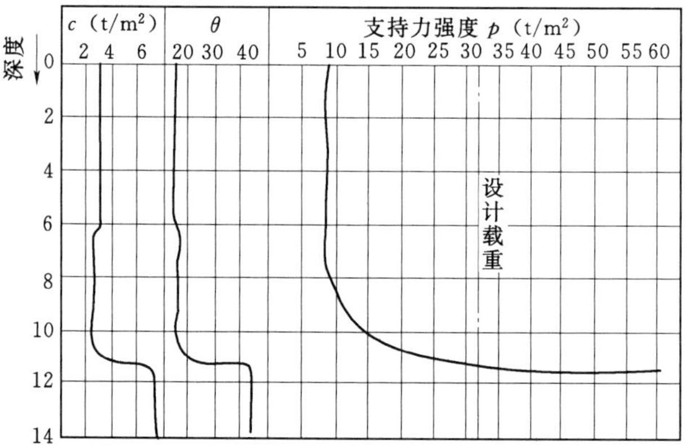

图 8

3.2 方底平基之支持力

方底平基支持力之计算原理，概与圆底平基者同，唯圆底者基底下之弹性核呈圆锥形，今则改呈方锥形（见图 9），二者之所不同处，仅在面积之改变，即

$$df = 8d \cdot dx\sec\alpha$$

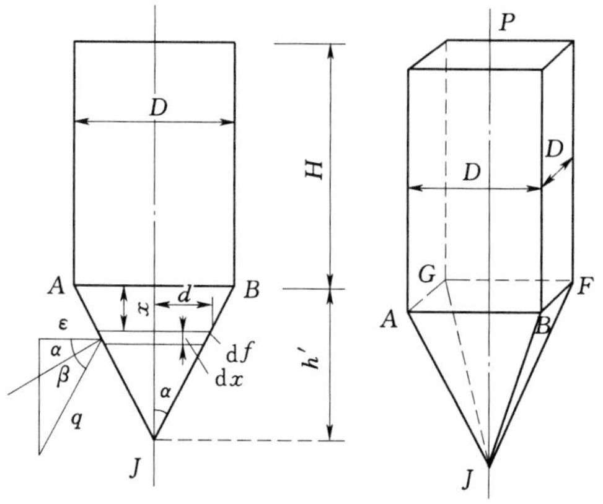

图 9

因 $d=\dfrac{D}{2}\left(1-\dfrac{x}{h'}\right)$，故

$$df = 4D\left(1-\frac{x}{h'}\right)\sec\alpha \cdot dx$$

积分 $P_1 = \displaystyle\int_0^{h'} \gamma\tan^2\left(\frac{\pi}{4}+\frac{\theta}{2}\right)(H+x)\times$

$$\tan(\alpha+\theta)4D\left(1-\frac{x}{h'}\right)\sec\alpha \cdot dx$$

$$= D^2H\gamma\tan^2\left(\frac{\pi}{4}+\frac{\theta}{2}\right)\tan(\alpha+\theta)\times$$

$$\csc\alpha + \frac{1}{6}D^3\gamma\tan^2\left(\frac{\pi}{4}+\frac{\theta}{2}\right)\times$$

$$\tan(\alpha+\theta)\cot\alpha\csc\alpha$$

$$P_2 = \int_0^{h'} c\,df = cD^2\csc\alpha$$

此方底之 P_1、P_2 与前圆底之 P_1、P_2 相较，成 1 与 $\pi/4$ 之比，换言之，即等于直径为 D 之圆周长与边长为 D 之方形周长之比，可见方底平基之支持力为圆底平基者之 1.27 倍。

4. 桩基之支持力

图 10（a）示地基土质，呈均一性质者，桩之支持力可依下式计算之：

$$p=A\tan^2\left(\frac{\pi}{4}+\frac{\theta}{2}\right)\gamma h+\frac{1}{2}L\gamma h^2\tan\delta+Lch$$

式中，A——桩端之面积；

L——桩横端面之周长；

c——土之凝聚力；

θ——土之摩擦角；

γ——土之容重；

h——桩入土之深度；

δ——土与桩表面之摩擦角。

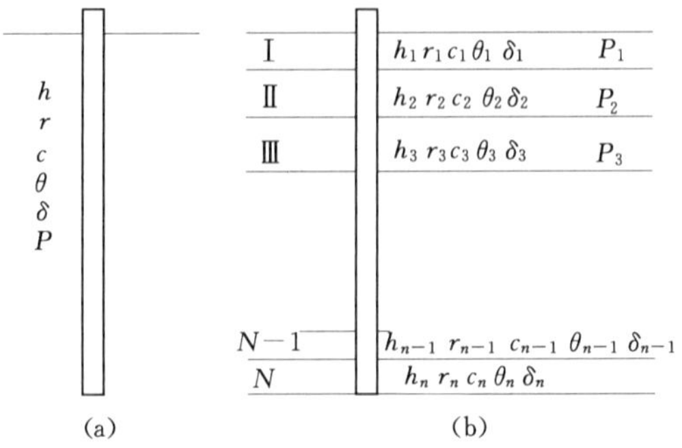

图 10

上式第一项及第二项系由摩擦力于桩端及桩皮所生之抵抗力，第三项为土凝聚力于桩皮所生之抵抗力。

图 10（b）示地基是由各种不同性质之地层互积而成者，各层之支持力 P_i 之计算法如下：

在第Ⅰ层：

$$P_1=A\tan^2\left(\frac{\pi}{4}+\frac{\theta_1}{2}\right)\gamma_1 h_1+\frac{1}{2}L\gamma_1 h_1^2\tan\delta_1+Lc_1h_1$$

在第Ⅱ层：

$$P_2=A\tan^2\left(\frac{\pi}{4}+\frac{\theta_2}{2}\right)(\gamma_1 h_1+\gamma_2 h_2)+\frac{1}{2}L(2\gamma_1 h_1+\gamma_2 h_2)h_2\tan\delta_2+Lc_2h_2$$

在第 n 层：

$$P_n=A\tan^2\left(\frac{\pi}{4}+\frac{\theta_n}{2}\right)\sum_1^n\gamma_i h_i+\frac{1}{2}L\left(2\sum_1^{n-1}\gamma_i h_i+\gamma_n h_n\right)h_n\tan\delta_n+Lc_nh_n$$

可见，设桩端达第 n 层之底，则其总支持力应等于 P_n 之第一项，加 P_1 至 P_n 之第二项及第三项所得之总和也。

5. 基础地基之支持力

根据土质之凝聚力及摩擦角计算地基之支持力，向为极困难之问题，最近始经法人 Caquot 氏之研究，发表 Equilibre des massifs a frottement interne，Stabilite des Terres pulverulentes oucoherentes，Paris 1934 一文，在《土工力学》中一放异彩，颇堪注意，兹介绍如下：

5.1　基础底在地面以下

（1）砂层（无凝聚力，见图 11）。

$$p=\gamma h\tan^2\left(\frac{\pi}{4}+\frac{\theta}{2}\right)e^{\pi\tan\theta}$$

式中，p——单位支持力（kg/cm^2 或 t/m^2）；

θ——砂之摩擦角；

γ——砂之容重。

（2）砂层有地下水时（见图 12）。

因砂之比重为 $2.7g/cm^3$，地下水位以上的砂之容重 $\gamma_1=2.7(1-\varepsilon)$。其中 ε 为砂之孔

隙率，而水中砂之容重 $\gamma_2=(2.7-1.0)(1-\varepsilon)$。

设 $\varepsilon=0.4$ 则 $\gamma_1=1.62\text{g/cm}^3$，$\gamma_2=1.02\text{g/cm}^3$

得
$$p=(1.62h_1+1.02h_2)\tan^2\left(\frac{\pi}{4}+\frac{\theta}{2}\right)e^{\pi\tan\theta}$$

（3）有凝聚力之土质时（见图 13）。

图 13 中，剪应力 τ 与正应力 σ 的关系为：$\tau=\sigma\tan\theta+c$，$\Delta h=\dfrac{c}{\tan\theta}$，$\Delta h$ 可视为增加之水压。

故
$$p+\Delta h=(\gamma h+\Delta h)\tan^2\left(\frac{\pi}{4}+\frac{\theta}{2}\right)e^{\pi\tan\theta}$$

$$p=\gamma h\tan^2\left(\frac{\pi}{4}+\frac{\theta}{2}\right)e^{\pi\tan\theta}+\frac{c}{\tan\theta}\left[\tan^2\left(\frac{\pi}{4}+\frac{\theta}{2}\right)e^{\pi\tan\theta}-1\right]$$

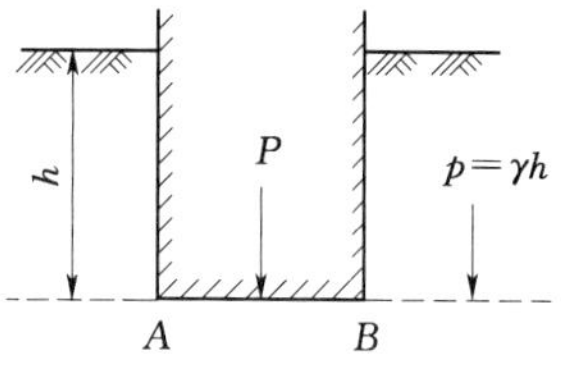

图 11

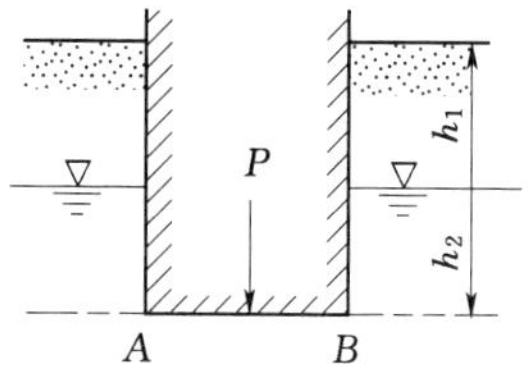

图 12

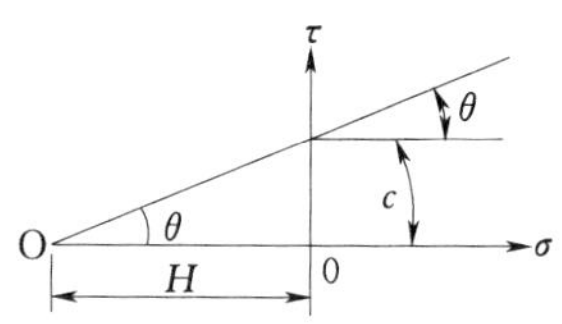

图 13

5.2 基础底适在地面

因 $h=0$，式中之 $\gamma h=0$，见图 11。

故
$$p=\frac{c}{\tan\theta}\left[\tan^2\left(\frac{\pi}{4}+\frac{\theta}{2}\right)e^{\pi\tan\theta}-1\right]$$

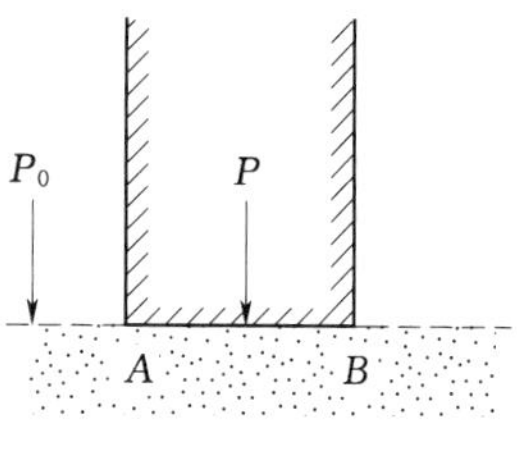

图 14

例 2 今有一地基钻探试验结果如图 14，用 Caquot 氏公式求该地基之支持力若干？

按 Caquot 氏之支持力公式

$$p=\gamma h\tan^2\left(\frac{\pi}{4}+\frac{\theta}{2}\right)e^{\pi\tan\theta}+\frac{c}{\tan\theta}\left[\tan^2\left(\frac{\pi}{4}+\frac{\theta}{2}\right)e^{\pi\tan\theta}-1\right]$$

式中，第一项为摩擦力所生之支持力，第二项为凝聚力所生者。

本问题地基，最下一层之土质，试验的结果如次：

土深 $h=8.60\text{m}$；容重 $\gamma=1.45\text{g/cm}^3$；摩擦角 $\theta=11°0'$；凝聚力 $c=0.18\text{kg/cm}^2$。

计算之结果如下（见图 15）：

$$\tan^2\left(\frac{\pi}{4}+\frac{\theta}{2}\right)=1.5 \qquad e^{\pi\tan\theta}=1.84 \qquad \frac{c}{\tan\theta}=9.26(\text{t/cm}^2)$$

代入 Caquot 公式，可得单位支持力

$$p=34.42+16.3=50.72\ (\text{t/cm}^2)$$

6. 基础沉陷之分析法

地基沉陷之主因可分三类，见图 16。

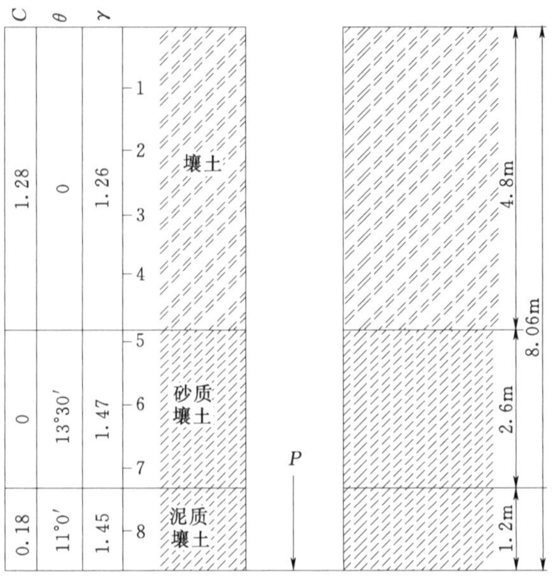

图 15

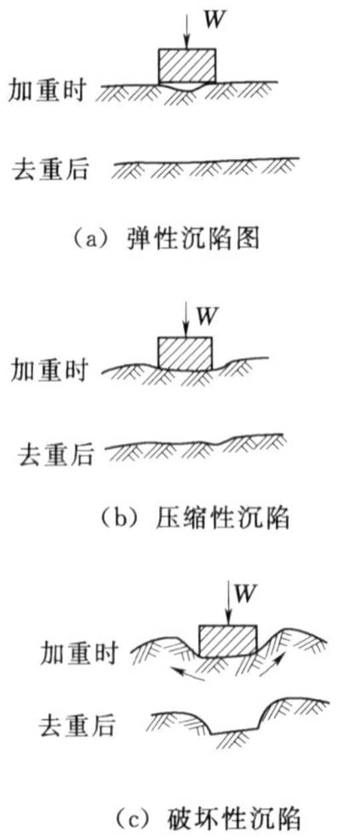

图 16

(a) 地基弹性之变形。

(b) 地基受压之收缩。

(c) 地基平衡破坏，发生滑动。

凡弹性沉陷，去其重荷仍复原状。压缩性沉陷，则由于土质受压失水收缩所致，其程度视土质之受压透水率而定，通常危害较浅。至于破坏性沉陷，地基内力已失均势，直接影响建筑物之安危，不可不深加注意！

据《土工力学》原理分析，地基之破坏性沉陷，可就两种情形讨论之。

6.1 滑弧面自基础之中心发生

图 17 中 ABC 为滑弧面（圆心为 O），CF 为滑平面，它与水平面之倾角为$\left(\frac{\pi}{4}-\frac{\theta}{2}\right)$。该滑平面上之土体，即于垂直面 DC 发生被动土压力者；滑弧之圆心与半径，分析时可随意选定。

先由 Coulomb 或 Rankine 之土压公式，计算 DC 面上之被动土压力 E（方向水平），次计算建筑物之半部重量及 $ABCD$ 土体重量之荷 W。此总重量 W，即为发生滑动之主动力，抵抗此力者，则为被动土压力 E、凝聚力 C（其值约等于 $c\times AC$，c 为单位凝聚力）以及沿 ABC 弧面之摩擦力 Q。在实际计算时，可假定 C 沿 AC 平面作用。

因摩擦抵抗力 Q 及被动土压力 E 之方向，均为已知，故可作一分力多边形图①②③④，其中③①为 W 及 c 之合力，故将③①沿已知之 Q 及 E 之方向分析之，得 $E'=$④①。

若 $E'<E$ 则建筑物稳固安定；

$E'=E$ 则建筑物适在平衡状态；

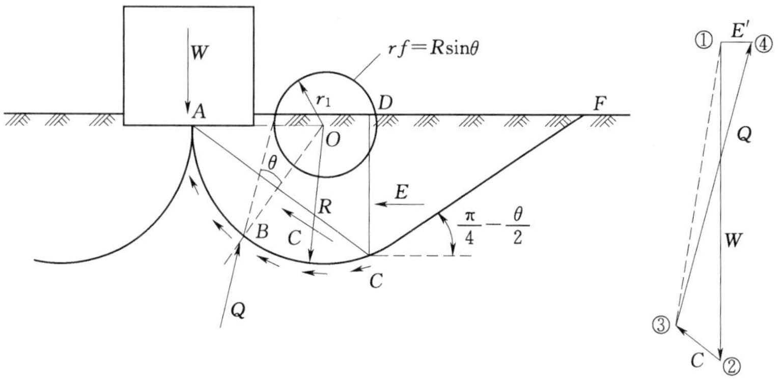

图 17

$E'>E$ 则建筑物将不安定。

变更滑弧之半径，作多次之分析，以定 E'之最小值。亦即某确定圆心之最危险滑面。

6.2 滑弧面于基础之两侧发生

图 18 中，ABC 为滑弧面，其半径为 R，CF 为被动土压力之滑平面，同前例。

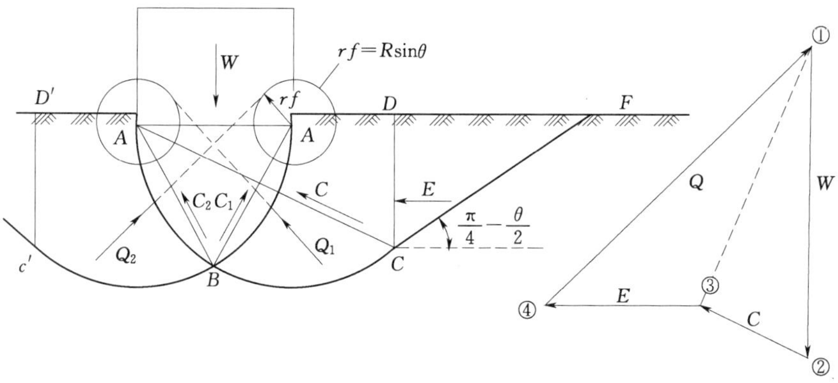

图 18

设建筑物及 $ABCD$ 土体之重量为 W；C 为沿 ABC 弧面之凝聚力；Q 为摩擦抵抗力，此力必经过 E 及 AC 之交点，且切于摩擦圆上（该圆之半径为 $R\sin\theta$，θ 为摩擦角）。次作分力多边形图①②③④图中 W、C 及 Q 之方向，均为已知，可定 E'之值，E'为水平向土压力。

若 $E'<E$ 则建筑物可稳固安定。

经变更滑弧圆心与半径之数次分析，即可探知其危险之滑动面。

总之，此种图解分析法，必先采得地基之原状图样，经剪力试验，定其摩擦角 θ 及凝聚力 c；用此 Q、C 二值作分力图，比较 E'及 E 之值，经多次变更滑弧圆心及半径之分析，即可核定该地基是否安全，而免意外之不测也。

摘自《水利月刊》第 11 卷，第 5 期，1936 年

冲淤平衡稳定渠道设计法

引　言

我国是世界上灌溉农业发展最早的国家之一：巨大的渠道系统，如四川的都江堰，甘肃、宁夏的渠道，都有几千年的历史；即使比较近代化的陕西泾、洛、渭等渠，也有 20 多年了。这些渠道，经长期间的使用，渠道的纵横断面，已经形成了一定的稳定状态。这种状态，不仅和当地的水文、土壤、地理、气象、生物等自然条件密切结合；并且和农业耕作技术，以及用水管理等人为条件也紧密联系。因此，总结这种稳定渠道的实践经验，探索其规律，对于指导当前生产，并在这一区域进行大规模水利建设，具有非常重要的意义。

自 1957 年冬，在全国范围内，开始掀起了史无前例的水利建设高潮。黄河下游，直接从黄河开闸引水，渠道的流量小的有 20～30m^3/s，大的到了 500～600m^3/s。大型渠道倘有淤积，每次挑挖常须消耗大量劳力；或则水流过急，渠溜摆动，淘刷两岸，甚至溃决成灾。因此，大型渠道的稳定性问题显得特别严重，成为当前水利技术上的重要课题。

1895 印度肯乃第[1]，首先提出稳定性渠道的概念和临界流速公式：

$$V_0=Ch^m \tag{1}$$

式中：V_0——临界流速（m/s）；

h——水深（m）；

m——指数=0.64（印度下巴里多贝渠系）；

C——系数=0.548。

1930 年，拉塞[2]发展了肯乃第的公式，在临界流速中，增加了反映泥沙性质的系数，如下式：

$$V_0=0.646\sqrt{fR} \tag{2}$$

式中：R——水力半径（m）；

f——沙质系数，它和粒径 d（cm）有下列关系：$f=5\sqrt{d}$。

同时，拉塞还提出了稳定渠道断面与水力因素的基本关系：

$$P=4.84\sqrt{Q} \tag{3}$$

式中：P——湿周（m）；

Q——流量（m^3/s）。

拉塞的公式，在印度的特定地区内，颇为适用；并且形式简单，运算方便，在生产实践上有一定的价值。

1951 年，苏联札马林教授[3]指出：肯乃第-拉塞公式的主要缺点，是公式中没有把含沙量这一重要因素反映出来，缺乏基本规律性的普遍意义，应用到其他地区就有困难。为了解决这一问题，札马林教授和苏联其他学者[4,5]提出：渠道的设计流速，一方面，应该

小于不冲流速；同时，又要大于不淤流速。即

$$V_H < V < V_K \tag{4}$$

式中：V——设计流速（m/s）；

V_H——不淤流速（m/s）；

V_K——不冲流速（m/s）。

札马林教授提出渠道水流挟沙能力（不淤）公式如下：

（1）$0.002 < \omega < 0.008$（m/s）

$$\rho = 0.022\left(\frac{V}{\omega}\right)^{3/2}\sqrt{RJ} \tag{5}$$

（2）$0.0004 < \omega < 0.002$（m/s）

$$\rho = 11V\sqrt{\frac{RJV}{\omega}} \tag{6}$$

式中：ρ——含沙量（kg/m^3）；

ω——沉速（m/s）；

R——水力半径（m）；

V——断面平均流速（m/s）；

J——比降。

苏联的河流，含沙量不大，一般约在 0.1～10kg/m^3 之间。根据（4）式的不冲不淤条件来设计渠道，没有困难。但对于我国黄土区域的河流，由于冬季水清，夏季含沙量陡增，引水灌溉时一般渠道的设计流速 V（假定水力半径不变）常需略小于最大含沙量时的不淤流速 $V_{H(\max)}$，同时，又要略大于最小含沙量时的不冲流速 $V_{K(\min)}$，见图 5，即

$$V_{H(\max)} > V > V_{K(\min)} \tag{7}$$

渠道在浑水期间常有淤积，随后由清水拉洗，恢复原状。这样，我们的渠道设计，要比苏联复杂，不单纯是选定一个不冲不淤的流速问题，而是如何使渠道在某一定时期内（一季或一年）的淤积量和冲刷量互相抵消的平衡问题。

本文的主要目的，就是把我们对渠道冲淤问题，已经认识到的一些现象和规律进行总结，并提出一种具体的设计方法，供生产设计部门参考应用。

1. 渠道的变形和稳定

某一定流量和沙量，通过某一定土质的设计渠道，由于设计者的认识不足，常常在渠道放水以后，渠形发生变化；但这种变化，经长久冲淤调节，逐渐稳定下来；最后，形成一种稳定的断面形状，和相应的水力条件，变化也逐渐停止。这个渠道，就可以叫做“稳定渠道”。

渠道的变形从方向上说，可以分为纵向变形和横向变形；从过程上说，又可分为连续性变形和周期性变形两种。

渠道纵断面的变形，主要是由于来水的含沙量和渠道的挟沙能力不相适应。

假如渠水的挟沙能力超过了来水的含沙量，流速又超过了渠床土质的不冲流速，那么，渠槽就有刷深和扩大的趋势。这样，渠道的比降、流速和挟沙能力都自动地逐渐降

低，直到渠道的流速等于不冲流速而后止。

假如渠水的挟沙能力小于来水的含沙量，渠道就要淤积；这里，可能发生 2 种情况：

（1）来水流量保持不变，且水位可以无限制向上升高。那么，淤积的结果，必使渠床自动抬高，比降和流速逐渐增大；挟沙能力也随之提高，直到和来水的含沙量相适应而后止。

（2）来水的水位有一定限制，不能升高。那么，由于淤积，而使流量逐渐减少，流速降低，淤积更甚；严重时，可致全部断流。

渠道横断面内的变形，主要决定于断面内的流速分布，尤其是湿周上的各个泥沙质点所受流水的作用力，是否能与该点泥沙本身的抗力互相平衡。譬如，一个过于深窄的断面，渠床上的作用力往往偏小，容易淤积；而边坡上的作用力则偏大，造成冲刷；因之逐渐向一个比较宽浅的断面演变，使底速加大，边速降低，使湿周上的流速分布和土质的稳定性互相适应。反之，过于宽浅的断面，主溜分散，容易摆动，渠床上的任何地点都有刷成深槽或淤为浅滩的可能。

上面是假定来水来沙保持不变的条件下，渠道断面的变形和发展，最后达到稳定的过程。这种变形可以叫做“连续性变形”。但实际上一般渠道，不仅引水流量时刻不同，且来水的含沙量也随时而异，常常形成一定周期性的变化。因此，渠道的断面，也就跟着作周期性的增减，永无止期。实践证明，一个新开的渠道，由于设计得不合适，在放水的头几年，连续性变形较大，日子久了，变形逐渐缩小，趋于稳定。最后形成的断面形状，虽年内仍会有周期性冲淤变化，但对于这一定型变动的流量和沙量来说，是能保持稳定而互相适应的。这种渠道，我们可以叫做“冲淤平衡的稳定渠道”。同时，这种冲淤平衡的稳定断面，比理想的水沙条件不变流量的稳定断面，对生产更有深刻的现实意义。

图 1 是渭惠渠一渠从 10 号跌水到 11 号跌水间的渠道变形情况[6]。从这图上可以清楚地看出，由于原设计的比降 $J=0.0005$ 过大，挟沙能力超过了来水的含沙量，渠段上游冲刷，下段淤积，造成了纵向变形；比降自动地进行调整，降低到 $J=0.00035$，才稳定下来。从图上还可看出，渠道的边坡发生坍塌，有显著的横向变形。

图 2 是宁夏唐徕渠大坝断面，1956 年 6 月 7 日到 8 月 11 日间，渠床纵向高程的周期性变形图[7]。这种变形方式，反映了我国西北黄土渠道冲淤平衡稳定断面的重要特征。

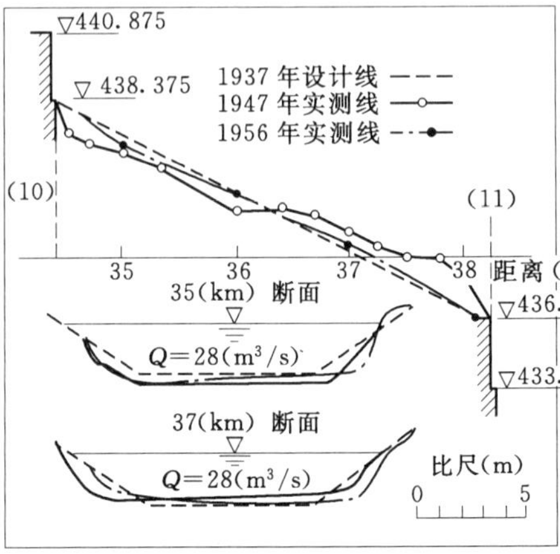

图 1　渭惠渠 10～11 号跌水间渠道变形图

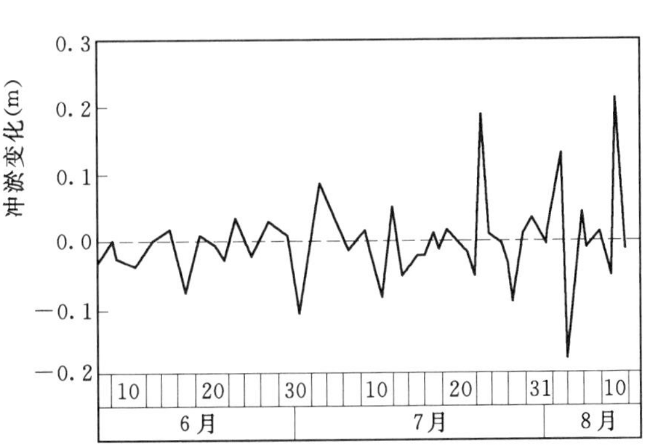

图 2　唐徕渠大坝断面 1956 年冲淤变化

渠道变形对渠系管理，常常带来一定的困难和损失，譬如，渠床刷深两岸崩塌，沿渠斗门因水位降落不能上水；或则比降不足，泥沙淤塞，过水不利，甚至全部断流，造成严重后果。

2. 湿周和流量的关系

1930年，拉塞指出，印度冲积性稳定渠道的湿周和流量，保持着一定的关系，这种关系，与河床的沙质粒径无关，即

$$P=4.84\sqrt{Q}$$

或

$$P=K_p\sqrt{Q} \quad (8)$$

式中，P——湿周（m）；

Q——流量（m^3/s）；

K_p——湿周系数。

我们把所收集到的有关渠道稳定断面的资料及湿周系数 K_p 的计算结果列成表1。不过，一些国外资料不是原始的，而是从文献或图表上摘录下来的，只能供读者参考。

表1　湿周系数

地名	渠道	资料点数	流量（m^3/s）	湿周（m）	湿周系数 K_p 最大	最小	平均
陕西	泾惠渠	40	0.2～27.8	1.85～12.0	4.2	2.28	3.25
	洛惠渠	30	0.1～6.5	1.65～7.15	6.17	2.81	4.12
	渭惠渠	31	0.1～27.0	1.56～19.64	5.67	2.69	3.58
宁夏	唐徕渠	28	59.0～120.6	32.3～67.0	6.42	2.54	4.28
	惠农渠	22	33.9～55.0	23.9～39.0	7.04	3.31	4.88
内蒙古	杨家河渠	2	13.4～16.8	22.45～22.5			5.81
	复兴渠	2	55.8～61.6	29.5～29.58			3.85
苏联	德捷—尕拉乌	4	0.3～1.6	4.16～5.02	7.07	3.99	5.52
	阿拉克西支渠	17	0.6～17.8	3.61～15.1	5.02	2.48	3.39
	团结渠	4	1.6～3.6	7.95～9.32	6.3	4.94	5.38
	库涅—尕拉乌	4	4.1～7.6	11.5～12.3	2.7	4.48	4.85
	沙瓦特，测段2	5	18.2～39.8	28.2～30.2	6.6	4.78	5.3
	沙瓦特，测段3	4	13.2～31.6	30.2～34.6	8.32	5.94	6.7
	沙瓦特，测段4	3	12.6～19.9	22.2～25.1	7.07	5.24	5.8
	依兹马里亚渠	3	63.0～71.0	34.7～38.9	4.62	4.37	4.5
	塔什	3	100.0～178.0	66.0～89.0	7.25	5.6	6.45
	依不拉革米亚渠	2	126.0～141.5	50.2			4.24
	沙乌马	4	0.1～0.2	1.74～2.19	6.93	5.38	6.2
美国	东高线渠	11	11.5～45.2	16.8～19.0	4.95	2.83	3.41
印度	巴利多贝	22	0.7～119.0	3.66～47.8	4.78	3.66	4.23
	巴利多贝马特拉斯	31	0.2～340.0	2.13～91.4	5.72	3.23	4.74
	马特拉斯	15	0.9～79.4	5.18～67.0	7.45	4.57	5.47
	马特拉斯	1	41.0	30.84	5.24	4.15	4.74
埃及		5	66.6～147.5	36.6～51.8	7.45	2.28	4.63
总计		293					4.20

从表 1 可以看出，湿周系数 K_p，对于某一渠系，近似为一常数；但在各渠之间有很大的差别。总的说：K_p的变化在 2.3～7.5 之间，平均 $K_p=4.2$。在我国西北各渠系，K_p值的变化约在 2.3～7.0 之间，平均 $K_p=4.25$。泾、洛、渭三渠的平均 $K_p=3.64$。

图 3（a）是我国西北稳定渠道的湿周和流量的关系图；图 3（b）是各国稳定渠道湿周和流量的关系。

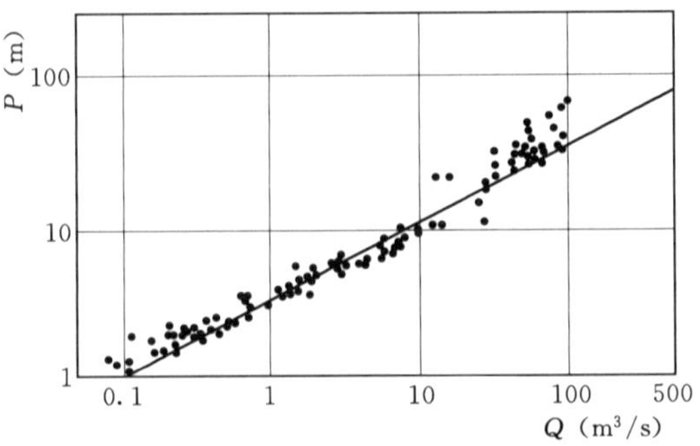

(a) 我国西北稳定渠道

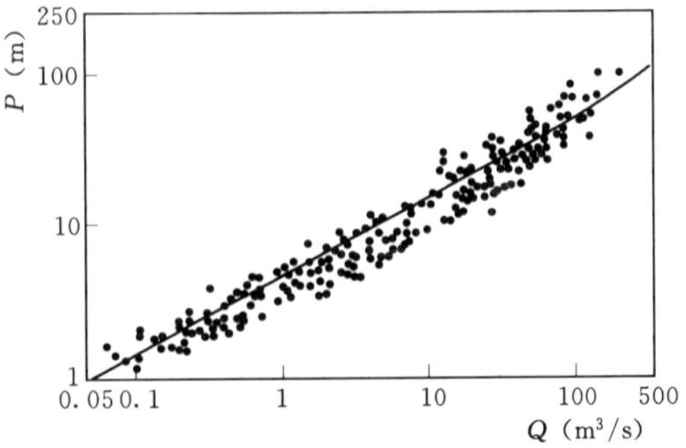

(b) 各国稳定渠道

图 3　湿周和流量的关系

我们又仔细地分析了泾、洛、渭各渠系的湿周系数，发现湿周系数有随着流量缩小而增大的趋势，见图 4。并求得经验公式如下：

$$K_p=3.3+\frac{0.30}{Q^{3/4}} \quad (9)$$

式中：K_p——湿周系数；

Q——流量（m^3/s）。

式（9）对于黄土渠系的设计，尤其是支斗渠，能帮助我们获得比较正确的根据。

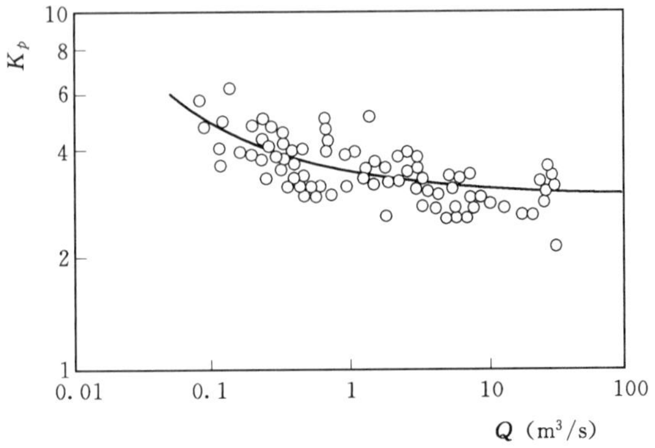

图 4　泾、洛、渭各渠的湿周系数

为了更好地说明问题，对宁夏渠系和陕西渠系，作进一步的比较；我们把湿周系数 K_p大于我国西北渠道平均值的渠，即 $K_p>4.25$ 叫做“宽型渠”，$K_p<4.25$ 叫做“窄型渠”。

宁夏渠系的特点，一般是无坝引水，渠道本身，不仅要能引水，并且还要起蓄洪、缓流、平水的作用。每年夏秋放水，冬春停水，其流量过程随黄河水位涨落而变，基本上和自然河流相仿。满槽流水时期不长，低水期的水流，有时在主槽内蜿蜒摆动，顶冲渠岸，故断面有展宽的趋势。这种渠道，又可以叫做“自然型”渠道。

宁夏的灌区，主要是黄河两岸的川地，地势平坦，比降不大，一般都是从干渠两侧斗口分水，平地开渠。为了争取引洪蓄水，节省筑堤土方，常把堤距尽量放宽。所以，渠道一般都有淤积，每年要挑挖一次[10]。这种自然型渠道属于“宽型渠”。

陕西泾、洛、渭三渠的情况就和宁夏不同，都是有坝引水，流量完全可以得到控制。无论河水夏浑冬清，随时都可满槽引水。流量的过程线与自然河流不同，可以叫做“控制型渠道”。

泾、洛、渭渠系[11]，灌溉渭北高原，含沙量特大；地面坡降充足，渠系的比降，节节用跌水调整。渠槽以挖方为主体，为了节省土方，设计断面一般偏于深窄。放水以后，由于宽度（湿周 P）不够，逐渐向两侧发展，边坡受到冲刷，目前尚未完全停止。譬如，渭惠渠自 1937 年放水以后，最初几年渠底和两岸都有冲刷；后来由于渠水带来的底沙（$d=0.55$mm），把渠底盖满，渠首段渠槽淤高，放水流量一般不超过 $20m^3/s$，渠道渐见稳定。但从 1957 年冬，渠道改建，引水流量增至 $30m^3/s$，并改善了防沙措施，两岸冲刷复见发展。这种控制型渠道属“窄型渠”。

正确地选择湿周系数 K_p 值，是设计工程师的主要任务之一。应根据设计渠系的具体情况、行水条件和将来的发展，参照类型相似渠系的先进经验，进行比较研究，妥为决定。

3. 不淤流速和不冲流速

含有定型定量泥沙的渠水，通过某一渠段，若渠段水流适能挟运这定量泥沙而不致（或开始）淤积，这渠段水流的平均流速叫做“不淤流速”V_H；同时，这含沙量，叫做不淤挟沙能力 ρ_H。同样，假如这含有定型定量泥沙的水流，通过这一渠段，适能使已经停积在渠床上的淤沙不致（或开始）冲刷，其平均流速可叫做“不冲流速”V_K；相应的含沙量叫做“不冲挟沙能力”ρ_K。

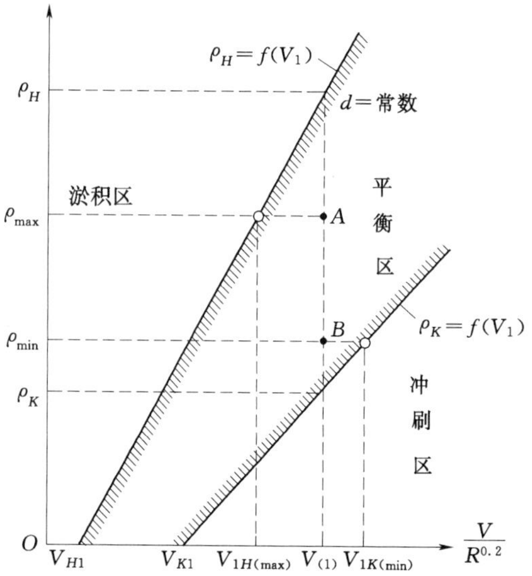

图 5　渠道定型泥沙冲淤范围示意图

显然，当渠水为清水，即含沙量等于零（$\rho_H=\rho_K=0$）；那么，不淤流速就等于止动流速 V_H，不冲流速就等于开动流速 V_K，见图 5。

流水中运动着的泥沙，在同一流速 V 条件下，不淤挟沙能力常大于不冲挟沙能力（$\rho_H>\rho_K$）。同理，在达到同一挟沙能力，其不淤流速就应该小于不冲流速（$V_H<V_K$）。

假如某渠段的流速 V，适在不冲流速和不淤流速之间，即 $V_H<V<V_K$。这水流内定量的泥沙，就可以挟运而过，既无淤积，也不冲刷，叫做“不冲不淤”或称“平衡”。我们就是观测这一现象，来判断渠水的挟沙能力的。显然，平衡渠道的挟沙能力并非一个常数，而是在“不冲”和“不淤”两种临界条件范围之内变化的。

流水挟沙能力的基本规律[12]，如下式：

$$\rho_0 = \frac{Kd}{\omega^{4/3}}\left(\frac{V - V_{01}R^y}{\sqrt{R}}\right)^n \tag{10}$$

式中，ρ_0——挟沙能力（kg/m³）；

V——断面平均流速（m/s）；

R——水力半径（m）；

d——粒径（mm）$=d_{50}$；

ω——沉速（mm/s）$=\omega_{50}$；

y——指数≈1/5；

n——指数，$n=2$，$Fr<0.8$（缓流），$n=3$，$Fr>0.8$（急流）；

V_{01}——挟动幺速（m/s）；挟动幺速在开动幺速 V_{K1} 和止动幺速 V_{H1} 之间变化，即 $V_{K1}>V_{01}>V_{H1}$；

K——挟沙系数。

一般情况下，渠道的水流均为缓流（$n=2$），故可从挟沙能力公式得出：

（1）不淤挟沙能力 ρ_H（$V_{01}=V_{H1}$）

$$\rho_H = \frac{K_H d}{\omega^{4/3}} \cdot \frac{(V - V_{H1}R^{1/5})^2}{R} \tag{11}$$

式中，K_H——不淤挟沙系数。

（2）不冲挟沙能力 ρ_K（$V_{01}=V_{K1}$）

$$\rho_K = \frac{K_K d}{\omega^{4/3}} \cdot \frac{(V - V_{K1}R^{1/5})^2}{R} \tag{12}$$

式中，K_K——不淤挟沙系数。

同理，从式（11）、式（12）两式，又可以导出：

（3）不淤流速 V_H

$$V_H = \frac{\omega^{2/3}}{K_H^{1/2} d^{1/2}} \rho^{1/2} R^{1/2} + V_{H1} R^{1/5} \tag{13}$$

（4）不冲流速 V_K

$$V_K = \frac{\omega^{2/3}}{K_K^{1/2} d^{1/2}} \rho^{1/2} R^{1/2} + V_{K1} R^{1/5} \tag{14}$$

以上 4 式，泥沙的止动幺速 V_{H1} 和开动幺速 V_{K1} 在没有实测资料时，可用下式计算[12]：

$$V_{H1}^2 = 0.011 + 0.39 d^{3/4} \tag{15}$$

$$V_{K1}^2 = 1.1\frac{(0.7-\varepsilon)^4}{d} + 0.43 d^{3/4} \tag{16}$$

式中，ε——孔隙率。

为了紧密地结合生产，服务于黄河流域大规模渠系的建立，特把有关黄土平衡挟沙能力的测验资料，按照上面的办法，进行分析。资料包括：

（1）引黄济卫渠系实测资料[13]；

（2）西北水利科学研究所，直接引渭惠渠浑水试验的饱和挟沙量记录；

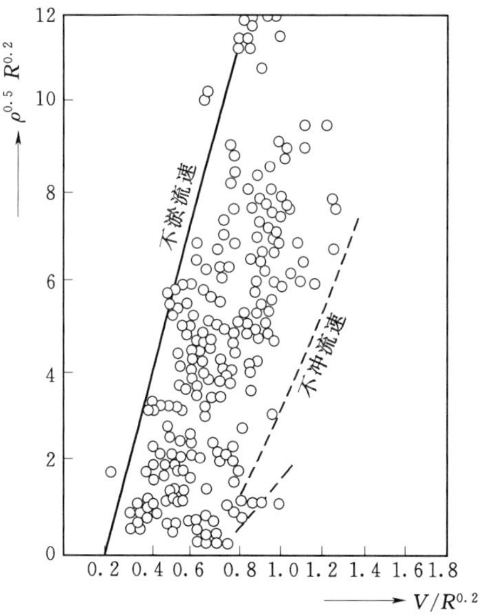

图 6　黄土渠道的不冲、不淤流速范围图

（3）西北水利科学研究所，第 6 支渠实测资料；

（4）黄河水利科学研究所，水槽试验资料[14]；

（5）南京水利科学研究所，水槽试验资料[15]。

以上资料绘如图 6。从图上，我们定出下列黄土性渠道的系数，在没有实测资料时，可供估计应用。

不淤挟沙系数 $K_H=3200$；

不冲挟沙系数 $K_K=1100$。

4. 冲淤平衡的概念

我国西北黄土河流，夏秋水浑，冬春水清。如果为了防止淤积，把渠道的流速 V，按照不淤流速 V_H 设计（$V=V_H$）；到了冬春，由于流速大于不冲流速 V_K，即（$V>V_K$），渠床就要冲刷。反之，为了冬春不冲，按照不冲流速 V_K 设计，到了夏秋引水，含沙量增大就会造成淤积。由于渠道来水的含沙量四季不同，实践证明，要保持渠槽稳定，一般渠道的设计流速（假定水力半径不变），应该略大于含沙量最小时的不冲流速 $V_{K(\min)}$，而又略小于含沙量最大时的不淤流速 $V_{H(\max)}$，见图 5。也就是使浑水期间渠道内的淤积量，到了清水期间完全拉洗干净，在某一定时间内（一季或一年）恢复正常状态。这就是我们所要提出的“冲淤平衡”概念的实质。

“冲淤平衡”这一概念，也可以写成下列方程式，见图 7。

$$\sum_{i=0}^{i=T} Q(\rho_1-\rho_2)\Delta t=0 \tag{17}$$

式中，ρ_1——来水含沙量（kg/m³）；

ρ_2——去水含沙量（kg/m³）；

Δt——时段；

T——总时间（一季或一年）。

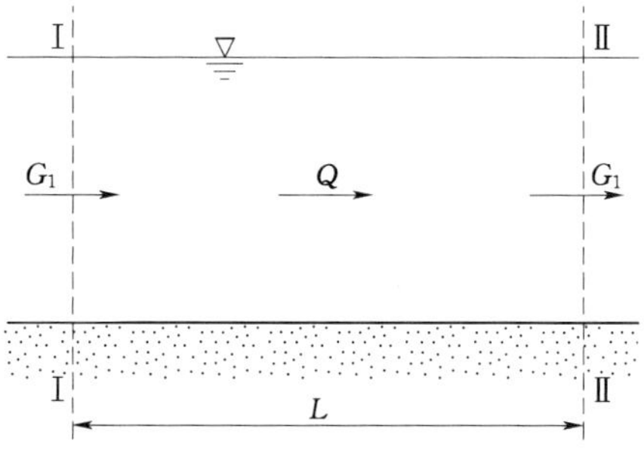

图 7　冲淤平衡渠段示意图

设渠道在浑水期可能的淤积量超过了清水期可能的冲刷量，或者渠道的断面因淤积过多妨碍了行水，那么，当含沙量过大的时候就要停止放水。这一最大限度的含沙量叫做“最大许可含沙量”$\rho_{\max}$（kg/m³）。

怎样设计冲淤平衡的渠段和决定渠段的最大许可含沙量 $\rho_{\max}$ 我们提出两种方法：

（1）时段冲淤分析法。

根据流量和设计比降、流速、水力半径等水力条件；结合来水的含沙量过程线 $\rho=f(t)$，分成适当的时段，逐段计算冲淤速度 $u=\Delta H/\Delta t$ 和渠床的高程 H。计算时可变更各种最大许可含沙量，使达到冲淤平衡为止。从而定出停水的时期和最大许可含沙量，见图 8。

这种方法是比较根本的和合理的，尤其是对于新辟灌区，缺乏相似地区资料的渠道。不过，对于冲淤速度的规律性，还缺乏系统研究和实地观察，要运用这一方法进行设计，目前尚有一定困难。

（2）相似渠系比拟法。

根据相似渠系（包括水力、泥沙、管理等条件）的先进经验，细致地研究渠系的特点和相似的程度，从而拟定最大许可含沙量 ρ_{max} 和停水时间。

最大许可含沙量 ρ_{max} 和渠系的不淤挟沙能力 ρ_H 的比值，可以叫做“许可挟沙比” E，如下式：

$$E=\frac{\rho_{max}}{\rho_H} \tag{18}$$

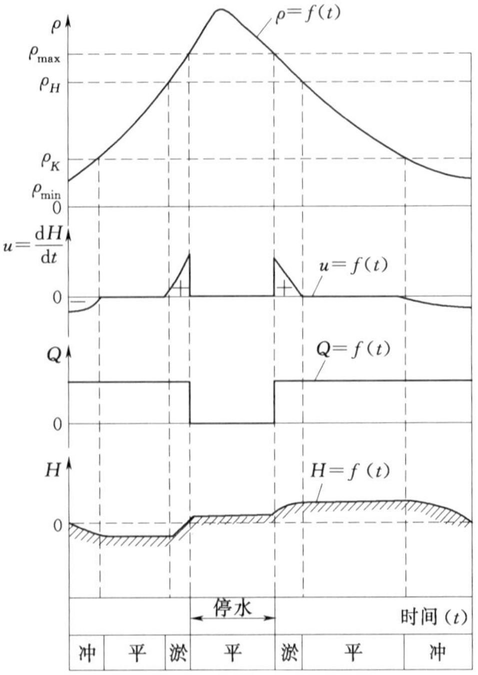

图 8　冲淤时段分析示意图

陕西各渠系的许可挟沙 E 之均值，泾惠渠为 1.06，洛惠渠为 0.68，渭惠渠为 0.86，其变化情况详见表 2。

表 2　泾、洛、渭三惠渠的许可挟沙比

渠别	NO.	流速 v（m/s）	水力半径 R（m）	比降 J	最大许可含沙量 ρ_{max}（kg/m³）	泥沙粒径 d（mm）	不淤挟沙能力 ρ_H（kg/m³）	许可挟沙比 E	备注
泾惠渠	1	1.1	1.35	0.00042	180	0.02	223	0.807	
	2	1.07	1.30	0.00042	180	0.02	216	0.833	
	3	0.79	1.00	0.00042	180	0.02	134	1.34	
	4	0.55	0.74	0.00042	21	0.02	69.5	0.302	
	5	0.56	0.68	0.00042	110	0.02	80.3	1.37	
	6	0.79	0.84	0.00042	140	0.02	163.0	0.85	
	7	0.63	0.80	0.00042	110	0.02	93.7	1.18	
	8	0.6	0.75	0.00042	110	0.02	88.0	1.25	
	9	0.63	0.80	0.00042	110	0.02	93.7	1.18	
	10	0.63	0.80	0.00042	140	0.02	93.7	1.51	
	11	0.76	0.80	0.00042	140	0.02	209	0.67	
	12	1.07	0.74	0.00042	550	0.02	399	1.38	
	13	0.868	1.07	0.00062	244	0.02	158	1.54	
	14	1.06	0.78	0.00141	244	0.02	368	0.663	
	15	0.97	0.74	0.00088	244	0.02	262	0.931	
	16	0.81	0.98	0.00042	244	0.02	147	1.66	
	17	1.06	0.883	0.00083	244	0.02	322	0.758	
	18	1.02	0.925		244	0.02	278	0.878	
							平均 E	=1.06	

续表

渠别	NO.	流速 v (m/s)	水力半径 R (m)	比降 J	最大许可含沙量 ρ_{max} (kg/m^3)	泥沙粒径 d (mm)	不淤挟沙能力 ρ_H (kg/m^3)	许可挟沙比 E	备注
洛惠渠	1	1.1	1.33	0.0004	210.0	0.02	224	0.938	
	2	1.0	1.154	0.0004	165.5	0.02	209	0.790	
	3	0.9	0.985	0.0004	141.4	0.02	191	0.740	
	4	0.8	0.825	0.0004	106.5	0.02	172	0.620	
	5	0.7	0.676	0.0004	84.3	0.02	152	0.555	
	6	0.6	0.537	0.0004	73.2	0.02	130	0.563	
	7	0.5	0.409	0.0004	62.2	0.02	106	0.590	
	8	0.4	0.292	0.0004	51.6	0.02	81.0	0.637	
							平均 E	=0.68	
渭惠渠	1	1.25	1.29	0.00055	230.4	0.02	316	0.642	
	2	0.913	0.778	0.000448	165.5	0.02	257	0.644	
	3	0.868	0.915		165.5	0.02	189	0.879	
	4	0.54	0.262	0.001	159.3	0.02	222	0.720	
	5	0.51	0.386	0.00125	159.3	0.02	120	1.33	
	6	0.43	0.307	0.00071	89.8	0.02	95.1	0.943	
							平均 E	=0.86	
							总平均 E	=0.928	

应该注意，表中泾惠渠的许可挟沙比 E 显然较大，其主要原因：一是由于泾惠渠发展悠久，灌溉面积扩大，水源不足，必须争取一切机会，利用高含沙量浑水灌溉。遇干旱年时，即使含沙量已经超过了许可限度，也会甘冒淤塞开闸引水。二是由于泾惠渠冬季水清，利于冲洗，容易恢复平衡状态。因此，管理上就需把挟沙比值 E 尽可能提得高一些。

5. 稳定渠道的断面形状和侧坡问题

稳定渠道的断面形状，久引起学者们的注意。1930 年拉塞提出，一般断面接近半椭圆形[2]；1940 年维茵克尔提出呈盘形[16]；1947 年范家骅对于清水渠道平衡断面，从力学观点作了详尽的分析[17]。

对于某一定型土质，渠道的断面形状是否和流量有一定的关系？这是应该解决的。

断面的形状，一般可用形率 $\xi=P/R$ 来表示，形率越大，断面越宽浅。首先，我们把西北各渠的形率 ξ 和流量 Q 绘成图 9，明渠的形率 $\xi=2\pi$ 为最低极限。可以看出，渠道的形率 ξ，大概在流量 $Q=1\text{m}^3/\text{s}$ 时为最小。渠道流量增大或减小，其断面的形状都有变浅的趋势。形率的范围，约 7.5～11，平均值是 8。

我们把流量按照等比级数，分成 12 级如表 3。把属于同级流量的断面形状，在方格纸上重叠地绘在一起，再用目力判断，描出一个平均断面形状，并作为这一级平均流量的断面形。这样，共得 12 个断面形。然后，再以这 12 个平均断面形作基础，进行断面形状的比较分析。

图 10 (a) 是一个理想的渠道断面，在断面上标出了各部分尺寸符号。今以 $X=\dfrac{B-b}{2P}$ 作横轴；$Y=\dfrac{h}{P}$ 作纵轴，把某一个断面绘成一条曲线，如图 10 (b)。很明显，这个曲线就相当于半个断面的形状。

表 3

级别	流量范围	平均流量	级别	流量范围	平均流量
1	0.13～0.20	0.16	7	2.0～3.2	2.6
2	0.20～0.32	0.25	8	3.2～5.0	4.1
3	0.32～0.50	0.41	9	5.0～8.0	6.5
4	0.50～0.80	0.65	10	8.0～13.0	10.0
5	0.80～1.30	1.00	11	13.0～20.0	16.0
6	1.30～2.00	1.60	12	20.0～32.0	26.0

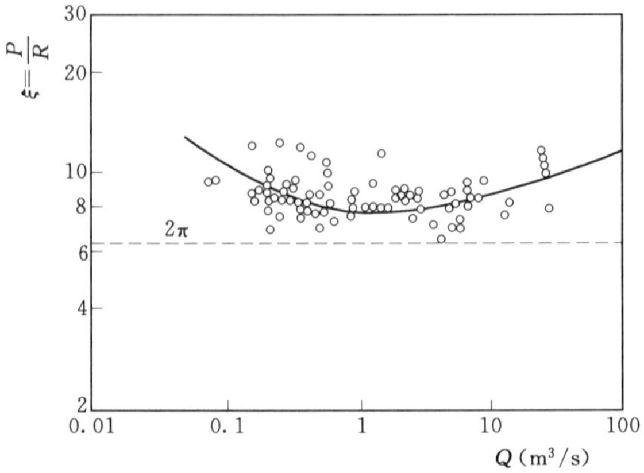

图 9　泾、洛、渭惠渠形率流量的关系

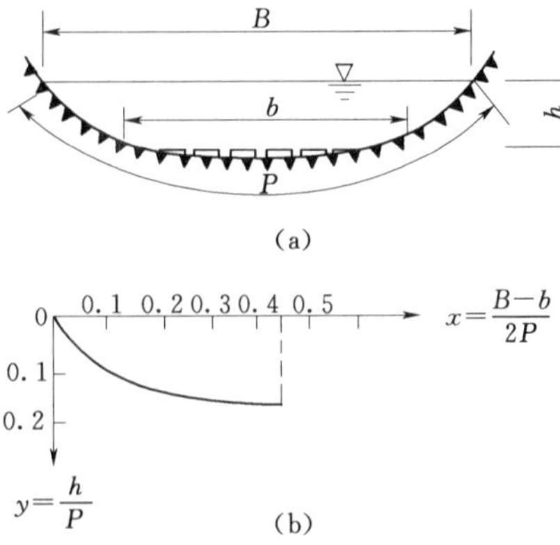

图 10　平均断面形状描绘法

根据已知流量 Q 和湿周系数 K_p，推算应有的湿周 P 值。P 值决定以后，就可以按照这曲线，把渠道的断面形和各部分尺寸完全复制出来。同时，这条曲线的长度应该等于 0.5。我们把 12 个平均断面形，都照这个办法，绘在方格纸上，成图 11。

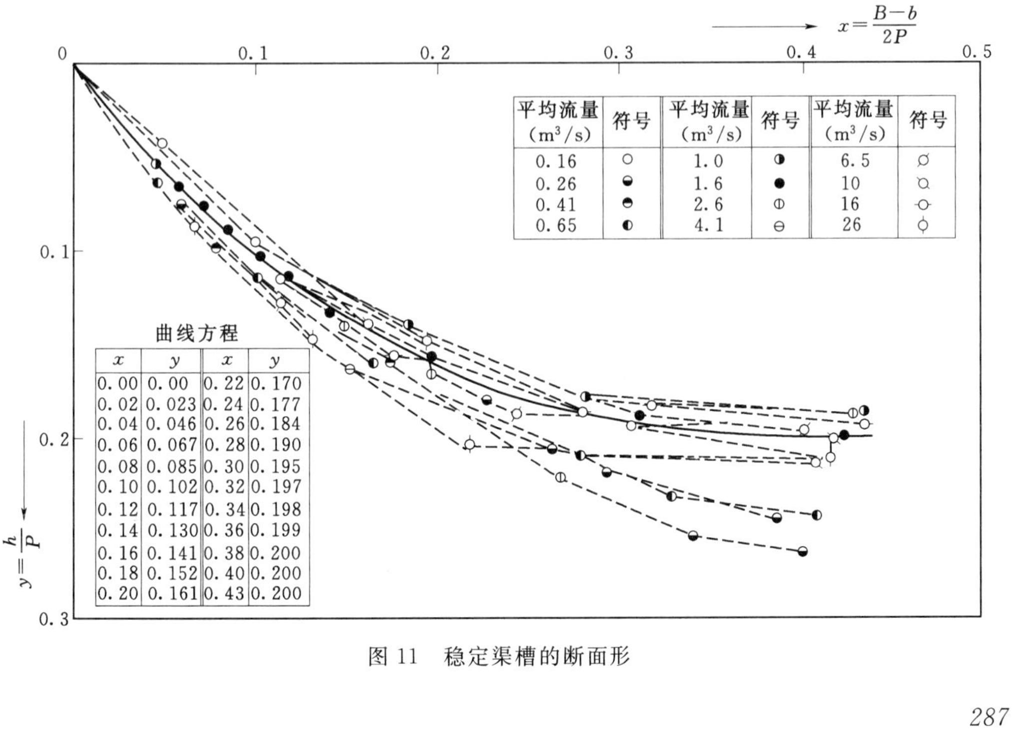

图 11　稳定渠槽的断面形

从图上可以看出，陕西泾、渭两渠的断面形，对流量的大小，略有一定的关系；但变化不大，规律性亦不明显。这种现象主要是由于决定渠道断面形状的因素，除流量以外，尚有沿渠土质和含沙量等因素；而这些因素，对泾、渭两渠来讲，虽然可以认为接近常数，但对于断面形状的影响和变化，常常具有更直接的作用。

我们把这 12 个平均断面形加以综合，取其平均得出总的平均断面形，见图 11 粗黑线。

应该指出，这一平均断面形，最适合的流量和挟沙量条件，应该是流量的总平均值 $Q=2\mathrm{m^3/s}$，平均最大许可含沙量 $\rho_{\max}=166\mathrm{kg/m^3}$，许可挟沙比 $E=1.1$。

显然，这种稳定的曲线型断面，行水后的横向变形可能最小；但在施工时开挖曲线断面形，有一定困难，一般都采用梯形断面来代替。而这个梯形断面的水力因素，要能和这曲线型的相同，即流速、水力半径、湿周都各应相等。其水力特征如下，见图 12。

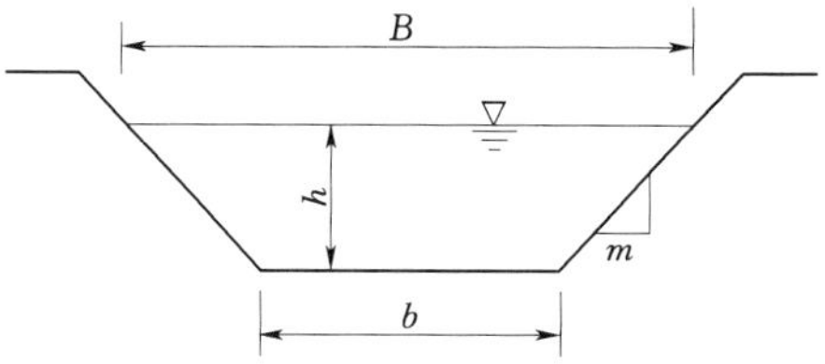

断面积 $A=bh+mh^2$；湿周 $P=b+2h\sqrt{1+m^2}$

水力半径 $R=\dfrac{bh+mh^2}{b+2h\sqrt{1+m^2}}$

水深 $h=\dfrac{P-\sqrt{P^2-4PR(2\sqrt{1+m^2}-m)}}{2(2\sqrt{1+m^2}-m)}$

图 12　梯形断面的水力特征

根据以上方法，计算出来的梯形断面形，可以叫做“等理梯形断面形”，或简称“梯形断面”，如图 13。从稳定曲线型断面和梯形断面的比较，可以看出，陕西黄土塬上，渠道的边坡 m，一般挖方采用 $m=1$，是可以符合平均情况的。

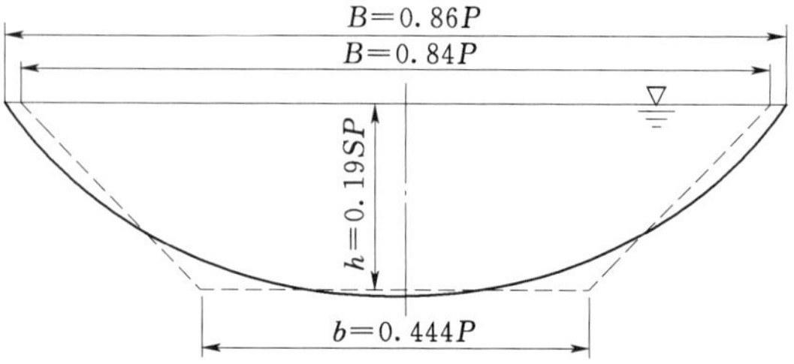

图 13　等理梯形断面

另外，还可以看出，梯形断面行水后，渠底或有冲刷，坡脚或有淤积，而逐渐向稳定曲线型断面发展。在渠道的中心部分，冲刷的深度 Δh，约为水深 h 的 1.5%，这一数量可做估计之用。以实用的梯形断面来代替稳定的曲线型断面，只要边坡 m 选得恰当，在一般情况下是完全可行的。

6. 稳定渠道的糙率

渠道流速一般用满宁公式进行计算：

$$V=\frac{1}{n}R^{2/3}J^{1/2} \tag{19}$$

式中，R——比降；

n——糙率。

满宁公式形式简单，运算方便，并且也相当准确。但由于公式中的糙率 n 和流速成反比，譬如，糙率估计误差为 10%，计算的流速也就要差 10%。我们估计糙率，若要能准确到 10%，在目前说，还有一定的困难；而设计流速的误差 10%，是在一般水力计算中不能允许的。

设计灌溉渠系的时候，假如所估计渠道的糙率较实际的偏大，需要通过某一定流量时，渠道的比降就要因此增加，那就意味着水头（能量）的损失和灌溉面积的缩小。不仅如此，由于将来实际流速加大，势必冲刷渠床，降低水位，不利于斗门分水。譬如：渭惠渠的一支渠，设计时估计的糙率用 $n=0.025$，但实际上 $n=0.02$，这样就偏大了 25%，曾引起严重冲刷和变形。所幸渭惠渠沿渠，节节有跌水控制，变形局限于两跌水之间，尚未造成全面恶果。

我们再从另一方面讲，假如糙率 n 估计得偏小，将来放水以后，渠道的实际流速，就不能达到应有的程度；水量不足，或引起泥沙淤积，或降低含沙量的许可限度，灌溉定额就得不到保证。这一切都说明，正确估计糙率的重要性。

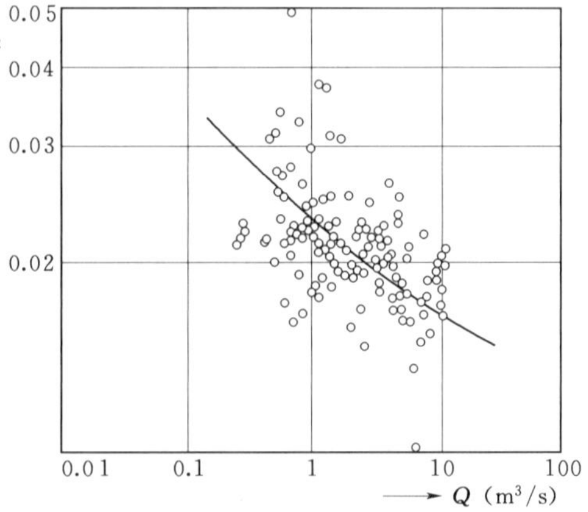

图 14 泾、洛、渭各渠的糙率

黄土渠道的糙率，是否和设计流量有一定的关系？我们把泾、洛、渭各渠的资料，绘成图 14。并求得经验公式如下：

$$n=0.011+\frac{0.012}{Q^{1/3}} \qquad (20)$$

式中，n——糙率；

Q——流量（m^3/s）。

从图 14 可以看出糙率和流量的关系，小流量渠道的糙率，一般较大流量的糙率稍大。在没有实测资料时，利用（20）式估计糙率，且养护得很好，是可能符合实际情况的。

7. 冲淤平衡稳定渠道设计法

通过上面的分析，我们认识到要设计一个冲淤平衡的稳定性断面，希望将来放水以后，能做到不变形或少变形，设计断面就必须同时要满足两个条件：

第一，渠道的断面形状要保持稳定，也就是没有横向变形。满足这一条件，对于渠道的湿周和流量，必须保持一定的关系，要选择适当的湿周系数，同时，梯形断面的侧坡 m，应该和稳定的曲线型断面的侧坡相接近。

第二，渠道的冲刷量和淤积量，要能保持平衡，也就是没有纵向变形。设计渠道的水力条件，主要是挟沙能力必须适应来水来沙条件，使在某一定时间内淤积量和冲刷量相等。在目前，细致地分析相似地区的先进经验，从而选择最大许可含沙量和许可挟沙比，作为设计依据，是切实可行的。同时，正确地估计渠道的糙率也非常重要。

一般设计稳定渠道，已知量是流量 Q、糙率 n、粒径 d、边坡 m、最大许可含沙量 ρ_{max}。根据这些已知量，定出渠道断面形状、尺寸和比降 J。

设计的方法，可以按照下列的步骤进行：

（1）根据流量 Q 和相似渠系，选择适当的湿周系数 K_p，以下式定出湿周 P：

$$P = K_p Q^{1/2}$$

由于湿周 $P=\dfrac{Q}{RV}$，故有

$$V = \frac{Q^{1/2}}{K_p R}$$

（2）根据最大许可含沙量 $\rho_{\max}$ 和相似渠系的许可挟沙比 E，求出不淤挟沙能力 ρ_H，即

$$\rho_H = \frac{\rho_{\max}}{E}$$

（3）由于要同时满足渠道横向稳定和纵向稳定的条件；联列下列两式，解得流速 V 和水力半径 R：

$$\begin{cases} V = \dfrac{Q^{1/2}}{K_p R} & (21) \\ V = \dfrac{\omega^{2/3}}{K_H^{1/2} d^{1/2}} \rho_H^{1/2} R^{1/2} + V_{H1} R^{1/5} & (22) \end{cases}$$

式中，K_H——不淤挟沙系数。

（4）根据流速 V、水力半径 R、湿周 P、边坡 m 用下列公式，定出设计梯形断面的尺寸。

水深 $$h = \frac{P - \sqrt{P^2 - 4PR(2\sqrt{1+m^2} - m)}}{2(2\sqrt{1+m^2} - m)}$$

底宽 $$b = \frac{PR - mh^2}{h}$$

水面宽 $$B = b + mh^2$$

（5）根据糙率 n、流速 V、水力半径 R，用满宁公式，求出设计比降 J，即 $J = n^2V^2/R^{3/4}$。

（6）假如求出的设计比降 J 小于地面平均比降，可用跌水进行调整，或加大设计最大许可含沙量。反之，若设计比降较地面比降大，那就必须设法抬高来水的水位，增大比降；或降低设计最大许可含沙量，使适应地面的坡降；或则允许渠道内造成剩余淤积，每年定期进行人工清淤。

应该指出，我们所提出的黄土渠道不淤流速公式，其中的不淤挟沙系数 $K_H=3200$，主要是从引黄济卫渠道的实测资料和各科学研究所的水槽试验资料中总结出来的；而现在引用这一公式，来估计陕西泾、洛、渭三渠的不淤挟沙能力，与实际情况基本上是互相一致的。这就更具体地说明了这一公式的普遍意义；也就是说：假如利用这一公式，来估计黄河流域其他各地渠系的挟沙能力，也可望获得满意的结果。

结　　语

规模巨大的灌溉渠系设计工作，关系到全灌区的水文、地质、农作、劳动、经济等各个方面，是一个十分复杂的综合性工作。我们由于资料的限制，只总结了陕西泾、洛、渭各渠系的经验，就冲淤平衡观点，提出了一种设计方法；没有再从其他各个方面，进行比较分析。因此，对待这种方法，尤其是公式中的各种系数，不能机械地搬用。应该就具体

问题，进行具体分析，结合相似地区渠系的先进经验，有远见的作出最妥善的安排。

本文主要是针对目前黄河流域、西北黄土高原和黄河下游，迅速发展的灌溉事业而提出的。但是，这种分析方法，对于其他地区也可以适用。各地有关部门，可收集本地区的资料，进行比较研究，拟定最适合本地区的设计办法。

本文由董恒礼、曹如轩、张仲南、于大宇等同志协助完成，我们殷切地盼望有关部门提出批评和意见。

参考文献

[1] Kennedy. R，C.：Hydraulic Diagram for Canals in Earth. Minutes of proceedings. Inst. C. E. Vol. 119. 1895.

[2] Lacey. G.：Stable Channels in Alluvium，Minutes of proceedings. Inst. C. E. Vol. 229. 1930.

[3] E. A 札马林（李昌华、曹今予译）. 渠道内水流的挟沙能力和许可流速. 财经出版社. 1951.

[4] A. A. 契尔卡索夫. 土壤改良与农业给水. 高教出版社. 1950.

[5] B. B. 波斯拉夫斯基. 苏联灌溉系统渠道设计规范. 水利出版社. 1955.

[6] 渭惠渠渠系冲淤资料的整理与初步分析报告. 西北水工试验所报告. 1957.

[7] 黄土渠堤边坡稳定问题的研究. 西北水工试验所报告. 1958.

[8] П. Б. Левановский：Yстойчивые формы нопечиых сечений русел каналов，“исследования деформаций каналов и влияния орошения на грунтовые воды в низовьях Аму－дарьи” АН СССР，1956.

[9] Lane. E. W.：Stable Channels in Erodibte Materlat. A. S. C. E. Transactions. Vol. 102. 1937.

[10] 宁夏省水利专刊. 宁夏省政府建设厅. 1936.

[11] 陕西省泾、洛、渭灌区灌溉工作经验. 陕西省水利局. 1956.

[12] 沙玉清. 泥沙运动的基本规律. 1963.

[13] 人民胜利渠泥沙测验资料. 1957.

[14] 引黄渠系挟沙能力分析研究选用资料表. 黄河建设编辑委员会，1957.

[15] 悬沙量试验初步简要报告. 南京水利科学研究所. 1958.

[16] Winkel：Grundsaetzliches zur Plannaessigen Flussregelung，Dtsch Wasserwirtsch. 1940.

[17] 范家骅：“平衡渠道断面形式之研究”. 水利. 第5卷第1期. 1947.

初稿发表于《水利学报》，1959年4月

本文系按补充修改稿付印，西北农学院科研处发行，1960年

系列模型延伸法

引 言

河工模型试验，是解决或预报河床演变问题的重要工具。但由于模型沙相似条件的限制，一般只能做定性试验，对于要求比较高的定量和定时试验，常常存在困难。

系列模型延伸法，主要是避免选用相似性模型沙困难，而直接利用原体泥沙做试验。但模型与原体之间，各个几何变量和水力变量，都要依照一定的指数关系设计。联系大小两个模型的记录，再按照指数关系，延伸到原体，从而得出原体值。

系列模型延伸法，曾在水槽淤积和坝下游局部冲刷等试验上，得到了验证。说明在几何条件比较简单，影响因素较少的情况下，可以用来预报河床演变问题；至于推广到更复杂的情况，则尚有待于进一步的研究和发展。

1. 系列模型设计原理

设已知原体中某主题变量 x_p 与深度变量 h_p 成指数关系，如下式：

$$x_p = K_p h_p^{n(xh)_p} \tag{1}$$

式中，K_p——常数；

$n(xh)_p$——指数；

p——原体注脚。

同样，模型中主题变量 x_m 与 h_m，也应成指数关系，如下式：

$$x_m = K_m h_m^{n(xh)_m} \tag{2}$$

式中，K_m——常数；

$n(xh)_m$——指数；

m——模型注脚。

将式（1）除以式（2），得

$$\frac{x_p}{x_m} = \frac{K_p h_p^{n(xh)_p}}{K_m h_m^{n(xh)_m}} \tag{3}$$

设 λ 为模型量与原体量的比值，叫做比尺，则得

主题变量比尺 $\lambda_x = \dfrac{x_p}{x_m}$

深度比尺 $\lambda_h = \dfrac{h_p}{h_m}$

常数比尺 $\lambda_K = \dfrac{K_p}{K_m}$

把上列比尺关系，代入式（3）；并假定模型变量的指数与原体相等，即 $n(xh)_m =$

$n(xh)_p=n(xh)$，得模型的比尺方程式为

$$\lambda_x=\lambda_K\lambda_h^{n(xh)} \tag{4}$$

式（4）中常数比尺 λ_K 是一未知量，主要是由于模型缩小而引起的，假定与深度比尺成指数关系，如下式：

$$\lambda_K=C\lambda_h^{n(Kh)} \tag{5}$$

式中，C——常数，由于原体 $\lambda_h=1$，$\lambda_K=1$，所以 $C=1$。把式（5）代入式（4），得

$$\lambda_x=\lambda_h^{n(Kh)+n(xh)} \tag{6}$$

令 $n[xh]=n(Kh)+n(xh)$，则系列模型比尺指数式如下：

$$\lambda_x=\lambda_h^{n[xh]} \tag{7}$$

式中，指数 $n[xh]$ 可以叫做综合指数，用方括号表示。它的含义与一般变量指数，比如 $n(xh)$，有一定区别。指数 $n(xh)$ 是指当其他变量保持常数时，x 与 h 的关系；综合指数 $n[xh]$ 则指在某一特定系列的模型中，其他变量比尺各与 λ_h 保持一定指数关系时，λ_x 与 λ_h 形成总的指数关系。式（7）又可写作：

$$x_m=\frac{x_p}{\lambda_h^{n[xh]}} \tag{8}$$

不难看出，这一指数式在对数坐标纸上，以 x_m 作纵轴，λ_h 作横轴，应该成一直线。这样，我们只要有两组大小不同的模型记录，即（λ_{h_1}、x_{m_1}）和（λ_{h_2}、x_{m_2}），通过这两点引一直线，延伸之后，就可以得到原体（$\lambda_h=1$）的 x_p 值，见图 1；同时，也可以从直线的坡度，定出综合指数 $n[xh]$ 的数值来。

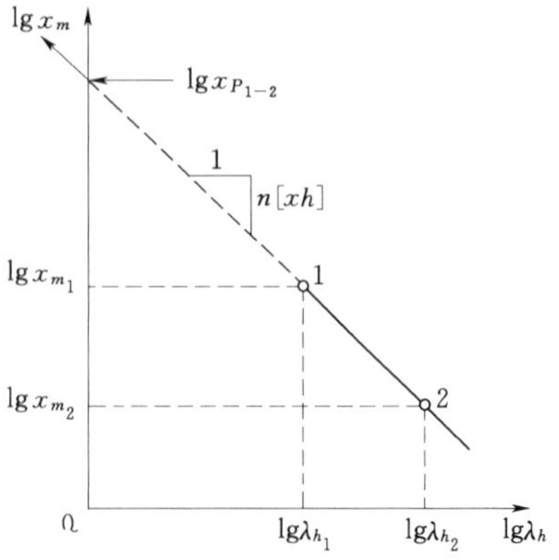

图 1

显然，原体值 $x_{p_{1-2}}$ 和综合指数 $n[xh]$，也可以用下列公式计算而得

$$\lg x_{p_{1-2}}=\frac{\lg x_{m_1}\lg\lambda_{h_2}-\lg x_{m_2}\lg\lambda_{h_1}}{\lg\lambda_{h_2}-\lg\lambda_{h_1}} \tag{9}$$

$$n[xh]=\frac{\lg x_{m_1}-\lg x_{m_2}}{\lg\lambda_{h_2}-\lg\lambda_{h_1}} \tag{10}$$

上面所写的，只是一种最简单的情况，在我们处理实际的水工问题，尤其是有关泥沙的河床演变等问题，影响主题变量 x 的因素，常常不只是一个，而是好几个。假如我们有 h、y、z 三个，并且已知这三个变量，都分别与 x 成指数关系；从而，成立了多变量的比尺方程式：

$$\lambda_x=\lambda_K\lambda_h^{n(xh)}\lambda_y^{n(xy)}\lambda_z^{n(xz)} \tag{11}$$

从这一比尺方程式，要直接解得 λ_x 值是困难的。

解决的办法，除常数比尺 λ_K，可假定为深度比尺 λ_h 的指数关系，即 $\lambda_K=\lambda_h^{n(Kh)}$ 以外，其余各个变量比尺，就必须通过人为地控制，使分别与深度比尺 λ_h 成指数关系，即

$$\lambda_y=\lambda_h^{n(yh)},\qquad \lambda_z=\lambda_h^{n(zh)}$$

把上列指数关系代入式（11）得

$$\lambda_x=\lambda_h^{n(Kh)}\lambda_h^{n(xh)}\lambda_h^{n(xy)n(yh)}\lambda_h^{n(xz)n(zh)} \tag{12}$$

$$\lambda_x=\lambda_h^{n(Kh)+n(xh)+n(xy)n(yh)+n(xz)n(zh)} \tag{13}$$

令
$$n[xh]=n(Kh)+n(xh)+n(xy)n(yh)+n(xz)n(zh) \tag{14}$$

得
$$\lambda_x=\lambda_h^{n[xh]}$$

只有这样，我们才可以和前面一样，利用两个系列模型的记录，在对数格纸上进行延伸，或用式（9）计算，得出原体值 x_p。

2. 系列模型比尺的限度

前面已经指出，系列模型比尺方程式（7）的成立，必须满足二个条件：

（1）各模型变量的指数应与相应原体变量的指数相等，例如 $n(xh)_p=n(xh)_m=n(xh)$；

（2）常数比尺与深度比尺成一定的指数关系，即 $\lambda_K=\lambda_h^{n(Kh)}$。

首先，我们知道，水流的阻力系数 ψ 是雷诺数 Re 的函数，见图 2，即

$$\psi=f(Re),\quad \psi=\frac{2gRJ}{V^2},\quad Re=\frac{VR}{\nu}$$

式中，V——流速；

R——水力半径；

J——比降；

ν——动滞性率；

g——重力加速度。

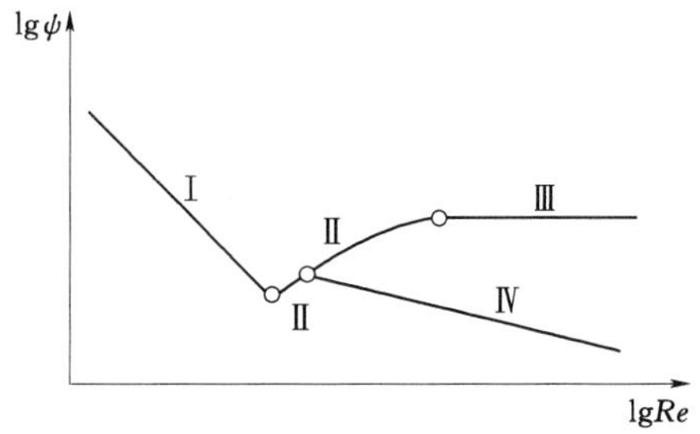

图 2

由图 2 可知：ψ 与 Re，在滞流区Ⅰ和紊流区Ⅲ成指数关系。滞流区 $n(\psi Re)=-1$，紊流区 $n(\psi Re)=-1/4\rightarrow 0$；因此，模型和原体，必须属于同一流区，指数方能相等。至于介流区Ⅱ，ψ 与 Re 不成指数关系，模型与原体的 Re 就必须相等，即 $\lambda_{Re}=1$，但实际上是做不到的，因此关于介流区水力问题，此法不能适用。

其次，泥沙的沉速判数 Sa 是粒径判数 Φ 的函数[1] $Sa=f(\Phi)$，即

$$Sa=\frac{\omega}{g^{1/3}\nu^{1/3}\left(\frac{\gamma_s}{\gamma}-1\right)^{1/3}}$$

$$\Phi=\frac{g^{1/3}\left(\frac{\gamma_s}{\gamma}-1\right)^{1/3}d}{\nu^{2/3}}$$

式中，ω——沉速；

d——粒径；

γ_s——沙粒的幺重；

γ——水的幺重。

在滞流区Ⅰ和紊流区Ⅲ，Sa 与 Φ 成指数关系，见图 3。滞流区 $n(Sa\Phi)=2$，紊流区 $n(Sa\Phi)=1/2$；所以，模型和原体的粒径判数 Φ 相等，都必须属于同一流区。

在介流区Ⅱ，Sa 与 Φ 虽不成指数关系；但，我们可使模型与原体的粒径判数 Φ 相

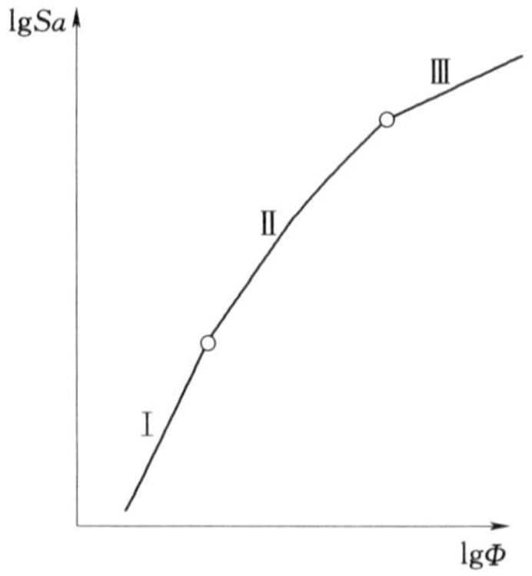

图 3

等，$\lambda_\Phi=1$，即采用原沙或改用轻质相似模型沙来做试验。

水流的挟沙能力 ρ 为有效弗劳德数 Fr_e 的函数，$\rho=f(Fr_e)$[1]有效弗劳德数为

$$Fr_e=\frac{V-V_0}{\sqrt{gh}}$$

式中，V_0——挟动流速；

$V-V_0$——有效流速。

ρ 与 Fr_e 成指数关系，但缓流和急流指数 n 有显著不同：缓流 $n(\rho Fr_e)=2$；急流 $n(\rho Fr_e)=3$。模型和原体，也就应该属于同一流型。

由于有效弗劳德数中，包含有效流速 $V-V_0$ 一项，对于河床演变或冲刷等问题，模型中流速只有当它大于或等于挟动流速时，即 $V\geqslant V_0$，泥沙才能运动或发生冲刷，且与挟沙能力 ρ 成指数关系；反之，对于淤积问题，流速 V 必须小于止动流速 V_H，即 $V<V_H$，模型才有淤积可能。

上面四个主要比尺限度原则，是任何模型都应该遵守的，只有这样，对于第一个条件，才能得到保证。

至于第二个条件，由于常数的变化和其他变量比较起来，总是相对微小的。因此，对于 λ_K 与 λ_h 成指数关系的假定，可以认为是接近实际的。

为了明确这种方法的具体运用和操作，现就淤积试验和冲刷试验各举一例，分述于后。

3. 淤积问题试验实例

水库淤积问题的主题，一般是预报库内某一特定地点，库底淤积到某一定高程，所需要的时间。

首先，设想淤积的时间 t 为来水流量 Q、含沙量 ρ、水库的深度 h、宽度 b、长度 l 和泥沙的粒径 d、沉速 ω 的函数，并且假定可以用指数方程式表示：

$$t=KQ^{n(tQ)}\rho^{n(t\rho)}h^{n(th)}b^{n(tb)}l^{n(tl)}d^{n(td)}\omega^{n(t\omega)} \tag{15}$$

假如，模型水流和泥沙各与原体处于同一流区之内，从式（15）即可成立水库模型比尺方程式：

$$\lambda_t=\lambda_K\lambda_Q^{n(tQ)}\lambda_\rho^{n(t\rho)}\lambda_h^{n(th)}\lambda_b^{n(tb)}\lambda_l^{n(tl)}\lambda_d^{n(td)}\lambda_\omega^{n(t\omega)} \tag{16}$$

可见，这是一个相当复杂的方程式，为了具体进行试验，必须依照延伸法原理，把方程内各个比尺，都人为地加以控制，使各与深度比尺，保持一定的指数关系。

由于库内水流流态，主要是紊流，按弗劳德准则 $f(Fr)$，则

$$\lambda_Q=\lambda_h^{2.5},\qquad n(Qh)=2.5$$

假如采用正态模型，则

$$\lambda_b=\lambda_h,\qquad n(bh)=1$$

$$\lambda_l=\lambda_h\qquad n(lh)=1$$

利用原体的泥沙和同一水温做试验，则

$$\lambda_d=\lambda_h^0=1,\quad n(dh)=0$$

$$\lambda_\omega=\lambda_h^0=1,\quad n(\omega h)=0$$

并且保持原来的含沙量，则

$$\lambda_\rho=\lambda_h^0=1,\quad n(\rho h)=0$$

又因 $\lambda_K \approx \lambda_h^{n(Kh)}$，把上列各个指数关系，$\lambda_Q=\lambda_h^{2.5}$，$\lambda_b=\lambda_l=\lambda_h$，$\lambda_d=\lambda_\omega=\lambda_\rho=1$ 代入式（16），并加整理，则得系列模型比尺指数方程式：

$$\lambda_t=\lambda_h^{n(Kh)+2.5n(tQ)+n(th)+n(tb)+n(tl)} \tag{17}$$

$$\lambda_t=\lambda_h^{n[th]} \tag{18}$$

$$t_m=\frac{t_p}{\lambda_h^{n[th]}} \tag{19}$$

这样，我们只要有两个不同深度比尺的系列模型，分别测定淤积时间。就可能在对数纸上进行延伸或用公式计算，定出原体的淤积时间。

1957 年，西北水利科学研究所[2,3]为验证这一方法的正确性，依据上述原理，把所内最大的水槽作为原体，又设计了四个不同比尺的水槽淤积模型，各模型和原体的尺寸列如表 1：

表 1

组　次	λ_h	L（米）	b（米）	h（米）	备　　注
1	50	2	0.04	0.02	
2	20	5	0.1	0.05	
3	10	10	0.2	0.1	
4	5	20	0.4	0.2	
5	1	100	2.0	1.0	假设原体

注入原体的流量 Q_p 分别为 0.4、0.3、0.1、0.08（m^3/s）四种。

系列模型的设计比尺为

流量比尺　$\lambda_Q=\lambda_h^{2.5}$；　　粒径比尺 $\lambda_d=\lambda_h^0=1$；

沉速比尺　$\lambda_\omega=\lambda_h^0=1$；　　含沙量比尺 $\lambda_\rho=\lambda_h^0=1$。

为了保证 $\lambda_d=\lambda_\omega=\lambda_\rho=1$，直接引用了渭惠渠浑水，试验时，使渠水通过分水装置，同时注入五个水槽淤积模型内，详细地观测水槽内各点的淤积过程。

现在，我们以水槽内 P 点作标准，见图 4，试估计当淤积厚度逐渐增加到 $0.2H$（坝高）时，原体中所需的时间 t_P。

为了便于比较，选定 A、B、C、D、E 五组记录，包括各种不同的流量和含沙量，再根据各模型实测的淤积时间 t_m，在对数纸上延伸到原体，见图 5。

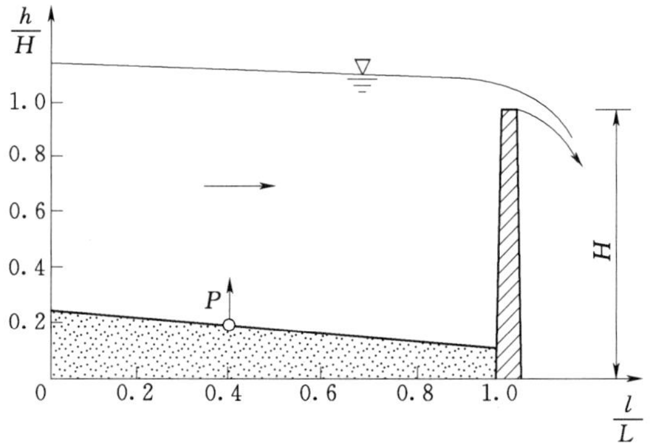

图 4

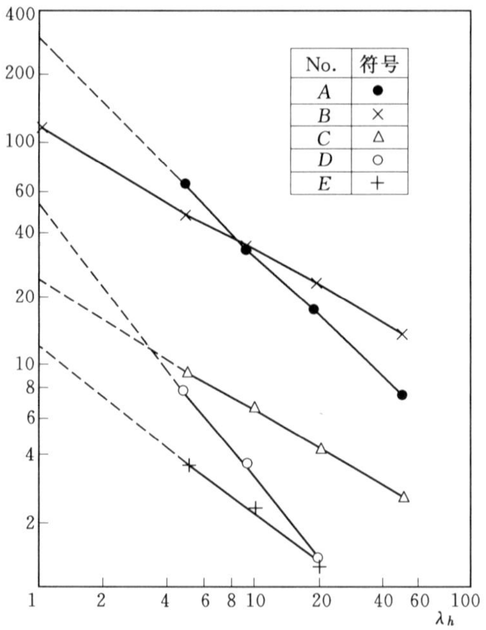

图 5

我们把用延伸法得到的原体时间和综合指数 $n[th]$，列于表 2。

表 2

组次	Q（米³/秒）	ρ（公斤/米³）	d（毫米）	t_P（小时）	$n[th]$
A	0.1	2.25	0.0220	(300)	0.97
B	0.1	2.85	0.0162	115	0.66
C	0.3	7.14	0.0081	(22.7)	0.57
D	0.4	17.0	0.00513	(50.0)	1.54
E	0.4	12.0	0.0660	(11.3)	0.78

表内关于原体淤积试验，由于水槽容积较大，所需的时间相当长，在这段时间内，引用渭惠渠渠水，要保持含沙量不变，技术上存在困难，故仅 B 组一组完成（$t_P=115$ 小时≈连续放水五个昼夜），但这也足以表明，指数关系的正确性。

4. 冲刷问题试验实例

一般冲刷试验的主题，主要是决定水工建筑物下游、冲刷坑的深度 T 和位置，见图 6。

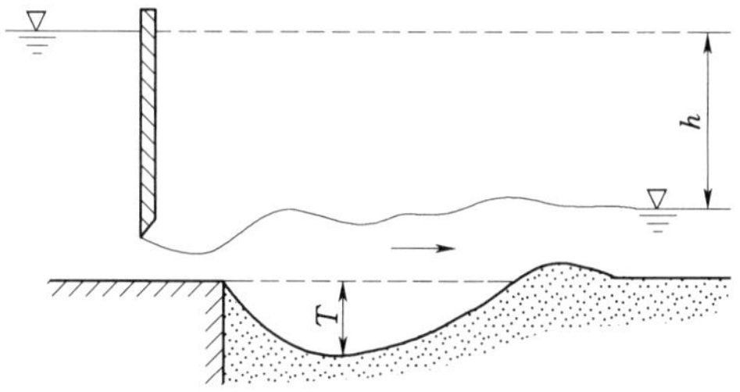

图 6

实践证明，冲刷坑的深度 T 是水位差 h、单宽流量 q、泥沙粒径 d、沉速 ω 和孔隙率 ε 的函数。

$$T=f(q,h,d,\omega,\varepsilon) \qquad (20)$$

这一函数关系，用指数公式来表示：

$$T=Kq^{n(Tq)}h^{n(Th)}d^{n(Td)}\omega^{n(T\omega)}\varepsilon^{n(T\varepsilon)} \qquad (21)$$

上式，又可化为系列模型比尺方程式：

$$\lambda_T=\lambda_K\lambda_q^{n(Tq)}\lambda_h^{n(Th)}\lambda_d^{n(Td)}\lambda_\omega^{n(T\omega)}\lambda_\varepsilon^{n(T\varepsilon)} \tag{22}$$

依据系列模型原理，模型中各变量的比尺，都要通过人为的控制，使各与深度比尺 λ_h，成一定的指数关系。

由于冲刷水流的流态一般为紊流，模型的流量比尺 λ_q，可按佛劳特准则设计，即

$$\lambda_q=\lambda_h^{2.5},\qquad n(qh)=2.5$$

模型沙的粒径比尺 λ_d，要看原体沙所属流区范围而定，为了更好的符合实际情况，比如泥沙沉速 ω、孔隙率 ε 等，一般以能采用原沙和原水温做试验为原则，即

$$\lambda_d=\lambda_h^0=1,\qquad n(dh)=0$$

$$\lambda_\omega=\lambda_h^0=1,\qquad n(\omega h)=0$$

$$\lambda_\varepsilon=\lambda_h^0=1,\qquad n(\varepsilon h)=0$$

并假定 $\lambda_K=\lambda_h^{n(Kh)}$

把这些指数关系代入式 (22)，加以整理，和前面一样就可以得到系列模型比尺指数式：

$$\lambda_T=\lambda_h^{n[Th]} \tag{23}$$

$$T_m=\frac{T_p}{\lambda_h^{n[Th]}} \tag{24}$$

必要时，也可以依照粒径判数关系 $\lambda_\Phi=\lambda_h^{n(\Phi h)}$ 设计模型沙；但必须注意，模型沙与原沙都在同一流区之内，参看表 3。

表 3

原沙粒径判数 Φ_p	<1.55	1.55～62	>62
流区	滞流	介流	紊流
模型沙粒径判数 Φ_m	<1.55	$\Phi_m=\Phi_p$	>62
λ_Φ 与 λ_h 的关系	$\lambda_\Phi=\lambda_h^{n(\Phi h)}$	$\lambda_\Phi=\lambda_h^0=1$	$\lambda_\Phi=\lambda_h^{n(\Phi h)}$

应当指出，对于冲刷试验，模型沙的孔隙率 ε 是决定性因素之一，必须密切注意，使与原沙保持一致。

此外，模型中（冲刷坑上的）流速，应该大于模型沙的开动流速，即 $V\geqslant V_K$，根据这一条件，决定最小模型的深度比尺。

1957 年，兹列洛夫（Н. П. Зрелов）[4]曾利用河道原来的泥沙，做了四个不同比尺的局部冲刷模型试验，模型中变量比尺的选择，适能符合我们系列模型设计原理的要求，现在利用这一试验成果，进行分析，作为例证。

兹列洛夫的模型，依照系列模型设计原理，可以总结如下：

（1）深度比尺　$\lambda_{h_1}=16$　$\lambda_{h_2}=32$　$\lambda_{h_3}=64$　$\lambda_{h_4}=128$

（2）长度和宽度比尺　$\lambda_l=\lambda_b=\lambda_h$（正态模型）

（3）流量比尺　$\lambda_q=\lambda_h^{2.5}$

（4）粒径比尺　$\lambda_d=\lambda_h^0=1$

（5）沉速比尺　$\lambda_\omega=\lambda_h^0=1$

（6）孔隙率比尺　$\lambda_\varepsilon=\lambda_h^0=1$

依据河道原沙开动流速 $V_K=0.19\text{m/s}$，选定最小模型的流速 $V=0.24\text{m/s}$。坝型为滚

水坝，护坦上有消能设备，见图 7。图中绘出了各模型冲刷坑的形状，各模型冲刷坑的最大深度，如表 4。

表 4

组　次	λ_h	T_m
1	16	1.091
2	32	0.453
3	64	0.188
4	128	0.078

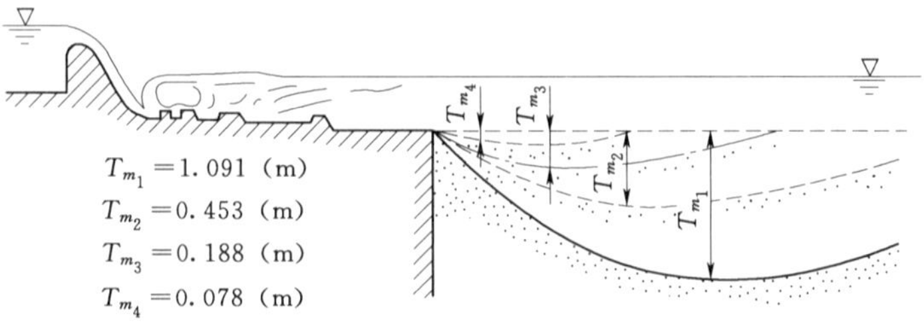

图 7

上列资料在对数纸上延伸，显然呈一直线，见图 8。

根据延伸线与 $\lambda_h=1$ 的交点，定出原体冲刷坑深度 $T_p=36.8$ 米。兹列洛夫原来的估计为 36 米。

此外，我们还可以联系系列中任何二个模型，用计算法，见式（9）与式（10），求出原体的估计冲刷坑深 T_p 和相应的综合指数 $n[Th]$，如表 5。

可以看出，对于这一局部冲刷试验，只要用 2 个最小的模型，即 $\lambda_{h_3}=64$ 和 $\lambda_{h_4}=128$，就可以得出相当可靠的结果，它和四个模型的平均值比较起来，仅差 0.3%。

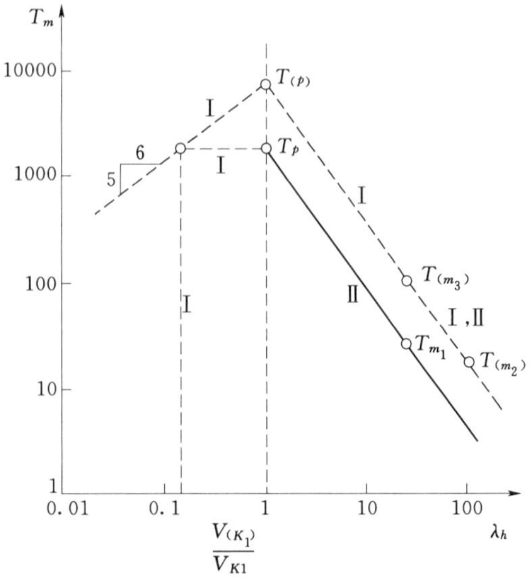

图 8

表 5

模型联系	计算坑深 T_p（米）	综合指数 n [Th]
1—2	36.70	1.268
1—3	36.78	1.269
1—4	36.75	1.269
2—3	36.89	1.269
2—4	36.78	1.269
3—4	36.91	1.270
平均	36.80	1.269

1960 年，南京水利科学研究所金德春同志，对于桥基沉井局部冲刷试验，采用了系列模型延伸法，改用轻质模型沙，也得到了满意的结果[5]，并且进一步从相似理论观点，论证了这一方法的合理性[6]，使这一方法得到了新的发展。

结　语

系列模型延伸法的主要特点，就是设法避免一般相似模型中难以克服的模型沙问题，原则上直接采用原体泥沙做试验，必要时也可以改用轻质模型沙，从而根据系列模型的成果直接延伸得原体值。

系列模型延伸法的准确性，主要决定于两个条件：

(1) 变量的原体指数和模型指数以及比尺指数必须相等；

(2) 常数比尺与深度比尺应该成指数关系。

通过上面所举的实例，我们认识到，对于淤积和冲刷问题，这两个条件是可以符合或者误差不大的。

参 考 文 献

[1] 沙玉清，泥沙运动的基本规律，泥沙研究，第一卷，第二期 . 1956.

[2] 西北水利科学研究所，水库淤积过程系列模型试验延伸法初步研究，西北水利科学研究所报告，第 13 号，1958.

[3] 沙玉清，系列模型延伸法的理论与实践，西北水利科学研究所报告，第 23 号，1959 年 .

[4] Зрелов Н. П.，Метод экстраполяционното моделирования гидравлических процессов. Труды Гидравлческой лабораторий，Вып. 5，Стройнздат，1957.

[5] 金德春，南京大桥桥基施工沉井局部冲刷试验报告，南京水利科学研究所印，1960 年 .

[6] 金德春，论动床模型延伸法，南京水利科学研究所印，1961 年 .

摘自《水利学报》第 5 期，1963 年

第五编 黄土与泥沙

河流之挟沙量

编者按： 本篇是我国泥沙运动力学研究的开篇，作者综述了过往50余年国外的研究成果，并表述了他个人的看法。由于时处传统物理学进入河流动力学的前期，有两点应特加说明：

（1）1932年之前的研究，尚着力于水流切力对床面冲刷，即建立挟沙量 G 和流量 Q 的经验关系；虽然，床沙颗粒的大小对公式中常数的选定影响很大是早已知道的事实，但还没有将“粒径”作为对象，给出特定的符号加以深入研究。同时，原文所使用的“沙”字全部是“砂”，这也表明，以往仅着力于河底粗颗粒推移质的水力作用（床面阻力），还没有一统粗细颗粒的“泥沙”观念。

（2）有关符号的使用，今昔发生转换是难免的。例如大写 V 代表体积，而流速采用小写 v；大写 M 和 N 代表面积，水深用 t，而 h 是水标的读数等等。凡此，都会给读者不习惯的感觉。然而，为了真实地反映这一发展过程，本文除将“砂”统一改为“沙”外，原则上不再作修改，也望有兴趣的读者能从中多得些学科发展的感受。

序　　言

凡计划一河道之标准断面或改进河流之形式时，欲使沙砾不致停积，或令床址稳固，必先熟知该河流水性与挟沙量之关系。但因，此问题本质上异常复杂，各家剖析法亦至不同，故所得之计算式，亦随之而异。以下将综述各家之研究，比较其异同，而讨论之。

1. 流速与挟沙量之关系

如图1，设河底有一长方形之沙砾，体积为 $V(\mathrm{m}^3)$，其单位容积之重量为 $\gamma_s(\mathrm{kg/m^3})$，河底之流速为 $v_s(\mathrm{m/s})$。沙砾受水流之推冲，向下移动，此运动之极限境，如次式：

$$\gamma KF\ \frac{v_s}{2g}+V(\gamma_s-\gamma)\sin\theta=V(\gamma_s-\gamma)\cos\theta\times f$$

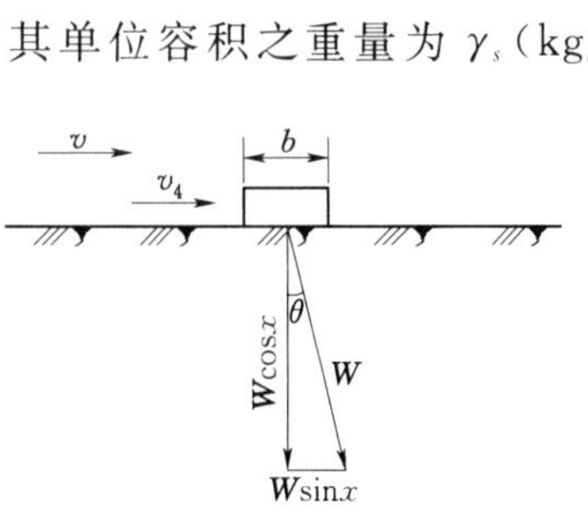

图1

式中，γ 为 $1\mathrm{m}^3$ 水之重量，f 为摩擦系数；此沙砾正对水流之面积为 V/b；K 为常数。若 θ 为极小（$\sin\theta\approx0$），则能推动此沙砾之最小流速 v_s，必须满足下列之条件：

$$v_s^2=\left(\frac{2gf\cos\theta}{K}\right)\left(\frac{\gamma_s-\gamma}{\gamma}\right)$$

兹更假定河流断面内之平均流速 v 与底速 v_s 成正比，即

$$v=K_1v_s$$

代入前式，则得

$$v=K_1\sqrt{\frac{2gf}{K}\frac{\gamma_s-\gamma}{\gamma}\cos\theta\times b}$$

自上式可知，对于 b 大之沙砾，恰应有之 v，令以 v_b 代之。设此河流之断面平均流速大于 v_b 时，则更有余力挟运其他沙砾。反之，b 之沙砾，亦必停积。

设此河流之流量为 Q，在单位时间内，通过一定断面之动量，当为 $\frac{\gamma}{g}Q_v$。若无其他动量加入，又无其他原因使之消失，则此一定之动量，使此水体及其所挟带之沙砾，向下移动，其速度为 v_1，其挟沙量为 αQ，可得：$\gamma Q_v=[\gamma Q+\alpha Q(\gamma_s-\gamma)]v_1$，故 $v_1=v\frac{\gamma}{\gamma+\alpha(\gamma_s-\gamma)}$。例如，$\gamma_s=2400\text{kg/m}^3$，$\alpha=0.2$，则 $v_1=\frac{v}{1.28}$。

可知当清水变为浊水时，其流速必减。Mongin[1] 曾有实际之观测如次：

观测时	量水标	表面流速（m/s）	水质
4.14　16时	+16m	4.16	浊雪之融水
4.16　17时	+20m	3.85	山间之融雪，带黑色黏性之浊水
4.16　晨	+15m	4.25	寒夜之清水

表中第二、三行之观测，清水时水位虽减退，但流速较浊水时反见增进。

兹再就 b 大之沙砾研究之，设河流底速恰等于 v_b，则其挟动沙砾之能力，适能保持平衡，达饱和状态。此时之挟沙量，可如此计算：因 $v_1=v_b$，故上式

$$v_1=\frac{\gamma v}{\gamma+\alpha(\gamma_s-\gamma)}$$

可作为

$$K_1\sqrt{\frac{2gf}{K}\frac{\gamma_s-\gamma}{\gamma}\cos\theta\times b}=\frac{\gamma v}{\gamma+\alpha(\gamma_s-\gamma)}$$

∴

$$\alpha=\frac{\gamma}{\gamma_s-\gamma}\left(\frac{\gamma v}{K_1\sqrt{\frac{2gf}{K}\frac{\gamma_s-\gamma}{\gamma}\cos\theta\times b}}-1\right)$$

再河流之挟沙量 $Q_s=\alpha Q$，故

$$Q_s=\alpha Q=\frac{\gamma Q}{\gamma_s-\gamma}\left(\frac{\gamma v}{K_1\sqrt{\frac{2gf}{K}\frac{\gamma_s-\gamma}{\gamma}\cos\theta\times b}}-1\right),\text{或 } Q_s=\frac{\gamma Q}{\gamma_s-\gamma}\left(\frac{v}{v_b}-1\right)$$

2. 流水之押转力理论

1879 年，法国人 Du Boys[2] 根据观测 Rhone 河所得之结果，发表了有名之押转力理论（Schlepp Kraft theorie）。其后迭经各家研究，阐发甚多，故此理论对于水流挟沙量问题之解决，益见重要。

在 Du Boys 发表其理论之前，先有 Du Buat[3] 之研究。今设有一河床之断面，如图 2，

在一单位距之两横断面间，其所挟之水体，当平衡状态流动时，与水流同方向所生之分力为 $G\sin\theta$，G 为此水体之重量，故

$$G=F\times1\times\gamma=\gamma F$$

$$\therefore \qquad R_f=P_1-P_2+\gamma F\sin\theta$$

P_1、P_2 如图 2 所示，为两端断面之全压力。R_f 为河床周面所生之抵抗力，此作用之面积，等于湿周 $p\times1$。故 R_f 在每 $1m^2$ 之值 $S=R_f/p$，则

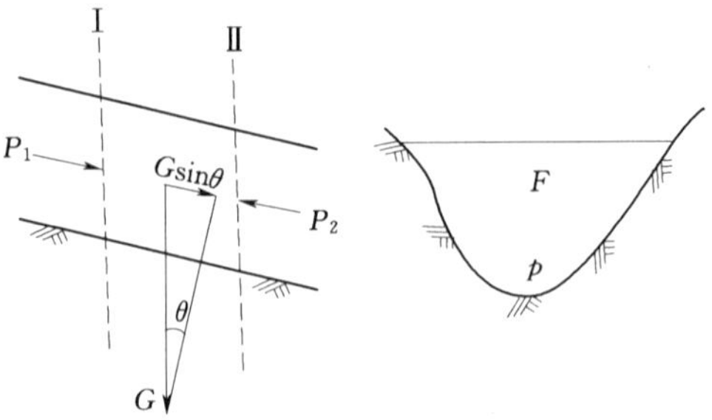

图 2

$$S=\frac{P_1-P_2}{p}+\gamma\frac{F}{p}\sin\theta$$

设 $P_1=P_2$ 时，则

$$S=\gamma\frac{F}{p}\sin\theta=\gamma R\sin\theta$$

$\sin\theta$ 以 J 代之，则 $S=\gamma RJ\,(kg/m^2)$，R 为水力半径，是即 Du Buat 之押转力理论。

在矩形渠中，水深 t 较水幅（即水面宽）为极小时，往往有 $R=t$ 之假定，由是得$S=\gamma tJ\,(kg/m^2)$，是即 Du Boys 之押转力理论。因测定 t 及 J，较测定河流底速及平均流速为易，故此理论在实际应用上，极为便利。此理论应用之范围，以匀速之小区域最为适宜；宽浅之二元渠槽，比降较小时，则更为准确。

3. 押转力理论与挟沙量

Du Boys 对于层叠之沙，加以研究。设每层之厚度为 e，押转力加大时，沙层乃逐层平移，以消耗流水之能力。押转力向深处递减，直到不能使沙层平移为止。

今设有 n 层之沙，平移于不动层之上，所消耗押转力之总合——全押转力为 γtJ，故

$$\gamma tJ=fne(\gamma_s-\gamma)$$

式中，γ_s 为沙质每 $1m^3$ 之重量，f 为摩擦系数。

设第一层，即可动层之最下层之沙，以 v_0 之速度平移；其上之第二层，以 $2v_0$ 之速度平移。如是可得最上之一层，当以 $(n-1)v_0$ 平移。故 1m 底宽全动层之量，可计算如下：

$$G=e[v_0+2v_0+3v_0+\cdots+(n-1)v_0]=ev_0\frac{n(n-1)}{2}$$

设若任何一层运动时，所须之押转力均为 S_0，即

$$S_0=fe(\gamma_s-\gamma)$$

故得
$$n=\frac{\gamma tJ}{S_0}$$

由是
$$G=\frac{ev_0}{2}\frac{\gamma tJ}{S_0}\left(\frac{\gamma tJ}{S_0}-1\right)=\frac{ev_0\gamma tJ}{2S_0^{\ 2}}(\gamma tJ-S_0)$$

今以
$$\psi=\frac{ev_0}{2S_0^{\ 2}}\gamma^2$$

则
$$G=\psi tJ\left(tJ-\frac{S_0}{\gamma}\right)$$

ψ 值就一层之厚度而言，对每一种沙质为一常数；亦即类似之沙砾，ψ 值应当相等。再 S_0 为押转力，故得以 $S_0=\gamma t_0 J$ 式示之，代入上式有
$$G=\psi t(t-t_0)J^2$$

又按 Chezy 公式 $v=C\sqrt{tJ}$，可得
$$G=\psi\frac{v^2}{C^2}\left(\frac{v^2}{C^2}-\frac{S_0}{\gamma}\right)$$

由此式可知，当$\frac{v^2}{C^2}>\frac{S_0}{\gamma}$时，始有 G 之值。易言之，即 $v>C\sqrt{\frac{S_0}{\gamma}}$ 时，始能挟运沙砾也。且当 v 增加时，G 值随 v^4 而变。

上列理论，仅就沙砾之为纯粹平移者言，但沙砾有非平移动，如滚转、跳跃等。故上式不能用以求得全部之挟沙量，其理至明。Schoklitsch[4] 在 Graz 工科大学实验室，见沙砾前进时，一度运动后，必接以一度停留，继复运动如前；而大部分之押转力，均消耗于使其由静止状态变为运动。故上述之 Du Boys 公式，有加以修正之必要，其式如下：
$$G_1=0.54\frac{\gamma^2}{\gamma_s-\gamma}tJ(tJ-t_0J_0)$$
式中，t_0、J_0 系由 $S_0=\gamma t_0 J_0$ 而得。

4. 任意横断面内之挟沙量

前述河流之挟沙量，仅就在 1m 之底宽而言。在前式如 $S_0=\gamma t_0 J$，J 为研究区域内水面之比降。今设河底为同质并等大之沙砾所组成。在 t_0 较小之处，即河道断面内水深较浅之处，不能发生挟沙之运动；必在 t_0 较大之部分，流水始能挟运沙砾，理至明也。

Munchen 工科大学教授 Kreuter[5]，对于任意形之横断面之全部挟沙量，曾有计算法如次：设河底沙砾之 S_0 为已知，J 亦已知，以定 t_0 之值。今如图 3，自水面下至 t_0，河底沙砾运动生于 BCD 部分；在 OB 及 DF 段，无丝毫之运动。故如图以 O 为原点，可得其挟沙全量如下式：
$$G_0=\psi J^2\int_{x_1}^{x_2}t(t-t_0)\mathrm{d}x$$

积分此式，可得
$$G_0=\psi J^2\left[\int_{x_1}^{x_2}t^2\mathrm{d}x-t_0\int_{x_1}^{x_2}t\,\mathrm{d}x\right]$$

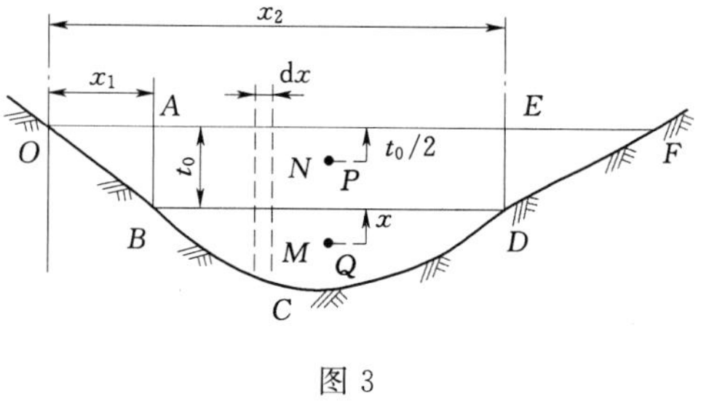

图 3

上式第一项积分为：
$$\int_{x_1}^{x_2}2t\,\frac{t}{2}\mathrm{d}x=2\int_{x_1}^{x_2}t\,\frac{t}{2}\mathrm{d}x$$

$t\mathrm{d}x$ 示如图中之小幅之断面形，其重心在水面下 $t/2$，故 $t\mathrm{d}x\times t/2$ 之积分为水面 AE 以下所包面积 $ABCDE$ 对 AE 轴之面积矩。此断面可划为 $ABDE$ 及 BCD 两部分，

分别研究之。设 $N=ABDE$，$M=BCD$，其中面积 N 之重心 P 在水面下 $t_0/2$ 处，如图 3 所示；面积 M 之重心 Q 在 BD 线下 x，即居水面下（t_0+x）处。

故第一项积分为

$$2\int_{x_1}^{x_2} t\,\frac{t}{2}\mathrm{d}x=2\left[N\,\frac{t_0}{2}+M(t_0+x)\right]=Nt_0+2M(t_0+x)$$

上式第二项之积分为

$$t_0\int_{x_1}^{x_2} t\,\mathrm{d}x=t_0(M+N)$$

故
$$G_0=\psi J^2[Nt_0+2M(t_0+x)-t_0(M+N)]$$

即
$$G_0=\psi J^2M(t_0+2x)$$

5. 河流对于细泥之挟运

沙砾在河底，互相冲撞，渐次磨蚀，成为粉状细粒，英之 Silt、德之 Schlaimm，皆指能浮游水中者言。关于此种沉淀物之研究，至今尚未解决。在前述 Schoklitsch 教授之实验室中，对于粉状之细泥，t_0J_0 之值几等于零。

故
$$G_s=0.54\,\frac{r^2}{\gamma_s-\gamma}t^2J^2$$

将此式与 Chezy 公式 $v=C\sqrt{tJ}$ 联合，则得

$$G_s=0.54\,\frac{r^2}{\gamma_s-\gamma}\frac{v^4}{C^4}$$

上式为单宽 1m 之挟泥量值。若欲知该河流 $1\mathrm{m}^3$ 中平均含泥量 G_s'，将此式以 vt 除之即得

$$G_s'=0.54\,\frac{r^2}{\gamma_s-\gamma}\frac{v^3}{C^4t}$$

但须注意，此式中的 C 值，浊水与清水不同。Schoklitsch 教授谓，在 Bazin 式 $C=\dfrac{87}{1+\dfrac{r}{\sqrt{R}}}$ 中，r 之值，清水时为 0.265，浊水时当以下式计算之：

$$r=0.265+[5000(tJ-t_0J_0)]^{1/4}$$

Du Boys 亦谓，在沉淀物开始运动时，Chezy 公式中之 C 值不能应用。

6. Gilbert[6] 之实验

1914 年，G. K. Gilbert 发表沙砾在河底被流水挟运之状况，以及彼在 Berkley 大学所作各种实验之结果。彼谓河底沙砾之运动，纯粹移动者极鲜，大部分均呈跳跃及滚转等动态。且沙砾滚转在等大之沙砾间，必先将自身举上，达相当之高度时，乃速跃前进。若系大小粒混合之河床，大者在细沙上，徐徐滚转，如车轮然，并印其轨迹于细沙之上。此际沙砾彼此摩擦，以消耗流水之能力。粗粒之沙，其运动速度，往往较水流为小。河底沙砾跳跃之状，如图 4，此沙粒

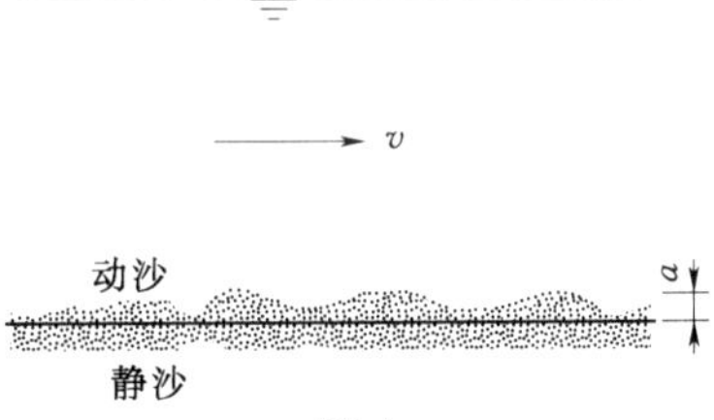

图 4

之运动层 a 曰“跳跃层”（Zone of Saltation）。

Gilbert 谓，设粒子之直径为 D（ft）时，可得次式：

$$D=\frac{0.0042}{S-1}v^{2.7}$$

式中，v 为平均流速（ft/s），S 为英制沙砾之比重；若将此式变为米制，可得

$$D=\frac{0.0318}{S-1}v^{2.7}=\frac{31.8}{\gamma_s-\gamma}v^{2.7}$$

设 $\gamma_s=2650\text{kg/m}^3$

则 $$D=0.0193v^{2.7}\quad 或\quad v=4.28D^{0.37}\approx 4.28D^{0.4}$$

Gilbert 研究了挟沙量与水面比降 J^n 之关系。n 之值，自 1.2 乃至 2.0，平均为 1.5；苟 J 保持不变时，对于大小粒相混之河床，其挟沙量可如下式：

$$G=C_2(Q-C_3)^{0.81\sim1.24}$$

式中，C_2、C_3 皆为常数，Q 为流量。

将上式与前所求得之 $Q_s=\frac{\gamma Q}{\gamma_s-\gamma}\left(\frac{v}{v_b}-1\right)=\frac{\gamma}{\gamma_s-\gamma}\frac{v_b}{v}\left(Q-Q\frac{v}{v_b}\right)$ 相比较，可知其形式极相似，挟沙量与流量成正比例之事实，至可留意。

7. Schoklitsch[4]之研究

对前述 Du Boys 之押转力理论，尚可作出如下之引伸：在沙砾堆积之河床，押转力之工作以克服流水受沙砾接触面之摩擦力为主体，倘有多余之押转力存在时，则此余力，即藉以挟运沙砾；反之，在无余力之处，即使正在运动中之沙砾，至此也必归静止。

设 F 为河流之断面积，J 为比降，断面中之全押转力 S，可依 Du Buat 之式，得

$$S=\gamma FJ$$

但在此全押转力中，挟运沙砾者，仅为其中之一部，设挟运沙砾所耗之押转力为 $\sum S$，以下式表示之：

$$\sum S=\gamma J(F-F_0)$$

今设无论沙砾动与不动，J 之值为不变，且押转力工作点之速度与沙砾运动之平均速度相等。更假定沙砾运动之速度与断面平均流速成正比，即后者之值为 v，前者之值为 C_1v。此时，押转力之功率 L 为：

$$L=C_1v\times\sum S=C_1\gamma J(F-F_0)v=C_1\gamma J(Q-Q_0)$$

又因挟沙量 G 与功率 L 成正比，故可得

$$G=c\gamma J(Q-Q_0)$$

c 为另一常数，因 c、γ、J 皆为常数，故上式可简书为

$$G=C(Q-Q_0)$$

此即 Schoklitsch 教授之基本式，与 Gillbert 之式 $G_2=C_2(Q-C_3)^{0.81\sim1.24}$ 极为相似。

C_3 与 Q 为同单位数，故 Q_0 与 C_2 可改以 C 代之。在 Schoklitsch 式中，Q 之指数为 1.0，与 Gillbert 式中之 0.81～1.24 者不同，且系数 C 和 C_2 亦复不同。但自其因次考之，C_2 之因次随指数而变；若 0.81～1.24 之平均值等于 1.0 时，两式即完全相似，此亦极可注意者。

Schoklitsch 研究粒径为 1～2mm 之沙砾，当 J 保持不变时，流水之挟沙量如次式：

$$G=19.05BJ(Jq-0.5)$$

式中，B 为水槽宽，q 为单宽 1m 之流量，故上式又可变更为

$$G=19.05J^2\left(Q-\frac{0.5B}{J}\right)$$

对于大小粒相混之河床，因流水之作用，沙粒内小者先混入水，次及于大者；其较重者，则仍留于河底，其状如重叠之板状，故前式所示之极限押转力，与事实极相一致。在天然之河床内，沙砾大小混合之百分度，中央与两岸各异，故鲜有等大等质之沙砾重叠现象存在。观 Kurzmann[7] 于 Baumgarten 实测之结果，如图 5，极为明显。此种现象，不仅天然河道如是，即使在实验室中，将大小不同之等质沙砾，制成规则之模型水道，虽流水稳定，深浅一致，比降均等，理论上流向必成平行，但仍有此种不规则运动发生，如图 6。究其因果，颇难详悉。

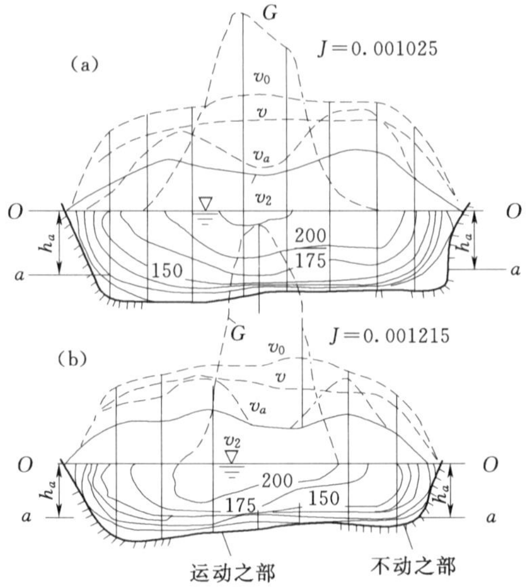

图 5

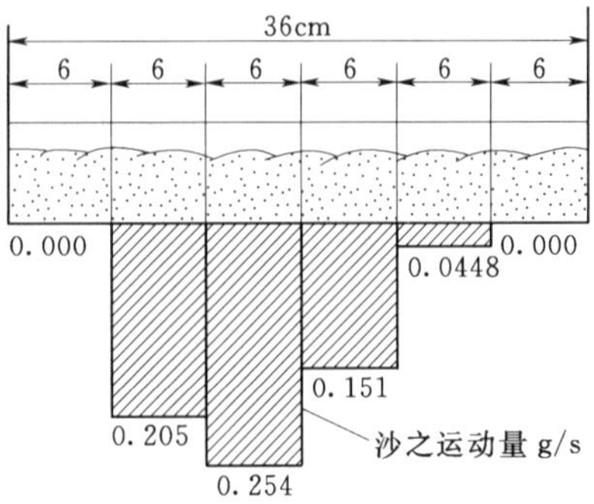

图 6

用前述之简单基础式 $G=C(Q-Q_0)$，C 与 $(Q-Q_0)$ 之值，可由实测之结果得之。故在一定之河床中，可由上式求得一年中（或某期间）之 G 值。例如，Schoklitsch 在 Mur 河之 Frohnl eiten，求 G 值时，测得该处 $C=0.00019$，$Q-Q_0=688\times10^6\,m^3$。

但在浊水河床中，水流断面中之各点，其沉淀物的含量互异，在河床之底部，当较表面含有多量之泥土。倘河流有余力并能冲刷河床时，断面中各部之泥土含量变化情形，欲一一明之，至为不易。盖天然之河流，其所含之沉淀物，倘未达饱和状态，故同一之流量含有之沉淀物，可多可少，因是其量与流量并无一定之比例也。

8. Kennedy[8] 及其他各家之研究

在土渠内，泥沙之淤积与冲刷，确成平衡时，曰达饱和状态。斯时之流速，Du Buat 首为注意，彼称之曰“Vitesse de regime”；后英国人 Kenndy 称曰“Critica velocity”，今

可译作界限流速。Du Buat 昔日对于界限流速之研究，至今尚认为可信。但 Du Buat 当时未计河床底面之糙率，是其缺点；其后 Darcy 氏发现糙率之大小，影响流速甚大。再 Du Buat 谓水分子流动于底面呈溜滑状态，今也发见其谬误。Darcy[9] 发表其说，在 1855—1858 年间，其后 Dupuit[10] 在 1863 年，又发表因各部流速之不同，沙砾运动亦随之互异之说。至 1867 年，Login[11] 发表流水保持沙砾运动之力，与流速及水深均成比例；且沙砾之运动，呈多方面之形式，如溜滑、滚转等。故在同一深度，流速大者，运动之沙量必多，同一流速，深度较大之处，其挟运之沙量亦增。此有名之"印度理论"（Indian Theory），至今尚为一般所认许也。1894 年，R. G. Kennedy 在东印度之 Punjab 及 Dari Doad 等处，观察各种灌溉运河之结果，得下式：

$$v_c=ct^m$$

式中，v_c为界限速度，t 为水深，c 为常数，m 为指数，其值随土性而异。对于 Punjab 处之细粒土，$c=1.8$，$m=0.64$；于 Sind 处之土，$c=1.20$；对于缅甸 Mandalay 运河，c 值较 Punjab 之 1.8 为小。再倘在界限流速以外之任意流速 v 时，床内或生淤积或起冲刷。对于 Punjab 处之水道，其值用 $v_c=ct^{0.64}$时，可得：

$$G_c-G=G_c\left[1-\left(\frac{v}{v_c}\right)^{2.5}\right]$$

或

$$G=G_c\left(\frac{v}{v_c}\right)^{2.5}$$

式中，G_c为界限流速时之挟砂量，G 为 v 流速时之挟沙量，设此河流之（G_c-G）为正值时，则不生淤积；（G_c-G）为负值时，则无冲刷。

又按 Du Buat 之实验，得如次表之关系：

砾　　状	比　重	运动开始底速 v_s（m/s）	运动保持底速 v_s（m/s）	运动停止底速 v_s（m/s）
黑色黏土（造陶器用）	2.64	0.105	0.080	—
粗黄色沙	3.36	0.321	0.213	0.186
细砾	2.55	0.160	0.155	0.080
豌豆大细砾	2.55	0.213	0.186	0.160
黄豆大细砾	2.55	0.468	0.321	0.213
直径 2.5cm 砾	2.61	0.960	0.642	0.468
鸡卵大砾	2.25	1.200	0.960	0.642

又 P. M. Parker 对于 Kennedy 式 v_c之相当值，得

名称	细泥土	粗沙	细砾	粗大粒
粒径	0.25mm	1.00mm	豌豆大	
界限流速	$v_c=0.58t^{0.5}$	$v_c=t^{0.33}$	$v_c=1.02t^{0.25}$	$v_c=2.04t^{0.25}$

Sting[12] 在 1923 年，发现普通河流洪水之际往往含有多量之沉淀物，此沉淀物之含有量百分数，集水面积较大河流之值较面积小者为小。

9. Schaffernak[13] 之研究

Wien 大学教授 Schaffernak，对于各种河流实测之结果，在其实验室内重行试验，得

流水之挟沙量如此述：

沙砾之运动，由于底速之动力，故其基本算式为：

$$G=f_1(v_s)$$

式中，v_s 为底速，其意即挟沙量为底速 v_s 之函数，但 v_s 随水深 t 而变，且 t 又随量水标之读数 h 而变，故得式：

$$v_s=f_2(t)\qquad \text{又}\quad v_s=f_3(h)$$

$$\therefore\qquad G=f_4(t)\qquad \text{又}\quad G=f_5(h)$$

且 $Q=f_6(h)$，意即流量为量水标读数之函数，故

$$G=f_7(Q)$$

由长期间 h 之观测，可得 Q，同样可求得 G。由同一之 h 可知同一之 G 值，在事实上究否正确，固不易言，但亦决非仅能知其概数而已。

流量与水位之变化，可用流量曲线示之，自同一之 h，可得同一之 Q，有时必限于等速流及等常之水面比降。设一般等速流时之比降为 J，J^m 之值，亦能随 Q 变化；同理 G 亦可为 J^m 之函数，故前式 $Q=f_6(h)$ 可改作 $Q=f_6(h, J)$，$G=f_7(Q)$ 亦可作 $G=f_7(h, J)$ 也。

10. Kreuter 式之变形

前述 Kreuter 教授所提出之流水挟沙量式：

$$G=\psi J^2 M(t_0+2x)$$

式中，
$$\psi=\frac{ev_0\gamma^2}{2s_0^2}$$

Kreuter 对于 ψ 之值，特加说明：因 $S_0=\gamma t_0 J$，代入上式时，得

$$G=\frac{ev_0^2\gamma^2}{2\gamma^2 t_0^2}\frac{J^2}{J^2}M(t_0+2x)=\frac{ev_0^2}{2t_0^2}M(t_0+2x)$$

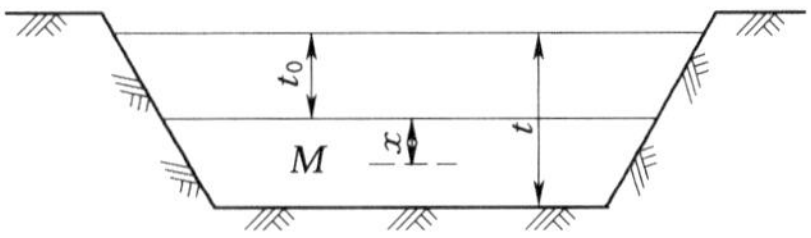

图 7

M 为在水面 t_0 下部之断面积，可以 $(F-F_0)$ 代之，F 为全断面积，x 为重心距，如图 7，因梯形与矩形近似，得以 $x=\frac{1}{2}(t-t_0)$ 示之。故 $G=\frac{ev_0^2}{2t_0^2}(F-F_0)t$

又因，$v=C\sqrt{tJ}\quad t=\frac{v^2}{C^2J}$

$$\therefore\qquad G=\frac{ev_0^2v^2}{2t_0^2C^2J}\times(F-F_0)=\frac{ev_0^2v}{2t_0^2C^2J}(Fv-F_0v)$$

令 $C_1=\frac{ev_0^2v}{2t_0^2C^2J}$，故可得 Kreuter 式之变形式为

$$G=C_1(Q-Q_0)$$

11. 结论

以上综述各家计算挟沙量之理论及实验结果。兹列其要点，比较其类似性，讨论之。

以底速为主动力者 $$G=\left(\frac{\gamma}{\gamma_s-\gamma}\right)\left(\frac{v}{v_b}-1\right)Q \tag{1}$$

Kreuter $$G=\psi J^2M(t_0+2x) \tag{2}$$

Gilbert $$G=C(Q-Q_0)^{0.81\sim1.24} \tag{3}$$

Schoklisch $$G=C(Q-Q_0) \tag{4}$$

Kennedy $$G=G_c\left(\frac{v}{v_c}\right)^{2.5} \tag{5}$$

Schaffernak $$G=f(Q) \tag{6}$$

上列各式中，(3) 与 (4) 式始为同类，已如前述。(2) 与 (4) 式根据押转力理论推演而得；虽 Kreuter 计算押转力之方法，根据沙砾堆积状态之假定，与 Schoklisch 根据实验之结果，所得之形式不同，但于实质上并无大差异也，此仅式之变形，亦得以同类式目之。

次比较 (1) 与 (5) 式之 v_c 与 v_b，其意味亦同，而 (1) 式之 $\left(\frac{\gamma}{\gamma_s-\gamma}\right)\left(\frac{v}{v_b}-1\right)$ 作为常数时，则 $G=CQ$；(5) 式亦可变作 $G=CG_c$。由此二式，可知 G 与 Q 成正比，与 G_c 亦为比例。因是可知 G_c 与 Q 亦为比例，但 (1) 与 (5) 式非为同类，不得以同类式目之。(6) 式 $G=f(Q)$，虽其中有一之形式正为 $G=CQ$，但就大体言，亦不得与 (1) 式视为同类。然而上列各式均可综合于以下形式之中：$G=C(Q-Q_0)^n$，于 (1) 式：$Q_0=0$，$n=1$，$C=\left(\frac{\gamma}{\gamma_s-\gamma}\right)\left(\frac{v}{v_b}-1\right)$；(2) 式，得以 $C(Q-Q_0)$ 代之，已如前述，故 $n=1$；(3) 式，$n=0.81\sim1.12$；(5) 式 $G=G_c\left(\frac{v}{v_c}\right)^{2.5}$（编者说明：原文 $G=\left[\left(\frac{v}{v_c}\right)^{2.5}-1\right]G_c$，疑有误）。故 $G=C(Q-Q_0)^n$，实可视为河流挟沙量之一般式也。

总之，欲求 G，必先由实验，以测定 C、Q_0、n 等值。盖理论仅能说明事实之一般现象，至欲探讨基本式中未知之原因，以及补救理论中假定之不确实性等，唯有藉实地之观测实验，是乃一通行之方法；于最富地方性与复杂性之河流挟沙量问题，更当三致意焉。

参考文献

[1] Mongin：Etudes sur la vitesse Eaux. Direction General des Eaux er Forets，11，1，(1901).

[2] Annales des Ponts Chaussees，(1879) Ⅱ.

[3] Dubuat：Principes d'Hydrauliques et de Pyrodynamique；Paris (1816).

[4] Schoklisch：Ueber Schleppkraft and Geschiebebewegung. Berlin (1914).

[5] Kreuter：Der Flussbau. Leipzig (1910).

[6] Gilbert：Professional Paper No. 86 U. S. Geological Survey. (1914).

[7] Kurzmann：Beobachtungen uber Geschiebefuhruug. Munchen (1919).

[8] Kennedy：The Prevention of Silting in Irrigation Canals. Proc. Inst. Civ. Eng. Londdon (1894).

[9] Darcy：Recherches experimentales relatives au mouvement de l'eau dans les tuyaux. Paris，Mem. savans Etrang. (1858).

[10] Dupit：Etudes theoriques et Partiques sur le mouvement des eaux. Paris（1863）.

[11] Login：The abrading and transporting Power of water. Nature，（1870）.

[12] Zeitschrift des oesterreich Ing. und Arch. Ver. （1923）.

[13] Schaffernak：Neue Grundlagen fur die Berechnung der Geschiebefuehrung in Flusslaeufen. Leipzig－Wien（1922）.

摘自《清华大学土木工程学会会刊》，第 1 期，1932 年 7 月

黄土及黄水之认识

引　言

语云："水为万物之源，土为万物之母。饮资于水，食资于土，饮食者人之命脉也，而营卫赖之"，故曰"水去则营竭，谷去则卫亡"。水土二事，于民族生存关系之重要，于此可见。

黄土为我国西北最普遍之土壤。《禹贡》分天下为九州，其述雍州之言曰："厥土惟黄壤，厥田惟上上"。所谓雍州，即今之秦岭以北，陕甘两省之地；黄壤者，即今之黄土也。科学上黄土之定义曰"黄土者，乃一种壤质泥灰土，多孔隙，无层次，含石灰质而乏可塑性，当其崩裂时，每成垂直之墙壁"。

吾人在此区域内，致力农功水利建设，欲求地尽其利，物尽其用，事功垂诸永久；对于营卫是赖，生息相关之一水一土，必先知其性能，辨其宜忌，而得明确之认识。著者不敏，仅将数年来研究一得，概述如后，至希当世贤达有以教之。文中所有图表公式，因篇幅所限，仅能列其最后结果；至于各公式推演来源，计算方法，以及试验经过，另有专篇报告，暂从略。

1. 黄土之地质及地理

1.1　黄土之分布

（1）世界的分布：黄土在世界上分布极广，据 V. Tillo（1893）之估计，世界黄土面积，约占地球陆地面积 4%；但 Keilhack（1920）估计则为 9.3%。V. Tillo 还估算了各洲黄土分布面积之百分数：亚洲为 3%，欧洲为 7%，北美为 5%，南美为 10%。此种百分率，含有极深刻之意义，盖黄土为最肥沃之土壤，凡大陆黄土覆盖之区，皆有"世界仓库"之称，而人口亦因之较为稠密。

（2）中国的分布：中国真黄土之面积，自北纬 30～40 度，包括黄河流域，全部约 20 万平方公里（原图略）。

（3）厚度及高度：黄土层之厚度及高度，以甘肃、山西、陕西为最，约 60～80 米，最厚处亦不能超过 300 米。前人估计厚至 800 米，殊非事实。欧洲与北美黄土层厚约 15～20 米，而多瑙河下游最厚处为 80 米，密西西比河下游为 30 米。至于黄土分布之高度，各地差异至巨，欧洲常发现于海拔 300～600 米之间，而我国黄河流域则主要分布自海拔50～3000 米间。最近据周昌芸先生调查，在长江流域之西康尚有黄土遗迹，其海拔 3600 米左右。

亚欧美三洲黄土之总量，以平均厚度 10 米计，则有 13 万立方公里；若以铺盖中国全境，平均厚度可达 13 米，掩盖全球平均厚近 1 米。

1.2　黄土区域之地貌

黄土区域之地貌极为特殊，就大体言概可分为"丘陵"、"狭谷"、"台阶"、"河谷"几种。

（1）丘陵：丘陵为介于两山之间缓坡展宽之小盆地。盖黄土以深厚之土层，覆盖昔日之山岳，使崎岖地形变为平坦丘陵；自高处望之，地貌殊为简单，而成起伏之波形。黄土丘陵之平坦地面常不甚广阔，然亦有达10～20公里者（原图略）。

（2）狭谷：黄土层内常有深狭之谷，底宽约1～1.5米，而深在10～15米间，两侧壁立，不倒不塌，此种狭谷概系受地面雨水侵蚀而成。

（3）台阶：黄土区域之地形，概作台阶状，地面自河谷低处，升至两岸高地若干台阶，而每一台阶，则均甚平坦。盖高台地与低台地之间，每有天然土壁为界。高低台地相通之道，则多利用狭谷，通称“夹道”。吾人行经期中，两旁黄土壁立，仅见头上天光一线而已；及出夹道，则豁然开朗，平坦如前。每一台阶，宽约数公里至数十公里，台阶相差之高度，自十数米至百数十米，而一台地中，又往往还有小型之台阶，大部为农民因地制宜人造梯田。

（4）河谷：河流行经黄土区域，辄造成台阶状之“河谷”。在黄河支流汾河上游，最为显著。两岸黄土壁立，冲蚀面积殊小，下游因淤积地面逐渐宽展；而壁立之黄土台阶，距河床亦渐远，自下而上，形成若干级，如渭河中下游之头、二、三道塬亦然。

（5）特殊地形：黄土地面受雨水侵蚀，常成各种特殊地形，如“黄土穴井”“黄土岩脉”“黄土塔”（原图略）。

1.3　黄土之生成

1.3.1　生成之假说

黄土之生成，久经世界各国地质学家之讨论，迄今犹为争论之资料。顾从前研究黄土，所以难有成就者，其主要原因，在于多数地质学家研究范围，仅限于地球一隅，次则黄土易受雨水之淋洗，而完全丧失其原有特性，且若干区域黄土，其生成与冰期之沉积有密切关系，因而涉及许多未解决之冰期问题。

黄土生成之假说，先后共有二十余种之多，如海成、河成、湖成、溪成、原地生成、风成、霜雾作用、冰成、宇宙成因、火山成因、河冰成因、风与冰成、风与河成、溪河成因、原地风化与溪成、变质作用、湖与溪成、有机成因、漂雪成因等是，可谓五花八门，尽人类思想之能事矣。唯一般见解以风成之说较为合理。

1.3.2　著者之假说

自1910年奥人霍毕克（Hoerbiger）创“宇冰学说”（Welteislehre），使吾人对宇宙之观念得一深远之认识。著者乃就世界各国学者对于黄土之性质及地质气候情形，重新加以探讨。始信今日覆盖地面深厚之黄土，即系第三月球并入地球时，月体泥土及岩屑之遗迹，其理由如下：

（1）黄土之颗粒有极多圆角之微细颗粒，必经巨大之机械力作用始能造成，决非自然风化或冲积而成者。

（2）全地球黄土之理化性质及成分均各相同，可见必出于同一来源。

（3）黄土之分佈不受海拔高度限制，无论山巅深谷，均可发现其遗迹。

（4）黄土初成时普遍覆盖地球表面，惟其最易受雨水冲蚀，故现时地球上所留之黄土，概在雨水缺乏之区。

（5）黄土成于洪积统（冰期及最新统），故与冰期有密切关系。Soegel 称，每一冰期有一层黄土，冰期最盛时亦黄土最盛时。冰期共有三期之多，故黄土层数亦应与之相当，见图 1。

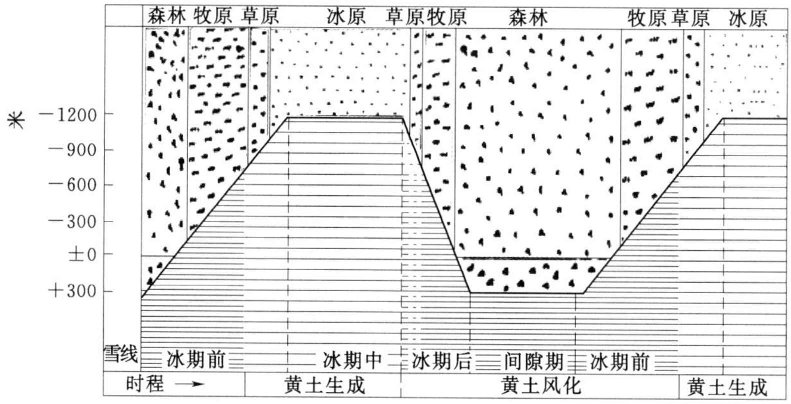

图 1　冰期气候变迁图（Soegel，1919）

（6）中国北方之地文期，经维理士 B. Willis、安特生 Andersson. T. G. 、德日进 P. Teilhard de Chardin、巴尔博 Barbour G. B. 诸先生之研究，按巴尔博解释地文期经过如表 1：

表 1　　**中国北方之地文期**

地文期	地　质　作　用	地　质　时　代	化石及气候
北台期 南岭期 唐县期	长时期之剥蚀造成剥蚀平原 玄武岩喷发及断裂上掀诸作用 经南岭期上掀之后，复剥蚀成一中年地形	中新统 中新统 上新统	
保德期	沉积作用，其岩层覆于唐县期浸蚀面上	上新统	三趾马及其他化石产红土中，其近山堆屑之沉积，则系砾石，化石甚少
汾河期	地盘复上升，剥蚀复新，造成新沟伟谷	上新统	气候潮湿
三门期	沉积作用其沉积物（砾石、红土或沙泥土等）常位于汾河期所成之河谷中	洪积统	有介壳及其他化石多种，俱产于湖沉积中
清水期	因水量变迁之关系，至剥蚀复新，将已成之三门沉积多少切割，同时又有玄武岩流之喷展	洪积统	气候温湿
马兰期	即黄土冰积期	洪积统	气候干，风力劲，有鸵鸟蛋等化石
板桥期	黄土冰积后之剥蚀	自第四纪末以至现代界限不易分	

据上表华北地文期与“宇冰学说”所拟想之第三月球并入地球时，地质上所生之变动，完全符合，见图 2。

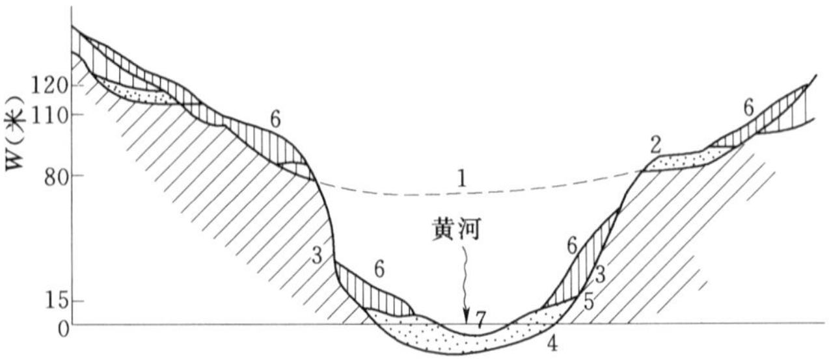

图 2　吴堡附近黄河之剖面

1.3.3　生成年龄

黄土生成迄今约五万余年。

1.4　西北旱灾周期

1.4.1　旱灾周期

西北黄土区域之旱灾，相传即有一定周期，俗谓“十年一大旱，五年一小旱”。兹统计关中最近认六十年间之旱灾，平均每十二年一次，如表 2 所示。

表 2　　**陕西关中旱灾之周期**

旱灾时期	经历年数	相隔年数
光绪三年（1877）	1	15
光绪十八年（1892）	1	
光绪二十七年（1901）	1	9
民国 2 年（1913）	1	12
民国 17 年（1928）	1	15
民国 25 年（1936）	1	8

1.4.2　太阳黑子与旱灾周期

按“宇冰学说”，地球雨水之补偿，一由于天河之“粗冰”，一由于太阳辐射之“细冰”；而细冰之多寡，复视太阳中黑子之数量而定。盖黑子者，乃用天河中之粗冰，投入太阳，燃烧而化为细冰，随光压辐射于宇空之中，补给地球雨泽之源也。西北居大陆内地，雨泽来源，受海洋湿气之影响较小，得自宇冰者必多。著者本此理想，研究太阳黑子数量与西北旱灾之关系，发现太阳黑子之周期，最长者为 17.1 年，最短者为 7.3 年，平均为 11.13 年（约 12 年）。而西北旱灾发生之时期，适逢黑子最少之年，见图 3。图中虚线因抗战时间，不易收得该项材料，由著者按其平均周期，推算而得者。

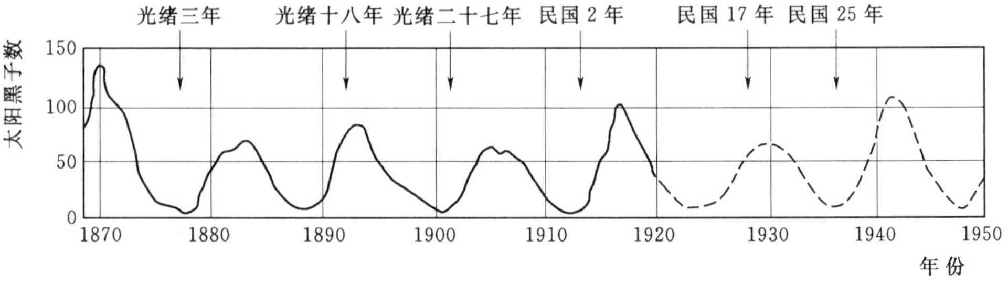

图 3　太阳黑子周期与西北干旱之关系

1.4.3 长期预报

近代气象学家常依据太阳黑子，作天气之长期预报，如预测来年之水旱，每多失败；考其原因，实由于预测地区逼近海洋（如预测南京之雨量），受海洋湿气（台风雨）之影响至巨，气象因素复杂，难期有一定规律。至于我国内地如陕西、甘肃、宁夏、青海、四川、新疆、内蒙古等省（自治区），气象因素简单，以太阳黑子数量作水旱长期预测之根据，定能准确有效。

1.5 黄土与人类历史

1.5.1 史前发现

黄土易于耕作，且极肥沃，有史以前，即有人类居住其上。最初当为草原之游牧民族，其后乃进化而为农耕民族。

原始人类，发现于第三纪后期，故在黄土生成之全部时期中，均有人类之遗迹。例如黄土区域挑掘渠井，往往发现先民所用之器具，及居住或举火地点；所有世界各黄土区域中获得之种种史前遗物，皆为研究先史之有力证据。

瑞典地质学家安特生（Dr. J. G. Anderson）氏，于民国初年（1918—1921 年）在我国西北黄土区域内，搜集若干有价值之古生物及考古材料。又 1923 年居留天津之法国教士德日进神父（Pere Teilhard de Chardin）及桑志华神父（Pere E. Licent）亦曾在宁夏河套之黄土层下，发现许多旧石器时代之石器。安氏根据此种材料，证明我国在史前，即有人类（震旦人或称北京人）居住于西北黄土区域。

1.5.2 黄土与农业

黄土草原，远在石器时代，农业已渐发轫；盖其物理性质优良，虽原始农具，亦易耕作，且极肥美，利于作物滋长，我先民早已知之。所谓“地肥饶，可都以霸”，“沃土千里，帝王万世之业”。故世界黄土区域，皆为农业之发源地，亦即人类文化之母也。相传我国农业，始于后稷教民稼穑，其教稼台即在今之武功。关中为标准真黄土区，是则我国农业与世界各古国同发轫于黄土区域，可无疑也。

我国南部土壤，需充分施肥，方可丰收；而北方有时虽不施肥，若雨水调润，亦可丰收。所谓“一年收而足三年食”。且有数处黄土区域，农民竟谓施肥或非必要（例如西康）者，盖黄土不特本身肥沃，且具相当之自然施肥能力。农作物每年由表土所吸去之矿物成分，或可由下层土壤经毛细管作用补充之。

山西北部，黄土高原耕地，扩展至海拔 2000 米，且有少数地点达 2400 米，甘肃黄土耕地可达 2800 米，而西康竟有达 3600 米者。但海拔过高，则气候严寒，农作物生长期短促，故作物之质量，皆逊于汾渭平原。

1.5.3 黄土与人口

黄土肥沃，故能给养大量人口，我国各省耕地面积内之人口密度，若将雨泽丰沛之水稻区域除外，则真黄土区域之人口较冲积黄土区域为密，如表 3：

表 3 黄土与人口之关系

土 壤	地 点	每平方公里之人数	土 壤	地 点	每平方公里之人数
真黄土	陕西关中	320	山坡黄土	安徽来安	150
真黄土	山西武乡	225	水稻区	江苏武进	430
真黄土	河南开封	225	水稻区	浙江镇海	410
冲积黄土	河北盐山	150			

1.5.4　黄土与独立文化

黄土区域，为发展独立文化之基础，尤以我国及波斯、土耳其斯坦诸邦为最著。上古文化与肥美之黄土及水利灌溉有密切关系，据多数学者研究结果，谓我国上古文化，初由帕米尔东移至甘肃西部之安西，然后始蔓延于东部黄土区域。当今汉学家（Sinologist）亦多以西北黄土区域为我国文化之摇篮地，尤以甘肃为甚，此种见解，与我国古籍所载完全相同。至于吾华文化是否曾受西来印度、日耳曼文化之影响，则不甚可考。总之，黄土区域之特性，与我国文化有莫大关系；尤以纯粹之水利稼穑文化（或称灌溉农业文化）而缺少畜牧事业，为可注意。

我国名都古邑，概在黄土区域，如山西南部、河南中部、陕西渭河平原，其中尤以长安、洛阳、开封三城之历史为最悠久。而汉唐之灿烂文化，莫不由黄土区域所产生也。

1.5.5　黄土区域之交通政策

黄土区域，沟谷纵横，地形特殊，交通阻梗，虽有道路，必穿经深狭之夹口，车马行走其间，异感困难；故防御险隘要口，即足阻止敌人前进，反之，若关隘一旦为敌人所占，亦不易将其驱逐，且可从此蔓延滋扰，为害无穷。广大黄土地带之关隘建筑，始终为我国历代帝王之政策，盖此种关隘，不特利于防守，且亦便于进攻，如关中古有四塞，号称天府，即其明例。

1.5.6　黄土与民族崇尚

人类与黄土发生最关切之关系者，莫若我国。我国为黄帝子孙，黄种国家、黄河携黄土而入黄海，“黄”为我国最神圣之色彩。君主时代，凡地上一切，皆为帝王所有，所谓“普天之下，莫非王土；率土之滨，莫非王臣”，古称“天玄地黄”，“黄”即大地之表记。

昔日宫殿庙宇，所盖之琉璃瓦，亦皆黄色；而天子出宫时，所经之道路，亦满铺黄土；甚至，冬季黄土降落于屋宇器皿之上，有引以为瑞者，凡此均足以表示民族崇尚与黄土之密切关系。盖先民生于斯，长于斯，老于斯，葬于斯，凡衣食住行，一切皆不能离开黄土；而吾华数千年来之灿烂文化，也莫不孕育于此。

2. 黄土之理化性

2.1　黄土之成分

（1）成分：黄土系石英、长石、石灰质（碳酸钙）及其他物质颗粒混合组成。中以石英为主，约占60%～70%。黄土颗粒之形状如图4所示。

（2）黏质及石灰质：长石在黄土中，约占10%～20%，为风化而成细微黏质之主要成分。至于土内石灰质，因雨水内含有二氧化碳，易于溶解，而成酸性碳酸钙，如下式：

$$CaCO_3 + H_2O + CO_2 \rightleftharpoons Ca(HCO_3)_2$$

酸性碳酸钙易在土粒孔隙内移动，或集于一处，俟水分蒸发，复化为石灰质，常包裹于石英

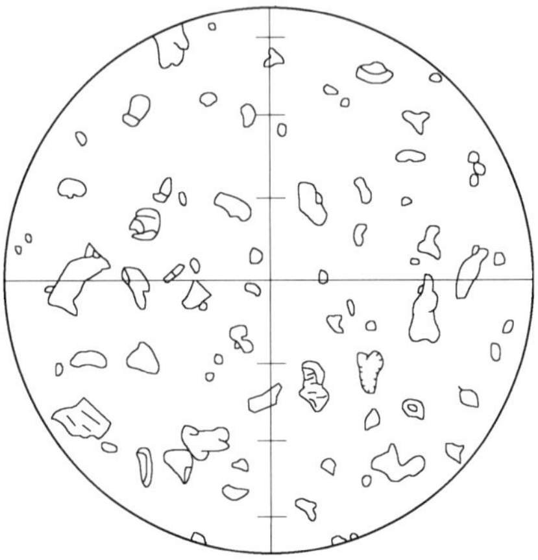

图4　中国黄土颗粒放大图

小粒成一薄膜，间亦胶结而成块粒者，或则填包纤细根管。在蒸发强烈之处，石灰质每聚叠而成块状结核，俗名“礓土”，更多则成“礓石层”。武功农学院头道塬之黄土层内钻探结果，平均每7～8米即有一层，见本文集《黄土区域之潜水问题》之图1。

石灰质有增加黄土黏合之能力，黄土壁可直立数十米不倒不塌者，即此故也。

（3）肥分：黄土之化学成分，除氮素含量较低，碳酸成分中平外，其余各种营养要素均极丰富，尤以钾及石灰质为高，钾之成分约在百分之二、三之间，石灰质含量在10%左右。兹将山西、陕西、甘肃三省黄土成分，列如表4：

表4　中国西北部黄土之化学成分

地点＼成分	SiO_2	Al_2O_3	FeO_3	TiO_2	P_2O_5	$CaCO_3$	$MgCO_3$	Na_2O	K_2O	SO_2	H_2O	pH值
会宁	59.30	11.45	3.87	0.60	0.20	14.90	4.58	1.80	2.17	0.20	0.96	8.12
武功	60.63	11.86	4.86	0.48	0.17	9.23	3.26	1.79	2.22	0.21	1.36	8.68
太原	61.23	11.35	4.70	0.70	0.18	13.40	3.95	1.65	2.10	0.20	0.64	8.52

（4）酸度：黄土因含有大量之石灰质，故皆呈碱性，其pH值（酸度）概在8～8.5之间，极宜棉、麦、豆、黍以及其他旱粮之生长，故我国西北黄土区域之农业问题，不在土壤，而在水利；苟水量充足，灌溉得宜，即可丰收，如宁夏、关中各渠，即其良证。

2.2　黄土之物理性

（1）粒配度：黄土颗粒大小分配之程度曰“粒配度”。世界各地黄土，均无显著区别，如表5：

表5　黄土之粒配度

沙	粒径大于0.5（mm）	0～0.5（%）	粗坶	0.1～0.05（mm）	8～40（%）
中沙	0.5～0.2（mm）	0.5～3.0（%）	细坶	0.05～0.02（mm）	50～60（%）
细沙	0.2～0.1（mm）	1.0～7.0（%）	粉粒与黏粒	粒径小于0.02（mm）	16～36（%）

黄土之粒配度可用累积曲线（积分曲线）法或分级曲线（微分曲线）法表示之。图5为武功真黄土之粒配度累积曲线。黄土之颗粒直径概在0.5～0.01mm之间。

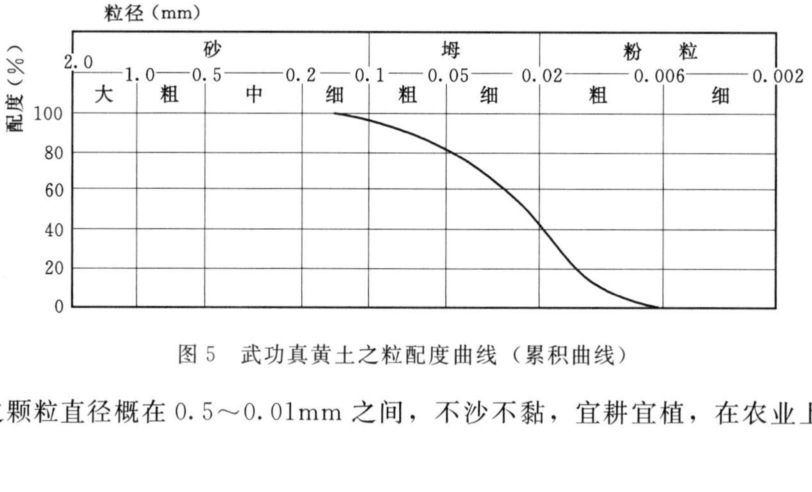

图5　武功真黄土之粒配度曲线（累积曲线）

黄土之颗粒直径概在0.5～0.01mm之间，不沙不黏，宜耕宜植，在农业上为最理想之土壤。

（2）结构：黄土之结构，极为松散多孔，常呈“团粒”状，倘经雨水淋洗，其中之石灰质渐被溶去，乃变为“单粒”结构，其性较原来紧密，不易透水，塑性随之增大。

黄土中常存有细微孔管（俗称根管），管径每在0.2mm以上，肉眼即能辨之，管壁常蒙石灰质薄膜一层。此种根管，概成垂直方向，但亦有两旁分枝者，其深度可下达十余米。

黄土层内，常有垂直之裂隙，近地面处，每因腐殖质而稍变黑，且常为石灰质所涂包。

（3）黄土分类：黄土可分为：真黄土、壤质黄土、沙质黄土（次生黄土）。《禹贡》所指之“黄壤”，即“真黄土”也。

真黄土系第三月球并入地球解体之遗骸，沉积于地球之后，迄今仍未改变其原形及位置。真黄土具有石灰胶结质，故富有“真黏着力”。此种黏着力虽在润湿状态下，亦不消失，与坚硬黏土之“假黏着力”相反。盖“假黏着力”，由于毛管水之表面张力而产生，水分充溢时，即行消失。

壤质黄土系真黄土沉积水中，或由雨水冲洗之淤积，或由耕作之践踏而成者，其粒配度虽与真黄土无异，但其物理性质则大受改变，迥然不同矣。

黄土性质随土内之“土粒”、“水分”、“胶质”、“空气”四要素而变，故可称为“四相土质”。

（4）黄河之土质：我国旧河工，对于黄河土质概分：黄土、胶土、素土三种。著者分析各种土质之性质，列如表6：

表6　　黄河之土质

土类	土名	粒径（mm）	水分（%）	石灰质（%）	黏土质（%）	空气
黄土	真黄土	0.05～0.01	20～40	8～10	1.5	—
胶土（淤土）	新淤	0.02～0.05	30～60	0	5～10	0
	老淤	0.02～0.05	30～50	0	10～30	—
	硬淤	0.02～0.05	10～20	0	10～30	—
	稀淤	0.02～0.05	60～70	0	10～30	—
素土	沙土	0.2～0.5	10～20	0	0	—
	流沙	0.2～0.5	30～40	0	0	—
	淖沙	0.2～0.5	40～60	0	0	0
	蚂蚁沙	0.5～2.0	30～40	0	0	—
沙胶	沙胶	0.05～0.1	20～30	0	0	—

（5）比重：黄土之主要成分为石英、长石、碳酸钙，故其比重亦与三者相近。平均为$2.57t/m^3$。

（6）幺重：干燥黄土单位容积之重量曰“干幺重”，简称“幺重”，常以γ_d示之。真黄土约为$1.4\sim1.5t/m^3$，壤质黄土约为$1.6\sim1.7t/m^3$。

（7）孔隙率及孔隙系数：黄土内孔隙之容积与该土总容积之比率，曰“孔隙率”，常以n示之，如下式：

$$n=\left(1-\frac{\gamma_d}{\delta}\right)\times100\% \tag{1}$$

式中，n为孔隙率，γ_d为幺重，δ为比重。

黄土内之孔隙容积与其干燥固体容积之比，曰“孔隙系数”，常以 ε 示之。孔隙率与孔隙系数之关系，如下式：

$$\varepsilon=\frac{n}{1-n} \tag{2}$$

（8）含水量：土内孔隙苟全为水分填满曰“饱和”，饱和时之含水量曰“饱和含水量”。

设土内所含水量，仅占孔隙之一部，余为空气所占者，则该土中所含水之重量与其干燥土因体重量之比，曰“含水量”，常以 w 示之，如下式：

$$w=\frac{W}{\gamma_d}\times 100\% \tag{3}$$

式中，W 为单位容积土体中水之重量，γ_d 为干幺重；若水份达到“饱和”。则常以 w_m 示之。土中水分所占之容积除以孔隙之总容积，称之曰“湿度”（饱和度），常以 G 示之，如下式：

$$G=\frac{w\gamma_d}{\varepsilon\gamma_0}=\frac{w\gamma_d(1-n)}{\gamma_0 n}\times 100\% \tag{4}$$

式中，γ_0 为水之容重 $=1\text{t/m}^3$。

（9）夯压之影响：普通黄土堤工，或用潮湿之真黄土，或用壤质黄土，经滚压夯实后，孔隙容积随之减少。普通约自 50%缩至 40%，堤岸因之压密巩固。

真黄土上渐加压力，达 3.2kg/cm^2 时，孔隙率可自 55%缩至 47%；壤质黄土则自 43%减至 37%，平均减少 10%。但黄土一经受压缩小，即不易恢复膨大；盖土质之膨胀性，视其所含之黏质量而定。黄土中所含黏质部分常极微小，是以黄土膨胀性愈微，则其黏化程度愈弱，愈近真黄土也。

2.3 黄土内水分之循环

（1）吸水力及保水力：黄土富孔隙性，状如海绵，故能吸收多量水分，而由土粒间之孔隙毛管力固持之，然后，再由蒸发作用，逐渐散失。

著者曾取武功干燥真黄土一块，长宽高各为 10cm，置于水面；在 12min 内，水即由毛管迅速上升至土顶（10cm），吸收之水分相当于 40mm 之雨量。但黄土内水分之蒸发极缓，此 40mm 之雨量约需经一星期后，始能完全蒸干。著者继将武功附近之土壤，各置于直径 6cm，高约 27cm 之圆筒内先加水至饱和，然后逐渐测定其蒸发损失量，结果如表 7：

表 7　　黄土之蒸发量

土　类	二十天后损失之水量（mm）	与水面蒸发之比率（%）
清水	88	1
稻田土	75	0.85
渭惠渠沙	65	0.74
真黄土	62	0.71
真黄土（土面刮毛）	59	0.67
壤质黄土	44	0.59
壤质黄土（土面刮毛）	31	0.35

由此可见黄土吸水及保水之能力，较任何土壤为大，对于植物根部水分之供给最为适宜，而合理想之条件也。

(2) 水分循环：黄土层内之垂直裂隙，以及微细根管对于土内水分之循环，居极重要地位，雨水由裂隙迅速渗入土层深处，达不透水层而止。故黄土高原无生成水塘湖泊之可能。而此下渗之水，日后复由土粒间之毛管作用，蠕缓上升，输送至植物根部，而行蒸发，见图6。

陕谚：“黄盖垆，力大似牛犊”。盖垆为不易透水之土质，黄土层水分保蓄其上，于农业最利。

图6　黄土层内水分循环

2.4　黄土于水内之崩解

(1) 崩解系数：今取黄土一块，切成每边长1cm之立方土块，投于蒸馏水中。初见微胀结成泥壳，土内空气，暂不发出，迨集积至一定程度，乃冲出泥壳，发生微细爆裂现象，如是重复多次，土块乃崩解而成一泥锥。其经过之时间可定名曰：“崩解系数”，如表8：

表8　黄土之崩解系数

黄　土　类	原状风干(min)	捏和风干(min)	捏和潮湿(h)
真黄土	0.5	4	约1
壤质土	1.5～2	6～10	>24
渭惠渠淤土	8～10	50～60	—
夯实土壤	5	15～18	—

此种“崩解系数”，可用以研究各种黄土，对于抵抗水流冲蚀之能力。

(2) 沙性与黏性：黄土土质黏份缺乏，概属“沙性土质”，于沙质黄土尤为显著。该土质若经强烈之石灰化作用，则可发生真黏着力，或则已得充分之黏土化作用，而渐变为“黏性土质”。

(3) 流水冲解：黄土遇流动之水，最为危险，著者曾将黄土加水捏成直径1cm之泥丸，置于极缓之水流内，经8分钟即现冲刷，至20分钟则全部冲解。

2.5　黄土之透水性

(1) 透水率：黄土层内透水之速率，视土质之结构及水压比降而定，如下式：

$$V=kJ \tag{5}$$

式中，V为流速(m/s)，J为水头比降，k为透水率(cm/min)。

原生真黄土其透水率，较既经捏压者，常可大至百余倍；具有根管之真黄土，其透水率，可大于紧密之壤质黄土约百倍。

(2) 透水率与孔隙率：透水之方向与根管平行者，其透水率较与根管正交者常大2～3倍。普通各种黄土之k值相差极巨，盖黄土透水之难易，每视根管之多寡而定，而与黄土之孔隙率，无一定之比例也。

著者测验武功真黄土之透水率，头道塬平均为4.99×10^{-4}cm/min，二道塬为$4.67\times$

10^{-4}cm/min，三道塬为 4.35×10^{-4}cm/min，可见愈近渭河滩地，透水率愈减。

（3）试验技术：测定黄土之透水率，苟用较小之水压（即 J 小），每因土质膨胀，堵塞孔隙，透水率有逐渐减小之现象。反之，在较高之水压时，土内细粒易被水带去，透水率逐渐增大，终至全部破坏，宜深加注意。

2.6 黄土之塑性

（1）阿特伯稠性限度：近代研究土壤之塑性，常以阿特伯（Atterberg）氏之稠性限度（各种界限含水量）为标准，分为下列四种：

糜性限度：土质含水过多，则稀烂如糜，达此限度，始得捏和成形。

黏性限度：此时土质，可直接黏于刮刀上。

塑性限度：土质经充分捏搓，即可捻成约 4mm 粗之细条，但苟将泥条稍曲，则折成小段。

缩性限度：此时土之容积，已不复因干燥而收缩。

（2）塑性与黏性限度：黄土之塑性限度，视土内所含沙质之成分而定。沙质愈高，则“塑性限度”与“塑性系数”（糜性限度与塑性限度百分数之差）愈小，而其糜性与塑性限度愈相接近（直至合而为一）。反之，黄土之壤化与黏化程度愈高，则其塑性亦愈大。

著者测定武功黄土之塑性，平均得糜性限度为 27.2%，塑性限度为 22.5%，缩性限度为 17%，塑性指数为 4.7。

（3）塑性与土类：各种黄土之塑性限度，均极相近，故用以区别真黄土之种类，殊不适宜，但用以鉴别黄土、沙土、黏土及壤质黄土之性质，手续极为迅捷可靠。

2.7 摩擦力与黏着力

（1）摩擦试验：测定土之内摩擦角，极为不易，辄受试验条件、切机性能之影响，致获完全错误之结果，不可不慎。试验时，应密切注意土质之匀和，并防止蒸发及土质之挤出，而所加之剪力，应正在切面，且须分配平均。此外对于土样内之进水出水，亦须注意。

试验用土样在某一垂直载重下，应有充分时间，使得完全沉定（即再无压缩之变形）。倘压缩变形尚未稳定，则一部分载重，由孔隙内水分承受之，所有土颗粒不能充分相接，摩擦力亦因之无法完全产生。而所测得之摩擦系数，每介乎零与最大摩擦（在完全沉定时）之间。近代因最新式切机之创制，此种理想之条件，已可完成一部。

（2）可仑布理论：据库仑（Coulomb）理论，凡黏质土壤之抗剪力强度可用下式计算得之：

$$s=c+p\tan\theta \tag{6}$$

式中，s 为抗剪强度，c 为单位面积之黏着力，p 为垂直压强，θ 为内摩擦角（摩擦系数 $f=\tan\theta$）。

（3）实测结果：黄土为“四相土质”已如前述，故性质极为复杂，应采取工程实地之土样，个别测定之。黄河下游冲积黄土（沙性）之内摩擦角约为 17°，摩擦系数约 $f\approx0.30$，黏着力约为 0.04kg/cm²，故得该黄土之抗剪力公式为：

$$s=0.04+p\tan17^\circ \tag{7}$$

美国Marshall坝，建于厚约15m之真黄土层上，见图7。筑成后，发生滑动破坏。经详细测定，得知该黄土地基之摩擦角仅为6°，黏着力为0.175kg/cm²，滑面上之平均压强为3.32kg/cm²，故抗剪力强度为0.51kg/cm²；而实际之剪应力为0.6kg/cm²，故该坝之安全率，仅为0.84。

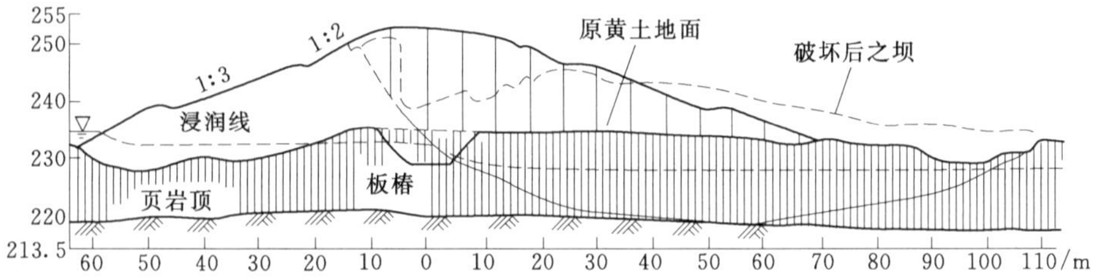

图7　Marshall坝破坏图

(4) 黏着力：普通黏性土质受压后，常有一部分摩擦阻力，在压力除去之后不能恢复，而发生“接触黏着”现象。此种黏着力可视为土粒受压经久而扩大之接触面，在还原时受阻所伴生之摩擦阻力也；此种理解，对于壤质黄土之力学性极为适合。真黄土因有石灰质胶结而生“真黏着力”，故其性质与固结体相似，而抗剪强度变化之原因较为复杂：在加压力之初，其力学性依从固体定律而变，俟石灰质胶结逐渐破坏以后，则改从“一相土质”定律（如沙）；反之，若该黄土质润湿已有一部分壤化者，则依从“二相土质”定律（如壤土），即在除去压力后发生一种“接触黏着力”，而原有之“胶结黏着力”遂行消失。

备作既经扰动之黄土试件，以及夯压筑堤之黄土，常无起始黏着力。抗剪曲线，辄通过零点。原生真黄土之黏着力，视其石灰质成分、颗粒匀度以及加压之经过而定。

2.8　黄土之载重力

(1) 试验方法：测定黄土地基之载重力，可直接挖一土坑，深及建筑物底层举行之。近代更有在钻探孔内完成者。黄土区域之潜水位，常极低下，挖坑毫无困难，可实地观察土质情形，并采取试验土样。

(2) 载重系数：载重试验，以测定载重 p (t/m²) 与陷量 S (m) 之关系，而定 $p-S$ 曲线。试验时，载重逐渐增加，迄陷量急增破坏而止，此时载重限度，曰“陷量限度”。在该限度以前，载重与陷量常成正比，而为一直线，此“陷量限度”又称“弹性限度”。将弹性限度之载重 p，除以相应的陷量 y，即得“载重系数” c 即 $c=p/y$。地基土质之“载重系数”以及“陷量限度”（弹性限度），每视载重受压之面积而定。苟面积改变，所得之数值亦异，极应注意。载重系数测定后，即可推算地基土质之力学性。

(3) 试验时间：每次载重应有的时间，对于透水困难、黏结紧密之土质，关系至巨。每次载重增加，须俟陷量沉定后举行。盖孔隙内水分挤出，需要相当时间，苟不及时，则所得之陷量较小，载重系数因较恰当者为高。真黄土之透水性较大，故于时间之影响不易觉察，但于壤质黄土这一因素，必加注意。

(4) 受压面积：载重试验用大压面者（如1m×1m）与小压面者（如10cm×10cm），所得之结果迥异；设二者的单位压力相等，则大面积之陷量较小面积为钜。故吾人根据试验结果，推断一重要建筑物之陷量，必先作二、三种大小不同压面之试验，以明了面积大小与陷量之关系。但此种关系，随土性而异，难得一律，仅能定其大纲而已。

（5）面积定律：由载重试验所得之“面积陷量曲线”及 $p=cy$ 之关系，即可求得“载重系数～面积曲线”，唯此种载重系数，由平均压力 p 及坚硬承压板之陷量所测得者，对于计算铁轨道碴等基础问题，常不适用。

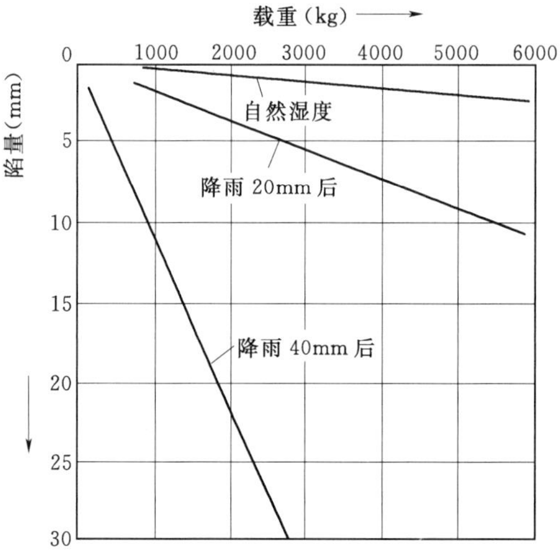

图 8　地基载重与湿度之关系

（6）湿度与载重力：黄土受雨水浸润，倘过度潮湿，则一部分石灰质溶解，“真黏着力”因之消失，但土体之重量却因含水而增大。因此，下层黄土之构造逐渐损毁，根管塞闭，而生紧密作用，这又使上层潮湿部分之土压力局部加大，而呈不平衡状态。此种不平衡之程度，每与湿度成正比。故吾人试验黄土地基之载重，应就各种不同湿度，分别研究之，见图 8。

（7）压力方向：黄土受压，垂直方向（顺根管）之陷量，常较横向（水平方向）者为小。倘地基有承受水平力之可能者，则载重试验，须在两种不同之方向举行之。

（8）震动试验；黄土受震动性之载重，其陷量常较静者为大，欲决定此种影响，则在作静力试验外，还应作动力载重试验。

2.9　黄土受冰冻作用

（1）冰冻作用：土壤生成之过程中，受冰冻作用影响至巨。孔隙内水分，因冰冻使液体变为固体，体积陡增 9.1%，所生之压力可达 2500 气压；故土壤之构造，每经一次冰冻，即有显著之破坏或变形。

（2）增加黏性：真黄土之黏性较低，常不能直接用作土坝坝心。补救之法，可先将黄土翻倒成堆，略加水分，经严冬冰冻，黏性稍增后，再行使用。唯此种冻过的壤质黄土，吸水颇多，几全成可塑状态；因之，施工时常以水分过高，黏着工具，大感困难。但新挖之原生壤质黄土，则无此现象，极便工作。

（3）增加含量水量：冰冻有使土壤疏松之作用；孔隙量增加，含水量也随之变大，此种情形，对于工程实施殊为不利，应加注意。

3. 黄水之水理

3.1　黄水之物理性

（1）含泥量：黄土区域河渠之水流，常含黄土而呈黄色，名曰“黄水”。黄水内所含之泥量曰“含泥量”。“含泥量”常以黄水内含泥之重量，占黄水总重量之百分数示之，如下式：

$$P=\frac{W_s}{W_w}\times 100\% \tag{8}$$

式中，P 为含泥量，W_s 为含泥之重量，W_w 为黄水之总重量。

（2）比重：黄水之比重，随含泥量多寡而增减，如下式：

$$\gamma=\frac{100+P}{100+P/\delta} \tag{9}$$

式中，γ 为黄水之比重，δ 为黄土之真比重（约为 2.60），P 为含泥量。

（3）滞性率及动滞性率：黄水含泥，其“滞性率”较清水者大。黄水之“滞性率”除以“比重”，则得“动滞性率”，对黄水流速之计算，关系至切。兹将普通温度下（18～22℃）黄水之“含泥量”、“比重”及“动滞性率”三者列如表 9：

表 9　　黄水之含泥量、比重、滞性率及动滞性率表

含泥量 P（%）	比重	滞性率 [t/(s·m)]	动滞性率 (m^2/s)	含泥量 P（%）	比重	滞性率 [t/(s·m)]	动滞性率 (m^2/s)
0（清水）	1.00	1.03×10^{-8}	103×10^{-6}	30	1.17	2.20×10^{-8}	191×10^{-6}
5	1.03	1.22×10^{-8}	118×10^{-6}	40	1.22	2.65×10^{-8}	218×10^{-6}
10	1.05	1.40×10^{-8}	134×10^{-6}	50	1.26	3.14×10^{-8}	249×10^{-6}
20	1.12	$1,81\times10^{-8}$	162×10^{-6}				

含泥量与动滞性率之关系，如下式：

$$v=(101+2.5p)\times10^{-8} \tag{10}$$

（4）冲刷量及淤积量：真黄土之干幺重，常较冲积黄土者为小（前者约为 1.4，后者约为 1.6）。故同一土重，在河流上游冲刷之土容积，应较下游淤积之土容积为大。例如黄河每年平均流量 1210m^3/s，含泥量为 3.3%，即每秒输泥量重为

$$1210\times1.02\times0.033=40.6\ (t)$$

这相当上游冲刷真黄土量为 29m^3（40.6 除以 1.4），下游淤积土量为 25m^3（40.6 除以 1.6）。

3.2　黄土之流速公式

（1）满宁公式：近代计算河渠流速以满宁（Manning）公式为最简便，且亦相当准确，其式如下：

$$V=\frac{1}{n}R^{2/3}J^{1/2}$$

式中，V 为断面流速（m/s），R 为水力半径（m），J 为比降，n 向称“糙率”。惟 n 之值，不仅视河床粗糙之程度而定，且与断面形状、水流涡动情形、含泥量多寡有关，其间关系颇为复杂，仅称“糙率”殊欠适当。著者取其倒数（$1/n$），命名曰“畅率”$M=1/n$，其因次为 $m^{1/3}s^{-1}$。河床“畅率”愈大，则流水愈觉通畅也，如下式：

$$V=MR^{2/3}J^{1/2} \tag{11}$$

（2）黄土河渠之“畅率”：河渠之“畅率”与流速成正比，选择确当之“畅率”向极困难。盖“畅率”差十之一，则流速随之差十之一，非特影响工程经济，甚且发生不良后果，比如选定 M 过大，则生淤积；反之，则冲刷渠床，不可不慎。关于黄土河渠之“畅率”，著者拟定如下：

黄河：

$$M=64-\frac{467}{\sqrt{Q}} \tag{12}$$

渠道：
$$M=70-\frac{2.75}{\sqrt{Q}} \tag{13}$$

(3) 满宁公式之缺点：满宁公式因便于计算，故取 J 之指数为 1/2，R 之指数为 2/3，但实际上不止此数，且非一定值。对于选择“畅率”，尚乏一定标准；式（12）、式（13）亦未计及含泥量之影响，当含泥量较大之时，应加校正。

(4) 著者公式：按河渠之流速，得以下列指数公式求之：

$$F=MR^{b}J^{c} \tag{14}$$

式中，“畅率”M 随河床单位面积之摩擦力“F”及水流涡动之程度（包括含泥量）而定。涡动之程度，可称“涡率”，以 Re（Reynolds Number）示之。单位面积摩擦力 F 及涡率 Re，以下列二式示之：

$$F=\frac{RJ}{V^{2}}\times 2g \tag{15}$$

$$Re=VR/\nu \tag{16}$$

式中，J 为比降，R 为水力半径，V 为流速，g 为重力加速率，ν 为黄水之动滞性率（随含泥量而变），见表 9。

将 F 及 Re 之值，绘于对数方格纸上，常成一直线，其公式如下

$$F=ARe^{-|m|} \tag{17}$$

式中，m 为直线之斜率。继将式（15）、式（16）二式之 F、Re 代入上式，可得公式如下：

$$V=\left(\frac{2g}{A\nu^{m}}\right)^{\frac{1}{2-m}}R^{\frac{1+m}{2-m}}J^{\frac{1}{2-m}} \tag{18}$$

因此，得“畅率”M 之公式如下：

$$M=\left(\frac{2g}{A\nu^{m}}\right)^{\frac{1}{2-m}} \tag{19}$$

式（14）中，b、c 各为 R 及 J 之指数，常随比降 J 而变，如下

$$b=\frac{1+m}{2-m} \tag{20}$$

$$c=\frac{1}{2-m} \tag{21}$$

上列三式中之 A 及 m 之值，如表 10：

表 10　　河渠及 m 及 A 值

河渠	m	A
黄河	$0.20\log J+1.043$	10^{13m-4}
渠道	$0.13\log J+0.561$	10^{20m-4}
水槽	$0.01\log J+0.636$	10^{50m-4}

本式形式上，似较满宁式为复杂，但精密程度则远过之（差率约为 2%），且决定“畅率”有一定法则。而满宁式对于“畅率”之选定，则全凭经验，有时可招至极端差误（如设计渭惠渠所选之畅率为 55，而实际为 71，其差率为 25%）。

(5) 著者简式：普通河渠之水力要素如流速 V，比降 J，水力半径 R，含泥量 P 等，常在一定之范围内变更。兹就其实用上之平均值，定简式如下：

黄河：
$$V\frac{102}{1+0.0025P}R^{0.686}J^{0.572} \tag{22}$$

渠道：
$$V\frac{78}{1+0.002P}R^{0.60}J^{0.535} \tag{23}$$

水槽：
$$V\frac{100}{1+0.001P}R^{0.535}J^{0.51} \tag{24}$$

黄土河渠，床面概为淤泥细沙，颇为润滑，且乏水草，故其“畅率”常较清水河渠者为大。黄水含泥量增加，水流滞性加大，但对“畅率”随之减低影响殊小。例如第（22）式黄河之含泥量增 4%，始影响流速 1%；含泥量至 40%，始影响流速 10%。

3.3 黄水含泥量

(1) 饱和量：黄土河渠含泥量之多寡，每视流水本身含泥之能力及上游供给泥量之机会而定。黄水含泥量达最高点，曰“饱和点”。该时之含泥量曰“饱和量” P_s。倘黄水之含泥量低于饱和量，则尚有余力摄取泥土，而生冲刷；反之，则生部分淤积。故饱和含泥量亦可称为含泥能力。

(2) 著者含泥能力 P_s 公式如下：

$$P_s=6500J\sqrt[4]{\frac{R}{V^3}}-\frac{0.074}{\sqrt[3]{Re}} \tag{25}$$

式中，J 为比降，R 为水力半径，V 为流速，Re 为涡率。渠道之平均流速若以满宁公式示之，则得下式：

$$P_s=\frac{6500J^{5/8}}{M^{3/4}R^{1/4}}-\frac{0.074}{\sqrt[3]{Re}} \tag{26}$$

今以上式讨论研究流水含泥能力，可得结论如下：

一、含泥之能力与比降 $J^{5/8}$ 成正比。盖 J 愈大，则流水所具之能力愈大，挟运之泥土亦愈多；比降增加 10%，含泥能力约增 6.3%。

二、含泥能力与畅率 $M^{3/4}$ 成反比。盖畅率 M 愈大，则河床愈光，黄水擦过床面所激起向上分力愈微，涡动愈减，故含泥能力愈弱；畅率增加 10%，含泥能力约减 7.5%。

三、含泥能力与水力半径 $R^{1/4}$ 成反比。盖水力半径愈大，则黄水愈深，水压愈大，黄水擦过床面所激起之向上分力愈微，其所影响之范围亦愈小，含泥能力随之愈减；水力半径增加 10%，含泥能力约减 2.5%。

四、含泥能力与涡率 $Re^{1/3}$ 成正比，盖涡动程度愈高，则黄水内部之激动愈烈，含泥能力亦增，但其影响较上列三者为微。

(3) 含泥量之分布：黄土河渠断面内之含泥量各点不同，随水深而异。普通水面含泥量 P_0 常较水底者 P_b 为小。设水深为 H，平均含泥量 P_m 之位置，以及 P_m 与水面含泥量 P_0 之关系，规定如下：

P_m 之位置 $=KH$（自水面量起），$P_m=CP_0$；其中 K、C 均为常数，因水深 H 而异，如表 11：

表 11　　含泥量公式系数表

H（m）	K	C
0.6	0.60	1.8
0.6～0.8	0.55	1.6
0.8～1.2	0.50	1.4
1.2～1.4	0.45	1.2
＞1.4	0.40	1.1

（4）含泥量之测定：黄土河渠之含泥量，随含泥能力及上游供给泥量之机会而变，已如前述。在一定断面内，各点之含泥量，固不相同；即使断面内之某一定点，其含泥量亦因流水脉动之作用而时刻变化，最大时可差至50%。故采取水样，若用普通玻璃瓶，在顷刻间即灌满水，殊不适宜，应改用“球胆采泥袋”采泥，见图9。灌水时间，于水面能在25min以上，水底在220min以上，则无差误（即所得之值，始为该点之平均含泥量），如表12：

表 12　　采泥时间与差率之关系

采泥地点	采泥灌水时间（min）									
	5	10	20	40	60	80	100	150	200	220
水底	±50	±47	±40	±31	±24	±18	±14	±7	±2	0
水面	±7	±3	±1	0	0	0	0	0	0	0

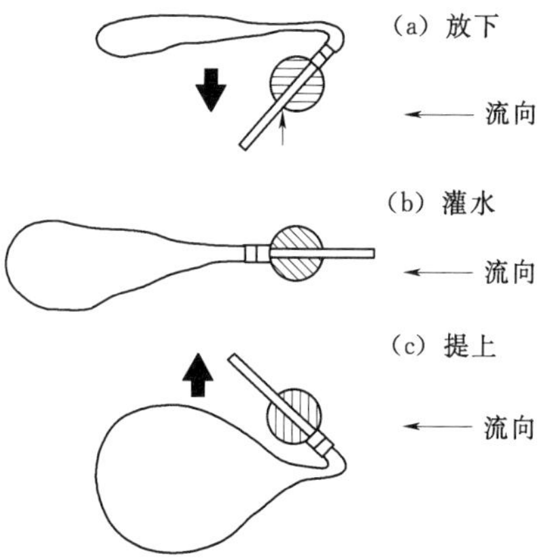

图9　球胆采泥袋

图9所示“球胆采泥袋”之构造，殊为简单，即用一足球橡皮胆，去其管而换装一铜管，管径约6mm，长约15cm，该管附设于一测杆上，以便采取某一定点之含泥量。“采泥袋”排气后入水，管口须侧向下游，而至某一定点后，始急转管口，使正对上游，以便黄水流入。俟袋内注满后，即行倒转管口而提出水面。

“球胆采泥袋”不仅为采取黄水样之利器，且可同时测定该点水流之流速如下式：

$$v=\frac{W}{cAt} \tag{27}$$

式中，v 为测点流速，t 为灌水时间，W 为 t 时间内灌入袋内之黄水总量，A 为铜管之断面积，c 为铜管流速系数。流速系数 c 值须经事先“率定”；如西北农学院水利系所用之采泥袋，其流速系数如下：

$$c=0.905 \qquad v>0.55\text{m/s}$$

$$c=0.680 \qquad v\leqslant 0.55\text{m/s}$$

3.4　黄土河流之径流率

（1）径流率：在某一定时间内，河流流出之水量，与该流域所受雨量之比曰“径流率”。真黄土区域，气候干燥（雨量400mm左右），相对湿度极低，降水之由蒸发损失者颇大；且黄土高原概呈台阶状，土质疏松，可吸收大量水分（达原土容积之50%～60%）。

故黄土河流之径流率常较他种土质流域为小。如我国黄河之年平均径流率为0.198，沽河为0.073，属世界河流中之最小者；而我国南方，扬子江则为0.391。

潮湿区域（雨量600mm以上）之黄土层上常盖有壤质黄土一层，其径流率较真黄土为高，如我国淮河为0.20，德国莱因河为0.442，欧尔贝河为0.278。

(2) 径流率试验：河流之径流率与降雨强度（以每小时毫米计）及地面坡度关系最切。兹就陕西武功张家岗之真黄土地面，用人工雨淋法，测得降雨强度、地面坡度，对于径流率之关系列如表13：

表13　　黄土之径流率

地面坡度	降雨强度（mm/h）			
	60	120	180	240
0°	0.01	0.17	0.48	0.62
10°	0.08	0.35	0.54	0.53
20°	0.11	0.37	0.56	0.53
30°	0.14	0.40	0.66	0.52

由上表可见，地坡平，雨量强度小者，全部雨量均可为黄土吸取，故径流率极小。降雨强度及地面坡度增大，则径流率亦随之增大，最高可达0.66。但降雨强度至240mm/h，径流率反渐见缩小，此种现象殊为奇特；盖降雨强度大，则地面土粒剥蚀迅速，土层之垂直根管以及微细裂隙，均不及为细泥闭塞，渗透反渐增强之故也。

西北降雨强度鲜有超过120mm/h者，普通暴雨在60mm/h左右，故河流之年平均径流率最多以0.20为限。

(3) 径流率与冲刷量试验：黄土地面受雨水冲刷之程度与降雨强度关系最切。兹用人工雨淋法，在武功张家岗真黄土地面详做试验，发现降雨强度在60mm/h以下，冲刷殊小，但增至150～180mm/h左右，冲刷土量猛增，径流黄水之含泥量可至54%。

兹将不同地面坡度，在不同降雨强度下，经10min每平方米所冲刷之泥量，列如表14：

表14　　降雨强度与冲刷率

冲刷强度		冲刷泥量（kg/m²）			含泥量（%）		
地面坡度		0%	20%	60%	0%	20%	60%
降雨强度	60mm/h	0.8	0.4	0.53	0.8	20	25.1
	120mm/h	0.12	5.0	5.00	2.2	27	27.7
	150mm/h	0.71	5.4	9.50	5.3	27	47.3
	180mm/h	0.20	7.4	10.10	3.1	28	34.7

可见在普通降雨，黄土受雨水之冲刷，殊为微小；但遇暴雨，降雨强度增至120mm/h，则含泥量可突增至27%，但此后雨强虽再行增高，而含泥量不随之猛增，至50%为最大限度。

本试验所用之地面，系铲平之原生真黄土面。实际上黄河上游之地面，经冬季冰冻或因人畜践踏，表土疏松异常，骤遇暴雨（降雨强度80mm/h）倾注而下，加之两岸崩坍，含泥量可常较试验者为高。宁夏青铜峡民国29年七月一日测得黄河含泥量为33.96%；泾河含泥量，春涨时为 30%，夏涨时为 50%；黄河龙门民国二十三年八月八日，测得含泥量为 38%，均其著例也。

3.5 黄土区域之侵蚀

（1）黄土面积：我国黄土区域河流，真黄土之面积及其所占总流域面积之百分率，据翁文灏先生曾有下列之估计，如表 15：

表 15　　中国真黄土之面积

流域	黄土区域	面积（km^2）	占总面积（%）	流域	黄土区域	面积（km^2）	占总面积（%）
黄河	兰州以上高原	60000		滹沱河	山西北部盆地	3600	
	兰州至宁夏	55000			太行山东麓	800	
	渭水流域	26000			合计	4400	2.2
	清水流域	2000		滏阳河及卫河	沿太行山	900	
	北洛水流域	16000			漳河盆地	2500	
	汾河流域	2000			其他面积	100	
	西安至观音堂	1000			合计	3500	1.8
	南雒水流域	2000		潮白河	密云及其附近区域	1000	0.5
	其他面积	15000		永定河	桑干河及洋河区域	7500	
	合计	179000	89.5		大同西北	2000	
大清河	临城盆地	800			大同之南	500	
	太行山东麓	1200			合计	10000	5.0
	合计	2000	1.0	中国北方	真黄土总面积	199900	100.0

黄土所占面积，自地质图上量得者。当较事实上的面积为少。以在比例尺较小之图上，必面积较大者始能于图上绘出，而黄土掩盖稍薄者，可能时加弃置。河流所经之黄土面积愈广，或侵蚀速率愈增，含泥量随之愈高。

（2）侵蚀速率：各河流之流域，黄土地面之侵蚀速率，据翁文灏先生估计如表 16：

表 16　　黄土地面之侵蚀速率

河名	一年之侵蚀深（mm）	侵蚀 1m 所需年数	河名	一年之侵蚀深（mm）	侵蚀 1m 所需年数
潮白河	0.036	27800	滏阳河	0.045	22200
永定河	0.364	2750	卫河	0.070	14300
大清河	0.034	29400	黄河	0.326	3060
滹沱河	0.045	22200			

按我国西北黄土之厚度，设以 30m 计算，而每年之侵蚀速度，平均以 0.33mm 计，则约需 9 万年后，方可侵蚀殆尽。但此种估计，仅能定其概观，事实上河流年龄愈老，则比降愈小，侵蚀力亦随之减弱。

4. 黄土之地基

4.1 载重力

（1）许可载重力：干燥之真黄土层（含水率在 10%以下），对于普通建筑，可视为中上等地基，载重 2～3kg/cm^2，常不生显著之沉陷量。惟建筑物既成之后，苟有雨水或沟渠之水浸入基底，当石灰质被溶而生孔隙，则于上部建筑最为危险，不可不严加注意。

（2）陷量：黄土容积之缩小，苟由土内孔管之收缩，约有2%～3%，故于10m厚之黄土层，即可生陷量20～30cm。此种陷量，于重要建筑常不允许，故为防止日后发生过度之陷量，必须采用平基，或则改用较深之基础。

4.2　黄土平基

（1）平基载重力：壤质黄土之平基，与微软冲积土相似；苟壤质黄土，由冲积而成者，则土质紧密，常为良好地基。其堆积紧密之程度，则可采取原土样，在实验室内测定之，或由钻孔管内试验之。

（2）实测结果：导淮委员会对蒋坝土质（废黄河淤土即壤质黄土）曾作实地测验，测得该土壤之弹性限度为7.3kg/cm²，陷量 y 为0.5cm。故载重系数 $C=p/y=7.3/0.5=14.6$kg/cm³。测验所用之载重面积为30cm×30cm，并决定安全载重4kg/cm²。

津浦路黄河铁桥第二桥墩，用沉函法造成。沉函底深至2m时，曾用一8000cm²之平板试之，当压力升至16kg/cm²，则板之陷量为115mm，故得载重系数 $c=16/11.5=1.4$kg/cm³。而该桥墩实际之压力为6kg/cm²，故对于陷量极甚为安全，见图10。

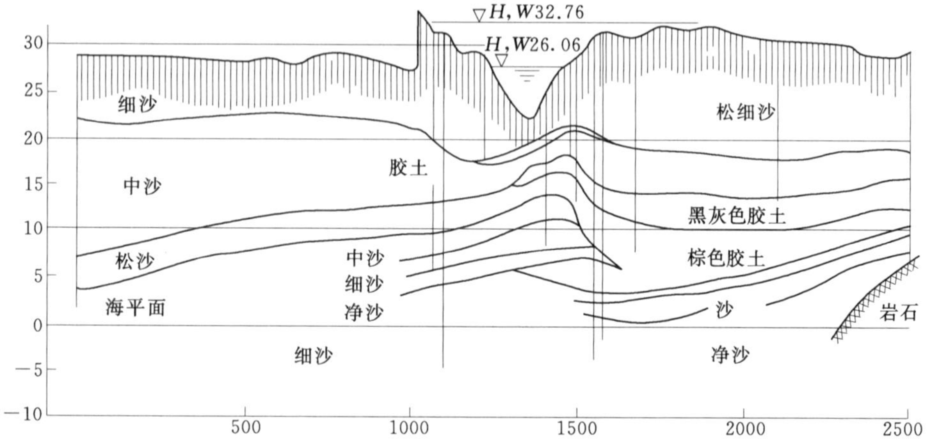

图10　津浦路黄河铁桥地基图（单位：m）

4.3　黄土埽基

（1）埽基载重力：黄土层内埽基，对于含水较少之真黄土，夯埽不易穿入；但于潮湿之黄土层或润湿之壤质黄土，夯埽穿入极易。

普通埽基之载重，概由埽之表面摩擦力承受，平均2.3～2.7t/m²。有关经验数据如下：细壤泥1.8～2t/m²；沙性黏质河床冲积土3t/m²；软壤土3～4t/m²。

需要注意，上列埽之载重力，仅对于单埽而言；至于结合若干埽而成一“埽组”，其载重总力并非各埽载力之总和。

（2）实测结果：1911年建筑津浦路之黄河铁桥，曾作埽载试验，得每埽约可载重150吨。而现时每埽之实际载重，平均为60～70t，故其安全率为2.0～2.5，见图11。

导淮委员会曾在邵伯、淮阴、刘涧三处建筑船闸，对桩基载力曾作过详细试验。该闸基土质系废黄河淤沙，地下水位极高，用静载重试验，测得桩之表面摩擦力为2t/m²。倘用锤击公式计算，所得之值，仅为静载重试验值之 50%。

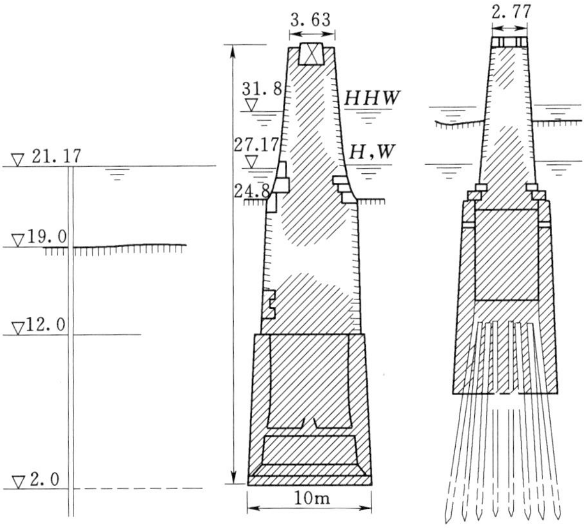

图 11　津浦路黄河桥墩

5. 黄土土工

5.1　黄土土工

(1) 挖土及装土：真黄土挖掘极易，属一、二级土质，挖时先用尖头镐使土掘松，继用锹装筐。在黄土土拉车运土，亦较在松沙土省力。壤质黄土苟经较强之风化与黏化者，则属第三级土质，可用阔口镐松土，再用大锹装土。

黄土久经干燥，常坚结成块，挖掘不易；但过湿之黄土，又常粘着挖土工具，出土困难；其于壤质黄土尤为显著，施工大受影响，故在久旱或雨天施工，极甚不利。

(2) 土工与雨量：著者分析西北黄土土工每人平均工作能力（工效），与平均月雨量之关系，如表 17：

表 17　　黄土土工与雨量之关系

平均月雨量（mm）	每人土工能力（m^3/工日）	平均月雨量（mm）	每人土工能力（m^3/工日）
0	3.5≈4.0	200	7.8≈8.0
50	5.5≈6.0	250	6.2≈6.5
100	6.5≈7.0	300	3.0≈3.5
150	7.5≈7.8		

可见工作能力最高之月雨量在 150～200mm 左右，过此则骤低落。普通工人每人工作能力平均为 4.5m^3/工日。挖土与填土之单价约为 2∶1。

(3) 运土：取运土料，近宜用篮，远宜用手推小车。苟用敷轨之手推铁斗，更属迅捷。

(4) 铁斗经验公式：据雷鸿基君研究淮阴船闸工程，得一轻便铁道斗车运土之经验公式如下：

$$T_1 = 1.1 + L \tag{28}$$

$$T_2 = 1.1 + 0.8L \tag{29}$$

式中，T_1 为上行坡道运土每立方米所需之工时（一个工人一小时之工作）；T_2 为下行坡道运土每立方米所需之工时。L 为推运距离，以百米计。该公式测验范围，上行坡度最大为 3.5%，下行车坡度最大为 8%。运土距离在 1000m 以内。

(5) 矗立能力：黄土具有“真黏着力”，且能保持湿度，故其矗立能力较任何土质为大。我国黄土壁立，有超过百米者。设干燥黄土之干幺重以 $1.3t/m^3$ 计，则立壁之底面压力，在 $130t/m^2$ 以上。按土壁矗立之能力，全视土质之“抗拉力”和“抗剪力”而定。苟黄土内石灰质之“真黏着力”一旦消失，而黏化作用逐渐增强，则立壁必将倾坍；盖由黄土内长石之黏化而成黏质土时，不特其体积骤形膨大，抗滑能力亦因之减弱故也。

(6) 垂直根管成因：黄土壁之崩塌常沿根管而呈垂直之分裂，黄土层内垂直根管之成因，说者不一，今试以“宇冰学说”解之。盖黄土自第三月球解体，裂为碎片，击成微尘，而徐徐降至地面，湿则膨胀，燥则龟裂。土中石灰质溶而后结，结而后溶，年复一年，土层愈积愈厚，垂直压力与之俱增，而横向压力无有也；土层内之空气及水分，均由抵抗力最小之上下方向进出，经长期冷热干湿之变迁而演成今日之垂直根管。此种现象，不难在试验室内重演证明之。

(7) 土壁崩塌：黄土崩塌，概呈垂直裂面。是以黄土区域之天然地形，莫不呈台阶状态。苟台壁日久坍裂则堆成 1∶1 之侧坡。我国农夫，将此种坍塌之土，移至田间，以减地面坡度，兼作肥料；经数千年之经营，而演成今日黄土高原触目皆是之梯田。

(8) 土壁冲刷；黄土受雨水润湿，矗立之能力大为减低，唯平常雨水及冰冻为害殊微，盖黄土易吸雨水，继则蒸发，碳酸钙结于壁面成一硬皮。但遇过量之雨，则易刷成深沟，或冲为“陷穴”。故在梯田内之排水系统，应十分讲求。有时在急坡之黄土路面或两侧水沟，雨后发生横沟深穴，亦宜注意。

(9) 土层滑动：黄土区域之土地崩塌现象，因黄土本身者鲜，而由于下部之第三系黏土或已壤化层之收缩滑动者多，黄土直壁因之向后倒仰，见图 12。

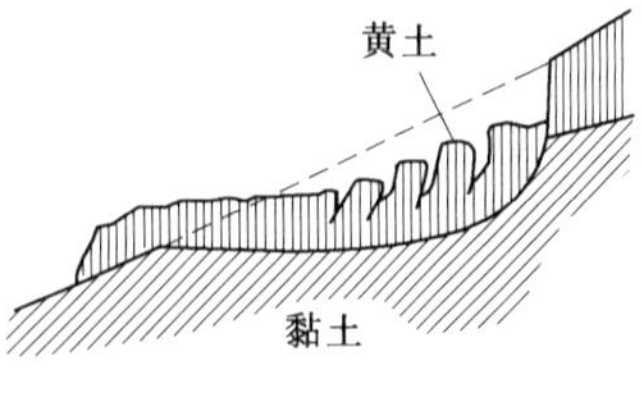

图 12　土层滑动

(10) 地震崩裂：我国西北甘、宁等省受贺兰山断裂带，泾源断裂带、武都折断带、武威折断带之关系，地震时起；深厚之黄土山，随之崩裂酿成巨灾者史不绝书。如民国 9 年十二月陇西地震，死 20 余万人；民国 16 年五月武威地震，死 250 万人，牛羊 22 万头，倒坍村庄 1.9 万余座，房舍 41.8 万余间。

(11) 侧坡：黄土层内挖沟，作埋管排水等临时用者。虽深至 8～10m，两壁仍可直立，无需侧坡。至于建筑灌溉渠道或铁道与路堤，常予以二比一（横一竖二）之侧坡。黄土坡面或道路侧沟，易为雨水冲刷者，则应种植草皮保护之。

泾惠渠引水渠之侧坡规定，切土为一比十（横一竖十），填土为一比一。

陇海路规定路堤两旁坡度，概为 3∶2；路堑坡度则视土质情形而定，斜者为一比一，陡者为一比十。凡高深路堑，大抵分作数台级：最下一层多为一比十，最上一层则为一比一或一比二，分级处另留一米之平台。

(12) 侧坡崩塌：黄土侧坡之崩塌，常由于底层不固，而非由土之本身，已如前述；

如坡脚土质疏松不坚者，则应施防护工程。

5.2 黄土隧洞

(1) 隧洞挖工：黄土矗立能力强大，故在土内挖掘隧洞，毫无困难。如洛惠渠及陇海路之隧洞，除少数特殊情形外，均极顺利。

(2) 隧洞铺工：交通隧洞内略加铺面，即可保持永久。唯渠道之隧洞，遇有水分穿入洞基，则基土陷落，铺工损毁，就极为危险。

(3) 挖洞程序：陇海路挖洞工程进行顺序：先开导坑，次及两旁，而后砌拱，每4m留一接缝，迨砌拱完毕，始挖下面，再砌侧墙，最后砌底，见图13。

5.3 房屋建筑

(1) 屋基：黄土层内常有“空穴”，故在黄土层上建筑房屋，辄易遭灾害。例如昔日所建之房屋，近因交通工具震动加剧，而生陷落者，屡见不鲜。

(2) 窑洞：我国西北晋、甘、陕诸省人民窑居者甚多，择壁立土崖，凿成窑洞。每洞进深约8～10m，洞高约4～5m，洞宽视黄土之强弱而定：含石灰质较高者，可至4～5m以上；石灰质少者，约3m，平均为3.5～4m。洞之侧墙直高2m，其上则为半圆或椭圆之拱。

掘洞时期，以适在雨后，土尚未干亦不过湿之时为佳。挖掘既易，且可将挖出之土，堆筑广场或打围墙，亦最坚固。有时将土崖向内切出一槽，则三面挖窑，可得窑洞七孔至九孔；前面筑一围墙及大门，即成一四合院，极形简单。还有，是由平地全部下挖而成者，曰“地窑”，见图14。窑洞在雨少之区，保护得宜，可维持至百年以上。

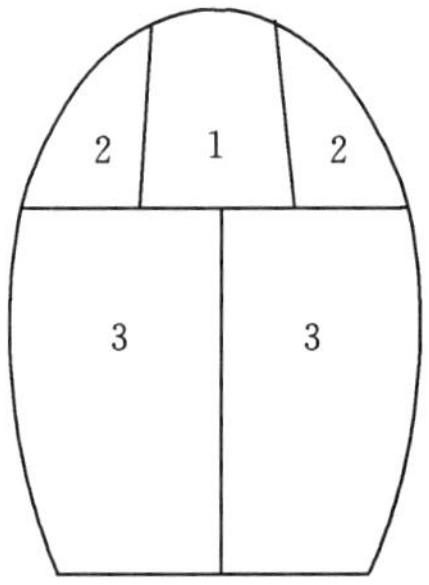

图13 陇海铁路隧洞开挖顺序

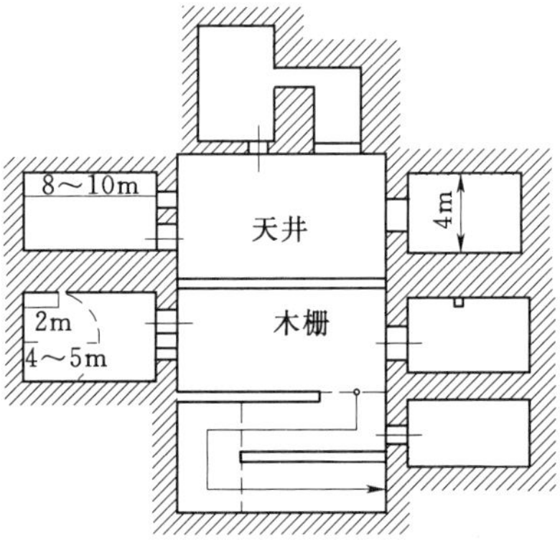

图14 七孔地窑

5.4 黄土路工

(1) 土路现状：筑路工程向凭经验，而由土工原理，加以处理者尚鲜，惟近代则渐用科学方法，研究此种重要问题。

我国黄土区域之道路，向无特设之路面，屡经驮兽践踏，大车狭轮碾压，路面无时不受破坏。风起尘扬，路基渐向下降，经长久之磨蚀而成极深之沟，名曰“衖衕”(胡同)。雨时路面经车辆辗压，变为壤性黄土，泥泞没胫、马蹄不前，或两崖崩坍，车辆即无法通行。

(2) 土路改良：旧有土路之缺点，概言之，一为排水不良，二为大车之轮太狭。改良之法，唯有另定路线，升高路基，使排水通畅，基土坚实；雨后即行修理，乾时稍将路面铲平，并加滚压；而路基本身，则可由车辆行驶，而自行压实之。至于民间大车除改装胶轮者外，悉禁在公路上行驶（只准在路旁广阔之排水沟内行驶）。此种黄土路面，苟保养得宜，极有价值。

（3）路面冻害：黄土层潜水面较高之区，如宁夏及河滩附近之道路，每届春令，车辆常有陷入之现象，交通困难。此种陷入之原因，由于入冬路面积雪或潜水上升，在路面逐渐冻结；至来年春暖，雪化冰融路面渐湿，且因蒸发极强，路面干燥，但在冻冰层上常有积水，见图 15。此种状态最属危险，普通载重车辆极易陷入。我国宁夏大车，车轮特高，虽陷入路面，仍能在冰冻层上行驶也。

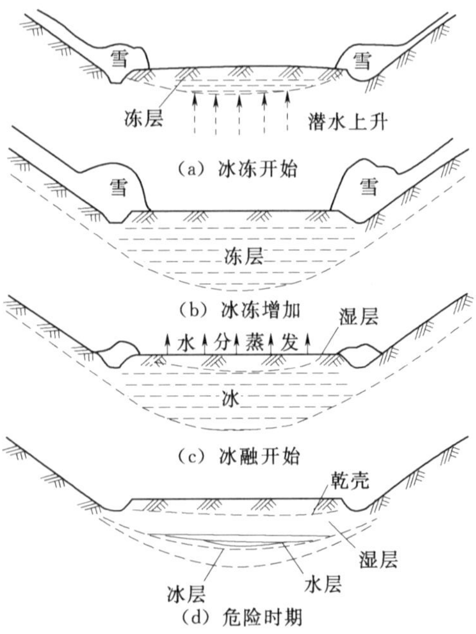

图 15 冰冻之作用

道路受冻害之防治，可将路面冻线（约深有 50cm）以上之壤质黄土全部挖去，而填以沙砾或碎石，并铺适当之面层；或则在黄土路面之下铺沙砾一层，以隔断毛管上升之水分，兼利排水。唯黄土区域沙砾缺乏，此种改良方法，欲普遍推行殊为困难。

5.5 黄土层下矿工

我国西北各省重要矿层，每为黄土所覆盖，开采时对于上层黄土之下陷，应加注意，见图 16。例如洛惠渠第五号洞，因流沙过多，洞顶黄土层随之下陷。普通黄土地面下陷后常形成洼坑，雨水汇集，沿垂直之裂隙下注，而成带有水压之泥浆，甚属危险。

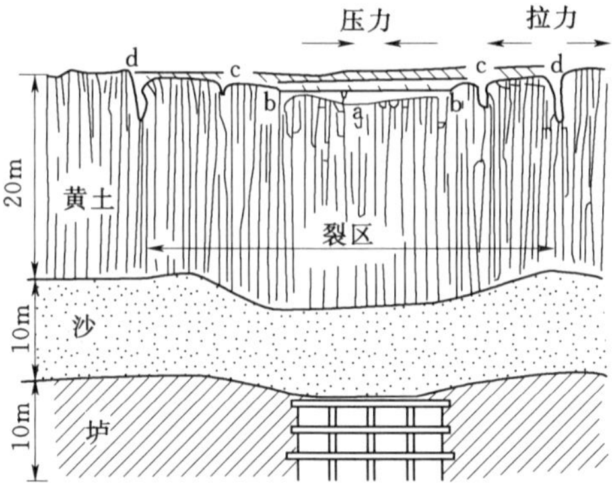

图 16 黄土层之下陷

6. 黄土水工

6.1 黄土堤工

（1）黄土密材：真黄土经充分滚压夯打，即不易透水；壤质黄土透水更难，故水功上常可用作隔水“密材”。但土面不可直接与流水接触，即不可用作“护材”，以免洗蚀。此种“密材”应置于不受冻害之处，且当水位下降之时，不致干燥而龟裂。黄土之毛管力较高，用作“密材”次于黏土。真黄土内缺乏胶性黏质，故属“不完全密材”，但壤质黄土，则属“完全密材”。

（2）运渠防渗：运渠经过沙层渗漏巨大者，可于渠床铺厚约 40cm 之壤质黄土一层防渗之，其上并覆沙砾一层，厚约60cm，藉资保护。黄河下游，沙多泥少，沙土堤以胶泥包之，名曰“包淤”，可防漏水。

(3) 土坝：建筑土坝，可以壤质黄土作隔水壁，见图17。或全用壤质黄土造成者。在黄土区域其他材料缺乏，故以人工夯实之壤质黄土造成者，较为得计。如我国洪泽湖之明堤长50公里，乃世界最著名之黄土堤工。

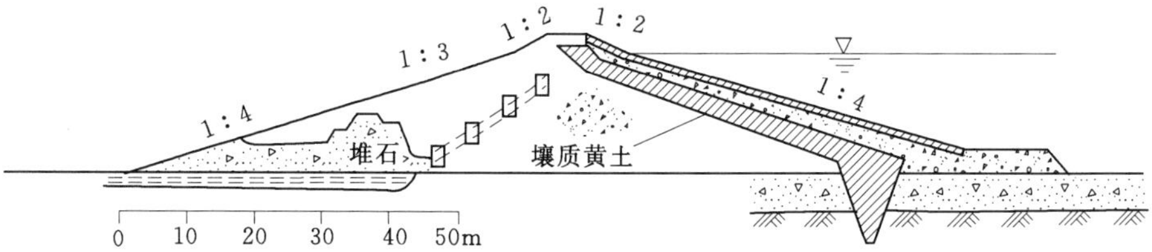

图17 德国Koberbach坝

(4) 护堤：黄土固为堤土极好之材料，但易受雨淋、冰澌、冲刷之害，保护之法，唯有种植草皮、堆砌河砖碎石或其他薪木护岸工程。在黄土区域，石材缺乏，于堤坡内外两脚，最宜多种柳树防护之。筑堤所用黄土之含水率以20%为最佳。

(5) 水中取土：黄河下游筑堤无土，常用水中取土之法：先定堤基，遂用船载土，筑成围埂，出水二尺，用草料防护，俟淤土停积，将埂内水撤干，然后起土。

(6) 五宜二忌；在河旁筑堤，俗有“五宜二忌”：地势宜审、取土宜远、坯头宜薄、硪工宜密、验收宜严；一忌隆冬，恐土冻结难融、重夯亦难夯实；二忌盛夏，恐水漫滩，无土可取也。故兴修大工多在春秋二季。

6.2 黄土渠工

(1) 断面形：黄土渠道之断面，两侧垂直，渐向渠床平坦，常呈半椭圆形，水面印在椭圆形之长轴。设水面宽度为 B，水深为 d，断面积为 A，则断面积与水面宽乘水深之比，曰“形率” F，如下式：

$$F=\frac{A}{Bd} \tag{30}$$

黄土渠断面之“形率”，约在0.85～0.98之间。“形率”愈大，则渠愈宽浅，愈近天然安定式河流。普通安定黄土灌溉渠，水深 d 与水面宽 B 之关系如下式：

$$B=7.85d^{1.61} \tag{31}$$

(2) 侧坡与顶宽：渠道侧坡，施工时常用者为1∶1至1∶1.5，放水以后，两侧冲蚀而成垂直或2∶1之坡，堤根单薄每有滑坍之虑。故当渠堤上部有填土部分，或堤顶兼作道路者，用较坦之坡度（1∶1.5）为宜，参看图18。堤顶高出水面，干渠为1.0～1.5m、支渠为0.5m。堤顶宽度，不得小于1.5m。

(3) 流速：黄土渠之流速，最小须能保持在0.7m/s，最大以不超过1.2m/s为宜。

黄土渠“临界流速” V_0。视水力半径及含泥量而定，著者规定公式如下：

$$V_0=(0.45-0.34\log P)\sqrt{R} \tag{32}$$

式中，V_0 为临界流速，P 为含泥量，R 为水力半径。

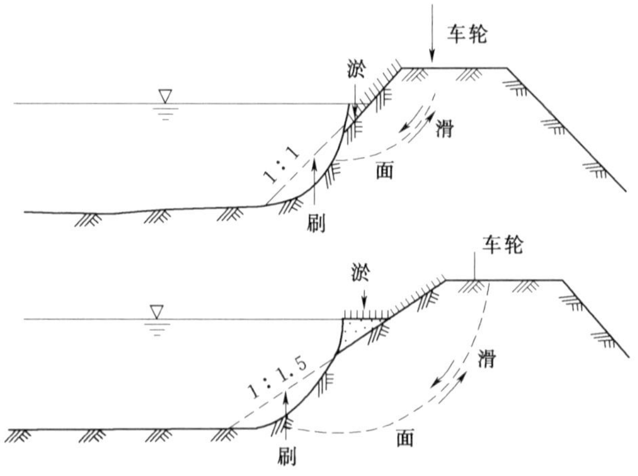

图 18　侧坡之比较

（4）比降：黄土渠之比降视流量与含泥量而定，通常以 1/2000 至 1/2500 为宜，概如表 18：

表 18　　**黄 土 渠 之 比 降**

渠　类	流量（m^3/s）	含泥量（%）	比　降
大渠	10～100	1～2	1/5000～1/3000
中渠	2～10	2～8	/3000～1/1000
小渠	0.1～2	8～25	1/1000～1/300

（5）含泥量：黄土渠道含泥之能力，视比降 J、水力半径 R 及流速 V 而定，可由著者含泥量公式（25）式计算得之，兹不复赘。

（6）渗漏损失：渠道之渗漏损失，视渠水面与地下水位之距离而异。黄土高原之地下水位常极深下，故对于渗漏损失，不可忽视。渗漏量大小与渠道断面形，及渠床土质有密切关系，见图 19。图 19 中（a）渗漏量值为 V 与透水系数 K 相等；图 19 中（b）渠道之渗漏量为（1.5～2）K。在较宽之渠道，常可自动变为（1.0～1.4）K，如图 19(c)；设地下水位降低，则渗漏量仍大于 K。至于地下水位较浅者，如图 19(d)，则 V 值渐缩且小于 K，例如 V 仅为 0.1K；苟地下水位高于渠水位，则潜水渗入渠内。故欲研究渠床之漏水

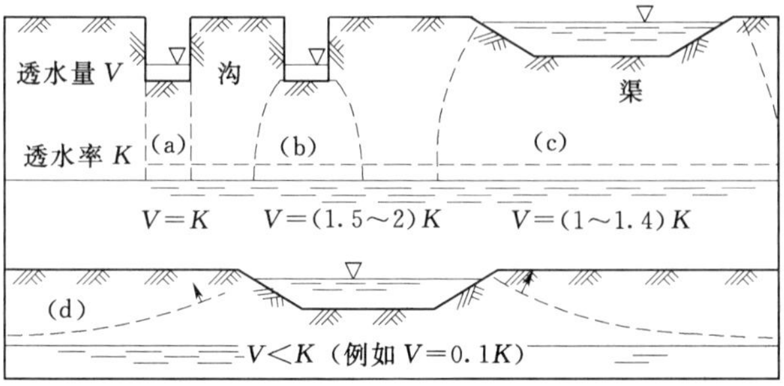

图 19　渠道之渗漏

量，应视其平衡状态，以及渠床至潜水面间土质之渗水能力、潜水之倾度、潜水之流速而定。是以渗漏损失量在潜水位较高之处，如图 19(d)，苟以渠道形式及渠床 K 值公式推论计算者，常无价值，且易引入差误，应深加注意。

(7) 挖方与填方：黄土区域举办渠工，应就自然地形，极力避免填方，而以挖方为主，盖以挖方工易费省，将来管理方面极易。人工挖土可深至 10m，过此则人力不逮，且出土亦艰。

6.3 黄土河工

(1) 黄土河流：地球上行经黄土区域之河流，以我国黄河为最著。余则流域内黄土之壤化程度已高或黄土所盖地面仅属支流之一部分，故黄土河流之特性，较不显著。兹将各国黄土河流列举如下：

中国黄河、淮河、沽河等。

北美 Mississippi，Mossourc 等。

南美 Parana，Pampas 等。

德国 Rhein，Main，Neckar，Elbe，Glotzer，Gverlizer，Neisse 等。

奥国 Donau，Thaya，March，Theiss，Pruth 等。

苏联 Djnestr，Bug，Dnjepr，Don，Oka 等。

中央亚西亚 Syr—Darja，Amu—Darja 等。

(2) 黄河问题：按著者含泥量公式（25）式，黄水含泥之能力，与比降成正比例。河流上游比降较大，含泥能力亦强，至下游比降渐缓，含泥能力减弱，故必有一部分之黄土淤积于中下游河床内。如黄河每年输泥量在陕县（比降为 0.00081）为 78736.5 万吨，于泺口（比降为 0.00011）减为 49304.5 万吨，故每年淤积于陕泺间河床内者为 29432 万吨。

河床淤高，则河槽之断面积缩小，遇异涨洪水，槽不能容，势将漫决成灾，此为黄河为患主因。故黄河问题应分为三，即：如何防止地面黄土之冲刷；如何减低上游之含泥能力；如何促进下游之含泥能力。

(3) 防止地面冲刷：防止黄河上游地面冲刷，应平治阶田，开掘沟洫，种植苜蓿。此种方策，固为治本清源之计，但需时极长，将来成效，亦难预测，故仅可视为长期治河之补助工程。

(4) 减低上游含泥能力：按著者公式，黄水之含泥能力与比降成正比，故降低上游河道之比降，即可减低其含泥能力。降低比降之法，应择适当地点建设谷坊，此种谷坊可兼作引水之拦河大坝，以灌溉两岸农田。黄河上游各支流，均可用此法整治之。

(5) 促进下游含泥能力：黄河下游之比降，受海面水位及地形之限制，愈近河口愈弱，故欲增加比降以促进河水含泥能力，殆为不可能之事。故按著者含泥量公式（25）式，若黄水之比降不变，则其含泥能力复与水力半径 R 成反比，与畅率 M 亦成反比；因此，欲促进黄河下游含泥能力，唯有减小水力半径 R 及畅率 M 二策，兹分述如下：

① 减小水力半径，即采用宽大堤距，使成浅广之河槽。例如黄河下游，假定洪水量为 8000m^3/s，比降平均为 0.00011（洪水峰前可增 3 倍约为 0.00033），水深、堤宽、流速、含泥量四者之关系如表 19。可见水力半径愈小，水深愈浅，流速亦减，故宽堤内之流

速应以 1.0m/s 为最小限制；盖过此限度，含泥能力虽仍可增大，但洪水峰过后，水位下落，滩上流速骤降为零，所含泥沙必将淤积而下矣。

表 19　水深、流速、堤距与含泥能力之关系

水深（m）	流速（m/s）	堤距（m）	含泥能力 P（%）
0.2	0.16	250000	1.88
0.5	0.35	47000	1.33
1.0	0.58	13800	1.08
2.0	0.93	4450	0.90
4.0	1.50	1330	0.75
6.0	1.98	674	0.67
8.0	2.42	435	0.62

明潘季驯鉴于黄河下游，堤渠太宽，流速过小，河床日仰，乃倡“以堤束水，以水攻沙”之说。唯此种理论，有一定限制，后世不察：误以为堤愈束窄，则攻沙之力愈大，上游泥沙，必可由下游筑堤，输之入海，终达水由地中行之境地。但事实上适得其反，盖堤愈狭，则河水愈深，水力半径增大，按著者（26）式，水力半径增大，则含泥能力反形减小。故黄河之上游泥沙，大部淤积于河槽，由宽束窄之处（即冀鲁豫交界之区）溢决之灾，遂亦集中于是。

② 减小“畅率”。按黄河畅率与流量成正比例，见（12）式；故减小流量（即将黄河分疏为若干支河入海），即可减小“畅率”，而增黄水之含泥能力。

大禹治水，断二渠，播为九河，同为逆河以入海。贾让中策，主多开漕渠于冀州地，使民得以溉田，分杀水怒。王景修汴渠堤，自荥阳东至千乘海口千余里，十里立一水门，令更相洄注，无复溃漏之患；均暗合此减小畅率，促进含泥能力之原理，而河得以大治也。

关于黄河根本治导之方策，本文因篇幅所限，仅能提其大纲，至于详细规划，当另著专文讨论（见拙著《大禹治水之科学精神　黄河治本探讨》）。

6.4　农田水利

（1）灌溉排水：黄土物性优良，且极肥沃，为最理想之土壤，已如前述。唯黄土区域雨泽缺乏，且分布不匀，故灌溉水利成为农业之基础。语云“国之本在农，农之本在水利”；故我国农业，为“灌溉农业”。

气候潮湿之平原区域内，黄土经黏化而成壤质黄土，或在黄土冲积层内，排水渐见重要。惟黄土内含有细坶（粒径等于 0.05～0.01mm）成分颇高，透水不易，故于排水实施较为困难。

黄土层内富石灰层，故黄土区域内之水性常属“碱性”，水分蒸发而碱质集结地面。如宁夏黄河两岸，遍布白色，号称“银川”。

（2）土壤水分：每次灌溉水分之多寡，视该田土能保留之水量而定。所谓田间毛管水量，即灌溉一日后（重力水已尽渗入下部），保留在土粒毛管内之水量。黄土之田间毛管水量平均如表 20：

表 20　　黄土之田间平均毛管水量

土　类	萎凋水量（mm/m）	急需灌溉水量（mm/m）	田间毛管水量（mm/m）	作物可利用之水量（mm/m）
真黄土	170	230	320	90
壤质黄土	100	180	280	100

见黄土之田间毛管水量，平均在 300mm/m 左右，苟农作物之根深为 1m（棉花），则每次灌水以不超过 100×1.0＝100mm 为原则。否则过多之水分，不能保留在土粒之间，而成重力水渗入地下，作物不能利用。泾惠渠棉田灌溉后，每次规定浇水 76mm 颇为合理。黄土经灌溉后，水分之运动，见图 20。

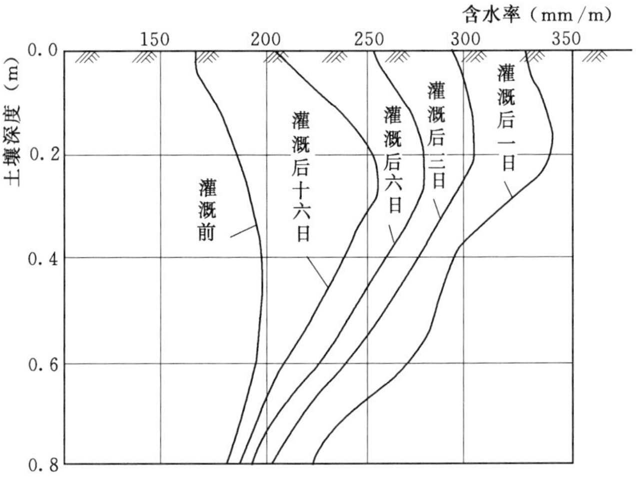

图 20　黄土田灌溉后水分之变化

（3）黄水肥力：黄水含有细泥，能增厚田土，改良沙碱，且具有肥田作用。汉人之歌曰："泾水一石，其泥数斗，且溉且粪，长我禾黍"，可见黄水灌田之肥力，久为农民所认识。黄水灌田，其含泥颗粒应以小于 0.1mm 者为限，较粗部分，须设法拦阻或排除之。

黄水内除所含之泥质固体成分外，尚有化学成分，其平均值如表 21。

表 21　　黄 土 之 化 学 成 分

成　　分	含量 p. p. m（1/百万）
硫酸基（SO_4）	60
氯（Cl）	35
碱质（$NaCO_3$）	80

可见黄水灌田，其化学成分虽无害作物，但水分蒸发后，碱质集积地面，肥田变瘠；故黄土区域冲积平原以及河滩附近，潜水位离地面仅在 2.5m 以内者，对于灌溉系统之排水问题，应深加注意。

（4）蓄水：黄土区域属"半干燥带"，雨量缺乏（约 600mm），且分配不匀（80％于夏季），故蓄水工作，极为重要。但黄水含泥，建筑水库堰塘，辄易淤塞，成效难期；唯有广开沟洫，使雨水渗入黄土层内，蓄于地下，供作物吸收；或凿井汲出、或泌泉流出，以资农用。

（5）沟洫制度：沟洫为黄土区域农业之特有制度，我国古代“井田制”之遗意也。其制在田面沿等高线方向开沟，使夏季雨水，汇集于沟而渗入地下，供明春棉麦发育生长之用；倘遇涝年雨水过多，或潜水位过高之处，则由沟洫排泄之。皖北阜阳、蒙城一带，地极低洼，号称“湖地”；农民于田之四周开沟，深1.2m、宽3～6m，以挖出之土，均置田上，增其高度。沟之面积，平均占地面十分之三。计其收获，无沟者每亩收50斤，有沟者150斤，耕作良好者，可达300斤；且沟之岸坡，可植箕柳、茅草之属，沟底可种水稻、荸荠等，实际上地面并无废弃也。

（6）放淤：黄河下游，屡经改道，黄水落淤细粒者为佳壤，粗粒者则为沙田；且因黄河水面，常高出堤外田地，河水入渗，潜水上升，土变碱性。是以沿黄河一带，沙碱之田所占面积极大；即以山东而论，已有近十万顷之数，其他若河南、河北两省亦甚多。

改良沙碱地之法，唯有引用黄水放淤，既可肥田，且可冲碱。著者主张，黄河自孟津以下，即应择适当地点，分疏为若干支河，由支河分为干渠，联以串渠，更分为无数支渠、农渠，如人体血络，黄河其大动脉也。这样，可使上游每年流出黄水黄土，平均分布于鲁豫冀广大之三角洲上，宜溉宜粪，田园锦绣，不让江南专美矣（详细规划，见拙著《大禹治水之科学精神—黄河治本探讨》）。

6.5　黄土层潜水之利用

（1）潜水量：真黄土之孔隙率，约为土总容积之45%，故全湿之饱和黄土，其含水率亦如上数；壤质黄土之孔隙较小，其饱和含水率约为42%。凡受压力之饱和黄土或壤质黄土层，其含水率较未经受压者为大。黄土层内潜水面与地面间之含水量，各处变化甚大，有时且杂有厚约1～2m极湿之土层，例如张家岗之黄土层内，在土深22m处，含水率几达饱和，其下渐复形减少，见文集另文：“黄土区域之潜水问题”之图1。

（2）潜水运动：真黄土较壤质黄土易于透水，二者透水比率约为4∶1。黄土内潜水之运动，视潜水面坡度及土质之透水率而定。普通潜水面坡度为7%时，潜水流速约为0.009mm/s。坡度为60%时，流速增至0.56mm/s。可见黄土内潜水之行动，极为蠕缓，潜水面坡度达50%以上，始能发现较明显之渗流。

（3）丘形潜水面：降雨之时，潜水上游水量增大，潜水坡度亦即随之加急；盖需较大之流速，以增加流量也。此种潜水面在黄土层内常呈“丘”形。潜水向丘之四周流散，其坡度有时可达10%。例如洛惠渠第五号洞，铁镰山之丘形潜水面坡度约为3%，见文集另文“黄土区域之潜水问题”之图2。对于透水较易之土壤，则无此种丘形潜水面。

（4）凿井：黄土层内凿井，其作用仅为一蓄水窖，且其集水区域微小有限，大旱之年，辄易干涸。黄土坡地久经干燥，暴雨骤降仅能润湿土面1～2m，大部分雨水流入沟谷，影响井泉之水量殊微；故欲吸收大量潜水，则非开凿数个深井，互相设管联络而汲取之。

（5）隧洞：干燥黄土层内，丘陵起伏，建筑隧洞对丘形潜水面，最应注意：须沿洞线，作有系统之钻探，详测其潜水位而定之。

在饱和之黄土内（即潜水面下）穿凿隧洞，因黄土透水不易，排水尚无甚困难，唯黄土层内常杂有沙层，若沙层之下伏有透水率很小的隔水层，或径由土层裂隙与地面相通，雨时水灌沙层，洞工遇之即为带有水压之“流沙”“淤泥”，于洞工进行，至为不利。洛惠渠第五洞，即为此种流沙所阻。

黄土层下有透水沙砾者，则在黄土层内常无潜水。土层内仅含有少量之重力水与毛管水；此种水分，排除甚易，于隧洞工事毫无困难。例如武功张家岗黄土层下，昔为渭河冲积沙砾层，潜水面与渭河水面相平，终年鲜有变更，见“黄土区域的潜水问题”之图4。

（6）坎穽：“坎穽”传为道光年间，林则徐所创制，西传至中亚细亚、波斯、土耳其斯坦、阿富汗、西印度俾路芝一带之黄土高原区，为用至广。德名Karis，英名Karee，均为“坎”字之译音。

坎穽之制，自黄土塬脚，穿一隧洞，或分为数枝，深入黄土塬内，远及十数里而达透水层，集其渗透之水，导出洞外，引入渠道，灌溉田畴，见“黄土区域之潜水问题”之图3。“坎穽”无蒸发损失，是其最大利点；即在大旱之年，亦无虑枯涩，且流量恒一，四季不变。我国西北各省黄土高原内，宜择地推行，以拯荒旱。

（7）涸泽排水：黄土区域内施行垦泽，因黄水富于浮质，且难透水，故欲使潜水面下降，或令沼泽干涸，极为不易。

7. 黄土之利用

7.1 土墙及土坯

（1）土墙：真黄土为筑墙最佳之材料，将半干半湿之土堆于夹板内，用木（石、铁等）砧夯实之，可成极坚固之墙，如黄河流域重要都市之城墙两侧加砖镶面，更为坚固。至于乡村各寨子之围墙，闻常有建于200年以前者，墙基因近地面，雨时潮湿，剥蚀较易，墙根两侧虽剥蚀极深，上部仍屹立不倒。凡建筑住宅之围墙，墙面苟涂麦草黄泥一层，则风雨淋蚀，大可防止。

（2）土坯：土坯视制坯时土内水分，分干坯、湿坯二种。干坯之含水率均在塑性限度左右，即以半干半湿之真黄土，夯实而成。制坯夯锤，常为石制，重约10kg，每夯24次，则成一坯。湿坯含水率常在在塑性限度以上，常加水制坯，阴干而成者，甘肃多用之。宁夏制坯，常引黄河泥水，灌于地面，候淤稍干，则以铲划分成坯块，名曰“垡垒”。

土坯干三星期后，抗压力可至每平方厘米5kg、抗拉力可至每平方厘米1～2kg。其坚固程度，视制坯时之含水率及夯实之程度而异，普通制坯时含水率以20%为适宜。土坯之尺度各地不同，河南、河北为2寸×6寸×12寸，陕西为2寸×8寸×12寸，甘肃为5cm×15cm×30cm。

土坯墙最忌潮湿，墙脚应砌砖墙保护。常以麦草黄泥或麦壳黄泥，磨平压实之，或用石灰泥更好，面上再以灰浆粉刷一薄层（在黄土上粉刷灰浆，浆内应加牛皮胶，否则易于剥脱）。倘坯内掺和多茎物质，如草茎、棉花，则更固实，即在半干时运送铺砌，亦不致破碎。铺砌坯墙，常分露侧式与露头式两种，前者砌坯易于平整，且较结实；后者则工作较速，坯数减少。

麦草黄泥粉刷房屋，常用于石灰缺乏之地。黄泥粉刷之房屋，干燥较石灰胶泥为速，利于提早居住。有时在木材上涂泥一层，即可防火灾。

7.2 窑业

真黄土及壤质黄土均为烧砖瓦之原料，如我国黄土区域之城墙及住宅，内系坯砌，外则镶砖一层，成极坚固耐久之墙。此外各种陶器如水缸、排水管，均可由黄土烧制成之。

7.3 洋灰业

黄土可作洋灰之原料，如土耳其斯坦，乌罗加（Uruguays）等地洋灰厂，均以黄土为原料，用干法制造之。

7.4 铸工

黄土颗粒细匀，可作铸工模型沙，对于精细金工，尤为适宜。

7.5 医业

黄土可作药用，以因其具有吸收之特性。在人体内可作“清泻剂”，作用与骨炭粉相似。有时也可用作涂剂，如皮肤遇有伤口，则以黄土涂之。在黄土区域举办工程，遇有工人患肠、胃、疮伤等病者，可径以黄土调治之。本草纲目，载黄土主治痢冷、热亦白、腹内热毒、绞结痛下血，取干土水煮三五沸，绞去滓，暖服一二升。又解诸药毒中内毒、合口椒毒、野菌毒、杖毒伤未破、汤火伤灼、蜈蚣螫伤，均可用干黄土末调醋，涂之即愈。

结　言

黄土黄水之性质，及其对于工学上之种种问题，已如上述。吾人在此广大黄土区域内，从事农功水利之建设，对兹基本学理及设计数字，向极缺乏，且漫无标准。盖黄土土质随含水量而变，黄水水性随含泥量而变，其间关系至为微妙复杂，一般工程师常难加以判断，昧然进行，辄易陷入错误，一旦困难发生，再行探讨其理由，即过迟矣。

黄土黄水之性能，其对于农功水利之关系，尚有极多问题，应急待解决者。国立西北农学院农业水利系及武功水工试验室，刻正集中精力对此问题，作有系统之研究，并整理过去之经验，加以学理之证实。深望各界赐予匡助指导，俾黄土及黄水工学之基本学理，得逐步阐明，而谋切实贡献于我国学术界也。

摘自中国工程师学会《工程》第 15 卷，第 5 期，1942 年

流水挟运泥沙之通式

引　　言

流水挟运泥沙之能力，久引起水工学者之注意。1879 年，法人 Du Boys 首创扫力理论，阐明挟沙能力为比降与水深之函数[1]。嗣后 1914 年，G. K. Gilbert 对于沙砾运动，详作有系统之实验，证明挟沙量为比降与流量之函数[2]。迄 1934 年 A. Schoklitsch 分析 Gilbert 试验之结果，发现挟沙量为比降与单位河宽内流量之函数[3]；并拟定公式，与天然河流内挟沙情形，互相证实，实为一重大进步。其间，虽尚有其他各家之研究，惟所阐发者仅为局部问题，其理论仍未出上列诸氏之范围也。

我国西北河渠，流经黄土区域，含泥特重，对于流水含泥能力之控制，较挟沙尤为切要。本文首述泥沙之通性，流水含泥后物理性之改变；次论流水含泥能力之重要因素，继而分析各家试验结果，成立一新公式，该式对于流水之含泥量及挟沙量，均可适用，故曰“流水挟运泥沙之通式”。

本文因抗战期间，印刷困难，且便于工程师采用起见，叙述力求简要，至于本式对于水工设计实际之应用以及计算方法，容另著专篇讨论之。

1. 泥沙之通性

泥沙颗粒之直径，曰“粒径”，常以毫米（mm）为单位。泥沙视粒径不同，依国际标准可分类命名如表 1。

表 1　　泥沙之分类

类名	砾		沙		土		泥		胶	
种名	粗	细	粗	细	粗	细	粗	细	粗	细
粒径（mm）	>6	6～2	2～0.6	0.6～0.2	0.2～0.06	0.06～0.02	0.02～0.006	0.006～0.002	0.002～0.0006	<0.0006

天然河渠挟运之泥沙，其粒径常不匀一；其不匀之程度，曰“粒配度”。某种泥沙内，某一定粒径 d_1 之重量占总泥沙重量之百分率，曰“粒径百分率” ΔP_1。将各种粒径之百分率，自粒径之量小者逐渐累积之，绘于方格纸上（以 $\sum\Delta P$ 为纵轴，d 为横轴，见图 1），或绘于半对数方格纸上（以 $\sum P$ 为纵轴，$\lg d$ 为横轴，见图 2）；所得之曲线，即可用以表示该种泥沙内各种粒径分配之情形，曰“粒配度曲线”。

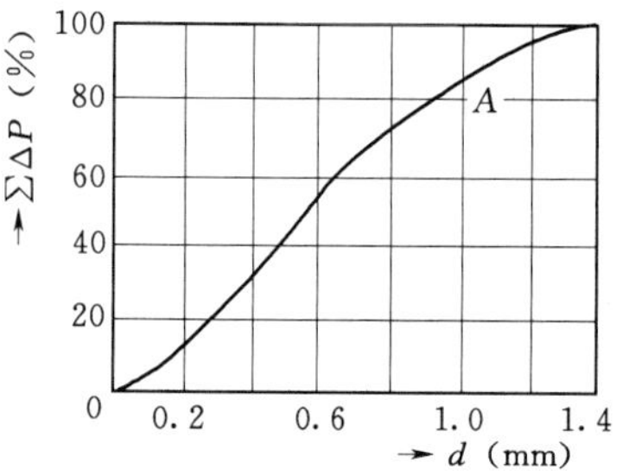

图 1

将各种粒径乘其粒径百分率，并以累积百分率除之，所得之粒径，曰“平均粒径” d_m 如下：

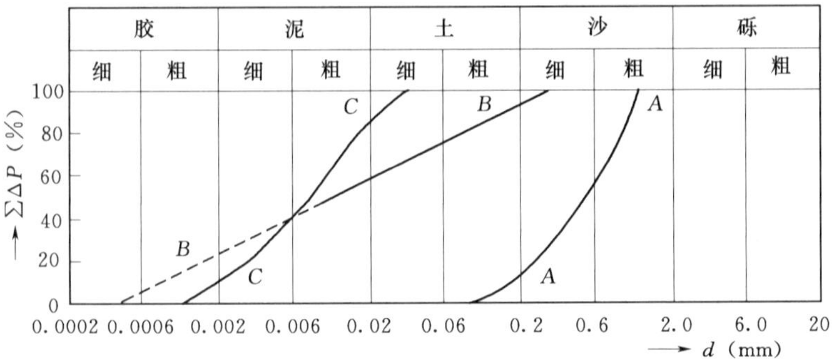

图 2

$$d_m=\frac{\sum\Delta P_i\cdot d_i}{\sum\Delta P_i} \tag{1}$$

泥沙内之某种粒径，对于流水挟运该种泥沙之性能，最具代表性者，曰“代表粒径”d_e；此种粒径，对于探讨泥沙挟运问题，具有决定意义，其求法后节论之。

泥沙在流水内运动之情形，凡粒径较大者，辄滚转（或跳跃）于床面，较细者则浮游于水中，唯其间并无一定之界限。按普通河渠实测结果，浮游于水内之粒径，概在 0.2mm 以下。兹为实用上方便计，可命滚转者曰“河沙”（粒径大于 0.2mm），浮游者曰“河泥”（粒径小于 0.2mm）。我国西北黄土之粒径概在 0.1mm 以下，均属“河泥”。

干燥泥沙单位容积之重量，曰“干幺重”γ_d（t/m^3），泥沙之干幺重，视土质之真比重 δ 及土内之孔隙率 n 而定，如下式：

$$\gamma_d=\delta(1-n) \tag{2}$$

或

$$n=1-\frac{\gamma_d}{\delta} \tag{3}$$

式中，n 为孔隙率，即等于干土内孔隙容积与土总容积之比。普通泥沙淤积物之孔隙率：河沙 $n=0.3\sim0.4$；河泥 $n=0.4\sim0.6$。

泥沙之孔隙所占容积与土粒所占容积之比，曰“孔隙系数”（或孔隙比）ε，以示泥沙紧密之程度，如下式：

$$\varepsilon=\frac{n}{1-n} \tag{4}$$

普通泥沙之 ε 值，河沙为 0.45～0.65；河泥为 0.65～1.5。

饱和淤土之单位重量，曰“饱和土容重”W_s，可由下式定之：

$$W_s=\delta(1-n)+\gamma n \tag{5}$$

式中，γ 为水之容重$=1t/m^3$。淤土的 W_s 值：河沙 $2.2\sim2.0t/m^3$；河泥 $2.0\sim1.5t/m^3$。

2. 含泥量与冲淤之关系

流水每一定容积内，所挟运某一定粒径（d）泥沙之重量，除以该容积内浑水之重量，并以百分率示之，曰“某种粒径含泥量”$C_{(d)}$，或“某种粒径挟沙量”（含泥量与挟沙量仅为实用名称不同，其定义无异），含泥量之单位为一无因次之百分率，如下式：

$$C_{(d)}=\frac{\text{单位容积内 }d\text{ 级泥沙重量}}{\text{单位容积内之浑水重量}}\times 100\% \tag{6}$$

（1）例如某河流量＝1000m³/s，该河沙之代表粒径$d_e=1.2\text{mm}$，测得该种河沙之挟运量为2t/s，则该河之挟沙量，即d_e之挟沙量如下（取河沙的真比重$\delta=2.60$）如下：

$$C_{(1.2)}=\frac{2}{1000-\frac{2.0}{2.60}\times 1+2}\times 100\%\approx 20\%$$

（2）某河河泥之代表粒径$d_e=0.001\text{mm}$，测得该流水内所含之泥量＝0.05t/m³，该浑水之单位重量为1.03t/m³，则该河之含泥量如下：

$$C_{(0.001)}=\frac{0.05}{1.03}\times 100\%=4.85\%$$

普通泥沙，常由各种不同大小之粒径d_1，d_2，d_3，…，d_n混合而成，则流水对于该种泥沙之含泥量，应为各种不同粒径含泥量之总和，或称“某代表粒径含泥量”$C_{(d_e)}$，如下式：

$$C_{(d_e)}=C_{(d1)}+C_{(d2)}+C_{(d3)}+\cdots+C_{(d_n)} \tag{7}$$

$$C_{(d_e)}=\sum C_{(d_i)} \tag{8}$$

某一定水流之状况，曰“流况”，即该流水之比降、水力半径、流速、糙率、温度等均为一定值。水流对于挟运某一定粒径d_1之含泥量，有一定之最高限度，该含泥量曰“某粒径饱和含泥量”$C_{s(d1)}$。此种饱和含泥量，即足以表示该种“流况”，挟运该种粒径泥沙之能力，可简称“某种粒径之含泥力”。

某一定“流况”，对于各种不同粒径之含泥力$C_{s(d)}$，各为一定值；而此定值，对于该“流况”，各为一独立函数。易言之，某“流况”对某种粒径d_1之饱和含泥量$C_{s(d1)}$，不受其他粒径d_2，d_3，…，d_n之含泥量$C_{s(d2)}$，$C_{s(d3)}$，…，$C_{s(d_n)}$之影响而改变。

设某“流况”内，某种粒径d_1之供给量，超过其饱和含泥量时，则一部分过剩之泥沙（粒径d_1），势将被遗弃沉淀下来，发生“淤积”。反之，若某“流况”，对于某粒径d_1之含泥量，尚未达该粒径之饱和量$C_{s(d1)}$时，且河床上原积有该种粒径d_1之泥沙，就会被流水挟运而去，河床下降，发生“冲刷”。迄流水之含泥量，达该粒径d_1之饱和含泥量$C_{s(d1)}$而止。

设某“流况”内挟运之泥沙，含有各种大小不同之粒径者，则此种泥沙是否“淤积”或“冲刷”，可径视该“流况”对于该泥沙之“代表粒径含泥量”$C_{(d_e)}$，是否已达饱和含泥量$C_{s(d_e)}$而定。易言之，设供给之泥量超过该种泥沙之“代表粒径饱和含泥量”，则其超过部分之泥沙，必将淤积而下，河床升高，水力半径缩小，流速降低。原有之“流况”，亦因之变更，原来之代表粒径亦随之变更，俟新形成之“流况”适能挟运新的“代表粒径饱和含泥量”，互为平衡而止。

3. 黄水之物理性

清水含泥，色泽浑浊，曰“浑水”。我国西北河渠含泥以黄土为主，水色棕黄，故称

“黄水”，其物理性辄随所含泥土之粒径及含泥量之多寡而变。

黄水重量与清水重量之比，曰“比重”γ，黄水之比重，随泥土之真比重及含泥量多寡而异，如下式：

$$\gamma=\frac{\left(V-\dfrac{G}{\delta}\right)+G}{V}=1+\frac{G}{V}\left(1-\frac{1}{\delta}\right) \tag{9}$$

式中，V 为黄水之容积（m^3），G 为 V 容积内所含泥土之重量（t），δ 为泥土之真比重。

设黄水之含泥量 C 已知，则黄水之比重，可径由下式得之：

$$\gamma=\frac{100}{100+\left(\dfrac{1}{\delta}-1\right)C} \tag{10}$$

黄水含泥，水质凝滞，内摩擦力因之增大。设黄水甲层单位面积（$1.0m^2$）与其平行之乙层，相距一单位距离（1.0m），甲层以单位速率（1m/s）移动，则在甲乙二层间黄水所产生之内阻力，曰“滞性率”μ（t/s·m）。黄水之“滞性率”除以黄水之单位重量（t/m^3），曰“动滞性率”ν（m^2/s）。黄水之动滞性率，随温度及含泥量而变。兹将水温20℃，黄水之“比重”、“滞性率”、“动滞性率”与“含泥量”四者之关系，列如表2，（$\delta\approx2.60$），见图3。

表2　武功塬上黄水之物理性

含泥量 C（%）	比重 γ	滞性率 μ（t/s·m）	动滞性率 ν（m^2/s）
0（清水）	1.00	0.00000101	0.00000101
5	1.03	0.00000113	0.00000110
10	1.07	0.00000126	0.00000118
20	1.14	0.00000161	0.00000141
30	1.23	0.00000216	0.00000175
40	1.33	0.00000374	0.00000281

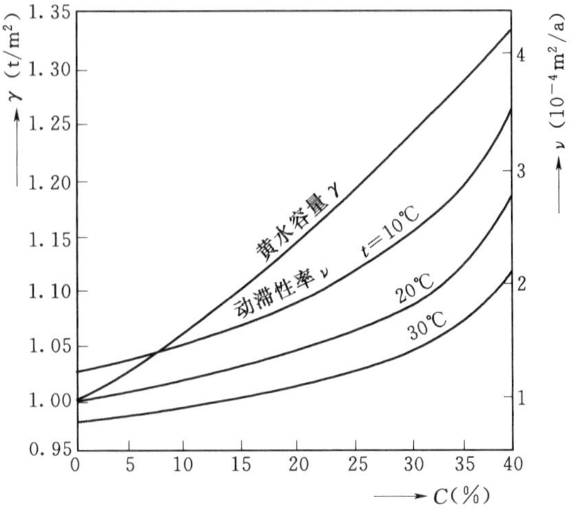

图3

普通河渠之“流况”概属“涡流”；流水之滞性率，虽因含泥量之增减，稍有变更，但尚较水温之影响为弱。实用上，对于水温倘不计及，故流水之滞性亦可视作一常数或取其平均值。

4. 流水挟运泥沙之原因

流水之所以能由河床激起泥沙，而浮游水内者，必须有向上之力（或流速）顶托之，此种顶托力，曰“扬力”。

设河渠之长度为 l（m）、断面积为 A（m^2）、湿周为 P（m）、河床之倾角为 α、比降

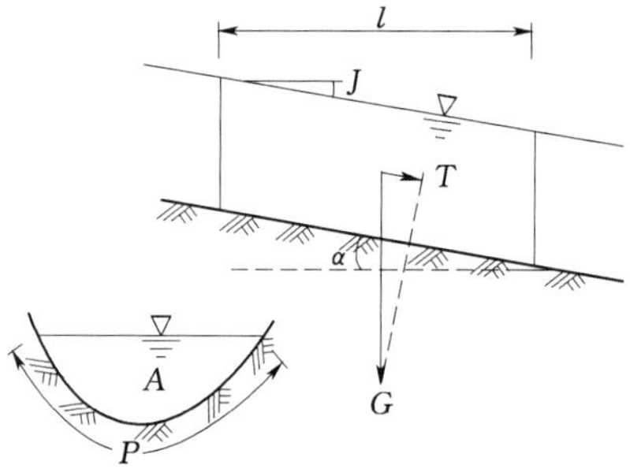

图 4

为 J，见图 4。则该段流水，施于床面之“平均压力”G（t/m²），如下式：

$$G=\frac{\gamma Al}{lP}=\gamma R \tag{11}$$

此平均压力平行于河床之分力曰“扫力”T（t/m²），如下式：

$$T=G\sin\alpha=\gamma RJ \tag{12}$$

“扫力”之方向与河床相切。设河床之表面为绝对光滑并无黏着性者，则流水擦过床面，无激起向上分力之可能；但普通河床，概系泥沙构成，床面凹凸不平，抵抗流水前进，“扫力”受其阻滞，折而偏上，始产生向上之分力，即为“扬力”L（t/m²）。故“扬力”应为流水之“扫力”T 与床面“扬力系数”λ_L 之函数，如下式：

$$L=\varphi(\lambda_L,T) \tag{13}$$

普通泥沙河床之“扬力系数”λ_L，非固定不变者；按实验结果流水之“扬力系数”λ_L，常随“水力半径”R、“流速”V 的增大而减少，随“动滞性率”ν 的增大而增大，如下式：

$$\lambda_L=\varphi(VR/\nu)^{-m} \tag{14}$$

按流水之（VR/ν），为一无因次之常数，曰“涡率”Re（Reynolds number），故流水之“扬力系数”与“涡率”呈指数关系，如下式：

$$\lambda_L=\varphi(Re)^{-m} \tag{15}$$

流水“扫力”受阻激成向上之“扬力”L，其一部分可利用以扬泥者，曰“有效扬力”L_e；另一部分消失于水分子之内部摩擦者，曰“无效扬力”L_0。“无效扬力”复与涡率成反比，其公式如下：

$$L_0=\varphi(Re)^{-n} \tag{16}$$

故得“有效扬力”L_e之基本公式，如下：

$$L_e=L-L_0=\varphi\left(\frac{RJ}{Re^m}-\frac{1}{Re^n}\right) \tag{17}$$

5. 饱和含泥量基本公式

兹将某流况之代表粒径 d_e 之饱和含泥量$C_{s(d_e)}$，简写为C_s，并假定该饱和含泥量与“有效扬力”L_e成正比，而与泥粒之有效重量$\left(\frac{\delta-\gamma}{\gamma}\right)$及有效粒径$d_e$为反比，则得：

$$C_s=\varphi\left(L_e,\frac{\gamma}{\delta-\gamma},\frac{1}{d_e}\right) \tag{18}$$

代入式（17），则得含泥量基本公式如下：

$$C_s=\frac{M_1RJ}{Re^m}-\frac{M_2}{Re^n} \tag{19}$$

式中，$M_1=\frac{k_1}{d_e^o}\cdot\left(\frac{\gamma}{\delta-\gamma}\right)$；$M_2=\frac{k_2}{d_e^p}\cdot\left(\frac{\gamma}{\delta-\gamma}\right)$，其中常数$k_1$、$k_2$，指数 m、n、o、p 均可用实验方法决定之。

上式$C_s=0$ 时（$\gamma=1$）之扫力，曰“临界扫力”T_0，如下式：

$$T_0=R_0J_0=\frac{k_2}{k_1}Re^{m-n}\cdot d_e^{\,o-p} \tag{20}$$

6. D. Sokolow 含泥量试验结果之分析

苏联 D. Sokolow 教授对于流水挟运泥土之能力，曾作有系统之试验[4]，彼试验之土质，系中央亚细亚之壤质黄土，该黄土之粒配度如表 3：

表 3　　中亚黄土粒配度

粒径 d（mm）	百分率 P（%）	$\Sigma\Delta P$	粒径 d（mm）	百分率 P（%）	$\Sigma\Delta P$
>0.25	8.5	100.0	0.05～0.01	16.5	65.5
0.25～0.05	26.0	91.5	<0.01	49.0	49.0

著者根据含泥量基本公式式（19），分析其结果，得公式如下，见图 5。

中亚壤质黄土：$d_e=0.0045$mm，

$$C_s=\frac{125\times10^6RJ}{Re^{3/4}}-\frac{240}{Re^{1/3}} \tag{21}$$

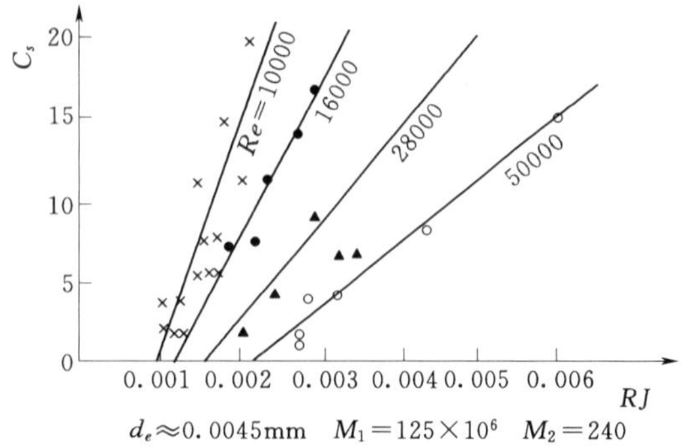

图 5

按泥沙之“代表粒径”d_e，据理论分析（见后）约相当于粒配度曲线上 25%至 35%附近之粒径，惟本试验黄土之粒径小于 0.01mm 者，无详细记载，著者参酌中亚附近壤质黄土之粒配度曲线，引申估定之，见图 2 之（B—B），并拟定其“代表粒径”$d_e\approx0.0045$mm。

7. G. K. Gilbert 挟沙量试验结果之分析

G. K. Gilbert 对于流水之挟沙量，曾作有系统之试验[5]，著者根据基本公式式（19）分析其结果，得公式如下，见图 6、图 7、图 8：

$$d_e=0.305\text{mm}\quad C_s=\frac{18\times10^6RJ}{Re^{3/4}}-\frac{65}{Re^{1/3}} \tag{22}$$

$$d_e=0.788\text{mm}\quad C_s=\frac{11\times10^6RJ}{Re^{3/4}}-\frac{48}{Re^{1/3}} \tag{23}$$

$$d_e=4.94\text{mm}\quad C_s=\frac{4.5\times10^6RJ}{Re^{3/4}}-\frac{25}{Re^{1/3}} \tag{24}$$

8. 著者饱和含泥量（挟沙量）公式

将上列式（21）、式（22）、式（23）、式（24）之代表粒径与该粒径之M_1、M_2值，

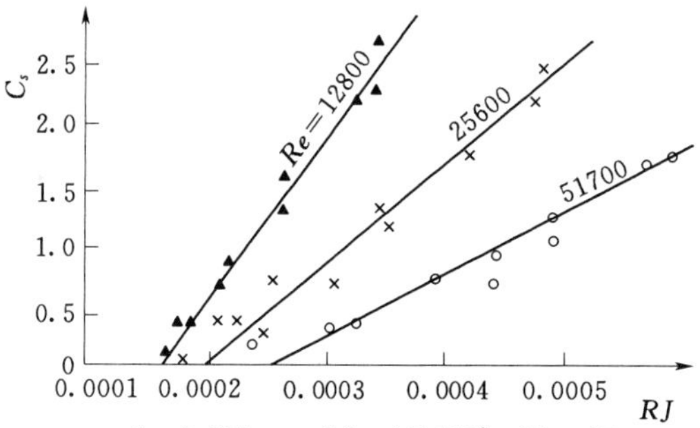

$d_e\approx 0.305$mm　$M_1=18\times10^6$　$M_2=65$

图 6

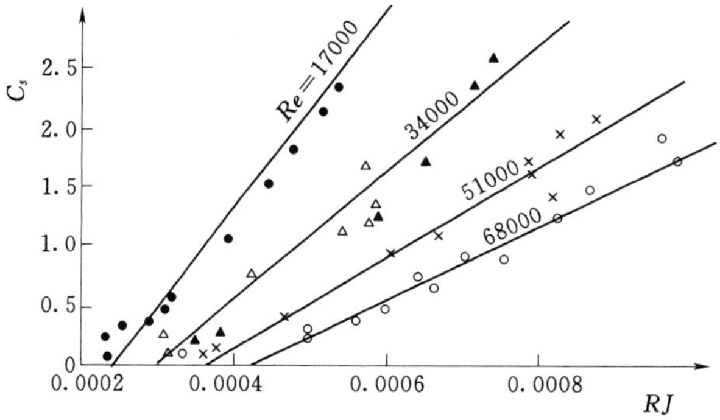

$d_e=0.788$mm　$M_1=11\times10^6$　$M_2=48$

图 7

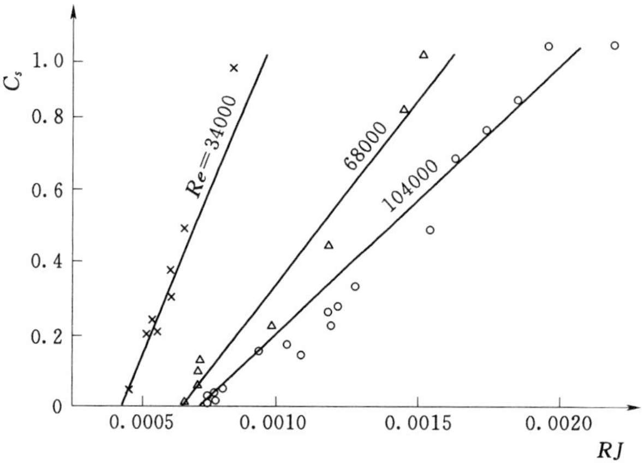

$d_e=4.94$mm　$M_1=4.5\times10^6$ $M_2=25$

图 8

绘于对数纸上，见图 9，得：

$$M_1=10\times10^6/d_e^{1/2}，M_2=45/d_e^{1/3}$$

按M_1、M_2内，尚包含$\frac{\gamma}{\delta-\gamma}$之值，Gilbert 及 Sokolow 试验泥沙之真比重 $\delta=2.69$，故

$$M_1=17\times10^6\frac{\gamma}{\delta-\gamma}\cdot\frac{1}{d_e^{1/2}},\ M_2=76\frac{\gamma}{\delta-\gamma}\cdot\frac{1}{d_e^{1/3}}$$

归纳之，则得流水挟运泥沙之通式如下：

$$C_s=\left(\frac{17\times10^6\cdot RJ}{d_e^{1/2}Re^{3/4}}-\frac{76}{d_e^{1/3}Re^{1/3}}\right)\frac{\gamma}{\delta-\gamma} \tag{25}$$

本式之“临界扫力”T_0如下：

$$T_0=R_0J_0=4.5\times10^{-6}Re^{5/12}d_e^{1/6} \tag{26}$$

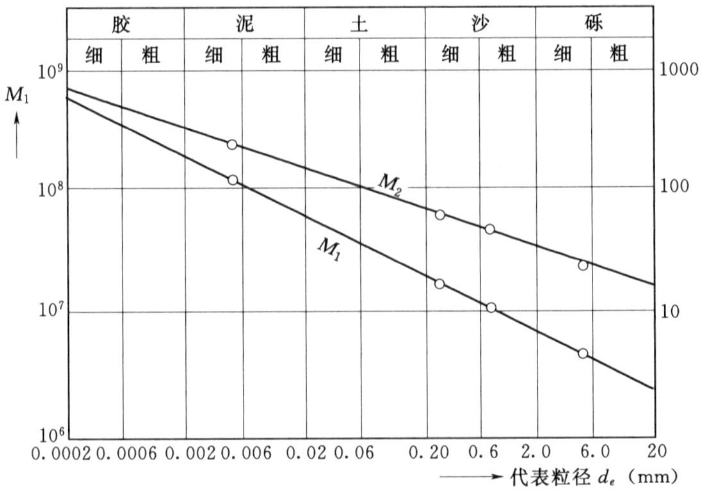

图 9

9. 著者饱和含泥量简式

著者含泥量公式（25），因须适应广大范围，故计算较为复杂；但实用上，可将变化较小之因素视为常数，或将影响不大者略去，并就安全方面演成简式，以便应用。按泥沙之真比重 $\delta\approx2.7\sim2.65$，为安全计定为 $\delta=2.7$，则式（25）可简化如下：

$$C_s=\frac{10\times10^6}{d_e^{1/2}}\cdot\frac{RJ}{Re^{3/4}}-\frac{45}{d_e^{1/3}Re^{1/3}} \tag{27}$$

又普通河渠之“涡率”Re 常在 100000 以上，故（27）式之第二项为量殊微，可略去不计，得公式如下：

$$C_s=\frac{10\times10^6RJ}{d_e^{1/2}Re^{3/4}} \tag{28}$$

上式涡率（$Re=VR/\nu$）中之动滞性率 ν 随水温及含泥量略有变更，在饱和含泥量C_s尚未确定以前，可先假定 ν 为一常数，取 $\nu=0.000001\ \mathrm{m^2/s}$（$t=20$℃，$C=0$），则得简式如下：

$$C_s=\frac{320RJ}{d_e^{1/2}(VR)^{3/4}} \tag{29}$$

又，清水之流速公式，对于流水之含泥量未达饱和以前亦可适用（见后），近代流速公式以 Manning 式为最便，$V=MR^{2/3}J^{1/2}$，式中 M 为畅率，代入式（29），得简式如下：

$$C_s=\frac{320\,J^{5/8}}{d_e^{1/2}M^{3/4}R^{1/4}} \tag{30}$$

10. 代表粒径

流水之比降、畅率、水力半径不变时，饱和含泥量C_s与代表粒径$d_e^{1/2}$成反比，如下式：

$$C_s=\frac{K}{d_e^{1/2}} \tag{31}$$

普通泥沙，辄由各级大小不同之粒径d_1，d_2，d_3，…，d_n配合而成，各级粒径所占之“粒径”百分率分别为ΔP_1，ΔP_2，ΔP_3，…，ΔP_n；故该泥沙之总含泥量，应为各级粒径之含泥分量之和，且各级含泥量应与该级的粒径百分率ΔP_i为正比，与该级粒径$d^{1/2}$成反比，则有

$$C_s=C_{s(d_1)}+C_{s(d_2)}+C_{s(d_3)}+\cdots+C_{s(d_n)} \tag{32}$$

$$C_s=K\left(\frac{\Delta P_1}{d_1^{1/2}}+\frac{\Delta P_2}{d_2^{1/2}}+\frac{\Delta P_3}{d_3^{1/2}}+\cdots+\frac{\Delta P_n}{d_n^{1/2}}\right) \tag{33}$$

且

$$\frac{1}{d_e^{1/2}}=\frac{\Delta P_1}{d_1^{1/2}}+\frac{\Delta P_2}{d_2^{1/2}}+\frac{\Delta P_3}{d_3^{1/2}}+\cdots+\frac{\Delta P_n}{d_n^{1/2}} \tag{34}$$

或

$$\frac{1}{d_e^{1/2}}=\sum\frac{\Delta P_i}{d_i^{1/2}} \tag{35}$$

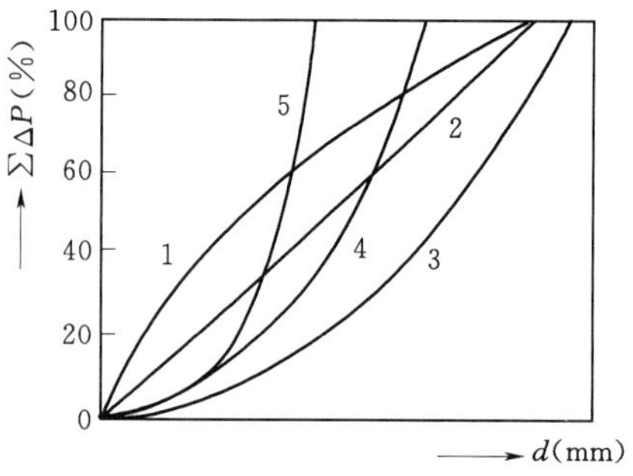

图 10

由式（35）可知泥沙之代表粒径d_e，常决定于粒径较细之部分。假定该部之粒配度曲线，为一数学指数方程式，见图 10。

即

$$P=m\,d^n \tag{36}$$

式中，m 为系数，n 为指数，由该式可知：

$$d=\frac{1}{m}P^{1/n} \tag{37}$$

$$d_e=\frac{1}{m}P_e^{1/n} \tag{38}$$

因变量 P 由 0 增至 1=100%，故式（35）之积分式为

$$\frac{1}{d_e^{1/2}}=\int_0^1\frac{\Delta P}{d^{1/2}}$$

按式（37）与式（38）则有

$$\frac{1}{P_e^{\frac{1}{2n}}}=\int_0^1\frac{\Delta P}{P^{\frac{1}{2n}}}=\int_0^1 P^{-\frac{1}{2n}}\Delta P=\left(1-\frac{1}{2n}\right)\int_0^1 P\,\Delta P$$

因$\int_0^1 P\,\Delta P=1$，故得

$$P_e=\left(1-\frac{1}{2n}\right)^{2n} \tag{39}$$

图 10 中各种曲线之"代表百分率" P_e 可推算如表 4。可见普通泥沙之"代表百分率"为 0.25～0.40。

表 4　　泥沙之代表百分率

曲线编号	n	P_e（%）	泥沙种类
①	3/4	19.0	河沙
②	1	25.0	河沙
③	2	31.5	河泥
④	3	33.5	河泥
⑤	4	34.2	河泥

若将泥沙之粒配度曲线绘在方格纸或半对数格纸上，欲直接用该曲线以定泥沙之"代表粒径"，殆不可能。著者特制一种格纸：以 $\sum \Delta P$ 为纵轴，以 $\frac{1}{d^{1/2}}$ 为横轴，则径由该曲线与纵横轴所括之面积 $\sum \frac{\Delta P_i}{d_i^{1/2}}$，用式（35）直接算即得泥沙之"代表粒径" d_e，及相当之"代表百分率" P_e。兹以 D. Sokolow 中亚黄土为例，求得该黄土之代表粒径 $d_e = 0.0045$（mm），代表百分率 $P_e = 35.5\%$，见图 11。

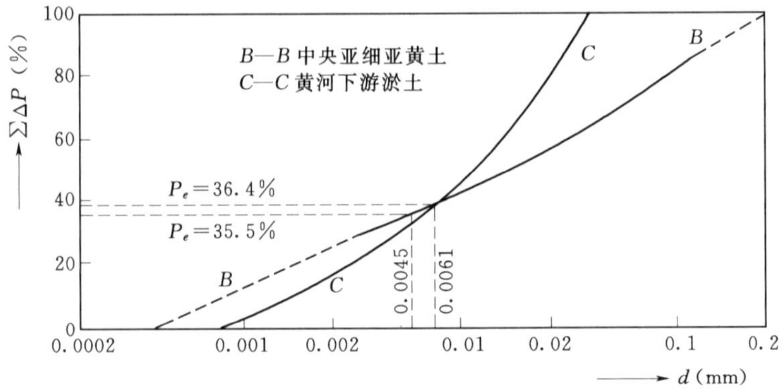

图 11

11. 含泥量之分布

河床"扫力"受阻，激成向上之"扬力"，扬力逐渐上传至水面，使整个水流内部激荡，构成微细之"涡流"（Austausch）。流水各层，虽各有其上下激荡之力（Impulse），但在床面附近，仅有向上之扬力，故各层向上之力，平均亦较向下者为强，泥沙颗粒，始得浮游水内，不致下沉。至于流水内各层所能顶托泥沙之粒径与颗粒数目，则视各层内分布之"扫力"相关。

按实测结果，垂直线上流速之分布，以对数曲线最为切近[6]，故其动能之分布，亦应为一对数曲线，设各点"动能"与"耗能"成正比关系，则垂直线上"耗能"之分布，亦为一对数曲线。假定各点之含泥量，与各该点之耗能（扬力）成正比，则可推知垂直线上含泥量之分布，亦应以"对数曲线"为最切近，如下式：

$$C=C_0 e^{\alpha h} \tag{40}$$

式中，C_0为水面之含泥量，h 为水深，α 值视各垂线之平均流速及水深而定，可由实验决定之。例如西北黄土渠道之 $\alpha \approx 0.95\,(VR)^{-0.24}$。

流水挟运泥沙之能源，概由于“耗能”；而此种能量，对于不含泥之清水，亦须化为热能而消失。在某一定之“流况”内，其耗能为一定值，已如前述。是以某一定之“流况”，对于某一定粒径d_i之泥沙，所能挟运之量，即为该粒径之饱和含泥量$C_{s(d_i)}$。

设供给某“流况”之泥量，超过其饱和量时，则该“流况”之“耗能”，即不足以扬起全部之泥量，势将弃其一部，淤积而下，河床升高，水力半径缩小，原有之流况亦随之改变。易言之，设供给之泥量尚不致沉积，同时，流水又无力扬起较粗之床沙，使之发生冲刷，则原有之流况，即不致受含泥量之多寡而改变。

总此，吾人可得一结论，设某“流况”之含泥量，在未达饱和以前，清水之流速公式，对于含泥之黄水，亦可适用。流水含泥量增加，滞性加大，运动时各层之内阻力加大，流速似应较清水略小，但又因含泥量加大，河床变为滑顺，流速却又略有增加；此属另一性质问题，与本理论无关。

12. 泥沙之淤积

设流水之含泥能力小于供给之泥量，则一部分过剩之泥量，将淤积而下，已如前述。普通河泥之粒径概在 0.2mm 以下，其在静水中下沉之速率，可依 Stocks 定律求之，如下式：

$$\omega_0=\frac{2}{9}\cdot g\cdot\frac{\delta-\gamma}{\mu}\cdot\frac{d^2}{4} \tag{41}$$

式中，ω_0为静水沉速（m/s），g 为重力加速度（9.8m/s^2），μ 为滞性率（t/s · m），d 为粒径（mm）。

流水含泥量增加，则水之比重及滞性率随之增加，泥沙下沉之速率应较在清水中者为缓。假定某淤土之平均粒径为 0.01mm，水温为 20℃，土粒比重为 2.7，则该种土粒在各种不同含泥量之水内，下沉之速率，如表 5。对于流水，土粒在“涡流”作用下之沉速，及其与“涡率”之关系，因测验困难，尚乏定律可以计算之，但可推测应较在静水中（或层流内）者为缓。

表 5　　土粒沉速与含泥量之关系

含泥量（%）	γ（t/m^3）	μ [t/(s · m)]	w_0（mm/s）
0（清水）	1.00	0.00000101	0.0917
5	1.03	0.00000113	0.0805
10	1.07	0.00000126	0.0704
20	1.14	0.00000161	0.0528
30	1.23	0.00000216	0.0371

若河渠水深为 h，平均流速为 V，土粒之沉速为ω_0。含泥量 C 降至饱和含泥量C_s之时间为 t，降落之平均垂直距离为 a，水平距离为 l，见图 12。因$\frac{a}{\omega_0}$与$\frac{l}{V}$均等于 t，得下式：

$$l = \frac{Va}{\omega_0} \tag{42}$$

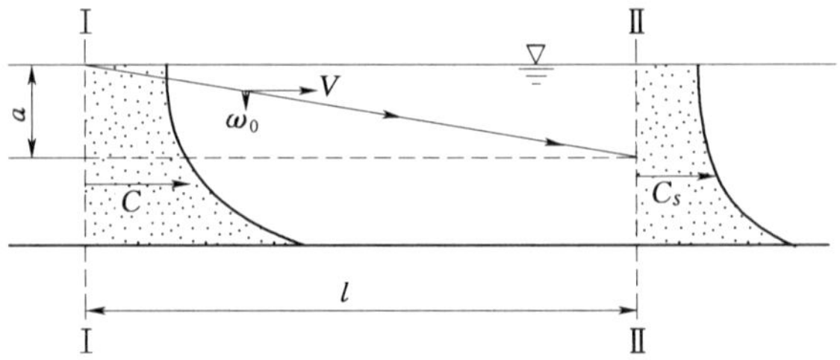

图 12

河渠某段供给之泥量，虽已超过该段之饱和含泥量，其中过剩之泥量，逐渐淤积而下，因泥沙沉速很小，故沉距 l 辄可延及下游极远。故普通由河渠实测之含泥量，应较理论者有差异；其落淤之过程，当使泥土初始之含泥量、粒径及各段之流速、水深等而定，滞缓而复杂，见图 13。

泥沙淤积之容积 G，可用下式计算：

$$G = \sum_{t_0}^{t} \frac{Q(C - C_s)\gamma}{\gamma_d} \tag{43}$$

式中，Q 为流量（m^3/s），C 为含泥量，C_s 为饱和含泥量，γ_d 为淤土之干幺重。

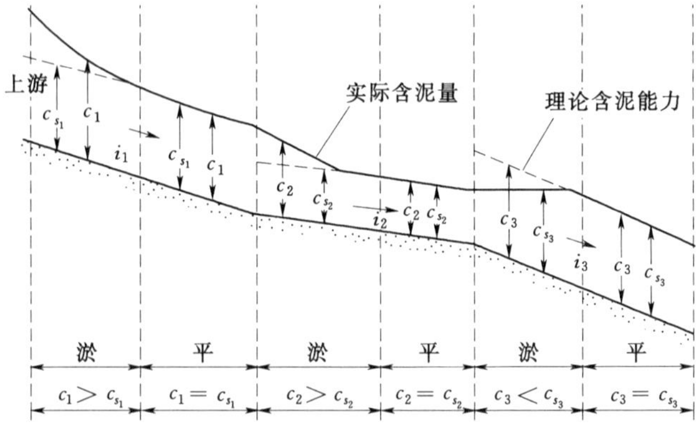

图 13

河泥下沉，河床附近之含泥量逐渐增加，成一层极浓之泥浆，土粒之沉速，亦更为减缓。故须历极长之时间，淤土之孔隙率始能逐渐缩小，自 80%至 50%而止（普通淤土之孔隙率在 50%左右）。

参　考　文　献

[1]　Ann. des Bonts et chaussees，1879. Ⅱ.

[2]　The Trunspotation of Debris by Runing Water. United states Geological Survey Professional

paper 86.
[3] Der Geschiebetrieb und Geschiebefracht. Wasser Kraft und Wasserwirtschaft, Feb. 1934.
[4] Hydraulischer Erdtransport Wasserkraft und Wasserwirtschaft, Mai. 1934.
[5] 同注 [2].
[6] Handbuch der Ingenieurwissenschaften. Ⅲ. Der wasserbau. 1923. 第 459 页 .

摘自《国立西北农学院农田水利研究部报告之二》(略有删节) 1943 年 3 月

按:该文最后部分,谈到"耗能",机械耗能中仅有一部分可施于泥沙颗粒运动,即文中所谓"有效扬力"。至今仍难有突破。鉴此,这一部分内容,在保持原意的基础上,本编对图、文均作了适量删节。

编者 2016.3

泥沙分类命名之商榷

引　　言

泥沙分类，辄随各专家之观点以及需要之不同而异。例如，地质学家着重沙土之成分，冲积之过程；农学家常注意土壤之肥力与蓄水之性能；土力学家则以沙土之透水率及剪力强度，作为分类标准[1]。我国河工，向分泥沙为素土、胶土、黄土三类[2]；实为水工学者，分类命名之肇始。唯此种方法，实用固称便利，但已难满足近代水工学术之要求。欧美学者，近年研究泥沙问题，贡献殊多；唯对泥沙分类命名之基本工作，尚沿旧习，缺乏统一合理之标准，可资借镜。本文就管见所及，拟定较为合理之分类命名方法，谨與当世贤达，共商榷之。

本文承唐念慈君襄助整理，附此志感。

1. 水土之通性

水工学术中之泥沙问题，以研究泥沙在流水中之挟运、冲刷、淤积等现象为主。此种性能，可简称为“泥沙之冲积”。影响泥沙冲积之因素，颇为复杂；普通可就水力的、沙性的、水性的三方面言之。

（1）水力的——包括比降、流速、水深、流量、涡率、副流、流速分布、断面形状、糙率等。

（2）沙性的——包括沙粒之粗细、形状、幺重、方位等。

（3）水性的——包括幺重、动滞性率等。

关于水力的因素，属河渠水力学范围，暂不论列。兹将泥沙本身之性质，以及水与沙之相对性质，分述如下。

1.1　泥沙之性质

1.1.1　沙粒之粗细

河流挟运之泥沙，概由粗细不同之颗粒组合而成。颗粒之直径，曰“粒径”，单位常以毫米（mm）计之。

自然界泥沙之粒径，变率至大，巨者可达数公尺之顽石，细者可至0.002mm之泥土，其间相差，约百余万倍。沙粒粗细，影响土壤之性质，最为显著；各国土壤学者，概以之作为土壤分类命名之标准。

1913年10月13日，国际土壤物理协会，采用Atterberg氏之建议，规定如表1[3]：

流水挟运泥沙，对于粒径较之粗者需较大能力。久引起水工学者之注意，列为影响流水挟沙量重要因素之一。例如，G. K. Gilbert[4]，A. Schoklitsch[5]，Meyer - Peter[6]等各家之挟沙量公式中，均以粒径为函数。

表1 国际土壤分类命名表（1913）

名　称	粒径（mm）	原　名	名　称	粒径（mm）	原　名
石与粗砾	＞20	Stein und Geroell	细　沙	0.2～0.02	Fein Sand
细　砾	20～2	Kies	泥	0.02～0.002	Schluff
粗　沙	2～0.2	Grob Sand	胶	＜0.002	Kolloid Teilchen

自然界泥沙，概非纯粹之球形，且以呈扁圆、棱角或片状者居多；所谓粒径，究何所指，向为泥沙研究者最感棘手之问题。普通由筛析法测定之粒径，常为颗粒之最长直径；用沉淀法分析者，则又为相当于该颗沙粒，同一幺重，同一沉速之球体直径，又称“相当粒径”。此种相当粒径，辄较自显微镜观测之自然径为小；普通片状颗粒之真粒径，约大于相当粒径 $3\frac{1}{2}$ 至 4 倍[7]。可见普通所指粒径，除纯粹球形者外，即非一具体之物理数量，随颗粒之形状而变，常可影响挟沙量公式之可靠性，不可不注意也。

1.1.2 沙粒之形状

沙粒之形状，有椭圆、有扁平、有棱角，变化复杂，极不规则；辄视其母岩性质，风化之过程而异。如云母呈片状，石英粗者近球形，细者多棱角，长石为椭圆或板片状；又如花岗石者呈卵形，页岩则为扁圆形等，其著例也。

片状沙粒较球状者易于冲刷，而难于淤积；易言之，即片状之沙粒在流水中运动之阻力，较球状者为大；是以在同一水流状况内，流水之挟沙量，对于片状沙粒，当较同等重量之球状者为大。但在极细之沙粒，片状者之阻力，反较球状者为小。此为从事水工试验者，习知之事实。惟普通挟沙量公式中，未能将此种因素，列入函数之内。

沙粒之形状，以其变化复杂，且非一纯粹几何形，吾人欲定一具体之系数表示之，如取最长直径与最短直径之比值等，对于定量定性殊乏实际意义；欲进而作分类命名标准，更属困难，唯此种因素，事实上未容忽视。

1.1.3 沙之幺重（Spezifische Gewicht）

沙之幺重 γ_s 视泥沙之母岩而异，普通泥沙幺重，概如表 2[8]。

表2 岩石沙土之幺重

种　类	幺重（g/cm³）	种　类	幺重（g/cm³）
长石	2.5～2.8	石英沙	2.639～2.653
正长石	2.5～2.6	灰石沙	2.756～2.722
曹达长石	2.63～2.69	白垩土	2.720～2.813
灰曹长石	2.64～2.8	高岭土	2.47～2.503
辉石	3.2～3.5	埴（黏土）	2.44～2.53
角闪石	2.9～3.4	腐殖土	1.37
云母	2.8～3.2	泥炭	1.26～1.462
石英	2.5～2.8	褐铁石	3.4～4.0
方解石	2.6～2.8	赤铁矿	5.1～5.2
白云石	2.8～3.0	永定河沙[9]	2.76～2.66
绿泥石	2.7～3.0	渭河沙[10]	2.52～2.58
滑石	2.6～2.7	黄土[11]	2.47～2.75
石膏	2.2～2.4		

可见普通岩质泥沙之幺重，平均为 2.6～2.7g/cm^3，变率较其他因素为微，且可精密测定之。

设泥沙颗粒之容积相等，凡幺重大者，常易淤积而难于冲刷，固属重要，唯以其近似一常数，通常可包括于公式常数之内；在实用挟沙量公式中，虽未将幺重列入，尚不致引起显著差误。

1.1.4　沙粒之方位

泥沙在流水中运动，或淤积于河床，其颗粒之位置对水流方向常构成一定之方位。例如溪涧中石子，辄呈鳞状叠积，此种有规则之现象，凡粒径在 1cm 以上者，尤为显著[12]。

泥沙受水流冲刷，向前运动之方位，与淤积时之固定方位，常不一致；多视颗粒之形状而异。例如柱形颗粒，在运动时，其长轴与水流方向辄相垂直，滚转而进，唯在静止时则长轴多与流向平行。又如圆片形颗粒，在水流滞缓之时，可在水底间歇滑动；流速稍增，则翻转跳跃而前进，如车轮然；苟水流更疾，则圆片得由水底激起，飘荡而进。可见泥沙颗粒，在流水中运动之方位，不特视形状而异，且与运动之速率，亦有密切关系。

1.2　泥与水之相对性质

上述各点，概就泥沙本身之性质言；惟吾人探讨冲积问题，应着重泥沙在流水中之相对性质，以及水因含有泥沙后本身性质之改变。兹将泥与水之相对性质，分述如下：

1.2.1　浑水之幺重

清水之幺重γ_0（g/cm^3），视温度而异，如表 3。

表 3

温度（℃）	0	4	10	15	20	30	50	100
幺重γ_0	0.9999	1.0000	0.9997	0.9991	0.9982	0.9951	0.9881	0.9584

可见清水幺重随温度之变异极微，普通可假定为一常数，即等于 1.000g/cm^3。

水含泥沙则称“浑水”，浑水之幺重 γ，随温度及水内所含“浑质”之多寡而定，如下式：

$$\gamma=\frac{\left(V-\dfrac{G}{\gamma_s}\right)\gamma_0+G}{V}=\gamma_0-\left(\frac{\gamma_0}{\gamma_s}-1\right)\frac{G}{V} \tag{1}$$

式中，V——浑水之容积（cm^3）；

G——浑水内所含浑质之重量（g）；

γ_0——清水之幺重（g/cm^3）=1.000（g/cm^3）；

γ_s——浑质之真幺重（g/cm^3）。

按含泥量 C 是单位容积内浑质之重量与浑水重量之比值，即 $C=\dfrac{G}{\gamma V}$，代入上式，则得浑水幺重公式如下：

$$\gamma=\frac{\gamma_0}{1+\left(\dfrac{\gamma_0}{\gamma_s}-1\right)C}，或\ \gamma=\frac{\gamma_0}{1-\left(1-\dfrac{\gamma_0}{\gamma_s}C\right)} \tag{2}$$

1.2.2　浑水之动滞性率

清水之动滞性率ν_0（Coef. of kinematic viscosity）随水温 t℃而变，据 Poiseuille 氏[13]

测定，如下式：

$$\nu_0=\frac{0.0178}{1+0.337t+0.00022t^2} \tag{3}$$

浑水之动滞性率 ν，视温度和含泥量而定。李翰如君曾将武功黄土，配合于清水内，实测其动滞性率[14]，兹分析实验结果得公式如下：

$$\nu=\frac{\nu_0}{1-K\left(\frac{C}{1-C}\right)^n} \tag{4}$$

式中，ν——浑水之动滞性率（cm^2/s）；

ν_0——温度相等时清水之动滞性率（cm^2/s），可由式（3）计算之；

C——含泥量；

K——常数，略视土粒粗细而异，普通黄土 $K=0.88$；

n——指数，$n=0.81$。

表 4 示出了浑水之幺重与动滞性率（按：浑质之真幺重 $\gamma_s=2.65g/cm^3$ 计算）。图 1 为浑水动滞性率之线规图。

表 4

含泥量 C（%）	浑水幺重（g/cm^3）	动滞性率 ν（cm^2/s）				
		$t=0℃$	$t=10℃$	$t=20℃$	$t=30℃$	$t=40℃$
0	1.000	0.0178	0.0131	0.0101	0.0081	0.0066
2	1.012	0.0185	0.0136	0.0105	0.0084	0.0069
4	1.027	0.0191	0.0141	0.0108	0.0087	0.0071
6	1.040	0.0197	0.0145	0.0112	0.0090	0.0073
8	1.052	0.0203	0.0149	0.0115	0.0092	0.0075
10	1.067	0.0209	0.0154	0.0119	0.0095	0.0078
12	1.080	0.0216	0.0159	0.0122	0.0098	0.0080
14	1.096	0.0223	0.0164	0.0127	0.0102	0.0083
16	1.110	0.0231	0.0170	0.0121	0.0105	0.0086
18	1.127	0.0240	0.0177	0.0136	0.0109	0.0089
20	1.141	0.0250	0.0184	0.0142	0.0113	0.0093
22	1.160	0.0260	0.0192	0.0148	0.0118	0.0097
24	1.175	0.0272	0.0200	0.0154	0.0124	0.0101
26	1.192	0.0286	0.0210	0.0162	0.0130	0.0106
28	1.210	0.0302	0.0222	0.0171	0.0137	0.0112
30	1.230	0.0319	0.0235	0.0181	0.0145	0.0118
32	1.249	0.0341	0.0251	0.0194	0.0155	0.0126
34	1.268	0.0366	0.0270	0.0208	0.0167	0.0136
36	1.289	0.0400	0.0294	0.0227	0.0182	0.0148
38	1.310	0.0439	0.0323	0.0249	0.0199	0.0162
40	1.330	0.0487	0.0358	0.0276	0.0221	0.0180

续表

含泥量 C（%）	浑水幺重（g/cm³）	动滞性率 ν（cm²/s）				
		$t=0$℃	$t=10$℃	$t=20$℃	$t=30$℃	$t=40$℃
42	1.353	0.551	0.0405	0.0313	0.0250	0.0204
44	1.376	0.640	0.0471	0.0363	0.0292	0.0238
46	1.400	0.785	0.0557	0.0445	0.0356	0.0291
48	1.428	0.1010	0.0745	0.0574	0.0460	0.0375
50	1.450	0.1482	0.1090	0.0842	0.0675	0.0550

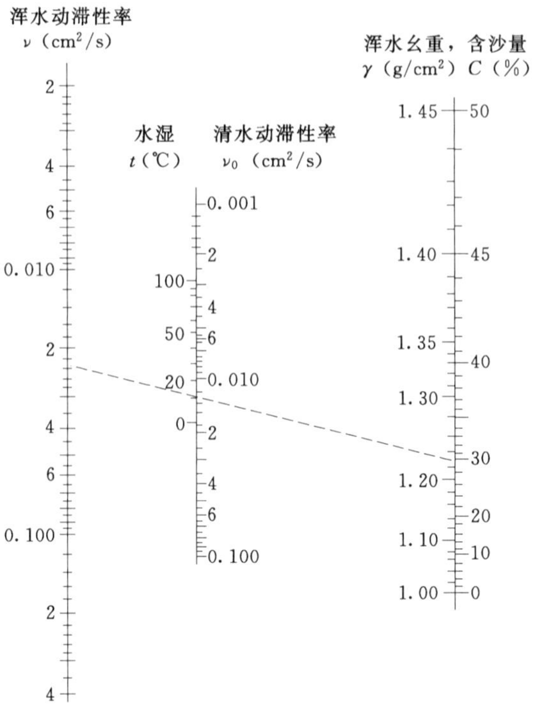

图 1

综上所述，吾人对于泥沙分类命名标准应考虑之因素，至少须能包括：沙粒之粗细、沙粒之形状、沙粒之幺重、浑水之幺重、浑水动滞性率，始为合理。

2. 浮沉定律

物体在静止液体中上浮或下沉，其作用力，即为该物体在液体内之有效重量 W：

$$W=V(\rho_s-\rho)g=V(\gamma_s-\gamma) \tag{5}$$

式中，W——物体之有效重量（g）；

V——物体之容积（cm^3）；

ρ_s——物体之密度（$g\cdot s^2/cm^4$）；

ρ——液体之密度（$g\cdot s^2/cm^4$）；

γ_s——物体之幺重（g/cm^3）；

γ——液体之幺重（g/cm^3）；

g——重力加速率（cm/s^2）。

设物体为一球体，直径为 d（cm），则

$$W=V(\gamma_s-\gamma)=\pi/6\cdot d^3(\gamma_s-\gamma) \tag{6}$$

设物体之运动已达最终速率而成等速运动，该时物体之有效重量，应恰与液体对该物体所生之阻力 R 相等，而呈平衡状态。

$$W=R \tag{7}$$

按牛顿定律[15]，液体对物体运动之阻力，如下式：

$$R=\psi\gamma F\frac{\omega^2}{2g} \tag{8}$$

式中，R——阻力（g）；

ψ——阻力系数；

F——物体垂直于运动方向之面积（cm^2）；

ω——物体沉浮之速率（cm/s）。

设物体为一球体，其直径为 d（cm），则

$$R=\psi\gamma\pi\left(\frac{d}{2}\right)^2\frac{\omega^2}{2g} \tag{9}$$

在等速运动时，$W=R$，将式（6）与式（9）代入式（7），则得阻力系数 ψ，

$$\psi=\frac{4}{3}\left(\frac{\gamma_s}{\gamma}-1\right)g\frac{d}{\omega^2} \tag{10}$$

阻力系数 ψ，视物体之形状、位置而定，且为雷诺数 Re（Reynolds number）之函数。雷诺数为一无因次之纯数（Pure number），如下式：

$$Re=\frac{\omega d}{\nu} \tag{11}$$

式中，Re——雷诺数；

ω——物体之速率（cm/s）；

d——物体之粒径（cm）；

ν——液体之动滞性率（cm^2/s）。

图 2 示出球体阻力系数与雷诺数之关系。图 3 示出各种形体阻力系数与雷诺数之关系。按阻力系数 ψ 为雷诺数 Re 之函数，普通实用上，在某一定区域内，可简书如下式：

$$\psi=f(Re)=A\,Re^n \tag{12}$$

式中，A——常数；

n——雷诺数之指数。

将式（10）及式（11）代入式（12），则得物体运动速率与粒径之公式

$$\omega=\left(\frac{4g}{3A}\right)^{\frac{1}{2+n}}\nu^{\frac{n}{2+n}}\left(\frac{\gamma_s}{\gamma}-1\right)^{\frac{1}{2+n}}d^{\frac{1-n}{2+n}} \tag{13}$$

$$d=\left(\frac{3A}{4g}\right)^{\frac{1}{1-n}}\nu^{\frac{-n}{1-n}}\left(\frac{\gamma_s}{\gamma}-1\right)^{\frac{-1}{1-n}}\nu^{\frac{2+n}{1-n}} \tag{14}$$

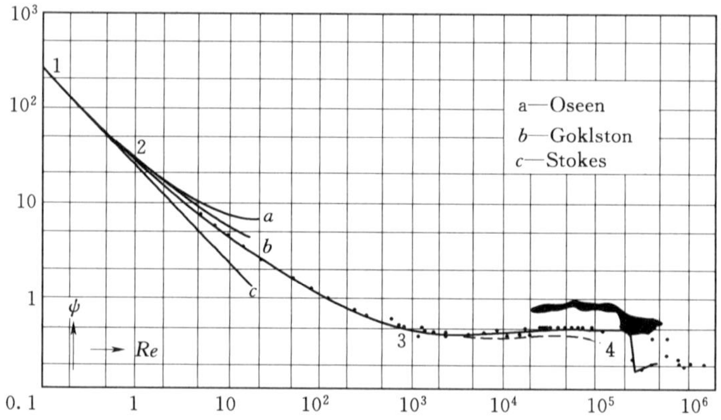

摘自：Wien-Harms：Handbuch cler Experimental Physik

图 2

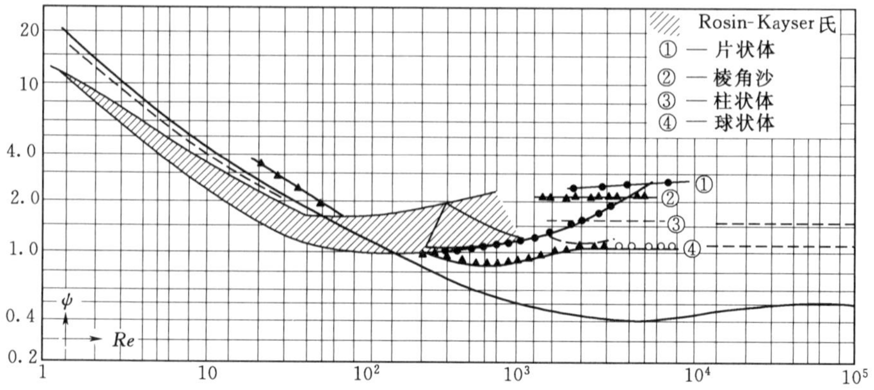

摘自：Wien-Harms：Handbuch cler Experimental Physik

图 3

阻力系数 ψ 与雷诺数 Re 之关系，视物体运动时，所引起四周液体流性之不同，概可分为：①滞流区（Laminar 或 Deformation Drag），②介流区（Transition 或 Surface Drag）与③紊（激）流区（Turbulent 或 Form Drag）等三段。

第一段　滞流区（图 2，1～2）

$Re<0.1\sim0.4$，$n=-1$，$A=24$

$$\psi=\frac{24}{Re} \tag{15}$$

此式首为 G. G. Stokes 氏所发表[16]，故称“司笃克斯定律”。晚近用沉淀法，分析土壤之粒径（$d<0.05\sim0.08$mm 者），即由本式转算而得之。司笃克斯定律 $\psi=\dfrac{24}{Re}$，可化为

$$\omega=\left(\frac{4g}{3\times24}\right)\frac{1}{\nu}\left(\frac{\gamma_s}{\gamma}-1\right)d^2 \tag{16}$$

或

$$\omega=\frac{2}{9}\frac{\gamma_s-\gamma}{\mu}\left(\frac{d}{2}\right)^2 \tag{17}$$

式中，μ——滞性率，即 $\mu=\nu\rho=\frac{\nu\gamma}{g}$（g·s/cm²）。

第二段　介流区（图 2，2～3）

$Re\approx0.08\sim1000$，$n\approx-1/2$，$A\approx20$

$$\psi\approx\frac{20}{Re^{1/2}}\tag{18}$$

$$\omega\approx\left(\frac{4g}{60}\right)^{2/3}\frac{1}{\nu^{1/3}}\left(\frac{\gamma_s}{\gamma}-1\right)^{2/3}\cdot d\tag{19}$$

第三段　紊（激）流区（图 2，3～4）

$Re>1000$，$n\approx0$，$A\approx0.4\sim0.5$（球体）

$$\psi\approx0.4\sim0.5(\text{常数})\tag{20}$$

$$\omega\approx\left(\frac{4g}{1.5}\right)^{1/2}\left(\frac{\gamma_s}{\gamma}-1\right)^{1/2}d^{1/2}\tag{21}$$

本段阻力系数 ψ 已与雷诺数 Re 无显著之关系，近成一常数，牛顿之阻力定律完全适用。

3. 沉速命名分类法

从上节物体在静止之液体中上浮或下沉之速率定律，可见物体在液体中运动之速率，应视物体之粗细、形状、幺重以及液体之幺重、动滞性率等种种因素而定，而成一综合函数。吾人苟能利用泥沙在静水中之下沉速率（简称沉速），作为泥沙分类命名标准，实较现行仅凭粒径一项，作分类之标准者，具有更直接，更基本之意义。

按照沙粒在静水中之沉速，作泥沙分类命名之标准者，印度之灌溉工程师采用已久[17]。例如某种泥沙，在静水中之沉速为每秒 0.1 英尺（0.1ft/s），则该沙之名为 0.1。设某种泥沙由粗细不同之颗粒组合而成者；经测定知该沙之最大沉速度为 0.1 英尺，最小沉速为 0.05 英尺，则该沙之名为 0.1/0.05。

1930 年，W. W. Rubdy[18] 曾建议以泥沙在静水中之沉速作为分类命名之标准，其规定如表 5：

表 5

名　　称	沉速（mm/s）	名　　称	沉速（mm/s）
极细沙（Very fine sand）	>3.84	极细泥（Very fine Silt）	0.015～0.06
粗泥（Coarse Silt）	0.96～3.84	粗埴（Coarse Clay）	0.00375～0.015
中泥（Medium Silt）	0.24～0.96	中埴（Medium Clay）	0.0009375～0.00375
细泥（Fine Silt）	0.06～0.24	细埴（Fine Clay）	<0.0009375

按近代液体力学理论，水流之挟运泥沙，由于流水向上之分速。故在同一水流状况内，凡沉速较小之泥沙，常较沉速之大者易于冲刷，而难于淤积。是以根据泥沙之沉速，作分类命名之标准，实为研究泥沙冲积问题之一大进步；惜尚未为水工学术界所注意，而广为采用。唯此种基本标准，是否能再有改善，使包括更广泛之基本意义，急待吾人深究之。

根据沉速作分类命名标准，尚须改进之点有三：

(1) 沉速之单位为 (mm/s) 或 (cm/s)，其因次为 (LT^{-1})，故沉速必须附注其单位，而非一无因次之纯数，各国因度量衡制度不同，难期国际间统一采用。

(2) 仅知道泥沙之沉速，而不附注其粒径与液体之动滞性率，即不能求得雷诺数，以定该种沙粒所属运动定律之范围。

(3) 不符合雷诺相似性原理，即同一沉速之泥沙，其运动性质，未必相同。

4. 沙氏数

4.1 水力相似性

物体在液体中运动，辄受液体滞性之影响；故阻力系数 ψ 为雷诺数 Re 之函数，已如前述。设某定型颗粒，在静止之液体中运动，其粒径为d_1，液体之动滞性率ν_1，速率为ω_1，则该颗粒之雷诺数$Re_1=\frac{d_1\omega_1}{\nu_1}$；设另有一同型之颗粒，其粒径为$d_2$，在另一种液体内运动，其动滞性率$\nu_2$，速率为$\omega_2$，则该颗粒之雷诺数$Re_2=\frac{d_2\omega_2}{\nu_2}$。倘$Re_1=Re_2$，则此两种颗粒之运动定律，始能完全相似，而符合雷诺相似定律。据此，吾人就泥沙之冲积问题言，苟能径以泥沙在静水中运动之雷诺数，作为分类命名之标准，当较仅以沉速一项作标准者，具有更基本之意义；且雷诺数为一无因次之纯粹数，不必附注单位，对于水工模型试验设计，尤属有利。

根据泥沙在静水中运动之雷氏数，作为分类命名标准，吾人将遇一困难：盖雷诺数中，必须包括粒径与沉速两个因子，但泥沙之粒径，随颗粒之形状而变，除纯粹球形者外，均非具体之物理数量，已如前述。故欲利用雷诺数作分类命名标准，虽属理想，但事实上困难殊多。

4.2 沙氏数

按雷诺数 $Re=\frac{d\omega}{\nu}$，将式 (14) d 代入雷诺数内，则得

$$Re=\left(\frac{3A}{4}\right)^{\frac{1}{1-n}}\left[\frac{\omega}{\nu^{1/3}g^{1/3}\left(\frac{\gamma_s}{\gamma}-1\right)^{1/3}}\right]^{\frac{3}{1-n}} \tag{22}$$

上式方括号内为另一无因次之纯数，可命名曰“沙氏数”(Sha's number)，其符号为 Sa，如下式：

$$Sa=\frac{\omega}{\nu^{1/3}g^{1/3}\left(\frac{\gamma_s}{\gamma}-1\right)^{1/3}} \tag{23}$$

式中，Sa——沙氏数 (无因次数)；

ω——物体之沉速 (cm/s)；

ν——液体之动滞率 (cm^2/s)；

g——重力加速度 (cm/s^2)；

γ_s——物体之幺重 (g/cm^3)；

γ——液体之幺重（g/cm³）。

沙氏数与沉速 ω 有关，而与粒径无关，而且所包含之各种因素，概系具体之物理量，均可用仪器精密测定之。图 4 为沙氏数线规图。沙氏数 Sa 与雷诺数 Re 之关系，如下式：

$$Re=\left(\frac{3A}{4}\right)^{\frac{1}{1-n}}Sa^{\frac{3}{1-n}} \tag{24}$$

或

$$Sa=\left(\frac{4}{3A}\right)^{\frac{1}{3}}Re^{\frac{1-n}{3}} \tag{25}$$

可见沙氏数 Sa 为雷诺数 Re 之函数，吾人苟能用以作为泥沙分类命名之标准，较往昔以粒径或流速作标准者，不特具有更基本之意义，且符合雷诺相似性定律，亦无确定雷诺数必先知粒径之困难。

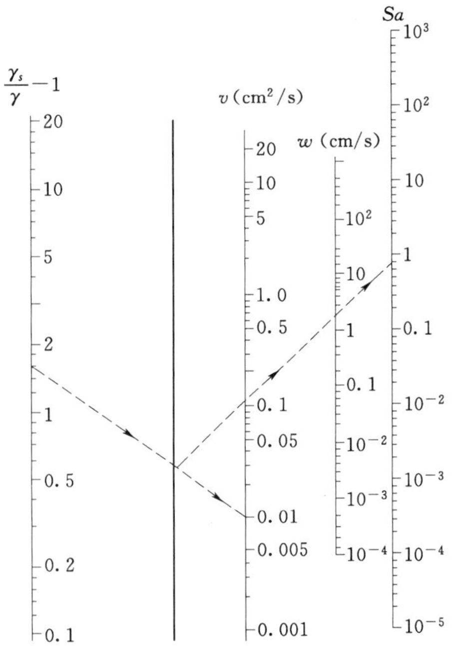

图 4

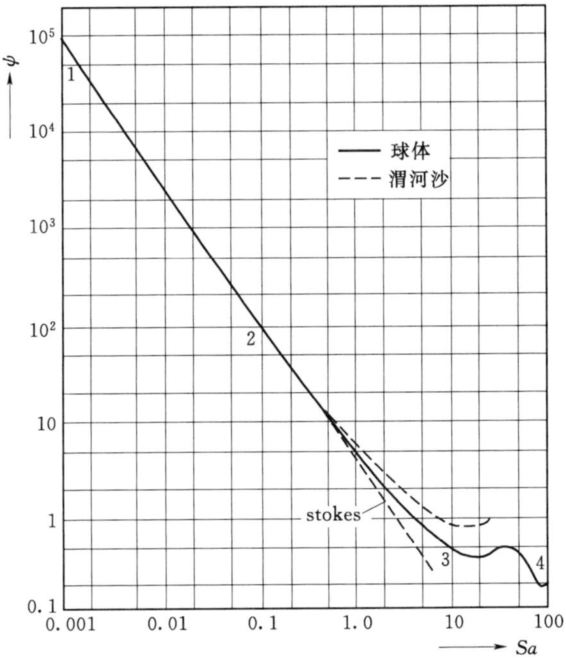

图 5　阻力系数与沙氏数之关系

4.3　沙氏数与阻力系数

按阻力系数为雷诺数之函数 $\psi=A\,Re^{n}$，将式（24）代入之，则得沙氏数与阻力系数之关系：

$$\psi=\left(\frac{3}{4}\right)^{\frac{n}{1-n}}A^{\frac{1}{1-n}}Sa^{\frac{3n}{1-n}} \tag{26}$$

命，

$$\left(\frac{3}{4}\right)^{\frac{n}{1-n}}A^{\frac{1}{1-n}}=B,\quad \frac{3n}{1-n}=m$$

则

$$\psi=B\,Sa^{m} \tag{27}$$

式中，B 为常数，m 为沙氏数之指数；在各种不同流区内，各段概值如下：

第一段　滞流区（见图 5 中之 1～2）

$Sa<0.1$，$B=5.65$，$m\sim-3/2$

即
$$\psi=\frac{5.65}{Sa^{3/2}} \tag{28}$$

第二段　介流区（见图 5 中之 2～3）

$Sa=0.1\sim10$，$B\approx5.16$，$m\approx-1$

即
$$\psi\approx\frac{5.16}{Sa} \tag{29}$$

第三段　紊流区（见图 5 中之 3～4）

$Sa>10$，$B\approx0.4\sim0.5$，$m\approx0$

即
$$\psi\approx0.4\sim0.5\text{（常数）} \tag{30}$$

4.4　沙氏数与相当粒径

按式（10）与式（27），阻力系数 ψ 可写作：

$$\psi=\frac{4}{3}\left(\frac{\gamma_s}{\gamma}-1\right)g\,\frac{d}{\omega^2}=B\,Sa^m$$

将式（23）代换上式中之 ω，得相当粒径 d 与沙氏数 Sa 之关系：

$$d=\frac{3}{4}B\,\frac{\nu^{2/3}}{g^{1/3}\left(\frac{\gamma_s}{\gamma}-1\right)^{1/3}}Sa^{m+2} \tag{31}$$

常数 B，指数 m，视物体运动所属之流区而定。

第一段　滞流区

$Sa<0.1$，$B=5.65$，$m=-3/2$

$$d=4.2\,\frac{\nu^{2/3}}{g^{1/3}\left(\frac{\gamma_s}{\gamma}-1\right)^{1/3}}Sa^{1/2} \tag{32}$$

第二段　介流区

$Sa=0.1\sim10$，$B\approx5.16$，$m\approx-1$

$$d\approx3.88\,\frac{\nu^{2/3}}{g^{1/3}\left(\frac{\gamma_s}{\gamma}-1\right)^{1/3}}Sa \tag{33}$$

第三段　紊流区

$Sa>10$，$B\approx0.4\sim0.5$，$m\approx0$

$$d\approx3.4\,\frac{\nu^{2/3}}{g^{1/3}\left(\frac{\gamma_s}{\gamma}-1\right)^{1/3}}Sa^2 \tag{34}$$

5. 标准沙氏数

按沙氏数内所含之变量，可分为沙质的和水质的两类。对于某定型沙粒（沙质不变），沙氏数则随水质而异，非一常数，已如前述。是以吾人欲利用此种纯数，作分类命名之标准，俾得与其他类型之沙粒互相比较，故对于水质一项，应有明确规定。

影响水质之因素：一为水内所含之溶质（如泥土、盐分等）；二为水之温度。前者可规定为不含浑质之清水（即蒸馏水），殊属简易；至于水之温度，著者曾比较研究球体沙粒（$\gamma_s=2.65\mathrm{g/cm^3}$）之粒径，在各种水温内各与其沙氏数之关系，发现水温在10℃时，沙氏数与国际土壤分类命名标准之粒径 d（mm）之关系如下表：

沙氏数 Sa	10	1	0.01	0.0001	0.000001
粒径 d（mm）	2	0.2	0.02	0.002	0.0002

故吾人规定以10℃为水温之标准，实用上较为简便，且与现行国际标准相一致。

某定型沙粒，在无限大静止之清水中，水温10℃，由其自身重量下沉作等速运动之沙氏数，可命名曰“标准沙氏数”，其符号为Sa_0。测定泥沙之标准沙氏数，以能在上述规定条件下进行，最为标准；但实际上容有困难，则可改在10℃附近之清水内测定，再用公式转算得之。

按式（31）$d=\frac{3}{4}B\frac{\nu^{2/3}}{g^{1/3}\left(\frac{\gamma_s}{\gamma}-1\right)^{1/3}}Sa^{m+2}$，今设有注脚“0”者，示水温10℃时之变量；无脚注者，为任何水温时之变量。对于同一沙粒，在同一地点，则$g_0=g$；设沙粒运动在同一流区以内，则$B_0=B$，$m_0=m$，因而得 Sa 与Sa_0之比值 K 如下式：

$$K=\frac{Sa_0}{Sa}=\left[\frac{\left(\frac{\gamma_{s_0}}{\gamma_0}-1\right)}{\left(\frac{\gamma_s}{\gamma}-1\right)}\right]^{\frac{1}{3(m+2)}}\left(\frac{\nu}{\nu_0}\right)^{\frac{2}{3(m+2)}} \tag{35}$$

式中，指数 m，视沙粒运动所属之流区而定，如下：

第一段　滞流区 $Sa<0.1$，$m=-3/2$

$$K=\frac{Sa_0}{Sa}=\left[\frac{\left(\frac{\gamma_{s_0}}{\gamma_0}-1\right)}{\left(\frac{\gamma_s}{\gamma}-1\right)}\right]^{2/3}\left(\frac{\nu}{\nu_0}\right)^{4/3} \tag{36}$$

第二段　介流区 $Sa=0.1\sim10$，$m\approx-1$

$$K=\frac{Sa_0}{Sa}=\left[\frac{\left(\frac{\gamma_{s_0}}{\gamma_0}-1\right)}{\left(\frac{\gamma_s}{\gamma}-1\right)}\right]^{1/3}\left(\frac{\nu}{\nu_0}\right)^{2/3} \tag{37}$$

第三段　紊流区 $Sa>10$，$m\approx0$

$$K=\frac{Sa_0}{Sa}=\left[\frac{\left(\frac{\gamma_{s_0}}{\gamma_0}-1\right)}{\left(\frac{\gamma_s}{\gamma}-1\right)}\right]^{1/6}\left(\frac{\nu}{\nu_0}\right)^{1/3} \tag{38}$$

测定泥沙之沙氏数，设所用之水质为纯粹清水，沙粒之幺重为$2.65\mathrm{g/cm^3}$，各种不同流区与温度之 K 值，概如表6：

表 6　　　　**K 值表**

温度(℃)	K值 滞流区 $Sa<0.1$	介流区 $Sa=0.1\sim10$	紊流区 $Sa>10$	温度(℃)	K值 滞流区 $Sa<0.1$	介流区 $Sa=0.1\sim10$	紊流区 $Sa>10$
0	1.525	1.235	1.109				
1	1.452	1.205	1.100	21	0.682	0.826	0.909
2	1.392	1.180	1.086	22	0.650	0.812	0.901
3	1.323	1.150	1.072	23	0.638	0.729	0.894
4	1.268	1.126	1.063	24	0.623	0.789	0.888
5	1.221	1.105	1.053	25	0.602	0.776	0.881
6	1.166	1.081	1.039	26	0.584	0.764	0.874
7	1.061	1.028	1.015	27	0.567	0.753	0.868
8	1.040	1.021	1.010	28	0.549	0.741	0.861
9	1.020	1.010	1.005	29	0.533	0.730	0.854
10	1.000	1.000	1.000	30	0.519	0.721	0.849
11	0.960	0.986	0.989	31	0.503	0.709	0.842
12	0.927	0.963	0.981	32	0.490	0.700	0.837
13	0.893	0.945	0.972	33	0.477	0.691	0.831
14	0.865	0.930	0.964	34	0.464	0.681	0.825
15	0.837	0.915	0.957	35	0.452	0.672	0.820
16	0.806	0.898	0.948	36	0.441	0.464	0.815
17	0.778	0.882	0.939	37	0.429	0.655	0.809
18	0.750	0.866	0.931	38	0.417	0.646	0.804
19	0.729	0.854	0.924	39	0.406	0.637	0.798
20	0.704	0.839	0.916	40	0.396	0.629	0.793

上列式（36）、式（37）、式（38），除滞流区式（36）较为准确外，余均为近似式。苟水温与规定者相差过远，辄易发生显著差误；故在测定标准沙氏数Sa_0，对于所用水质之温度，以能使与规定温度10℃之蒸馏水相近为妥。

例 1：设有某沙粒，在20℃清水内测定其沉速 $\omega=10.0\text{cm/s}$，幺重$\gamma_s=2.65\text{g/cm}^3$，求该沙粒之标准沙氏数。

按20℃清水之动滞性率 $\nu=0.0101\ \text{cm}^2/\text{s}$（见表4），故得沙氏数 Sa 如下：

$$Sa=\frac{\omega}{g^{1/3}\left(\dfrac{\gamma_s}{\gamma}-1\right)^{1/3}\nu^{1/3}}=\frac{10}{980^{1/3}\left(\dfrac{2.65}{1}-1\right)^{1/3}0.0101^{1/3}}=3.95$$

因沙氏数 $Sa=3.95$，该值大于0.1小于10，属介流区，由表6查得 $K=0.839$，故标准沙氏数$Sa_0=KSa=0.839\times3.95=3.31$。

例 2：设上例之沙粒$Sa_0=3.31$，问在水温20℃，含泥量 $C=20\%$之黄土浑水内，问该沙粒之实际沙氏数应为若干？

上例沙粒之粒径约0.65mm，大于黄土粒径（$d=0.01\text{mm}$）65倍，可假定黄土浑水为均匀性液体。按温度20℃，含泥量 $C=20\%$之浑水，由表4查得水质之幺重 $\gamma=1.141\text{g/cm}^3$，动滞性率 $\nu=0.0142\text{cm}^2/\text{s}$，因$Sa_0=3.31$，属介流区。将上列各值，代入式（37），则有

$$K=\left[\frac{\left(\dfrac{\gamma_{s_0}}{\gamma_0}-1\right)}{\left(\dfrac{\gamma_s}{\gamma}-1\right)}\right]^{1/3}\left(\frac{\nu}{\nu_0}\right)^{2/3}=\left[\frac{\left(\dfrac{2.65}{1}-1\right)}{\left(\dfrac{2.65}{1.141}-1\right)}\right]^{1/3}\left(\frac{0.0142}{0.0131}\right)^{2/3}=1.13$$

故得
$$Sa=\frac{Sa_0}{K}=\frac{3.31}{1.13}=2.93$$

由上二例，可见某定型沙粒之沙氏数，非一常数，辄随水温之降低或含沙量之增加而

减小，沙氏数愈小，冲刷愈易，间接足以影响流水挟运泥沙之能力。例如，A. H. Gibson 氏引美国工程新闻谓："在含有粒径 0.3mm 细沙之浑水中，其挟运粒径 0.4～0.5mm 泥沙之重量，可较清水时增加四倍"[19]。是以吾人研究河渠之冲积问题，对于泥沙一项，仅测其粒径，已感不足；应就实际之沙粒与水质（包括温度、含泥量等），定其沙氏数，以示该沙粒与水质之相对品行，方属合理。

6. 沉降模型试验定律

按物体在静止之液体中运动（上浮或下沉），其阻力系数 ψ 为沙氏数 Sa 之函数，$\psi=f(Sa^m)$；此函数在某一定区域内，实用上可简书近似式如下：

$$\psi=B\,Sa^m \tag{39}$$

式中，常数 B，指数 m，视物体之品状及运动所属之流区而定，已如前述。设原体之阻力系数为ψ_1，常数为B_1，流区指数为m_1，沙氏数为Sa_1；又模型之阻力系数为ψ_2，常数为B_2，流区指数为m_2，沙氏数为Sa_2。据水力相似定理，原体与模型欲完全相似，必须保持下列之条件，即

$$\psi_1=\psi_2,B_1=B_2,m_1=m_2$$

故原体与模型完全相似时，二者之沙氏数应相等，即

$$Sa_1=Sa_2$$

按式（23），$Sa=\dfrac{\omega}{\nu^{1/3}g^{1/3}\left(\dfrac{\gamma_s}{\gamma}-1\right)^{1/3}}$；在原体与模型完全相似$Sa_1=Sa_2$时，即

$$\frac{\omega_1}{\nu_1{}^{1/3}g_1{}^{1/3}\left(\dfrac{\gamma_{s_1}}{\gamma_1}-1\right)^{1/3}}=\frac{\omega_2}{\nu_2{}^{1/3}g_2{}^{1/3}\left(\dfrac{\gamma_{s_2}}{\gamma_2}-1\right)^{1/3}} \tag{40}$$

又按式（31）$d=\dfrac{3}{4}B\dfrac{\nu^{2/3}}{g^{1/3}\left(\dfrac{\gamma_s}{\gamma}-1\right)^{1/3}}Sa^{m+2}$，在原体与模型完全相似时，$B_1=B_2$，$m_1=m_2$，$Sa_1=Sa_2$，则：

$$d_1\frac{g_1{}^{1/3}\left(\dfrac{\gamma_{s_1}}{\gamma_1}-1\right)^{1/3}}{\nu_1{}^{2/3}}=d_2\frac{g_2{}^{1/3}\left(\dfrac{\gamma_{s_2}}{\gamma_2}-1\right)^{1/3}}{\nu_2{}^{2/3}} \tag{41}$$

设原体与模型长度之比率为 λ，时间之比率为 τ，力量之比率 κ，即

$$\frac{\text{原体长度}}{\text{模型长度}}=\frac{L_1}{L_2}=\lambda \tag{42}$$

$$\frac{\text{原体时间}}{\text{模型时间}}=\frac{T_1}{T_2}=\tau \tag{43}$$

$$\frac{\text{原体力量}}{\text{模型力量}}=\frac{K_1}{K_2}=\kappa \tag{44}$$

根据式（40）与式（41），即可求得以上 3 个基本物理量之比率关系如下：

$$\lambda=\frac{L_1}{L_2}=\frac{d_1}{d_2}=\frac{g_2{}^{1/3}\left(\dfrac{\gamma_{s_2}}{\gamma_2}-1\right)^{1/3}\nu_1{}^{2/3}}{g_1{}^{1/3}\left(\dfrac{\gamma_{s_1}}{\gamma_1}-1\right)^{1/3}\nu_2{}^{2/3}} \tag{45}$$

$$\tau=\frac{\omega_2}{\omega_1}\lambda=\frac{\nu_2}{\nu_1}\lambda^2 \tag{46}$$

$$\kappa=\frac{(\gamma_{s_1}-\gamma_1)d_1{}^3}{(\gamma_{s_2}-\gamma_2)d_2{}^3}=\frac{g_2\gamma_1\nu_1{}^2}{g_1\gamma_2\nu_2{}^2}\lambda^0,\text{或}\ \kappa=\frac{(\gamma_{s_1}-\gamma_1)}{(\gamma_{s_2}-\gamma_2)}\lambda^3 \tag{47}$$

根据上列基本物理量之比率，其他物理量之比率均可推算如下：

长度比率——λ

面积比率——λ^2

体积比率——λ^3

时间比率——$\dfrac{\nu_2}{\nu_1}\lambda^2$

功（工作）比率——$\dfrac{g_2}{g_1}\dfrac{\gamma_1}{\gamma_2}\left(\dfrac{\nu_1}{\nu_2}\right)\lambda$ 或 $\dfrac{(\gamma_{s_1}-\gamma_1)}{(\gamma_{s_2}-\gamma_2)}\lambda^4$

力量比率——$\dfrac{g_2\gamma_1}{g_1\gamma_2}\left(\dfrac{\nu_1}{\nu_2}\right)^2\lambda^0$ 或 $\dfrac{(\gamma_{s_1}-\gamma_1)}{(\gamma_{s_2}-\gamma_2)}\lambda^3$

功率（能力）比率——$\dfrac{g_2\gamma_1}{g_1\gamma_2}\left(\dfrac{\nu_1}{\nu_2}\right)^2\lambda^{-1}$ 或 $\dfrac{(\gamma_{s_1}-\gamma_1)}{(\gamma_{s_2}-\gamma_2)}\lambda^2$

速率比率——$\dfrac{\nu_1}{\nu_2}\lambda^{-1}$

应力（压强）比率——$\dfrac{g_2\gamma_1}{g_1\gamma_2}\left(\dfrac{\nu_1}{\nu_2}\right)^2\lambda^{-2}$ 或 $\dfrac{(\gamma_{s_1}-\gamma_1)}{(\gamma_{s_2}-\gamma_2)}\lambda$

加速度比率——$\left(\dfrac{\nu_1}{\nu_2}\right)^2\lambda^{-3}$

普通水工模型，概可分缩小与放大两种，缩小模型之 $\lambda>1$；放大墺型之 $\lambda<1$。根据式（45），对于模型沙比重γ_{s_2}，液体比重γ_2，液体动滞性率ν_2之选择如下：

$$\text{缩小模型}:\lambda>1,\gamma_{s_2}>\gamma_{s_1},\gamma_2<\gamma_1,\nu_2<\nu_1$$

$$\text{放大模型}:\lambda<1,\gamma_{s_2}<\gamma_{s_1},\gamma_2>\gamma_1,\nu_2>\nu_1$$

例 3：设有石砾一块，其最大直径约 100mm，因受仪器限制，不能直接量其沉速而定标准沙氏数，试作一模型测定之。已知：该石砾之幺重$\gamma_{s_1}=2.65\text{g/cm}^3$，水温 10℃，$\gamma_1=1.000\text{g/cm}^3$，动滞性率$\nu_1=0.0131\ \text{cm}^2/\text{s}$。

按此系缩小模型，$\lambda>1$，应选用$\gamma_{s_2}>\gamma_{s_1}$，$\gamma_2<\gamma_1$，$\nu_2<\nu_1$。

假定模型颗粒以铅质制造，则幺重$\gamma_{s_2}=11.25\text{g/cm}^3$；液体用汽油（Benzin），温度 20℃，则$\gamma_2=0.865\text{g/cm}^3$；$\nu_2=0.00731\ \text{cm}^3/\text{s}$，并假定$g_1=g_2=980\text{cm/s}^2$，按式（45）：

$$\lambda=\frac{L_1}{L_2}=\frac{d_1}{d_2}=\left[\frac{g_2\left(\dfrac{\gamma_{s_2}}{\gamma_2}-1\right)}{g_1\left(\dfrac{\gamma_{s_1}}{\gamma_1}-1\right)}\right]^{1/3}\left(\frac{\nu_1}{\nu_2}\right)^{2/3}$$

故得长度比率如下：

$$\lambda=\left[\frac{\dfrac{11.25}{0.865}-1}{\dfrac{2.65}{1}-1}\right]^{1/3}\left(\frac{0.0131}{0.00731}\right)^{2/3}=2.84$$

铅质模型沙之最大粒径$d_2=\frac{d_1}{\lambda}=\frac{100}{2.84}=35.2$mm，测定此铅质模型颗粒在10℃汽油内之沉速，计算其沙氏数，即等于该石砾之标准沙氏数。

例4：设由显微镜观察，已知某黄土颗粒之大小（粒径约为0.01mm）与形状。试作一肉眼可见之模型，以观察该土在20℃清水中，下沉运动之情形。已知该土粒之幺重$\gamma_{s_1}=2.65\text{g/cm}^3$，20℃清水之幺重$\gamma_1=1.000\text{g/cm}^3$，动滞性率$\nu_1=0.0101\ \text{cm}^2/\text{s}$。

按此系放大模型，$\lambda<1$，应选用$\gamma_{s_2}<\gamma_{s_1}$，$\gamma_2>\gamma_1$，$\nu_2>\nu_1$。

假定模型颗粒以沥青（Asphalt）制造，则幺重$\gamma_{s_2}=1.50\text{g/cm}^3$，液体选用动滞性率较大之甘油，温度18℃，其幺重$\gamma_2=1.26\text{g/cm}^3$，动滞性率$\nu_2=7.95\ \text{cm}^2/\text{s}$，将上列各值，代入式(45)，则得$\lambda=0.00563$，故模型颗粒之粒径$d_2=\frac{d_1}{\lambda}=\frac{0.0101}{0.00563}=1.78$mm，肉眼观察已无困难。

7. 泥沙分类命名

自然界之泥沙，按其颗粒粗细及物理性质，概可分为：石砾、素土、胶土、胶质四种。

7.1 石砾类

岩石崩裂，受水流冲击，互相摩蚀，渐成球形，质以石英居多；倘母岩石质为花岗岩、页岩、玄武岩等含有他种矿质者，则略呈不规则之钝角块状。

（1）顽石：河底之巨大石块，标准沙氏数在300以上，粒径约在2500mm以上。

（2）蛮石：《河工名谓》百斤左右之青红石块，皆曰“蛮石”，标准沙氏数Sa_0自100至300，粒径约300至2500mm。

（3）矸（音子）：《玉篇》石名，又称“石子”《河工要义》。石子亦曰“河光石”，河中即有，就地取材。矸可分大、小两种：

大矸：$Sa_0=60\sim100$；粒径约100～300mm。

小矸：$Sa_0=30\sim60$；粒径约25～100mm。

（4）砾：《说文》小石也。《河工名谓》大石击碎之小石也。砾在水中运动，属紊流区，阻力系数约等于1，适用牛顿定律。砾分粗砾、细砾两种。

粗砾：$Sa_0=20\sim30$；粒径约10～25mm。

细砾：$Sa_0=10\sim20$；粒径约2～10mm。

7.2 素土类

素土系缺乏黏性之土质。《河工要义》素土者其性渗透，其质疏散，团之不能成聚之沙土也。素土相当德文之“Nichtbindige Boden”。

（1）沙：《说文》水散石也。《河工辑要》沙之种类有十：如飞沙、泡沙、铁屑沙则皆系干土，尚不难挑挖；此外如水中沙、青沙、马牙沙、扯皮沙等，其性易乾，亦易施工；唯有淌沙、翻沙最难为力。沙粒粗者，略呈球形，质与砾相似；细者则多棱角，盖因沙粒四周，受水膜保护，磨蚀较难。

沙在水中之运动定律，属介流区。沙分粗沙、中沙、细沙三种：

粗沙：$Sa_0=3\sim10$；粒径约0.57～2mm；

中沙：$Sa_0=1\sim3$；粒径约 0.20～0.57mm；

细沙：$Sa_0=0.3\sim1$；粒径约 0.11～0.20mm。

（2）墣：《康熙字典》墣音“莫”，尘也。墣相当于 Terzaghi 氏定之 Mo。墣之颗粒形状及其成分，与“细沙”相似，系极细之岩石粉尘。我国西北各省之黄土，概属此类。《河工要义》黄土无论干湿，性较疏松，故其御水之力不及胶土。黄土之成分，石英占 60%～75%，黄黏粒与石灰质约占 5%～25%，余则为其他矿物质。

墣分粗墣、中墣、细墣三种；粗墣在水中之运动定律属介流区，中墣、细墣属滞流区。

粗墣：$Sa_0=0.1\sim0.3$；粒径约 0.064～0.11mm；

中墣：$Sa_0=0.03\sim0.1$；粒径约 0.035～0.064mm；

细墣：$Sa_0=0.01\sim0.03$；粒径约 0.020～0.035mm。

7.3　胶土类

胶土系有黏性之土质，《河工要义》胶土者，其质细腻，其性胶粘，风揭不易扬尘，水刷亦难溶解，即外河所谓淤泥、淤土也。相当德文之“Bindige Boden”。

（1）泥：《前汉地理志》水和土也。《水经注》河水浊，清澄，一石水六斗泥。一作坭。《六书统》水和土也。泥、坭通，又称淤。《说文》淀滓浊泥也。《河工辑要》淤之种类有四：曰干淤、嫩淤、稀淤、夹沙淤。

泥之颗粒，较粗者其形状与成分与细墣相似。有时可大部为化学之分解质，如硅化铝，碱土，氧化铁等所构成。或则含有其他物质，如硅藻（Diatoms）、浮石（Pumice）等。泥分粗泥、中泥、细泥、微泥四种：

粗泥：$Sa_0=0.003\sim0.01$；粒径约 0.011～0.020mm；

中泥：$Sa_0=0.001\sim0.003$；粒径约 0.0064～0.011mm；

细泥：$Sa_0=0.0003\sim0.001$；粒径约 0.0035～0.0064mm；

微泥：$Sa_0=0.0001\sim0.0003$；粒径约 0.0020～0.0035mm。

（2）埴：（音直），《说文》黏土也。《书禹贡》厥土赤埴坟。埴之颗粒，已非岩石之粉屑，而为经化学分解以后，造成之次生物质；往昔以为非晶体，近则视为结晶体。形态不一，普通多鳞片状。埴在土壤中之化学作用，较上列各种粗土为强。埴分粗埴、中埴、细埴、微埴四种：

粗埴：$Sa_0=0.00003\sim0.0001$；粒径约 0.0011～0.0020mm；

中埴：$Sa_0=0.00001\sim0.00003$；粒径约 0.00064～0.0011mm；

细埴：$Sa_0=0.000003\sim0.00001$；粒径约 0.00035～0.00064mm；

微埴：$Sa_0=0.000001\sim0.000003$；粒径约 0.0002～0.00035mm。

7.4　胶质类

胶：《说文》昵也，《徐曰》昵粘也。相当德文“Kolloid”。

胶质属土壤中构微细部分之总称。颗粒在液体内发生布朗氏运动（Brownian movement），司笃克斯定律已不适用。

胶粒之标准沙氏数小于 0.000001，粒径约小于 0.0002mm。

根据标准沙氏数，拟定之泥沙分类命名标准，各名词之来源及其物理性质上之区别，概如上述。兹将其他各家，以粒径作分类命名之标准，列比较表 7，以资参证[20]。

表 7

分类命名	胶	土：胶土（埴：微、细、中、粗；泥：微、细、中、粗）；素土（墣：细、中、粗；沙：细、中、粗）	石（砾：细、粗；矸：大、小；石：蛮、顽）
运动律	布朗氏运动	滞流区（司笃克定律）；介流区	紊流区（牛顿定律）

项目	刻度值
标准沙氏数 Sa_0	0.0000001，0.000001，0.00001，0.0001，0.001，0.01，0.1，1.0，10，100，1000
粒径/mm	0.0001，0.001，0.01，0.1，1.0，10，100，1000，10000

分类命名	分级（由细到粗）
INTERNATIONAL SOCIETY OF SOIL SCIENCE	CLAY（ULTRA，F，C）；SILT（F，C）；MO（F，C）；SAND（F，M，C，VC）
	FRACTION；Ⅳ；Ⅲ；Ⅱ；Ⅰ
U. S. DEPE. OF AGRICULTURE	CLAY；SILT；SAND（VF，F，M，C）；GRAVEL（F）
	PRIO TO JAN. 1, 1938：COLLOID；CLAY；(AS ABOVE)
CHARLES TERZAGHI	SCHLAMM（F，C）；SCHLUFF（F，C）；MO（F，C）；SAND（F，M，C）
T. T. KNAPPEN & R. R. PHILIPPE (M. I. T)	CLAY（F，M，C）；SILT（F，M，C）；SAND（F，M，C）
F. B. CAMPBELL (1937)	COLLOIDS；CLAY（F，C）；SILT（F，C）；SAND（F，M，C）
UDDEN (1898, 1914)	CLAY（F，M，C）；SILT（VF，F，M，C）；SAND（VF，F，M，C）；GRAVEL（F，M，C，VC）；BOULDER（VS，S，M，L）
ATTERBERG (1905)	CLAY；SILT；POWDER'D SAND；SAND；GRAVEL；PEBBLE；BLOCK；BOULDER
WENTWORTH (1922)	CLAY；SILT；SAND（VF，F，M，C，VC）；GRANULE；PEBBLE；COBBLE；BOULDERS
	STRAUB (1934)；VF；F；M；C；(AS ABOVE)
U. S. BUREAU OF PUBLIC ROADS	COLLOIDS；CLAY；SILT；FINE SAND；C. SAND；GRAVEL
ACCORDING TO WEINIG	SUSPENDIONS；SILT
	CLAY AND KAOLIN SUSPENSIONS
	颗粒透过滤纸；颗粒不能透过滤纸
	限外显微镜区；显微镜区
	布朗氏运动
	缓；无

备注：粒径系按幺重 2.65g/cm³，水温 10℃计算

C COARSE
F FINE
M MEDIUM
L LARGE
S SMALL
V VERY

泥沙分类命名比较表

中央水利实验处
国立西北农学院
武功水工试验室

8. 沙氏数配度

8.1 粒配度

自然界之泥沙，常由各种粗细不同之颗粒组合而成，各颗粒分配之程度，曰“粒配度”。普通以累积百分率作纵轴，以粒径或粒径之对数作横轴，绘曲线以表示之，曰“粒配度曲线”。唯此种图示之曲线，今欲以一数目字代表之，俾可引入挟沙量公式之内，尚为水工学界急等解决之问题。

1893 年，Allen Hazen 首先建议[21]利用粒配度曲线，在 60%之粒径与在 10%之粒径之比值，以示粒配度，定名曰“匀度系数”(Uniformity coefficient)。

1926 年，Schoklitsch 建议[22]利用粒配度曲线上下所包括之面积，如图 6，取其比值，曰“沙性系数”K：

$$K=\frac{F}{F_1} \tag{48}$$

并以最大粒度，附注“沙性系数”K 之旁。例如某沙样粒径分析结果，最大粒径为 180mm，面积比例为 1/3，则该沙样之沙性系数$K_{180}=1/3$。

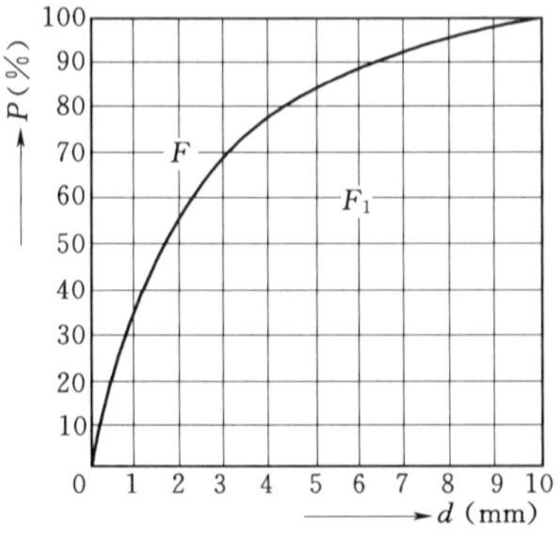

图 6

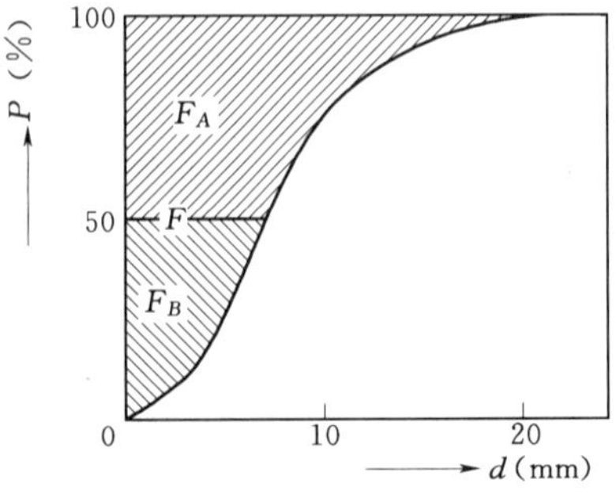

图 7

1932 年，Kramer 建议[23]利用粒配度曲线上部所括面积 F 中，$P=50\%$上、下两部分之面积F_A与F_B之比值，见图 7，以示粒配度；并定F_A/F_B比值曰“不匀度”(Ungleichkornigkeitsgrad)。

8.2 沙氏数配度

上列诸法，较往昔仅以平均粒径一项，表示某泥沙颗粒分配之性质者，已有进步，但其缺点是尚难根据已知之系数，重绘一粒配度曲线，使能与原来之曲线完全符合。

将自然界各种测定资料（如泥沙之沙氏数，河流之流量，各地之雨量，气温等），各取其量之对数，按值之大小顺序排列（$\lg X_1$，$\lg X_2$，…，$\lg X_n$），统计出现之频数f_1，f_2，…，f_n，绘成曲线，通称“几率曲线”(Probability Curve)。凡频数之分配符合理论公式者，曰“常态分配”(Normal distribution)。将此种常态分配累积所得之频率曲线(Frequency Curve)，绘于 Hazen 之几率格纸上[24]，应成一直线，见图 8 $A—A$，其几何

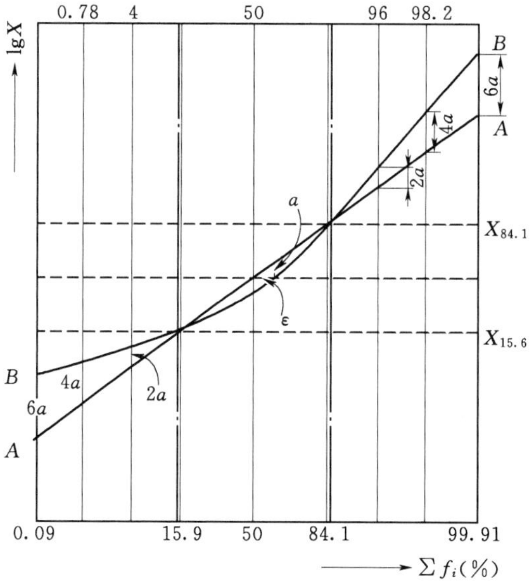

图 8

平均数X_0（Geometric mean）应与几何中位数$X_{50\%}$（Geometric median）相等，同位于频率为50%之处；且其变量之对数lgX与$\lg X_0$，相差为一几何标准差$\lg\sigma$（Geometri standard deviation），频率理论上位于15.9%及84.1%两点，概如图中之$X_{(84.1\%)}$、X_0、$X_{(15.9\%)}$，三点成一直线[25]。

设几率曲线与理论之常态分配曲线略有偏差，则累积所得之频率曲线，在几率方格纸上，中部稍呈弯曲，几何平均数与几何中位数不复重合，如图8 B—B；其间相差之频率百分数，曰"中平差数"，符号为ε（Verzerrungszahl）。

几何平均值$\lg X_0$之频率即为（50+ε）%，经此点作一纵线，量得此曲线之顶点至常态直线之纵坐标距差a；则该曲线于其他诸特殊频率之纵坐标距差，可概列如下。

频　率　Σf	0.09	0.73	4.0	50+ε	96.0	99.27	99.91
纵坐标差 $\Delta\lg X$	$6a$	$4a$	$2a$	a	$2a$	$4a$	$6a$

又，曲线B—B与常态频率直线A—A有两交点，理论上应在频率曲线$\Sigma f=17.3\%$，与$\Sigma f=82.7\%$之处。

根据上列关系，当常态分配直线之位置，以及中频差数ε决定以后，即不难将原有频率曲线之位置重新绘出。求几何平均数X_0、几何标准差σ、中平差数ε之方法有三，兹分述如次：

8.2.1　精算法

几何平均数X_0、几何标准差σ、中平差数ε之公式如下：

$$\lg X_0=\frac{\sum \lg X}{n} \tag{49}$$

$$\lg\sigma=\sqrt{\frac{\sum(\lg X-\lg X_0)^2}{n-1}} \tag{50}$$

$$\varepsilon=7.79\frac{\sum(\lg X-\lg X_0)^3}{(n-1)(\lg\sigma)^3} \tag{51}$$

式中，n为所测资料的总数。

例如：泾河张家山水文站，民国31年8月7日上午6时所采之泥样，含泥量57.10%，河水流量385 m^3/s。该泥样分级后，各级的标准沙氏数Sa、几何标准差σ、中平差数ε以及该泥样的几何平均沙氏数Sa_0之计算方法列如下，参看表8：

表 8

标准沙氏数 Sa	频数 f	$\lg Sa$	$f\cdot\lg Sa$	Δ	$f\Delta$	$f\Delta^2$	$f\Delta^3$
0.000077	4.16	−4.111	−17.10	−1.289	5.360	6.910	−8.900
0.000101	1.44	−3.997	−5.75	−1.175	1.690	1.990	−2.340
0.000155	0.92	−3.810	−3，50	−0.988	0.908	0.899	−0.888
0.000230	1.27	−3.634	−4.61	−0.812	1.030	0.837	−0.678
0.000370	7.41	−3.430	−25.40	−0.608	4.500	2.740	−1.660
0.000690	14.50	−3.159	−45.80	−0.337	4.880	1.645	−0.555
0.000800	11.30	−3.098	−35.00	−0.276	3.120	0.861	−0.238
0.001030	7.70	−2.989	−23.00	−0.167	1.285	0.215	−0.036
0.001450	11.10	−2.837	−31.50	−0.015	0.167	0.003	−0.000
0.002710	11.20	−2.567	−28.70	+0.255	2.860	0.730	+0.186
0.004750	12.20	−2.323	−28.40	+0.499	6.090	3.040	+1.520
0.008500	12.10	−2.072	−25.00	+0.750	9.070	6.800	+5.100
0.016200	4.70	−1.790	−8.43	+1.032	4.850	5.000	+5.160
	$n=100$		−282.19			31.670	+11.970
							−15.290
							−3.330

$$\lg Sa_0=\frac{-282.19}{100}=-2.8219,\quad Sa_0=0.001505$$

$$\lg\sigma=\sqrt{\frac{31.670}{99}}=0.565,\quad \sigma=3.67$$

$$\varepsilon=7.79\,\frac{-3.330}{99\times(0.565)^3}=-1.45$$

泥沙沙氏数分配之程度，曰“沙氏数配度”，沙氏数配度表示之方法，须包括沙氏数之几何平均数Sa_0，标准差σ，中平差数ε三项，即

$$Sa=Sa_{0\,(50+\varepsilon\%)}※\sigma \tag{52}$$

式中，※为乘或除之符号，例如$Sa_{(15.9\%)}=Sa_0\div\sigma$；$Sa_{(84.1\%)}=Sa_0\times\sigma$。

上述泾河泥样沙氏数配度，如下式：

$$Sa=0.001505_{(48.55\%)}※3.67$$

8.2.2　图解法

上法所求Sa_0、σ、ε各值，最为精密，但计算较为复杂；实际应用时，可由图解法决定之。图解法首将实测记录，绘于 Hazen 几率格纸上，审慎连一光滑之曲线，冀通过大部点据，称“沙氏数配度曲线”，见图 9。检读与频率为 84.1%及 15.9%相应之纵坐标，得$Sa_{(84.1\%)}$及$Sa_{(15.9\%)}$两值。

因

$$Sa_0\times\sigma=Sa_{(84.1\%)} \tag{53}$$

$$Sa_0\div\sigma=Sa_{(15.9\%)} \tag{54}$$

故

$$Sa_0=\sqrt{Sa_{(84.1\%)}\times Sa_{(15.9\%)}} \tag{55}$$

$$\sigma=\sqrt{Sa_{(84.1\%)}\div Sa_{(15.9\%)}} \tag{56}$$

Sa_0求出后，在图上读出其频率$f_{Sa_0}\%$，故

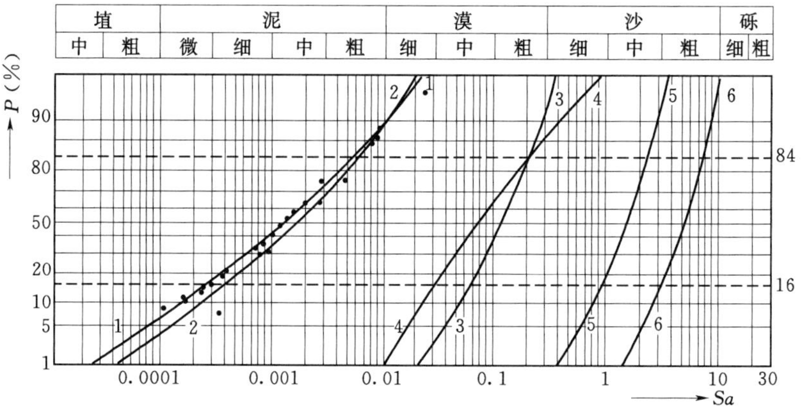

曲线：1—1 泾惠渠（含沙量 2.58%） 3—3 永定河双营河底 5—5 渭惠渠 32km 处渠底
2—2 泾惠渠（含沙量 57.1%） 4—4 永定河三家店水中 6—6 渭惠渠 0km 之渠底

图 9

$$\varepsilon=f_{Sa_0}\%-50\% \tag{57}$$

8.2.3 简略法

按上列二法，以第一法最精，第二法次之，除做精密研究工作外，普通应用尚可简化。由于中平差数 ε 值常极微小，可略去不计；假定所求之曲线为常态分配直线，故以在频率曲线图上直接读出之中位数 $Sa_{(50\%)}$ 替代几何平均数 Sa_0；并用之 84% 及 16% 相应之 $Sa_{(84\%)}$ 及 $Sa_{(16\%)}$，求标准差 σ：

$$\sigma=\sqrt{\frac{Sa_{(84\%)}}{Sa_{(16\%)}}} \tag{58}$$

按简略法之假定，“沙氏数配度”可简略如下式：

$$Sa=Sa_{0(50\%)}※\sigma \tag{59}$$

表 9 为应用上列三法，对图 9 所示西北各渠泥沙之沙氏数配度曲线，求得之平均数 Sa_0、标准差 σ、中平差数 ε。

表 9

地 点		泾 惠 渠		永 定 河		渭惠渠渠底	
		含泥量 2.58%	含泥量 57.1%	双营河底	三家店水注中	32km 处	渠首 0km
日 期			31—8—7				
Sa_0	(1)	0.00118	0.00151	0.11900	0.08300	1.50000	4.75000
	(2)	0.00118	0.00169	0.11400	0.08570	1.45000	4.74000
	(3)	0.00130	0.00170	0.13000	0.07500	1.60000	5.00000
σ	(1)	4.28	3.67	1.68	2.11	1.58	1.52
	(2)	4.39	3.44	1.84	2.68	1.62	1.53
	(3)	4，50	3.54	1.87	2.73	1.63	1.53
ε	(1)	2.042	1.450	1.600	5.730	6.510	4.970
	(2)	2	3	3	5	7	5

注 (1) 精算法，(2) 图解法，(3) 简略法。

9. 复式命名

9.1 舛度系数

按式（56），标准差 $\sigma=\sqrt{Sa_{(84.1\%)}\div Sa_{(15.9\%)}}$，即

$$\sigma^2=\frac{Sa_{(84\%)}}{Sa_{(16\%)}} \tag{60}$$

故标准差之平方，即为与 84.1%相应之沙氏数与 15.9%处沙氏数相比之倍数。设某种泥沙，其中最粗颗粒与最细者相差愈巨，则其舛杂之程度愈大，故可径以σ^2值作为舛度之系数，设"舛度系数"为 M，则

$$M=\sigma^2 \tag{61}$$

按泥沙之最大标准沙氏数为 100（大矸），最细者为 0.000001（微埴—粗胶粒），二者之倍数 $M=100,000,000=10^8$。今设以舛度系数，每大 10 倍为一级，约可分为 8 级，如表 10：

表 10

等　级	1	2	3	4	5	6	7	8
舛度系数 M	0～10	10～10^2	10^2～10^3	10^3～10^4	10^4～10^5	10^5～10^6	10^6～10^7	10^7～10^8

9.2 复式命名

本文 7. 所列泥沙分类命名之标准，系指某一种颗粒而言，而下述对含有各种不同颗粒组成之泥沙命名法，曰"复式命名法"。按照我国文字习惯，对于复式名称，常以第一个字母为主要部分，第二字示次要部分。譬如，我国河工对于沙之含有土性或胶质者，有"沙土"、"沙胶"之称。

沙土：《河工要义》沙土者，沙之犹含土性者也。

沙胶：《河工要义》沙胶者，素土之含有胶质者也，无论含胶多寡，皆曰"沙胶"。

美国公路局（U. S. Bureau of Public Roads）采用 A. C. Rose 之建议，对于土壤复式命名标准，以土壤内所含沙（Sand）（$d=0.5\sim0.05$mm，$Sa_0\approx2.5\sim0.06$），泥（Silt）（$d=0.05\sim0.005$mm，$Sa_0\approx0.06\sim0.0006$），埴（Clay）（$d<0.005$mm，$Sa_0<0.0006$）三者百分率而定，如表 11[26]。

表 11

类　　名	沙（%）	泥（%）	埴（%）
Sand（沙）	80～100	0～20	0～20
Sand loam（沙垆）	50～80	0～50	0～20
Loam（垆）	30～50	30～50	0～20
Silty loam（泥垆）	0～50	50～100	0～20
Silty clay loam（沙质垆）	50～80	0～30	20～30
Clay loam（埴垆）	20～50	20～50	20～30
Silty clay loam（泥埴垆）	0～30	50～80	20～30
Sandy clay（沙埴）	55～70	0～15	30～45
Clay（埴）	0～55	0～55	30～100
Silty clay（泥埴）	0～15	55～70	30～45

此种方法，对于农业土木殊为适用，便于农工人员习惯上之了解，惟于水利工作者，尚感繁杂，难于辨别，且不能根据名称，推想颗粒分配之情形。兹拟定一简捷方法如次：

$$\text{复式名称} = Sa_{(84\%)}\text{名称} + Sa_{(16\%)}\text{名称}$$

例如某泥沙之$Sa_{(84\%)}=0.0150$（细墣），$Sa_{(16\%)}=0.002$（中泥），则复式名称为“细墣中泥”。

倘复式名称中，两名词属同一类者，如（粗墣、细墣），则可简称为“粗细墣”；如（粗墣、粗墣）简称为“粗墣”。

根据复式名称，即可决定沙氏数配度曲线之大概位置。如上项泥沙之标准 $\sigma=\frac{0.015}{0.002}=7.5$，故其舛度系数 $M=\sigma^2=56$。

表 12 为我国西北一些河渠泥沙之完全命名之举例：

表 12

地　　点	$Sa_{(84\%)}$	$Sa_{(16\%)}$	σ	名　　称	M
泾惠渠（$C=2.58\%$）	0.0052	0.00026	4.5	粗微泥	20.2
泾惠渠（$C=57.1\%$）	0.0058	0.00048	3.54	粗细泥	12.5
永定河双营河底	0.210	0.060	1.87	粗中墣	3.5
永定河三家店水流中	0.238	0.032	2.73	粗中墣	7.4
渭惠渠 32km 渠底	2.35	0.88	1.63	中细沙	2.7
渭惠渠 0km 渠底	7.25	3.10	1.53	粗　沙	2.3

结　　论

兹将本文要点，概述如下：

（1）泥沙之分类命名，以粒径为准者，最为普遍，以其观念明了，易于推行。晚近水工学术进步，无论定性定量，均力求精确完备，此种命名方法，渐感不适，其主要原因有三：

① 由显微镜观察，或用筛析法所测之粒径，仅能表示颗粒大小，对于沙粒之幺重、形状、表面性质等要素，未能包括在内。

② 根据泥沙颗粒在清水中之沉速，间接求得之“相当粒径”或称“沉淀粒径”（Sedimentation diameter），对于泥沙颗粒之性质，确能包括较广泛之意义。唯此种相当粒径小于 0.625mm 者，可用司笃克斯定律换算而得，大于此值者，尚乏准确公式可资应用。

③ 流水挟运泥沙，由于前进时之向上分速，适能与泥沙向下之沉速互呈平衡。故挟运沙量之多寡，对于泥沙之沉速有直接关系，而与粒径仅属间接关系。吾人研究冲淤问题，虽已知泥沙之“相当粒径”，仍须倒算其沉速，才能引入公式之内，故“相当粒径”在实用上之价值，殊不显著。

（2）根据泥沙在规定温度清水内之沉速，作分类命名之标准，较用“相当粒径”，具有更直接明了之意义，且可径行引入冲淤公式之内，是其利点；惟按雷诺相似定律，仅沉速相等，尚不能满足相似之条件。易言之，具有同一沉速之泥沙颗粒，其在水中运动之性质未必能完全相似。

（3）本文根据物体在静止液体中运动原理，发见阻力系数 ψ 为沙氏数 Sa 之函数。沙氏数系一无因次之纯数，如下式：

$$Sa=\frac{\omega}{\nu^{1/3}g^{1/3}\left(\frac{\gamma_s}{\gamma}-1\right)^{1/3}}$$

式中，ω——物体之速率（cm/s）；

ν——液体之动滞性率（cm^2/s）；

g——重力加速率（cm/s^2）；

γ_s——物体之幺重（g/cm^3）；

γ——液体之幺重（g/cm^3）。

（4）沙粒在温度10℃的静止清水中，下沉运动之沙氏数，曰“标准沙氏数”Sa_0；本文建议以标准沙氏数Sa_0为分类命名之标准。

（5）沙氏数为雷诺数 Re 之函数，以之作泥沙分类命名之标准，可符合雷诺相似定律。

（6）沙氏数 $Sa<0.1$，物体在液体中运动，属滞流区，适用司笃克斯定律。沙氏数 $Sa=0.1\sim10$，属介流区；沙氏数 $Sa>10$，属紊流区，适用牛顿定律。

（7）物体在液体中作沉浮运动之模型试验，应按照沙氏数相似定律设计之，即

$$Sa_1=Sa_2$$

或

$$\frac{\omega_1}{\nu_1{}^{1/3}g_1{}^{1/3}\left(\frac{\gamma_{s_1}}{\gamma_1}-1\right)^{1/3}}=\frac{\omega_2}{\nu_2{}^{1/3}g_2{}^{1/3}\left(\frac{\gamma_{s_2}}{\gamma_2}-1\right)^{1/3}}$$

其他各项要素之比率，均可藉以推求得之。

（8）根据标准沙氏数Sa_0作泥沙分类命名之标准，建议如表13；并将对应的英译名词附入括号内。

表13

类别	名　称	标准沙氏数Sa_0	类别	名　称	标准沙氏数Sa_0
Ⅰ石砾类	顽石（Boulders）	<300	Ⅲ胶土类	粗泥（Coarse Silt）	0.003～0.01
	蛮石（Blocks）	100～300		中泥（Medium Silt）	0.001～0.003
	大矸（Large Pebble）	60～100		细泥（Fine Silt）	0.0003～0.001
	小矸（Small Pebble）	30～60		微泥（Very Fine Silt）	0.0001～0.0003
	粗砾（Coarse Gravel）	20～30		粗埴（Coarse Clay）	0.00003～0.0001
	细砾（Fine Gravel）	10～20		中埴（Medium Clay）	0.00001～0.00003
Ⅱ素土类	粗沙（Coarse Sand）	3～10		细埴（Fine Clay）	0.000003～0.00001
	中沙（Medium Sand）	1～3		微埴（Very Fine Clay）	0.000001～0.000003
	细沙（Fine Sand）	0.3～1.0	Ⅳ胶质类	胶质（Colloid）	<0.000001
	粗墁（Coarse Mo）	0.1～0.3			
	中墁（Medium Mo）	0.03～0.1			
	细墁（Fine Mo）	0.01～0.03			

（9）泥沙颗粒分配之程度，可按照频数分配原理，以沙氏数之几何平均数Sa_0、标准差σ、中平差数ε三值表示之。沙氏数配度曲线之表示法为

$$Sa = Sa_{0(50+\varepsilon\%)} ※ \sigma$$

（10）按沙氏数配度曲线之表示法，并可作为泥沙分类之复式命名之标准，如下式：

$$名称 = Sa_{(84\%)}名称 + Sa_{(16\%)}名称$$

（11）合理之挟沙量公式，应包含上述沙氏数配度曲线之变量（Sa_0、σ、ε），即为沙氏数之几何平均数Sa_0、几何标准差σ、中平差数ε三者之函数。

参 考 文 献

[1] Redlich - Terzaghi - Kampe：Ingenieurgeologie. S. 348. 1929.

[2] 王乔年著：《河工要义》.

[3] Schucht. F，：Bericht uber die Sitzung der Internationalen Kommission fur mechanische und Physikalische Bodenanalyse. International Mitt. Bodenkde. 4，30（1914）；Vglferner A. Atterbgerg，Uber die Klassifikation der Bodenkorner. Kalmar 1910；J Kopecky：Ein Beitrag zur Frage der neueren Einteilung der Kornungsprodukte bei der mechanischen Analyse. Internat. Mitt. Bodenkde. 4，199（1914）；G. Colley：A study of the soils of the United states. U. S. Dept. of Agr. Bur. of Soils，Bull. 85（1913）.

[4] Gilbert G. K，：The transportation of debris by running water. Professional paper 86，U. S. Geological Survey，1914.

[5] A. Schoklitsch：Der Geschiebetrieb und die Geschiebefracht. Wasserkraft und wasserwirtschaft 16，Frbruar 1934.

[6] E. Meyer - Peter，H. Favre，und A. Einstein："Neure Versuchsresultate undr den Geschiebetrieb"，Schweizeritche Bauzeitung，Nr. 103，1934，Professional Paper 86.

[7] A. Casagrande：Die Araometermethode zur Bestimmung der Kornverteilung von Boden und anderen Materialen. s. 10u. 40，Julius Springer，Berlin 1934.

[8] E. Blanck，Handbuch der Bodenlehre. Band V. s. 43.

[9] 华北水利委员会：永定河治本计划（民国 32 年）.

[10] 国立西北农业学院水利系实测.

[11] Scheidig：Der Loss und seine geotechnischen Eigenschaften. Dresden Steinkopff 1934.

[12] Krumbien W. C.，"Preferred orientation of pebbles in sedimentary doposits"，Journal Geol. vol. 47，1939. P. 673 - 706.

[13] Mem. Presentes par divers savants. S. 532，Paris 1846.

[14] 李翰如著：黄水滞率之初步测定。《西北水声》第六卷第 4 期.

[15] Philosophiae naturalis principia，London 1687，lib. 2，sectio 7，prop. 32，theor. 26.

[16] Stokes，G.：Trans. Cambridge Phil. Soc.，Vol. 8，1845 and Vol. 9，1851；or Collected Papers，Vol. 1，P. 75.

[17] Bellasis，E，S.，River and canal engineering. p42 3rd ed. 1930.

[18] Rubery，W. W.："Mechanical analysis in connection with lithologic studies of sedimentary rocks of the Black Hills region"，U. S. Geological Survey Professional Paper 165，1930.

[19] Gibson. A. H.：Hydraulics and its Applications. 3rd. Edition，P. 341.

[20] Lane, E. W. Engineering Aspects of Sediment Transportation and Deposition. State University of Iowa. Oct. 1939.

[21] Allen Hazen: Some physical yroperties of sands and gravels 24th Ann. Report Mass. State Board of Health, 1893.

[22] Schoklitsch: Geschiebebewegung in Flussen und in Stauwerke, s. 3 wien 1926.

[23] Kramer: Modellgeschiebe und Schleppkraft. Der schsischen Technischen Hochschule zu Dresden eingereichte Dissertation. Berlin 1932.

[24] Allen Hazen: Flood flows. New York 1930.

[25] Hans Grassberger: Die Anwendung der Wahrscheinlichkeitsrechnung auf Hochwasser fragen. Deutsche Wasserwirtschaft 1936. s. 200.

[26] Hogentogler: Engineering properties of soils.

摘自《水利月刊》第 15 卷，第 1 期，1947 年 10 月

泥沙运动的若干基本规律

摘要 本文依据泥沙运动的形式，概括出三个基本规律：

1. 沉速规律：已往对于球体沉速的规律，在滞流区是司笃克斯公式，紊流区为牛顿公式；但在介流区，由于因素复杂，没有得到解决。本文提出了两个新的判数，即粒径判数和沉速判数，结合实际资料，得出了介流区的球体沉速公式，并以此为基础，分析了非球体的沉速规律。

2. 开动流速规律：泥沙开动流速公式，过去常人为地分割为黏性和非黏性两类，这是不符合实际的。本文依据床面沙粒同时具有分子阻力和机械阻力的概念，结合实际资料进行分析，提出了开动流速的统一公式，以及止动流速和扬动流速相应的基本公式。

3. 挟沙能力规律：水流的挟沙能力，向为极端复杂的问题。本文利用了大量实际资料，通过全面相关分析和个别特征分析相结合的办法，得到了挟沙能力的基本规律，并提出了不淤保证率概念及其具体运算方法。

I 物体的沉速

1. 引言

物体在静止的流体中沉降速度的规律性，为近代流体力学基本问题之一。本规律应用的范围，极为广泛；例如化学工业、航空、地质、气象等技术中，常须用这一规律进行计算；对于解决水工技术中泥沙问题，关系更为密切。

目前技术上对于物体的沉速问题，在颗粒极微细部分，常用司笃克斯公式[1]计算；颗粒较大部分，则用牛顿定律[2]计算，并无困难。惟对于中等颗粒，因介于两种定律之间，属转变阶段，因素复杂，分析不易；计算时仅能检查原始的实验曲线，试探验算，手续繁复；必须有正确简便的公式供生产直接应用。

本文先叙述沉速的基本概念和运动规律，继在一般变数之外，引入两个无因次的判数（沉速判数与粒径判数），定出介流区球体沉速的经验公式；然后据此导出非球体沉速规律的一般公式；最后，提出有关泥沙沉速的计算方法。

2. 球体的沉速

球体在静止的流体中，由于它本身的重量而下沉或上浮，达到等速运动的时候，它的速度叫做“沉速”。在等速运动时，作用力与阻力相等，依据牛顿定律，阻力系数 C_ω 可用下式表示：

$$C_\omega=\frac{4}{3}\left(\frac{\gamma_s}{\gamma}-1\right)g\frac{d}{\omega^2} \tag{1}$$

式中：d——球体直径；

γ_s——物体的幺重；

γ——流体的幺重；

g——重力加速度。

球体沉速的阻力系数 C_ω 经 Allen、Liebster、Wieselsberger 等[3]所作的详细试验，发现为雷诺判数 Re 的函数，即$C_\omega=f(Re)$，见图 1。雷诺判数 $Re=\frac{\omega d}{\nu}$，ν 为流体的动滞性率。

根据阻力系数C_ω的变化情况，对于球体运动的基本性质，可以分作三个区域：

(1) 滞流区（图 1 中的Ⅰ）：雷诺判数 Re 的范围，应小于 2×10^{-1}（$Re<0.2$）；阻力主要由于液体对物体表面的滞性力所产生。经实验证明，司笃克斯定律可以完全适用，即：

$$\omega=\frac{g}{18}\frac{1}{\nu}\left(\frac{\gamma_s}{\gamma}-1\right)d^2 \tag{2}$$

$$C_\omega=\frac{24}{Re} \tag{3}$$

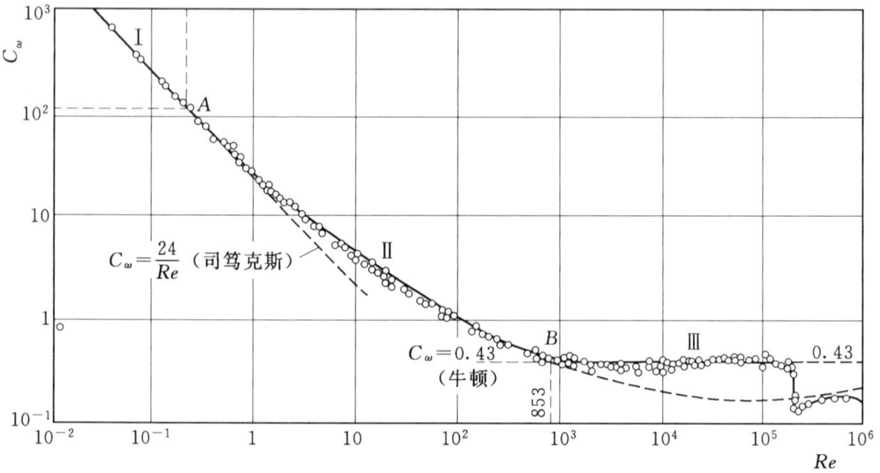

图 1

(2) 紊流区（图 1 中的Ⅲ）：雷诺判数 Re 约在10^3至 2.5×10^5之间；阻力主要由于流体对物体的压力所产生。阻力系数C_ω约为一常数$C_\omega\approx0.43$，牛顿定律可以适用。

即
$$\omega=\sqrt{\frac{4}{3}\frac{g}{C_\omega}\left(\frac{\gamma_s}{\gamma}-1\right)d} \tag{4}$$

(3) 介流区（图 1 中的Ⅱ，即 AB 段）：雷诺判数 Re 约在 0.2 至10^3之间；阻力的一部分由于滞性力产生，另一部分由于压力产生。这是介于两种规律的过渡阶段，也就是从司笃克斯定律转变到牛顿定律的过渡阶段。若要用力学的解析法得出理论方程是很困难的，一般只能根据实验资料，定出适当的经验公式。

3. 介流区球体沉速的公式

根据各家实验资料（图 1），我们可以看出，介流区球体的阻力系数C_ω为雷诺判数 Re 的函数，即$C_\omega = f\,(Re)$。并可用指数式表示：

$$C_\omega = \frac{A}{Re^m} \tag{5}$$

式中，$A = 24 \to 0.43 = f_1\,(Re)$；$m = 1 \to 0 = f_2\,(Re)$。

实际生产中，沉速规律的运用，常须由已知物体的粒径 d 求出沉速 ω，或由已知的沉速 ω 求出粒径 d。而雷诺判数 $Re = f\,(\omega, d)$ 是一变量；今 A、m 又都是 Re 的函数，故 A 同 m 都是不定解。因此，我们无法确定 A 与 m 的数值，就是说，不能直接用式（5）求出 ω 或 d 来。

要克服这个困难，就必须改变以往C_ω与 Re 间函数表示的方法，另行引入两个新的参变判数。这两个新的判数，一个只单独含有未知数粒径 d，另一个只单独含有未知数沉速 ω；同时，为了要符合水力相似性的要求，这两个新的判数，又必须都是雷诺判数 Re 的函数。这样，只要再找出这两个新判数间的函数关系，运算上的困难就能基本上获得合理解决。

按阻力系数$C_\omega = \frac{4}{3}\left(\frac{\gamma_s}{\gamma} - 1\right) g\,\frac{d}{\omega^2}$，设以 $\omega\nu$ 乘分子和分母，则

$$C_\omega = \frac{4}{3}\left(\frac{\gamma_s}{\gamma} - 1\right) g\,\frac{d}{\omega^2} \times \frac{\omega\nu}{\omega\nu} = \frac{4}{3}\frac{\dfrac{\omega d}{\nu}}{\left[\dfrac{\omega}{g^{1/3}\nu^{1/3}\left(\dfrac{\gamma_s}{\gamma} - 1\right)^{1/3}}\right]^3} \tag{6}$$

令

$$Sa = \frac{\omega}{g^{1/3}\nu^{1/3}\left(\dfrac{\gamma_s}{\gamma} - 1\right)^{1/3}} \tag{7}$$

代入式（5），则得阻力系数C_ω，

$$C_\omega = \frac{4}{3}\frac{Re}{Sa^3} \tag{8}$$

Sa 为一无因次的纯数，是一个新的判数，其中只包含沉速 ω，可以叫作“沉速判数”，或写作：

$$Sa = \left(\frac{4}{3}\right)^{1/3}\left(\frac{Re}{C_\omega}\right)^{1/3} \tag{9}$$

其次，我们把雷诺判数 Re，除以沉速判数 Sa，使 ω 消去，即

$$\frac{Re}{Sa} = \frac{\dfrac{\omega d}{\nu}}{\dfrac{\omega}{g^{1/3}\nu^{1/3}\left(\dfrac{\gamma_s}{\gamma} - 1\right)^{1/3}}} = \frac{g^{1/3}\left(\dfrac{\gamma_s}{\gamma} - 1\right)^{1/3} d}{\nu^{2/3}} \tag{10}$$

令
$$\Phi=\frac{g^{1/3}\left(\frac{\gamma_s}{\gamma}-1\right)^{1/3}d}{\nu^{2/3}} \tag{11}$$

则
$$\Phi=\frac{Re}{Sa} \tag{12}$$

Φ 就是另一个无因次的新判数，其中包含粒径 d，可称为“粒径判数”。

比较各家有关球体沉速的实验资料，其中以文献［4］的实验方法和精确的程度最高。因此，我们就选用文献[4]的实验资料，把球体介流区的粒径判数 Φ 与沉速判数 Sa 的关系，绘于对数坐标纸上，得图 2。

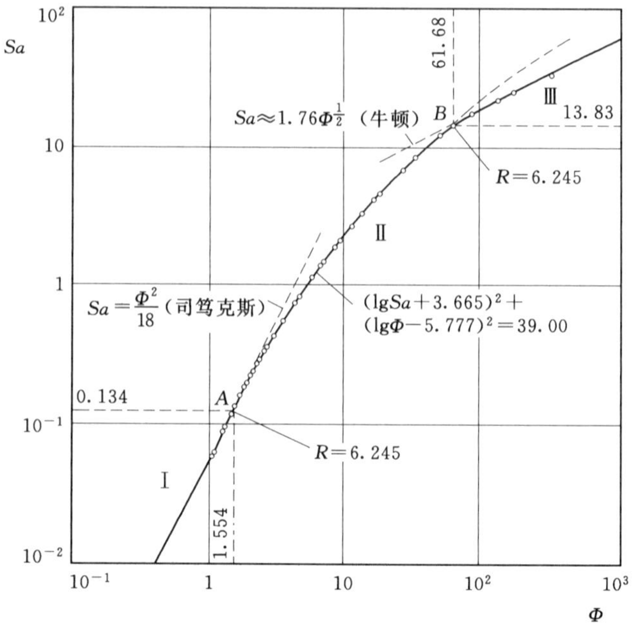

图 2

（1）图 2 中Ⅰ段，属滞流区，适用于司笃克斯定律，即

$$Sa=\frac{\Phi^2}{18} \tag{13}$$

（2）图 2 中Ⅱ段，属紊流区，适用于牛顿定律，即

$$Sa=\sqrt{\frac{4}{3C_\omega}\Phi} \tag{14}$$

球体的$C_\omega\approx0.43$，则

$$Sa\approx1.76\sqrt{\Phi} \tag{15}$$

（3）图 2 中Ⅲ，即 AB 段，属介流区。我们发现这段曲线适成一圆弧，一端与司笃克斯定律相切于 B 点，另一端与牛顿定律相交于 C 点。对数坐标纸上的圆方程，一般为

$$(\lg Sa-a)^2+(\lg\Phi-b)^2=R^2$$

式中：a、b 为常数；R 为半径。

可用最小二乘法决定 a、b、R 值：

$$a=-3.66513;\quad b=5.77728;\quad R=6.24510$$

故得出介流区球体沉速公式如下：

$$(\lg Sa+3.66513)^2+(\lg \Phi-5.77728)^2=39.00127 \tag{16}$$

圆弧形经验公式的优点，可由已知的 Φ 求出 Sa；或倒过来由已知的 Sa 求出 Φ，运算上完全相同，即

$$Sa=\text{antilg}\left[\sqrt{39.00-(\lg\Phi-5.777)^2}-3.665\right] \tag{17}$$

$$\Phi=\text{antilg}\left[\sqrt{39.00-(\lg Sa+3.665)^2}+5.777\right] \tag{18}$$

从式（13）和式（16），解得相切点 B；从式（14）和式（16），解得相交点 C；因此，就可以正确地决定各区规律适用的范围，见表 1。

表 1

	滞 流 区	介 流 区	紊 流 区
Sa	<0.1342	0.1342～13.83	>13.83
Φ	<1.554	1.554～61.68	>61.68
Re	<0.2085	0.2085～853.0	>853.0
C_ω	>115.0	115.0～0.43	0.43

4. 非球体沉速公式

自然界物质的结晶和人造的各种制成品，有的呈一定的规则形态，有的则是没有规则的，都可以叫作“非球体”。非球体没有一定的直径，通常可用与该物体同体积 V 球体的直径表示之，叫作“等容粒径”或“平均直径”，即 $d=\left(\frac{6V}{\pi}\right)^{1/3}$。非球体颗粒的形态变化复杂，我们可以用“球度系数”ψ 来表示它接近球形的程度。

$$\psi=\frac{F_0}{F} \tag{19}$$

式中：F_0——与物体同体积球体的表面积；

F——物体的表面积。

设某非球体的粒径判数 Φ 与球体的粒径判数Φ_0相等，则该非球体的沉速判数 Sa，与该球体的沉速判数Sa_0的比率，可以叫作“沉速比率”K，

$$K=\frac{Sa}{Sa_0} \tag{20}$$

对于各种不同形态物体的沉速比率 K，可经系统的实验测定之。

现在我们再利用文献［4］对于等轴对称体的实验资料，求出沉速比率 K 与粒径判数 Φ 的关系，见图 3。就可以看出各类型物体在各流区内沉速比率 K 的变化特点。

（1）滞流区的沉速比率K_1，对于某一定型物体为一常数，与球度系数 ψ 有一定的关系，见图 4（a）。司笃克斯定律可以修正为

$$Sa=\frac{K_1}{18}\Phi^2 \tag{21}$$

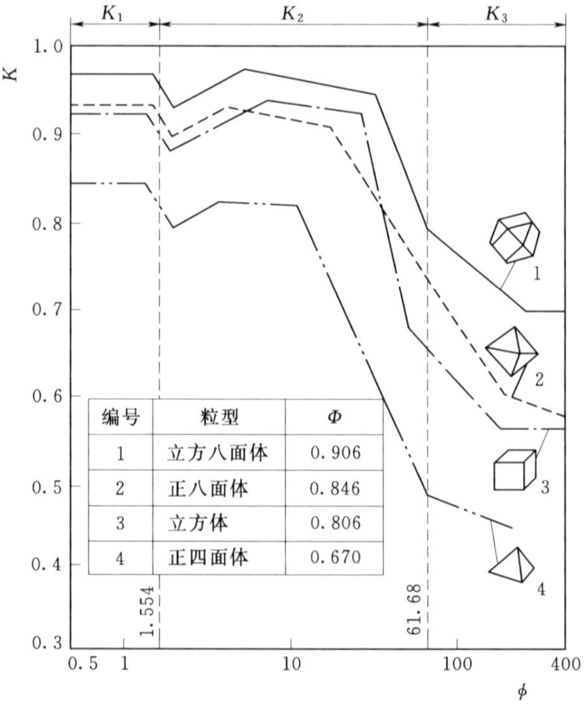

编号	粒型	Φ
1	立方八面体	0.906
2	正八面体	0.846
3	立方体	0.806
4	正四面体	0.670

图 3

图 4（a）中不等轴对称体是利用文献［5］的实验资料得出的；可见，球度系数相同时，不等轴对称体的沉速比率K_1，较对称者略小。沉速比率K_1与球度系数 ψ 的关系，可近似地写为下式：

$$K_1 \approx \psi^{0.6} \tag{22}$$

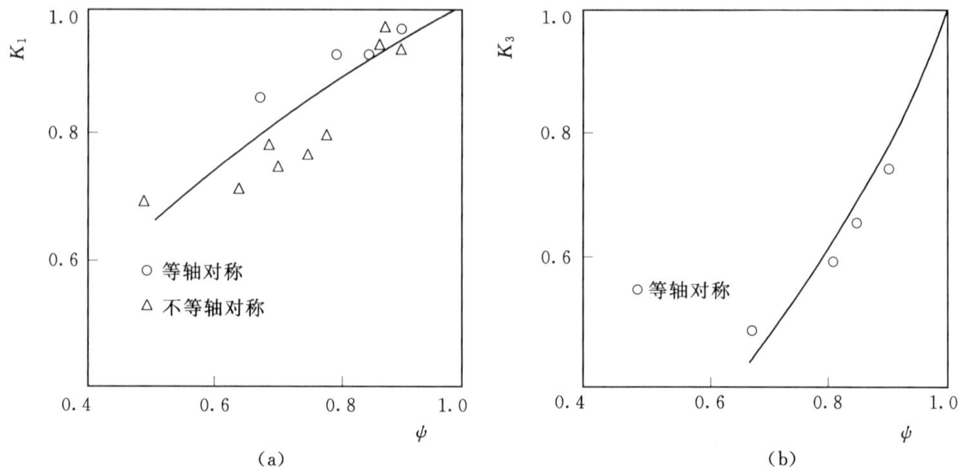

图 4

（2）紊流区的沉速比率K_3，对于某一定型物体约为一常数，牛顿定律可以修正为

$$Sa \approx 1.76\, K_3 \sqrt{\Phi} \tag{23}$$

沉数比率K_3与球度系数ψ的关系见图4（b），可近似写为：

$$K_3 \approx \psi^{2.2} \tag{24}$$

（3）介流区的沉速比率K_2，对于某一定型物体非一常数，随着粒径判数Φ的增加而减小。计算时，可根据粒径判数Φ，在图3实验曲线上的位置，选定相应的沉速比率K_2。

介流区的经验公式，可修正为

$$\left(\lg \frac{Sa}{K_2}+3.665\right)^2+(\lg\Phi-5.777)^2=39.0 \tag{25}$$

从图3所示实验曲线还可以看出，介流区的沉速比率K_2，从滞流区的K_1变到紊流区K_3，大约是随粒径判数Φ的增加而成比例地减小的。因此，也可得近似式如下：

$$\frac{K_1-K_2}{\Phi-1.55}=\frac{K_1-K_3}{61.68-1.55} \tag{26}$$

或

$$K_2=K_1-\frac{K_1-K_3}{60}(\Phi-1.55) \tag{27}$$

又因$K_1 \approx \psi^{0.6}$，$K_3 \approx \psi^{2.2}$，所以

$$K_2 \approx \psi^{0.6}-\frac{\psi^{0.6}-\psi^{2.2}}{60}(\Phi-1.55) \tag{28}$$

5. 泥沙沉速公式

泥沙颗粒的形状极不规则，且非对称体。总的来说，颗粒大的比较接近球形，小的多角，愈细愈不规则，一般可以分作三个类型，见图5。

图5

（1）圆角形：主要是砾类，粒径大于2.0毫米，沉速规律属紊流区。

（2）尖角形：主要是沙类，粒径在0.1～2.0毫米之间，沉速规律属介流区。

（3）杂角形：主要是泥类，粒径小于0.1毫米，沉速规律属滞流区。

可见自然界泥沙的球度系数ψ，有随着粒径d的增大，而逐渐增加的趋势。因此，各流区的沉速比率K，相差不大。我们利用渭惠渠、永定河的实测资料，Архангалвский[6]和列宁格勒全苏水工技术研究院技术规范[7]、Гончаров[8]等文献［6～8］的统计资料，以及文献［9］所收集的各家资料，分别求出它们的沉速比率K与粒径判数Φ，综合求得各流区沉速比率的平均值，$K_1 \approx K_2 \approx 0.75$，但处于紊流区的颗粒，其沉速比率$K_3$则与球度系数或沙粒形状，有极显著的关系：$K_3 \approx 0.75$（浑圆）、0.65（圆角）、0.60（尖角）、0.55（细长）、0.45（扁平）。这样，在缺乏实测资料时，我们利用以上数值，来估计自然泥沙粒径与沉速的关系应是比较能符合实际的。

一般自然泥沙的幺重$\gamma_s=2.65$克/厘米^3，水的幺重$\gamma=1.0$克/厘米^3，重力加速度$g=980$厘米/秒^2。我们选定沉速比率$K_1=K_2=0.75$，代入式（21）、式（25），K_3代入式（23），就可以导出三个实用公式如下：

（1）滞流区（$\Phi<1.55$）　$d=0.0001\sim0.01$厘米

$$\omega=67.4\frac{d^2}{\nu} \tag{29}$$

式中：ω——沉速（厘米/秒）；

d——粒径（厘米）；

ν——水的动滞性率（厘米^2/秒）。

（2）介流区（$\Phi<1.55\sim61.7$）　$d=0.01\sim0.2$厘米

$$\left(\lg\frac{\omega}{\nu^{1/3}}+2.720\right)^2+\left(\lg\frac{d}{\nu^{2/3}}-4.705\right)^2=39 \tag{30}$$

（3）紊流区（$\Phi>61.7$）　$d>0.2$厘米

$$\omega=70.5K_3\sqrt{d} \tag{31}$$

6. 结语

球体在静止的流体中运动的规律，由于物体所受阻力性质的不同，可以分为三个区域：

（1）滞流区：属于司笃克斯定律。

（2）介流区：属于介流区公式：

$$(\lg Sa+3.665)^2+(\lg\Phi-5.777)^2=39.00$$

（3）紊流区：属于牛顿定律。

各区规律适用之范围见表1。

非球体的沉速规律可以把球体的沉速规律作为基础，用沉速比率K加以修正。各种类型物体的沉速比率K可以由实验方法测定，或依据物体的球度系数，用近似式（22）、式（24）、式（28）等进行估计。

各规律区域的界限，对于某一定型的物体，可根据该物体粒径判数Φ（或沉速判数Sa）的数值判别之。

对于中等颗粒，实测其粒径d与沉速ω，技术上是没有困难的；但是，对于极微细的颗粒，测定粒径（如用显微镜观察）手续繁杂费时，一般可改测其沉速ω，根据颗粒之形状，定出颗粒的球度系数ψ，并估计适当的沉速比率K_1，用修正的司笃克斯公式，间接推算粒径d。反之，对于较大的粒径d，实测沉速困难，则必须视其粒径d，定出粒径判数Φ，判别其所属流区后，再由球度系数ψ，估计沉速比率K_2或K_3，用式（25）或式（23），计算沉速ω。

我国现行土壤颗粒粒径分析方法，常用比重计沉降法测定沉速ω，即直接代入司笃克斯公式推算粒径d。这种方法，是极不合理的；因为它所定出的粒径，不过只是与该物体颗粒产生同等沉速的球体的粒径（又称相当直径），是一种虚拟的直径，并没有几何量的实际意义。这种粒径一般比实际平均直径偏小，造成了沉降法分析的结果不能与筛析法分析结果（平均直径）互相衔接的困难。作者建议：今后用沉降法分析土壤的颗粒，对于司笃克斯公式的应用，必须根据土壤的形态，选择适当的沉速比率K_1，改用滞流区修正公式 $Sa=\frac{K_1}{18}\Phi^2$进行计算，使整个粒径分析结果获得一致。

修正的司笃克斯定律，以粒径判数 $\Phi<1.55$，沉速判数 $Sa<0.13K_1$（或 $Re<0.2K_1$）为限；若超过此界限，即 $62.8>\Phi>1.55$，则应改用式（18）计算。

对于自然泥沙，在无实际资料时，沉速比率 K 可选用$K_1\approx K_2\approx0.75$，$K_3$应视沙粒形状进行选定；分用式（29）、式（30）、式（31）估计之。

Ⅱ 开动流速

1. 引言

明渠床面上静止的泥沙，受水流运动之影响，从静止状态开始转变为运动状态，可以叫做“开动”。在开动期间临界流速的条件和它的规律性，对于如何判别河渠泥沙冲淤的可能性，不仅在理论上起着决定性的作用，而且在实际生产中，更具有重要的意义。

本文先述泥沙开动的一般概念和影响泥沙性型的因素，再利用实验资料，得出一个全面的泥沙开动流速基本规律和实用计算公式，最后阐明泥沙止动和扬动流速的基本规律。

2. 作用流速与平均流速的联系

渠床上泥沙受流水的作用，直接作用于沙粒上水流的流速叫“作用流速”U。作用流速是脉动的，对静止的沙粒造成一种不连续的黏滞、冲压、顶托、吸引、扭转等极复杂的作用力。这种作用力，随着作用流速的增大而逐渐加强，达到了某一定程度，使沙粒离开原来位置而向前运动，这个临界的作用流速叫做“开动作用流速”U_K。因此，我们这样作出假说：对于某一定型泥沙（包括粒径大小、形状、组合等）的开动作用流速U_K，应为一定值。

首先，由于作用流速 U 的位置，紧切于明渠的床面，应与该点的切力流速V_*成比例，即

$$U=\alpha V_*=\alpha\sqrt{gRJ} \tag{32}$$

式中：R——水力半径（米）；

J——比降；

g——重力加速度（米/秒^2）；

α——系数。

（32）式中的系数 α，随床面的摩擦阻力而定；对于某一定型泥沙为一定值。因此，开动作用流速U_K可用下式表示：

$$U_K=\alpha V_{*K}=\alpha\sqrt{gR_KJ_K} \tag{33}$$

或

$$\sqrt{R_KJ_K}=\frac{U_K}{\alpha\sqrt{g}} \tag{34}$$

这就是说，对于某一定型泥沙，在开动时$\sqrt{R_K J_K}$为一定值。

按明渠的平均流速V（米/秒）如下：

$$V=\frac{1}{n}R^y\sqrt{RJ} \tag{35}$$

式中：n——糙率；

y——指数。

泥沙开动时的平均流速，叫做“开动流速”V_K：

$$V_K=\frac{1}{n}R^y\sqrt{R_K J_K} \tag{36}$$

或

$$V_K=\frac{U_K}{n\alpha\sqrt{g}}R^y \tag{37}$$

当明渠水力半径等于1米（$R=R_1=1$米）时的开动流速，叫做“开动幺速”V_{K1}，即

$$V_{K1}=\frac{U_K}{n\alpha\sqrt{g}} \tag{38}$$

对于某一定型泥沙α、n、U_K均为定值，则得

$$V_K=V_{K1}\left(\frac{R}{R_1}\right)^y \tag{39}$$

即

$$V_K=V_{K1}R^y \tag{40}$$

为了决定式中的指数y值，我们广泛地收集了各种实验资料（包括文献［10～16］），并以开动流速V_K作纵轴，水力半径R作横轴，绘于对数坐标纸上（图6），图中每一线条，表示通过某一定型泥沙的实验资料的平均值。线条的斜率等于y，可以明显地看出，各线条的趋势是一致的；其中大部分的y值在0.2附近。这样，我们选定$y=0.2$，基本上是能符合实际的、正确的，对于生产上实际运算亦很方便。

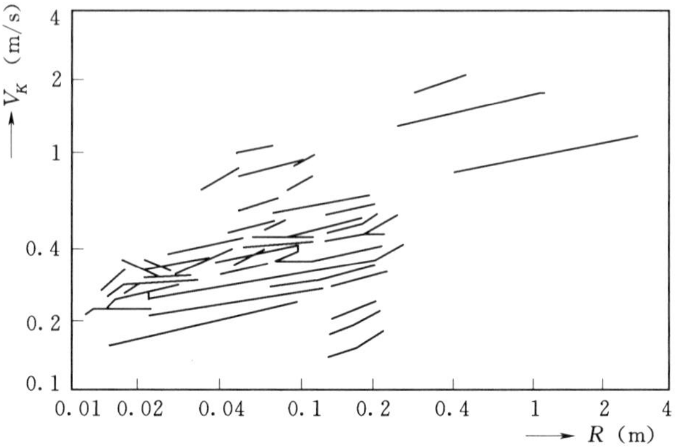

图6

其次，我们要知道开动幺速V_{K1}与开动作用流速U_K的关系，式（38）可以化为

$$U_K=n\alpha\sqrt{g}V_{K1} \tag{41}$$

令 $\beta=n\alpha\sqrt{g}$，则
$$U_K=\beta V_{K1} \tag{42}$$
式中系数 β 对于某一定型泥沙为一定值。

3. 开动作用力和阻力

河床上静止的泥沙，在流速 U 的作用下受到的作用力 P，依据牛顿定律
$$P=C_U\gamma F\frac{U^2}{2g} \tag{43}$$
式中：P——作用力；

C_U——作用力系数；

F——作用面积 $=\pi\left(\frac{d}{2}\right)^2$；

U——作用流速。

泥沙在河床上对抗作用力的阻力 R 与重量 W 的关系，可用下式表示：
$$R=\mu W \tag{44}$$
式中：μ——阻力系数。

显然，当泥沙开始运动的时候，开动作用力 P_K，应该等于阻力 R，即
$$P_K=R=\mu W$$
或
$$C_{UK}\gamma\pi\left(\frac{d}{2}\right)^2\frac{U_K^2}{2g}=\mu\frac{\pi}{6}(\gamma_s-\gamma)d^3 \tag{45}$$

这样，我们就可以得出开动作用幺速 V_{K1}，与泥沙的开动作用力系数 C_{UK} 的关系如下式：
$$C_{UK}=\frac{4}{3}\mu\left(\frac{\gamma_s}{\gamma}-1\right)g\frac{d}{\beta^2V_{K1}^2} \tag{46}$$
$$\frac{\mu}{\beta^2C_{UK}}=\frac{3}{4}\frac{V_{K1}^2}{\left(\frac{\gamma_s}{\gamma}-1\right)}gd \tag{47}$$
$$V_{K1}^2=\frac{4}{3}\frac{\mu}{\beta^2C_{UK}}\left(\frac{\gamma_s}{\gamma}-1\right)gd \tag{48}$$

4. 作用阻力系数

泥沙颗粒受周围脉动漩涡水流的冲击，瞬间离开床面，随起随落，呈各种复杂的运动形式，而以跃动为基础。

泥沙在开动时的阻力系数 μ，反映沙粒从静止状态转变为运动状态时泥沙阻力与有效重量的比值。这一数值，与泥沙的粒径 d、幺重 γ_s、水的幺重 γ、分子水膜厚度 δ，以及沙层的孔隙率 ε、河床的倾角 θ 等，都有密切的关系。一般在接近水平的河床上，泥沙的作用阻力 R 主要可以分作机械阻力 f 和分子阻力 c 两个部分，即
$$R=f+c \tag{49}$$
因此，我们对于阻力系数 μ，也可以分作机械阻力系数 μ_f 和分子阻力系数 μ_c 两种，即
$$\mu=\mu_f+\mu_c \tag{50}$$

下面，分别计算讨论这两种阻力系数的特征。

（1）机械阻力系数——紊流区粗颗粒泥沙，粒径远大于分子水膜层厚度，开动时受到紊流的顶冲，对抗作用力的阻力，主要是颗粒与颗粒接触的机械阻力（图 7）。

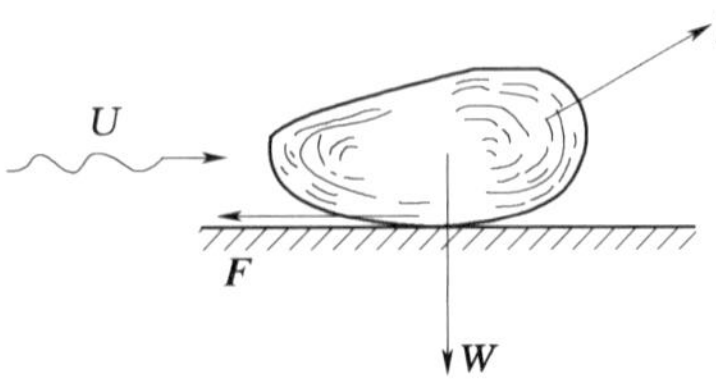

图 7

泥沙机械阻力系数μ_f，与沙粒的形状和开动方式都有密切的关系。比如粒径小的细颗粒，常呈杂角或尖角形状，开动方式以扬动或跃动为主；所以机械阻力系数较大，可以接近于 1，即$\mu_f \leqslant 1$。随着泥沙粒径增大，由于互相磨蚀的作用，形状渐趋卵圆，受水流冲击，常滚转前进，机械阻力系数也就跟着降低。

这种机械阻力系数随粒径的增大而逐渐减小的现象，我们可以假定其间有一定的指数函数关系，即：

$$\mu_f = K_f\left(\frac{d}{\delta}\right)^x \tag{51}$$

式中：系数K_f和指数x，可以依据实测资料的分析决定之。

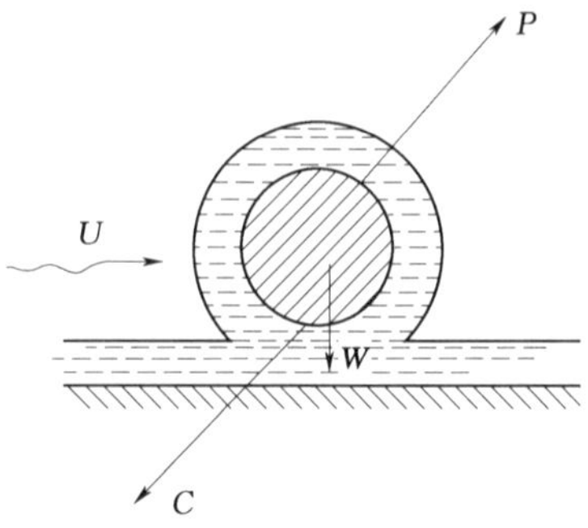

图 8

（2）分子阻力系数：滞流区细微泥沙颗粒周围的分子水膜相对增厚，使颗粒之间互相粘连。泥沙开动时，作用力必须克服的阻力，主要是分子水膜的分子阻力（图 8）。

显然，分子阻力与机械阻力基本上是相联系的；不过，一个是由于分子引力产生的阻力，另一个是由于颗粒表面机械作用所产生的阻力。

应该指出，这两种阻力对于任何开动时的泥沙都是同时存在的。不过，紊流区泥沙分子阻力相对地非常微小，可以略去不计，以机械阻力为主；而滞流区泥沙分子阻力相对地增大，成为阻力的主要部分；至于介流区的泥沙，机械阻力和分子阻力都同样起着作用。

5. 分子阻力系数

上面已经指出，机械阻力系数一般变化不大，并且接近常数，但分子阻力系数不是一个常数，与泥沙的理化性质有密切关系。

分子水膜由于分子的吸引作用，包围在沙粒的周围。水膜的外面是自由水，不再存在吸引力作用。分子水膜本身好像有弹性似的，受到外力可被压缩变形，一旦外力移去，又可立即恢复原状。

假如河床上有一个有效重量为 0 的颗粒，即$(\gamma_s-\gamma)=0$。该颗粒的分子水膜与河床的分子水膜接触之后，颗粒与河床就不能更近的靠拢；因此，两者之间也不可能产生任何引力，见图 9（a）。但由于一般泥沙颗粒总是有重量的，即$(\gamma_s-\gamma)>0$，通过本身有效重量的压力，使颗粒的分子水膜与河床的分子水膜互相重合接触，见图 9（b），颗粒与河床之间，由于分子力的作用黏结在一起。泥沙颗粒的有效重量越大，则接触越紧密，分子力也应越大，见图 9（c）。

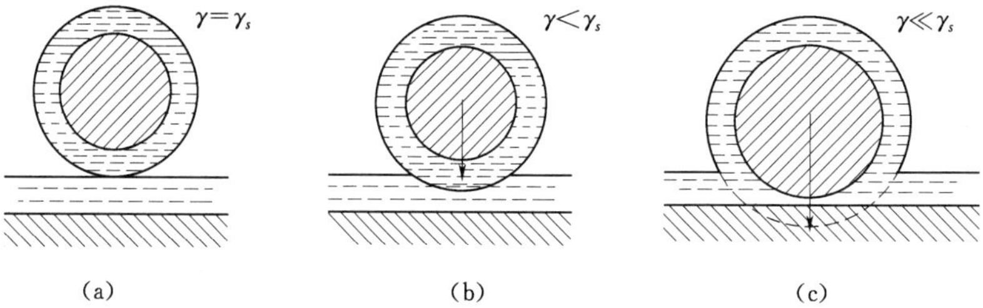

图 9

依据这种现象和分子力产生的原因，我们就不难推测：泥沙在开动时，分子阻力的大小与泥沙颗粒的有效重量有关；分子阻力系数μ_c，则与分子水膜的特征以及沙粒间的接触情况有密切的关系。

这样，影响分子阻力系数μ_c的主要因素，就可以归纳成两个无因次的比值：

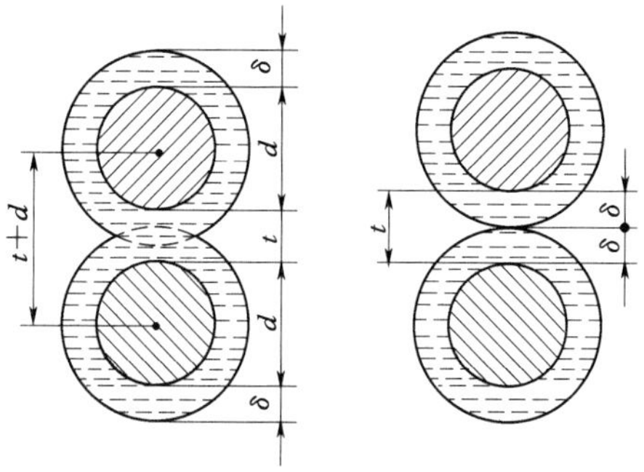

图 10

（1）径厚比$=\dfrac{d}{\delta}$，其中 d 为粒径，δ 为分子水膜厚度。

（2）粒间距离与粒心距离的比值$\dfrac{t}{t+d}$，其中 t 为粒间距离，见图 10。

可见，当粒间距离等于或大于两倍分子水膜厚度，即 $t\geqslant 2\delta$ 时，颗粒与颗粒之间的分子力已失去联系，见图 10；所以，2δ 为粒间距离的最大极限。

因此，我们就可以建立分子阻力系数μ_c的函数式如下：

$$\mu_c=f\left(\frac{d}{\delta},\frac{2\delta-t}{t+d}\right) \tag{52}$$

由于粒间距离 t 不能直接测定，一般都间接地用孔隙率 ε 来表示。泥沙的孔隙率是粒间距离 t 和粒心距离（$t+d$）比值的函数，即 $\varepsilon=f\left(\dfrac{t}{t+d}\right)$。所以，在粒径一定的条件下，孔隙率 ε 也就是粒间距离 t 的函数。

实践证明，当浑水的孔隙率 ε 增大到浑限孔隙率ε_0时，泥沙颗粒分散，颗粒之间不再受分子力的影响，故可称（$\varepsilon_0-\varepsilon$）为有效孔隙率。这样，我们就可以把分子阻力系数的函数式（52）中的$\left(\dfrac{2\delta-t}{t+d}\right)$改用（$\varepsilon_0-\varepsilon$），即

$$\mu_c=f\left(\frac{d}{\delta},\varepsilon_0-\varepsilon\right) \tag{53}$$

这一函数关系，又可写成指数方程：

$$\mu_c=K_c(\varepsilon_0-\varepsilon)^y\left(\frac{d}{\delta}\right)^z \tag{54}$$

显然，要验证这一关系，并且进而定出常数K_c和指数 y、z，就必须要有μ_c和$\frac{d}{\delta}$、ε 的实测资料。但因μ_c是不可能直接测定的，我们得另想间接的办法来解决这一困难。

今将式（50）$\mu=\mu_f+\mu_c$代入（54）式，得：

$$\mu_c=\mu-\mu_f=K_c(\varepsilon_0-\varepsilon)^y\left(\frac{d}{\delta}\right)^z$$

把上式各项，同除以$\beta^2 C_{UK}$，则

$$\frac{\mu_c}{\beta^2 C_{UK}}=\frac{\mu}{\beta^2 C_{UK}}-\frac{\mu_f}{\beta^2 C_{UK}}=\frac{K_c}{\beta^2 C_{UK}}(\varepsilon_0-\varepsilon)^y\left(\frac{d}{\delta}\right)^z \tag{55}$$

式中$\frac{\mu}{\beta^2 C_{UK}}=\frac{3}{4}\frac{V_{K1}^2}{\left(\frac{\gamma_s}{\gamma}-1\right)gd}$，对于某一定型泥沙，都可以用实验方法进行测定，通过各种不同粒径泥沙的全面试验，就可以综合分析，定出$\frac{\mu_f}{\beta^2 C_{UK}}$、$\frac{\mu_c}{\beta^2 C_{UK}}$、$y$、$z$ 等值，进而得出泥沙开动时分子阻力系数μ_c的规律。

6. 基本规律中常数和指数的决定

关于泥沙开动流速的实验资料，虽已有丰富的积累，但由于对开动现象的概念各有不同，试验方法和过程也有差异，因此，各实验资料都有一定的偏差是很自然的，不过这对于探求基本规律的趋势影响不大。

在资料处理过程中，有些资料没有实测记录，但由于接近常数，采用一般平均值进行计算，如$\gamma_s=2.65$ 吨/米^3，$\gamma=1.0$ 吨/米^3，$g=9.8$ 米/秒^2，水温 $t=20$℃，稳定淤沙的孔隙率 $\varepsilon=0.4$。至于分子水膜厚度 δ，可暂假定为一接近平均值的常数，为了计算方便，取 $\delta=0.0001$ 毫米，将来有实测资料时，还可进行校正。

依据实测资料的 d、V_{K1}和估计值 δ、γ_s、γ、g，就可定出各个资料的$\frac{\mu}{\beta^2 C_{UK}}$和$\frac{d}{\delta}$值，即

$$\frac{\mu}{\beta^2 C_{UK}}=\frac{3}{4}\frac{V_{K1}^2}{\left(\frac{\gamma_s}{\gamma}-1\right)gd}$$

按前述，由式（55）计算分子阻力系数，由于一般开动流速的实验资料中泥沙沉积已达稳定状态，所以孔隙率 ε 也比较接近一个常数。命$K_c(\varepsilon_0-\varepsilon)^y=N$，并且在 μ 下加注脚“e”，μ_e叫做稳定淤沙的阻力系数，代入式（55），可得：

$$\frac{\mu_e}{\beta^2 C_{UK}}=\frac{N}{\beta^2 C_{UK}}\left(\frac{d}{\delta}\right)^z+\frac{\mu_f}{\beta^2 C_{UK}} \tag{56}$$

对这一方程，设以$\frac{\mu_e}{\beta^2 C_{UK}}$作纵轴，$\frac{d}{\delta}$作横轴，绘于对数纸上，成图 11。

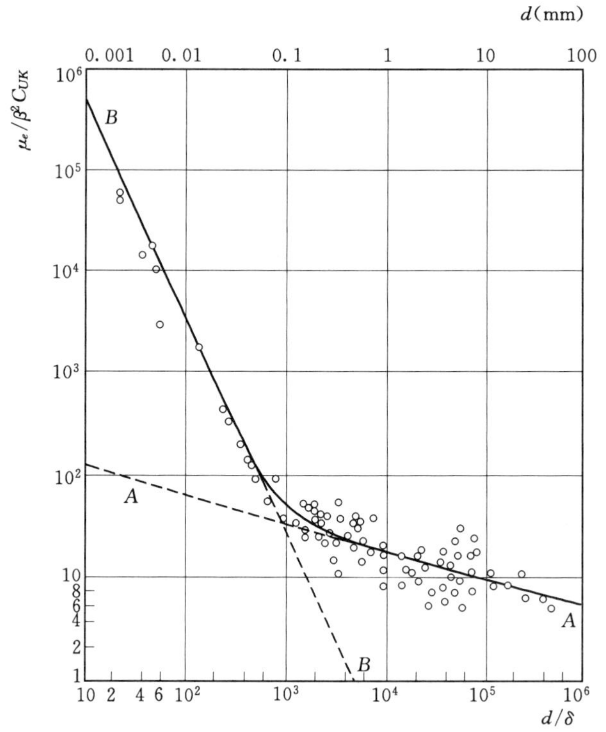

图 11

将图示的 B—B 线继续下延即可看出，紊流区的泥沙 $d>2$ 毫米，$\frac{d}{\delta}>2\times10^4$，$\frac{\mu_c}{\beta^2 C_{UK}}$ 值常小于 0.1，已不显著，可略去不计。因此，紊流区泥沙的阻力系数接近于机械阻力系数，$\mu_e\approx\mu_f$，即图中的 A—A 的实线段。依据 A—A 线，可以得出机械阻力系数的规律：

$$\frac{\mu_f}{\beta^2 C_{UK}}=\frac{K_f}{\beta^2 C_{UK}}\left(\frac{d}{\delta}\right)^x=200\left(\frac{\delta}{d}\right)^{1/4} \tag{57}$$

式中，$\frac{K_f}{\beta^2 C_{UK}}=200$，$x=-1/4$。

对于滞流区泥沙 $d<0.05$ 毫米，机械阻力系数与分子阻力系数相较，数量微小，也可略去不计；泥沙阻力系数与分子阻力系数互相接近，$\mu_e\approx\mu_c$，即图中 B—B 的实线段。依据 B—B 线就可以得出分子阻力系数的规律如下：

$$\frac{\mu_c}{\beta^2 C_{UK}}=\frac{N}{\beta^2 C_{UK}}\left(\frac{d}{\delta}\right)^z=4\times10^7\left(\frac{\delta}{d}\right)^2 \tag{58}$$

式中，系数 $\frac{N}{\beta^2 C_{UK}}=4\times10^7$，指数 $z=-2$。

这样，我们就得到了稳定淤沙（孔隙率 $\varepsilon=0.4$）开动阻力系数的基本规律：

$$\frac{\mu_{ce}}{\beta^2 C_{UK}}=\frac{\mu_e}{\beta^2 C_{UK}}-200\left(\frac{\delta}{d}\right)^{1/4}=4\times10^7\left(\frac{\delta}{d}\right)^2 \tag{59}$$

或

$$\frac{\mu_e}{\beta^2 C_{UK}}=4\times10^7\left(\frac{\delta}{d}\right)^2+200\left(\frac{\delta}{d}\right)^{1/4} \tag{60}$$

把式（60）代入式（48），得到稳定淤沙（孔隙率 $\varepsilon=0.4$）开动幺速的基本规律如下：

$$V_{K1}^2=\frac{4}{3}\left[4\times10^7\left(\frac{\delta}{d}\right)^2+200\left(\frac{\delta}{d}\right)^{1/4}\right]\left(\frac{\gamma_s}{\gamma}-1\right)gd \tag{61}$$

7. 淤泥孔隙率与开动流速的关系

前面引用的开动流速资料中，泥沙的孔隙率都是在渠床上自然淤积的稳定孔隙率 ε_e，一般约在 0.4 附近。但是，自然河口、水库中的细微泥沙，有时由于落淤未久或其他原因，形成稀淤，孔隙率较大，开动也就比较容易。

孔隙率增大到浑限孔隙率，稀淤成为可以自由流动的浑水，开动流速接近于零。

上面已经指出，滞流区泥沙 $d<0.05$ 毫米，开动的机械阻力已不显著，主要为分子阻力。这样的阻力系数 μ 约与分子阻力系数 μ_c 相等，即

$$\mu\approx\mu_c=\frac{3}{4}\frac{C_{UK}U_K^2}{\left(\frac{\gamma_s}{\gamma}-1\right)gd}$$

又因 $\mu_c=K_c(\varepsilon_0-\varepsilon)^y\left(\frac{d}{\delta}\right)^z$，见式（54）；对于某一定型粒径的泥沙，$C_{UK}$、$\left(\frac{\gamma_s}{\gamma}-1\right)gd$、$\left(\frac{d}{\delta}\right)$ 等值，均可作为常数。可以用下列比例式来表示稳定和不稳定淤沙，对于分子阻力系数、开动作用流速和孔隙率之间的关系如下：

$$\frac{\mu_c}{\mu_{ce}}=\left(\frac{U_K}{U_{Ke}}\right)^2=\left(\frac{\varepsilon_0-\varepsilon}{\varepsilon_0-\varepsilon_e}\right)^y \tag{62}$$

式中：μ_c——任何孔隙率淤沙的分子阻力系数；

μ_{ce}——稳定孔隙率淤沙的分子阻力系数；

U_K——任何孔隙率淤沙的开动作用流速；

U_{Ke}——稳定孔隙率淤沙的开动作用流速；

ε——泥沙孔隙率；

ε_0——浑限孔隙率；

ε_e——稳定孔隙率。

北京水利科学研究院和南京水利科学研究所[16,17]，先后对淤泥在不同孔隙率情况下，作了比较详尽的开动流速试验。我们利用这一试验资料，确定出式（62）中各常数和指数，见图 12，得到：

即
$$\varepsilon_0=0.7,\ \varepsilon_e=0.4,\ y=4$$

$$\frac{\mu_c}{\mu_{ce}}=\left(\frac{U_K}{U_{Ke}}\right)^2=\left(\frac{0.7-\varepsilon}{0.7-0.4}\right)^4 \tag{63}$$

或
$$\frac{\mu_c}{\mu_{ce}}=1.23\times10^2(0.7-\varepsilon)^4 \tag{64}$$

图中还含有西北水利科学研究所，对黄土开动流速与孔隙率关系的试验点据。但因黄土粒径 $d=0.02$ 毫米，比较容易沉实，实验的淤土孔隙率常小于 0.5，即 $\varepsilon<0.5$。

由图 12 可以看出，淤泥的开动流速，随孔隙率的加大而减小，并且影响是很大。

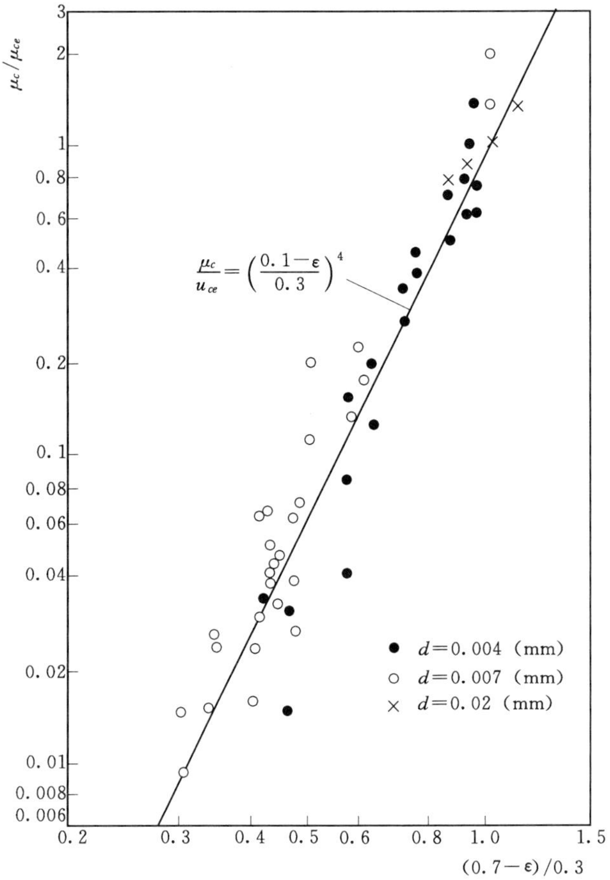

图 12

最后，把式（64）代入式（58），消去μ_{ce}，我们就得到了适合于任何孔隙率的淤泥开动分子阻力系数的规律如下：

$$\frac{\mu_c}{\beta^2 C_{UK}}=5\times10^9(0.7-\varepsilon)^4\left(\frac{\delta}{d}\right)^2 \tag{65}$$

前已述及，对于$\varepsilon=0.4$的稳定淤沙$\frac{\mu_{ce}}{\beta^2 C_{UK}}=\frac{\mu_e}{\beta^2 C_{UK}}-200\left(\frac{\delta}{d}\right)^{1/4}$，有$\mu_{ce}=\mu_c$，$\mu_e=\mu$；故可得

$$\frac{\mu}{\beta^2 C_{UK}}=5\times10^9(0.7-\varepsilon)^4\left(\frac{\delta}{d}\right)^2+200\left(\frac{\delta}{d}\right)^{1/4} \tag{66}$$

这样，我们再把式（66）代入式（48），就可以得到比较全面的开动幺速基本规律：

$$V_{K1}^2=\frac{4}{3}\left[5\times10^9(0.7-\varepsilon)^4\left(\frac{\delta}{d}\right)^2+200\left(\frac{\delta}{d}\right)^{1/4}\right]\left(\frac{\gamma_s}{\gamma}-1\right)gd \tag{67}$$

这一基本关系，在没有实测资料时，可以用来估计明渠中固体颗粒在不同孔隙率时的开动幺速。

8. 泥沙开动流速实用公式和不冲允许流速

一般泥沙的幺重$\gamma_s=2.65$ 吨/米^3，水的幺重 $\gamma=1.0$ 吨/米^3，重力加速度 $g=9.8$ 米/秒^2，分子水膜厚度 $\delta=0.0001$ 毫米，代入式（67），即得开动幺速的实用公式如下：

$$V_{K1}^2=1.1\frac{(0.7-\varepsilon)^4}{d}+0.43d^{3/4} \tag{68}$$

式中：V_{K1}——开动幺速（米/秒）；

d——粒径（毫米）；

ε——孔隙率。

应当指出，上面的开动流速是指床面大部分泥沙已经开始运动；如果要保证河床不发生冲刷，可乘以安全系数 3/4，即不冲允许流速$V_{不冲}=\frac{3}{4}V_K=\frac{3}{4}V_{K1}R^{0.2}$。

9. 止动流速

运动着的泥沙，由于作用流速 U 产生的作用力 P 已不能克服河床对泥沙的阻力 R，即 $P\leqslant R$ 时，泥沙就要从运动的状态转变为静止的状态。这一临界流速叫做“止动流速”V_H。明渠水流的水力半径 $R=1$ 米时的止动流速叫做“止动幺速”V_{H1}。

显然，止动流速和开动流速，性质上是相同的；但由于止动时的阻力系数和开动时有一定的区别，所以数量上就不相同。紊流区泥沙的机械阻力系数，止动时是由动到静，一般小于开动时由静到动的机械阻力阻力系数。滞流区泥沙的分子阻力系数，由于落淤时河床表面孔隙率较大，所以止动时的分子阻力系数就相应地降低了。这样，对于同一泥沙来说，止动流速总是应该较开动流速为小。

按开动幺速公式，式（55）如下：

$$\frac{\mu}{\beta^2C_{UK}}-\frac{\mu_f}{\beta^2C_{UK}}=\frac{K_c}{\beta^2C_{UK}}(\varepsilon_0-\varepsilon)^y\left(\frac{d}{\delta}\right)^z$$

改为止动幺速公式，则为：

$$\frac{\mu}{\beta^2C_{UH}}-\frac{\mu_f}{\beta^2C_{UH}}=\frac{K_c}{\beta^2C_{UH}}(\varepsilon_0-\varepsilon_H)^y\left(\frac{d}{\delta}\right)^z \tag{69}$$

式中，$\frac{\mu}{\beta^2C_{UH}}=\frac{3}{4}\frac{V_{H1}^2}{\left(\frac{\gamma_s}{\gamma}-1\right)gd}$

开动幺速公式（55）中的指数 $z=-2$，$y=4$，浑限孔隙率ε_0，应该与止动幺速公式（69）中相应的数值没有区别，即止动幺速公式中 $z=-2$，$y=4$，$\varepsilon_0=0.7$。孔隙率ε_H是泥沙止动时河床表层的孔隙率，叫做“止动孔隙率”，它是一个未知量；因此，直接运用公式（69），进而定出$\frac{K_c}{\beta^2C_{UH}}$和$\frac{\mu_f}{\beta^2C_{UH}}$等数值是有困难的。

泥沙的孔隙率与粒径有一定的关系，粒径越细，落淤时的孔隙率越大。也就是说，止动孔隙率是粒径的函数，即$(0.7-\varepsilon_H)^4=f\left(\frac{d}{\delta}\right)$，今采用指数式表示如下：

$$(0.7-\varepsilon_H)^4=M\left(\frac{d}{\delta}\right)^m \tag{70}$$

代入式（69），可得：

$$\frac{\mu}{\beta^2 C_{UH}}-\frac{\mu_f}{\beta^2 C_{UH}}=\frac{K_c}{\beta^2 C_{UH}}M\left(\frac{d}{\delta}\right)^{m-2} \tag{71}$$

或

$$\frac{\mu}{\beta^2 C_{UH}}-\frac{\mu_f}{\beta^2 C_{UH}}=A\left(\frac{d}{\delta}\right)^n \tag{72}$$

式中，$A=\frac{K_c}{\beta^2 C_{UH}}M$，$n=m-2$。

对实测资料分析所用的方法，与决定开动流速公式的方法是相似的；先以$\frac{\mu}{\beta^2 C_{UH}}$作纵轴，以$\frac{d}{\delta}$作横轴，绘于对数方格纸上，见图 13，并以紊流区泥沙的止动点据作基础（图 13 中的 A—A 线），得出泥沙在止动时的机械阻力系数规律：

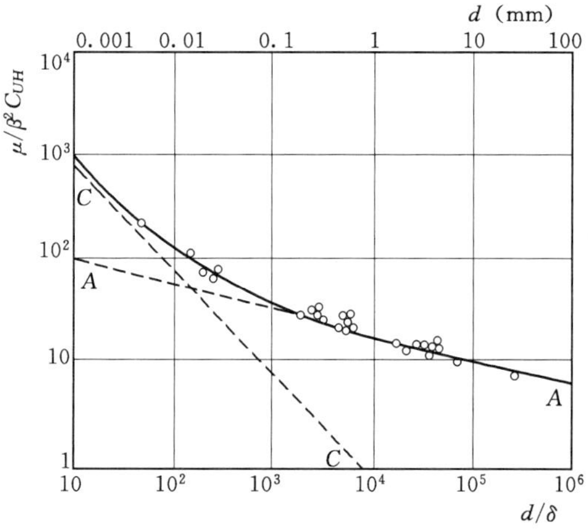

图 13

$$\frac{\mu_f}{\beta^2 C_{UH}}=\frac{K_f}{\beta^2 C_{UH}}\left(\frac{d}{\delta}\right)^x=180\left(\frac{\delta}{d}\right)^{1/4} \tag{73}$$

式中，系数$\frac{K_f}{\beta^2 C_{UH}}=180$，$x=-1/4$。

其次，从实际止动阻力系数$\frac{\mu}{\beta^2 C_{UH}}$中减去机械阻力系数$\frac{\mu_f}{\beta^2 C_{UH}}$（图 13 中的 C—C 线），就可以求得止动时的分子阻力系数规律：

$$\frac{\mu_c}{\beta^2 C_{UH}}=A\left(\frac{d}{\delta}\right)^n=5000\left(\frac{\delta}{d}\right) \tag{74}$$

式中，系数 $A=5000$，指数 $n=-1$。

因此，我们得到止动幺速公式：

$$\frac{\mu}{\beta^2 C_{UH}}-180\left(\frac{\delta}{d}\right)^{1/4}=5000\left(\frac{\delta}{d}\right) \tag{75}$$

或

$$V_{H1}^2=\frac{4}{3}\left[5000\left(\frac{\delta}{d}\right)+180\left(\frac{\delta}{d}\right)^{1/4}\right]\left(\frac{\gamma_s}{\gamma}-1\right)gd \tag{76}$$

同样，我们把$\gamma_s=2.65$ 吨/米^3，$\gamma=1.0$ 吨/米^3，$g=9.8$ 米/秒^2，$\delta=0.0001$ 毫米代入上式，就可以得出泥沙止动幺速的实用公式：

$$V_{H1}^2=0.011+0.39\,d^{3/4} \tag{77}$$

式中：V_{H1}——止动幺速（米/秒）；

d——粒径（毫米）。

此外，我们还可以了解一下止动孔隙率ε_H和粒径的关系。前面已经指出，泥沙的止动流速规律和开动流速规律，本质上没有区别，只是由于开动和止动时泥沙的孔隙率不同，才引起两种幺速数量上的差异。因此，对于某一定粒径，如果在开动时的孔隙率ε_k，适等于止动时的孔隙率ε_H，那么，开动幺速就应该接近等于止动幺速，即$V_{k1}\approx V_{H1}$。这样，我们联立开动幺速公式（68）和止动幺速公式（77），就可以得出止动时孔隙率和粒径的关系：

$$\varepsilon_H \approx 0.7-(0.01d-0.036\,d^{7/4})^{1/4} \tag{78}$$

从上式可以算出：$d=0.001$ 毫米，$\varepsilon_H=0.644$；$d=0.01$ 毫米，$\varepsilon_H=0.603$；$d=0.1$ 毫米，$\varepsilon_H=0.562$；但这些推算数值，目前尚缺乏实测资料来进行验证。

10. 扬动流速

明渠的平均流速超过了开动流速，渠床上的泥沙就开始作不连续的、间歇性跃移前进。倘使流速逐渐加大，跃动的距离也跟着加大，在流速增加到某一定程度，沙粒被扬起混入水内，而成不着底的悬移运动，即跃移距离 $\Delta l\rightarrow\infty$。这一临界的平均流速，叫做“扬动流速”$V_S$；同样，明渠水力半径等于 1 米时的扬动流速，叫做“扬动幺速”V_{S1}。

不难理解，扬动幺速就相当于在水流悬移量测验中，当悬移量接近于零，也就是开始发生悬移量时的水流幺速。

沙粒脱离河床悬移以后，就不再受床面阻力，包括机械力和分子力的作用。所以，影响扬动幺速的因素也就比较简单，主要是粒径 d、沉速 ω、沙粒的幺重γ_s、水的幺重 γ 等。为了保证运动相似，可以假定扬动作用力系数C_{US}是沉速阻力系数C_ω的函数，即

$$C_{US}=f(C_\omega)$$

$$C_{US}=\frac{4}{3}\mu\left(\frac{\gamma_s}{\gamma}-1\right)g\,\frac{d}{U_S^2} \tag{79}$$

式中：U_S——扬动作用流速；

　　μ——某一常数。

又因，扬动作用流速U_S等于作用幺速系数β乘扬动幺速V_{S1}，即$U_S=\beta V_{S1}$，故

$$C_{US}=\frac{4}{3}\mu\left(\frac{\gamma_s}{\gamma}-1\right)g\,\frac{d}{\beta^2 V_{S1}^2} \tag{80}$$

设上列函数式$C_{US}=f$（C_ω）用指数式表示，则

$$C_{US}=K_s(C_\omega)^n \tag{81}$$

式中：K_s——系数；

　　n——指数。

上式又可化为：

$$\frac{\beta^2 C_{US}}{\mu}=\frac{\beta^2}{\mu}K_s(C_\omega)^n \tag{82}$$

以$\frac{\beta^2 C_{US}}{\mu}$作纵轴，$C_\omega$作横轴，把实测资料绘于对数纸上，即可定出常数$\frac{\beta^2 K_s}{\mu}=0.0045$，和指数 $n=1/5$，见图 14；遂即代入式（82），得扬动幺速基本规律如下：

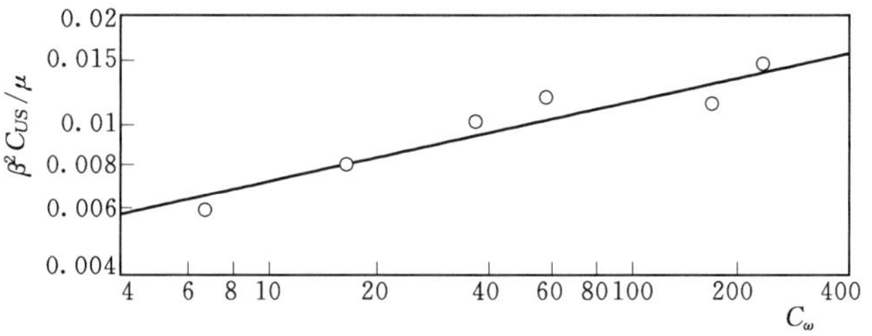

图 14

$$\frac{\beta^2 C_{US}}{\mu}=0.0045\,C_\omega^{1/5} \tag{83}$$

即
$$V_{S1}^2=280\left[\left(\frac{\gamma_s}{\gamma}-1\right)gd\right]^{4/5}\omega^{2/5} \tag{84}$$

将$\gamma_s=2.65$ 吨/米³，$\gamma=1.0$ 吨/米³，$g=9.8$ 米/秒²代入上式，可得泥沙的扬动幺速实用公式：

$$V_{S1}^2=0.66\,d^{4/5}\omega^{2/5} \tag{85}$$

式中：V_{S1}——扬动幺速（米/秒）；

d——粒径（毫米）；

ω——沉速（毫米/秒）。

11. 开动流速、止动流速和扬动流速的相互关系

我们可以把稳定泥沙（$\varepsilon=0.4$）的开动幺速、扬动幺速和止动幺速与粒径的关系，在对数纸上绘成三条曲线：$V_{K1}=f(d)$，$V_{S1}=f(d)$，$V_{H1}=f(d)$，见图 15。

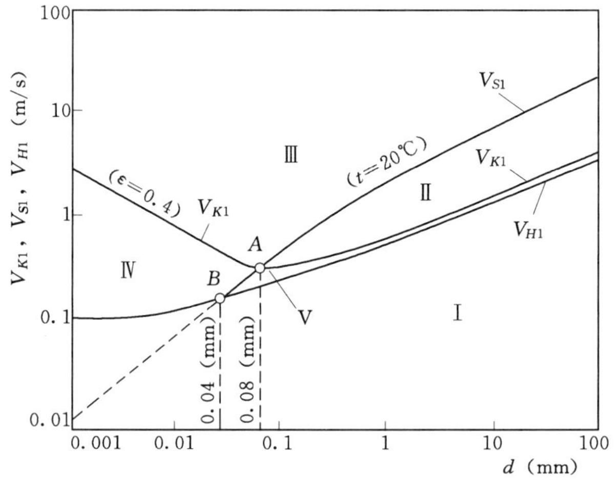

图 15

在这个图上，可以全面地看出各种流区泥沙的挟动特征和互相的基本关系。

图上开动幺速与扬动幺速曲线相交于 A 点，扬动幺速与止动幺速相交于 B 点；这样，

就划分成5个区域（假定含沙量接近于零）：

Ⅰ——静止区：泥沙静止不动；

Ⅱ——推移区：泥沙作着底运动；

Ⅲ——悬移区：泥沙作不着底运动；

Ⅳ——悬移或静止区：泥沙保持原来的状态，即原来是静止的仍静止，原来是悬移的仍悬移；

Ⅴ——推移或静止区：泥沙保持原来状态，即原来是静止的仍静止，原来是推移的仍推移。

A点和B点的位置，是很容易决定的：对于A点，$V_{K1}=V_{S1}$，因此，粒径$d=0.08$毫米（水温$t=20$℃，$\varepsilon=0.4$）；B点，$V_{H1}=V_{S1}$，$d=0.04$毫米（水温$t=20$℃）。

A、B两点把粒径分为三段，各段的挟动特征如下：

（1）粒径小于B点，$d<0.04$毫米。开动幺速和止动幺速都大于扬动幺速，即$V_{K1}>V_{H1}>V_{S1}$，因而，泥沙开动之后不能推移，只能悬移。

（2）粒径在A、B之间，$d=0.04\sim0.08$毫米。开动幺速大于扬动幺速，而扬动幺速又大于止动幺速，即$V_{K1}>V_{S1}>V_{H1}$。因此，原来河床上静止的沙粒，在流速逐渐加大开动后即成悬移；反之，原来悬移的泥沙，在流速逐渐缩小，小于扬动流速之后，就成为推移；到了止动流速，即停止运动。

（3）粒径大于A点，$d>0.08$毫米。扬动幺速大于开动幺速和止动幺速，即$V_{S1}>V_{K1}>V_{H1}$。沙粒开动以后，先为推移，流速加大到扬动流速，就成悬移。

顺便指出，上述B点的位置是比较固定的；但开动幺速和扬动幺速的交点A，由于开动幺速随孔隙率ε不同而改变，所以，它的位置也随孔隙率变化，相应的关系，可见图16。

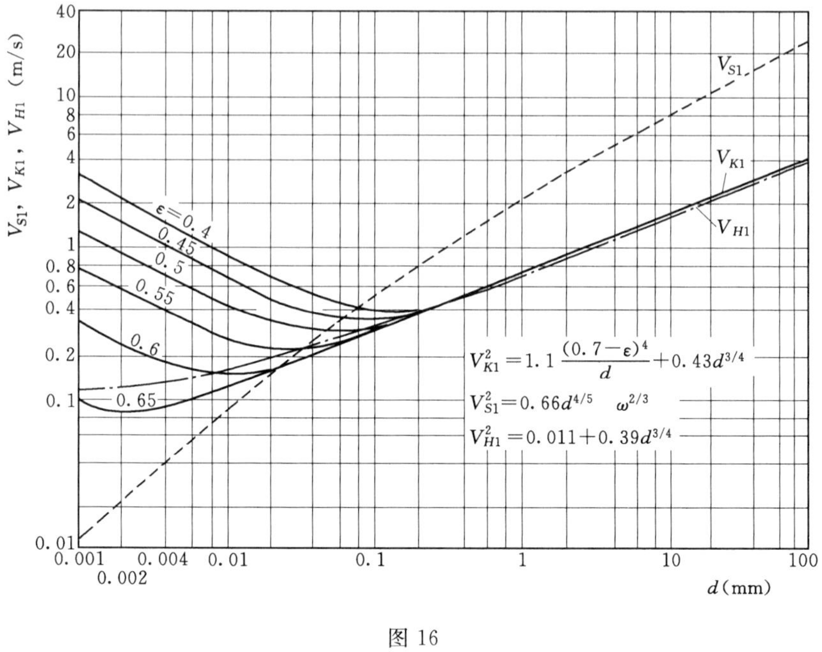

图16

此外，上面所指的泥沙开动、扬动和止动三种临界流速的数值，是对水流是清水，即含沙量接近于零而言的。如果水流是浑水，那么，这三种临界流速还要随着含沙量的增加而提高，这一问题将在泥沙运动的第三规律——挟沙能力规律中阐述。

最后，为了便于生产上应用，我们把泥沙在不同粒径时的开动幺速V_{K1}、扬动幺速V_{S1}和止动幺速V_{H1}的数值绘成图 16，提供参考。

12. 结语

明渠中泥沙运动的状态，是由三种不同的临界流速决定的：

（1）开动流速——从静止变为运动的临界流速；

（2）扬动流速——从着底运动变为不着底运动的临界流速；

（3）止动流速——从运动变为静止的临界流速。

开动幺速V_{K1}的基本规律：

$$V_{K1}^2=\frac{4}{3}\left[5\times10^9(0.7-\varepsilon)^4\left(\frac{\delta}{d}\right)^2+200\left(\frac{\delta}{d}\right)^{1/4}\right]\left(\frac{\gamma_s}{\gamma}-1\right)gd$$

扬动幺速V_{S1}的基本规律：

$$V_{S1}^2=280\left[\left(\frac{\gamma_s}{\gamma}-1\right)gd\right]^{4/5}\omega^{2/5}$$

止动幺速V_{H1}的基本规律：

$$V_{H1}^2=\frac{4}{3}\left[5000\left(\frac{\delta}{d}\right)+180\left(\frac{\delta}{d}\right)^{1/4}\right]\left(\frac{\gamma_s}{\gamma}-1\right)gd$$

粒径 0.04 毫米附近，是扬动和止动两规律的交点，粒径大于 0.04 毫米时，扬动幺速高于止动幺速；粒径小于 0.04 毫米时，扬动幺速低于止动幺速。因此，一般推移质的粒径，以 0.04 毫米为最小限度；但悬移质的粒径，没有最小和最大的限度。

应当指出，上面开动幺速公式中的系数 5×10^9 和 200，是依据估计的平均值 $\delta=0.0001$ 毫米推导而得的。如果这一数值与实测的 δ 平均值有偏差，就必须对这两个系数作相应的校正。比如，已知实测的 δ 平均值为 0.0002 毫米，系数 5×10^9 即应改为 $5\times10^9\left(\frac{0.0001}{0.0002}\right)^2=1.25\times10^9$，而系数 200 则为 $200\left(\frac{0.0001}{0.0002}\right)^{1/4}=196$；同样，止动幺速公式中的系数，也须作相应的调整。同时，这次分析的资料，基本上以接近均匀沙为多，对于非均匀沙的校正方法，尚有待于今后进一步研究。

Ⅲ 挟 沙 能 力

1. 引言

明渠内的流速达到某一定的程度时，水内的泥沙才能被流水挟动前进；或者，相反地，当流速低于这个临界条件，泥沙就要停止运动。这个临界流速，可以叫作“挟动流速”V_0。

关于某一定型水流，能够挟运多少某一定型泥沙的数量问题，在水工技术上，是一个十分重要的关键问题，久已引起各国水利工作者的注意，一直企望能发现并掌握该问题的基本规律性。

通过长期科学试验与生产实践累积的实验资料和实测资料，到目前为止，已有足够的数量，提供了我们全面地认识挟沙量基本规律的完全可能性（见文献［12～14、16、19～22］）。

本文，首先用相关系数分析法，分析各种水力变量对挟沙量影响的程度，并定出回归方程，再分别地利用实验资料和实测资料，决定方程中各常数和指数变化范围；最后，根据水力相似性的必要条件，论证并推断方程的合理性，提出一般条件下饱和挟沙量规律的基本形式。

2. 挟沙能力之概念

明渠在单位时间内，通过断面的泥沙重量和流量之比，叫做“含沙量”ρ（公斤/米^3）。

某一定型水流，对于某一定型泥沙，所可能挟运的平衡含沙量，叫做“挟沙能力”ρ_0（公斤/米^3）。设某渠段来水的含沙量，等于本渠段的挟沙能力，则所有来水的泥沙都能通过，没有冲刷，也不会淤积，叫做“不冲不淤”。在测验时，我们就观测这一“不冲不淤”现象，以判断某一定型水流对于某一定型泥沙的挟运能力。

应该指出，普通挟沙水流，由于各个水力因素的脉动作用，综合地形成了一种有周期性的水力挟沙性能的摆动，同时，由于渠床沙波运动的不连续性和多样性，泥沙的冲刷或淤积都需要一定的时间过程；因此，要正确地判别某一定型挟沙水流是否已经真正处于不冲不淤状态，在技术上是有一定困难的。我们只能尽可能地加大测段距离，延长过水时间，增加测点的密度和频度，并在一定数量数据的基础上，以取得平均值作为挟沙能力。

挟沙能力可按照饱和的程度，可分作表 2 所列各种情况与名称。

表 2

	饱和程度	平衡情况	原　　因	稳定性	趋　势
1	超饱和	不平衡	来水含沙量大于本段饱和挟沙能力	不稳定	淤积
2	高饱和	不淤平衡	来水含沙量略大于本段挟沙能力，水内过剩泥沙通过本段尚未及淤积	暂稳定	淤积不显
3	正饱和	正常平衡	来水含沙量等于本段饱和挟沙量	稳定	不冲不淤
4	低饱和	不冲平衡	来水含沙量略小于本段挟沙能力，水内所缺少的泥沙，通过本段，尚无力从河床中获得补充，或无泥沙可以补充	暂稳定	冲刷不显
5	未饱和	不平衡	来水含沙量小于本段挟沙能力，水内所缺少的泥沙，可由本段的河床中获得补充	不稳定	冲刷

3. 影响挟沙能力的因素

某一定型水流对某一定型泥沙的挟沙能力的影响因素，可以分作四个类别来考察：

3.1 泥沙的特征

（1）粒径 d（毫米）$=d_{50}$；

（2）沉速 ω（毫米/秒）$=\omega_{50}$（即 d_{50} 的沉速）。

3.2 流水的特征

（1）比降 J；

（2）流速 V（米/秒）；

（3）挟动流速 V_0（米/秒）$=V_{01}R^y=f(d,\omega,R)$；

（4）有效流速 V_e（米/秒）$=(V-V_0)$；

（5）水力半径 R（米）；

（6）湿周 P（米）；

（7）糙率 $n=\dfrac{R^{y+0.5}J^{0.5}}{V}=f(V,R,J)$；

（8）面积 A（米^2）$=PR=f(P,R)$；

（9）形率 $\xi=\dfrac{P}{R}=f(P,R)$；

（10）流量 Q（米^3/秒）$=PRV=f(P,R,V)$。

3.3 近似常数的变量

（1）泥沙的幺重 $\gamma_s=2.65$ 吨/米^3；

（2）水的幺重 $\gamma=1.00$ 吨/米^3；

（3）泥沙的分子水膜厚度 $\delta=0.0001$ 毫米；

（4）水的动滞性率 $\nu=0.00000101$ 米^2/秒，$t=20$℃；

（5）泥沙颗粒分配的均匀性 $\varphi=\dfrac{d_{50}}{d_{90}}$。

3.4 特殊情况

（1）断面与河床的形态；

（2）主流与副流的情况；

（3）上游来水的情况；

（4）观测试验方法与过程；

（5）其他。

关于近似常数的变量，以及不能用简单的物理变量来表示的特殊情况，目前暂且不予考虑；因此，我们总结了上面提出的影响挟沙能力的主要因素，共有七个变量，即

$$\rho_0=f(J,V,V-V_0,R,P,d,\omega) \tag{86}$$

4. 资料的范围

为了保证基本规律的全面性，对于资料的收集尽可能地要求广泛；包括各种不同的水流类型与泥沙类型，实验室的试验资料和河流渠道的观测资料。

根据上节的分析，提出了影响明渠饱和挟沙量的因素可能有七个变量，见式（86），即：比降、流速、有效流速、水力半径、湿周、粒径和沉速。但是，在一般的资料里，都缺少沉速和挟动流速两项记录。因此，对于沉速，只好用作者泥沙沉速公式进行估计，而于挟动流速，在作初步分析时，也只能参照粒径大小，就一般情况进行估计。

这次分析的资料，包括了各种不同要求的实验资料和野外实测资料，就质量说，有精密的实验资料、有野外的实测资料、有估计的平均资料，且因测量的方法和过程各不相同，故要严格地达到同一精度，是不可能的。我们可以用增加数量和扩大变幅的方法，来克服这个质量上不能取得一致，个别甚至可能有错误的缺点。为此，我们对于资料的整理，特别重视各变量的数量与幅度，以及这种资料在整个资料范围中的代表性。

对于某一定型水流与泥沙的资料，有时数量较多，我们就用抽样的办法来限制数量；反之，对于数目太少而代表性却很强的资料，就用加权的办法，以增加它在整个资料中的影响。我们对于所有资料，都分别考虑了它的正确性和代表性，适当地加以调整，使能更正确地反映出全部资料的总体性和实际情况，经这样处理后，共得基本资料 1000 点。

资料的内容，可以分作水槽、渠道和河流三类。

（1）水槽类：一般都是实验资料，文献有［13、14、16、19、20］等。

（2）渠道类：有泾惠渠资料和文献［12］所收集的全部中亚渠道资料。泾惠渠的资料，是干支各渠的最大挟沙量限度，一旦渠水的实际含沙量超过这限度，就要停止放水；显然，这些资料已经接近超饱和挟沙量，因其具有生产上的实际意义，故亦列入分析，但限制其点数。

（3）河流类：我国黄河、永定河，流经黄土地带，上游有充足的泥沙，可以供给河水挟运，而下游的河床，又是黄土冲积而成的；由于黄土颗粒对于冲刷的反应相当敏感，经长期的调节，河水的挟沙量，在一定程度上，可说是接近于平衡的。因此，我们把黄河、永定河的实测水文记录作为挟沙能力的资料是有理由的；并且从这些记录中，反映出的规律性，对于两大河流泥沙的控制，具有更重大的实际意义。

永定河的资料，有三家店和卢沟桥（1920—1930 年）两站；1935 年以来黄河下游各站资料，有陕县、中牟、高村、陶城堡、泺口等。

5. 变量的相关分析

前面指出，影响明渠挟沙能力的因素，可能有 7 个变量，但是这 7 个变量，对于挟沙能力影响的程度，一定是有区别的。哪一个是主要的？哪一个是次要的或基本上无关系的？我们运用了统计学中的相关分析法来解决这个问题。

由于我们最终的目的，希望能得到一个指数式的回归方程作为挟沙能力的基本规律，所以必须先把各变量的真数改为对数，令

$$X_1=\lg\rho_0;\qquad X_5=\lg R;$$
$$X_2=\lg J;\qquad X_6=\lg P;$$
$$X_3=\lg V;\qquad X_7=\lg d;$$
$$X_4=\lg(V-V_0);\quad X_8=\lg\omega。$$

各变量间相互依存的程度，可以用“相关系数”r 来表示，挟沙能力X_1与其他各变量X_2，X_3，…，X_8的简单相关系数，列如表 3。

表 3

变量	相关系数	相关程度	变量	相关系数	相关程度
比降X_2	$r_{12}=-0.0018$	无	湿周X_6	$r_{16}=+0.0616$	无
流速X_3	$r_{13}=+0.4506$	中	粒径X_7	$r_{17}=-0.5887$	强
有效流速X_4	$r_{14}=+0.6744$	强	沉速X_8	$r_{18}=-0.6152$	强
水力半径X_5	$r_{15}=+0.2431$	弱			

这样，我们可以很明显地看出，各种变量对于挟沙能力的影响程度。其中以有效流速X_4、粒径X_7、沉速X_8三者最为密切，属于其主导作用的基本变量；其次是流速X_3和水力半径X_5；至于湿周X_6和比降X_2，可说是没有关系。

通过相关分析计算，同时求出各变量的变幅、几何平均值和几何均方差，列如表 4。

表 4

变量	最小数	最大数	平均值	均方差
挟沙能力ρ_0（公斤/米^3）	0.0025	1000	3.474	乘除 11.001
比降 J	0.000016	0.063	0.001285	5.695
流速 V（米/秒）	0.20	5.0	0.8941	1.805
有效流速（$V-V_0$）（米/秒）	0.032	5.0	0.5126	2.437
水力半径 R（米）	0.010	10.0	0.2881	5.286
湿周 P（米）	0.16	10000	6.982	13.36
粒径 d（毫米）	0.004	40	0.1248	11.08
沉速 ω（毫米/秒）	0.04	630	3.991	23.73

6. 回归方程与基本公式

各变量的简单相关系数 r、均方差 σ、平均值$\overline{X}$，求得以后，就可以进一步解得回归方程，并算出方程的复相关系数和估计均方误差，来显示方程的准确性。

由于考虑变量的种类和数目的不同，就可以得出各种不同的回归方程，我们比较了各式的相关程度，得出复相关系数最高的指数回归方程：

$$\rho_0=4.94\frac{(V-V_0)^{1.56}V^{0.03}}{R^{0.64}d^{0.17}\omega^{0.33}} \tag{87}$$

该式的复相关系数=0.818，估计均方误差=※3.75（※是乘除的符号）。

从上式可见$V^{0.03}$的影响极小，所以真正对挟沙能力起决定性作用的变量只有四个，即

$$\rho_0=f(V-V_0,R,d,\omega)$$

公式（87）是运用相关分析法得到的结果，但是，相关分析只能帮助我们思考，不能代替我们思考；只能从复杂的现象中找出主要因素，反映一般的趋势，而不能完全代替个别事例的特殊情况。因此，上述回归方程的函数关系，就有必要再针对具体问题作具体分析，使公式的实用性更提高一步，更能反映具体情况下挟沙能力的基本规律。

公式（87）中的常数 4.94 是统计上的平均值，不能分别地反映各种沙型和水型的特殊性，可以改用挟沙系数 K。式中有效流速的指数，约为水力半径的两倍，可以合并写成

弗劳特数形式，即$\left(\frac{V-V_0}{\sqrt{gR}}\right)$；因 g 为常数，又可改写成指数形式$\left(\frac{V-V_0}{\sqrt{R}}\right)^n$。粒径和沉速的指数，也各改为 α 和 β。这样，就可把公式（87）改成如下形式：

$$\rho_0=K\,d^{\alpha}\omega^{\beta}\left(\frac{V-V_0}{\sqrt{R}}\right)^n \tag{88}$$

这一公式，可作为进一步认识挟沙能力规律的基础。公式中的挟动流速$V_0=V_{01}R^{0.2}$，V_{01}是挟动幺速，对于某一定型泥沙和挟动方式，它是一个定值，和公式中的 K、n、α、β 一样，这五个数，都可以分别针对各组资料作具体分析决定。最后，只要再综合分析其结果，就能够得到总的挟沙能力规律了。

7. 常数和指数的决定方法

挟沙能力基本公式的形式如下：

$$\rho_0=K\,d^{\alpha}\omega^{\beta}\left(\frac{V-V_{01}R^{0.2}}{\sqrt{R}}\right)^n \tag{89}$$

为了正确反映各类沙型和水型挟沙能力的特殊性，决定公式中两个常数 K、V_{01}和三个指数 α、β、n 的数值，对各组实验资料或实测资料分别进行分析，是十分重要的。我们分析的资料，除了 1956 年以前的资料外，还增加了以后收集的新资料，包括长江、黄河、废黄河、内蒙古渠道和官厅水库异重流等。同时，只有这样，才能把挟沙能力的复杂性全面地揭露出来，提高公式运用上的灵活性。

对上述资料进行分析的方法，可以采用图解分析法。

用图解法分析，决定常数 K、V_{01}和指数 α、β、n 可分如下四个步骤：

（1）由于挟沙能力的试验资料或实测资料，各组的粒径一般都是保持一个常数，这就是说d^{α}和ω^{β}保持常数，因此，我们就可以利用各组资料，首先分别决定各种不同粒径 d 的挟动幺速V_{01}。挟动幺速就是当水流挟沙能力$\rho_0\to 0$ 时的水流幺速。

把某一特定粒径（d＝常数）挟沙水流的挟沙能力ρ_0作纵轴，幺速$\frac{V}{R^{0.2}}$作横轴，绘于方格纸上，延伸资料曲线，使于横轴相交，就可以定出该种粒径的挟动幺速$V_{01}=\frac{V_0}{R^{0.2}}$。

（2）对于某组某种粒径的挟动幺速V_{01}决定以后，先分别求出$\left(\frac{V-V_0}{\sqrt{R}}\right)$值，再以挟沙能力$\rho_0$作纵轴，$\left(\frac{V-V_0}{\sqrt{R}}\right)$作横轴，点绘在对数坐标纸上，再以对数纸上直线的斜率，进一步决定各组资料（d＝常数）的指数 n 值。

（3）指数 n 值决定以后，各资料的ρ_0、$\left(\frac{\sqrt{R}}{V-V_0}\right)^n$代入式（88），就可以算得：

$$\rho_0\left(\frac{\sqrt{R}}{V-V_0}\right)^n=K\,d^{\alpha}\omega^{\beta} \tag{90}$$

公式右边的 K、α、β 为未知数，我们仍然分别采用图解法解决它们。

我们知道，泥沙的粒径 d 和沉速 ω，有一定的函数关系，在滞流区 $\omega \propto d^2$，紊流区 $\omega \propto d^{1/2}$，把这一关系代入式（90），分别得出：

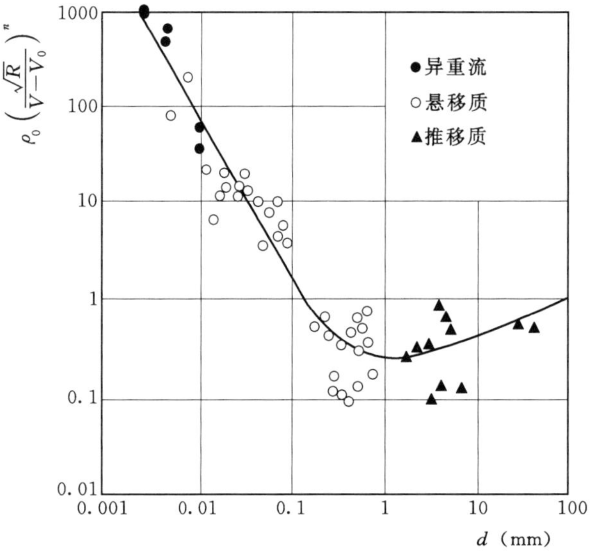

图 17

1）滞流区

$$\rho_0\left(\frac{\sqrt{R}}{V-V_0}\right)^n = K\, d^{\alpha}\omega^{\beta} \propto d^{(\alpha+2\beta)};$$

2）紊流区

$$\rho_0\left(\frac{\sqrt{R}}{V-V_0}\right)^n = K\, d^{\alpha}\omega^{\beta} \propto d^{\left(\alpha+\frac{\beta}{2}\right)}。$$

这样，把全部资料中滞流区和紊流区的两类点据，分别绘在对数坐标纸上，以 $\rho_0\left(\frac{\sqrt{R}}{V-V_0}\right)^n$ 作纵轴，d 作横轴，见图 17；然后，根据直线的斜率定出粒径指数如下：

1）滞流区　$\alpha+2\beta=-5/3$

2）紊流区　$\alpha+\frac{\beta}{2}=1/3$

从上列两式，可解得：粒径指数 $\alpha=1$；沉速指数 $\beta=-4/3$。

把指数 α、β 代入基本公式(89)内，得出基本公式的最后形式如下：

$$\rho_0 = K\frac{d}{\omega^{4/3}}\left(\frac{V-V_0}{\sqrt{R}}\right)^n \tag{91}$$

（4）从式（91）可以看出：

$$K = \rho_0\frac{\omega^{4/3}}{d}\left(\frac{\sqrt{R}}{V-V_0}\right)^n \tag{92}$$

把各组资料以 ρ_0 作纵轴，$\frac{d}{\omega^{4/3}}\left(\frac{V-V_0}{\sqrt{R}}\right)^n$ 作横轴，绘于对数坐标纸上，就可以定出 K 值；也可用式（92）直接计算，然后取各组计算值的几何平均值，定出 K 值来。

下面，我们把分析得到的成果，分节总结于后。

8. 挟动幺速

挟动幺速 V_{01} 不仅和泥沙的类型有密切关系，而且还与泥沙原来的运动状态（包括静止、推移、悬移等）以及水流的稳定性有关系。

文献［21］的实验，使全部泥沙成为悬移，作不着底运动，故挟动幺速等于扬动幺速，即 $V_{01}=V_{S1}$。

在利用水力冲刷泥沙时，流水要使原来静止的泥沙变为运动，挟动幺速就应等于开动幺速，即 $V_{01}=V_{K1}$；这一关系，在粗沙部分已经得到了证实，但细泥部分（$d<0.01$ 毫米），目前尚缺乏实验资料进行验证。

在实际生产中，对于泥沙的控制，最主要的是输沙和防淤问题，也就是如何使明渠中随水下行的泥沙，不致中途落淤的问题。因而，一般输沙与防淤问题中的挟动幺速，应该等于止动幺速，即$V_{01}=V_{H1}$。

9. 指数 *n* 值

根据资料分析，指数 n 值与水流的弗劳德数 Fr 有关，其结果如图 18：

$$Fr=\frac{V}{\sqrt{gR}}<0.8；(J<0.0025)，n=2；$$

$$Fr=\frac{V}{\sqrt{gR}}>0.8；(J>0.0025)，n=3；$$

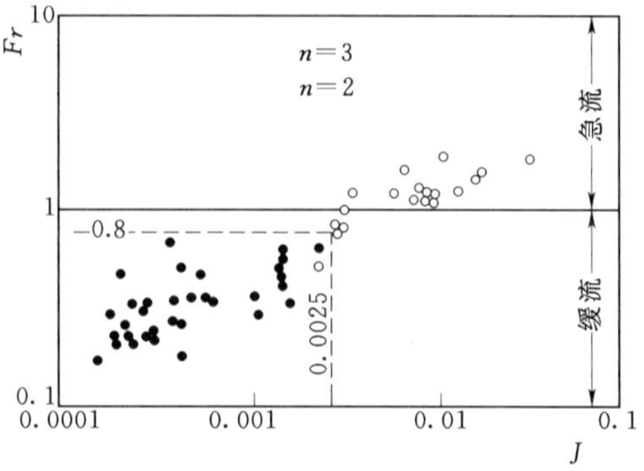

图 18

可见水流的流态，对于挟沙的性能是有一定区别的：一般缓流的挟沙能力基本上与有效流速的二次方成正比，急流则与其三次方成正比。

过去研究水流挟沙能力问题，常做水槽试验。由于水深的限制，要加大流速，只有加大比降，使流水成为急流。因此，假如我们利用这种试验成果或公式，推估自然河流的挟沙能力，由于流态已不一致，希望得出可靠的结果是有困难的。

10. 沉速指数的验证

通过上面的分析，我们得到了挟沙能力的基本规律：

$$\rho_0=\frac{Kd}{\omega^{4/3}}\left(\frac{V-V_0}{\sqrt{R}}\right)^n$$

这一公式具体反映了泥沙的特征，必须同时包括几何特征粒径 d 和水力特征沉速 ω。

我们收集的有关挟沙能力的资料中，一般只有粒径 d 的记录，缺乏沉速 ω 的记录。在决定基本规律时，沉速 ω 是依据一般情况，温度 $t=20$℃，由粒径 d 计算而得的。因而，就不能反映出同一粒径 d 时由于水温的变化而引起沉速 ω 的变化，从而使挟沙能力ρ_0也跟着改变的情况。这样，就需要有一套同一粒径 d，而在各种不同水温下，引起了沉速 ω 变化的含沙量的实验资料，加以验证。

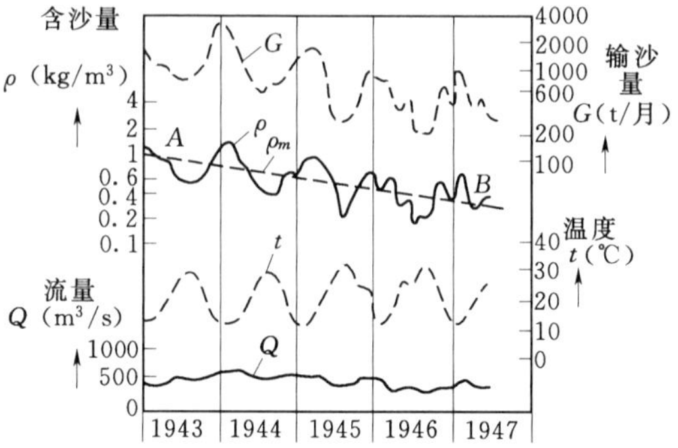

图 19

根据美国科罗拉多（Colorado）河的米特湖水库出口段的记录[22]，流量 Q 的变化比较不大，泥沙粒径也接近常数 $d=$

0.044～0.0295毫米，从1943—1947年含沙量 ρ 与水温 t 的变化绘如图19。图中 AB 线是一条依据逐年变化情况，描出的含沙量降低的平均趋势线（可以认为是由于沙源供给逐年减少之故）。

可以清楚地看出：冬天温度低，含沙量大；夏天温度高，含沙量小。二者之间有十分密切的关系。

取各年含沙量平均值 ρ_m，并绘制相对含沙量 $\frac{\rho}{\rho_m}=f$（t℃）曲线，见图20。

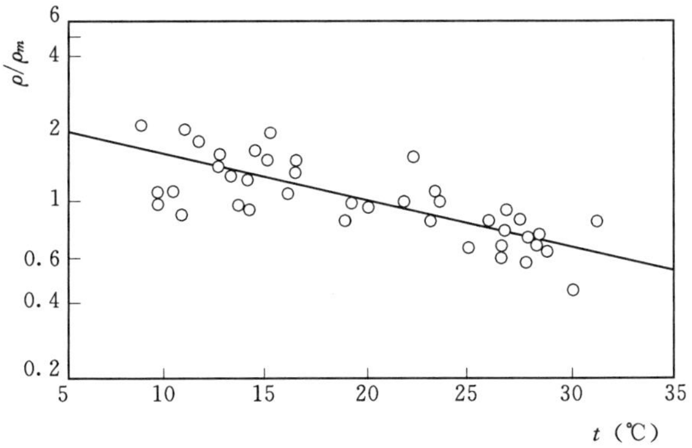

图20

依据这一资料，我们来验证基本公式（91）中，沉速 ω 的指数4/3是否正确。

滞流区泥沙 $d<0.1$ 毫米，沉速 ω 与粒径 d、动滞性率 ν 的关系如下：

$$\omega \propto \frac{d^2}{\nu}$$

对于同一粒径 d，沉速与动滞性率成反比，即：

$$\omega \propto \frac{1}{\nu}$$

基本规律公式（91）中 d、R、V 都保持不变时，则

$$\rho_0 \propto \frac{1}{\omega^{4/3}}$$

因此，相对含沙量 $\frac{\rho}{\rho_m}$ 与相对动滞性率 $\frac{\nu}{\nu_m}$ 的关系如下：

$$\frac{\rho}{\rho_m}=\left(\frac{\omega_m}{\omega}\right)^{4/3}=\left(\frac{\nu}{\nu_m}\right)^{4/3} \tag{93}$$

式中，ν_m 为平均水温20℃时的动滞性率。

以 $\frac{\rho}{\rho_m}$ 作纵轴，$\frac{\nu}{\nu_m}$ 作横轴，把上面的资料绘于对数纸上，见图21。

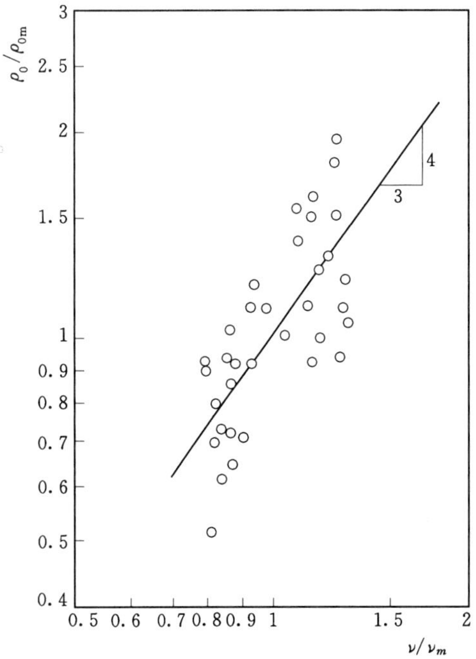

图21

可见，点子分布呈直线趋势，这直线的斜率为4/3，与式（91）指出的关系相同，这样，挟沙能力基本公式中，沉速 ω 的指数4/3的正确性也就得到了初步证实。

11. 挟沙系数 K

挟沙能力基本公式中的挟沙系数 K，是一个全面的系数，反映水流与挟沙的总的特征，包括各种难以或无法用函数式表达的因素：

(1) 平衡状态或饱和程度的特征；

(2) 泥沙组合的特征；

(3) 水流结构的特征；

(4) 河床与河槽形态的特征；

(5) 其他各种未知的特征。

显然，上面所列的五种因素中，第一种平衡状态的特征变化幅度很大，从最小的不冲平衡到最大的不淤平衡。因此，这就成了影响挟沙系数 K 值的主要因素。

通过分析，我们把各组资料的挟沙系数与粒径的关系，绘成图 22。

这次分析的资料，包括范围较广：泥沙方面，从细泥到细砾；水流的种类有长江、黄河、渠道、水槽等；挟动方式，有推移质和悬移质，并且还增加了异重流的资料。异重流的流速和水力半径是指浑水断面的平均流速和水力半径。

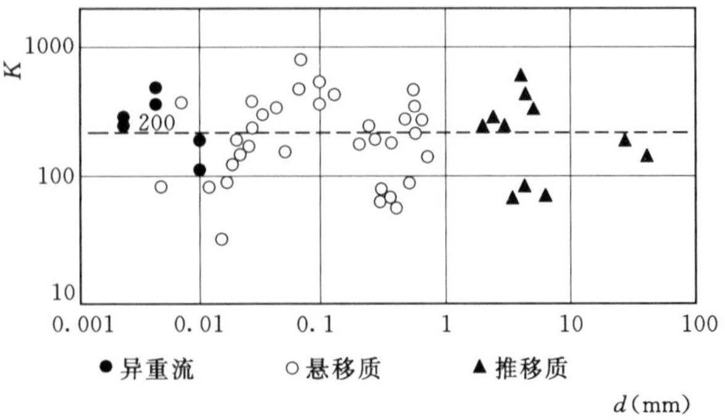

图 22

可以看出，在整个颗粒范围内，挟沙系数 K，无论推移质、悬移质或异重流，都比较接近，并且急流（$n=3$）与缓流（$n=2$）的 K 值，数量上也没有显著的差别。

挟沙系数 K 是一个无量纲常数，其中基本上已不再包含任何泥沙变量和水力变量。所以，各种水流挟沙系数的变化，可以被认为是一种几率性的特征；在泥沙来源充足，水流脉动强烈等有利条件下，可能较高，反之，就要降低。

我们把全部的挟沙系数进行统计，绘成频率曲线如图 23。图中纵轴为挟沙系数 K，横轴为出现的频率 P（%）。这种频率又可以叫做“不淤保证率”。

可以清楚地看到，挟沙系数的频率曲线是成一直线的；这样，我们最初在相关分析中，对于挟沙系数的分配规律成对数正态分配曲线的假设，也就得到了证实。

将频率曲线的两端作直线延伸，就可以得出在各种不淤保证率时的挟沙系数，见表 5。在设计河渠水流的挟沙能力时，按各种不淤保证率的要求，正确地选定挟沙系数。

此外，还可以看出，挟沙系数最大极限值可达 3000 左右，这一数值，通过泾惠渠、洛惠渠和渭惠渠等实测资料，已得到证实。

对于自然河流输沙量的估计，在缺乏实测资料或相似河流资料时，可采用不淤保证率

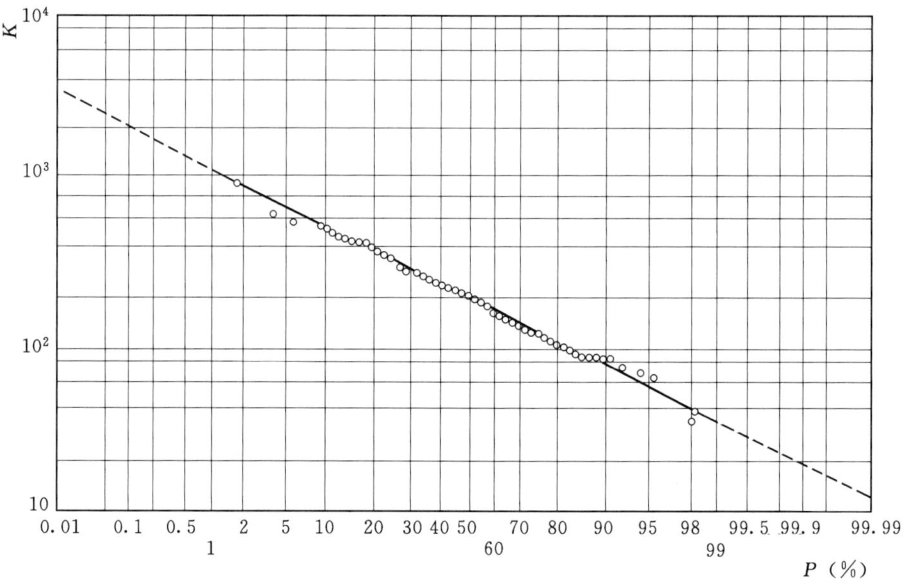

图 23

为 50%，即相当挟沙系数的统计中值K_{50}=200 进行估计。

表 5

不淤保证率 P（%）	挟沙系数 K	饱和程度	趋势	备注
0.01	3160	上极限	淤　积	
0.1	2000			
1	1120	超饱和	淤积已显	
10	525	高饱和	淤积不显	
15.9	440	正饱和	不冲不淤	均方差
20	376			
30	299			
40	248			
50	200			中值
60	161			
70	134			
80	106			
84.1	91			均方值
90	76	低饱和	冲刷不显	
99	37	未饱和	冲刷已显	
99.9	20	下极限	冲　刷	
99.99	13			

12. 挟沙能力的一般公式

挟沙能力基本公式，通过上面的验证，已得到肯定。现在再进一步把这一公式发展成为挟沙能力的一般式，从而估算对其他固体颗粒的挟运能力。

挟沙能力基本规律如下：

$$\rho_0=\frac{Kd}{\omega^{4/3}}\left(\frac{V-V_0}{\sqrt{R}}\right)^n$$

这一公式，为了符合我国生产部门的习惯，式中各变量的单位采用：ρ_0（公斤/米^3）、V（米/秒）、V_0（米/秒）、R（米）、d（毫米）、ω（毫米/秒）。

现在，为了使挟沙能力公式一般化，只要把挟沙能力ρ_0（公斤/米^3）改为有效重（固体颗粒在液体中的有效重量）挟沙能力P_0（公斤/米^3）就可以适用于其他液体和固体颗粒。

因

$$P_0=\left(\frac{\gamma_s-\gamma}{\gamma_s}\right)\rho_0$$

对于水和泥沙

$$\left(\frac{\gamma_s-\gamma}{\gamma_s}\right)=0.62$$

代入挟沙能力基本公式，得一般式：

$$P_0=0.62K\frac{d}{\omega^{4/3}}\left(\frac{V-V_0}{\sqrt{R}}\right)^n \tag{94}$$

或

$$\rho_0=0.62K\left(\frac{\gamma_s}{\gamma_s-\gamma}\right)\frac{d}{\omega^{4/3}}\left(\frac{V-V_0}{\sqrt{R}}\right)^n \tag{95}$$

式中，系数 K 以及各变量的单位与基本规律公式相同。只是挟沙能力P_0是指单位时间内，通过断面的固体颗粒的有效重量与流量之比。

13. 结论

明渠挟沙能力的决定性因素有四个：有效流速（$V-V_0$）、水力半径R、粒径d、沉速ω，其关系式如下：

$$\rho_0=\frac{Kd}{\omega^{4/3}}\left(\frac{V-V_0}{\sqrt{R}}\right)^n \quad \begin{cases} n=2 & (Fr<0.8) \\ n=3 & (Fr>0.8) \end{cases}$$

式中，挟动流速V_0和挟沙系数 K 应该用试验或实测的方法来决定。在没有资料时，可根据实际情况，利用各种幺速公式（开动、扬动、止动）和平均挟沙系数$K_{50}=200$进行估计。

对于一般液体挟运固体颗粒的挟运能力规律，其关系式如下：

$$\rho_0=0.62K\left(\frac{\gamma_s}{\gamma_s-\gamma}\right)\frac{d}{\omega^{4/3}}\left(\frac{V-V_0}{\sqrt{R}}\right)^n \quad \begin{cases} Fr<0.8,\ n=2 \\ Fr>0.8,\ n=3 \end{cases}$$

已往对于挟沙能力的分析，常把推移质和悬移质分别处理，说是属于两个本质上各不相同的规律；事实证明，这种传统的说法是没有根据的。我们认识到泥沙运动中的推移质和悬移质二者之间只有数量的不同，并无本质区别，应该是完全可以统一在一个自然规律之内的。现在，我们证实了这一概念的正确性。

参考文献

[1] Stokes, G. G., Cambridge Trans, . Vol 9; Collected Papers, Vol. Ⅲ, 1850.

[2] Newton I., Philosophia Naturalis Prineipia Mathematica. London. 1726.

[3] Schiller, L., Fallversuche mit Kugeln und Scheiben, Handbuch der Experimentalphysik, Vol Ⅳ-2, Akademische veragsgesellschaft, m. b. H., Leipzing, 1932.

[4] Pettyjohn, E. S. & Christiansen, E. B., Effect of Particales Shape on Free—settling Rate of Isometric Particles, Chemical Engineering Progress, Feb., 1948.

[5] McNown, J, S. & Malaika, J., Effects of Particle Shape on settling Velocity at Low Reynolds Numbers, Tiranc. American Geophysical Union, Vol, 31, No. 1, 1950.

[6] 萨马林, E. A. 著, "水工结构设计", 莫斯科水利工程学院中国研究生合译 179 页, 1953.

[7] 同 [6].

[8] Гончаров, В. Н., Основы динамики русловых потоков, 1954.

[9] Wassiliew, Charakteristik der Sinkgeschwindigkeit von Flussablagerungen, Wasserkraft und Wasserwirtschaft, 22, 1935.

[10] 何之泰，河底冲刷流速之测验，水利月刊，6 卷 6 期，1934.

[11] Кнороз, В. С., Неразмывающая скоростъ для мелкозернистых грунтов. "Гидротехническое Строителвство", No. 8, 1953.

[12] Замарин, Е. А., Транспортирующая способностъ и допускаемые скорости течения в каналах, 1951.

[13] Meyer-Peter, E., Favre, H., und Einstein, A., Neuere Versuchresultate ueber den Geschiebetrieb, Schweizerische Bauzeitung, Vol. 103, No. 13., 1934.

[14] Gilbert G. K. and Murphy, The Transportation of Debris by Running Water, U. S, Geological Survey professional paper 86, 1914.

[15] Kramer, Sand Mixture and Sand Movement in Fluvial Models, Pros. A. S. C. E., 1934.

[16] Studies of River Bed Materials and Their Movement with Special Reference to the Low Mississippi River, U. S. Waterways Experiment Station, Paper 17, 1935.

[17] 窦国仁，论泥沙起动流速，水利学报第 1 期，1960.

[18] 唐存本，泥沙起动规律，水利学报第 2 期，1963.

[19] Sokolow, D., Hydraulicher Erdtransport, Wasserkraft and Wasserwirtschaft, 10, 1934.

[20] Filep. L., Bemerkungen ueber die Anwendbarkeit des Schlaemmverfahrens bei Aufschuettungsarbeiten und Formeln fuer das Abliessen des Schlammes in offenen Kanaelen, Wasserkraft und Wasserwirtschaft, 5. 1934.

[21] Кнороз, В. Н., Безнарный Гидротранспорт и его расчет, ИЗВ ВНИИТ, т. 44, 1951.

[22] Lane, E. W., Carlson, E. J. and Hanson, O. S., Low Temperature Increases Sediment Transportation in Colorado river, Civil Engin. Sept., 1949.

摘自《高等学校自然科学学报》，土木、建筑、水利版 1966 年 1 月

其他

工程学生与新中国

李仪祉先生民国17年十月三十日下午七时在河海同学会上的演讲

沙玉清记

诸君，这是一个真实改革的时期，这是国家新生命的创造，工程家服务社会的时期。我们的谈话应和以前不同了。以前的谈话，讨论的不外是关于学术的研究、人格的修养和生活的稽谈。对于政治方面，往往不喜欢谈，因为见解不同，易受政潮的影响；并且对此腐败的政治，种种空谈实无裨益，倒不如实事求是，能做些实际工作。

现在的同胞之间，充满着发扬光大的气氛。回想过去社会情形，军阀跋扈，政员贪污，使人民扰攘终日，不得安其所业，工程家不愿将一生的名誉事业，随同彼等牺牲，所以很少涉足社会事业。现在，军阀的末日已至，国人饱受了剧痛与重创，也渐有觉悟了。经过这次轰烈的改革，将一切阻止社会事业的恶势力由根铲除。新中国的前途是无限量的，当以国人之能否奋勇向前，努力建设为断。

现在是一个新国家，各方面都呈着新气象。新国家的建设，虽不易尽谈，然而希望很大。诸君是将来的工程家，应当格外努力向前，要把自己的知识范围扩大，对于工程以外的学问，都要随时留意，因为要担负较大的责任，须有较广的知识，这是无疑的。

历史的事实告诉我们，古代为国主政的，有很多是工程家，不讲旁的，大禹就是一个水利工程大家。他把我们整整一个中华，从水里援救了出来，舜就让他作皇帝。周公也是一个大工程家，同时又是一个政治大家，最有名的指南车就是他发明的，他还著有《考工记》一书，开我国工学的鼻祖。墨子与公输子亦是两个工程家，他们相互对垒，发明了许多机器，当然，墨子还是一个大哲学家。诸葛亮也是一个工程大家，发明了木牛流马和许多机械。由此看来，古代许多政治家就是工程家干的，工程家可以治国的明证是无疑的了。我可以说，工程家治国，虽不可能都是良相，毕竟还是一个良工。

在我国中古时期，政府对于人民非常接近。社会上的一切建设事宜，甚至百姓居家房屋，都由国家来代为计划。但是到了汉代以后，政府对于人民的事业就抱着一种放任主义了。除赋税纳粮之外，一切人民的疾苦、社会的建设，均置之不相过问。千百年来，直到今日，社会的公共事业，一无进步。

现在的社会与以前大不同了，许多大规模的企业，绝不是个人的经济力量能办的。铁道、马路、浚河、灌溉以至大工厂，均须国家的力量来兴举。将来，“三民主义”的实现，“民生问题”的解决，公益建设事业的完成，都要有工程家的心虑热血，工程家对于新中国前途的责任非常重大。

《工程学》是应用各种科学的科学，它的范围很大。工程家不仅对于它的基本科学——自然科学，要有精确的研究；就是对于其他科学——社会科学，亦须有相当的训练。这一点，在前辈的工程家，往往不加注意。因为以前的工程家，所做的不外是为某几个军阀或资本家伸张利益，社会的情况，与他们是无关痛痒的。现在的工程家，要为国家做事，为民众谋利益，工程家不仅要能运用工程学理，并且还要领导社会，开拓利源，筹划实业。比如，创办一所水力工厂，同时就发生三个问题：一、工务方面的计划；二、资本来源的计划；三、全厂消费的计划。解决第一个问题，当然依据工程学理，而第二个、第三个问题，那非得有充分丰富的"经济知识"才能解决得了。

一个大工厂，往往有千百工人，工人将他全部的生活，托给了工厂。工厂对于工人的居住、娱乐、卫生等问题，应当加以十分的注意，使工友们都能安心地工作。我国的社会情形，如此之复杂，工程家更当格外努力，勇于研究考察各方情形，使问题得以安然解决！

工程一旦建设完成，工程家决不可随意丢手，听其自然。否则年复一年，要不了多久，当年费尽心血财力的结晶，就得完全化为乌有。所以，工程家在工程告竣之后，即当负责研究保管之法，严订条规，俾得就范处理，工程的寿命方可尽其天年，而不至受意外的摧残了。比如，浚河已毕，即当定有水运的条规，方不致复淤。它如较大的灌溉工程，更当严为组织，使各方运用得体，这才能享受到工程的实惠。所以，关于工程的保护和维修方法的研究，也是工程家分内应尽之责。晚近工程事业很多，较大的像铁路、马路、市政等，每行都有一定法规。这种法规和一般法律不同，决非无工程知识的法律家所能随意拟定的。工程家应当自己起来，研究考虑，把工程的法律建立起来。

从此点看来，做一个工程家——一个为民众谋幸福的工程家，对于经济、法律、社会等科学，均应当加以注意，虽然不必要去做精专的研究，但对于各样的原则，至少当有充分的理解。过去的工程家缺乏这类知识，一些人虽充满了热诚，想为国家效力，结果因能力太小，不幸的失败了。

诸君，自己要知道自己的责任重大。工程家是建设新中国的灵魂，是建设新中国的导师。苟能奋勇尽智为社会作一番事业，前途更多么光明，多么伟大！

敬祝诸君，努力向前！

摘自《李仪祉先生遗著》石印本第13册杂著，1940年5月

悼 仪 师

先师李仪祉先生的逝世，是国家的大不幸，是民族莫可挽回的损失。我们除了悲痛万分，谨守遗训，完成先师未竟的大业外，更有几点，应该永矢不忘！

谁都知道：中华民族的创建，是由于黄帝征服蚩尤，大禹治平水土而来的。中华民族的生存史中，不仅是和异族斗争（攘夷），且为异族而斗争（我化）；同样的，中华民族不仅是和水斗争（防洪），且为水而斗争（灌溉）。这种史实教训我们，中华民族要光荣的、独立的生存于世，非把异族征服不可，非把水土治平不可！现在，我们的中华民族，已到了存亡续绝的最后关头，亦就是和“异族”和“水”斗争最紧要的时候！李先生是我们导淮治黄，治平水土的领袖。

李先生从创办河海工程专门学校，培植水利人才的时代起，经过著文立说，鼓吹水利救国的时代，主持国内各水利机关，着手拟定计划的时代；到最近几年，导淮引泾事业的时代，全国的水利事业，可说没有一件，不是先师的心血构成的。李先生是中国新水工学术的母亲，是中国水利史的划时代者。

李先生的笃信科学，如同教徒信奉教义一样，坚贞而实践。科学的精义，是追求真理，是大公无私，是统制自然。先师想把中国的水工学术彻底的科学化，除创办河海工专、西北农专水利组等学校，讲授科学治水学术外，凡与水工有关的基本科学，如“水工试验”“最小二乘法”“宇冰学说”“诺模术”“实用水力学”等重要学理，莫不尽先译著，教我国人，启我民智。最近，李先生更想在西北农专创设“西北水土经济研究所”，从事各种研究，以奠定水工学术的基础。凡曾到西北考察过先师所创各种水利事业的，莫不赞叹科学治水新事业之伟大，一切的一切，都显示先师笃信科学的灵迹。

记得民国18年，政府聘请德国水利专家方修斯来华，和李先生参订导淮大计。方氏和先师过从既久，深受感动，竟称先师曰“佛”。方氏返国后，乃改信孔教，谓中华文化道德精神，冠绝世界，德人均以“中国狂”目之。先师感人之深，乃至于是！李先生是中华文化道德精神的代表，是人类永远的导师。

摘自《李仪祉先生纪念刊》西北农专水利组1938年6月

《西北水声》发刊词

民族文化的创造与建立，需从三方面努力，第一是真理的探讨；第二是知识的传授；第三是事功的实施。这三者彼此间的关系非常密切，如同我们的耳目、手足一样，是莫可分离的。

本刊的使命就好比灵敏的神经、活泼的血液，把各方面的机能，多方面的力量，紧紧地亲切地联系起来，共负起建设西北水利文化的重责！

民国《西北水声》第1期，第一卷，1940年6月

我国城市的防空问题

1. 城市防空问题的由来

从前，我们使城市居民的生命财产免受敌人危害，常常是筑一城墙，墙外挖一城河来保护的。不过从整个民族的生存着眼，防御工事都应当建设到离开城市很远的国家边界上去；因此，对于每个城市的单独防御，似乎可以不加注意。但是到了现代，我们的战术中又多了一种飞机的空中袭击，国土之内无论何时何地都有受到敌人攻击的可能。城市个别的防护，尤其是防空问题就重新严重紧张起来！几乎成了每个国民，自卫卫国的共同战策了。

2. 空袭的目标

敌人袭击的目标：第一，当然是我们纯粹的军事设施，像炮台、战壕、兵工厂、飞机场等等。因为这是我们民族生存的爪牙，爪牙破坏了，就只有束手待毙。第二，就是我们的大城市和大工厂。因为这两种地方，是一个国家最重要的生产机关，等于一个民族的心腹，心腹受了毁坏，那民族整个的经济和相关的中央机构，必致死命。所以，我们受攻击的主要目标，愈聚集在一处，愈容易触目，受空袭的危险性亦就愈大，愈当加意防护了！一个大城市，包藏着一个民族的精粹（人民和财富），敌人有时是以整个城市作为攻击目标的。因此，一个城市的各部分，都有受空袭的可能性；但我们仍可把一个城市各地的危险性，加以分析，来估计我们的防空的对策。除了纯粹军事设施之外，主要攻击的目标，大概首先是交通和通讯的设施，像铁路、港埠、桥梁、飞机场、邮电局等等；其次，就是军事经济上重要的机关，以及水电厂、煤气厂、行政机关、银行等。其他，像商店集中、人口稠密的地方，有时亦可做直接攻击的目标。

3. 空袭的兵器

城市防御敌人空袭的方法，应当根据敌人空袭时所用的兵器和效能而定。近代空袭所用的兵器，大概不外三种：

（1）轰炸弹：这种炸弹，对着集团的人群或巨大的建筑物投掷，利用炸弹本身的爆炸力，来毁灭我们的生命和财产。

（2）燃烧弹：这种炸弹的主要作用在引起物质的燃烧，直接破坏我们的财产，间接危害我们的生命，尤其是在战争恐慌情形之下，最为危险。

（3）毒气弹：这种炸弹内藏毒气，完全是以危害城市居民生命为目的。

4. 城市防空的原则

敌人袭击城市所用兵器的效能，不外爆炸、燃烧、毒气三种。假如我们的城市，人口是密集一处的，房屋是引火易燃的，街道是狭隘且不通风，毒气是腾积不散的，那么，同时受着以上三种炸弹的攻击，就危险万分了！可见，城市的安危与否，应和城市本身各部的布局最有关系。据各国学者研究，一个空袭危险性最小的城市（即防空问题解决得好的城市），应符合下列十项原则：

（1）市内的建筑，须避免密集一处，设法使之松散，特别注意火灾的防御。

（2）市内多辟各种园林，并备有大宗水面（溪、河、湖、池等）。

（3）房屋的布置，要使空气流通便利。

（4）住家和商店要力求分散，工厂最好移在城市远郊，空旷的地方。

（5）铁路车站要尽力设法保护，货车站和调车场要在城市边上。

（6）邮政电报设施要分散各处，水电煤气等厂不可集中一地。

（7）公共机关、学校、集会场、戏院等不可聚在一起，并应远离特别危险地段。

（8）关于民众健康福利的设施，尤其是医院，最好在城市边部。

（9）道路要宽阔，尤其是要使交通繁盛、建筑稠密的中心市区，来往便利。

（10）设防空室，并尽量利用已有的地下建筑。

5. 结论

根据上面的城市防空十项原则，对于将来建设新城市，固可得一正确的途径；同时，对我们现在已有的城市，他的空袭危险性如何？亦可加以检讨。我国的大城市，如上海、天津、广州、汉口等处，人口稠密，建筑畸形发展，加之靠近租界，将来一旦战事发生，防空问题当致异常严重而复杂，非急切补救不可！补救的办法，不外将密集的人口渐渐使之分化，重要的公用机关、经济机关、工厂等宜迁往郊外。同时，对于市民的防空技能，应加紧训练，并积极置备私人的防火器材以及防毒面具等。至于我国的旧式城市，居民住的大部是平房，人口亦不密集，所以对于空袭的轰炸危险性小；但因我国的民居，大部利用木材，其间甚或杂有草屋，火灾的危险性较大。不过小城镇的住房，庭院面积甚大，且杂有园林水池，因此防火环境亦较极易改良；唯市内的草屋以及各种木、竹、柴行等易引火之物均须加以取缔，移置市外适当空地。同时，应奖励采用坚固的砖石水泥等建筑材料，并充实私人及公家的消防设施。园林，对于城市的防空常有特殊的效用，因为有了成行稠密的树林，车辆在树下来往，飞机不易看见。所以理想的城市园林地，必须能贯通市内各地，如同血管在人体内一样。我国过去对于城市的设计，都没有注意到这点，当急切补救之。

现在总结说，对于我国城市防空的工作，可分为下列六点：

（1）建设符合防空原则的新城市。

（2）将空袭危险性较大的旧城市，逐渐改良，使之防空合理化。

（3）市内装置高射炮，并切实训练市民防空技能，组织市民防空队。

（4）奖励市民建造防火性房屋，取缔市内易引火建筑。

（5）市民应置备私用消防器以及防毒面具、防空地窖等。

（6）市内空地及马路两旁，多种树木。

摘自《科学世界》第6卷，第1期，1937年1月

中国水利旧籍书目

前读刘仙洲先生《中国旧工程书目录》一文（见清华周刊第39卷第10期工程专号），详举民国以前线装之工程旧籍，并加以介绍，裨益后学，良非浅显。兹将我国关于水利之旧籍，以书名首字（繁体字）笔画为序，列举如次：

书名	卷数	著者
（二画）		
1. 二十四史九通政典类要合编　食货田赋	320卷	清　黄书霖
2. 入淮巨川编		齐召南
（三画）		
3. 三才汇编	6卷	龚在井
4. 三江水利纪略	4卷	
5. 三吴水考	16卷	明　张内蕴　周大韶
6. 三吴水考	16卷	林应训
7. 三吴水利考	2卷	王道行
8. 三吴水利条义		清　钱中谐
9. 又	1卷	清　钱　泳
10. 三吴水利论	1卷	伍余福
11. 三吴水利录	4卷	明　归有光
12. 山西各县河渠图	1册	
13. 山西省名县渠道表	2册	
14. 千金堤志	8卷	谢廷谅等
15. 上虞塘工纪略	2卷	连仲愚
16. 上虞县五乡水利本末		陈　恬
17. 大学衍义补　除民之害		明　邱　浚
18. 大学衍义补辑要　除民之害		清　陈宏谋
（四画）		
19. 天下郡国利病书	120卷	清　顾炎武
20. 元史　河渠志		明　宋　濂
21. 太平御览　地部救水灾		宋　李　昉等
22. 太湖备考	16卷	清　金友理
23. 水利五论	1卷	顾士琏
24. 水利书	1卷	宋　范仲淹

25. 水利刍言	1卷	清　季庆云
26. 水利通篇		韩　准
27. 水利备考	4卷	梅启照
28. 水利图经	2卷	程师孟
29. 水利编	3卷	王　章
30. 水利论说		曹庆孙
31. 水利营田图说	1卷	吴邦庆
32. 水利杂记		郑日奎
33. 水利谭	1册	郭希仁
34. 水道提纲	28卷	齐召南
35. 水机图说		陈忠倚
36. 水学赘言	1卷	清　钱　泳
37. 日知录　水利　河渠	1卷	清　顾炎武
38. 五省沟洫图说	1卷	清　沈梦兰
39. 升庵外集　地理部		杨　慎
40. 文献通考　田赋水利考		宋　马端林
（五画）		
41. 古今疏治黄河全书	4卷	明　黄克缵
42. 古今图书集成　考工典水车部		
43. 册府元龟　邦计部河渠		宋　王钦若等
44. 四明它山水利备考	2卷	宋　魏　岘
45. 永定河志	32卷	
46. 北河纪	8卷	明　谢肇淛
47. 北河续纪	8卷	清　阎廷谟
48. 玉海　地理门		
（六画）		
49. 考古类　水利　治河		柴绍炳
50. 朱子经济文衡类编续集　水利类		宋　朱　熹
51. 行水金鉴	175卷	清　傅泽洪
52. 西北水利		俞　森
53. 西北水利议		许承宣
54. 西湖水利考	1卷	吴农祥
55. 西渎大河志	5卷	明　张光孝
56. 江北运程	41卷	董　恂
57. 江苏水利全案	25卷	清　李庆云
58. 江苏水利全书图说	12卷	清　陶　澍
59. 江苏海塘新志		清　李庆南

60. 全吴水略	7卷	明　吴　韶
61. 全河备考		叶方恒
62. 各省水道图说		
63. 史记　河渠书		汉　司马迁
64. 安澜文献	1卷	清　沈光曾
65. 安澜纪要	2卷	徐　端
（七画）		
66. 甬上水利志	6卷	清　周道遵
67. 吴中水利记		吴　恩
68. 吴中水利书	1卷	宋　单　锷
69. 吴中水利书	28卷	明　张国维
70. 吴中水利通志	17卷	
71. 吴江水考增辑	5卷	明　沈　啓
72. 吴郡志　水利		宋　范成大
73. 吴郡图经续纪　治水		朱长文
74. 宋史　河渠志　食货志		元　脱　脱等
（八画）		
75. 治下河论		张鹏翮
76. 治水或闻	4卷	明　庞尚鸿
77. 治水要议	1卷	清　孙宗彝
78. 治水方略	10卷	清　靳　辅
79. 治河七说	1卷	清　刘　鹗
80. 治河前策	1卷	清　冯祚泰
81. 治河后策	2卷	清　冯祚泰
82. 治河奏疏	4卷	明　李化龙
83. 又	2卷	明　周堪赓
84. 治河奏续书	4卷	清　靳　辅
85. 治河要语		
86. 治河通考	10卷	吴　山
87. 又	10卷	刘　隅
88. 治河管见	4卷	明　潘凤梧
89. 治河图略	1卷	元　王　喜
90. 治河总考	4卷	明　车　玺
91. 治河议	1卷	陈　虬
92. 河工奏折	1卷	清　黎式序
93. 河工书	1卷	吕　坤
94. 河工碎石方价	1卷	清　黎式序

95. 河工器具图说	4卷		麟庆
96. 河防一览	14卷	明	潘季驯
97. 河防一览纂要	6卷	清	陈子豫
98. 河防志		清	张鹏翮
99. 河防律令	2卷		
100. 河防述言	1卷	清	张霭生
101. 河防要览			陆燿
102. 河防记		元	欧阳玄
103. 河防刍议	6卷	清	崔维雅
104. 河防通议	1卷		
105. 又	1卷		沈立
106. 又	2卷	元	沙克什
107. 河防须知	2册		
108. 河防疏略	20卷	清	朱之锡
109. 河纪	2卷	清	孙承泽
110. 河渠志	1卷		吴道南
111. 河患备考	2卷		徐标
112. 河漕通考		明	黄承元
113. 考金　河渠志　食货志		元	脱脱等
114. 明史　河渠志	1卷	清	张延玉
115. 明江南志水记	1卷		陈士镛
116. 明会典	12册		
117. 东吴水利考	10卷	明	王圻
118. 东南水利	8卷	清	沈恺会
119. 东南水利略	6卷		凌介禧
120. 东华录	100卷	清	王先谦
121. 东华续录	100卷	清	王先谦
122. 固始水利纪实	1册		桂林
123. 两河奏疏	10册		严烺
124. 两河清汇	8卷	清	薛凤祚
125. 两河经略	4卷	明	潘季驯
126. 两河管见	3卷	明	潘季驯
127. 两河观风便览　河防			
128. 两浙水利详考			
129. 两浙海塘通志	20卷	清	方承观
130. 具区志	16卷	清	翁澍
131. 怡贤亲王疏钞	1卷		吴邦庆

132. 寄器图说	3卷		邓玉函
133. 居济一得	8卷	清	张伯行
134. 直隶河渠志	1卷	清	陈　仪
135. 直隶河道事宜	1卷		
136. 姑苏水利	1卷		刺正甫
137. 迴澜纪要	2卷		徐　端
（九画）			
138. 泉河史	15卷	明	胡　瓒
139. 泉河志	6卷		张　桥
140. 泉河纪略	8卷		张　纯
141. 南河志	14卷	清	朱国盛
142. 南河成案	54卷		
143. 南河成案续编	64卷		
144. 南湖水利图考	2册	明	陈　善
145. 皇明奏疏类钞　河渠类		明	台　臣
146. 皇都水利	1卷	明	袁　黄
147. 皇朝文献通考　田赋考			
148. 皇朝畜艾文编　水利		清	于宝轩
149. 皇朝续文献通考　田赋考			刘锦藻
150. 皇朝通志　食货略			
151. 皇朝通典　食货典			
152. 皇朝经世文统编　地舆部			
153. 皇朝经世文钞　河防		清	陆　耀
154. 皇朝经世文编　工政		清	贺长龄
155. 皇朝经世文续编　工政		清	盛　康
156. 又　工政		清	葛士浚
157. 皇舆西域图志	11册		
158. 春明梦余录　工部川渠			孙承泽
159. 宣和编类　河防书	192卷		
160. 禹贡水利利害详注			
161. 泄湖入江议			叶　机
162. 奏减河工价料则	1卷	清	曹振镛
163. 前汉书　沟洫志		汉	班　固
（十画）			
164. 荆州类编			
165. 荆州万城堤志	10卷	清	倪文蔚
166. 荆州万城堤续志		清	舒　惠

167. 荆楚修疏指要	2册		胡祖翮
168. 浙西水利书	1卷		
169. 浙西水利书	3卷	明	姚文灏
170. 浙西水利备考	8卷	清	王凤生
171. 又	4卷	清	任兰佑等
172. 又			帅承瀛
173. 浙西水利议答录	10卷	元	任仁发
174. 浙西水利海防考	14卷		
175. 浙西海塘事宜册	1册		
176. 浙江通志　水利海防			
177. 泰西水法	6卷		熊三拔
178. 宸垣识略　水利		清	吴长元
179. 捍海塘志	1卷		钱文瀚
180. 高家堰记			俞正燮
181. 桑麻水利族学汇存	4卷	清	李有棻
182. 马棚湾浸工始末	1卷		
183. 海宁念泛大口门二限三限石塘图说	1册		袁镇宗
184. 海塘记	1卷		黄光昇
185. 海塘通志	20卷	清	方观承
186. 海塘新志	6卷	清	方观承
187. 又	6卷	清	琅　玶
188. 海塘说		清	高　晋
189. 海塘录	8卷	明	仇俊卿
190. 海塘录	26卷	清	翟均廉
191. 海塘辑要	12册	清	杨　鏷
192. 海塘览要	12册		杨　鏷
193. 修举三吴水利考	4卷		吴应夔
（十一画）			
194. 淮水考			郭起元
195. 淮水记			朱云锦
196. 淮水编			齐召南
197. 淮北水利说			丁　显
198. 淮南水利考	2卷		
199. 淮阳水利图说		清	冯道立
200. 闻水集	3卷	明	刘天和
201. 闻水漫录	4卷		盛百二
202. 娄江志	2卷	清	顾士琏

203. 娄江条议	1卷		陆世仪
204. 通志　食货略		宋	郑　樵
205. 通典　食货		唐	杜　佑
206. 通惠河志	2卷	明	吴　仲
207. 淡灾蠡述	1卷		范明和
208. 常熟水论	1卷	明	薛尚质
209. 教养全书	40卷	清	应㧑谦
210. 陈学士文钞	1卷		陈　仪
211. 绍兴水利图说	2卷		贾应壁
212. 康济谱　水利		明	潘麟长
（十二画）			
213. 扬州水利论			
214. 湖北襄郧道水利集案	2册		
215. 钦定大清会典　工部			
216. 钦定大清会典事例　工部			
217. 钦定河工价则例章程	3卷		
218. 钦定续文献通考　田赋考			
219. 钦定续通志　食货略			
220. 钦定续通典　食货略			
221. 疏河心镜	1卷		凌鸣喈
222. 疏瀹论	1卷		潘欲仁
223. 黄河图议	1卷	明	郑若曾
224. 黄河说			朱云锦
225. 黄运两河考议	6卷		
226. 黄岩县河闸志	2册	清	刘世宁
227. 博物典汇　水利		明	黄道周
228. 博雅备考　水利治河			张彦琦
229. 阳邑芙蓉湖修堤录	8卷		何希曾
230. 鄂省丁漕水利合编	10卷	清	林远村
231. 湘湖水利志	3卷	清	毛奇龄
232. 敬止集	4卷	明	陈应芳
（十三画）			
233. 靳文襄奏疏	8卷	清	靳　辅
234. 楚北水利堤防纪要	2卷	明	俞昌烈
235. 新河成疏		明	游李勋
236. 新河初议	1卷		
237. 新刘河志	1卷	清	顾士琏

238. 新浚海盐内河图说	1卷	
239. 沟洫疆理小记	1卷	程瑶田
240. 经野规略	3卷	明　刘光复
241. 经济类考约编　水利河黄		清　顾九锡
（十四画）		
242. 开工书	4卷	清　顾士琏
243. 开垦水田图说	1册	施彦士　倪承弼
244. 汉书补注　沟洫志		王先谦
245. 图书编　水利		明　章　潢
246. 铜陵江坝录	1册	
（十五画）		
247. 广治平略　治河篇　水利篇		清　蔡方炳等
248. 畿东河渠通论		
249. 畿南河渠通论		
250. 畿辅水利四案	6卷	清　潘锡恩
251. 畿辅水利辑览	1卷	吴邦庆
252. 畿辅水利议	1卷	清　林则徐
253. 畿辅安澜志	56卷	王履泰
254. 畿辅河道管见	1卷	吴邦庆
255. 憩游偶考	1卷	华湛思
256. 盘龙江水利图说	1册	孙髯翁
257. 震泽编	8卷	明　蔡　昇
（十六画）		
258. 潞水客谈	1卷	明　徐贞明
259. 历代名臣奏议　水利		明　张　溥
260. 历代河防统纂	28卷	清　陈　璜
261. 导江三议	1卷	王相心
262. 导淮水复故道议		清　丁　显
263. 导淮计划宣告书	1册	张　謇
264. 筑圩图说	1卷	孙　峻
265. 筑围说	1卷	陈　瑚
266. 余姚海堤集	4卷	
267. 泽农要录	6卷	吴邦庆
268. 横塘堰水利考	1卷	清　徐用福
（十七画）		
269. 萧山水利书初集	2卷	明　富　玹 清　来鸿雯

270. 萧山水利附集	1卷	清　张学懋
271. 萧山水利书　续集三集	1卷　3卷	张文瑞
272. 浚小清河议		张　鹏
273. 浚吴淞江议		张世友
274. 襄堤成案	8卷	清　陈少泉　胡子修
275. 济宁闸河志	4卷	
276. 济宁闸河类考		陈梦鹤
277. 苏菑录	2册	
278. 筹运篇	1卷	殷自芳
279. 筹济编修　水利	32卷	杨景仁
280. 续浚南湖图志	1卷	
281. 续修钦定大清会典　工部		
282. 续海新志	4卷	

摘自《国立清华大学土木工程学会会刊》第3期，1934年5月

工程师联合年会盛况纪略

余恒睦

地点：兰州

与会人数：五百余人

1. 大会盛况

中国工程师学会暨各专门学科联合年会，于八月一日在兰州举行，计到渝、蓉、滇、黔、陕及兰州各分会委员共五百余人。冠盖云集，盛极一时，研讨学术，互契高情。会期仅有7日，会务进行甚为紧张，诸会员不畏炎威，远涉西北，作详尽之考察，其涵义极为深厚。

事先由兰州分会组织筹备会，布置一切，行政院拨发巨款，以为补助，西北公路局，特派专车报迎送，借兰州市抗建堂为大会礼堂，甘肃学院为宿舍，设备周全，会员称便。会期中各机关、学校及团体排日招待，各工厂欢迎参观，各商店折价招揽或纷致赠品，歌舞弦声，连宵公演，西北盛会，当以此为空前。

2. 开幕典礼及公务报告

大会于八月一日晨九时开幕，由翁会长文灏领导行礼为仪，致开会辞，对兰州市各界之热烈招待，表示谢忱。并勖勉全体会员，要认清国家现代化过程中，工程应负之责任，以及西北各地对全国工程师期望之殷切，为开发西北充实抗建而努力。旋当众恭读林主席、蒋总裁关心建设之训词。次由当地行政官员演说，吴稚晖亦视临参加，叙述工程师以往之神秘及今日之使命，语调诙谐引人入笑，最后全体诵读工程师信条。

午后节目为会务报告，先由工程师学会负责人报告会务与今后之展望，次由各专门学会负责人逐一报告各学会之情形。关于下届年会举行地点，经西安、桂林、西昌三地代表激烈辩论后，以204票之多数，通过在西安举行；事后桂林代表多方设法提出复议，票选结果改在桂林举行，后年定在西安。

翁会长接见记者时，提出开发西北之两大先决问题：水利工程和铁路建设。认为：如欲开发利用西北广大之土地，必以此为建设之首，特唤起全国工程师加以注意与研究。

大会提案共28件，经大会通过后，交各有关机关参阅。兹将水利建设之提案节录如下：

（1）开发西北拟由建造甘肃河西区运河着手，以资灌溉兼利运输案（李忠枢等提）；

（2）提请中央政府在陕西武功渭惠渠旁设立大规模灌溉试验场，从事各种农田水利试验工作，以节省灌溉水量而增后方生产案；

(3) 提请中央政府于国立西北农学院增设两年制之农田水利专修科及高级职业学校水利科，培育大量水利人才案；

(4) 请求拨款补助国立西北农学院农田水利研究部，充实试验设备，集中精力研究黄土、黄水基本学理以及黄河根本治理方策案（以上三案系武功代表沙玉清等提出）；

(5) 拟请捐募李仪祉先生奖学金十万元请公决案（孙绍宗等提）；

(6) 拟请增设西北工程问题研究会案（赖琏等提）。

3. 宣读论文

本届年会收到会员论文共200余篇，三、四两日各学会分别宣读。水利工程学会计40篇，兹将曾经梗读之论文分录于后：

(1) 地基之沉陷及应力之分布（中央大学黄文熙）；

(2) 宁夏农田水利改进问题之我见（西北技专黄震东）；

(3) 甘肃水利事业述要及其展望（甘肃建设厂张志礼）；

(4) 印度农田水利之成功（导淮委员会王鹤亭）；

(5) 黄土及黄水之认识（西北农学院沙玉清）；

(6) 大禹治水之科学精神——黄河治本探讨（西北农学院沙玉清）；

(7) 黄土迳流率及冲刷之测定（西北农学院余恒睦、孙克绍）；

(8) 西北工学院水工试验室之设置与展望（西北工学院常锡厚）；

(9) 土坝设计之原理（西北农学院陈明绍）；

(10) 黄河上游水车之初步研究（西北农学院陈明绍）；

(11) 梯形渠道线规图（西北农学院陈椿庭）；

(12) 敦德闸门之流量系数（西北工学院彭荣阁）；

(13) 陕西灌溉事业之实际问题（陕西水利局刘钟瑞）；

(14) 土工试验室概况（中央水利试验处薛履坦）；

(15) 陕西汉惠渠筏道模型试验报告（中央水利试验处谭葆泰）；

(16) 基地土壤沉陷问题之研究（中央水利试验处薛履坦）。

论文宣读完毕，由论文审定委员会评定，成绩优良者，给予资金及奖状。

4. 专题讨论

甘肃省政府逢年会之际，特提出四大专题，邀全体出席会员共同讨论：

(1) 陇海铁路兰天段经济路线之研究，由凌鸿勋主持；

(2) 甘肃平丰渠（引泾河上游之水灌溉平凉川地）与陕西泾惠渠用水之关系以及甘肃兰丰渠（引黄河之水灌溉兰州平原）工程之四大困难问题，由沈伯先主持；

(3) 甘肃冶铁问题研究，由孙越琦主持；

(4) 西北轻工业发展之途径，由欧阳仑主持。

此外，尚有兰州市政府提出如何建设新兰州工程，亦请大会讨论。各题经分组研究，然后归纳会员意见，向甘肃省政府提出报告，兹将第二题讨论情形略述之。平丰渠与泾惠渠用水之关系，甘陕两省当局及工程负责机关，事前均有所咨询，惟意见不能一致，特约集水利专家多人，作学理上之探讨而谋问题之合理解决。甘肃省水利林牧公司发言人原素欣言：泾河上游之水量甚小，即使不加利用而沿途之渗漏与蒸发损失，亦将使河水干涸，故平丰渠之水不致影响下游之水量。次由孙绍宗发言云：甘肃所引用之测验记录及渗漏公式均不足恃，平丰渠之用水在枯水期对下游实有影响。其他有许心武、田鸿宾、沙玉清等发表意见，均站学术立场上阐述其关系。最后推定许心武、沙玉清、刘德润三人负责提出具体解决办法，即消极方面维持平凉一带原有灌溉规模及提倡井水灌溉，积极方面在泾河上游适当地点加筑蓄水库，使二渠均有灌溉之利，而彼此用水不受影响。

5.《十年万井计划》讨论会

于院长以年会在兰州举行，对西北水利建设提出《十年万井计划》，有独到之见解，颇引起到会工程师之热烈兴趣，兹节录原电于下：

"……去岁视察西北后，草有《十年万井计划》，实以补救渠工之不及，拟先由甘试办，渐及他省，可谓补救西北之穷，谋西北之利。十年之历程，第一年专事筹备，即训练人才、预备机械、察勘水源；第二年开始试凿，以二十口起算，无论全新式、半新式或坎儿井式，必须合于标准，以后按年以数学级数推算进行，而经验、技术、机械、人才以及各方面人民之参加者，当逐年增多，为之指导补助，实行普凿。至第十年，全计划必可告成……"

讨论会在甘肃水利林牧公司举行。首由该公司沈经理怡提出，水利学会沈百先会长建议，尽快组织研究委员会，对工程技术及地下水源作详尽的探讨；另一方面训练凿井人才，筹备凿井机械，俾于最短时间有所贡献。继有沙玉清、王鹤亭等发表意见，对井水灌溉之重要与利益阐述详尽，主张响应于院长之计划，即日着手进行。最后决定，由水利工程学会聘请沙玉清（主任委员）、刘钟瑞、周礼、常锡厚、王鹤亭等 11 人为十年万井计划研究委员会，并盼明年年会中将有具体报告提出。同时电请于院长设法筹措巨款，作为凿井试验及训练人才之经费。

6. 实业计划专题讨论

本届年会对国父实业计划专题讨论曾分组举行两次：①化工组对于医药、食品、日用器具各工业；②机械组对于自动车、商船等；③矿冶组对于煤、铁、石油；④纺织组对于衣服工业；⑤水利组对于水利工程；⑥机电组对于水力发电及电讯网之设立等，各种计划草案，均有详尽之基本数字提出。兹将水利部门专题搜集如下。

6.1 防洪专题

①黄河整治及防汛问题；②扬子江沿岸各湖河整治问题；③汉水整治问题；④废湖还田与废田还湖问题；⑤珠江流域整治问题；⑥海河整治问题；⑦汾、洛、渭、泾四大支流与黄患之关系问题；⑧黄河流域制止土壤冲刷问题；⑨束水攻沙与分流散淤问题；⑩森林与洪水关系之研究；⑪堤防断面各因素关系之研究；⑫拦洪水库防洪效益之研究；⑬估算洪水量方法研究。

6.2 水运问题

①黄河上游通航问题；②西南众河流上游航运之扩展问题；③内河商埠设置及设计之

研究；④船闸淤沙排除问题；⑤整治山溪河流方法之研究；⑥沟通各河流水运方法之研究；⑦固定扬子江航槽问题；⑧航行于山溪急流河道之船只结构研究。

6.3　灌溉专题

①弱水流域灌溉问题；②蓄洪垦殖问题；③江河沿岸垦殖问题；④江北滨海盐碱问题；⑤黄河下游问题；⑥新疆灌溉问题；⑦蒙古灌溉问题；⑧河水含沙与灌溉之关系问题；⑨虹吸管引淤问题；⑩沙土水渠临界流速之研究；⑪凿井引灌问题；⑫高山雪水引灌问题；⑬河套灌溉工程改进问题；⑭皖淮上游垦殖问题。

6.4　水利专题

①施测黄河流量之研究；②施测山溪河流流量方法之研究；③施测深水急流河道剖面之方法；④浮漂及流速仪施测流量之应用与比较；⑤雨量观测方法之研究；⑥施测潮水河流流量方法之研究；⑦河底冲刷流速测验之研究；⑧处置河流泥沙问题；⑨黏土及流沙地带基础工程之研究。

6.5　水力专题

（1）开发中国水力问题。

（2）高压水头之输水管设计问题。

（3）高坝设计与施工问题。

以上专题提出后，极盼各位会员努力研究，俾使实业计划之实施较易着手。

7. 甘肃四大展览会一瞥

甘肃省府为将该省实况，公诸来兰之工程师，特筹备四大展览会，于八月一日在兰开幕。四项展览包括物产、建设、工业、文物四部门。若能将四大展览全数参观完毕，则对甘肃经（济）建（设）、文化情形，即有深刻之认识，故参观者极为踊跃，工程师尤有兴趣。物产展览会包括甘肃省农作物、煤铁矿、畜牧生产等，其中以毛皮之陈设最为丰富，搜集黑白皮货不下数百种，尽属珍品，外来参观者，浏览时间亦特长。建设展览会中有各种建设机关陈列之工程模型甚多，水利林牧公司有洮惠渠及黄河水车模型，其他有工程设计与壁画，张贴满屋。兰州市政府有新兰州建设模型一座，其交通、桥梁、公园之布置，均趋现代化。黄河水利委员会有上游整治计划及照片多幅，对于水土保持工作，更属重视。西北公路局有桥涵、山道路面等模型，工程师对于该路工程多有详尽之研究，并有所批评。工业展览会有皮革、机器、毛织品等级之陈设。文物展览会尽属古董、字画、回藏文物。

8. 琐事余音

（1）此次年会，蒙兰州市各界热烈招待，宴会不下十余次，游艺会有八次，其中以新疆、回胞及喇嘛之歌舞，尤为特色，非深入西北者不易得睹。各机关、工厂招待参观，纷赠印刷品及物品，会员均满载而归。

（2）本届工程奖章授予孙越琦氏。孙师历办煤矿及玉门油矿，贡献国家，厥功殊伟。

孙师此次携带油矿模型，公开讲演一次，听众莫不钦佩。按此项奖章，过去获得者为侯得榜（化工学院）、凌红勋（粤汉铁路）、茅以升（钱江大桥）三氏。

（3）大会上于十日招待全体会员游览兴隆山，谒成吉思汗灵寝。兴隆山在皋兰南五十余公里，有公路可达。林木苍翠，雄伟秀丽，一涧飞泉有桥横卧其上。成吉思汗灵在太白宫，银棺金廓，画像高悬，其英武无比，会员脱帽为礼，以表敬意。谒毕，分组登峰游览，当日下午即乘车返兰市。

（4）重庆等地会员多于为归途中，转道到西安游览，西安各界均有热烈招待，并游览附近名胜及参观工厂，至八月二十三日始离宝鸡。

摘自《西北水声》第3卷，第7期，1942年10月

李仪祉先生致沙玉清先生函

玉清仁弟鉴：一月十日函悉，将赴德国实习，甚好甚好。Karlsruhe 从 Rehbock 教习学业再好不过，在该处学习半年，再至 Obernach，Hannover，Barlin 等处考察研究若干时，更好。Freibary Institut Fur Materialprufuny 之 Erabanloborohlunn 看看，研究研究，亦有用处。此祝荣行。并祝　顺风。

民国 24 年一月十九日

玉清仁弟鉴：五月三日大函俱悉，自乐赞助。兹介绍函二封，即时查收为荷！此问　学祺。

民国 24 年五月十四日

玉清仁弟：二十日手书悉，大慰。陈君之函，当即敬复。值此时期，运黄土到欧，无有办法也。馀当照办。此复，并问　时安。

民国 24 年十月二十一日

玉清仁弟鉴：来函已悉。在海外工作进步，大以为慰。农林专校水利组，已为我弟留一教授地位，明年归国，请即速来陕。此处计划设立水力试验室及灌溉试验场，待弟归而韧设也。国外考察时，对此二事留意为祷。此复，并问　旅安。

民国 25 年九月二十五日

玉清仁弟鉴：西北农林专校辛树帜校长嘱致意足下，明年归国，务恳至该校任教授职。许多研究事业，待足下归而主持，闻经委会六约至该会服务，然不如西北事业之有实际。辛校长望早作决定，聘书亦可于未归国前早发。此问　近好。

民国 25 年十月二十一日

玉清仁弟如晤：自南京归得阁下二函，知已返国到校，不胜喜慰，农专事属草创，水力及灌溉试验，望尽力筹划，使得在西北放异彩，为有切实功效于农民。至祷至祷！此候

　时安。

民国 26 年五月十八日

玉清仁弟鉴：二十七日手书收到，大为学校慰，兹得余君景苏函，附上。余君早向我声明过数次求他就。此次恳辞，是欲了其夙愿，非对人关系。唯余君授课，尚能认真，学生亦翕服，可切实慰留。至其所建白数事，亦关重要，祈斟酌采行。余本拟明日来校，以有友人 Baker 星期日将来此，须招待，缓期来武。此候　时安。

民国 26 年五月二十八日

示悉。甚为欣慰。已函辛校长，早为致送聘函矣。本年华北较旱，渭惠一期工已竣，十二月中放水，农业藉可获救。余十二月中将有四川之行，专此　问好。

此复　沙玉清仁弟

民国 25 年十一月九日

摘自《李仪祉先生遗著》石印本第 12 册书札，1940 年 5 月

于佑任拟西北十年万井计划意见

（一九四一年十月）

（一）凿井范围：研究调查各项工作，似应普遍及于整个西北，但可先由西北各省适宜地点或某一省区，摘要试办，逐渐推进。

（二）培育人才：推行十年万井计划，需要各级人才甚夥。但需要人才之多寡，视事业之推进的情形而定。拟于明年先做普遍调查研究，一面准备训练人才，原拟训练时期为两年，似觉太久，科目亦觉过于广泛，拟（甲）高级干部应就高中卒业生，施以特种训练，以一年为期。（乙）低级干部应就初中卒业人员，施以半年训练。

（三）经费：明年度工作应自调查研究着手，所需开办购置研究调查以及旅费，估计约需叁佰万元。

（四）本计划既以西北为对象，似可列入西北十年计划水利部门内，所需经费并列入上列计划水利事业费以内。

（抄自中国第二历史档案馆）

于佑任致兰州全国工程师学会电

（一九四二年）

兰州全国工程师学会翁会长暨诸先生均鉴：

大会开幕，山川增色，诸公以科学精神为抗建尽瘁，对新中国所树立者伟矣。临风祝贺，无任钦企。再去岁视察西北后草有十年万井计划，实以补助渠工之不及，拟先由甘试办渐及他省。意谓救西北之穷，谋西北之利，此事则切而有效，轻而易举。十年计划之里程，第一年专事筹备即训练人才，预备机械，察勘水源；第二年开始试凿，以二十口井起算，无论全新式、平新式或卡尔式，必须合于标准。此后，按年以数学级数推算进行，而经验、技术、机械、人才以及地方人民之参加者，亦当逐年增多，为之指导辅助，实行普凿；至第十年，全计划必告可成。此意曾告刘梦锡先生，当能代言较详，兹谨述其略要，以供讨论水利时之参考，并请有以赐教焉。

于佑任　印

（抄自中国第二历史档案馆）

于佑任给周伯敏的信

（一九四二年）

伯敏贤甥惠览

接十四日函甚慰，万井计划得承沙玉清先生主持实施，至为欣忭，希代我敬致意也。倡议缘由，均见祝工程师年会电文，别无说明。惟近闻有机械不足，人才缺乏，难期成果之阑言，不知凿井补渠工所不及。初一、二年全为训练准备，以后按年进行，经验、技术、机械、人才亦必逐年增多；数年以后，抗战胜利，海运大通，更可批量输入机器也。又，昨接李国祯杜曲凿井情形，极见顺利，即如现今机器困难，此种凿井队之组织方法，亦可采用。万井计划原为康济西北民生而起，成事在人，望转沙公淬砺精神，努力以赴，专此

顺祝

近好

于佑任

（抄自中国第二历史档案馆）

纪念文

与老友沙玉清相会之回忆

倪　超

作者简介：安徽阜阳人，1905 年农历 3 月 1 日生，1933 年毕业于上海同济大学土木系，留校二年后赴德，1937 年获德国汉诺威大学工学博士，1938 年返国在西北农专水利组兼课一学期，历任同济大学副教授、教授、行政院水利委员会视察、水利部工程师、中央大学兼职教授、台湾工学院教授、成功大学教授、1971—1978 年为成功大学校长，退休后被聘为该校唯一的名誉教授。

德国相遇之缘

1935 年 11 月 1 日德国汉诺威工科大学开学，我与同济大学陈廷祜先生一同前往学校申请注册入学，即遇到沙玉清先生。同为中国人互相介绍认识，真是人生何处不相逢，乃为缘成。我与陈先生因考学位，均申请为正式学生，交纳学费、听讲费、杂费，合计费用甚多。沙先生仅想听课一年即回国，注册为客座听课生，仅付听讲费、杂费，不付学费。注册完毕，每日各由租住屋赴学校上课。我学交通、陈学水利，沙学水利兼土壤，所选教授虽不同，教室同在一座大楼上，下课后常会面。沙太太章镜月女士于中央大学数学系毕业，与内人李定芝同系。沙先生夫妇自由恋爱，冲破难关，完成婚姻。他们所租住屋，可以自己烧饭，我与陈先生约定每星期日在沙家共同午餐，沙太太加菜，我们另付菜金，因此成为好友，无话不谈，亦常结伴出游或参加活动。此间沙太太怀孕，1936 年秋生下长公子沙际德，我和陈先生合购一小睡车相赠。光阴如流水之速。不知不觉一年多过去。1937 年 5 月沙先生及沙太太带着孩子返国，我们在火车站告别。因我与陈先生要考学位，仍留在学校做功课。在德国的一年半，我与沙先生相处情同兄弟，这些美好的时光使我永难忘怀。

武功西北农学院水利系再相逢

由于沙先生为水利专家李仪祉先生的学生，回国后，即由李先生介绍至西北农林专科学校水利组任教授兼主任。1937 年冬我在汉诺威工大考完工学博士，即想回国。沙先生得此消息，立即向学校推荐我任教授，并寄聘书。但我因工作已定，1938 年 1 月乘船返国，先在西贡登岸，乘火车经河内至昆明，再转汽车经贵阳、成都到宝鸡，转火车到武功，时已 1938 年 3 月底，向学校报到上课。7 月放假，遂离农专，返回昆明同济大学任教。在武功西北农专共事的数月，时间虽短，精神快乐。校内环境整洁，师生情深意厚，亦使我经常想念。

南京中央大学土木系又相会

1946 年 3 月因抗战胜利，各机关学校均复员，中央大学亦由四川迁回南京。沙玉清任土木系主任，当时我任水利委员会工程师，在南京我二人又相会，他聘我兼任中大土木系教授，每周到校授课。1948 年 12 月，因国内局势变化，我向中大及水利委员会请准留职停薪，离开大陆来台湾，在台南工学院（后改为成功大学）任教授，直到 1978 年任内退休。在此四十余年海峡相隔中，我对老友沙玉清及其家人仍是惦念不止。今获世侄沙际德来信，始知沙先生与沙太太于 1966 年、1974 年先后去世。失去老友，亦人生最为悲伤痛苦事，特为沙玉清先生辞世三十周年简述此文，表示追思，并志纪念。

1994 年 8 月于台南成功大学

悼念沙玉清先生

黄怀桢

作者简介：江苏溧阳人，1906年生，1925年入南京国立河海工科大学，1930年中央大学土木工程科毕业，曾任技佐、副工程师、工程师、主任工程师、科长、处长、副教授等职务。从事查勘、测量、规划、设计、施工等水利工程、公路工程、灌溉工程以及教学等工作。新中国成立后担任长江下游工程局查勘队长、计划科长兼测绘科长等职务；1955年下游局并入长江流域规划办公室，任农业灌溉室副主任；1959年调任施工设计处总工程师，1972年退休。

前　言

1925年秋，余与沙玉清先生同时考入河海工科大学。沙先生系江阴南菁中学毕业，余系常州第五中学毕业，两人素不相识，但彼此一见如故。我们被同分在一个房间住宿，房中其他几位均系第五中学同学，亦均苏南人，所以十分温暖，毫无拘束，大家无所不谈。沙先生聪敏活泼，爱好多样，尤善辩论，语多惊人。同时也喜欢用一些滑稽小动作，例如，他说“我耳能动”，并当场表演给大家看，果然其耳能前后轻微摇动，观者无不拍手哈哈大笑。他也喜欢音乐，能操二胡，虽不甚精，也令人悦耳。曾记得一次班会上，全班同学共叙衷情，但气氛不甚热闹欢快。时沙先生站起来对大家说，我来唱一首歌给大家听听，当即高歌“可怜的秋香”以及“葡萄仙子”歌舞剧中几个插曲。这些都是当时的流行歌曲，引得全班同学拍手不止，班会顿时热闹起来，无不赞美他真是多才多艺，静中有动，动中有静也。1927年河海工科大学与东南大学等校合并，改为第四中山大学（时称大学区制）；不久大学区制取消，学校改称中央大学，我们就是中大十九届（民国十九年）的毕业生。时隔半个世纪，数多与沙先生同学共事的逸事已记忆不清了，兹略述印象深刻之趣事数则，以示对沙先生之景仰与悼念耳。

初试冠全班，一鸣惊人

当年河海工科大学系五年制，预科一年，本科四年。预科有物理学科一门，系校长杨孝述先生亲自授课，他有一条规定，讲课前须经过十分钟的测验。首次，杨先生出题一道，同学均按时交卷，结果杨校长报道说，仅沙玉清一人及格，其余同学均不及格。全班同学无不为之震动。杨校长说，此题其实很容易，求学问应善于思索，形成一个正确的概念，然后顺序剖析，任何难题也可迎刃而解矣；如行路然，到达目的地往往须经过几个巷道，明白左右曲折，方可到达一样。这说明沙先生善于思索，概念正确，一鸣惊人，非其他同学可以比拟也。

“一糖病终生，继母可畏”

沙先生患有哮喘病，每逢换季，辄病发不能卧睡，只能坐椅伏案而眠，状甚痛苦。大家问他，你年纪轻轻，缘何得此怪病。他苦笑而爽直的说道，我幼年丧母，继母甚严。一次在父亲房中偷吃一粒糖果，刚入口中，继母适来，我生怕被她责骂，立刻将糖囫囵吞下，此后常觉得喉管不适，以致形成哮喘，贻害终生。后来，在西农任教时，每当病发，他常用火柴点燃一种药粉，形成烟雾，张口吸入，此法虽稍可缓解，但不能根治。幼年失母，继母多有歧视，所以在孩子的心目中有可畏之感。虽然，为继母者并非全是如此，而视同已出者却也为数不多；“继母可畏”，大抵如此，也无须争辩也。

最后胜利，必属于我

在中央大学读书时，江阴章镜月女士亦考入中央大学，在理学院数学系攻读。章女士品貌端庄，态度大方，成绩每列前茅。时沙玉清先生对她有所希冀，但不敢向她表白，虽系同乡，视若路人。我们几个同学经常开玩笑地问他，你既对章女士情有所钟，何不直接付诸行动，以试探她对你的心意如何？沙先生很爽直地说，时机尚未成熟，你们等着瞧吧，最后胜利，必属于我。我们都嘲笑他大言不惭，灯笼壳子枕头——空想（响）；时机成熟时，章女士可能早已与他人成眷属矣。而沙先生还是坚持他的豪言壮语：“不会的，最后胜利，必属于我”。我同室徐骏如先生，与章府是亲戚，他说章家是江阴城内首富，又系望族，财大气粗。沙家虽也是望族，但财富相比，大有逊色。同时章女士尚在求学期间，须赖家中经济援助，何况父母之命，媒妁之言，门当户对的封建思想在老一辈人心中，尚根深蒂固，所以，沙章联姻恐不可能。沙先生审察形势，胸有成竹，暂取守势，不失明智。所以在学校时，从未发现他与章女士有所联系或秘密往还之事。1930 年，我们从中央大学毕业，沙先生被分配到清华大学执教，1931 年章女士毕业后，分配到苏州中学执教，此后沙章两人是否有所联系，无人知晓。兹时同学业已分散到各地工作，虽有书信往还，但从未提及此事。然而，事出始料之所不及，1935 年我在安徽工作，接到沙先生从德国寄来一张贺年片，上句是恭贺新禧，下句是章镜月沙玉清同贺。至此我恍然大悟，欢喜若狂，沙先生之豪言壮语兑现矣！仅此也可以看出沙先生头脑之冷静，思考之明智，以及其锲而不舍之精神，实在令人钦佩之至。

驰函相聘，情谊可感

1937 年春，沙先生从德国汉诺威大学深造回国，应原河海工科大学教务长李仪祉老师之邀，去西北农林专科学校教书。李老师是我国水利学术界之泰斗。时任陕西省水利局长，兼任西北农专农田水利组之主任，当时学制为三年，已有一届学生毕业。沙先生欣然应李老师之邀，即去西北农专执教。同年暑假，李老师辞去主任之职，并向校长辛树帜先生推荐，由沙先生继任，辛校长当即表示同意，沙先生亦欣然应聘就职。此后，即开始对农水课程的设置，教师的聘请多所筹划，并改学制为四年。时日寇侵华，七七事变已经发生，时局多艰。我正在安徽主持一个测量队的工作。事出意料之外，忽得沙先生快函相召，邀我到西北农专教授测量学。信中详述西北农专情况，规模大，远景好，生活条件亦好，并非人们想象中之西北地区。我正在反复思考之中，上海八一三事件发生，战火已燃及东南几省，安徽亦难幸免，乃复函沙先生应召受聘。八月下旬，辞去原职，束装携眷至武功西北农专执教。他乡遇故知，沙先生及其夫人章镜月女士，热情非常，款待有加。他将其住宅腾出一半，中隔一墙，先给我安家居住，并为我张罗日常家具，真有宾至如归之感。深情厚谊，令人终生难忘。

培养学生，一专多能

1937年9月学校正式开学前，沙先生首先与我讨论课程设置问题，他主张农水系的课程应扩大，除基础课及农田水利专业课程之外，其他有关土木工程以及农作物栽培、土壤性质甚至机电工程等一般知识，均应使学生有所了解；这样培养出来的学生既有专业所长，又有广泛的其他知识，便可相得益彰。毕业后也更能适应社会的需求，就业问题容易解决。当时师资力量薄弱，除请了宋文田及倪超两博士来校授课外，其他课程均未及设置。1938年暑假后，余立基老师、徐百川先生、何正森先生来校执教。教师阵容大为改观。时就读农水系之学生为全校之冠，当时在其他各系执教的亦多为中大同学，昔日同窗，今日同事，课余相互往还，谈笑风生，亦一乐也。1938年3月李仪祉先生病逝，我们几个河海工科大学同学前往西安吊唁，深感悲痛。李老师创建陕西八大惠渠，泾、渭二惠已经完工放水，其他六渠正在筹建之中，其功绩全国、全陕西省人民永志难忘，实堪彪炳史册。李老师曾几次嘱咐农水系应设置农舍建筑这门课程，以改善广大农民之居住条件及作业条件，沙先生也经常与我们讨论此事，苦为种种条件所限，未完成老师之遗愿，实有愧也。

后　　语

沙玉清先生毕生从事教学工作，数十年如一日，桃李芬芳，多所建树。尤其他对西北地区苦旱缺水情况，关切备至，多方思考，曾提出“十年万井”设想，时惊动全国水利界。惜天不借年，壮志未酬，中年早逝，令人痛惜。抗日战争胜利后，沙先生南归，任中央大学教授。当时，我在上海工作。因公赴宁，曾谋面数次，谈古说今，多所同感。新中国成立之后，沙先生执教华东水利学院，家住灵隐路，我亦在南京工作，住宁海路，两家相距仅数百米，有若比邻，暇时常相叙旧。沙先生一如往日，谈笑风生，大有不堪回首话当年之感。时沙夫人章镜月女士在南师附中执教，但总是早出晚归，一直未能见面。回想当年，我和爱人初到西北，人地生疏，章女士在生活上等诸方面对我们关怀备至，其热情洋溢，全无一般知识分子留洋后“娇骄”二气，实不愧为大家闺秀及贤妻良母之典范。今章女士也早已去世，昔日武功之别，竟为永诀，令人悲憾之至。人生之悲欢聚散，岂天命之不可违耶。

1995年11月于汉口

深切怀念沙玉清教授

徐百川

作者简介：1909 年 10 月生于江苏海安，国立中央大学土木工程学士、美国密歇根大学结构工程学士、教授。曾任焦作工学院土木系、西北工学院土木系、西北农学院农业水利系、中央大学土木系教授，南京大学、南京工学院（现东南大学）土木系教授、兼系主任、名誉系主任。

光阴荏苒，玉清兄逝世已 30 周年。我与玉清兄，既是同学，又是同事，多年相处，得益匪浅。沙兄是我国著名的水利专家、水利教育家，学识渊博、造诣很深，多年从事水利教育事业，为培养水利高级专门人才作出了巨大贡献；在水利科学研究方面，特别对泥沙问题具有独到见解，为后学者奠定了坚实的基础。沙兄办学认真负责、为人谦和，善于团结同事，千方百计艰苦创业，这一切，记忆犹新，在深刻怀念之中。

1926 年我考入著名的高等学府——河海工科大学，当时的教务长就是我国水利界先驱李仪祉先生，沙兄已是该校的学生。1927 年河海工科大学并入国立中央大学，成立了土木工程系，河海工大的学生就成为土木工程系的学生，我与沙兄就成为中大土木系同学。沙兄虽高我一级，但是，我们有不少课程是同堂上课学习的，大家都很熟悉。我的同级好友吴颋泉兄是江阴人，因而，我和江阴藉同学联系较为密切。沙兄 1930 年毕业后，即去清华大学任教，后来又去德国汉诺威大学专攻水利学，1937 年回国后，即到陕西武功西北农林专科学校，主持由陕西省水利局局长李仪祉先生创建的农业水利组工作。该校位于李先生为造福陕西人民而创建的渭惠渠旁边，校址环境优美，设备良好，是一个优越的教学与科研环境。

1937 年抗战开始，我由美回国即到焦作工学院任教，由于抗日军事失利，学校被迫后撤到西安继续上课，后因焦作工学院再度迁至甘肃天水，同时北方各著名大学相继后撤，分别组建西北大学、国立西北工学院、国立西北农学院等，我于 1938 年应沙兄之聘，到陕西武功西北农学院农业水利系任教。当时余立基老师也由天水来西农，还有何正森、黄怀桢、黄震东、陈椿庭等诸兄，农业水利系师资阵容颇强、学风正派、师生团结，学术空气浓厚，教学质量优良，这与沙兄的坚强领导是分不开的。1939 年，我应河海老校友之邀，到四川参加农田水利工程建设，但仍与西农水利系密切合作，特别是与水利系毕业生工作分配上，加强联系，该校毕业生黄荣翰、聂守智等多名，纷纷来到四川参加农田水利建设工作，在花溪渠、醴泉渠等工程中，作出了巨大贡献。当时沙兄主持水利系工作，既要在建系方面努力提高教学质量，也要为毕业生谋求较好的出路，工作是很辛劳的。无论是随沙兄搞科研的陈椿庭、黄震东，还是西农水利系毕业的黄荣翰、聂守智等，现在都是国内著名的水利专家，这是沙兄努力教育培养的实际功绩，是值得颂扬的。1945 年我在陕西城固国立西北工学院土木工程系，应沙兄邀请，再度到西农水利系任教。这次重返西农，沙兄特别将他家住房，分出一半，由我家居住，我们两家成为近邻，来往更为亲密。这时余老师仍在西农，我又结识了唐念慈同志，密切合作，极为融洽愉快。其间因母校中大聘请，于 1946 年元月到重庆沙坪坝中大赶课，4 月再返西农。同年暑假与唐念慈同志做伴，乘火车东返。当时我先回江西南昌探亲，等待中大迁返南京后的开学通知。10 月我返抵南京时，沙兄应陆志鸿老师邀请去台湾大学任教，路过南京被吴有训校长留住，已在中大就任土木系主任。相见之下，非常喜悦，我们又一次能在母校的教学与科研工作中密切合作。这时，中大土木系刚由重庆迁返，百废待兴，人手又少，加之沙兄原本就有哮喘病，更是忙碌辛苦。他办事认真，任劳任怨，多方争取，为土木系的重建打下了坚实的基础，作出了很大的贡献。当时中央大学设置七个学院，36 个系，1946 年复员后第一次招生，盛况空前，录取新生 1000 人，全校学生总计 4719 人，工学院有学生 1230 人，列各学院之首。土木系分结构、道路和卫生三个组，有学生 200 人，是工学院的大系之一。师资雄厚、设备优良，在教学上理论与实际紧密结合，所培养的高级工程建设人才，素质优秀。由于通货膨胀，生活困难，教授们多在外兼职，而沙兄终日忙于行政事务，还要兼顾教学与科研，生活十分简朴，是非常艰难的。但沙兄性格开朗，善于团结同事，助人为乐。这时他虽身体欠佳，但非常乐观，全心全意投入所担负的繁重工作，是值得称颂和怀念的。1949 年南京解放后，中央大学改为南京大学，沙兄被调到本校水利系任教，土木系则改由梁治明教授任主任。不久梁教授生病，1950 年南京大学土木系即改由我担任系主任工作。在沙兄建系的基础上，土木系不断努力进行教学改革，建设并充实试验室设备，在国内的高等学校中，一直是位于前列，这是对沙兄的最好纪念。1987 年起，我虽已退休，而土木系又有长足的发展，不久的将来，一定能成为国际上有适当地位的土木学系。

1952 年，院系调整，水利系并入华东水利学院，即现在的河海大学，沙兄也迁居华水宿舍，我们之间仍是经常有联系的。1955 年 8 月沙兄再度返回西北农学院水利系，继续他关于泥沙运动方面的研究。1965 年出版了“泥沙运动学引论”专著，提出了关于泥沙运动问题的若干基本规律和公式，取得了突出的成就，获得了全国科学大会奖。不幸 1966 年，沙兄以肝癌逝世，噩耗传来，深为哀悼。

章镜月女士是国立中央大学理学院同学，她与沙兄结婚后，同去德国留学，回国后，抗战期间未参加工作，专为沙兄操劳家务，任劳任怨，为人和蔼，善于团结同事，增进友谊，堪称模范的贤妻良母，沙兄所取得的成就，章女士应有一半以上的功劳。沙兄夫妇返回武功后，章女士也在西农执教。1974 年因心脏病与世长辞，深为惋惜与哀悼。章女士教子有方，其子辈已成为国家栋梁之才。长子沙际德，清华大学水利系毕业，1961 年调至西农水利系任教，继承父业，继续关于泥沙水利专题的研究，使父辈有关振兴水利事业的宿愿得以发扬光大。

我记得沙兄过去不仅对泥沙运动作理论研究，而且非常着重实际，关心西北地区的水利事业，曾有“十年万井”计划和黄河治本等重大实际问题的研究，可惜当时国家工业基础薄弱，工程实施非常困难，很好的计划，难于实现。而今，在我国改革开放的大好形势下，黄河与长江流域已建成了不少巨大水电枢纽工程，有关各流域的水土保持，也取得了实质性的阶段成果；世界闻名的长江三峡大坝工程已开工；南水北调等宏伟工程，也提上了日程。我国水利事业的迅速发展，已为各大流域的经济发展作出了巨大贡献。如沙兄有知，一定也会为此发展宏图而喜悦。作为沙兄多年的同事、同学的我，敬撰此文，聊表深切怀念之情。

1995年6月于南京兰园

深切悼念沙玉清学长

方福森

作者简介：福建福州人，1910年6月出生，1933年毕业于清华大学土木系，后赴波兰留学，1938年获华沙工业大学技术科学博士学位。曾任中央大学、重庆大学、南京工学院土木系、东南大学交通学院教授。国家科委公路组组员，波兰道路建筑科学研究院荣誉学术委员，中国及江苏两公路学会副理事长、荣誉理事，交通部高等学校路桥专业教材编审委员会副主任等职。

沙玉清学长于1966年10月与世长辞了。我时常为失去这样一位良师益友而惆怅不已。值此玉清学长逝世近三十周年之际，谨写此文以表达我对他的怀念之情。

1930年8月间，我正在北平清华大学土木系读书学习。当我上材料试验、水力试验、水力学课程时，总是一位身体瘦长、眉目清秀的先生为我班作课程辅导。后经打听才知道，他是新来的土木系助教沙玉清先生，刚从南京中央大学土木系毕业。1931年暑假，土木系主任施嘉炀教授带我班和土木系高一班同学去青岛进行测量实习时，玉清学长和陈永龄、夏坚白两学长都来参加辅导。那时，我和玉清学长接触并不多，但总觉得他治学严谨、工作认真、平易近人、没有架子。

1933年7月我从清华大学毕业，1934年我又回到清华任土木系助教。那时清华已建成全国第一流的水力实验馆。玉清学长和我两人负责主持土木、机械和电机三个系的水力试验和材料试验两门课程的讲课和辅导任务，并批改试验报告。玉清学长动手能力很强，对各种试验仪器装备十分熟悉，尤其是对水力试验馆内水流系统的来龙去脉更是掌握得非常深透。我们两人都住在校园内工字厅教师宿舍，而且同在一个小膳团用餐，朝夕相处，接触频繁，无话不谈。有些问题我们还相互研究、学习和探讨。我从玉清学长处受到不少教益。

1936年6—7月间，我正在波兰华沙留学，乘暑假之便去德国柏林参加在那里召开的旅欧中国留学生联合会第二届年会，并顺便参观在那里举办的第十一届国际奥林匹克运动会。那时玉清学长正在德国进行考察研究，也顺便来参加这次年会，我遇见了玉清学长及嫂夫人章镜月。另外，1942年7—8月间，我在重庆中央大学土木系任教授，乘暑假之便，去兰州参加在那里召开的中国工程师学会年会，那时玉清学长正执教于陕西武功西北农学院，也来兰州与会，我们两人又一次相遇了，以上两次相会都是异地重逢，两人均激动不已，但终因时间短暂匆忙仓促，未能促膝长谈，引以为憾。

1945年抗战胜利，翌年中央大学由重庆迁返南京，玉清学长被聘为该校土木工程系主任。中大是我国著名高等学府。玉清学长就职后，凭着他朋友多、社交广、善于团结人的优点，大力网络知名土木专家学者来校任教，那时新聘来的教授有梁治明、徐百川、胡家骏等人。1941—1943年，我曾在中大土木系任教授，后因故离开。1946年夏天来到南京，也被玉清学长聘回来任土木系教授。当时另还新聘来了测量学界权威陈永龄和夏坚白任兼职教授。1946—1947年间我同玉清学长家都住在中大校本部后的平房内，接触机会较多。有些给水工程方面的问题，我都向玉清学长请教，获益良多。

玉清学长很重视工程测试技术，他上任后狠抓实验室建设，首先与导淮委员会联系由中大和该会合办混凝土研究室并建成该室大楼，由他兼任室主任，吴中伟教授是副主任。接着他又同中央卫生实验院联系，得到该院资助，建立了卫生工程实验室。此外，在玉清学长的推动与支持下，土木系还增建了结构力学模型室试验室和道路材料试验室。中大土木系的规模日趋壮大，蒸蒸日上，实与玉清学长的辛勤劳动分不开的。玉清学长身体并不好，患有哮喘病，每年要发几次，发病时平卧不能入眠，只能坐着过夜，非常痛苦，但他还是带病坚持工作，为中大土木系建设付出巨大精力。

1949年初夏，南京欢庆解放，中央大学改名为南京大学，玉清学长服从组织分配，由土木系调到水利工程系任教。1952年全国高等学校院系调整，南京大学水利系并入华东水利学院（现改名河海大学），玉清学长家也搬到该院教师宿舍去了。因住地较远，我们联系也很少了。后来他又因南方气候潮湿对哮喘病不利，而西北地区气候干燥对该病有益，征得组织同意后，调回陕西武功西北农学院。从此，我们就失去联系，不料竟成为永久诀别。

玉清学长为人热诚厚道，对朋友乐于帮助，诙谐幽默，豪爽健谈，和蔼可亲，深得学友们的爱戴和敬重。他对工作勤勤恳恳，任劳任怨。他知识渊博，同时，于社会科学也很有见地。虽然专长水利、土木工程科学技术，特别对河流泥沙问题研究得最早最深，也十分关心国家大事。玉清学长把毕生精力倾注于水利、土木工程科学技术和教育事业，为祖国的社会主义四化建设作出贡献，培养了大量人才，桃李满天下。他的自强不息，勇敢奋进精神，值得我们永远学习；他的音容笑貌永远留在我们心中，安息吧！玉清学长，好友！

1995年5月于南京兰园

怀念沙玉清老师

黄震东

作者简介：宁夏银川人，教授级高级工程师。1915 年生，1937 年毕业于清华大学土木系。先后在西北农学院、宁夏建设厅、北京市城建局、北京市水利局任职，退休前为北京市水利局总工程师。

我在清华上学期间曾结识了玉清师。1934 年我到陕西省渭惠渠工程局实习，又有机会认识了西北农学院，它给了我很好的印象。1937 年夏我愉快地接受了西农水利系的应聘，到西农任助教，又一次与玉清师相会。在与玉清师短短两年的接触中受教非小。玉清师知识渊博，治学严谨，为人谦虚谨慎，平易近人。在抗战困难时期，教学书籍及试验仪器严重缺乏的情况下，玉清师千方百计设法充实教学内容，自编教材，并亲自动手制作简易水工试验仪器，对提高学生的水利知识起到了很好的作用。他多方聘请各专科知名教师任教，这对水利系教学水平的提高打下了充实的基础。玉清师不仅在教学上给了我们很大的帮助，而且对我们几个年轻助教在生活上给了很大的关怀，特别是玉清师夫人章镜月女士，对我们的生活上更是关怀备至，情同手足，她没有一点教授夫人和留学生的架子，给我们留下了极深刻的影响。惜玉清师夫妇过早地离开了我们，但他对西北水利教育事业的功绩，将永远留在中国水利史上。

1994 年于北京市水利局

深切怀念恩师沙玉清教授

韩瀛观

作者简介：陕西泾阳人，教授级高级工程师。1915 年生，1939 年秋自西北农学院毕业后留校任教。主要从事水工泥沙研究，1956 年至 1984 年长期担任西北水利科学研究所领导工作（副所长）。

西北农学院水利系，原由我国近代水利大师李仪址先生创办于 1933 年，时称陕西水利专科学校，校址设于当时的西安高级中学校内。1932 年开始筹建西北农林专科学校时，即决定将陕西水专并入。1935 年水专迁入，水利组主任仍由李先生兼任，但李先生省内政务繁重，且前后兼任导淮、华北、黄河、长江等几处水利委员会工作。故于 1936 年下半年，决定当时尚在德国的沙玉清先生为水利组主任。1937 年春，沙教授来到西北农专，他是农田水利组的第一任专职主任。李先生对沙教授在学术上的成就极为推崇，曾多次称誉沙教授为中国水利界的后起之秀。

沙教授自 1937 年春起，至 1946 年暑假（去南京中央大学任教）期间，第一次在西农水利系任教达九年之久，为水利系建设创建了良好的基础。在九年漫长岁月中，恰逢抗日战争八年最艰苦时期，战争局势变化影响大后方局面的安定或动荡，这对稳定教师队伍带来很大的困难，很多教授由于陕西关中紧临抗日前线，没有在西农任教的长期打算，因之加重了沙教授授课的负担，对他的身体带来不良的影响。沙教授学识渊博，研究领域广泛，但自 1940 年前后，研究的重点是泥沙问题，他是我国现代泥沙研究工作的开创者和主要奠基人之一。我自 1939 年毕业留校任助教开始，一直在他的指导下工作，为他的论著、文章作了很多计算、绘图工作，并进行论证。由于他对我的启迪，使我对泥沙问题也产生浓厚的兴趣。日后我对平原河流灌溉引水枢纽导沙坝系统工程研制成功以及治理河流游荡性河段新工程技术的研究成果，得益于他指导我对水、沙关系的认识。从我接触泥沙问题起，即认识到水是泥沙的“载体”，不论是悬移质或推移质，它的运动均受水流条件所支配，如若改变水流条件，即能控制泥沙运动。

回忆在 1942 年初夏，一次我和沙教授从武功水工试验室步行回西农时，途中遇一次小雷阵雨，约半小时后雨过天晴，在西农门前坡下，看到草坡下有多股涓涓细流经脚下而过，沙教授看到细流清水挟带有土粒，他深有感触地说：人们对宇宙空间星体运行能计算很准确，但对我们面前这几股水流所挟带的泥沙如何运动则毫无所知。时间过去五十多年了，人们对泥沙研究虽已取得了很大进展，但我个人认为，沙教授的这些观点仍未过时。泥沙问题仍然是一个新学科，是正在发展中的学科，泥沙运动规律有些已被人们所认识，有些正在为人们所认识，有些人们还没有认识它。

中国是全世界泥沙问题最严重的国家，泥沙问题为中国水利水电建设和江河治理带来极大困难与灾难，对泥沙科学的研究工作仍然任重而道远，还要付出很大的努力和代价。

1940年初，沙教授和当时在重庆前中央水利实验处谭葆泰先生协商，中实处和西农合作成立武功水工试验室，为西农水利系教学实习和水利建设研究工作创造了简易条件。抗日战争后期及以后的解放战争岁月里，该室从经费、设备和人力等方面均无法开展工作。新中国成立之后，经西北大区水利部和西农协商，在原武功水工试验室基础上，组建成西北水工试验所。饮水思源，如果没有武功水工试验室，就不会有今天的西北水利科学研究所，沙教授创办武功水工试验室，为西北水利建设和开展水利科学研究工作，创造了良好的开端。

1955年全国各大专院校进行全面专业调整，沙教授自1946年至1955年在南京任教授九年之后，由于大西北农田水利建设有大发展的形势和他对西北农学院水利系怀有深厚感情，决定仍回西农任教；并且1957年初由水利部任命兼任西北水科所所长，达2年之久。在他的推动和指导下，西北所泥沙研究工作，取得很大成绩。自1955年以后的十年时间，他在泥沙研究工作上取得了巨大的成就，成果累累。

自三十年代末期，他即患严重的哮喘病，秋冬交替时节几乎不能正常卧床休息，1966年春开始了“文化大革命”运动，他在精神上受到压抑，病情急剧恶化，以致卧床不起，于十月病逝西安医院。1966年适逢派我参加农村社教，住在咸阳农村，对沙老师的患病和去世，竟毫不知情，每一念及使我痛心万分。他去世时享年只有59岁，他的不幸早逝，是我国教育界和泥沙科学研究工作的巨大损失！

1996年4月于西北水利科学研究所

怀念我敬爱的老师沙玉清教授

刘祖典

作者简介：陕西合阳人，教授、博士生导师。1915 年生，1939 秋自西北农学院毕业后留校任教，1970—1981 年任水利系副主任，长期从事黄土力学研究。1981 年，因院系调整调陕西机械学院水电系任教。

沙玉清教授是我国享有盛誉的著名泥沙科学家、教育家和社会活动家。他于 1930 年自南京中央大学毕业后，先在清华大学水利系任教，后去西欧德、法、英等国留学参观、学习，专攻水利与河工。他深深地体会到中国黄河历年善淤常决的根本问题是泥沙问题。黄河下游的河床逐年抬高，每遇洪水来临，河堤决口、泛滥成灾，百姓流离失所，国家亦蒙受极大灾难和损失。沙老师基于忧国忧民的心情，决心以治黄为己愿，系统地研究了泥沙的特性、沉降规律、起动规律、挟沙能力和模型相似方法等。长期以来，他通过广泛收集国内外有关资料和室内模拟试验，分析研究取得了大量成果，为解决黄河泥沙问题，提出了许多新见解；无论在理论上和实践上都有重要的指导意义。例如，他认为在水利工程建设中，都应同时考虑平衡、分沙、冲刷和淤积四大泥沙主题。他的专著《泥沙运动学引论》详尽地总结和论述了他的研究成果，在国内外产生了重大影响，并获得高度评价；沙玉清教授可说是我国研究泥沙运动理论的奠基人。

沙老师从事教育工作几十年，长期担任西北农学院水利系系主任，呕心沥血为祖国培养了大批高级水利建设人才。我从大学入校到毕业留校工作，都是在他的培养和关怀下成长起来的。回忆过去，深深感到他身上有很多可贵的品质，对我的感染和成长起了极大的作用。他热爱祖国和人民，一心为我国的水利科教事业勤奋工作，无私奉献，从不考虑个人得失；他心怀坦白，清正廉洁，追求真理，坚持原则，体现了一个学者的高尚情操；他具有科学求实的态度、开拓创新的精神、严谨治学的作风，在新中国成立前那样坚苦的情况下，千方百计创办武功水工试验室，开展水工模型试验和泥沙运动研究；他谦虚谨慎、平易近人、严于律己、宽以待人，是我们广大后生的良师益友，得到了我们的忠心爱戴和尊敬。

沙玉清老师已离开我们三十年了，他的风范容貌还历历犹在。深切地怀念他，他永远活在我的心里！每当工作有困难与挫折时，就会想起他那坚强奋进的精神，激励我、鼓舞我；我五十余年从事教学、科研的点滴成就都是与他那风范楷模的感召分不开的。我现在虽至耋耄之年，还决心以锲而不舍的毅力，为培养更多更好的后起之秀作人梯，使我国的水利事业在 21 世纪有更大的发展。

1995 年 3 月 25 日于西安理工大学

忆怀沙玉清老师

聂守智

作者简介：山西荣河人，教授级高级工程师。1915年生，1940年秋毕业于西北农学院水利系，长期在淮河水利委员会任职，退休前为安徽省淮委水利科学研究所所长。

我1937年秋因日寇侵犯太原，从山西大学工学院到西北农学院水利系借读，1940年毕业，在此期间，沙老师一直是我们的系主任，并教我们的水力学、农田水利和水文等课程。

沙老师热爱祖国，拥护抗日，支持和赞助学生参加寒假战地服务团的抗日救国行动。沙老师热心教育事业，热爱学生，为祖国培养建设人才和科学研究奉献出全部心血。记得1939年我们去陕西省水利局实习时，沙老师再三教导我们到实习单位，对工作要认真负责，刻苦钻研，遇到不懂的问题要有礼貌地向工程师请教，或写信请教老师，对长者要尊敬，对同事要友好相处。更记得我们到四年级后，大家忧心忡忡，深怕毕业后找不到工作而失业，担心毕业后的生活和前途；沙老师关心我们学生的愁苦，早就费心、费力和多方联系，为我们寻找工作，使我们全班同学一毕业就能有事做，当时我们全班同学都非常感动。沙老师虽已谢世三十年，但他的高尚师德和对同学的培育之恩，永远留在学生的心中。

1994年12月于安徽蚌埠淮委水科所

怀念沙玉清老师

康福华

作者简介：陕西岐山人，教授。1916年生，1941年秋于西北农学院水利系毕业后，在西安市水利局工作，1951年8月调入西北农学院，长期从事工程力学教研工作，曾任陕西省力学学会理事。

老师沙玉清教授，离世已三十周年，值此隆重纪念之际，老师的音容风范，教研功绩，浮现眼前。抗战伊始，我就学西农水利系，沙师留德归来，任水利系主任、教授。曾教我班水力学、水文及水文测验、水工设计；讲解扼要、条理清晰、深入浅出、举例生动，深受同学敬佩。他要求我们学业极严，须深读勤习，尤在测验和设计上，更要求重视实际，须缜密思考。

沙师治学严谨、慎于精微，深究灌溉治水之至理。创建武功水工实验室（西北水利科学研究所前身），冀从实验中取得解决治河、治水问题。针对治黄，始于泥沙，究其真谛，著有“物体沉速的基本规律”“挟沙量基本规律”等论文数十篇。曾举行泥沙问题讲座，阐述泥沙控制和利用的基本原理。听众咸以分析精辟，有独特见解而获教益。继著《泥沙运动学引论》一书问世，沙师签名亲手送我一册，我双手接过，万分感激。

在抗战期间，沙师以西北地区干旱、灌溉水源短缺为念，倡导“十年万井”之举，取地下水以兴灌溉，利国利民，功垂千秋。

沙师身罹气管病，哮喘见重，犹夜以继日，深究泥沙治理，浑水灌溉，研讨著述，追求科学的献身精神，受到世人敬仰。天不假年，一代师表，过早仙逝，宏图未展，追忆老师风范，深切怀念。

1995年10月于西农

仁心宏教忆沙师

沈煜清

作者简介：江苏江阴人，1916年生，1940年毕业于西北农学院农学系。曾任江西省农专副教授，南京中央大学副研究员、农业部粮食生产局副处长、汉中大学教授。现任西北农业大学教授、博士生导师、《西北农业大学》学报主编，并受聘为全国农业区划委员会科学顾问组成员、国务院农村发展研究中心课题研究员、全国农业区划学会副主任委员。

岁月如流，人生朝露，沙师叔明离开我们已经三十年了，从得亲师泽始，则已近一个甲子。1936年，我负笈千里，就读于初创的国立西北农林专科学校农学专业。翌年，抗日战争爆发，不久，故乡江阴沦陷。正当我怅望小桥流水的故里家园而无限凄伤之时，甫自德国归来的沙师和师母闻悉校内有一个同邑后生，即忙邀我相聚。初聆教诲，便深感沙师既有超俗、敏锐的学者风，又富真挚、幽默的人间情；师母更是热情、真诚，待我亲如小弟，从此，我便成了他家的常客。在那八年离乱的漫长岁月里，我虽然无家可归，却胜似有家的温暖。

更令我感怀难忘的是，沙师给我这个六亲无依的乡晚，不仅只是人情温暖，而是对我学习的启蒙和前途的关怀。他经常和我谈论，西北农业发展的主要制约因素是干旱，他们搞水利工程只是为解决干旱提供一定条件，而如何使水利工程充分发挥生产效益，以及如何全面解决西北的干旱问题，需要协同我们搞农业的人从各个方面进行深入的研究。因此，我选定《抗旱小麦之生理表征》作为我的毕业论文研究课题。文成后甚得沙师赞赏，并推荐到当时的《中华自然科学》期刊上发表。在我面临昔日“毕业就是失业”的困扰时，沙师邀我毕业后，到他创办的武功水工试验室继续从事农作物抗旱性能及农田灌溉方面的研究，后因农学系留我当助教而未果，但我在科研工作中仍不断得到沙师帮助。有次沙师给我一份乾隆以来300多年太阳子的材料，指导我分析研究其与气候变化及对农业生产影响的规律，写成了《陕西省小麦生产与雨量》一篇论文，在中华自然科学社西北分社年会上宣读，并在沙师主编的《西北水声》期刊上发表。同时还开展了黄土旱塬不同坡度、不同土层土壤水分动态变化规律的研究。通过沙师指导下的这些研究，使我拓宽了对农业研究的眼界，逐步突破了原有专业学科体系，为我今后从事农业宏观研究迈开了步子。

抗日战争胜利后，沙师和我都想返回阔别已久的南方。1946年夏，他告知我台湾大学邀请他去任教，约我和余恒睦同去该校，我欣然应命。不料沙师在去台湾联系途中，经过南京时，被中央大学吴有训校长留在该校任教。沙师知我父母都年已古稀，南回心切，所以于1947年春也把我调到该校在他主持的一个实验室工作。后又感到我在那个研究室工作虽能胜任，但毕竟离农业本行较远，怕误我的前途，便同意我转到旧政府农林部负责粮食生产的王绥老师处任职。不久全国解放，我随王绥老师调北京新中国农业部工作，从而暌别沙师。1955年沙师因醉心于他的泥沙研究，重返西北农学院任教，我也于是1963年返回母校。方庆能重聆师教，然而沙师已积劳成疾，我也经常下放农村锻炼，相见甚稀。1966年的秋风落叶季节，惊悉沙师在西安医院逝世，正值“文革”狂风暴雨压顶之时，以致与沙师遗体也未能最后一别，唯见书柜中留有沙师于是年元月22日赠我的《泥沙运动学引论》已成遗著，只能对书垂泪，凭托悲思，哀哉！

而今沙师离开我们虽已三十寒暑，他对我的言传身教，音容宛在。沙师谆谆教导我等后辈学生，要在人格上修养三个德性，即“工作、仁爱、奋斗”。多少年来，我饱看众生富贵沉浮，皆如过眼烟云，唯有亲身感受的沙师仁爱待人，永铭心怀。多少年来，我也饱受命运调侃，想起沙师教导，但求如何能为人类社会奉献一点仁爱之心而自我告慰。工作、奋斗，是自己该走的路。沙师不仅教我处世之道，也教我治学之方。记得有次在他家中，他手按那张整天伏案的大书桌，先抚了桌面，又抚桌上的几个侧面，对我说，这些面上的问题，有目共睹，竞相研究，很难有所创新；然后指向桌面边缘接缝处，对我说，这里面的问题人们看不清，不注意，可这些看不清的接缝，却正是整个桌子结构的关键。他又把话转回来说：但你也不能一味钻进桌子缝里去研究，要懂得桌子的接缝是各边桌面的合榫，而桌缝合榫的最终目的仍是为桌面的平整和牢固。这番话使我领悟到：宏观着眼，从微观入手，这就是沙师教我的治学之方。沙师早年出版了我国第一部农田水利学专著，为我国农田水利学科的发展奠定了基础；晚年着眼于黄河的兴利除害，致力于泥沙运动规律的研究，足已表明，他不是钻在象之塔里追求成名成家，而是胸怀着富国利民的宏伟蓝图。在沙师的熏陶下，改革开放以来，在科学的春天里，我从微观到宏观，从局部到整体，致力于我国农业自然资源的合理利用，农业区划和农业发展战略研究，对国家农业发展宏观决策起到了一点作用。今春，我虚度八十之时，中国农业资源与区划学会给我的贺电中说：“您是我国农业教育科技界的资深专家，也是农业区划研究工作开拓者之一，您的理论联系实际勇于探索精神和朴实作风，永远是我们学习的榜样”。我非敢以此自嘘，只不过是借以告慰深切关怀我的沙师于泉下。敬爱的沙师，安息吧！您“工作、仁爱、奋斗”的人格修养和“博学宏图”的治学精神，在后学者心中将似秦岭永峙，渭水长流！

1996年5月1日于西北农业大学

教书育人　润泽西北

——怀念沙玉清老师

余恒睦

作者简介：湖南醴陵人，1918 年 3 月出生，1949 年获美国威士坎辛大学硕士学位。新中国成立后曾任湖南大学、武汉大学、武汉水利电力大学教授和系主任等职务。1992 年获政府特殊津贴。

1994 年西北农业大学庆祝建校 60 周年，同时也是水利系的 60 周年系庆盛事。饮水思源，我们水利系的毕业生无不抱着崇敬感激的心情，怀念我们的老师，尤其是老系主任和学术带头人沙玉清教授。沙老师已逝世三十年了，但他诲人不倦、治学严谨和献身水教育和科学研究的精神，永远是我们的楷模。

沙老师于 1936 年留德学成回国，由我国现代著名的水利专家和水利系创建人李仪祉先生推荐，受聘西农主持农田水利系工作。1941 年，西农首次成立农田水利研究部，招收硕士研究生，沙老师任导师。我于 1937 年秋入学，1941 年毕业后留校任助教，并考上研究生。整个抗战期间都在沙老师指导下学习和工作，至 1947 年赴美留学才离开西农。现虽事隔半个世纪，但他对教育事业和科学研究的执着和奉献，犹印象深刻难忘，今追忆数事如下。

一、艰难创业，为完善教学条件不遗余力

由于水利系专业属工科性质，凡课程设置、教学设备和师资配备都与农科各系不同，须另立一套。且正值抗战军兴，物资十分匮乏，更增加了创业的难度。沙师来西农伊始，即致力于建系规划，邀聘教授，购置图书仪器和筹建水工试验室。经过数年努力，教学条件日臻完善。抗战期间，在水利系任课老师有：倪超、余家洵、祁开智、程宇启、徐百川、叶彧、黄怀桢、陈明绍、陈椿庭、俞世煜、黄震东、何正森、邢丕绪、宋文田、余立基、孟召礼、韩瀛观、刘祖典等人，师资力量雄厚。系里还设有专业图书室，藏有英、德文书刊多种。有整套测量和水文仪器，可满足教学实习要求，还有科研用的高级照相机和手摇计算机，这在当时都算难得的先进设备了。为创建水工试验室，沙师积极与黄河水利委员会、中央水利实验处和陕西省水利局等单位联系，争取资助合作，共襄盛举。当时西农无法获得动力用电，为解决试验用水循环系统问题，沙师独具匠心，利用渭惠渠跌水落差设计成径流式水流系统的水工试验室。这一利用渠水的试验室，后来发展为水利系与中央水利实验处合办的西北水工试验室。新中国成立后，进一步扩充成为西北水利科学研究所。西农水利系的教学条件与当时因战乱内迁的几所大学的水利系相比，是较为完善的，

各方面均堪称上乘。且学校地处抗日战争的后方，生活比较安定，学习条件好，教学效果能得到保证，故历届毕业生中，优秀人才辈出，为西北水利建设作出了重大贡献。

二、提倡理论联系实际的教学方法，开展黄土地区的水土研究

沙师十分重视实践性教学环节，这在他的讲课、教学计划安排和毕业论文的选题中都有所体现。例如他讲授水力学时，曾制作了一些利用自来水小流量也可以演示出各种流态的设备，在课堂上进行表演以验证理论知识，加深印象。为了验证河流流速公式中的糙率系数，我们曾在渭惠渠上选择渠段来实测，用流速仪和浮子测流速，计算流量，与比降法公式作比较，求得河床糙率系数，因此，对公式的理解更为深透。在大学四年的教学计划中还安排了多次参观和实习。学校附近沿渭惠渠的渠系建筑物多而齐，且有当时国内尚为少见的钢筋混凝土结构物，因此进行参观讲解最受启迪，获益匪浅。每年暑假都有实习，安排到渠道管理局参观和工作，所谓关中八惠，差不多全都跑遍，且有工程师指导，还要完成实习报告。因此，学到很多有关工程设计和管理知识，培养了独立工作能力。

在沙师的指导下，毕业论文选题多是结合实际的，如黄土地面径流的研究、黄土渠道糙率的研究、黄土层含水量垂直分布研究、黄土区农作物需水量的研究等。研究生的论文则以泥沙问题为主，如蓄水库泥沙淤积的研究、含泥水流管道水力学研究等。论文均要求通过试验，取得实测数据。这些课题在当时算是系统研究黄土地区水土保持和泥沙问题的开始，经多年努力，取得很大成绩，受到水利界的重视。当然也是沙师重视教育和联系西北地区水利实际，积极开创学术研究的可喜收获。

三、毕生奉献西北水利事业，泥沙研究成绩卓著

沙师在西农大水利系执教，前后超过20年，志在开发我国西北干旱地区水利与探求解决黄河泥沙问题的途径，毕生精力全用在培养人才和研究泥沙问题上，教书育人，著书立说，成绩卓著，泽润西北。1942年，沙师曾应邀参加新疆水利考察团，对沙漠绿洲坎儿井灌溉倍感兴趣，并写出了“十年万井之真谛”一文，主张在西北地区采用井灌，应大力发展深井灌溉。该文在《大公报》上发表。受到当局重视。他从30年代起便开始泥沙问题的研究，广泛搜集资料和指导试验分析，讲授泥沙运动基本理论，终于系统总结研究成果，于60年代初期即完成和出版专著《泥沙运动学引论》；从理论到工程应用，翔实阐述了这门新学科的范畴和对生产实际的意义。在这本书里，还告诉我们探索自然规律做学问的方法，既要广泛积累资料，又要善于分析前人的试验资料为我所用，同时自己也要开展试验验证，还要提出新思想和新方法，这样才能在原有的基础上深入一步，这些成功的经验，当是我们应该学习的。该书出版得很早，对我国的泥沙运动学科的发展产生的影响是巨大的。

沙老师一生教学和做学问值得称赞纪念之事很多，但因时隔太久，一时苦思难得，然而，就是这几椿事也是非常值得崇仰学习的。

在纪念沙老师的时候，我们也不会忘记师母章镜月老师和蔼可亲的形象、开朗的性格和热心助人的美德，我们是永远怀念沙师二老的。

1995年10月于武昌珞珈山

纪念沙玉清教授、章镜月老师

吴中伟

作者简介：江苏江阴人，生于1918年7月，中央大学土木系毕业，中国工程院首届院士。曾任导淮委员会技正，中央大学混凝土研究室副主任、研究员。新中国成立后历任中国建筑材料科学研究院一级工程师、副院长、总工程师、高级技术顾问、清华大学土木系教授。第一批博士生导师、国务院学位评审组成员。任中国《硅酸盐学报》主编32年、国际《水泥与混凝土研究》月刊编委。

1946年沙玉清教授应母校南京中央大学之聘，由西北农学院来宁任中大土木系主任，当年11月我由美国回国，有志创办一所水泥混凝土研究机构，将美国的最新技术介绍到祖国来，以改变我国混凝土科技的落后状态。沙主任一向重视新鲜事物，全力支持在中大创办混凝土研究室。当时水利学家沈百先教授担任淮河水利总局局长，也想为淮河闸坝工程的修复与新建作些技术储备，特别在混凝土材料方面，因此同意拨出经费和10名员工指标，在沙主任亲自擘划下，新建一栋试验楼，精选一批技术骨干、利用土木系的材料试验设备，1947年2月就开展工作。当时的科技人员如：李荫余、沈煜清、钱家欢、孙复强、张棣芬等后来都成为知名专家教授和学科带头人，而新中国成立后的南京工学院在水泥基材料科学和混凝土与水泥制品工业方面也保持了优良传统，为新中国作出卓越贡献。这与沙主任的领导是分不开的。

沙主任治学严谨、思路宽广、知识渊博，又善于启发，对科学研究方法有独特的见解。他常来研究室指导工作，重视阶段性小结和成果评价工作，使研究工作的质量得到保证。当时国内混凝土工程均沿用三十年代外国规范，术语多用英文（也有用德文、法文），有一些译名既不准切，又不科学，更说不上统一。例如CEMENT就被译作“水门汀”“士敏土”“洋灰”，甚至“红毛泥”等，而称作水泥的却不很多。再如，水泥与混凝土也混淆不清，浇混凝土被称为“打洋灰”“浇水泥”，混凝土桥常称作“洋灰桥”等等。至于专门术语更是莫衷一是。因此，沙主任提出“必先正名”。研究室第一期专刊就是“水泥混凝土名词——中英文对照”。现在我国常用的混凝土专业词汇，绝大多数出自该刊。现在“混凝土”简写作“砼”已被普遍接受，此“砼”字起源与创造人已难以查证。但1947年我们反复讨论译名时，学贯中西、思维锐敏的沙主任提出：混凝土三字以名一物，笔画又多，颇多不便，应以“人造石”为依据创一新词如“眘”读作TUNG与外文BETON相谐。当时曾征求国内专家意见，未被采用。这事足见沙主任有先见之明。后来在沙主任的建议下，研究室在两年多的时间内出版三期专刊，将美国混凝土新技术包括当时尚未引起注意的“碱-集料反应”重大耐久性问题向国内工程界作了系统的介绍。但因环境所限，当时未能取得实效，直到新中国成立后才得到重视。新中国成立前夕，因经费来源断绝，研究室解散，沙主任常引以为憾。

1948年研究室接受当时国内最大的土建工程——塘沽新港的委托，研究混凝土防坡堤迅速大块崩溃的耐久性问题，全体员工投入紧张工作，当时任中大校长的著名物理学家吴有训教授对沙玉清很器重，一天下午沙主任陪吴校长来室“参观”，他见全体人员专心从事研究试验工作，大加赞赏地说：“真想不到在中大的校园里，还有一小组青年认真从事着科学研究!”此事至1953年吴校长在北京看到我时，还提及中大混凝土研究室的“奇遇”，足见他印象至深。

沙主任为人耿直，热诚待人，关心国事，爱国爱同胞之情常溢于言表，对不合理之事敢于提出意见，难免为人所忌，理想难于实现，常兴志士之悲。惜哉!

章镜月老师中央大学物理系毕业后，到全国著名的省立苏州高中任数学物理教师，后与沙主任同赴德国深造。当时我在苏州高中上学，章老师以讲解透彻、循循善诱，为全校学生所称道。她的及门弟子如杨虎引、刘耀南、缪虢新等都成为国内外著名理工科教授。因沙主任哮喘病常发作，章老师亲操家务，无力外出工作。我素知章老师学识渊博，理化功底深厚，乃敦请来研究室指导和参加试验工作。她为解决塘沽新港课题，提出了很多建议，在一年之内成功地找出混凝土崩解的原因和提出了解决办法，并在新中国成立后付诸实践，取得成功，同时也为国内其他工程所采用，章先生与有功焉。并为之记。

1995年6月于北京

忆章镜月老师二三事

刘耀南

作者简介：江苏常熟人，教授、博士生导师。1918 年生，1936 年苏州中学毕业，考入中央大学电机系，1937 年转至上海交通大学，毕业后留校任教，1955 年随校迁至西安交通大学。

一、初进省立苏州中学

1933 年我毕业于常熟县里的初级中学，由于当时常熟无高中，我改入省立苏州中学。当我第一次跨进苏州中学时，立即感到它非常大，除了教室、操场、宿舍等等外，还有一个校园。一进校园就见到一座小山，山上有一小亭，名曰道山亭。傍山二侧各有一池塘，种满荷花。我沿着池塘，登上道山亭，极目四望，郁郁葱葱，一片翠绿，我深爱之。以后每当课余，常约二三同学，漫步于校园中，恢复一天学习后的疲劳。

二、我们的班主任章镜月老师

我级共有五个班，除我班为女生班外，其他都为男生班。我们的班主任是章镜月老师，章老师高高的个子，穿着一双高跟鞋，看起来很洋气，因为在我见到章老师前，还未见过穿高跟鞋的老师呢！章老师教我们“大代数”。我在初中时就酷爱数学，代数、几何、三角无一不爱。章老师讲课严肃、认真，令人敬畏。章老师讲课条理清楚，我则用心听讲，几乎能做到一字不漏地听进去，因此考试常得 100 分。章老师课堂上很严肃，而课后则常和我班同学谈心、打球。记得她曾说过，当她买到一双新的高跟皮鞋时，先在鞋上涂上些土，免得人家误会她是第一次穿高跟鞋呢！可见她和我们相处得形同姐妹，毫无老师架子。章老师还带着一个三四岁的小侄女在身边，照顾她的生活，包括吃饭、穿衣服等。我们也常去和她侄女玩。

三、送章老师出国

因章老师的爱人沙玉清老师要去德国留学，章老师将去北京随同前往，1935 年春末，我们到苏州车站为章老师送行。当时从常熟到苏州尚未通公路，我们是坐小火轮前往的。我从未坐过、也未见过火车，同学都笑我，让我仔仔细细看看火车。但在那与章老师告别的时刻，哪有闲情去看火车呢，只听得，呜、呜……几声，火车带着我们的老师远去了。唉，老师啊，真想不到这竟是与您的最后一面呀！

1995 年 10 月于西安交通大学

缅怀恩师——沙玉清教授

唐念慈

作者简介：1923年6月生，江苏常州人。1945年之江大学土木系毕业，现任东南大学交通运输系教授，全国及江苏人民代表大会代表，江苏省人民代表大会常务委员会副主任。中国建筑学会地基基础学术委员会委员、江苏省土建学会名誉理事长。中国农工民主党中央常委、江苏省委主委。曾任西北农学院农田水利系助教，中央大学、南京大学、南京工学院助教、讲师、副教授、教授。

敬爱的沙玉清教授离开我们已近三十年了！时间虽然过得飞快，但老师那清瘦高高的个子、和蔼慈祥可亲的脸容，对我谆谆的教诲以及经常幽默的谈吐和爽朗的笑声，却清楚、深刻地留在我的脑际，难以忘怀。

半个世纪前，我从敌占区之江文理学院（由杭州迁至上海租界）毕业，因不愿在沦陷区工作，转辗来到西安和武功张家岗。沙师虽不是我的大学授业老师，却是第一个接纳我进入社会和工作的长者，他教我如何工作、研究，放手让我做事并帮助我解决工作和生活上的困难。这些，在做学生时，特别是沦陷区的学生，在学校里是怎么也学不到和得不到的；所以我总是真心诚意地把"沙先生"（大家当时都这样亲切地称呼他）当成自己真正的授业老师。虽然前后直接在老师的指导下工作不过短短六七年，但在以后的为人处世和工作学习方面，我无不受到沙师很多影响。

西北农学院，在抗战时期，由于地理位置好、局势稳定、环境优美、设备良好，而成为大后方的一所著名学府，汇集着许多从北平等地著名农业院校后撤的专家教授。沙师则是从德国留学水利归来，主持由李仪祉先生在西农创建的农田水利系工作。我到西农已是1945年10月，抗战已经胜利。沙师原并不认识我，当时他的助手郑宜梁因探亲一时无法返校，于是他便让我留下工作。

我在西农一面担任徐百川教授讲授钢筋混凝土学的助教，一面也为沙师做些科研的辅助计算。他是较早研究工程泥沙的专家，泥沙问题也是他长期坚持的研究方向。1965年，我惊喜地收到沙师签名赠的专著《泥沙运动学引论》，我高兴的不仅是沙师长期的研究有了可传世的成果，还因为老师记得我这个早期曾为他的研究不断手摇机械式计算机的学生。当时沙师正探索有关泥沙颗粒为水流拖动和挟带规律的无量纲参数，它是几个变量的幂函数。在还没有微机的年代，其计算工作量，显然是非常繁重的。我单身在西农，富裕的时间都投入了这个单调、枯燥的计算而不厌烦，因为沙师总是和蔼地教导和鼓励着我，我则从工作中不断学到研究分析问题的方法。

西农的学术气氛很浓，星期天常有讲座，由本校老师或途经西农的外地专家讲述。沙师以身作则，也认真准备、积极参加。给我影响极深的一次是他主讲太阳黑子与水旱灾害间的关系。我根据他提供的数据绘制了多幅大挂图，这也是自己第一次学习绘制配合讲授内容的挂图。会后沙师还教我们用当时仅有的简单工具，如涂墨玻璃片观察太阳黑子，用晒图纸、经纬仪或照相机拍摄记录黑子，现在我还珍藏着这些照片。从这些活动中，我体会到了搞科研要学会自己动手观察试验的能力以及组织和表达好自己观点的能力，这在我日后的教学和科研实践中，无疑都起着久远的作用。

西农当时实行教授每五年可有休假或外出研究讲学一年的做法。1946 年正轮到沙师，他应母校（中央大学）老师陆志鸿教授（已前往接收台湾大学并任校长）之邀，拟去主持台大土木系。当沙师知道因他离西农，而我想回老家上海，但又顾虑难找到工作时，便主动关心征询我愿否随他同去台大，并为我与陆校长联系接收，这使我感到多么温暖啊！联系到沙师平日工作中的谆谆指点，主动介绍并要我阅读他从国外带回的新资料等等，心中觉得我是真幸福，能萍水相逢这么好的一位对后辈关心备至的导师。

1946 年暑假开始，沙师便出发，拟飞经南京稍停后，再去台大。我则与徐百川教授一家，乘火车断断续续同路东返，并在上海家中候船去台大。但事情常有意外，沙师在南京因中央大学校长吴有训的盛情邀请，改留中大任土木系主任，不再去台大。而我则在沪体检发现肺结核，必须卧床休息一段时间。沙师立即来信安慰，另外说我恢复健康后，既可仍去台大也可来南京中大工作，由我自定。这样的机遇在难找到工作的旧社会是多么不易，特别是进入著名的高等学府。沙师的关怀是对我再次的极大鼓舞！使我安心休养，终于来到南京继续在他的指导下工作。

抗战胜利后的中大土木系真是百废待兴，除了一台老式 Amsler 万能实验机和几架测量仪器以外是什么也没有。沙师一旦接受任务就全身心地投入工作，甚至连自己的健康也不顾。家眷来南京后一家七八口人就挤在土木系矮平房内（沦陷时，中大被日寇占作医院）。

沙师重视抓系的师资队伍。他因为人诚恳，善于团结人，所以能广聘各方面专家来系任课，我记得的就有才从美国回来的麻省理工学院梁治明博士，当时国内测量界的权威陈永龄、夏坚白教授，钢筋混凝土学先驱徐百川教授，前中央卫生实验院的胡家骏教授，公路工程权威波兰博士方福森教授等等。不能专任则兼任也好，上海交通大学徐芝纶教授就是每周从上海来一次，兼课讲授弹性理论。加上原已在中大任教的金宝帧、方左英、刘树勋（从东北大学回南京）等教授，在沙师主持下著名教授云集、阵容坚强。

沙师一向重视科学实验测试技术，因而他狠抓试验室建设。那时学生不分专业，高年级时划为结构、道路、卫生工程三个组。沙师就想尽一切办法在原有的材料试验室，测量仪器室外新建了结构力学模型试验室（包括新兴的偏光弹性试验），道路试验室及卫生工程试验室，并开出实验课。特别值得一提的是新建的混凝土研究室，它是沙师在经费困难条件下，积极争取社会资助办学，而由前导淮委员会主任沈百先的中大校友关系，才能设置在中大的。它的投资不小，约有 2 亿旧币以建房和购置设备。当时工程实践中，混凝土还是古老地按 1∶2∶4 或 1∶3∶6 比例配合，什么试验配合、水灰比、坍落度以及加气剂都还是陌生名词。这些新技术的引进，就是由才从美国学习归来的吴中伟先生和同志们在混凝土研究室努力工作、宣传、推广，才得以在工程中首先实行的。当时中大仅在校、院两级设有图书馆。沙师又让我兼筹办系图书室，为了争取校友的支持，他建议命名为“云青图书室”以纪念中大土木系老教授张云青先生，每本藏书还贴有张教授肖像的书标。

沙师研究的是泥沙问题，中大又另有水利系，所以他仅在土木系开设少数选修课。如若我的记忆不错，则有“航空港”“都市计划”等。行政事务占去他很多时间，如院务会、教授会会议，争人、争经费、争设备等等。其实沙师身体并不好，气喘常折磨着他，但他仍是带病坚持工作。发病时，不能平卧入眠，一坐一夜透不过气来；我们去看望他，只见脸色青白而略带浮肿，话都说不连续。所以，沙师回母校主持土木系，真是全身心地投入了系的建设，使系的面貌有了根本的变化，也培养了一批后继的师资力量。

1949年春南京喜获解放。像沙师那样有地位和台湾又有联系的人，却在学校留了下来，我认为这是因为他爱国和有着很强的正义感。他毫不计较地放下了苦心经营多年的土木系的主任职务，愉快地服从党组织的决定转到了水利系。不久思想改造运动开始，沙师在全校大会上受到批判，我也在会上发言，心里却担心沙师会否介意，但事实告诉我，他的心里是坦然的，还和以往一样关心我，这才使我稍为得释。接着院系调整运动开始，沙师分到了华东水利学院（现河海大学）。从此以后与沙师的接触便少了，因为其后运动不断，两校住地又不在一起，连什么时候他因气喘病需要干燥的气候，而决定回西农，现在我都记不起来了。

我最后一次见到恩师沙先生是60年代初，他来南京参加泥沙科研会议，因突然痰中带血而住院。我去看望他老人家，但见他脸色红润，精神很好，比以前还胖些。他说话仍是那么和蔼幽默，我为他能在西北干燥气候下转健而高兴。直到十年动乱开始，我突然接到沙师母章镜月老师寄来简单油印的沙师病逝讣告，心中十分悲痛，绝料不到那次在医院见面，竟是一次与恩师的永久诀别！在那个人人自危的岁月里，我未能为沙师逝世亲向师母表示慰问而深感内疚。后来听到师母于1974年也相继过世了，真有人生何其匆匆，不胜感慨万千。现在自己也到了古稀之年，又身患多种疾病，我愿以这篇纪念恩师的文章，把我脑中还记得的他为祖国水利、土木工程教育所作贡献的点滴印象，赶紧写出来补作我对沙师的追思和怀念！

敬爱的沙老师、师母，你们安息吧！二老曾为之化尽心血而兴旺起来的，无论是西农水利系，或是东南大学（原中央大学）土木系都正随着祖国日益富强的步伐而前进、壮大！人民永远不会忘记你们所作过的努力和贡献。

1995年3月于江苏省人民医院

忆 沙 师

——兼谈西农水利系及水利研究所

李述斋

作者简介：1921年生于河南陕县（今三门峡市），1945年毕业于西农水利学系，旋即进入农业水利研究部，并兼系助教职务。1947年应国立台湾大学之聘，在其农学院农业工程学系历任助教、讲师、副教授，并兼台北工业专科学校副教授、教授。1957年秋赴美俄亥俄州立大学进修并任教，1961年获测量学硕士，1970年获地理学博士。于1963年起，一直在俄州交通厅任工程师，有著作集两卷，卷一为水文学与水利工程，卷二为测量科学与地理学。1993年退休，定居俄州哥伦布市。

1994年5月20日，是母校创校六十年（我曾把上述两册著作集寄赠母校图书馆，以为纪念），那是指西北农林专科学校正式成立的时间。其实为了要开始修泾惠、渭惠等渠，妇孺皆知的与中国铁道大师詹天佑齐名的水利大师李仪祉先生，先此已创办农田水利专修班，早在一二年前已开始了。此时成为农专的最早的第一个组成系。

西北农专的成立，很像美国各州，在1860年代内战后，由联邦政府，按照Moms法案，为农工建设复兴，而增与土地，以创办该州“增与土地”农工专科学校（Land Grant Collge of Agnouiture and Mechanic Aris）。但西北农专在工程学术方面，只有水利一系；美国农工学校，最初就有农业、土木、建筑、机械等系，也有文理工、法商、政经及预备军官训练（是“增与土地”州大对联邦的义务）等科系。后来都逐渐扩充为州立综合大学，如爱州大（Iowa State University ISU）、路州大［L（ouisiana）SU］，宾州大［P（ennsylvania）SU］、俄州大［O（hio）SU］等。美国没有国立大学，联邦政府没有教育部，各州政治民主、教育自治。大学教育是州的事，中小学是县市地方的事。

西北农专改为西北农学院，是抗战开始后第二年，教育部把西北联合大学中的北平大学农学院与西北农专合并而改名的。北平大学农学院，是清朝末年成立的京师农业大学堂，赋有历史性的水利与农业工程学系，所以水利系未受影响。抗战八年期间，是西农最稳定发展一系。而沙师玉清，在抗战开始时，自德回国，接替李仪祉先生出掌水利系，一直到抗战胜利后一年，对现在的水利系规模奠定了基础。水工试验室与水利研究所，都是这期间建立的，那时在国内都是唯一的，其他大学都还没有。

那时水利系开设的课程也极为丰富。理工方面的数理基础课程，大学水准的如微积分、普通物理；研究所水准的如高等解析数学、流体力学；都分别由程宇启和祁开智二大教授担任。我们不但要学理工方面的课，也要学农业方面的课，如土壤学、气象学等。在工程方面的课，也不限于水利。土木方面的，有建筑结构设计、公共工程［包括公路、铁路、卫生工程（给水、污水）及环境工程（排水、水土保持）］等等。还有机械和电机方面的课，就是没有化工方面的课。后来在研究所修高等水工设计时，因要给西安市给水工程计划作各种可能水源之水质分析，我们还有机会到别系的试验室去学习化学和微生物分析。

沙师教大学四年级的灌溉工程学，主持研究所论文选读和专题讨论，研究和著作集中在河川泥沙方面的理论及其问题。他的见解新颖特殊，对学生有启发性，我得益良多。

1939—1941 年我还在西农附属高中肄业时，就敬仰沙师的大名，去听过他讲的“十年万井计划”“丝路之旅”和“宇冰学说”等公开讲演。后来，到大学后，又听过一次，加强了我对水文学进一步研究的浓厚兴趣。

当时，农田水利研究所的研究生，共有六人。有一半是西农水利系毕业的；另两位是沦陷区上海之江大学来的；再一位是西北工学院来的。第一位水利硕士余恒睦 1945 年底毕业，后即高就他职。一位日夜读德文，不久就去荷兰留学。一位 1946 年随沙师去复员后的南京中央大学任教。和我同班的另二人，新中国成立前后就不知如何了。

抗战时，西农水利系的教师阵容之整齐设备之完善，在西农所有系中，是数一数二的；在国内，也是不逊于任何工学院的土木或水利系的。因此，教育部在西农成立了第一个，唯一的研究所，也是国内第一个研究所，授予硕士学位。

水利研究所的主要课程，前面都已提到了，着重数理高级解析、大型水工计划、水文水利重要问题的个人独立研究和集体讲座、讨论。余恒睦学长用四五年的时间，去研究水库泥沙的淤积问题，这在欧美各大学，多是博士班学生必需的时间。中国大中学校的教学水准，本以比美国要强，可见我们的水利研究所是如何的慎重了。

西农水利系，研究所教授的工作，在抗战艰苦期间，微薄的待遇之下，也是可钦佩的。正教授们没有像美国副及助教授们的“Pubish or Perish（不出版著作就要沉沦）”的压力下，也没有大量公、私研究基金可以争取；但以水利研究所具名出版的研究报告至少有十本之多。我记得，其中有沙师的泥沙研究报告二三篇和祁师的“黏滞流体运动学”二三篇。

以上略略谈了沙师在西农水利系、水利研究所方面的贡献，我再谈谈我和他的接触和对他的印象。虽然我还在西农附属高中肄业时，就听过他的公开讲演，进入大学后，到了四年级，总有他的课，以前也没有什么事与系主任打过交道。大学最后一学期，因为主编毕业纪念级刊，要请沙师题辞，写稿常到系主任办公室去找他。进入水利研究所兼任助教后，总有机会同他讨论问题，处理事务。我兼管系图书馆采购，同教授联络开单，因此，我有机会找到科技的新书目录，也学知了不少科技重要的参考书、研究期刊和报告。沙师介绍我参加了中华自然科学社，我也常参加他们的演讲、讨论和家庭同乐会。因此，得以认识沙师母和看到他们的令郎际德，他那时大概是小学三四年级。有时我因系务公事，也曾到沙师家属住宅去过，沙师和师母待我如客人一样。他们常常是和蔼可亲，给我有“春风化雨”的感觉。

我在水利研究所做研究生兼水利系助教只一年，许多师长相继离开了西农，沙师全家迁到南京，祁开智去了北京大学（曾来函要我将他的研究报告“黏滞流体运动学”两册寄去），程启宇教授去处不详，陈椿庭师到水利部中央水利试验所（1980年我到西德汉堡出席国际摄影遥测学会，趁便回国，在北京受到水利、电力研究院邀请座谈，陈师已是副院长）。虽然，西北工学院迁到咸阳，土木系、水利系许多教授可以就近来兼课、指导研究生；但是，西农水利系的健全精神萎缩了，群龙无首，奄奄一息；这就是1947年秋，我失望之时，毅然应聘前赴台湾大学的缘由。

1947年我到台湾时，得知倪超师（任土木系主任，后为成功大学校长）和戴英本学长已在台湾工学院（1955年改为成功大学）任教，胡运鼎学长在水利局任职。次年，先有1946年之系友范守山到高雄港务局（以后也来美，后来他们和我都获得博士学位），又有1948年系友王振德到台湾港业公司及王南树、闫全佑、王玉轩、易任等到台，分到各水利工程处任职。王、闫二人，后转入电力公司，易任系友嗣在台湾大学、成功大学任教。他在台湾大学为石门水库作水工试验时，也兼副教授教课，从此一直以长期教授，荣誉退休。现夫妇已来美与子女孙儿团聚，共享天伦之乐。上述两位师长，在我进西农时，就离开了；戴、胡两学长，在我进入研究所时，已毕业了；1956—1958年间，戴、我和范依次来美进修，各家都定居美国。所有这些系友，都是沙师在西农主持水利系时毕业的，当无愧他的培植。

现在三门峡市的湖滨公园，在黄河水库修建以前，陕县县城的西区，那是我的家门所在。在小学时，老师就带领我们去三门（原名没有峡字，是三个门的峡，不是三个峡；以与三峡有别）旅行过。三门峡大坝下游的“中流砥柱”，是历史古迹，还比较有名。儿时我对大禹治黄河的丰功伟绩，已是耳熟能详。在抗战末期，豫西沦陷；就盛传日人有兴建三门峡之议，当时陕县水文站站长还是我的一个学长，我又去三门峡看过，还得到过水利部水工试验所航空测量队所测得的黄河流域的地形照片图。胜利后，水利部邀请中美专家组团勘察三门峡等水库坝址。沙师也曾同我谈过这些事，关心水库淤沙问题。没想到，后来三门峡建坝，不久就面对了严重淤积问题。1980年我回乡时，曾到三门峡水库一游，水利专家们正谋补救，目前不知如何了。

1980年我回国访母校后，曾到武汉过访测绘科技大学、华中师大、农大等校；农大校长是西农前院长章文才，他还记得我是水利研究所的。他正计划研究推广华南地区柑橘喷洒灌溉工作。喷洒灌溉在美国不但用在蔬菜、水果、花卉等经济作物生产及高尔夫球场草地维持养护，且已经普遍用于住家庭院花木、草地之维护。美国加州全年温暖，但极为干旱；给水、灌溉，尤其是喷洒灌溉极为重要。台湾虽温暖，但多雨，农业水利重在自流灌溉及排水。光复后糖业公司曾试用喷洒灌溉，因不经济，旋即放弃。所以，我就近在俄州大内园艺系推荐一位教授给章校长，去武汉为华南各省柑橘人员讲了三周的课；我虽因故未能亲往协助，但亦了却了报效祖国的一点心愿，沙师地下有灵，也可默许吧。

丁丑年春节前写于俄州哥伦布市

怀念我的导师——沙玉清教授

熊运章

作者简介：陕西三原人，生于1923年11月，1946年西北农学院水利系毕业。西北农业大学水利与建筑工程学院教授（博士生导师），农业水土工程研究所名誉所长，国务院学位委员会学科评议组成员，原西北农学院副院长、水利系主任。

沙玉清教授逝世已经30年了，从他主办中国最早培养农田水利人才的专业——西北农林专科学校水利组，即后来改名的西北农学院农业水利系起，到现在将近半个世纪了，他在开创中国农田水利教育事业中作出了重大的贡献，他的丰功伟绩始终牢记在我国农田水利教育工作者的脑海里。今天，我们怀着无限崇敬的心情来纪念我国农田水利教育的创始人之一——沙玉清教授。

潜心从事水利教育

沙玉清教授1930年大学毕业后，从事教育工作不久，就对农田水利发生了兴趣。1935年，发表了他的第一本专著——《农田水利学》，这是我国最早的一本以现代科学技术为基础的农田水利学专著，对农田水利学的学科基础和内涵做了系统的论述，既有科学性又有实用性。到1951年先后出版发行了6版。50年代以后才渐次出现其他作者编著出版的同类专著。

1937年，沙玉清教授应李仪祉先生的邀请到西北农林专科学校水利组任教，并担任该组领导，由此开始了他从事农田水利教育事业的生涯。当时李仪祉先生曾写信给他说："……知已返国到校，不胜喜慰，农专事属草创，水工及灌溉试验，望尽力筹划，使得在西北放异彩，以资切实功效于农民……"。沙玉清教授后来从事农田水利教育，特别是立足西北农田水利教育，是同李仪祉先生的这些鼓励分不开的。但是，农田水利教育在当时来讲，还是一件新事物，如何建立其学科体系和教育方案，制定发展规划，需要进行许多开创性的研究和探讨。沙玉清教授在这方面进行了大量的工作。

1938年他所发表的《水利事业的科学基础》一文，论述了水利事业的范围、水利家与水利事业的关系、水利家要研究的问题、水利学科的内容、水利事业与社会科学的关系等许多问题。并以渭惠渠为例，进行了科学分析，从理论上为建立农田水利学科提供了依据。

1939年沙玉清教授发表的《水利事业与水利教育》从论述水利政策开始，进一步论述了水利事业的特征与基础，强调了水利学科的基础——水文学、水力学、水工试验。对农业水利的意义和范围也作了更明确的阐述，指出："农业水利之意义，至大至广，概言之，一为防止洪水对农业之损害，二为补给雨水，增进农业之生产。例如，导淮治黄之伟大计划，均以促进农业为最后之目标也”。文中特别强调了“任何水利工程之建设，首应考虑者，即农业上之利害问题，农业水利为整个国民水利事业之一部……”

在进行上述研究和探讨的同时，沙玉清教授亲自制定了水利组及以后农业水利系的教学方案，包括宗旨、要求、教授方法、课程设置、图书设备等。《学程总则》明确指出“……以造就农业上应用之高级水利人才为主旨。课程先授以基本科学及农林需要学识，次及工程原理，渐注重水利专门问题。教学方法平时注重校课（指校内讲课），多做习题，假期中必事工程练习，或分散农村服务，以获得实际之经验”。对设置的每门课程都提出了要求，包括规定的学分、选用的教科书等，并对图书、设备计划作了仔细的安排。

沙玉清教授还制定了水利组的长远发展规划，计划在渭惠渠以南，大马路以西，占地240亩，作为教学科研活动的长远基地。内设水利馆、土工经济馆、工场、模范农村、气象园、灌溉试验场等。只是由于抗日战争爆发和以后形势的发展，这一规划始终未能实现，但它对以后西北农学院农田水利系的建设和发展却有很大的影响。例如西农水利系50年代修建的水工厅，80年代建设起的灌溉试验站和90年代建立的农业水土工程研究所，都是同沙玉清教授规划思想分不开的。经过几十年的努力，昔日的水利系现在已壮大发展成为一个有120多名教职工、600多名本科和专科学生、30多名研究生、具有相当规模的学院——水利与建筑工程学院，设有4个专业，两个硕士点和一个博士点，一个研究所及试验站。沙玉清教授的宏愿，已得以实现。

确立农田水利教育的办学思想

凡从事某种专业教育必需首先明确其办学思想及专业的内涵，农田水利教育也不例外。农田水利教育的必要性及其办学方针取决于农田水利事业对农田水利教育的要求。但是农田水利事业及其对于教育的要求又是什么呢？明确并解决这一问题，首先应归功于我国著名水利专家李仪祉先生。李仪祉先生重视农业，注重水利与农业结合，为农业服务的思想，以及强调进行灌溉试验，开展水土经济研究的主张，为兴办农田水利教育提供了基本指导思想。

尊李仪祉先生为师的沙玉清教授继承和发展了李仪祉先生的办学思想。突出了水利与农业紧密结合，为农业服务，兴办农田水利的指导思想。这些思想在以后的办学过程中，不断得到改进、完善和发展。

农田水利的内涵是什么？在沙玉清之前，还没有较完整和系统的概念。沙玉清所写的《农田水利学》基本上回答了这一问题。该书将农田水利的内容概括为以下五个方面：

1. 农田水利的基本理论和方法；

2. 灌溉；

3. 排水；

4. 放淤及洗碱；

5. 沟洫、整理土地和护田。

这些内容构成了我国农田水利的最初体系。即使从现在的观点来看，这个体系仍然是可行的。

沙玉清教授继承和发展了李仪祉先先生关于“建设西北之农功水利”的思想，鼓励学生要为建设西北农田水利而努力。为此他曾写过不少文章，例如：“西北水土经济研究的重要”（1938）、“黄土区域之潜水问题”（1941）、“十年万井　建设西北”（1944），还提出过相应的计划或方案，如：“仪祉水土经济研究所初步计划概要”（1940）、“国立西北农学院农田水利专修科（凿井班）计划草案”（1942），所有这些都是从西北水利建设的特点提出来的。

循 循 善 诱

沙玉清教授作为一位教育家，不仅承担好他所讲授的课程，还经常对学生进行学习目的、学习方法、工作目标的教育。不仅要求学生学好在校学习的课程，还启发学生将来如何用水利技术为社会服务。他告诫学生：“凡事业之进行，必以全民族之福利为依归……须着眼于全民族之幸福，而非其个人职业之局部利益也”（《水利事业与教育》）。要求学生要宣传水利、并与各部门协作，才能办好水利。他认为：“国民对于水利之认识，更为重要……”“水利事业与任何国家事业，息息相关，能合作，则相益而功愈大。……对于水利青年，应使其深知水利事业与其他各业合作之重大意义”。（《水利事业与教育》）

沙玉清教授特别强调青年学生要立大志。他引用王守仁、朱子论学的话说：“志不立，天下无可成之事”。“著不记，熟读可记，义不精，细思可精。惟有志不立，真是无着力处。”并以李仪祉先生立志兴修水利，为民造福，终得成功，受人尊敬为例，教导学生。同时他又启发学生如何实现既定的目标，指出：“任何事业的成功，必有一定之步骤，一定之准备。譬如登山，若仰首见顶，目标既定，然后循序渐进，步步上行，决无一步登顶之理。……应分几个阶段，树立几个小目标……分段完成之……诸君之远大目标，为无数个小目标之累积。乃一具体有计划之方案，而非一空洞之幻想也。”（《与在校学生谈立志》）

我从 1942 年起在西北农学院农业水利系就读，四年学习期间亲聆沙玉清老师的教诲，并在他的亲自指导下完成了毕业论文，1956 年沙玉清教授再次到西北农学院任教以后，又在他的指导下共同工作达 10 年之久，深感沙老师的学识渊博，思想开阔，治学严谨，诲人不倦，使我受益匪浅，确是我终生难忘的良师益友。在此纪念沙玉清教授逝世 30 周年之际，缅怀沙老师对我的教诲，特撰文以资纪念。

1995 年 9 月于陕西杨凌

纪念沙玉清主任

易　任

作者简介： 易任，字任之，1925 年 7 月出生于河南省光山县西部之汪乡，1948 年 6 月于西北农学院水利系毕业，历任台湾大学农业工程学系、成功大学土木工程学系助教、讲师、副教授、教授，石门水库建设委员会副工程师、工程师，并曾先后受聘为美国加州大学 DAVIS 校区水科学工程学系客座研究员及密西西比州立大学土木工程学系客座教授，长期从事水利工程及水文学教学与研究，培养研究生多名，1995 年 8 月退休为台湾大学名誉教授及兼任教授。

1944 年暑假，我从抗战时期迁自河南淅川县上集镇的国立一中毕业，参加全国大学联考，进入陕西武功张家岗之国立西北农学院水利系就读。

西北农学院为未曾沦陷之少数院校之一，学校有自行管理营运之发电及自来水设施，教授住宅为精致之洋房，并供给全部家具，学生升入三、四年级，尚有钢丝床可睡。学校伙食之佳名冠全国，各校前来观摩的伙食团，屡见不鲜。

水利系的系主任是沙玉清教授，台湾大学早在陆志鸿校长时代，曾邀请其来台大任职土木工程系教授兼主任，不意沙主任来台路经南京中央大学赴母校访问，而被吴有训校长挽留聘为中央大学土木系教授兼主任。

我初入校见到沙主任，印象中是一位严肃、身材高挑、清瘦且穿长袍不着西装而令人敬仰之长者。当时大学的规矩很严格，必修的国文、英文、高等数学、微积分、物理、化学等课程，如有一门不及格就不能升级，且不能选下学期的若干后修课程。因而，多读一年大一的学生不少，学习十分紧张。及至升入二年级，水利系学会或其他纪念假日，时请沙主任及外宾讲演，题目大多是有关水利及其他先进科学方面的。例如，当时正是二次世界大战末期，飞弹及原子弹科技竞争激烈。忆及有一次大会上，沙主任讲发射飞弹之 V-2 火箭及导航设施螺旋仪之理论，祁开智教授讲原子弹理论，讲堂挤得满满的。当时我才上大二，首次听到有关爱因斯坦之能量学说和许多新科学观念，直觉上十分感佩沙主任、祁教授学识渊博而伟大。其后在三、四年级时，沙主任还有多次之学术讲演，亦多参与听讲而甚少缺席。

我学生时代对沙师之敬仰，除在学习期间聆听其上课及多次演讲外，还在甚多之水利期刊中恭读不少沙师之大作，其中印象较深且在台湾尚可查核者，略举一二：

(1) 民国 34 年 3 月 15 日《西北水声》第 6 卷第 1 期“还我河水”重点在谓“河山是民族的躯壳，河水才是滋养民族的血液！”且在同期的补白中载有“国父实业计划考察团于 32 年赴新疆考察时，西北大学地质地理学系系主任殷伯西先生赠沙主任之诗词，题为

"赠别沙公"略述大漠之奇景，诗词中每句均有一"沙"字，除钦佩殷主任之文学修养外，可知其与沙公相知之深，兹录如下：

赠别沙公

西北大漠漫黄沙，结伴沙公走荒遐。沙风沙雨同栉沐，沙枣沙葱共嘘嗟。
弱水三千沙门子，沙夹道里夜停车。玉关西出沙州路，敦煌郊外听鸣沙。
沙湾道上秋萧瑟，白龙沙滩映落霞。闻道沙雅多古迹，莎车百里富桑麻。
茫茫瀚海同沙海，愧我无缘涉流沙。引矣沙公多弥摄，归当翦烛话窗纱。

伯西敬题，三十二年十月二十八日迪化

(2) 民国 34 年 4 月《西北水声》副刊第三十四期中刊载，为纪念近代水利大师李仪祉先生逝世七周年（3 月 8 日），西北农学院水利学会于是日举行纪念仪式，并由沙主任讲演李先生的遗著"宇冰学说"。忆及曾阅读李仪祉先生逝世纪念特刊中，有沙主任和刘梦锡先生对李先生之赞词："大禹之后，中国一人，惟陕西李仪祉先生"；诚哉斯言，李先生当之无愧。

(3) 民国 34 年 9 月 15 日《西北水声》第 6 卷第四期，有沙师之大作"泽薮和稻人"，重在述及宁夏灌溉工程之特色，略谓流过宁夏的黄河洪水，从血管脉络般的渠道输送到农田里，经过充分的"撇清澄浑"以后，多余的水都排泄到附近的湖里，湖水再从沟渠退泄到黄河；这就是所谓的"一本散为万殊；万殊仍归一本"。宁夏的农民就在这一分一合中，争取天赋河水的滋润，她的水利灌溉系统，亦就是这样构成的。宁夏的湖泊，真是"星罗棋布""触目皆是"，湖里的水终年不断地蒸发着，将附近的空气，变得更湿润、更温暖，更适合各种草木虫鱼的繁息；湖沼的农田，最适宜种植水稻，每亩地的生产能力，因此可增加一倍。宁夏的天、地、人经我们的祖先辛苦经营擘划，得到一个这样平衡的发展、和谐的配合、全面的运用、统筹的管理，已是很具体说明：为什么"天下黄河富宁夏"？誉为"塞上天府"的真谛了。

在沙主任任内（1937—1946 年），请到不少当时留学归国的青年学人，后辈学生受益良多。如曾任成功大学土木系系主任及校长之留德博士倪超先生，当年在水利系讲授过铁道工学及道路工程；留美博士祁开智先生来武功度假而被挽留，聘为物理学及液体力学教授；留学法国之青年教授程宇启先生，讲授微积分及微分方程；曾任台中市台湾省立农学院（已改制为国立中兴大学）院长王志鹄（农业化学系）教授任土壤学。还有，陈椿庭教授任工程数学及河渠水力学；曾任台湾省水利局副总工程师及北港工程处之叶彧处长讲授投影几何；武汉大学毕业，现美国材料工程界驰名之陈明茂教授，当年授工程画与投影几何（几年前陈教授由成功大学机械系聘为客座教授，期满后返美）；余恒睦讲师（为水利系之第一位硕士）讲授水文测验，后辈学生均受益良多。

至于西北农学院其他各学系于民国 36 年先后来台湾大学农学院任教之名师，诸如园艺系之谌克终教授兼主任；农学系之张德粹教授兼主任；农艺系之顾元亮教授兼主任外并兼任教务长及两届农学院院长；森林学之周桢教授兼主任之后，也曾兼任农学院院长，相信对台湾大学农学院之贡献，均功不可没。

时光一晃近 50 年匆匆过去，1955 年年初，在台北一次水资源学术研讨会上，自成功大学水利系刘长龄教授处得知，沙师早已于1966年仙逝，至今已30年矣！沙师对泥沙问题研究专业专精，影响深远，其公子际德教授有意将其尊翁力作《泥沙运动学引论》再版，广布台海，此举已得到年逾九旬的成功大学倪超老校长之赞举与促请。作为沙师的学生，有幸协办，理当勉力。值沙师逝世30周年及90冥诞之际，完成再版工作，也是景仰沙师，告慰亡灵，弘扬学术的最好纪念。

1996年6月于美国硅谷

怀念沙玉清先生

王涌泉

作者简介：江苏萧县人，生于1927年7月，1949年河南大学水利系毕业。水利部黄河水利委员会水利科学研究院教授级高级工程师，华北水电学院兼职教授。曾任电力工业部水电科学研究院泥沙组组长、工程师、中国科学院水利电力部水利电力科学研究院工程师，中国水利学会泥沙专业委员会委员，中国地球物理学会天灾预测专业委员会委员，闽浙赣邻区集中暴雨防洪减灾信息网理事长。

从1945年10月我第一次到武功张家岗西北农学院水利系，已经50年了。对那个林木葱郁，繁花似锦，可以远眺皑皑太白和如带渭水的地方，我有许多美好的回忆，但最怀念的是沙玉清先生。

我不是西农的学生。我去水利系是找一位叫曾庆寿的毕业生，请他到眉县代我上课。当时我在眉县县立中学任代数与英语教员。抗战胜利了，我要继续求学，这时第一次听到沙先生的名字，当时我却未想到以后半个世纪中，和沙先生会有十几年的交往。

沙先生已辞世30年了，回忆1965年10月30日在他家中畅叙别情，纵论治理黄河和开拓学术新领域的种种情景，音容笑貌宛如眼前，谁知这竟是最后的一面。

一、泥沙研究座谈会

1953年3月在南京水利实验处召开了中华人民共和国成立后第一次泥沙研究座谈会。从1952年冬筹备开始，沙先生始终积极参与，这是我们第一次共事。这件事高瞻远瞩，影响新中国水利科学的发展，在50年代初能提出并且实现十分不易。沙玉清先生由于对泥沙研究的专注和多年修养作出了重要贡献。开始由我和范家骅倡议，沙玉清、严恺、黄文熙各位先生和有关单位的专家、技术人员都大力支持，梁益华非常赞同并立即向中央水利部报告，经李葆华副部长批准实施。我当时由燃料部华东水电局派往南实处参加浙江黄坛口水电站溢流坝水工试验，水工室泥沙组组长严镜海是这项试验的负责人。泥沙组和沙先生彼此了解，水工室主任陈椿庭和沙先生也十分熟识。

我是因为热心于泥沙研究和黄河治理，才和沙先生逐渐熟悉的。在水力学中注意泥沙研究则另有渊源。1937年我从江苏萧县废黄河边的农村来到陕西关中，在渭河旁长大成人。1942年，有次在眉县红崖头渡河，恰遇洪水，险遭灭顶之灾，因而更加深了对防洪的认识。以后在开封河南大学水利系毕业，耳濡目染，自然很关心治河和泥沙问题。

我开始读沙玉清先生的学术论文是在1947年。那时我已是中国水利工程学会的会员，学会接连出版了纪念故会长李仪祉先生专号和泥沙专号，我曾一篇篇仔细研读。沙先生曾对泥沙分类做过基础性的研究，当时也读过。但是以上只是一些前期的准备。

促使我决心参加和倡议开展此一重大问题研究的原因则是，南实处由于赞赏我的各方面工作能力，提出调我来南京的意见。在我向华东水电局王醒局长汇报时，他不同意，他给我看了毛泽东主席不久前给燃料部陈郁部长的一项指示：要开发黄河水电并注意解决泥沙问题。他说，这也是我们水电的任务，希望你努力。所以从这以后我就更留心各处泥沙研究的进展。

我和范家骅比较熟悉，有一天两人同去看电影，看到列宁对巴甫洛夫关于狗的条件反射研究亲自给予了支持。那时范家骅正为钢板水槽挟沙能力实验的经费、人力发愁，难道泥沙研究，特别是关系治黄大局的悬泥质泥沙问题研究，其重要性还不比巴甫洛夫对狗的研究更大么，我们两人心情平静不下来，因此决定呼吁。

可是我并不清楚这一问题的方方面面。严恺先生是我的老师，他这时任华东水利学院院长，我去找他。他说学院刚成立，据他了解教授当中沙先生最了解泥沙问题。记得第一次拜访是李昌华带路，他们是同乡，那时沙先生还住在成贤街原中央大学宿舍里。我们详细交谈了中国泥沙研究的历史、现状和问题，对这次座谈会讨论什么问题，请谁参加，如何协调，要达到什么目的，都一一充分交换了意见。对于研究黄河泥沙问题要举办大型模型试验、而且要注意三门峡水库淤积发展就是这时提出的。

由于多次反复酝酿，准备比较周详，座谈会开得很顺利和成功。我第一次亲自领受了沙先生平易近人、严肃认真的学者风度。

二、三门峡水库野外试验场

在此后十几年中，1958—1960 年是我们朝夕相处共同奋斗，工作联系最密切的一段。沙先生从南京回到武功，这时正担任西北水科所所长。水电部和黄委会决定在武功举办三门峡水库野外模型试验，北京水科院派我来参加工作。我 1954 年调到北京，先在燃料部水电总局、电力部水电科研院，这时在水电部水利水电科研院工作。南京话别，五年后武功重逢，回想“泥沙座谈会”上的建议，这次得以实现，深感有缘和快慰。

这项工作是由周恩来总理提出的。他在 1956 去印度访问时，看到过水利工程大模型试验，因为三门峡水库淤积和回水是否影响西安问题复杂，所以有此要求。以前列维曾在列宁格勒（圣彼得堡）做过异重流实验，朱鹏程曾在北京做过小比尺的局部模型。这次大家都认为应做全部库区和咸阳以下渭河和安昌以下黄河河道的整体大模型，难得有此一致认识。

这是一项大协作项目，国内参加的有北京水科院、黄委水科所、西北水科所、西安交通大学、黄委西北工程局、武功水学。它还是中苏重大科技合作第 122 项的内容之一，所以还有苏联科学院和电站建设部的专家组来到武功协同工作。

试验场有三个模型。本来还要作第四个模型，因为遇到困难时期未能实现。这三个模型是整体大模型、整体小模型和渭河局部模型。分别按钱宁提出的浑水动床变态模型法、沙玉清提出的系列延伸模型法和哈尔杜林提出的清水填土模型法进行设计。

试验场场长由黄委会派王云亭担任，副场长由西北水科所副所长韩瀛观担任。我为整体大模型试验负责人，张灏为整体小模型试验负责人，赵乃熊、张开泉先后担任渭河局部模型试验负责人，全场日常技术工作由我统筹安排。沙玉清、钱宁负责指导。原西北水利部部长，后任黄委会副主任李赋都都是最早参加德国恩格斯教授主持的黄河试验的老专家，这时也亲来指导。陕西省各级领导都亲切关怀大力支持。

这样一项庞大而重要的工作，要顺利推进，互相协调，有许多技术的、组织的和思想的工作要做。中国有史以来第一次做这样大规模的水库和河道模型试验，工作没有经验，模型律和设计方法不成熟，施工和试验操作上也有许多新问题。很长一段时间，设计院提不出水库的来水来沙条件，周恩来总理要求预报四十年变化，中国各有关部门和苏联专家都无法回答。

我到武功接前任朱鹏程先生的工作，遇到这么多的困难和问题，除了大家商量以外，钱宁来时，由沙先生、钱先生领着几个试验负责人夜以继日地反复仔细研究，并组织全场技术人员继续讨论和实施；我还要向行政上一次次作出详尽地解释，钱宁回郑州或北京，一切科学技术上问题都要依靠沙先生指导。

沙先生年长，住在西农，天天下山来研究讨论问题，竭尽心力。模型走一遍几公里、中间也没有休息的地方，风吹日晒，跑上跑下，他从不讲劳累，实际上是非常辛苦的。有的问题一时没有结果，他带回家晚上分析，第二天一早到试验场，告诉我们该怎样做。他这种崇高的敬业精神和奉献品德是我们大家的榜样。

大跃进年代，人人心情振奋忘我工作，从没有人计算报酬待遇，但是，可惜身体大受亏损。沙先生体质单薄，早年在德国留学，抗战中生活艰苦，从南到北，从东到西又搬过多次家；而他自奉俭朴，从不过分要求，试验场本是应该更好地照顾的。1960 年已经到了困难时期，武功连糖果也买不到，我有一次回北京，问他要带什么，他说："北京也限量，买二斤糖果吧"，其他什么也不要，而且只这一次。

三、对水沙变化进行多学科的研究

三门峡水库泥沙淤积和渭河回水发展影响研究，在 1960 年本不应该结束，工作实际上并没有做完。由于困难时期到来，全国经济形势恶化，许多地方许多人吃不饱饭，物资十分匮乏，不得已只好结束。那时我负责全部试验的总结报告的编写，经常和沙先生反复商量以后如何继续。我们认为，模型律要进一步研究，更要下功夫研究水沙变化如何预报。从水动力学和泥沙运动力学研究水库和河道泥沙问题，归根结底还在力学范畴，从三门峡水库泥沙研究的经验得知，单靠力学工作是非常不够的。原订四十年预报研究任务只做了二十年（1960—1980 年），其原因就是无人能做出水沙预报。模型试验没有来水来沙，又哪来冲淤演变，势必无法进行。

我们在放水试验中曾仔细观察到，不同的水沙过程有不同的淤积和回水，而一次大洪水和一次较大的洪水甚至可以使潼关以上黄渭洛汇流区面目全非，从事模型试验的泥沙科学工作者都是在力学中做研究，不熟悉，甚至不懂水文学，常常忽视水沙问题。至于要做几十年的水沙预报，这是古今中外都未解决过、许多国家甚至尚未察觉也未提出过的问题。

沙先生有鉴于此，在总结报告的结论中，他明确提出要我加上"在所给的来水来沙条件下"几个字。意思是，一切泥沙试验结果都受所给水沙条件决定，必须说明这一点。我们很想完成四十年模型试验，预报到2000年，但做不到。黄委会王化云主任对我说：“先做二十年，我向总理汇报”。但这二十年是按照平均水文状态设计的系列，也不是预报系列。

罗辛斯基是苏联专家组组长，他是苏联科学院水利研究所河床部负责人，曾主持伏尔加河修建大水电站的河床演变预报研究，他说在苏联都是按平均水文状态做预报的。钱宁从美国回国不久，原和泥沙工程名家小爱因斯坦一起工作，据介绍，美国也从未做过几十年水沙预报用于水库淤积及回水的预报研究。

我认为，武功的试验有很大成绩，但尚未完成任务。在试验按罗辛斯基建议的水沙系列放水以后，我得不到别人的帮助，独自进行了黄河四十年（1919—1959年）实测水文资料的分析。结论非常清楚，那种一平一丰一平一枯一平假定组合，循环四次做二十年预报试验，使得来沙量大为减少，都是缺乏科学依据的，这对试验结果必将有重大影响。

我向上级和许多负责人谈过这一情况，反应不一，沙先生和我心情都非常沉重。不少人认为按苏联专家的意见做了就行了。困难时期到来，试验场很快就要解散，试验必须结束。我们想把水沙预报放在比较科学的基础上，多做几个试验方案，竟然得不到支持，无法实现。

当然，要彻底研究黄河水沙长期变化的物理基础，必然牵涉气象、地球物理、天文、历史等等学科，超出水利科学范围，难度一定很大。但我作为一个负责人接受如此重大的任务，不解决这个问题日夜不安。沙先生很理解我，也支持我。他说，你在北京条件好，可以就近向有关学科呼救。如果可能你就先研究吧！我在武功等你的佳音。他还说，李仪祉先生有次在西安讲演也谈过太阳黑子可能影响降雨问题。

可惜我离开武功以后，第二年就下放去了东北，要继续研究更困难了。但深知科学发展的道路不会平坦，在前进中遇到难题决不应畏缩，学科应该为任务服务，为解决三门峡水库的问题，需要什么学科就应学习什么学科才是道理，所以我坚持做下去。

1965年7月我从长春调到郑州，10月去武功看望沙先生，他仍然关心这项研究。我详细介绍了太阳活动和北半球环流长期变化的关系，它们对黄河水沙变化的影响，我的各种发现以及竺可桢先生对我的指导和各有关学科的支持。他听了非常高兴，他说，如果能再做三门峡水库试验就好了。我们还商量了再做试验应如何处理水沙预报，相约共同促其实现。但是“文化大革命”第二年开始，沙先生过早去世，一切都成了泡影。

1965年10月13日在沙先生家中，他向我赠送了新出版的《泥沙运动学引论》一书。他风趣地问我，写老弟还是写同志？我说写同志吧！他笑笑说：好，我们是同志，是泥沙研究志同道合的同志。他一生孜孜不倦，不计得失，为科学发展贡献一切，是我们的良师益友，永远值得纪念。

1995年1月于黄委科学院

怀念沙玉清先生

李昌华

作者简介：江苏江阴人，教授级高工，1951年毕业于南京大学水利工程系，曾任水利部南京水利科研院河港所副所长、河海大学兼职教授、国际泥沙研究及培训中心顾问委员等职。

沙玉清先师是我国最早从事治河及泥沙研究的学者。是继李仪祉之后，与李赋都等前辈基本上是属于同一时期的，但他们偏重于治河，而沙玉清师则最早重视泥沙运动基本规律的研究。沙师30年代在德国师事O. 方修斯教授研究水利工程及河流泥沙问题。O. 方修斯教授是近代水工试验的宗师，也是动床河工模型的创始人，曾接受我国委托进行过黄河治理的概化泥沙模型试验，得出的结论至今尚有参考价值。沙师回国后，继续进行泥沙运动基本规律的研究，在50年代曾提出泥沙系列模型延伸法，为泥沙模型试验开辟了新的途径，比最早提出局部冲刷模型延伸法的苏联学者兹立洛夫还要早9年，这个方法在60年代曾应用于三门峡水库的泥沙问题，并作出了贡献。从40年代开始，他陆续进行了泥沙的沉降、开动及挟沙能力三大基本规律的研究，其中泥沙的沉降规律是目前最精确，而不需进行试算的公式，其中提出的无尺度粒径判据，在土壤渗流研究中也是很有用的工具，而其提出则早于欧美学者约20年。沙师的泥沙开动流速公式，同样也是目前较好的公式之一，其优于其他几个公式之处是公式中包含了淤土的孔隙率，因此，能用于稳定淤沙的开动流速之估计。其实早在40年代，他就注意到黏性泥沙的开动流速问题，并画出粒径小于0.1mm后颗粒愈小开动流速愈大的曲线，比著名的圣柏格曲线整整早10年。对于解释细颗粒泥沙的黏性现象，他更有绝妙的比喻，他说：大米颗粒是没有黏性的，是捏不拢的，但一旦磨碎，颗粒变细，就能捏成一团，可见黏性是细颗粒的特性，真是深入浅出，明白如昼。沙师生前致力最大的应是水流挟沙能力规律的研究，他是国内最早研究这个问题的学者，当时他就收集了1500多个资料，其中包括试验室资料和水文站实测资料（主要是渠系泥沙和黄河资料），他采用统计的方法对资料进行全面复相关，然后再根据物理力学进行个别特征分析，最后得出国内最早的挟沙能力公式；当时只有手摇式计算机，因此费力是很大的。顺便指出，这个公式的挟动流速及挟沙系数，都是必须用实测输沙资料来率定而确定的，只有对一无资料的河流，才可用此公式直接作初步估算。最近看到，一些泥沙论文中，直接用此公式于有大量资料的黄河挟沙能力的验算，这是不恰当的；而拿来与其他经过黄河资料查定系数的公式进行比较，则就是不公平了。这个公式，仍是目前较好的公式之一，而其对挟沙能力问题的深邃观点及另辟一途的分析方法更是我们学习的楷模。在挟沙能力的研究中，他还提出了不淤挟沙能力及不冲挟沙能力的概念及确定方法，这对于稳定河渠的设计是非常重要的。沙师的最主要著作是《泥沙运动学引论》，这是他毕生研究的精华，是一本有独到见解的著作，内容绝大部分是他自己的心得，是一家之言，没有旁征博引。其偏重对现象的机理分析及基本概念的引导，该书以非常通俗的叙述，娓娓引出泥沙运动学中各种基本概念及基本规律，泥云沙雨，生动具体，具有引导你对泥沙运动发生兴趣的魅力。该书还有一个与其他同类书籍不同的特点，是在引导各种基本规律的同时，交代了研究的过程及思路，使你在读完这一节书时，除了接受知识之外，基本上学到了一种研究的方法，这对初步接触科学研究的青年是十分有益的，的确是一本名副其实的入门引路的泥沙运动学引论。另外这本书虽属引论，但其中备有各种泥沙参数的基本定义及数据表格，对科学研究和工程设计至今还是十分有用的，因此这本著作对我国的泥沙运动研究，贡献是很大的。

我之得沙师教诲，是由于一个偶然的机缘，1951 年秋，我在南京大学水利系任半时助教，系里派我协助沙师进行防洪及灌溉工程的教学工作，有暇则协助沙师做泥沙研究工作。在沙师的影响下，我对泥沙研究发生了兴趣，因此，后来我到南京水科所泥沙组时，仍经常与沙师接触，争取他对工作的指导。在我的记忆中，沙师是非常热心发展泥沙研究工作的，就在 1955 年北京全国泥沙研究工作会议之前，1953 年在沙师的倡议、王涌泉同志的推动、梁益华主任的支持下，在南京水利实验处召开了泥沙工作座谈会，主角就是沙师，并有刘光文、陈椿庭等教授参加。会上畅谈了泥沙研究工作在中国的重要性及迫切性，发言踊跃，议论风生，颇有指点江河、激扬科学之意；会后当年就在南实处水工室成立了河流泥沙研究组，后来其中大部分同志调到北京，成为水利水电科研院泥沙研究所的骨干。沙师高瞻远瞩，看问题透彻，善于抓主要矛盾，其著作要言不繁，论述精当，讲演时概念清晰生动风趣，治学时则又严格异常；据我所知，其泥沙开动流速及挟沙能力规律，小修小改，不计其数；大修大改，直至推倒重来，至少在 5 次以上，研究时间延续了 10 年以上。而对青年则循循善诱，指导有方，他似乎有一种吸力，一旦你与他在泥沙研究方面有所接触，你就逐渐发生兴趣，自觉自愿从事泥沙研究了。沙师患有气喘病，体质很差，病休在家的时间很多，实际上他并未真的休息，每次去看他都是坐在藤椅上思考泥沙问题。我去了，一谈起泥沙问题他精神就来了，直至气喘不绝而止。沙师之学，博大精深，如早在 40 年代，就曾研究过太阳黑子周期与洪水的关系，对国家建设、人民疾苦也更是十分关心，例如他早年就为西北地区提出过十年万井的计划，并为此在思想改造运动中受到不公平的批判，说研究太阳黑子是影射红太阳也有缺点，十年万井计划是向反动派献媚等。但事情过去后，他以宽阔的胸怀一笑了之，从不计较。沙师于 1955 年因身体原因调往西北农学院任教后，仅在有关的黄河会议上见到他几次。最后一次是 1965 年我被支援三线之风吹向成都时，曾顺道去探望他，我当时想专门研究泥沙基本规律，对做模型试验有些嫌烦，他谆谆嘱咐我不要嫌烦，只有多做试验，再结合实际观察，才能真正懂得水流问题及泥沙运动问题，才能真正解决好工程泥沙问题。临行时送我《泥沙运动学引论》10 册，代他分送有关同行，请大家多提改进意见。直到今天，我似乎觉得他仍坐在藤椅上，手捧那架新疆冬不拉，似弹非弹，实际上仍在思考泥沙问题。1966 年 10 月，噩耗传来，沙师过早地离开我们去了，我当时正在湖北常阳长江航道整治现场观测及研究，悲恸之余，只有勉励自己继续学习沙师的治学和为人，为我国的江河泥沙治理问题多作贡献，以慰沙师在天之灵。

沙师逝世，三十年过去了，哲人云亡，遗风尚在，他道德文章是永存的！

李昌华 1996 年 8 月于南京

纪念沙玉清先生

惠遇甲

作者简介：1947年北洋大学土木工程系毕业，1949年中央大学土木工程系研究生毕业，清华大学水利水电工程系泥沙研究室教授，曾任清华大学泥沙研究室主任、中国水利学会泥沙专业委员会委员、国际泥沙研究培训中心顾问委员会委员、长江三峡工程论证泥沙专家组成员。

1948年沙玉清先生主持中央大学土木工程系，我在该系读研究生，在我学习过程以及新中国成立后我因工作与沙先生的接触中，都深得先生的谆谆教诲与亲切关怀，先生教给了我许多治学为人之道，特别是为国家作贡献的事业心、治学的严谨态度，一丝不苟的科研工作作风和逻辑推理的思维方法对我一生的工作帮助很大，他的教书育人的精神和对泥沙问题研究的丰硕成果很值得我们学习。

先生是我国泥沙问题科学研究的先驱和开拓者之一，他以多半生的精力，孜孜不倦地研究泥沙科学，并获得丰硕的成果和重大贡献。自1932年先生发表“河流之挟沙量”一文以来，1947年发表了著名的“泥沙分类命名之商榷”一文，1956年发表了“泥沙运动的基本规律”一文，阐述了沉速规律、开动流速规律和挟沙能力规律；并在1965年出版了《泥沙运动学引论》一书，该书是先生30多年研究工作的系统总结，是我国泥沙运动研究成果的最早专著之一，它对以后泥沙研究工作具有深远的影响，迄至今日先生对泥沙运动基本规律的精辟分析，常为同行赞许，成果也多为人引用，例如，泥沙沉速公式仍是工程中广为应用的公式之一。

先生是著名的水利教育家，新中国成立前后长期先后执教于清华大学、中央大学的土木系，以及西北农学院水利系，教育培养了许多水利技术人才，对于开发全国和西北的水利事业作出了重要贡献。

先生是武功西北水利科学研究所的奠基人和早期学术领导人，长期主持领导泥沙研究工作。半个多世纪以来，西北水利科学研究所在渠系泥沙、河道泥沙和水库泥沙等方面作出了许多研究成果，为西北水利建设作出了重要贡献，培养了许多专家和技术干部，这些都是先生培养人才方面的功绩。

沙先生离开我们已30年了，回忆起来，他的音容笑貌，热爱水利事业的精神以及对我的挚情教导，不断地浮现在眼前，作为先生的学生，但愿以我的努力向上，继承他的遗志。多做些泥沙问题的工作，来回报先生对我的培养和希望。

1996年9月于清华园

缅怀沙玉清先生

迟耀瑜

作者简介：山东蓬莱人，1931 年生，1953 年毕业于青岛工学院，1955 年清华大学水工结构研究生。曾就教于青岛工学院、西安动力学院、西安交通大学、陕西工业大学和西北农业大学等校，现为山东工业大学土木系教授。

沙玉清先生是我国水利学术界的前辈，著名学者和泥沙研究的先驱。他在泥沙研究方面的成就，对我国学术界影响至深，是这一领域内的开拓者和奠基人之一。先生治学严谨，思想活跃，勇于开创，是我们后辈学习的楷模。在先生的关怀、培养，特别是参与《泥沙运动学引论》一书的编写工作，更使我受益匪浅。

《泥沙运动学引论》对泥沙运动规律的论述自成体系，理论分析深入浅出、物理概念清晰、密切联系实际，特别适用于工程泥沙人员学习和参考。他所提出的泥沙运动三大规律以及他所采用的理论分析和试验研究相结合的方法，对青年一代的影响更是深远。可以说我在以后从事高含沙水流运动的研究过程中，无论是研究的思想方法和分析方法，该书对我的影响是很大的。

1961 年我由陕西工业大学调至西北农业大学不久，组织上考虑让我做沙先生的助手，并希望沙先生培养我接好泥沙研究的班，这表明西农的领导是非常重视沙先生在泥沙研究学术上的成就。但是由于当时政治形势以及沙先生身体等原因，工作一直未能正常开展，回想起来确是一件憾事。

我与沙先生共事约五年时间，沙先生在治学和科研上的成就令人敬佩，也是我们青年教师学习的榜样，但是当时政治环境很难做到这一点。在纪念沙先生逝世三十周年之际，在向先生学习和接触过程的许多往事不断浮现在眼前。

记得 1961 年，当时我还在陕西工业大学工作，一天系里宣布，邀请我国著名学者泥沙运动研究专家沙玉清教授来校做泥沙研究方面的专题讲座。我因年青对泥沙研究一无所知，出于慕名和求知欲望参加了讲座。沙先生讲课生动风趣，课堂上学术气氛十分浓厚和活跃，极有启发性。特别是他在介绍介流区球体沉速公式时，说是受到铁路弯道设计的启发而得出的，这一生动事例使我至今记忆犹新。

另一件使我难以忘怀的事，原先我在陕西工业大学时，一直搞立堵截流的研究工作，调西农后仍想对某些规律作进一步的研究探讨。当这一想法向沙先生汇报后，他非常高兴，极力支持，并风趣地说，截流抛石这本身是一种大颗粒的泥沙运动规律，我过去还未考虑过，值得好好研究。截流模型做好以后，沙先生因身体原因，一直未能参与指导。

还有一件对我影响很大的事，每当我因事去沙先生家时，总见他卧室窗台上摆放着许多盛满浑水的小瓶子，我好奇地问起此事，沙先生说他是用来进行观察泥沙某些运动规律的。我听了以后深受感动，沙先生身体不好无力参与一些正规试验，但仍因陋就简，想方设法地投身于泥沙运动的研究，他这种锲而不舍，把泥沙研究作为终生为之奋斗的事业，这种精神不正是我应当很好的努力学习的榜样吗?

在纪念沙玉清先生逝世三十周年之际，谨以此文来表达我对先生敬仰与怀念之情。

1996 年 9 月 20 日于青岛工学院

沙玉清先生永远铭记在我心中

唐文岐

作者简介：江苏无锡人，1931 年 4 月生，1960 年毕业于西安交通大学水利系，长期在西北农业大学水利系任教“工程水文学”，讲授工程水文学及径流调节。1978 年后调回无锡教育学院执教“高等数学”等课程。

今年 10 月 30 日，是我国著名水利学家、泥沙专家沙玉清教授逝世三十周年纪念日。在这个日子里，我们敬仰他光辉的一生，更怀念他对教育培养后辈青年的深情厚谊。

我是 1960 年从西安交通大学水利系毕业的，当时正处在经济困难时期，但恰逢西北农学院水利系复办农田水利专业，幸运地分配到西农来，在黄土高原上的这座高等学府中，有缘与沙先生（当时大家都这样称呼沙玉清教授）在同一个教研组共事 6 年。

我和沙先生虽是同事，又是同乡，但实际上，他是我初入社会时，进修和科研的启蒙导师。我到校不久，沙先生就让我跟他一起整理、计算《群体沉速的研究》《西北农学院第四届科学讨论会论文》。沙先生言传身教，通过具体的科研课题，指导我分析和整理资料。这使我实实在在地体味到了科学研究的方法，受益匪浅。

1961 年春，沙先生为西农水利系、陕西工业大学水利系、西北水科所河渠室和武功水利学校的有关专业人员，举办了一次短期的泥沙讲座。当时，他的身体欠佳，但却以坚强的毅力、认真负责地讲好每一节课，听讲者，特别是我们年轻人均受到了很大的教育和鼓舞。这次讲座我作了详细的笔记，收获很大，不仅看到了泥沙问题的全貌，而且，对于沙先生处理复杂泥沙问题的独到方法，也有了较深的理解。

讲座结束后，为了结合生产部门的需要和进一步提高教师的科研水平，沙先生再接再厉，在讲稿的基础上进一步向专著跨进。在写初稿时，沙先生又要我协助整理，给了我进一步的提高机会。书名初定为《泥沙运动学》，这是沙先生自 30 年代以来，长期潜心研究泥沙运动理论与实践的总结，他除了亲自编写外，又把新积累的资料充实到原有成果中去。他指导我作具体的计算、整理和分析取舍，且对我计算的结果亲自再作校核。沙先生治学严谨，初稿从编目到标点都经过了反复推敲。1961 年暑假前，该书的初稿基本完成，此后，又于同年冬季开始，由沙先生的长子沙际德协助，经过了二稿、三稿，直到 1964 年底专著才全部完成。书名最后定为《泥沙运动学引论》，由中国工业出版社于 1965 年 9 月出版。沙先生在科研上，善于总结、归纳，注意求实创新，所以，《泥沙运动学引论》一书自成体系、内容丰富、言简意赅，方法独到，在水利工程与泥沙研究学术界影响深远。

沙先生和他夫人章镜月先生，待人诚挚、热情，从不以学者或长者自居，在生活上对我们远离家乡的青年教师给了许多的关怀和温暖。他们的高贵品德，充分展现了中国知识分子的传统美德。遗憾的是沙先生和章先生，先后因病卧床，我或因事在外，或已调回故乡，均未得侍奉床侧而略尽绵力；二老仙逝时，无缘执弟子之礼，每每回想起来，都感到愧疚不已。

沙玉清先生离开了我们，但他所建树的业绩，他那爱国爱民、为水利教育和水利科学事业献身的精神，永远铭记在我们的心中，激励我们继续前进。

1996 年 5 月于无锡

我的启蒙老师沙先生

曹如轩

作者简介：云南人，教授级高级工程师，1934 年生，1956 年毕业于武汉水利电力工程学院农田水利专业，在西北水利科学研究所从事泥沙研究二十余年，1982 年调入陕西机械学院水电系任教，1994 年退休。

1966 年秋，突然接到沙先生谢世的讣告，深感悲痛和惋惜，沙先生走得太早了，悲痛之余，想起与沙先生十年相处的岁月，我从内心里感到，沙先生是我从事泥沙研究的启蒙老师。

1956 年 7 月，在“向科学进军”的号角声中，我怀着远征边疆的志向，来到西北水利科学研究所，志愿从事泥沙研究工作。一报到，研究室就发给我沙先生著名的三篇论文单行本。我在学校里并未学过泥沙的理论课程，虽细心的学习仍未能透彻理解沙先生对问题的分析研究方法。为此，沙先生就专为全室同志讲解他的理论和研究方法。沙先生讲课很生动，很有艺术性。沙先生讲的如何得出介流区球体沉速公式的思想方法，对我们以后的研究工作影响至深。他说：“介流区阻力系数和雷诺数的关系是一条曲线，而两个参数中都同时包含球体直径和沉速两个因子，传统的方法要么近似用两条直线代替而影响精度，要么试算很不方便。要解决它就要勤于思考，锲而不舍。一天晚饭后，在操场上散步，仍想着这个问题，边走边想，突然转机来了”。这时沙先生风趣地在讲稿上用劲一拍，兴奋地说“见鬼了，这不就是办法吗？由阻力系数和雷诺数另选两个新的判数：沉速判数和粒径判数，它们一个只包含沉速，一个只包含粒径，再建立两个判数之间的关系不就行了”。旋即从有关刊物上找到精度很高的资料，算出两判数，在对数纸上恰是圆方程，于是介流区沉速的规律就解决了。

沙先生的介流区球体沉速公式虽也是一个经验公式，但精度高，能和层流区、紊流区的沉降规律很好地衔接。但我国 1976 年出版的水文测验规范，仍沿用苏联岗查洛夫两条直线的公式，直到 1994 年，新规范才改用沙玉清公式。事实上，沙先生的公式不但适用于单颗粒沉降，在考虑了浑水的黏性和容重后，也可用来描述非均匀沙的群体沉降。近年来，我们用数学模型计算水库淤积时，若含沙量和粒径组成变幅很大，按习用的公式往往会得出大冲大淤的不合理现象，而改用黏性修正后的沙先生公式，不合理现象就得到解决。

沙先生的奉献精神，严谨的学风永远是我学习的榜样。

1995 年 8 月 3 日于西安理工大学

温故而思今

沙际德

“温故而知新”，是孔夫子的话，但普通老百姓难有颜回般“闻一以知十”的天赋，“温故”的功效原本是该打折扣的；况且，新潮旧浪又相去甚远，题曰“温故而思今”，只是发自另端的感受罢了。

家父沙玉清是李仪祉先生的追随者，在我的记忆中，家里墙上一直挂有三幅相片，两张是德国水利专家恩格斯和方修斯，再一张就是李先生。方修斯是李先生的老朋友，也是我父亲留德时的导师。1929 年他应聘来华参加导淮工程计划，为李先生的高洁人格与牺牲精神所感动，称李先生是中国的“佛”；而且回国后改奉孔教，成了一位盛赞中华文化与道德的“中国狂”。这件事对父亲的影响至深，直到晚年病中还对我提起：“李先生真是了不起”。古代印度，贵族利用种姓制度挑起上百年的相互残杀，释迦牟尼怀大愿力，为人说教，以和平、宽容的清新之风吹拂伤痛的大地，产生了有如大狮子吼一般的伟力；所以在明末清初，兵凶战乱，满目疮痍的旧中国，把李先生比之为“佛”，是很有道理的。

1928 年，李先生在河海同学会作“工程学生与新中国”的讲演，提出新时代的工程家，不能像以前那样为几个军阀、资本家伸张利益，而“要为国家办事，为民众谋幸福”的响亮口号；并指出，合格的工程学生，不但要精通自然科学，同时对经济、法律等社会科学也要充分理解，66 年过去了，李先生的教育思想光华依旧，远见卓识令人肃然起敬。

抗日战争不到一年，李先生“爱国触疾，竟以不起”。西农水利系师生秉承和发扬他的遗教，家父早期的文章与讲话中多次阐发“水利事业的最高意义，在谋全民族的幸福”这一主题，并提出了水利应有的道德与修养：“热爱人民、努力工作、勇敢奋斗”。在共赴国难的艰难岁月中，树立坚定的信念和勇气，无疑是最重要的事；敌我战线分明，学校只能培养爱国者而绝不是汉奸卖国贼。

1944 年，毛泽东为追悼张思德同志，作了《为人民服务》的讲话：“为人民利益而死，比泰山还重，替法西斯卖力，替剥削人民和压迫人民的人去死，就比鸿毛还轻”。毛泽东“为人民服务”的口号，家父生前非常赞赏，正因为这样，他临终最后一句话才会是：“好好为人民服务”。

今天，时代不同了，以经济建设为中心，全国上下，人人关心改革开放这一新潮的走向。世界是物质的，随着物质条件的变化，人们的各种精神反应也充分流露出来，五花八门，可谓“心潮逐浪高”；甚至有人认为“为人民服务”，也只是一句过时的口头禅而已，所以本文一开头，我才写了几句“温故”功效的说明。

值此六十年系庆，我也说几句个人的体验，在教过的历届高年级同学中，每班总有那么一两个人，因专业不称心，安不下心来，乃至不上课，临毕业又感到空荡荡的，追悔莫

及。实际上，人生旅途中，现实的需求取决于群众的运动，而个人的理想只能寓于现实之中，有矛盾本是正常现象，但解决这种矛盾最主动、合理的办法，还是通过对人生的思考，树立起正确的信念。

爱因斯坦说过："人只有为社会作了奉献，才能感到生命的意义"，这句话是千真万确的。"望子成龙"并不是中国人特有的心态，我看包括洋人在内的天下父母，都希望自己的孩子长大后是国家与民族的栋梁之材。我教了大半辈子的书，希望自己的学生中有几个是未来水利界出类拔萃的人物，实质上这也是"望子成龙"。我去各县工地，最爱看自己学生做的工程，即使工程很小，心理也痛快，原因就是感觉到自己的存在。所以无论从哪个角度去思考，人，确实需要也应该有奉献精神。这样才不会临到老朽、该真"毕业"时，却因空荡荡而追悔终生。

今天的青年人，和老一辈相比，竞争将愈为激烈，这是不以个人意志而转移的，每个人的精神支柱都要接受无情的检验。现在有句流行的话，叫做"潇洒走一回"，能不能"潇洒"得了，就看你的支柱坚不坚实。作为一名老教师，我期望西农水利系的青年朋友们，都能立足于中华民族的未来，坚定和巩固"为人民服务"这一质朴而理至的人生信念，在今后的事业中"潇洒"直前。

摘自"水建汇刊·60周年系庆特刊"1994年4月

后　　记

1994年春，迄今已20余载，在众人的帮助下，总算圆了我心中的一个梦。

追忆半个多世纪前的往事，使许多长者为难，能成文者，亦多抱病勉力；我每有思之，常因无从回报而倍觉愧疚。

倪超先生握管，当年已九十高龄，且视力极差；后一年余，先生长逝，这或许是他老人家最后的一篇文字。

陈椿庭先生亦阅八秩，心血管疾时而发作，但对文集尽倾精力，先后笔谕十余封指导编辑事宜。

唐念慈先生身罹癌患，文章是大手术后在南京人民医院的病榻上写成的，先生于我父母之深情，催人欲泪。

社会几经舛动，家存遗缺甚多，欣幸清华大学馆藏颇丰，家父三十年代的文著，乃承同窗挚友王桂仙教授补集于彼。抗战时期的一些短文，则大多出自西北农业大学馆藏《西北水声》。集文期间，还多次得到水利部贤契高均凯代劳奔走，热情襄办。

这本纪念文集的出版，得到了以下院系单位和个人的资助，借此深表谢忱。

西北农业大学水利与建筑工程学院	3000元
西北水利科学研究所	3000元
东南大学土木工程系	1000元
东南大学交通运输工程系	1000元
陈椿庭先生	1000元
韓瀛观先生	1000元
唐念慈先生	1000元
熊运章先生	1000元
李昌华先生	1000元

当初，我动意出版这本纪念文集，其实并不全是想尽一番孝道，而是发自“经济奇观”另一端的感受。当时我在“水建汇刊·60周年系庆特刊”写了一篇“温故而思今”的短文（见纪念文），默祷“为人民服务”“为科学而献身”的崇高精神，能够世代传扬。

原集由陈椿庭先生帮助出版，先生策划组成编委会，由我和蒋允静当主编。

本文集的出版，时任水利与建筑工程学院副院长王正中教授出于为学院留下一笔宝贵的精神财富和学科灵魂，特邀请再次编撰并由中国水利水电出版社正式出版这部《沙玉清文集》，也得到了学院的大力支持和出版费用资助，承蒙水建学院的多位领导及诸多同事的大力支持和帮助才得以出版，尤其是王正中教授、赵延风老师在教学和科研工作之余，抽出宝贵的时间与出版社进行沟通、反复校核和定稿付出了辛勤劳动，在此一并表示衷心的感谢！

沙际德